EUROPA-FACHBUCHREIHE
für metalltechnische Berufe

Fachkunde Klempner/-in, Spengler/-in, Dach- und Fassadengestalter/-in

Hans-Peter Rösch

4. Auflage

VERLAG EUROPA-LEHRMITTEL · Nourney, Vollmer GmbH & Co. KG
Düsselberger Straße 23 · 42781 Haan-Gruiten

Europa-Nr.: 14429

Autor:

Hans-Peter Rösch Gärtringen

Der Autor ist langjähriger Leiter der Klempnermeisterschule sowie Leiter der Fachschule für Technik, Fachrichtung Metallbautechnik, an der Robert-Mayer-Schule in Stuttgart und war Mitglied des Mustermeisterprüfungsausschusses beim ZVSHK. Er vermittelt in diesem Buch auch seine eigene Begeisterung für das Arbeiten mit Metall.

Lektorat:

Ulrike Klein Freies Lektorat Naturwissenschaft und Technik, Berlin

Bildbearbeitung:

Verlag Europa-Lehrmittel, Abt. Bildbearbeitung, Ostfildern
Jürgen Neumann, Grafische Produktionen, 97222 Rimpar

4. Auflage 2023

Druck 5 4 3 2 1

Alle Drucke derselben Auflage sind parallel einsetzbar, da sie bis auf die Korrektur von Druckfehlern identisch sind.

ISBN 978-3-7585-1070-0

Satz: Jürgen Neumann, Grafische Produktionen, 97222 Rimpar;
wechselSeitig, Dipl. Des. Susanne Beckmann, 59514 Welver
Umschlag: Atelier PmbH, Beat Hodel, 35088 Battenberg
Umschlagfotos: Hans-Peter Rösch und © MEV Agency UG
Druck: mediaprint solutions GmbH, 33100 Paderborn

Vorwort

„Klempnerlehrling sein ist lustig, Klempnerlehrling sein ist schön“, so heißt es in einem Lied aus längst vergangenen Zeiten. Hat sich an der Sache etwas geändert? Eigentlich nicht, der Beruf hat sich in den letzten 10 Jahren deutlich entwickelt. Schwindende Lehrlingszahlen, Sitzungen, wie man wieder junge Leute für den Meisterberuf gewinnen kann, finden statt, hunderte Betriebe sind zu übergeben und es gibt „keine Klempner“ mehr. Meine Meisterschüler bekommen Angebote mit über 30 € Stundenlohn und dazu freitags frei.

Niemand will heute mehr so leben wie früher diese Handwerker-Väter-Generation: Arbeiten auf „gefährlichen“ Gerüsten, bis es dunkel wird, samstags klar, da machen wir weiter bis Mittag, sonntags schreiben wir dann Angebote und Rechnungen, meine Firma, mein Leben.

So ist das heute längst nicht mehr. Da beschreibt die neue Berufsbezeichnung „Dach- und Fassadengestalter/-in“ die moderne Klempnerarbeitsweise weitaus besser, wenn auch kaum einer sich traut, dies bislang klar auszusprechen. Es geht um effiziente Gestaltung mit tollen Werkstoffen, nicht um mühsames „Herumklempnern“ im Regen, bis alles passt. Eine gute Vorplanung und weitreichende Werkstattvorrichtung mit 2D-, 3D- und CNC-gesteuerten Kantbänken ersetzt hartes Arbeiten bei jedem Wetter. Kamine sind komplett vorgefertigt und werden bauseits nur übergesteckt. Gaubenbleche sind in 3D gezeichnet und komplett steckbar ausgeführt. Fassadenelemente werden nur eingehängt und gegen Abheben gesichert.

Dies wiederum ist aber nur möglich durch ausgezeichnete Ausbildung und Fortbildung, eine moderne wirtschaftliche Denkweise und teure Maschinen-Investition. Zu viele Klempner/-innen arbeiten noch wie im Mittelalter und stützen so ein negatives Bild des Klempners. Ganz im Gegensatz dazu besitzen mittlerweile einige Betriebe eine Stanzanlage, einen Laser oder fertigen bei schlechtem Wetter Blechteile für die Industrie, erstellen modernste Fassaden und Dächer mit erheblichem Vorplanungsaufwand im Büro, aber dafür mit rasanten Verlegezeiten.

Ausdruck dieser neuen Zeit sind die modernen, nicht glänzenden farbbeschichteten Alu-Blechmaterialien von Prefa und Haushaut. Der Kupfer- und Zinkanteil an Häusern schwindet beträchtlich. Ein Haus, eingefasst mit Profiltechnik in Anthrazit, Weiß, Grau oder Schwarz sieht deutlich professioneller aus als tausend Fingerdappen an glänzenden „Echtmetall-Oberflächen“. Die Bleche sind nicht besser, haben im Gegensatz zu natürlichen metallischen Oberflächen erhebliche Biofilmbildung (Vermosung) oder weisen mit der Zeit vielleicht UV bedingte Farbnuancen auf. Aber sie sind unwissentlich die Träger der Innovation. Sie fordern durch ihre Auffälligkeit so sichtbar an jedem Neubau den Umdenkprozess gratis nebenbei heraus.

Ich würde sagen: Ein neues Zeitalter für die Klempnerei ist angebrochen. Wer die über 100 neuen Bilder des Buches durchschaut, wird mir dies bestätigen: Blech wird immer weniger untergeordnet eingesetzt. Blech an sich war ja einst fast schambehaftet („des Klempner Hand deckt der anderen Handwerker Schand“). Heute aber hat es beträchtlichen Selbstwert gewonnen, es ist ein deutlich selbstbewusst auffällig sichtbares Gestaltungselement. Wir sind keine Nacharbeiten anderer Gewerke mehr, wir sind nicht mehr dazu da, die Schwachstellen anderer Gewerke auszugleichen, wir sind eigenständige „Dach- und Fassadengestalter/-innen“ geworden.

Hans-Peter Rösch 2023

1 Grundlagen

1.1 Der Beruf des Klempners

Das Berufsbild des Klempners hat sich in den vergangenen Jahren erheblich verändert. Er ist längst nicht mehr der **Klimperer** (daher der norddeutsche Name Klempner), der auf der Straße sitzt und mit Treibhammer, Sickenstock und Bördeleisen die Behälter der Kundschaft repariert.

Bild 1: Dach- und Fassadengestalter bei der Arbeit

Er ist auch nicht mehr der **Flaschner** (süddeutsch), der Mann, der Haushaltsgegenstände wie Siebe, Wannen, Vasen, Kannen aller Art herstellt oder repariert und zum Beispiel die in den frühen Morgenstunden wegen Frost geplatzten Bettflaschen wieder dichtlötet.

Er ist auch nicht mehr der **Spengler** (wie heute die Berufsbezeichnung in der Schweiz und Österreich lautet), der einst Spangen für Pferdegeschirre oder Schmuckgegenstände als Metallfeinhandwerker herstellte. Er ist auch kein **Gürtler,** der sich seinen Lebensunterhalt mit Pokalen, handgefertigten Gürtelschnallen und sakralen Gegenständen verdient.

Er wird zwar gelegentlich noch der **Blechner** genannt (bayrisch), was aber genauso unzutreffend ist, weil seine Kollegen in der Industrie (einst Feinblechner genannt) in serieller Arbeitsweise solche Massen an PC-Gehäusen Blechbüchsen, Karosserieteilen und sonstigen Blechteilen herstellen, dass ein Klempner diese Gegenstände nicht mehr produziert. Er beult auch keine deformierten Kotflügel als Karosseriespengler aus. All dies gehört heute nicht mehr zu seinem Arbeitsgebiet, obwohl er vieles handwerklich sicher noch könnte.

Und wenn Reinhard Mey in seinem bekannten Lied singt „Ich bin Klempner von Beruf", so meint er doch den Installateur, der mit Rohrzange und Rohrabschneider unterwegs ist und der momentan, der Energiekrise geschuldet, fast mehr mit Heizgeräten zu tun hat.

Was also ist der Klempner heute? Die Berufsschneidung von gut 400 anerkannten Handwerksberufen von 1972 hielt sich immerhin bis ins Jahr 2002. In ihr werden dem Klempner 5 Tätigkeitsgebiete zugeordnet:

- Eindecken von Dach- und Wandflächen einschließlich aller funktionsbedingten Schichten mit Metallen, Metallverbundwerkstoffen und Kunststoffen (z. B. hochpolymere, nicht aber bituminöse Dachbahnen),
- Arbeiten mit Stabstahl zur Herstellung von Unterkonstruktionen,
- Herstellen von Formstücken aus dem Lüftungsbau,
- äußerer Blitzschutz am Dach,
- Herstellen von kunsthandwerklichen Gegenständen.

Bild 2: Historische Klempnerei

Dann kam es zu grundlegenden Veränderungen. Im Zuge der Anpassung an europäische Regelungen wurden althergebrachte Meister-Berufe zusammengestrichen auf ca. 150 meisterpflichtige Berufe. Der Klempner verdankt seine Einteilung in die Handwerksrolle A („Meisterpflichtige Berufe") in nicht geringem Maße dem Umstand, dass ein Mitglied der Neuordnungskommission Sohn eines Klempners war und sehr wohl wusste, welche wichtigen Arbeiten ein Klempner leistet. Insbesondere die erforderliche Erhaltung und Sanierung denkmalgeschützter Bauten mit einem riesigen Blechvolumen im Osten von Deutschland retteten dem Klempnerstand das „Überleben" (Bild 1). Derzeit gilt die Meisterprüfungsordnung vom Oktober 2006.

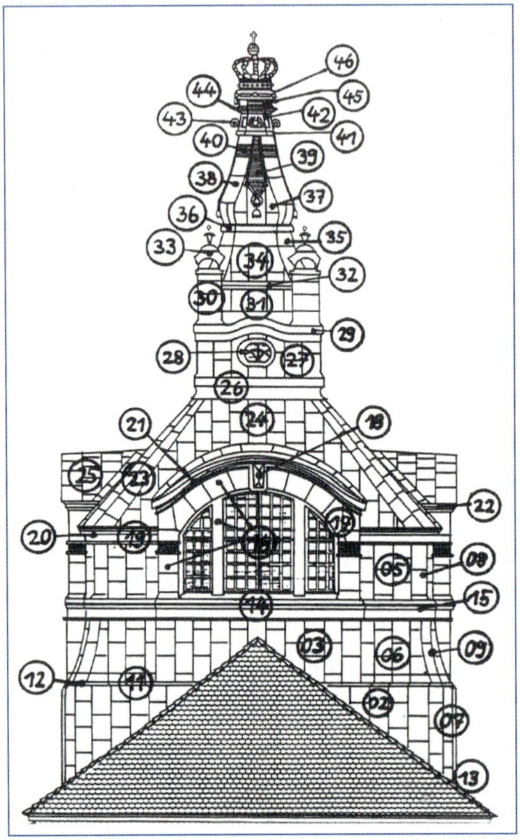

Bild 1: Vorfertigungsplan für Metalleindeckung eines historischen Gebäudes in Dresden

Ganz anders erging es dem Berufsbild des alteingesessenen **Kupferschmiedes**, das im **Behälter- und Apparatebauerberuf** aufging und damit die eigene Identität verlor.

Nun wurde die Frage diskutiert, wie der Beruf bezeichnet werden soll. **„Metalldecker"** wurde stark forciert. Dieser Begriff ähnelte aber sehr der Bezeichnung der **Dachdecker**, die eine Verwandtschaft zum Klempner einseitig erklärt hatten, und so wurde er für die eigene Identität als zu wenig abgrenzend angesehen. Viele Klempnereien decken kaum Dächer und konnten sich in diesem Namen nicht ausreichend wieder finden. So wurde der norddeutsche Name **Klempner** bundesweit belassen und der bislang mögliche regionale Zusatz „Spengler" oder „Flaschner" auf Meisterbriefen gestrichen.

Es besteht nun die eigenartige Situation, dass es derzeit zwei **„Fachregeln für das Klempnerhandwerk"** gibt, eine vom ZVSHK und eine zweite vom ZDH. Der Name ZVSHK steht für den „Zentralverband Sanitär, Heizung, Klima", jetzt „Zentralverband für Gebäude und Energietechnik", der den Stand der Klempnerei in dieser Fachregel über Jahrzehnte gut beobachtet und geregelt hat und die Regel ständig weiterentwickelt. Der ZDH (Zentralverband für das Dachdeckerhandwerk) gibt für seine Dachdecker, die nun auch Klempnerei betreiben dürfen, eine ähnliche Fachregel heraus. Beide Regelwerke werden derzeit angeglichen. Im Gegenzug kann sich nun der Klempnermeister als dachdeckender Betrieb beim ZDH eintragen lassen.

1.2 Heutige Tätigkeitsgebiete des Klempners

Klempner formen und verarbeiten im Rahmen der Konstruktion einer Gebäudehülle Metalle und Bleche. Das Schneiden, Kanten, Runden, Ausklinken und Profilieren von Metallbändern wird mit einem hohen Maschineneinsatz professionalisiert und handwerkliche Bearbeitungstechniken wie Schweifen, Bördeln, Treiben, Aufziehen und Poltern werden als Tradition gewahrt.

Bild 2: Moderne Klempnerei für die Metallbearbeitung

Ein Schwerpunkt der Arbeit eines Klempners besteht heute in der Anfertigung von wetterfesten **Metalldächern** und **Metallfassaden** oder den **Randeinfassungen** für **Ziegeldächer** und **Flachdächer.**

Die Kupfer- und Zinkdächer aller historischen Gebäude sind die Arbeit eines Klempners. Heute leistet er im Rahmen des **Denkmalschutzes** einen wichtigen Beitrag zur Erhaltung des historischen Gebäudebestandes. Aber auch im

Bereich der modernen Architektur bei **Metallverkleidungen im Innen- oder Außenbereich** wird der Klempner zum wichtigen Partner des Architekten. Neue edle Metalloberflächen kommen ständig auf den Markt und werden als ganze Metalldächer und Metallfassaden oder auch nur als besondere Gestaltungselemente eingesetzt. Der neue Versuch einen besseren Namen zu finden „Der Dach- u. Fassadengestalter“ wird somit nur für die Berufsausbildung kommen – es wird weiterhin „Klempnermeister“ geben.

Bild 1: Umfangreiche Dachsanierung mit Raute und Stehfalz

Bild 2: Dacheindeckung mit Prefa

Zusätzlich gehören andere Einrichtungen am Dach zu seinem Zuständigkeitsbereich. Er ist Fachmann für die **Verlegung und Wartung von Blitzschutzanlagen**, für das Anbringen von **Dachrinnen und Regenfallrohren** sowie für die **innenliegende Dachentwässerung**. Klempner sind an fast jeder Baustelle gefragte Spezialisten.

In London klempnern bereits Universitätsprofessoren nebenbei zur Gehaltsaufbesserung!

Die **Ausbildung zum Klempner** dauert dreieinhalb Jahre, kann aber für leistungsstarke Auszubildende mit besserer Vorbildung um ein Jahr verkürzt werden.

Das Klempnerhandwerk baut Dach- oder Fassadenbekleidungen mit hochwertigen Materialien wie Kupfer, Titanzink, Aluminium, Blei und Edelstahl, manchmal aus einer Hand mit allen darunter liegenden funktionsbedingten Schichten wie Holzschalungen, Dämmungen, Folien und Metallunterkonstruktionen. Insofern kann der Klempner ein geschlossenes Leistungsspektrum rund um das Metalldach und die Metallfassade anbieten.

Dies findet auch Ausdruck in der Tatsache, dass Klempnerarbeiten in der VOB DIN 18 399 in einem eigenen Teil ausgewiesen sind und in der **Vergabepraxis als eigenständiges Los** vergeben werden müssen.

Die Gestaltung und Ausführung von Metalldächern und -fassaden erfordert ein großes Fachwissen und einiges an baupraktischer Erfahrung in der Baukonstruktion und der Bauphysik. Wichtig sind außerdem Kenntnisse zu den unterschiedlichen Verlegetechniken der einzelnen Metallwerkstoffe und zur VOB-gerechten Abrechnung der erbrachten Leistung. Die Komplexität dieses Berufes erklärt, dass sowohl die Länge der Lehrzeit als auch die Meisterpflicht bei Selbstständigkeit notwendig sind.

Das offizielle Berufsbild umfasst heute:

1. Eindeckung von Dachflächen und Verkleidung von Decken- und Wandflächen mit Blech, Metall-Verbundwerkstoffen und Kunststoffen, einschließlich des Anbringens aller funktionsbedingten Schichten sowie der Trag- und Befestigungskonstruktionen,
2. Ausführung von Arbeiten aus Stabstahl, Profilstahl, Blech, Metall-Verbundwerkstoffen und Kunststoffen, insbesondere an Anlagen zur Innen- und Außenentwässerung,
3. Entwurf und Herstellung von Gebrauchsgegenständen und kunsthandwerklichen Gegenständen sowie von Bauteilen aus Blech,
4. Montage von Blitzschutzanlagen, Entwerfen, Prüfen, Überwachen und Instandsetzen von Blitzschutzanlagen, Realisierung der Vorschriften des VDE im Bereich Solartechnik,

5. Errichten von Schutz- und Arbeitsgerüsten nach den einschlägigen Vorschriften der Unfallverhütung, des Arbeitsschutzes und der Arbeitssicherheit sowie der Bauaufsicht.

Bei der Bekleidung und Deckung von hohen Gebäuden wie zum Beispiel bei der Kirchturmdeckung, bei der Errichtung von Blitzschutzanlagen und beim Brandschutz liegt bei den Klempnerbetrieben eine hohe Verantwortung für die Gesundheit oder das Leben Dritter. Gerade aus diesem Grund wurde der Klempner letztendlich in die Handwerksrolle A (meisterpflichtig) eingetragen.

1.3 Umdenkprozesse in der Klempnerei

Um die Jahrhundertwende zog der Klempner mit seinem Hand- oder Pferdekarren zur Arbeitsstelle, bestückt mit Blechtafeln, Werkzeug, Lötflasche und einer langen Leiter. Dort fertigte er vor Ort alles fast verschnittfrei, was er für seinen Auftrag benötigte: Dachrinnen, Regenfallrohre, Metallscharen, Kantprofile, getriebene Formbleche. Die maximale Länge seiner Bauteile betrug einen Meter. Sein ganzer mitgeführter „Maschinenpark", ja die ganze Verarbeitungstechnik war auf dieses Maß begrenzt. Jeder Blechrest fand sein Plätzchen.

Noch heute findet man metrige Kantbänke, Schlagscheren, Rundmaschinen und Wulsteinrichtungen aus diesen Jahren im Internet zum Verkauf. Für den Nebenberufshandwerker sind diese schweren Gussmaschinen nach wie vor geeignet – nicht aber für die modernen Bauten mit ihren mehrgeschossigen exakten, fast nahtfreien Metalleinfassungen, ihren langen und professionell verlegten Rinnen und Anschlussblechen und ihren fast unbegrenzt langen Dächern aus Profilbahnen.

Die meisten größeren Klempnereien arbeiten heute mit 6 m oder 8 m langen Blechbauteilen, einige können bis zu 14 m durch die Koppelung zweier Kantbänke biegen. Die Arbeit auf der Baustelle ist teurer, witterungsabhängig und ungenauer als die Vorrichtung in der maschinenbestückten Werkstatt. Der Vorfertigungsanteil wächst, damit aber auch der Planungsaufwand. EDV, 2D- und 3D-Planung zieht im modernen Klempnerbetrieb ein.

Als „Rückschritt" in alte, schöne, vergangene Zeiten, als man noch an der Baustelle fertigte und jedes Maß schnell mit Metermaß nachmessen konnte, kann man den Einsatz von hochtechnisierten Baustellenanhängern be-zeichnen. Sie sind durchaus eine Alternative für alle, die sich diesem Trend zur Vorfertigung verschließen oder verschließen müssen, weil sie nicht das Personal dazu haben.

Bild 1: Mobile Spenglerei als Anhänger mit Ausklappdach

Der heutige technische Stand der Mobiltelefone erlaubt das Aufskizzieren von Blechprofilen und die Übermittlung in die Werkstatt, die „just in time" kantet und innerhalb einer Stunde das fertige Profil passgenau auf die Baustelle liefert. Bei Fernmontagen ist diese Arbeitsweise natürlich unmöglich, im Umkreis einer Klempnerei aber oft sehr geeignet. Es kann sogar billiger sein, die Profile mit dem Taxi zu schicken, als hochqualifizierte Arbeitskräfte im Stau stehen zu lassen.

Bild 2: Mobile Spenglerei

Bild 1: Längsschneidrollenschere für Blech, das in die 3,5 m lange Kantbank eingespannt ist

Bild 2: Abklapptische und Profilierautomat

Mit diesem Baustellenanhänger fühlt sich mancher wieder in alte Zeiten versetzt – doch das gilt nur vordergründig. Größere Baustellen lassen sich nur im Team realisieren, brilliante Einmannvorstellungen mögen fachlich beeindrucken, aber in der Realität müssen mehrere Arbeitskräfte gleichzeitig vorbereitetes Material zur Verfügung haben, um unproduktive Zeiten zu minimieren. Nicht jeder Arbeitnehmer ist selbstständiger Handwerker – es muss Leute geben, die große Mengen in kurzer Zeit verlegen und andere, die als „Feinhandwerker" nachgehen und die komplizierten Anschlüsse einwandfrei ausführen können.
Die moderne Klempnerei vereint beides: Extremes handwerkliches Geschick und PC-Hightech in der Werkstattfertigung.

1.4 EDV-Einsatz in der Klempnerei

Die vielfältigen Möglichkeiten der EDV lassen viele Handwerker noch erschaudern – bin ich nun EDV-Fachmann oder Klempner? Die junge Generation bringt aber diese Kenntnisse in einem hohen Grade mit und sie werden ihrem jetzigen Chef damit eines Tages die besten Aufträge abnehmen.

- **EDV-Kalkulation** und Leistungstexterstellung verkürzen die Angebotsdauer immens.
- **Drohnen** ermöglichen Dachansichten, die Kunden oft veranlassen, ihr Dach richten zu lassen, das sie sonst nie betreten hätten. Nach der Fertigstellung erhalten sie eine Dokumentation der ausgeführten Arbeiten. Mittlerweile lassen sich in manchen Städten hochauflösende Dachansichtsbilder ganzer Straßenzüge kaufen – mit allen Maßen millimetergenau ausmessbar!
- **CNC-gesteuerte Kantbänke** ermöglichen sehr wiederholgenaue und passende Profile (Bild 3).

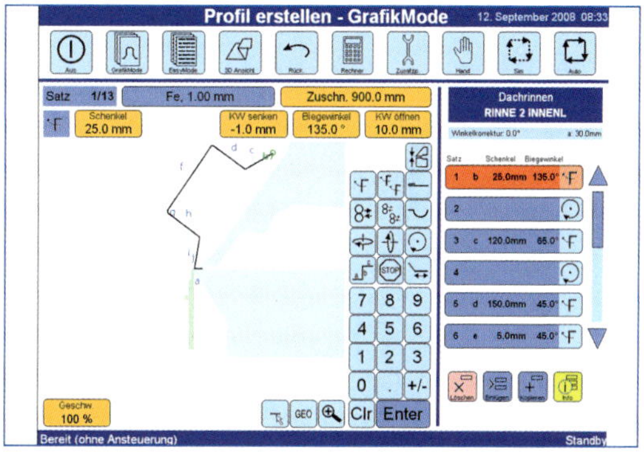

Bild 3: Display einer CNC-gesteuerten Kantbank

- **EDV-Scharenprogramme** lassen schneller und sicherer die Zuschnitte bestimmen.
- **3D-Programme** erstellen ausgezeichnete virtuelle Dachlandschaften, die verkaufsfördernd wirken und Aufträge einbringen.
- **Elektronisches Aufmaß** mit dem Lasermesser oder Drohnenflüge können in den PC zuhause eingelesen werden.
- **CAD-Einsatz im Büro** liefert ausgezeichnete Abwicklungen oder Werkpläne, die Vertragsbestandteil werden können.
- **Laptops, Tablets und mobile Drucker** können auf der Baustelle beim Aufmaß eingesetzt werden, die Rechnung druckt man direkt vor dem Kunden aus und lässt sie unterschreiben. Dies sichert und beschleunigt den Zahlungseingang erheblich.

Beispiele für den EDV-Einsatz in der Klempnerei

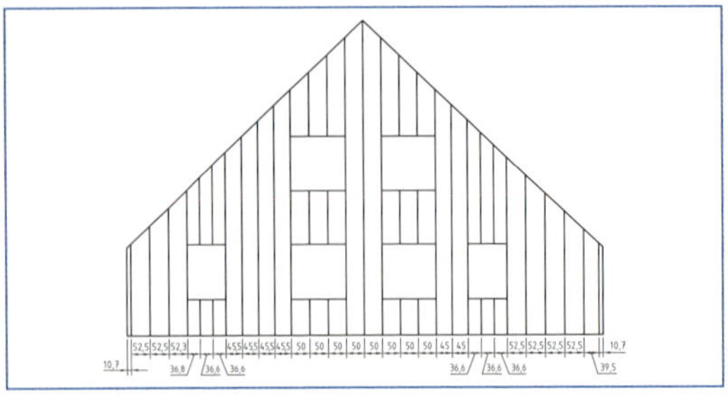

Bild 1: Scharenaufteilung eines Giebels mit AutoCAD vorgeplant

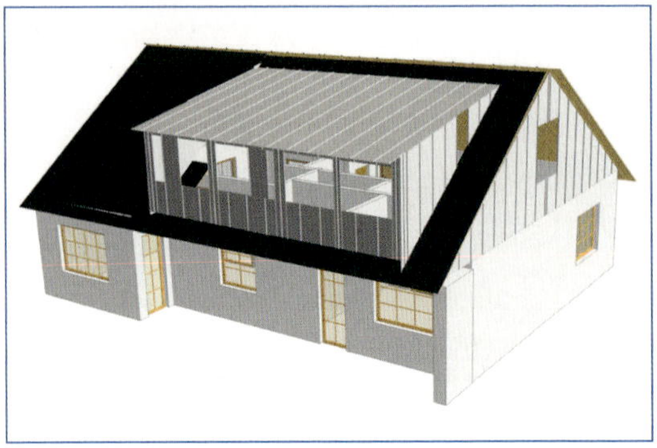

Bild 3: Klempnerarbeiten mit dem Programm Sema in 3D dargestellt

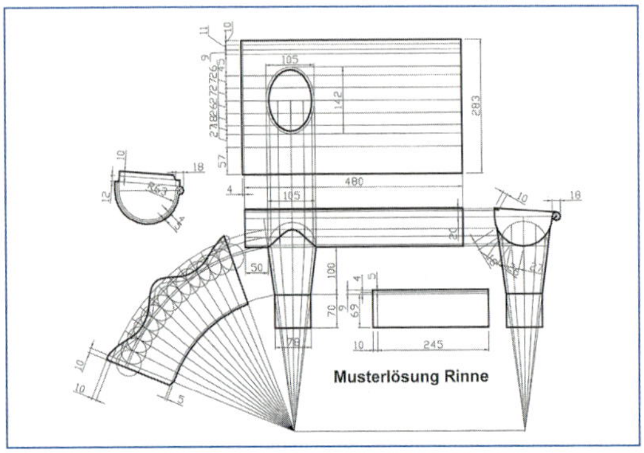

Bild 2: Abwicklung eines Stutzens auf AutoCAD

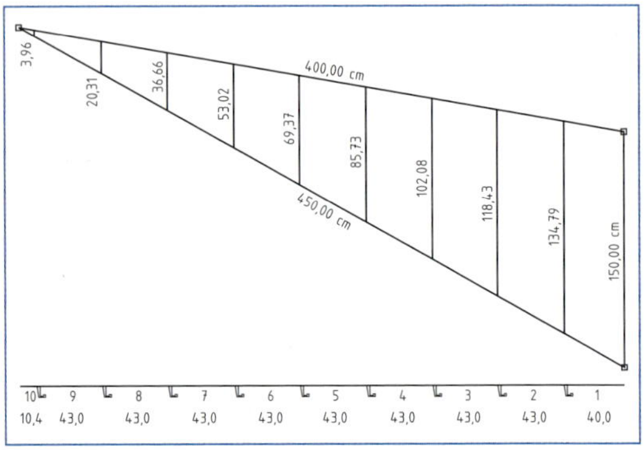

Bild 4: Scharenaufteilung mittels Scharenermittlungsprogramm

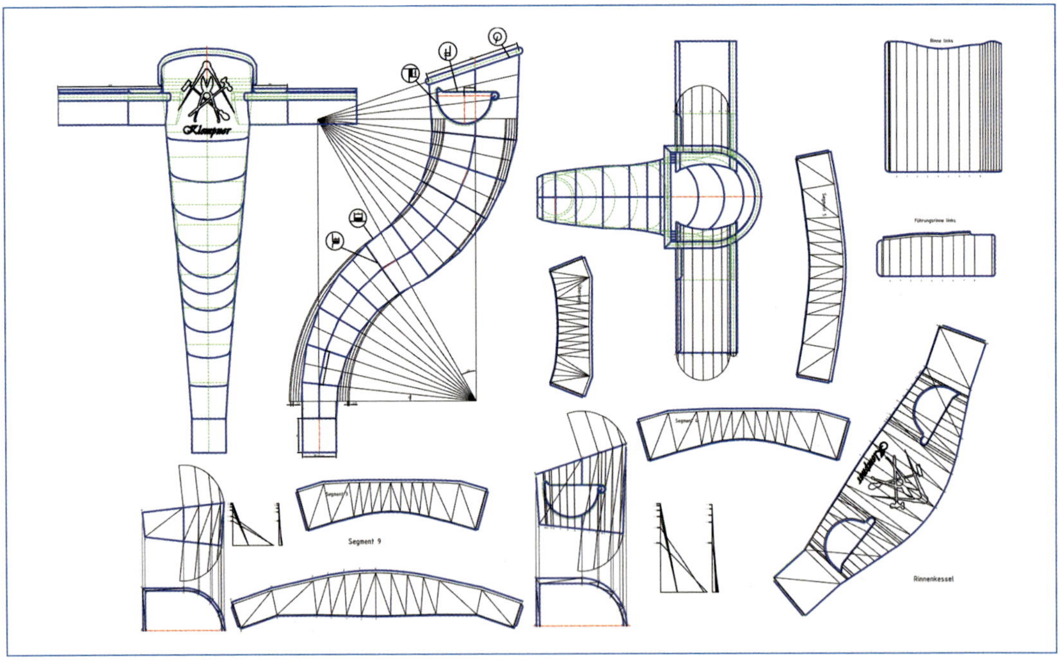

Bild 5: Planung eines Meisterstückes auf AutoCAD

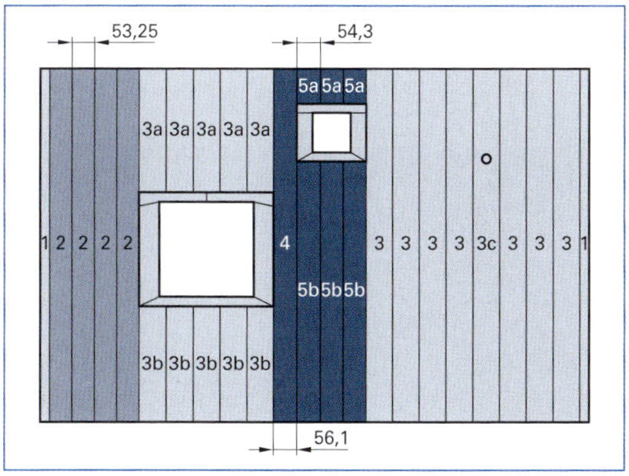

Bild 1: Bahnenaufteilung mit Einbindung der Dachdurchbrüche einschließlich der Verlegenummern, mit AutoCAD erstellt

1.5 Kreativität in der Klempnerei

Die kreative Gestaltung in Metall muss dem Klempner Freude bereiten. Wie sehr er mit seinem Baumetall Akzente setzen kann, zeigen die folgenden Bilder 2 bis 5.

Bild 2: Kreativität gefragt? Der Klempner macht mit

„Blechnern", „Flaschnern", „Klempnern" oder „Spenglern" ist nicht angeboren. Man muss ein Gespür für das Material sowohl beim handwerklichen Arbeiten als auch in der Planung entwickeln und Leidenschaft haben für einen begeisternden Beruf.

Bild 3: Die Terrasse des Autors: Theorie, Planung und Ausführung aus einer Hand.

Bild 4: Der Eingang mit Kletterwand rechts

Bild 5: Die Wetterseite – Farbaluminium mit senkrechten Titanzinklisenen

1.6 Die Werkstoffe

Die traditionellen Werkstoffe des Klempners sind Kupfer, Blei und Zink. Sie wurden schon recht früh als handgeschlagene und zwischengeglühte Bleche mit Dicken von 2 mm bis 4 mm verarbeitet. Der erste Klempner wird schon in der Bibel erwähnt (2. Mose 31,3)! Er hieß Bezaleel, sein Lehrling Oholiab.

Zunächst war es der Beruf des Blechschlägers, mithilfe von Hand-, Wasser- oder Windkraft und Hammerwerk aus einem Klumpen Metall ein Blech zu schlagen. Eine beachtliche Leistung, die heute wohl niemand so einfach nachmachen kann.

Bild 1: Hildesheimer Dom mit handgeschlagenen Blechen

Bei diesen Dicken war nur ein einfacher Stehfalz möglich. In Kriegszeiten wurden häufig Metalldächer eingeschmolzen und zu Waffen umgearbeitet, um dann in Friedenszeiten wieder eingeschmolzen und groteskerweise zu Kirchdächern zurück verarbeitet zu werden. Welch gigantischer Aufwand in der Metallbearbeitung!

Vorläufer unserer bandgewalzten Bleche sind handgewalzte Bleche, die paketweise in einen Walzenständer eingelassen wurden, dessen Walzen der Walzmeister nach jedem Durchgang leicht zustellte. In Osteuropa sind nach wie vor noch solche unbesäumten, paketgewalzten, verzinkten Bleche erhältlich – der Klempner muss sie sich erst einmal auf Rechteckformat zuschneiden.

Bild 2: Durchgerostete Bleche – einst der Schrecken jedes Bauherrn, heute als Gartenaccessoire gut verkäuflich

Heute ist jedes Metall mit vielen Sonderoberflächen als Band- oder Tafelmaterial erhältlich.

Alle Materialien sind wegen der Produkthaftung zu kennzeichnen mit der Dicke, der Norm, der Materialkennung, dem Festigkeitsgrad und dem Hersteller samt Herstellland.

Ungekennzeichnete Bleche sollten besser gar nicht verarbeitet werden.

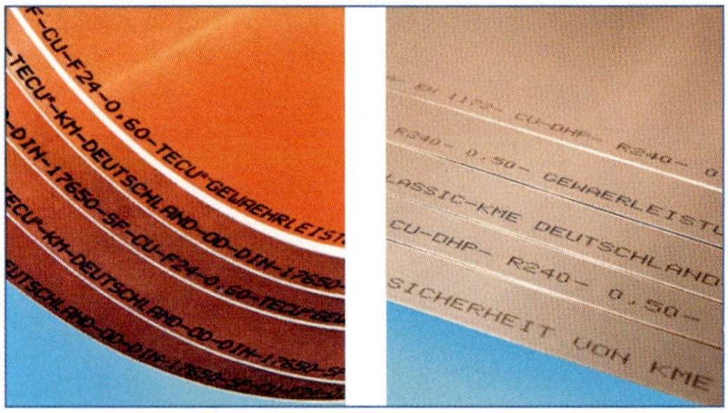

Bild 3: Normgerecht gekennzeichnete Bleche

Kupfer walzblank ist in seiner Haltbarkeit fast unübertroffen – besser ist nur Edelstahl. Öffentliche Stellen schreiben Kupfer über 80 Jahre ab. Der Materialabtrag kann bei ungünstiger Industriebewitterung bis zu 0,1 mm in 10 Jahren betragen. Deshalb verlangen manche Bauherren Stärken von 0,7 mm, die Regeldicke jedoch beträgt 0,6 mm. In machen Gegenden Deutschlands ist Kupfer wegen seiner messbaren Ionenausschwemmung verboten worden. Jeder private Bauherr weiß, dass bei Anschluss einer Kupferrinne an einen Fischteich die Fische bald rücklings schwimmen. Messungen am Züricher See ergaben, dass von einem riesigen Kupferdach anfänglich bis zu 17 kg Kupfer pro Jahr in den See eingeschwemmt wurden. Dennoch macht diese Menge im Verhältnis zu Autoabgasen und anderen Kupferabrieben, wie zum Beispiel von Freileitungen, nur 6 % der gesamten Schwermetallanreicherung im Grundwasser aus. Der Kunde sieht aber die Grünfärbung seiner Betonplatten am Boden unter seiner Kupferrinne, die von Kupferionenausschwemmungen herrührt. Diese sind zwar mengenmäßig äußerst klein, ergeben aber ein farbstarkes Bild, das auch nicht entfernt werden kann – etwa durch Reinigung. Die Ionen durchwandern bei nachträglichen Ausbesserungsarbeiten aus den grünen Ablaufspuren an Wänden sogar erneut Farbanstriche, Putze und massiven Beton.

Bild 1: Dacheindeckung aus Kupfer

Darum empfehlen die Fachregeln für das Klempnerhandwerk erhöhte Tropfkanten von 50 mm für Kupfer vor.

Kupfer färbt sich zunächst mit dem Luftsauerstoff braun zu Kupferoxid, dann verbindet es sich mit dem Kohlendioxid der Luft zu Kupferkarbonat. Bei langen Standzeiten und ausreichend saurem Regen entwickelt es erst im Laufe der nächsten 10 Jahre mit dem Schwefeldioxid der Luft seine schöne grüne Patina aus schwefelhaltigem Kupfer.

Hässliche bläuliche Färbungen infolge von Säuren, z. B. Orangensaft, Urin, Vogelkot oder Säure aus Flusssand, bezeichnet man als Kupfervitriol. Diese Färbungen sind hochgiftig und haben wegen hohen Abwaschungsraten keine Schutzfunktion.

Besonders aggressiv sind nicht UV-geschützte Bitumendächer. Durch die UV-Einwirkung lösen sich Stoffe, die sich bei Nieselregen mit dem Wasser zu einer Säure im Bereich pH 2 verbinden, alle metallischen Deckwerkstoffe – auch Edelstahl – angreifen und in kurzer Zeit zerstören. Ähnliche Erfahrungen gibt es mit organischen Stäuben von Müllereien, Gärtnereien oder Schreinereien, die sich ablagern und sehr sauer entwickeln können.

Bild 2: Kupferfärbungen infolge Bitumensäure-Einwirkung.

Generell bedeuten farbliche Änderungen des Materials nicht, dass der Bauherr dagegen klagen kann. Handelt es sich um natürliche Färbungen, die allgemein bekannt sind, so liegt lediglich ein optischer Mangel, nicht aber ein funktioneller Mangel vor. Erfüllt das Dach seine Aufgabe und ist nicht davon auszugehen, dass die Bewitterung und Einfärbung sich unnatürlich weiterentwickelt, liegt kein Gewährleistungsfall vor.

Sicher kann der Klempner Maßnahmen treffen, die eine gleichmäßige Einfärbung begünstigen.

Dazu gehören:

- Verwendung des gleichen Materials mit gleicher Chargennummer für das gesamte Dach,
- Abdecken der bereits verlegten Bleche bei Nieselregen, damit sie nicht anders vorgefärbt werden als die Bleche, die in einer Trockenperiode verlegt werden,
- Verlegung der Scharen direkt nebeneinander, nicht gleichzeitig an mehreren Stellen beginnen,
- Verwendung von Material „ohne Säbel" (ein guter Säbel bedeutet, dass das Stichmaß eines 10 m ausgerollten Bandes maximal 2 cm abweicht, zulässig sind maximal 5 cm),
- Beachtung der Walzrichtung, das Material schubbt leicht in Walzrichtung und ergibt so bei Sonneneinstrahlung unterschiedliche Farbtöne je nach Ansicht (Pfleile oder Aufschrift beachten).

Bild 1: Normale Einfärbungen bei Kupfer

Bild 2: Einfärbungen von Kupfer von braun zu schwarz

Kupfer wird mit verschiedenen vorbewitterten oder auflegierten Oberflächen geliefert:

- „Kupfer Oxid" ist mittelbraun,
- „Kupfer Patina" ist werksseitig grün,
- „verzinntes Kupfer" ist silbergrau,
- „Kupfer Gold" ist messingfarben,
- „Kupfer Bronze" ist dunkelrotbraun.

Bild 3: TECU-Patina an einer Kuppel

Von Handfärbungen im Außenbereich ist dringend abzuraten. Zwar existieren Tausende von chemischen und biologischen Färbemitteln wie Schwefelleber, Heringslake und Pferdeurin, sie sind aber in der Regel nicht witterungsfest und werden oft bis zum rotbraunen Ton des Kupfers abgewaschen. So dauert es sehr lange, bis sich die natürliche Patina über Jahrzehnte nachbildet.

Die Verarbeitung von grünpatiniertem Kupfer ist nachweislich nicht dauerhaft gesundheitsschädlich, sie führt aber durch den Salzanteil zu Hautrötungen und Schleimhautreizungen. Zu beachten ist auch der schwere korrosive Angriff auf das Werkzeug und die Falz- und Profiliermaschinen. Lässt man eine Maschine nach der Kupfer-Patina-Bearbeitung bei Feuchtigkeit über Nacht stehen, kann man sie nicht wieder erkennen. Das Material staubt beim Profilieren unsichtbar, ähnlich wie beim Treiben von Kupfer. Handschuhe sollten dringend getragen werden. Bewittertes Material ist bislang nur in maximal 4 m langen Tafeln erhältlich. Da die Bewitterung recht aufwendig und der Prozess recht langwierig ist, hat das Material einen sehr hohen Preis. Dies schreckt Architekten jedoch nicht ab, denn die Farbschattierung innerhalb jeder Tafel von gelb, grün und blau wird als wunderschön angesehen.

Titanzink wird generell in 0,7 mm Dicke verarbeitet. Es handelt sich um eine Auflegierung von Zink mit 0,1 % Titan und 0,2 % Kupfer. Bei Titanzink ist im Gegensatz zu dem früheren unlegierten Zink nicht mehr beim Kanten die Walzrichtung zu beachten, die Dehnfähigkeit ist annähernd so hoch wie bei Kupfer und die Haltbarkeit bei abtrocknungsfähigem Einbau annähernd so gut. Es gibt ähnlich wie bei Kupfer 400 Jahre alte, freibewitterte, unbeschädigte Zinkbauteile. Da aber insbesondere wegen Weißrostbildung bei schlechten bauphysikalischen Unterkonstruktionen erhebliche Schadensfälle aufgetreten sind, ist aufgrund der Statistik die prognostizierte Haltbarkeit in öffentlichen Abschreibungstabellen unschön nach unten auf 40 Jahre gesunken.

Bild 1: Titanzinkdach walzblank

Besser als bei Kupfer ist bei Titanzink wegen der Farblosigkeit die Anpassungsfähigkeit an Holz, Putz, Ziegel und Beton. Dadurch wird ein hamonischeres Gesamtfarbbild des Hauses erreicht, sodass die Menge des verarbeiteten Titanzinks die des Werkstoffs Kupfer im gesamten Auftragsvolumen überholt hat.

Problematisch ist die Bearbeitung bei unter 10 °C. Im Winter kann Vorwärmen ausreichen, manchmal aber reißt das dann kristallin gewordene Zink quer durch das ganze Blechbauteil.

Auch Zink gibt es mit vorbewitterten Oberflächen:

- „Zink vorbewittert“ in mattgrau,
- „Zink Quarz“ in mittelgrau,
- „Zink Anthra“ in schwarzanthrazith,
- „Zink blau“ in leicht graublauer Farbe,
- „Zink schiefergrau“ in hellgrau.

Bild 2: Dachgaube mit Farbaluminium (weiß) und Titanzink in den Randeinfassungen

Bei Titanzink wie bei Kupfer sind die Fingerabdrücke vom Handschweiß mit einem Lösungsmittel oder einem Finishöl abzuwischen, da sie sonst anders bewittern als die benachbarten Zonen und über Jahre sichtbar bleiben. Arbeiten mit speziellen textilen Handschuhen mit Noppen verhindern Fingerabdrücke sicher.

Im Fassadenbereich sind unbedingt vorbewitterte Qualitäten einzusetzen, da hier die matte Optik von Anfang an deutlich ebener wirkt.

Farbaluminium wird von verschiedenen Firmen vertrieben. Es wird mit kratzfestem, fest anhaftendem PVdF-Lack hergestellt, der jede Beanspruchung durch Falzen, Treiben, Bördeln, ja sogar Tiefziehen und Drücken mitmacht. Unterseitig ist es mit einem klaren Decklack versehen. Es ist im Quadratmeterpreis deutlich günstiger als Kupfer und Zink, es ergibt sich generell zumindest bei den Standardfarben insgesamt ein niedrigerer Preis, da wegen der geringen Dichte von 2,7 kg/dm^3 Farbaluminium eine Blechfläche ergibt, die fast dreimal so groß wie bei Kupfer ist.

Problematisch für Farbaluminium ist paradoxerweise die rückläufige Umweltverschmutzung. War vor ein paar Jahren noch der saure Regen die Regel, kommt Regen nun nur noch sehr vereinzelt bei Nieselregen sauer vom Himmel. Früher blieb darum bei Farbaluminium der

Dachbereich sauber, heute veralgt er zunehmend und bekommt dadurch schnell grobe, grünliche Verschmutzungen. Anders ist dies bei den Schwermetallen wie Zink, Kupfer und Blei – sie haben derart giftige Auswaschungen über all die Jahre der Haltbarkeit, dass dies jeglichen Algenbewuchs verhindert.

Bei Ziegeldächern werden im Firstbereich teilweise Kupfereindeckgewebe verwendet, um die Ziegel moosfrei zu halten. Sonst sieht man die Algenfreiheit nur unter Bleistreifen bei Kaminen oder Dachflächenfenstern deutlich neben den vermoosten Ziegeln.

Die Algen durchwachsen sogar Falze, was bei sehr flachen Neigungen zu Undichtheiten führt. Jährliches Freispritzen mit einem Dampfstrahler löst dieses Problem natürlich. In der Fassade tritt dieser Bewuchs wegen der schnelleren Abtrocknung nicht auf.

Bild 1: Dachlandschaft in Farbaluminium

Farbaluminium gibt es in allen Farben nach der RAL-Farbkarte. Interessant sind

- zinkähnliche Graufarbtöne in verschiedenen Helligkeitsstufen,
- Kupferpatina-Imitationen oder zinkgraues Material mit Farbsprenkeln,
- Metallicfarben mit hohem Glanzeffekt.
- Gerauhtes oder leicht angeknicktes Farbaluminium PC10 (Prefa)

Generell gilt: Je heller und je glänzender der Werkstoff, umso mehr sieht man die handwerklichen Bearbeitungsspuren und die Beulenbildung.

Falzinc ist verzinktes Aluminium in 0,7 mm Dicke – es hat die Eigenschaften wie Aluminium und ist in seiner Oberfläche hellgrau matt. Nachteilig ist, dass die neueren Legierungen nur schwer lötbar sind, da hilft auch die hauchdünne Zinkschicht auf dem Blech nicht, da sie von den Legierungselementen des Aluminiums durchwandert ist.

Die Oberfläche gibt es in zwei Helligkeitsstufen, man sieht kaum Fingerabdrücke und es ist hervorragend zu verarbeiten. Im Gegensatz zu Zink ist es auch bei kalten Temperaturen falzbar.

Bild 2: Falzinc in Fassade und Dachbereich

Falzinc stellt eine echte Alternative zu den vorbewitterten Zink-Qualitäten dar, wenngleich die viel hellere Farbe nicht zu vergleichen ist. Es ist somit ein eigenständiger Werkstoff mit einer neuen Identität.

Edelstahl (Roofinox, Uginox, Ugitop), auch als Chrom-Nickelstahl oder Sonderstahl bezeichnet, wird in der Klempnerei immer öfter verwendet. Insbesondere als die Kupferpreise sehr hoch stiegen, war Edelstahl günstiger als Kupfer, auch da die Dichte etwas geringer ist und die Verarbeitungsdicken nur 0,4 mm oder 0,5 mm betragen.

Edelstahl wird von den Klempnermonteuren ungern verarbeitet, weil die Kanten messerscharf sind. Regional wird es als Ersatz für unterseitenkorrosionsanfälliges Titanzink verwendet.

Es ist in folgenden Qualitäten erhältlich:

- verzinntes Edelstahl lötbar, matt,
- glasgeperltes Edelstahl matt,
- gebürstetes Edelstahl rau,
- walzblankes Edelstahl schweißgeeignet,
- verkupfertes Edelstahl mit reiner Kupferoberfläche, die normal bewittert.

Bild 1: Edelstahl im Wohnungsbau

Edelstahl kommt auch beim rollnahtgeschweißten Edelstahldach zum Einsatz (siehe Kapitel 10, Sonderdeckungen).

Bild 2: Wohnhaus in Kupfer verzinnt, ähnlich in der Wirkung wie bei Edelstahl verzinnt

Walzblei wird im englisch sprechenden Europa und in Übersee häufig in Dicken von 1,5 mm bis 2 mm eingesetzt. Der Klempner dort erhielt vom ihm seinen englischen Namen Plumber. Die Verarbeitung ist gänzlich anders als die der bei uns üblichen Bleche. Ganz eigene Werkzeugsätze erlauben, das sehr weiche Blei so zu treiben, dass aus einem Loch inmitten einer Bleitafel eine ganze Kaminverwahrung herausgetrieben werden kann.

Die Verarbeitungstechnik lässt sich im deutschsprachigen Raum über Schulungen erlernen. Architekten entdecken das Walzblei auch für die Fassade. Durch seine starke Weißrostausbildung, die großen Falze und die deutlichen Ablaufspuren sieht es sehr urwüchsig und massiv aus.

Bild 3: Dach aus Walzblei

Verzinktes Stahlblech kommt als Deckmaterial kaum noch vor. Teilweise wird es in Bergregionen bei Scheunen noch verarbeitet, muss aber am besten alljährlich mit Bleimenning oder einem anderen aktiven Schutzanstrich geschützt werden. Ungeschützt hält es ca. 15 Jahre. Da die Verlegekosten höher sind als die Materialkosten, fällt die Wahl meist auf ein edleres Deckmaterial.

Anders ist dies bei Unterkonstruktionen oder bei Unterblechen. Da verzinktes Stahlblech sich mit allen Werkstoffen außer Kupfer verträgt, wird es als günstiges Unterblech, Z-Profil, Trapezschale oder Vollblech auf Rundungen als Unterdeckung eingesetzt.

Bild 4: Eine einst verzinkte Dachrinne

Meist wird ausschließlich ein Material für die gesamte Baustelle gewählt. Viele Deckstoffe lassen sich zwar kombinieren, aber Kombinationen von Kupfer mit Titanzink oder Kupfer mit verzinktem Blech sind ausgeschlossen. Interessant ist, dass Blei mit Kupferstiften genagelt wird und Edelstahl universell mit allen Deckstoffen kombiniert werden kann. Im Einzelnen sind weitreichende Erfahrungen mit Kombinationen in den Klempnerfachregeln zu finden.

Streckmetall

Stark im Kommen ist der Einsatz von Streckmetall in der Fassade. Alle hier beschriebenen Materialien können industriell unterschiedlich lang quergeschlitzt und anschließend je nach der gewünschten Transparenz gestreckt werden. Lagerware wird nur für Wabenblech anstelle von Lochblech für Belüftungszwecke vorgehalten – alle anderen Streckmetalle sind Sonderanfertigungen.

Bild 1: Kupfer-Streckmetall als Sichtschutz

Bild 2: Prefa-Farbaluminium in der Fassade

Fragen

1. Welche anderen Berufsbezeichnungen sind regional für den Klempner noch anzutreffen?
2. Welche Tätigkeitsgebiete sind dem Klempner durch das Berufsbild vorgegeben?
3. Welche Vor- und welche Nachteile hat ein höherer Vorfertigungsgrad im Bereich Klempnerei?

Bild 3: Vorbewittertes Zink in Dach und Fassade, kombiniert mit einer Pfosten-Riegel-Konstruktion

4. Nennen Sie die 6 grundlegenden Metalle, die im Klempnerbereich zum Einsatz kommen.
5. Erstellen Sie eine Tabelle der Blechwerkstoffe mit den ungefähren Haltbarkeiten unter Außenbewitterung.
6. Geben Sie zu jedem Grundmaterial mindestens 3 Sonderoberflächen an.
7. Warum soll in der Fassade vorwiegend vorbewittertes Material zum Einsatz kommen?
8. Welche Anwendungsgebiete für die moderne Datenverarbeitung bestehen in der modernen Klempnerei?
9. Die Umweltverträglichkeit der Metalle am Bau wird stellenweise angezweifelt. Nennen Sie einige Argumente und überlegen Sie, wie sie sich entkräften lassen.
10. Mit welchen Grundmaterialien ist eine graue, also farbneutrale Oberfläche in der Fassade herstellbar?
11. Was versteht man unter dem Begriff Streckmetall?

2 Dachentwässerung

Nur in Ausnahmefällen lässt man das von den Dachflächen kommende Niederschlagswasser frei über die Traufe abfließen. Dabei sind Auswaschungen des Bodens und Durchfeuchtung der Fassade bei Wind unvermeidbar. Insbesondere nach längeren Trockenperioden haben sich auf dem Dach Staub, Blütenpollen und Ruß abgelagert. Dies kann dann zu beträchtlichen Fassadenschäden führen. Bei Gebäuden, deren Traufe an öffentlichen Wegen und Straßen liegt, ist die Ableitung von Niederschlagswasser sogar bauaufsichtlich vorgeschrieben.

Bild 1: Dachrinne kastenförmig bei der Montage

Beim **Steildach** sammelt die Dachrinne das Regen- und Schmelzwasser und leitet es dem Regenfallrohr zu. Das Regenfallrohr ist in der Regel an die öffentliche Kanalisation angeschlossen. Selten endet es mit einem freien Auslauf in einem Sickerschacht oder kann direkt in ein Gewässer eingeleitet werden. Das Regenwasser muss nicht wie Schmutzwasser geklärt werden.

Bild 2: Rinnen mit Gegengefälle vermosen

Vorgehängte Dachrinnen und Regenfallrohre sind fachgerecht nach DIN EN 12056 und DIN EN 1986-100 zu bemessen und aus Metall nach DIN EN 612 auszuführen. Für Kunststoffrinnen gilt DIN EN 607. Die DIN EN 612 lässt neue, frei definierbare Rinnenformen zu. Um die Passgenauigkeit und Kompatibilität zu bestehenden Dachrinnen, Regenfallrohren und dem Zubehör zu gewährleisten, ist es notwendig, die bisher handelsüblichen Formen und Maße einzuhalten, die über die Angaben der DIN EN 612 hinausgehen. Deshalb haben sich deutsche Hersteller geeinigt, weiterhin auch nach DIN 18460 und DIN 18461 zu produzieren, um austauschbares Zubehör und einen hohen Qualitätsstandard zu haben.

Bei **Flachdächern** mit nach innen geneigtem Gefälle wird das Niederschlagswasser über Dachabläufe (Dachgullys) abgeführt. Ein Estrich mit Gefälle oder eine keilförmige Dämmung leiten es dem an der tiefsten Stelle angebrachten Ablauf zu. Hier müssen die Rohre druckwasserfest nach DIN EN 1986-100 ausgeführt werden, um den Druck bei einem Wasserstau auf dem Dach auszuhalten.

Bild 3: Rinne mit Trägerkanter

Sheddächer oder Schmetterlingsdächer werden durch innenliegende Rinnen entwässert. Für die Überlaufsicherheit müssen in Absprache mit dem Bauherrn Vorkehrungen getroffen werden, da ein Überlauf erhebliche Gebäudeschäden verursacht. Sicherheitsrinne, Signalgeber und Notabläufe sind einige der möglichen Vorkehrungen. Der Klempner haftet hier für seine Leistungen – auch für die sichere Abführung eines Jahrhundertregens.

Bild 1: Innenliegende Rinne an einem Schmetterlingsdach

2.1 Dachrinnen aus Metall

Dachrinnen sind offene Sammelprofile zum Abführen von Niederschlagswasser. Sie können nach unterschiedlichen Kriterien eingeteilt werden. Alle Rinnenprofile kommen in den unterschiedlichsten Anwendungsfällen am Bau vor. Eine Übersicht gibt Tabelle 1.

Innenliegende Rinnen kantet der Klempner selbst.

Tabelle 1: Unterschiedliche Einteilungskriterien für Dachrinnen		
Einteilung nach der Form		
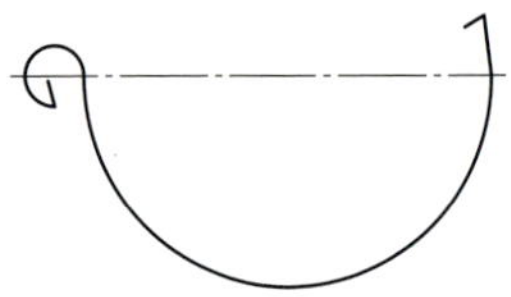 Halbrundrinne	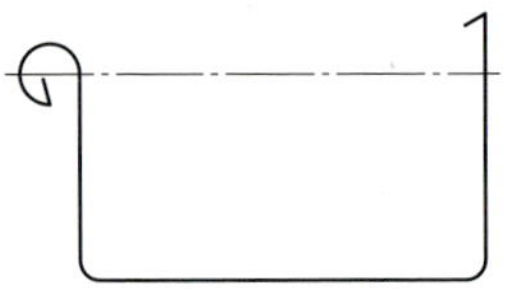 Kastenrinne	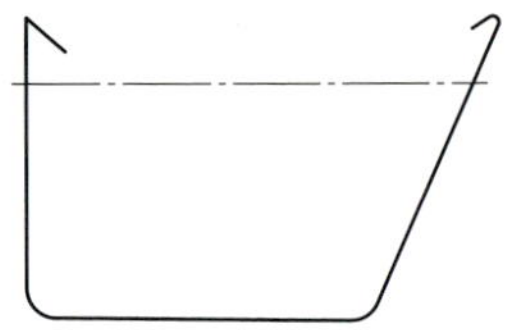 Trapezrinne
Einteilung nach der Lage am Bau		
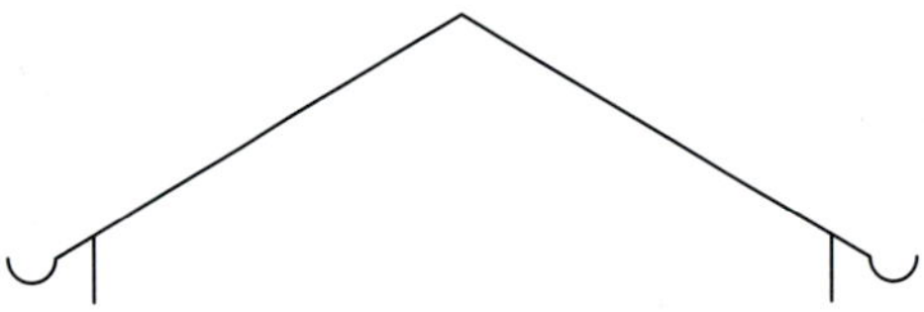 Außenliegende Rinne	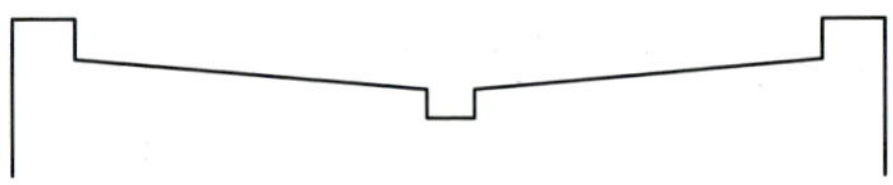 Innenliegende Rinne	
Einteilung nach der Anbringung		
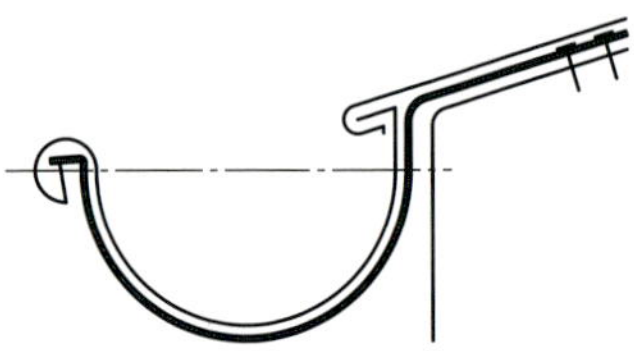 Hängerinne	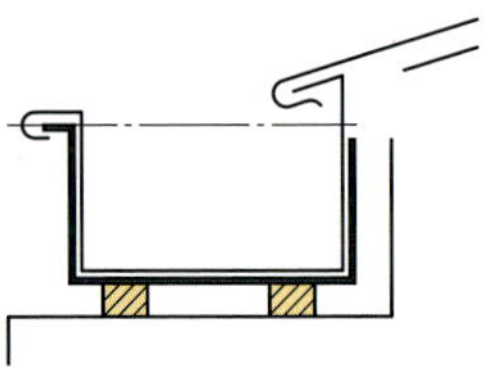 Standrinne	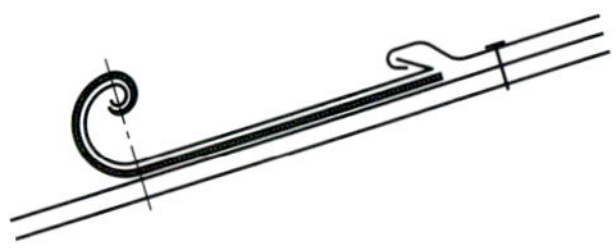 Liegerinne
Einteilung nach der baulichen Situation		
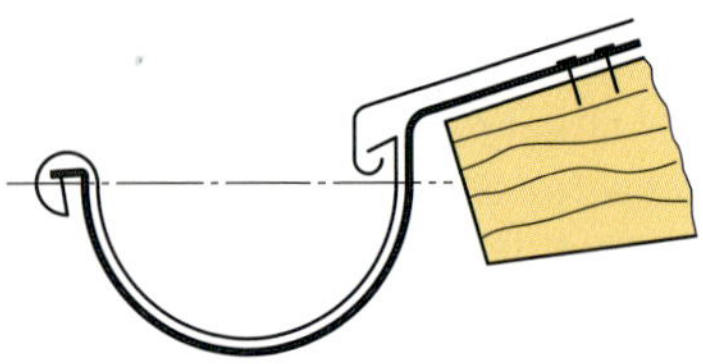 Vorgehängte Rinne	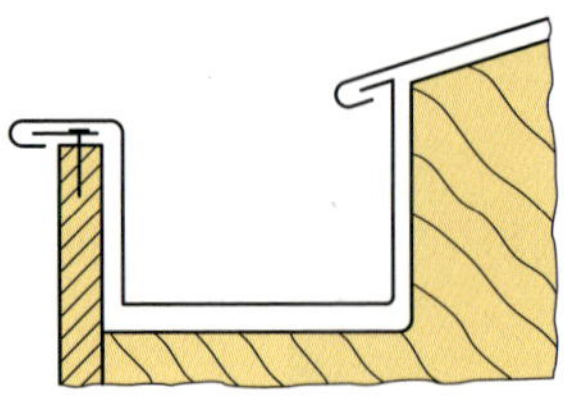 Attikarinne	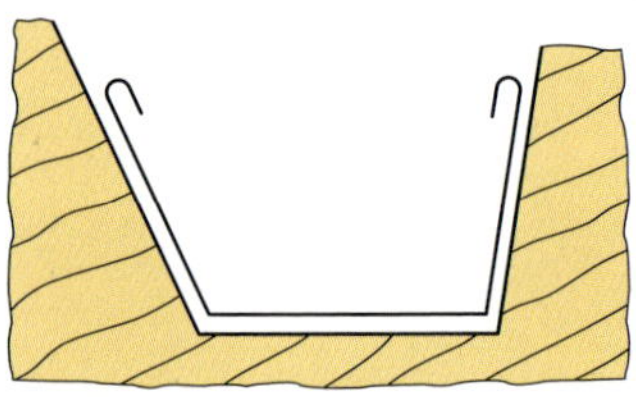 Eingelegte Rinne

Einteilung nach der Form

Anzustreben ist generell die halbrunde Form. Sie bietet mehr Querschnittsfläche bei gleichem Blechzuschnitt (Materialersparnis), besitzt auch bei geringer Füllmenge eine größere Schwimmtiefe (transportiert Laub und Feststoffe besser), hat einen geradlinigen Wasserabfluss (trocknet schneller) und ist einfacher anzubringen. Alle eckigen Formen korrodieren und verschmutzen schneller, da das Wasser auf dem nie ganz ebenen oder beulenden Boden „Pfützen" bildet. Deshalb werden kastenprofilförmige Rinnen nur bei vorgesehenen Aussparungen im Baukörper verwendet.

Einteilung nach der Lage am Bau

Die außenliegende Anbringung ist generell zu bevorzugen, da hier das Überlaufen über den Wulst gefahrlos möglich ist. Bei innenliegenden Rinnen müssen erhebliche Sicherheitsvorkehrungen getroffen werden, sonst können große Bauschäden und Feuchtigkeitsschäden an Einrichtungen auftreten.

Einteilung nach der Anbringung

Die Rinne wird herkömmlich, falls nicht anders vereinbart, mit einem Gefälle von 1 mm/m bis 5 mm/m montiert. Eine Freispiegelentwässerung ohne Gefälle ist ebenso zulässig. Dies wird zumeist durch unterschiedliches Abkanten der Rinnenhalter (hängende Anbringung) erreicht. Das Auflegen auf eine geneigte Bohle ist bei Simsen möglich (Standrinne). Die innenliegende Rinne wird in eine vom Zimmermann mit Gefällebohle vorbereitete Aussparung eingelegt. Die Rinnen-oberkante muss dabei waagrecht bleiben, damit die Stauwasserhöhe eingehalten wird (Not-überlauf) und die oberen Anschlüsse geradlinig verlaufen. Die Rinne ist deshalb konisch zu kanten (Gefälleschnitt).

Einteilung nach der baulichen Situation

Rinnen werden auch nach ihrem Einbauort klassifiziert. Nicht eingebettete Profile brauchen für ihre Stabilität vorne einen Wulst und hinten einen Wasserfalz. Der Wulst hat die Aufgaben, die Rinne auszusteifen, einen Verletzungsschutz zu gewährleisten und stellt einen geradlinigen optischen Abschluss dar. Außerdem dient er als Verbindungselement zweier Rinnen (Eindrehen) und als indirekte (gleitende) Befestigung an den Rinnenträger. Rinnen mit ausreichend großem Wulst erhalten nach DIN EN 612 das Qualitätszeichen X am Ende der Norm-Bezeichnung. Der Wasserfalz wird zum Einhängen der Trägerfedern und des Traufbleches benötigt. Zudem stellt er den Lötspalt sicher, denn er „rastet" beim Eindrehen ein und kann durch Einziehen mit einer Beißzange die zwei Rinnenteile zusammenspannen. Der Wasserfalz muss je nach Rinnengröße 8 mm bis 11 mm über der Wulstoberkante liegen, damit diese als Tropfkante mit größerem Abstand zur Fassade dient. Rinnenprofile für Gesims- oder innenliegende Rinnen liegen in einer Aussparung. Dabei ist allerdings zu beachten, dass die entstehende Querschnittsfläche mit der einer genormten Rinne für diese Dachflächengröße übereinstimmt oder größer gewählt wird.

Bild 1: Titanzinkrinne an Rib-Roof-Dach

2.2 Zubehörteile

Die meisten Zubehörteile für halbrunde und kastenförmige Rinnen sind in den Fachregeln des Klempnerhandwerks festgelegt. Dies hat den Vorteil der Hersteller- und Zuliefererunabhängigkeit. Außerdem vereinfacht es die Reparatur und Auswechselung beschädigter Rinnen und dient der eindeutigen Ausschreibung in Leistungsverzeichnissen. Zubehörteile aus dem

Ausland können trotz gleicher DIN-Nummer andere Maße aufweisen, da deutsche Rinnenproduzenten weiterhin nach der alten DIN 18461 kanten, die ja einen höheren Standard als den Mindeststandard nach DIN EN 612 bietet.

Rinnenendstücke

An den Enden enthält die Rinne den als Rinnenboden bezeichneten Abschluss. Bei fast allen Werkstoffen kommen meist selbstdichtende sogenannte Patentböden zum Einsatz, die einfach aufgeschlagen werden.

Bild 1: Aufgeschlagener Patentboden

Normalerweise werden diese Böden nachträglich ausgelötet. Manche lassen dies weg, weil sie zu Recht sagen, dass durch Einschwemmen von Staub die Dichtung von selbst erfolgt – allerdings erst, nachdem es einige Zeit getropft hat.

Bei Kupfer und Aluminium hinterlassen Lötarbeiten bei nachträglicher Auslötung Färbungen, hier sind auch auffalzbare Böden im Fachhandel erhältlich, die mit einem Dichtband aufgefalzt werden können.

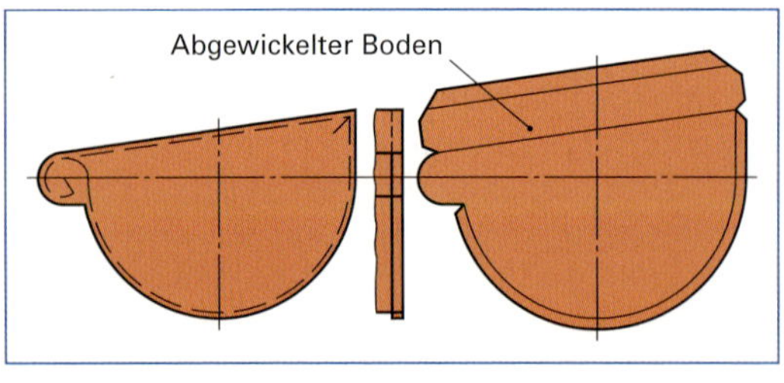

Bild 2: Lötboden und Falzboden

Eine guten optischen Abschluss bilden Kugelböden, die den Wulst rundherum bis zum Wasserfalz führen (Bild 3).

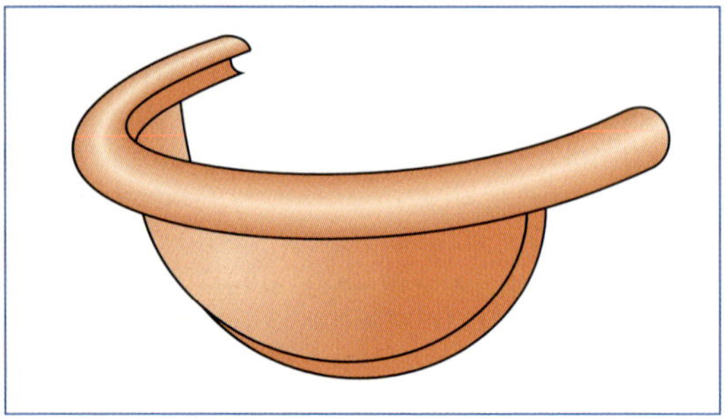

Bild 3: Kugelboden

Rinnenstutzen

Rinnenstutzen stellen die Verbindung der Rinne mit dem Regenfallrohr her. Dieser Übergang ist nach DIN 12056 möglichst trichterförmig auszuführen. Damit auch bei voll gefüllter Rinne die gesamte Wassermenge einströmen kann, ist die Einlauffläche um ca. 30 % im Vergleich zum Querschnitt der Regenfallrohrfläche zu erweitern. Ansonsten gilt der Anschluss als zylindrisch und die maximal anschließbare Dachfläche ist kleiner. Erfahrungsgemäß läuft die Rinne immer am Stutzen über, da hier Wasserläufe von beiden Seiten am tiefsten Punkt der Rinne aufeinanderstoßen und Luft aus dem Kanalüberdruck entweicht.

Bild 4: Zylindrischer Anschluss eines Regenfallrohres durch Einlöten eines Bördelrandes

Bild 1: Konischer Rinnenstutzen beim Einbau

Die früher selbst angefertigten bzw. gekauften Lötstutzen sind weitgehend von den einfach übergeklemmten Einhängestutzen abgelöst worden (Bild 2). Der Rinnenausschnitt ist hier anzubördeln, da sonst Wassertropfen an der Unterseite der Rinne entlanglaufen können.

Der Stutzen wird in den Wulst eingedreht und seine Blechlappen werden hinten über den Wasserfalz geschlagen. Für große Ausladungen (Dachvorsprünge) ist der Stutzen mit einer Öse zu versehen, damit er zusätzlich mit Draht nach hinten befestigt werden kann.

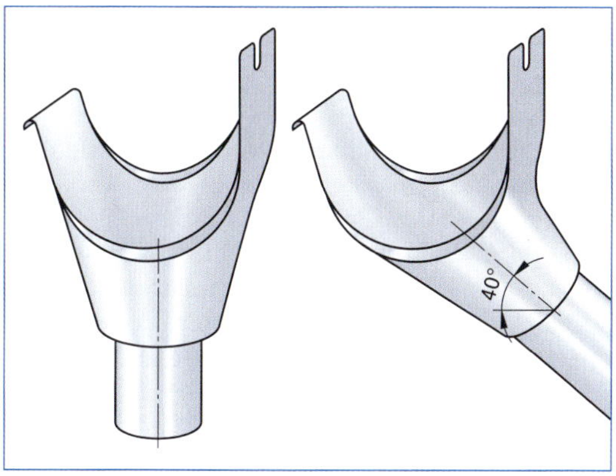

Bild 2: Einhängestutzen gerade und schräg

Ovale Rinnenstützen eignen sich für die Ausführung von Tiefpunktschiebenähten. Im Fachhandel erhältlich sind zudem konische Schrägrohre.

Bild 3: Aufwendige Wasserführung bei versetzten Dachflächen

Bild 4: Dachentwässerung über Kehlen und Rinnen

Wandeinführungen sind unzweckmäßig. DIN EN 12056 schreibt vor, dass Regenwasser und Schmutzwasser erst in der Grundleitung außerhalb des Hauses zusammenzuführen sind, sonst kann es zu „Abfüllungen" eines Hauses mit Regenwasser kommen, wenn ein Krümmer (zum Beispiel durch Laub) zugesetzt ist (Bild 1, Seite 28). Zudem treten an der Einführungsstelle Wärmebrücken auf. Dies hat Kondensatbildung im Inneren zur Folge, weil warme feuchte Raumluft an der kalten Wandstelle kondensiert. Muss eine Wandeinführung realisiert werden, ist das Fallrohr druckwasserdicht aus Kunststoff oder Guss auszuführen und bis in den Keller komplett zu dämmen. Sanitäre Anlagen dürfen an dieses Rohr nicht angeschlossen werden.

Für Rohr und Rinne gab es nach dem alten Stand der Technik eine Faustregel: Zu jeder Rinne gehört ein bestimmter Rohrdurchmesser

(Zuschnitt der Rinne = Zuschnitt des abgewickelten Rohres). Dies ist in der neuen Fassung der Bemessungsrichtlinie des ZVSHKs (siehe S. 72) nicht mehr so – die Rinnenzubehörhersteller bieten nun passende Stutzen für die Kombination mit allen Rinnen und Rohrabmessungen an.

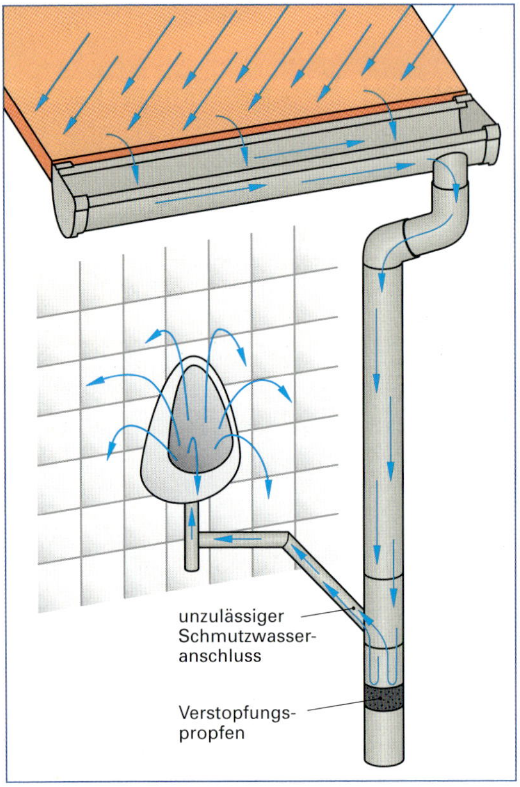

Bild 1: Gefahr des Volllaufens bei unzulässiger Zusammenführung von Schmutz- und Regenwasser innerhalb des Hauses

Bild 2: Selbstgekantete geschweißte und feuerverzinkte Rinnenträger für eine Attikarinne mit Blende

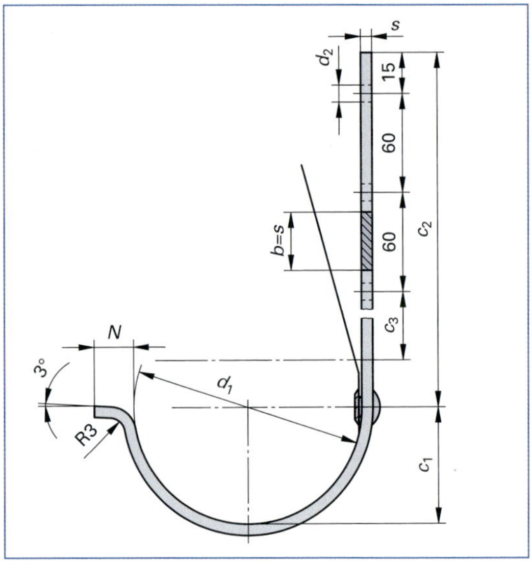

Bild 3: Rinnenträger genormt, kurze Ausführungsart

Rinnenhalter

Rinnenhalter (Rinnenträger, Rinneneisen) werden unterschieden nach ihrer Tragfähigkeit. Sie sind in Dicken von 25 mm x 4 mm bis 30 mm x 8 mm mit und ohne Sicke in verschiedenen Werkstoffen erhältlich. Sie sind zur einfacheren Unterscheidung nach DIN 18461 in Baureihen eingeteilt, abhängig vom Halterabstand und von der Beanspruchung (Seite 29).

In schneereichen Gebieten werden zusätzlich Spreizen (Überreisen) eingesetzt, zum Teil kommen auch nicht genormte Hochkanthalter zum Einsatz.

Um Kontaktkorrosion zu verhindern, muss der Halterwerkstoff auf den Rinnenwerkstoff abgestimmt sein. Der gleiche Werkstoff ist aus Stabilitätsgründen nicht immer verwendbar. Darum führt die DIN EN 612 die Korrosionsschutzklasse A und B und die Tragfähigkeitsklasse H, L und O ein: Die Korrosionsschutzklasse A entspricht dem rinnengleichwertigen Vollmaterial mit genau vorgeschriebener Werkstoffgüte, bei Trägern der Klasse B handelt es sich um frei wählbare Werkstoffe mit Metall- bzw. Kunststoffüberzug und mit mindestens 60 µm Schichtdicke.

Klasse H hält einer Prüflast von 750 N stand, L für Leichte Belastung nur 500 N. Rinnenhalter werden mit zwei Federn (FF) oder mit Nase und Feder (NF) gefertigt. Die Federn werden zunächst um den Wulst, dann um den Wasserfalz gezogen. Sie sollen wegen der Schiebemöglichkeit der Rinne nicht so stark angezogen werden, dass sie in den Rinnenwerkstoff einschneiden. NF-Träger kommen meist nur im Sichtbereich zur Anwendung – hier müssen die Träger sehr exakt vormontiert sein, da ein Ausgleichen wegen des vom Halter starr gehaltenen Wulstes unmöglich gemacht wird. Die Rinne muss eingedreht werden. Bei großen Längen sind hierzu zwei Arbeitskräfte erforderlich.

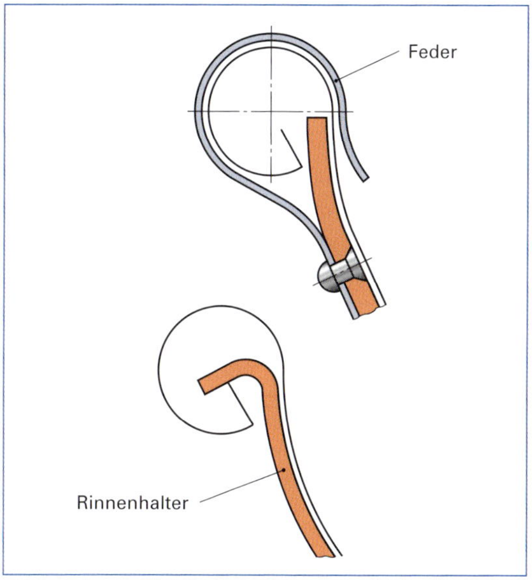

Bild 1: Doppelfederhalter (FF-Träger) und Nase-Federhalter (NF-Träger)

Rinnenträger sind laut VOB Teil C DIN 18339 bündig in einen gehobelten Traufkeil mit 30 mm Mindestdicke einzulassen. Regional ist auch die Doppellatte zulässig, die keine so gute Auflage für den Träger und das darüberliegende Traufblech bietet. Jedenfalls schlägt ein guter Zimmermann seine Nägel an der Traufe schräg ein – so kann der Klempner mit einer Rinnenträgerfräse problemlos die Träger einlassen. Hat der Zimmermann dies vergessen, muss mit Handkreissäge und Stemmeisen der Träger eingelassen werden und die Nägel sind weiter zu versenken. Je nach Belastung des Trägers in Abhängigkeit von Schneelastzone und Rinnenträgerabstand kommen die Baureihen 1 bis 4 der Tabelle 1 in Betracht.

Bild 2: Mit Trägerfräse eingelassene Rinnenträger

Tabelle 1: Zuordnung von Prüflasten und Rinnenhalterabständen zu den Beanspruchungsreihen

Rinnenhalter-abstand (Achsmaß)	Leichte Belastung Klasse L (Prüflast 500 N)	Hohe Belastung Klasse H (Prüflast 750 N)
in mm	Reihe	
≤ 740	1	3
≤ 840	2	4

Als übliche Belastung ist Schneelastzone 1 (entspricht in etwa Norddeutschland), als hohe Belastung ist Schneelastzone 2 und 3 (in etwa Süddeutschland) anzunehmen.

Tabelle 2: Materialstärken von Trägern

Nenngröße	c_1 ± 3	Maße für steigende Beanspruchung b_3 x s_2 Reihe 1	2	3	4
200	230	25 x 4	25 x 4	25 x 4	–
	270				
250	280	25 x 4	30 x 4	25 x 6	–
	330				
	410	25 x 4	–	–	–
	500				
280	290	30 x 4	30 x 5	25 x 6	25 x 8
	350				
	390	30 x 4	–	–	–
	480				
333	300	30 x 5	25 x 6	40 x 5	30 x 8
	370				
	450	30 x 5	–	–	–
400	340	30 x 5	40 x 5	25 x 8	30 x 8
	430				
	410	30 x 5	–	–	–
500	375	40 x 5	40 x 5	30 x 8	30 x 8
	515				

Rinnenwinkel

Rinnenwinkel sind bei vorspringenden Gebäudeecken Außenwinkel, bei einspringenden Gebäudeecken Innenwinkel. Teilweise werden sie am Bau direkt über Gehrungsschnitt angepasst, angeschweift und mit 10 mm Überlappung gelötet. Besser ist es, die Rinnenwinkel in der Werkstatt mit einer Lehre für den passenden Winkel vorzurichten.

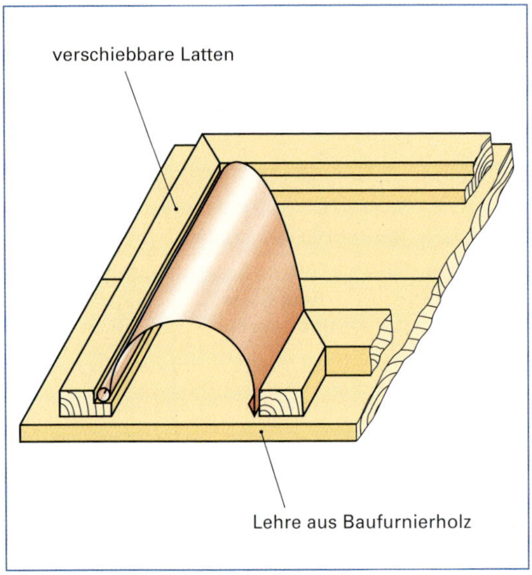

Bild 1: Gehrungslade zum passgenauen Sägen

Meistens jedoch werden tiefgezogene Fertigwinkel verwendet, die aber nicht genormt und darum beim Einbau oft nicht passgenau sind. Sie haben neben der geringeren Montagezeit den Vorteil, dass die störenden Verfärbungen durch das Hartlöten wegfallen und stabilere winkelrechte Nähte mit größerer Überlappung hergestellt werden können.

Bild 2: Selbstgebaute Rinnenwinkel an Gesimsrinne

Rinnenkessel

Insbesondere bei langen Kehlen schießt das Wasser in der Rinne leicht über, aufgelötete Wasserleitbleche können teilweise Abhilfe schaffen. Rinnenkessel, auch Wasserfangkästen genannt, sammeln das aus den Rinnen kommende Wasser besser und vermeiden so ein Überlaufen der Rinne. Außerdem bietet der Kessel für die nur eingesteckten, nicht verlöteten Rinnen Dehnungsmöglichkeiten. Rinnenkessel verändern das architektonische Gesamtbild eines Hauses. Sie werden schon seit vielen Jahrhunderten als Gestaltungselement eingesetzt (Bild 3 und 4).

Bild 3: Einfacher Kasten als Wasserkessel

Bild 4: Rinnenkessel zur Flachdachentwässerung hinter einer Brüstung

Im Inneren der Kessel sollen keine Ecken entstehen, in denen das Wasser stehen bleibt. Bei stark geschwungenen Profilen empfiehlt sich ein glatter, einfacher Innenkörper. Falze sind durchzulöten. Gefrierende Nässe treibt Nähte auf und führt zu Undichtheiten. Zunehmend wünschen Architekten aufwendigere Formen mit vorgegebenen Maßen.

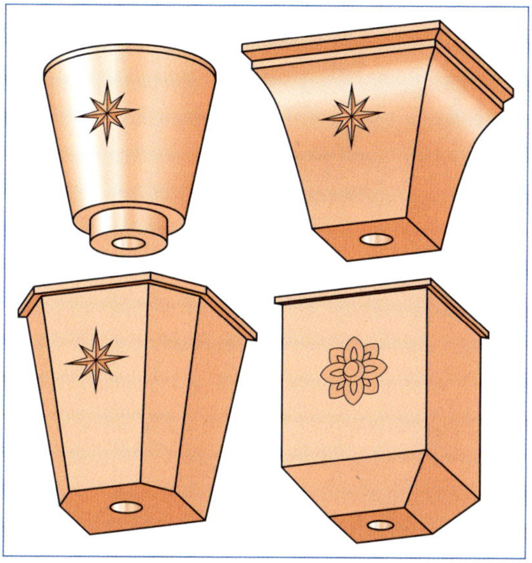

Bild 1: Einfache Formen von Wasserfangkästen

Baulich bedingt können eigenartige Wasserfangkästen erforderlich werden, die nur speziell für einen Anwendungsfall entwickelt werden müssen. Diese erfordern echte Kreativität und Sachverstand, um dauerhaft zu funktionieren. Beachtet werden müssen die unterschiedlichen Aspekte: Laub, gefrierende Nässe, Eisbildung, Spritzwasser, Rinnenquerschnitt, Neigung und das Strömungsverhalten.

Bild 2: Wasserführung aus einem Flachdach hin zu einem außenliegenden Regenfallrohr

Bild 3: Verdeckter Rinnenkessel an einer auskragenden Hausecke

Bild 4: Wasserführung in einem von oben kommenden Stütz- und Entwässerungsrohr

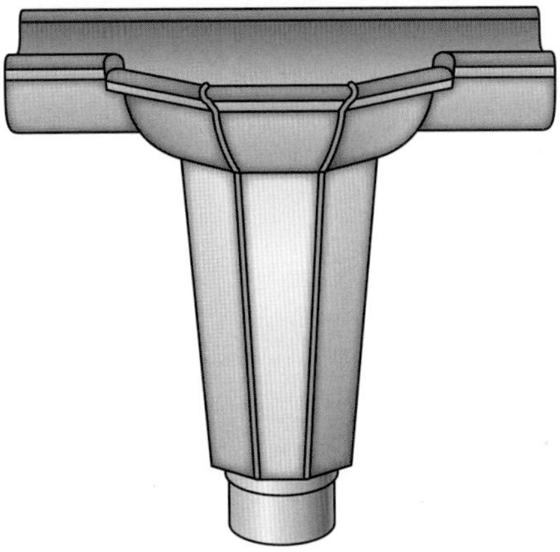

Rinnenerweiterung mit geradem Kesselteil

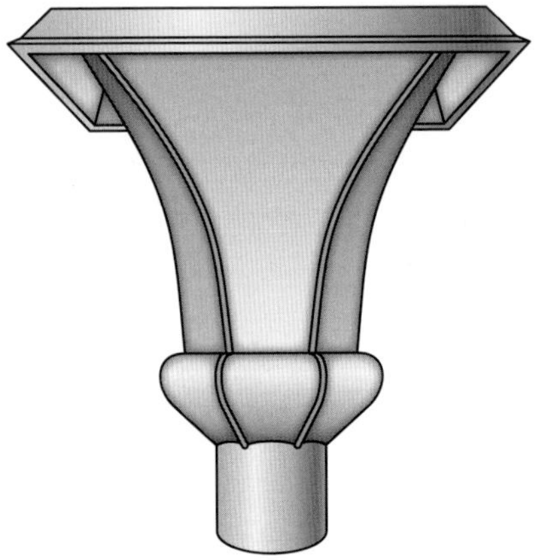

Achteckiger Rinnenkessel

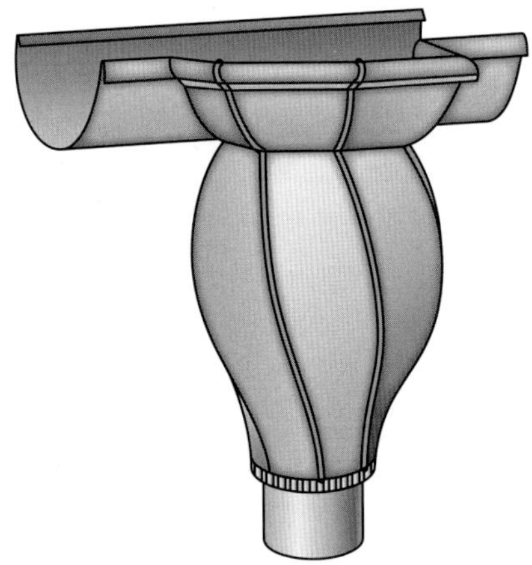

Rinnenerweiterung mit gedrehter Zwiebel

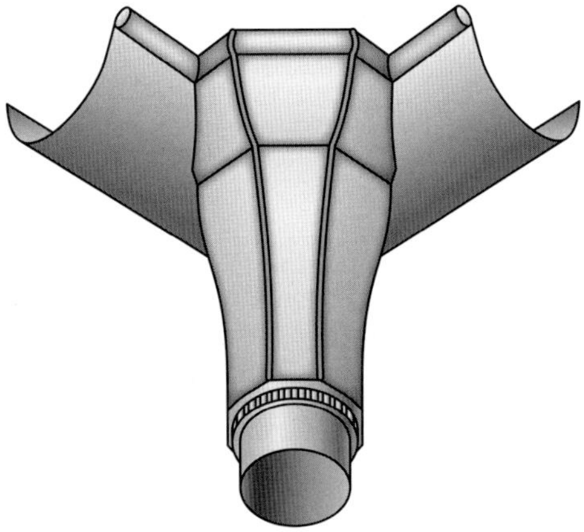

Rinnenkessel für Innenecke

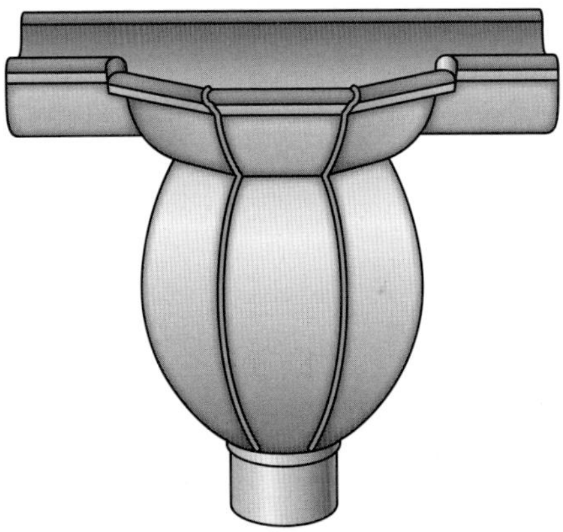

Erweiterung mit gerader Zwiebel

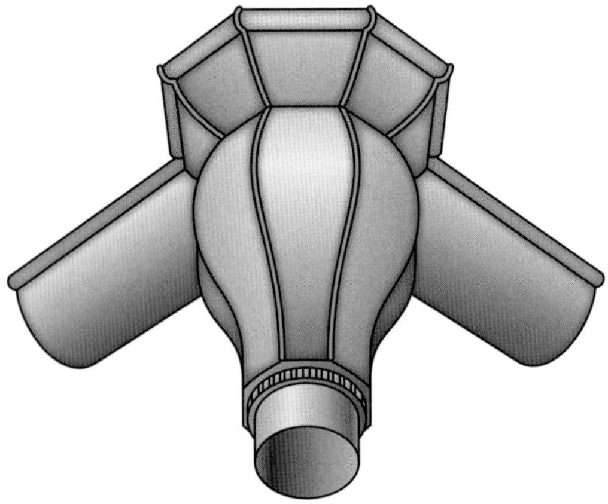

Rinnenkessel für Außenecke

Bild 1: Formen für aufwendige Rinnenkessel

Die Herstellung kann in Zink mit innen dick gelötet und mit verschliffenen Nähten außen erfolgen. Kupfer muss je nach Wunsch nicht sichtbar nach innen oder sichtbar nach außen gefalzt werden. Die Nähte werden dann zusätzlich auch bei Kupfer dicht gelötet. Es können auch Lötbänder verwendet werden, die mit eingefalzt und anschließend warm gemacht werden. Rinnenkessel aus Farbaluminium müssen mit Dichtband verfalzt werden. Undichtheiten schwemmen sich durch Staub recht bald selbst zu. Frost im Winter jedoch treibt undichte Nähte auf.

Abwicklungen

Alle handwerklich hergestellten Blechteile benötigen für den Zuschnitt eine Abwicklung, also eine Zeichnung der benötigten Formen auf einem flachen Blech (Bild 1). Grundlagen des Anfertigens von Abwicklungen werden in Berufsschulen gelehrt, ausführlich ist dies Thema in Meisterschulen, außerdem gibt es hierzu spezielle Fachbücher. Gerade zur Sanierung denkmalgeschützter Bauwerke muss dieses Wissen dringend vermittelt werden – wurde doch der Beruf des Klempners insbesondere wegen dieses handwerklichen und gestalterischen Könnens erhalten.

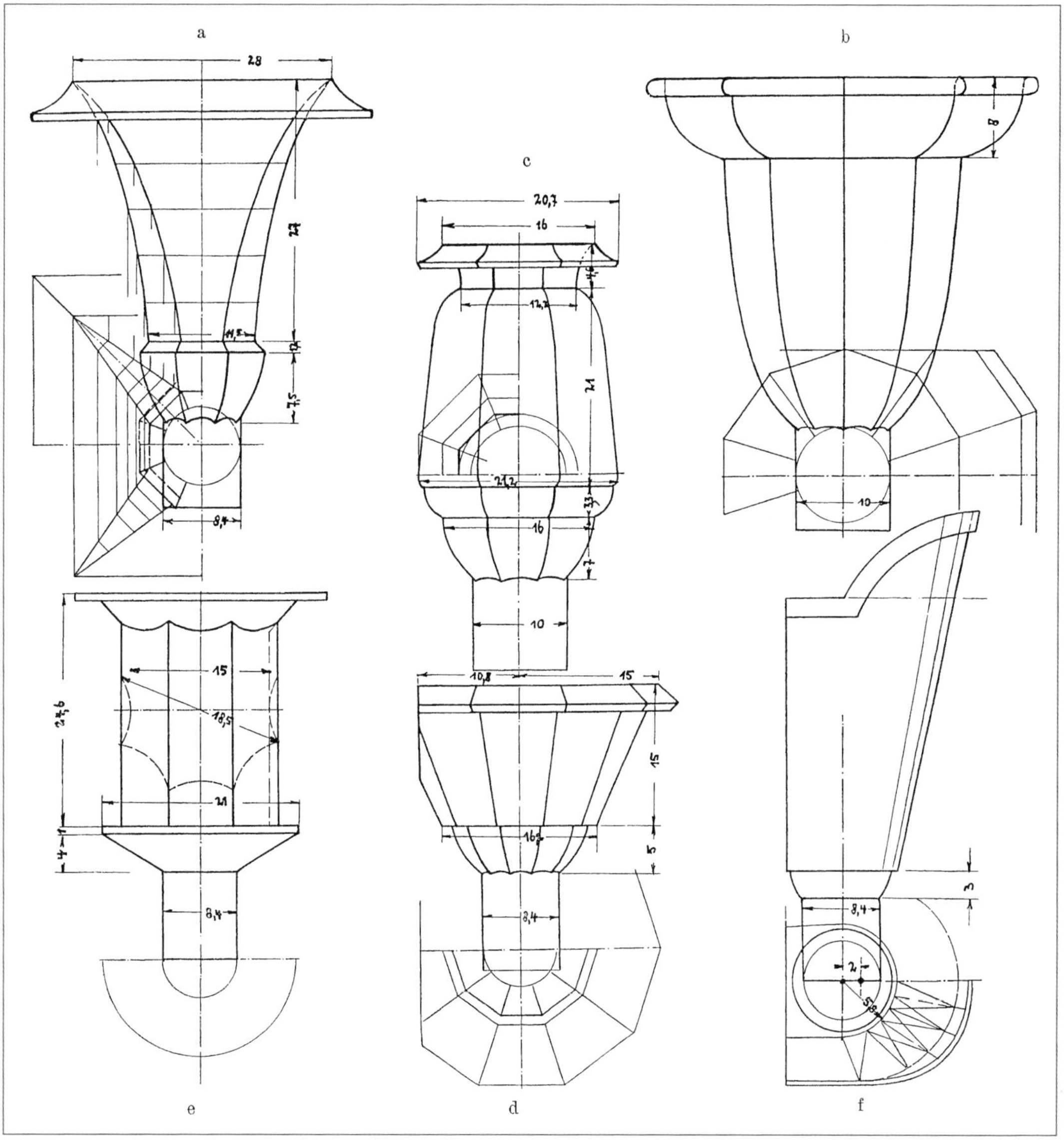

Bild 1: Beispiele für Abwicklungen

Während früher am Reißbrett mit Bleistift gezeichnet wurde, kann heute über CAD konstruiert werden, was den Vorteil hat, dass die Entwürfe leichter reproduziert, geändert oder in einer anderen Größe ausgedruckt werden können.

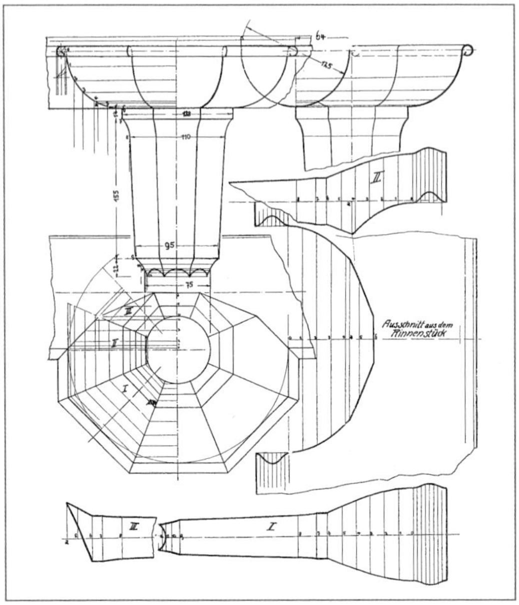

Bild 1: Abwicklung mit geradem Stiefel

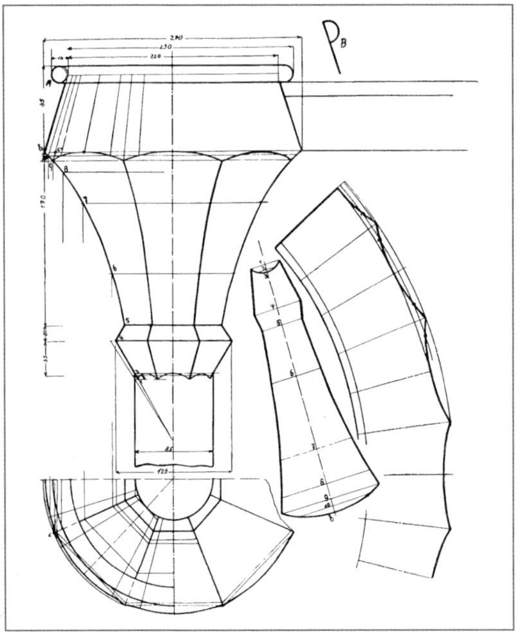

Bild 2: Abwicklung mit konischen Unterteil und Übergang von Rund auf Eckig

Auch 3D-Konstruktionen für Rinnenkesselkonstruktionen halten im Klempnerbereich Einzug, bei denen nach erfolgter Zeichnung die Abwicklung direkt erhältlich ist.

Zusätzlich sind Abwickelprogramme für die gängigen Grundkörper auf dem Markt, die für Lüftungsformstücke geeignet sind. Bei ihnen können jedoch nur einige Maße verändert werden, sodass damit die Gestaltungsfreiheit deutlich eingeschränkt wird.

Blechteile im Denkmalschutz

Insbesondere im Osten Deutschlands ist nach der Wende ein beträchtlicher Restaurierungsbedarf entstanden. Vouten, Blattwerk, Halbschalen, Ornamente, Wappen oder Schnecken wurden früher alle aus Zink oder Kupfer gefertigt und sind nun erneuerungsbedürftig. Hierauf haben sich einige Klempnerfirmen spezialisiert, da das erforderliche Wissen und Können bei alten Handwerkskünsten beträchtlich ist.

Bild 3: Restaurierungssteile aus der Dachentwässerung

Dehnungsausgleicher

Werkstoffe dehnen sich bei Erwärmung aus und ziehen sich bei Abkühlung zusammen. Diese Längenänderung (Dilatation) ist werkstoffabhängig verschieden. Kann die Konstruktion die Längenänderungen bei Temperaturänderung nicht ausgleichen, ergeben sich Spannungen im Werkstoff. Versuche mit einer beidseitig in Stahlträger eingeschweißten Rinne ergaben bei einer Abkühlung um 100 K (Kelvin) Kräfte im Bereich von mehreren 10 kN. Dies entspricht der Gewichtskraft von mehreren Tonnen!

In unserem Klima kommen im Dachbereich Temperaturen von –20 °C bis +80 °C vor – je nach Schwärze der Materials sogar noch darüber. Nach VOB (Verdingungsordnung für Bauleitung Teil C, DIN 18339) und den Fachregeln des Klempnerhandwerks sind Bleche so zu befestigen, dass Längenänderungen ermöglicht werden, die im Bereich von 100 K Temperaturdifferenz auftreten. Um dem Handwerker den Rechenaufwand zu ersparen, sind maximale Blechlängen für unterschiedliche Rinnen angegeben und die Bleche sind indirekt, das heißt mit Schiebemöglichkeit zu befestigen. Als Blechverbindung kommen drei verschiedene Dehnungsausgleicher für Rinnen in Betracht:

Die handwerklich hergestellte **Hochpunktschiebenaht** (Bild 1) besteht aus zwei ineinander gesteckten, etwa 60 mm bis 80 mm überlappenden Rinnenteilen. Am Ende der inneren Rinne wird ein Rinnenboden eingelötet, ein zweiter mit etwa 30 mm Abstand in die äußere Rinne. Der entstehende Hohlraum wird mit einer Blechkappe abgedeckt.

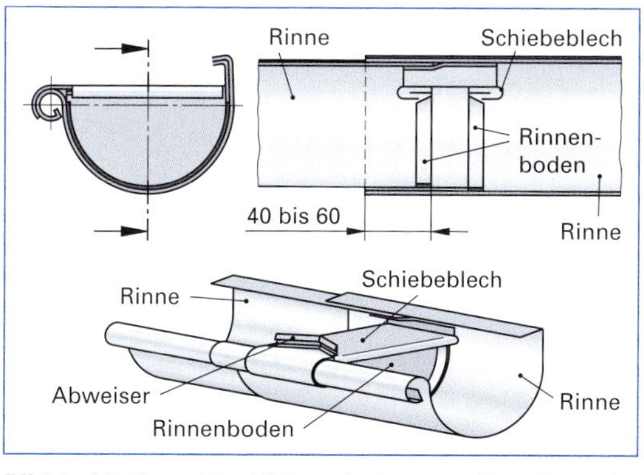

Bild 1: Hochpunktschiebenaht hergestellt mit zwei Lötböden

Die **Tiefpunktschiebenaht** (Bild 2) kann aus einem Kessel mit lose eingesteckten, angereiften Rinnen bestehen. Eine einfachere Möglichkeit ist das halbovale Ausschneiden und Anreifen zweier Rinnenenden mit übergreifendem Einhängestutzen.

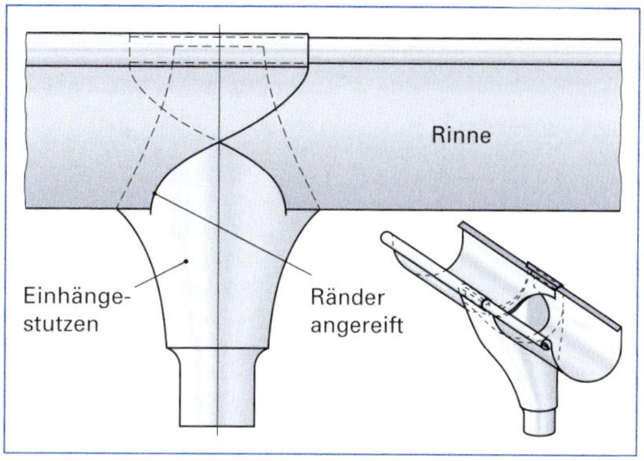

Bild 2: Tiefpunktschiebenaht aus der Rinne herausgearbeitet

Die industriell vorgefertigten **Elastomer-Dehnungsausgleicher** (Dilatationsbänder, Bild 3) können an beliebiger Stelle in eine Rinnenüberlappung eingesetzt werden. Dabei ist Überhitzung zu vermeiden; neuere Dilatationsstreifen haben darum ein Wärmeschutzblech an der Unterseite. Die Einbautemperatur ist zu beachten.

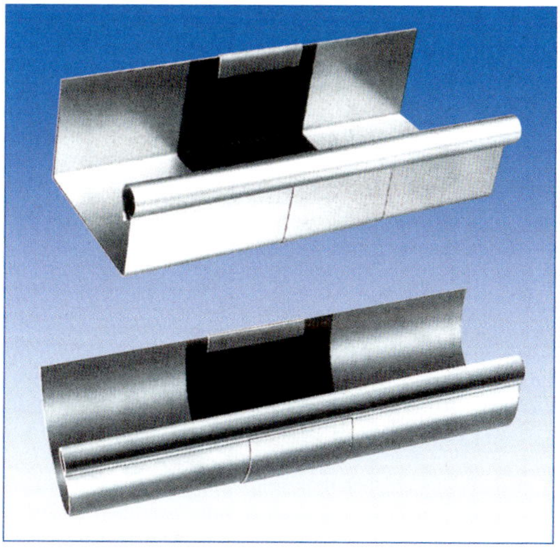

Bild 3: Industriell hergestellt Dehnelemente zum Direkteinbau in die Rinne

Günstiger ist der Einkauf einer Dehnelementenrolle zum Selbstzuschneiden. Hier braucht die Rinne nicht abgesetzt werden. Man kann sie durchlaufen lassen, die Nähte, bei denen ein

Dehnungsausgleich zu erfolgen hat, werden mit dem Dilatationsband versehen und die anderen Nähte unverschieblich durchgelötet.

Bild 1: Dilatationsband, selbst zugeschnitten und mit der Rundschiene gekantet

Für den Einbau in Flachdächer sind Einkopfdehnelemente erforderlich. Sie ermöglichen den Dehnungsausgleich eines Traufbleches bei gleichzeitiger Dehnungsverhinderung an der Dachabdichtung. Blech dehnt sich in Längsrichtung bei Wärmeeinwirkung – Bitumen oder polymere Dachdichtungsbahnen schwinden eher und können diese Dehnungen punktuell nicht aufnehmen (Rissbildung). Darum wird über die Blechkante ein loser, nicht verklebter Schleppstreifen eingelegt, der die punktuelle Dehnung auf eine große Länge verteilt.

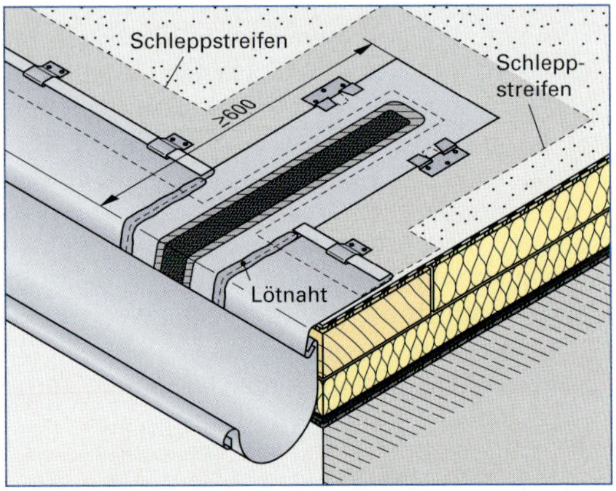

Bild 4: Einbau eines Einkopfdehnelementes

Bild 2: Dilatationseinbau in eine vorgehängte Rinne

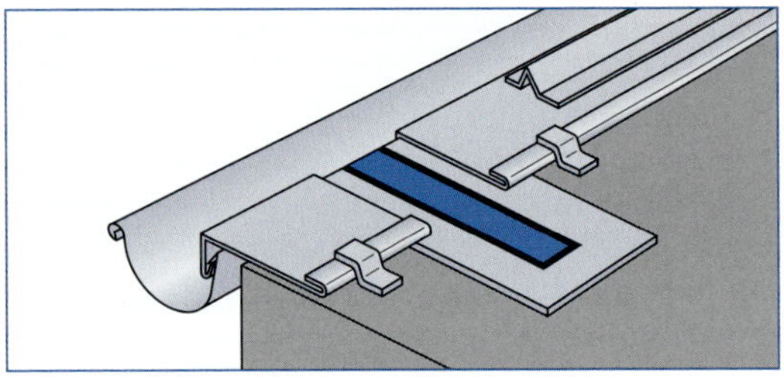

Bild 5: Einbau für eine vorgehängte Rinne

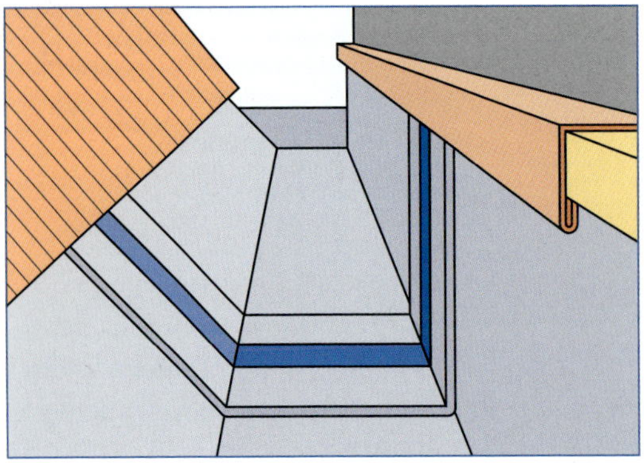

Bild 3: Dilatationseinbau in eine Shedrinne

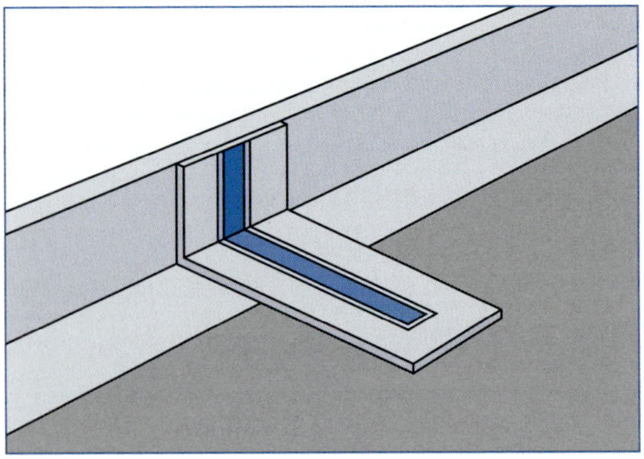

Bild 6: Einbau bei einer seitlichen Einfassung

An Flachdächern mit innenliegender Rinne ist der Dehnungsausgleich natürlich beidseitig zu beachten. Tendenziell wird dieser Fall eher vermieden – der Einbau von punktförmigen Flachdach-abläufen ist sicherer als die linienförmige Entwässerung mit umfangreichen Klebearbeiten.

Bild 1: Einklebung an einer innenliegenden Rinne

Die Bleche haben unterschiedliche Längendehnzahlen (Tabelle 1). Den Dehnweg genau zu berechnen, ist für die jeweilige Einbausituation wenig sinnvoll, da alle Dehner bei Einhaltung der maximalen Dehnlänge ausreichende Dehnfähigkeit haben.

Tabelle 1: Dehnzahlen üblicher Stoffe im Klempnerhandwerk

Werkstoff	Ausdehnungszahl	Nichtmetalle	Ausdehnungszahl
Aluminium	2,4 mm/m je 100 K	Beton	1,4 mm/m je 100 K
Blei	2,9 mm/m je 100 K	Bitumendachbahn	1,4 mm/m je 100 K
Edelstahl	1,6 mm/m je 100 K	PVC-Kunststoff	8,0 mm/m je 100 K
Kupfer	1,7 mm/m je 100 K	Ziegelmauerwerk	0,5 mm/m je 100 K
Stahl, verzinkt	1,2 mm/m je 100 K	Holz, quer zur Faserr.	5,8 mm/m je 100 K
Titanzink	2,2 mm/m je 100 K	PE-Folie	20,0 mm/m je 100 K

Die Anzahl der Dehnelemente richtet sich nach maximal zulässigen Abständen (Tabelle 2).

Tabelle 2: Maximale Abstände der Dehnelemente bei bestimmten Bauteilen

Bauteil	Abstand
In Wasser führenden Ebenen für eingeklebte Rinneneinhänge und Shedrinnen	6,0 m
Innenliegende, nicht eingeklebte Dachrinnen mit über 500 mm Zuschnitt	8,0 m (bei Stahl 14,0 m)
Innenliegende, nicht eingeklebte Dachrinnen bis zum 500 mm Zuschnitt	10,0 m (bei Stahl 14,0 m)
Hängedachrinnen mit mehr als 500 mm Zuschnitt	
Hängedachrinnen bis 500 mm Zuschnitt	15,0 m
Diese Richtwerte gelten für die gestreckte Länge von Bauteilen. Für die Abstände von Ecken und Festpunkten gelten jeweils die halben Längen. Hierzu gehören Rinnenwinkel und Innenabläufe.	

Werden diese nicht eingehalten, kommt es zu eingerissenen Lötnähten, deformierten Rinnenwinkeln, losgerissenen Schellen, auch zu Dehnrissen oder sogar zu Komplettrissen in Blechen durch die wachsende Materialaufhärtung.

Die Anordnung der Dehnelemente ist eine echte Planungsaufgabe und erfordert Sachverstand (Bilder 3 und 4).

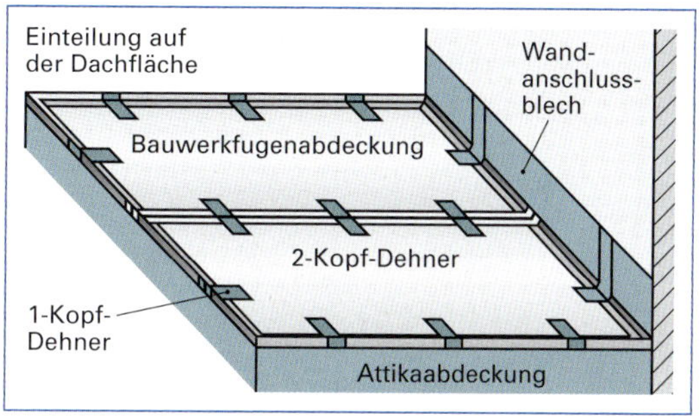

Bild 2: Anordnung von Dehnern an einem Flachdach: untereinander 6 m, von den festen Randpunkten nur 3 m Abstand

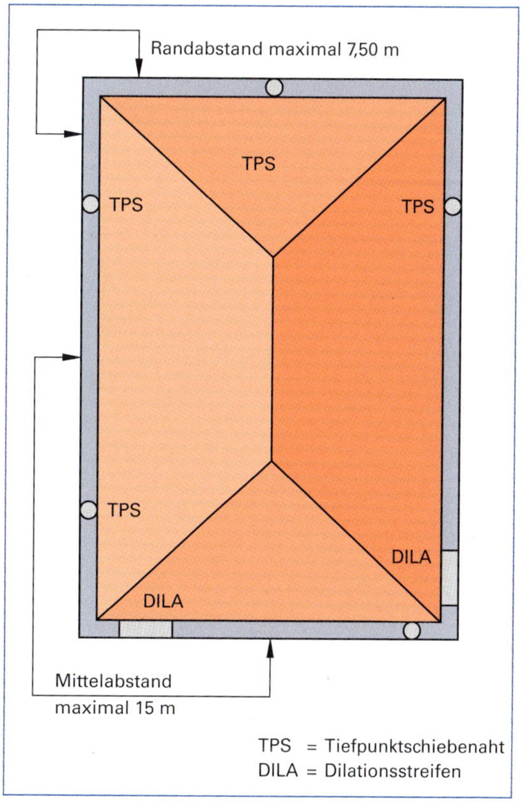

Bild 3: Anordnung von Dehnelementen an einem Steildach untereinander 15 m, von festen Randpunkten nur 7,5 m Abstand

Laubfänge

Steht in der Nähe oder sogar über dem Haus ein Laubbaum, ist die Kanalisation gegen Verstopfen zu sichern. Das früher übliche Laubsieb, das in den Stutzen eingesetzt wurde, hat einen beträchtlichen Reinigungsaufwand (die ganze Rinne muss dann gesäubert werden) und erhöht die Überlaufgefahr. Zudem muss für die Säuberung das Dach bestiegen oder eine Anstelleiter verwendet werden, was aufwendig und gefährlich ist. Heute bieten sich die im Folgenden beschriebenen Varianten an.

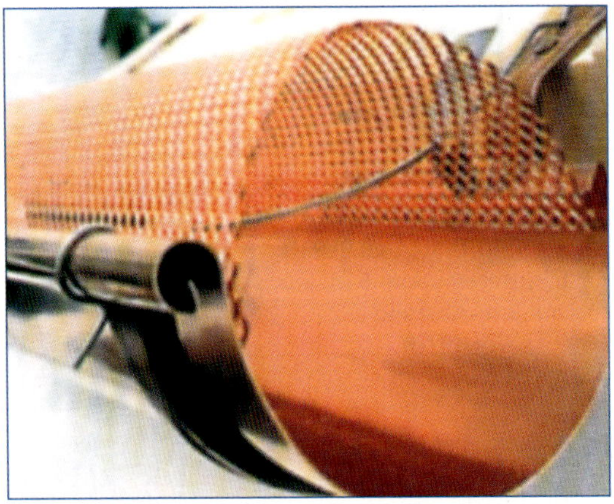

Bild 1: Laubsieb zur Abtrocknung von Laub bei vollem Rinnenquerschnitt

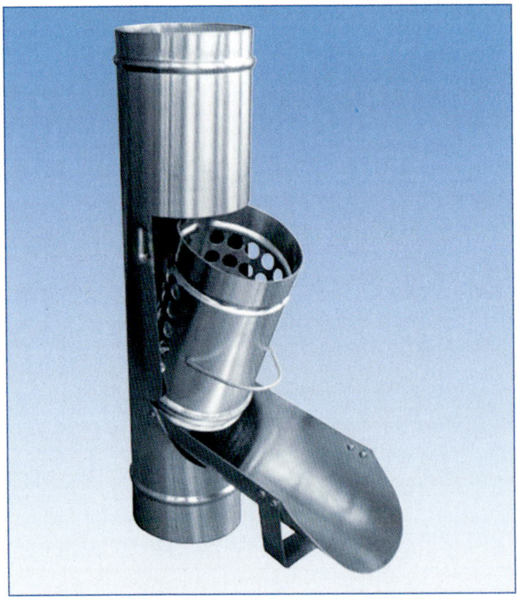

Bild 2: Laubsieb in der Regenwasserklappe zur Handentnahme

Die Regenwasserklappe mit Laubfang ermöglicht eine Entnahme am Übergang zum Standrohr; sie muss aber recht häufig entleert werden (Bild 2). Mehr Sicherheit bieten vollflächige Laubstoppbleche auf der Rinne (Bild 1). Es kann auch ein kunststoffbeschichteter, im Rinnendurchmesser gerundeter Maschendraht, aus Zweimeterstücken aneinander gereiht, in die Rinne eingelegt werden. Beide Lösungen ermöglichen eine schnelle Abtrocknung und Freiblasen durch Wind. Ein Überschießen ist durch die Kantungen und die vertieften Löcher selbst bei extremen Niederschlagsmengen ausgeschlossen.

Bild 3: Dezentes Laubsieb, von unten nicht sichtbar eingeklemmt in die Trägerfedern

Traufbleche und Kehlbleche

Traufbleche und Kehlbleche sind wegen der Vielfalt der möglichen Maße und Neigungen nicht als Halbzeug zu beziehen. Manche Baumärkte bieten Bleche in Längen von 1 m bis 2 m an, die dann von Hand etwas nachgeformt werden können. Dies ist aber unsinnig und dient allein der Vermarktung von Kunststoffdachrinnen. Ziegelhersteller bieten Ziegelkehlen mit unterschiedlichen Dachanschlusswinkeln an, die einfach überlappt werden. In beiden Fällen kann es zu zahlreichen Problemen kommen: Schnee kann sich durch Gewölbebildung ansammeln, eindringendes Wasser durchfeuchtet den Dachaufbau, die dünnen, großen Ziegelformstücke brechen leicht und sind schwer wiederzubeschaffen. Es sollte deshalb auch hier eine fachgerechte Lösung vorgesehen werden. Für die detaillierte Ausführung siehe Kapitel 3, Verwahrungstechnik.

2.3 Vorgehängte Rinnen

Vorgehängte Rinnen werden als halbrunde Rinnen oder als Kastenrinnen ausgeführt. Sie bestehen aus Wulst (vereinfachend als Vollkreis gerechnet), Wasserlauf (Halbkreis oder Rechteck), Reserve (halbe Wulsthöhe), Überhöhung (Ablauf nach vorne) und Wasserfalz hinten. Diese genauen Vorgaben haben den Vorteil, dass Blechbearbeitungen am Dach mit fertigem Normzubehör in kürzester Zeit zu erledigen sind.

Tabelle 1: Rund- und Kantmaße von Rinnen nach der „alten" DIN 18460

Halbrunde Dachrinne

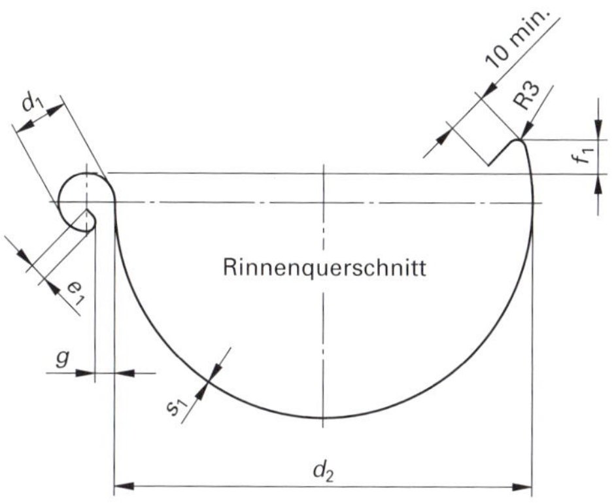

Kastenförmige Dachrinne

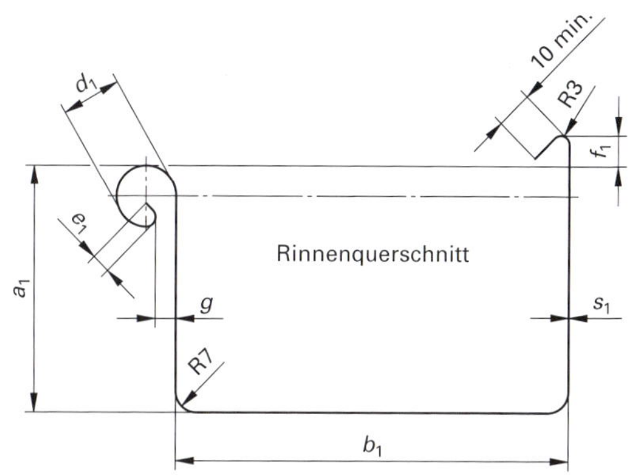

Halbrunde Dachrinnen, Maße nach den Fachregien des Klempnerhandwerks

Nenngröße	Zuschnittbreite (+1/–2)	d_1 [1] (±1)	d_2 (+2/0)	e_1 (+2/–1)	f_1 (min.)	g (+1/0)	Nenndicke s_1 bei Werkstoff: Al	Cu	St	Zn	S.S[2]	Rinnenquerschnitt in cm^2
200	200	16	80	6	8	5	0,70	0,60	0,60	0,65	0,40	25
250	250	18	106	7	10	5	0,70	0,60	0,60	0,65	0,40	43
285	280	18	127	7	11	6	0,70	0,60	0,60	0,70	0,40	63
333	333	20	153	9	11	6	0,70	0,60	0,60	0,70	0,40	92
400	400	22	192	9	11	6	0,80	0,70	0,70	0,80	0,50	145
500	500	22	250	9	21	6	0,80	0,70	0,70	0,80	0,50	245

Kastenförmige Dachrinnen, Maße nach den Fachregien des Klempnerhandwerks

Nennmaß	Zuschnittbreite (+1/–2)	a_1 (±1)	b_1 (0/-1)	d_1 [1] (±1)	e_1 (+2/–1)	f_1 (min.)	g (+1/0)	Nenndicke s_1 bei Werkstoff: Al	Cu	St	Zn	S.S[2]	Rinnenquerschnitt in cm^2
200	200	42	70	16	5	8	5	0,70	0,60	0,60	0,65	0,40	29
250	250	55	85	18	7	10	5	0,70	0,60	0,60	0,65	0,40	47
333	333	75	120	20	9	10	6	0,70	0,60	0,60	0,70	0,40	90
400	400	90	150	22	9	10	6	0,80	0,70	0,70	0,70	0,50	135
500	500	110	200	22	9	20	6	0,80	0,70	0,70	0,80	0,50	220

1) Beim Vorliegen klimatisch bedingter außerordentlicher Beanspruchungen können besondere Wulst- und Wasserfalzausführungen erforderlich werden. Das bedingt auch entsprechende Rinnenhalterausführungen.

2) S.S. bedeutet „Sonder-Stahl", hier Edelstahl

Bild 1: Titanzinkrinne halbrund

In der Regel wird die Rinne in 3-m- oder 6-m-Stücken als Halbzeug bezogen, nur noch kleine Passstücke werden selbst mit Rundmaschine, Wulststab und Kantbank angefertigt. Bedingt durch den Wulststab ist man auf 2-m-Stücke begrenzt, und diese erfordern am Bau zeitaufwendige Lötnähte. Aus Sicht des Bauherrn sind 1-m- oder 2-m-Stücke „Resteverwertung". Kantbänke mit 6 m Länge sind in vielen Klempnerbetrieben selbstverständlich geworden, 6-m-Wulststäbe dagegen verwinden sich und ergeben eine ungleichmäßig hohe Wulst. Einige größere Klempnereien haben eigene Walzprofiliermaschinen und können sogar Sonderformen (z. B. eine Rinne inklusive angebogenem Traufblech) rationell herstellen.

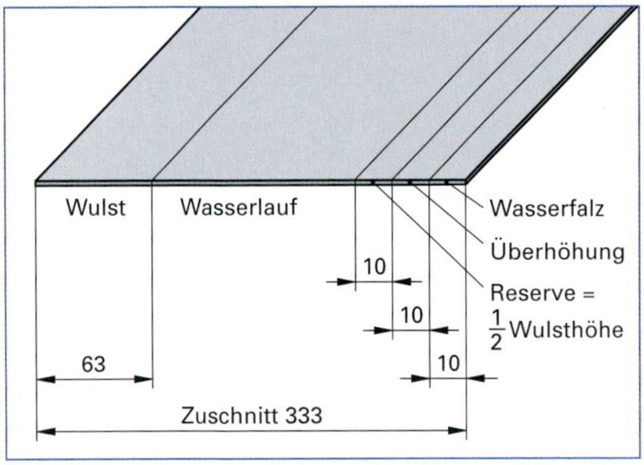

Bild 2: Aufgerissener Blechstreifen für eine 333er-Rinne

Kurze Stücke von Rinnen können selbst nachgebogen werden. Insbesondere bei Verwendung von Farbaluminium soll die Rinne exakt den gleichen Farbton wie die Dacheindeckung haben. Dann muss selbst gekantet und gerundet werden oder man wendet sich an einen Rinnenhersteller mit der Bitte um Durchlassen des Bleches durch die Rinnenwalzprofilierstraße. Einige Klempnereien besitzen noch ältere Rinnenziehmachinen und Rohrfalzmaschinen zur Herstellung von Rinnen in Sonderblechen. CNC-Kantbänke können auch runde Rinnen segmentweise biegen!

2.4 Gesimsrinnen

Gesimsrinnen werden in einem „künstlichen" oder auf einem bestehenden Hauptgesims des Gebäudes angebracht.

Bild 3: Eingelegte Sicherheitsrinne aus Folie – darüber wird die Attikarinne angebracht

Teilweise wird von Architekten gewünscht, die Rinne verdeckt im Dachaufbau unterzubringen (Bilder 1 bis 4, Seite 41). Diese verdeckte Traufrinne kann nur selten in eine passende Holzkonstruktion eingelegt werden. Dann hat der Klempner über gewöhnliche Rinnenträger das vorgeschriebene Gefälle herzustellen. In der Bekleidung darf diese Neigung aus optischen Gründen nicht zu sehen sein. Hier besteht die Möglichkeit, die Rinnenträger waagrecht zu verlegen und die Rinne entsprechend mit Holz zu unterfüttern (Bild 3, Seite 41). Aufwendig ist dann die erforderliche konische Kantung der Rinne. Wegen der Überlaufsicherheit muss aber die obere Abdeckung mit der Rinne aus einem Stück gefertigt sein. Eine weitere Möglichkeit stellt die Verwendung vorgefertigter Rinnenhalter mit vorbereitetem Anschluss einer Attikabohle dar. Diese Spezialträger werden im Abstand von 2 m bis 4 m anstelle eines gewöhnlichen Trägers abgekantet und mittels einer Lasche mit Stellschrauben seitlich an den Sparren angebracht. Eine Bohle kann dann in

Stehfalztechnik bekleidet werden (Bild 4). Bei „echten" Gesimsrinnen ist das darunter liegende Sims gegen überlaufendes Wasser und Schwitzwassertropfen zu sichern. Das Attikablech kann darauf mittels Winkel befestigt werden, muss aber unten einen Spalt zur Entwässerung aufweisen (Bild 1). Die entstehende Undichtheit durch das Durchschrauben der Winkel muss durch eine Trennlage aufgefangen werden. Diese Lösung mit kompletter Trennung von Rinne und Attikablech hat den Vorteil, dass eine gewöhnliche Normrinne verwendet werden kann und damit das aufwendige konische Kanten entfällt.

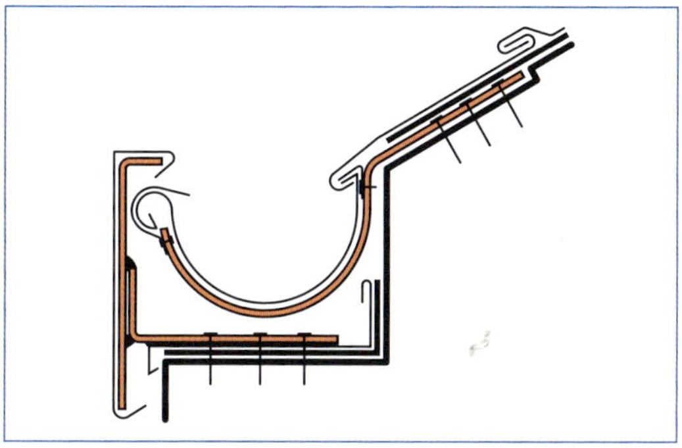

Bild 1: Attikarinne vorgehängt angebracht mit Simsblech und Winkel für die unabhängige Blende

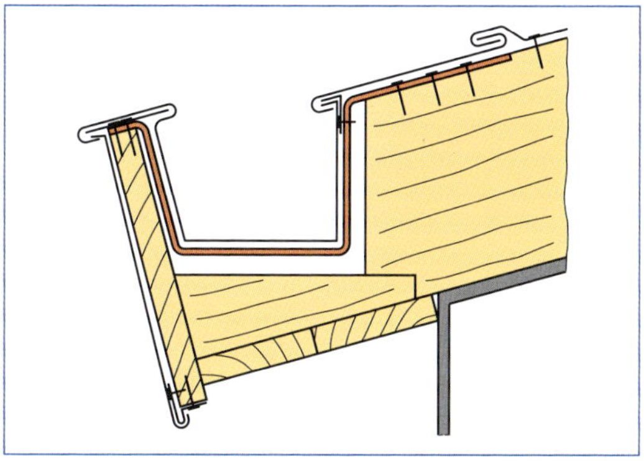

Bild 2: Attikarinne im Dachaufbau untergebracht

Die Ausführungsart der im Dachaufbau „versteckten" Rinne (Bild 2) war früher eine Modeerscheinung. Nach vielen Schadensfällen wegen der mangelnden Überlaufsicherheit wird heute die Rinne vorwiegend vorgehängt. Dem Betrachter ist wahrscheinlich sowieso bewusst, dass bei einem Steildach selbstverständlich eine Dachentwässerung erfolgen muss. Außerdem ist diese vorgehängte Rinnen-Lösung kostengünstiger.

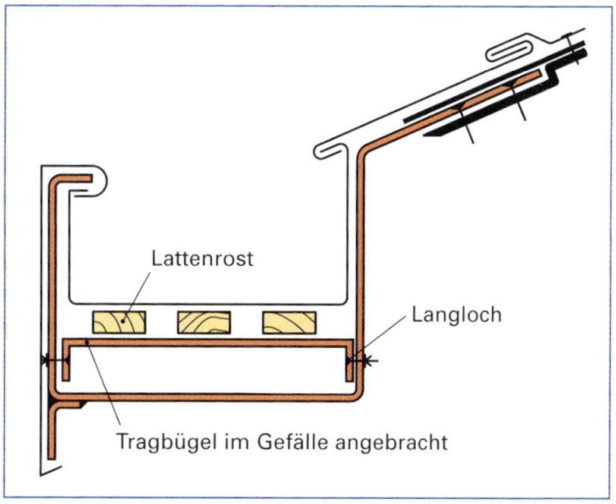

Bild 3: Rinne mit ebener, waagrechter Blende und doch geneigtem Wasserverlauf durch das Einkanten von Bügeln oder Unterteilen des Trägers

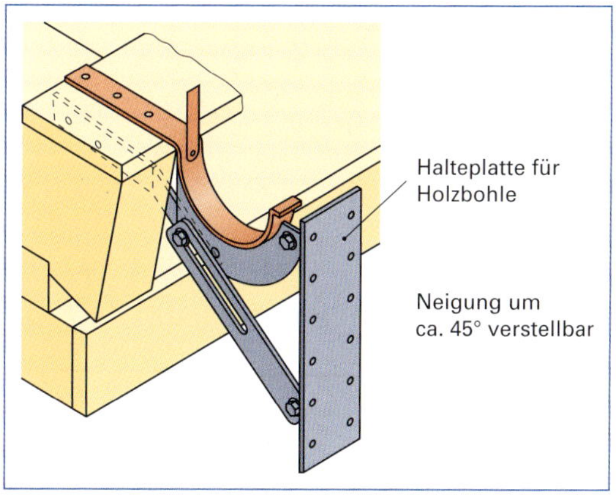

Bild 4: Attikarinne mit Wandabstandshalter

Bild 5: Attikarinne mit Hochpunktschiebenaht

Bild 1: Attikarinne, als Spitzrinne ausgeführt an einem Tonnendach

2.5 Innenliegende Rinnen

Für innenliegende Rinnen müssen besondere Sicherheitsvorkehrungen in Absprache mit dem Bauherrn oder Architekten getroffen werden.

Bild 2: Innenliegende Rinne bei einer kleinen Entwässerungsfläche

Generell sind mindestens zwei Abläufe oder ein Ablauf kombiniert mit einem Sicherheitsüberlauf vorzusehen. Der freie Querschnitt dieser Notüberläufe muss so reichlich bemessen sein, dass er im Falle einer Verstopfung des Hauptrohres durch Laub oder Schnee die gesamte Regenwassermenge abführen kann.

Die Bemessung der Größe von innenliegenden Rinnen wird im Kapitel 2.16, Rinnenberechnung von innenliegenden Rinnen, behandelt.

Zusätzlich soll unterhalb der Stauhöhe ein Signalgeber an einer ungefährlichen Stelle am Haus und verstopfungssicher gegen Laub mit 40 mm Durchmesser angebracht sein. Dies ist notwendig, damit Überlaufen zu einem anderen Ablaufrohr überhaupt bemerkt wird.

Weiteren Schutz bietet eine Sicherheitsrinne, die unterhalb der Hauptrinne angebracht ist und in dieselben Ablaufrohre entwässert (Bild 3). Sie hat die Aufgabe, Undichtheiten, überfließendes Wasser der Hauptrinne infolge Schneeverwehung und tropfendes Schwitzwasser aufzufangen und abzuleiten. Sie kann aus Blech oder geschweißten Bitumendachbahnen bestehen.

Früher wurde die Rinne mit der Trennlage verklebt, um die Durchrostung von unten wegen Schwitzwasseranfall zu verhindern. Heute kommt absolut feuchteunempfindliches Edelstahlblech zum Einsatz.

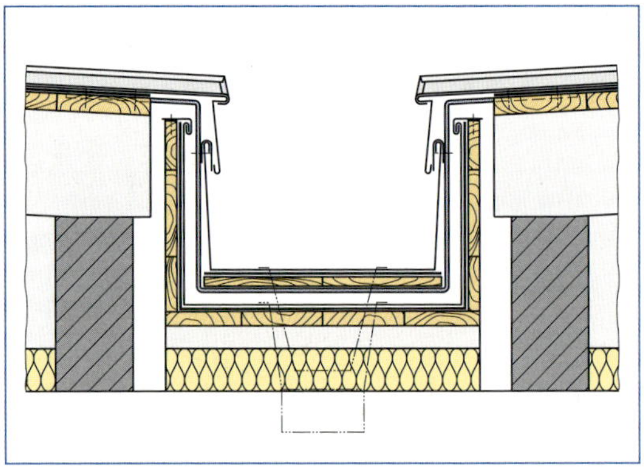

Bild 3: Rinne mit Sicherheitsrinne

Wegen der großen Blechzuschnitte und zumeist größer gewählten Blechdicken wird in der Regel doppelreihig versetzt genietet und die Überlappung mit Lötzinn vorverzinnt, damit ein Durchlöten ermöglicht wird.

Bild 4: Innenliegende Rinne an einem Anbau

Bild 1: Innenliegende Rinne mit beidseitigem Metalldachanschluss

Zu bedenken ist, dass bei Schneebildung die Rinne voll sein kann, sodass das Wasser in großen Mengen seitlich in den Baukörper laufen kann. Hier ist eine Rinnenbeheizung sinnvoll (siehe Kapitel 12, Schneeschutz).

Bild 2: Recht schmale innenliegenden Rinne, problematisch bei Laub- und Schneeansammlungen

Eine Andichtung mit Dichtband ist wegen der Dehnung nicht möglich – Dichtbänder würden abgetragen, Silikonfugen würden reißen. Ein richtiger Schutz kann nur über die Sicherheitsrinne gewährleistet werden. Ist dies beim Kunden nicht durchzusetzen, sind schriftlich Bedenken gegen die Ausführungsart anzumelden. Dann ist ein Haftungsausschluss gegeben, der dem Klempner riesige Sanierungskosten ersparen kann.

Bild 3: Attikarinnen sind als „Innenliegende Rinnen am Dachrand“ zu planen – also mit Notüberläufen.

Die Rinne soll ständig gereinigt werden – ein Laubsieb wie in Bild 3 schützt zwar das Rohr vor Verstopfung, sammelt aber das Laub in der Rinne. Bei Vollfüllung dringt dann Wasser unter das Falzdach, wenn keine Sicherheitsrinne vorhanden ist.

Der innenliegende Ablauf muss dringend gedämmt und schwitzwasserisoliert werden, da bei Einlauf von kaltem Wasser im beheizten Inneren nun Schwitzwasserprobleme auftreten, die der Kunde zunächst als Undichtheit diagnostiziert.

Generell hat man mit innenliegenden Rinnen viele Probleme – der Klempner sollte sich gegen Klagen und Gewährleistungsansprüche gründlich absichern.

2.6 Shedrinnen

Die Shedrinne hat ihre Bezeichnung nach der Lage im Sheddach erhalten. Auf der einen Seite schließt sie an die Dachfläche, auf der anderen Seite an die Glasflächen des Sheddaches oder an aufragende Wände an.

Für Shedrinnen gelten die gleichen Sicherheitsvorkehrungen wie für innenliegende Rinnen. Die Entwässerung jedoch erfolgt zumeist durch außen angebrachte Wasserfangkästen mit eingebautem Notüberlauf und außenliegende Metallregenfallrohre. Der Rinne muss Gefälle zur Giebelwand vorne gegeben werden. Sie muss so weit an den schrägen Dachflächen hochgeführt werden, dass die erforderliche Querschnittfläche zur Wasseraufnahme entsteht. Wegen Schneeverwehungen werden Shedrinnen recht groß ausgeführt – es wird die Einlage eines Heizbandes empfohlen (Bild 4).

Bild 1: Tiefe Shedrinne an aufgehender Fensterfront

Problematisch stellt sich die Dämmung dieses bauphysikalischen Schwachpunktes dar. Am tiefsten Punkt des Daches ist wenig Platz für Dämmung vorhanden. Damit die Rinne bei Schnee im Ablauf frei bleibt, ist es nach einer energetischen Berechnung sinnvoll, hier von vornherein dünnere Dämmstärken vorzusehen. Andernfalls bietet sich eine Rinnenheizung an. Allerdings führt eine Rinnenheizung oft auch zu Schmutzablagerungen in der Rinne (Bild 4).

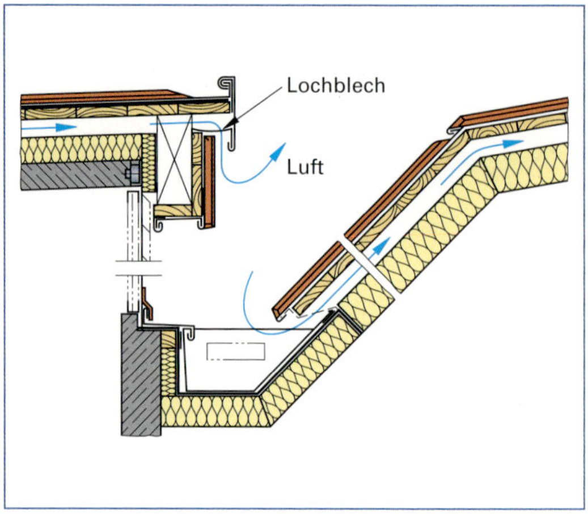

Bild 2: Shedrinne mit oberer Falzdachbelüftung, nicht schneesicher

Bild 3: Simsrinne mit Wulstverstärkung und Blendeneinhang

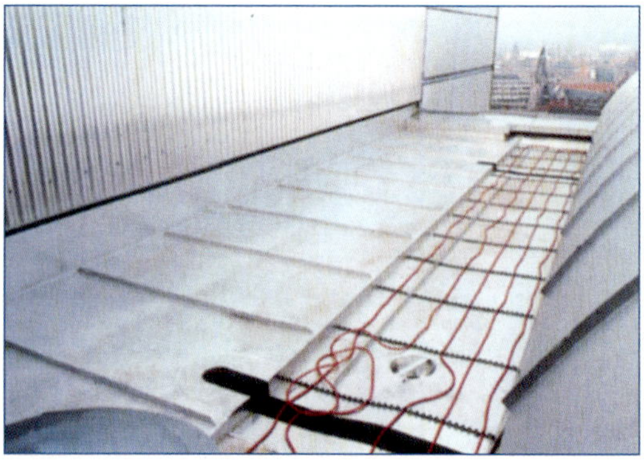

Bild 4: In der Praxis stört die Rinnenheizung die Optik und das Ablaufvermögen bei Laub

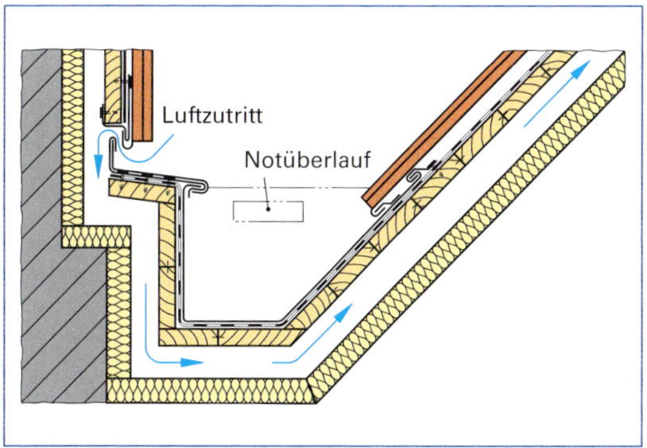

Bild 1: Shedrinne mit innerer Entlüftung über das Sims, schneesicher ausgeführt

Häufig bildet sich auch unter der Shedrinne Kondensat, das zur Durchrostung der Rinne von unten führt. Hier bietet sich eine konstruktive Belüftung des Hohlraumes zur Glasreihe hin an, sodass das Kondensatwasser ablüften kann (Bild 1).

Bild 2: Einbau eines Dehnstreifens in eine Shedrinne

2.7 Liegerinnen

Bei Liegerinnen bleiben Zuschnitt der Rinne und der Rinnenträger unverändert. Sie werden entsprechend dem Gefälle auf einem Tropfblech angebracht. Oft muss der ganze Traufstreifen dann metallgedeckt werden (Bild 3). In Betracht kommt diese Rinnenart bei steileren Dächern mit Bieberschwanz-, Schiefer- oder Schindeldeckung, insbesondere bei Kirchen oder Kirchtürmen, deren Dächer von vornherein schon recht steil sind.

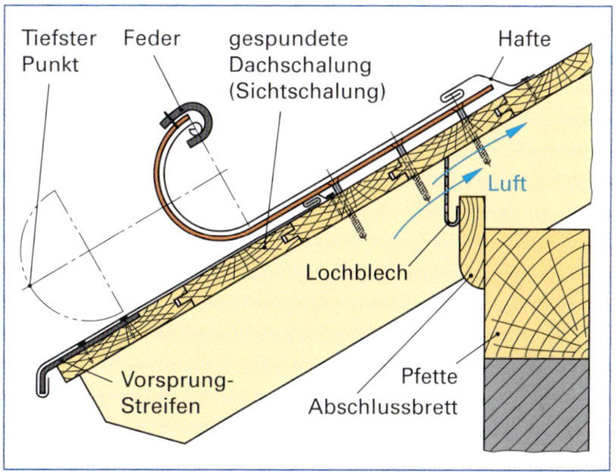

Bild 3: Liegerinne mit metallgedecktem Traufstreifen

2.8 Freie Rinnenformen nach EU-Norm

Zunehmend kommen Sonderprofile regionaler Rinnenhersteller auf den Markt. Sie sind Rinnen historischer Bauwerke nachempfunden und weisen viele Kantungen und Rundungen auf. Sie werden komplett mit allem Zubehör geliefert und sind somit in der Montage kaum zeitintensiver als Standardrinnen. Allerdings erhöhen sie die Lagerhaltung beträchtlich. Diese Rinnen geben dem Objekt einen exklusiven Gesamteindruck. Mit den heutigen CNC-Abkantmaschinen, die immer mehr Klempnereibetriebe besitzen, ist die wiederholgenaue Herstellung solcher Rinnen kein Problem mehr.

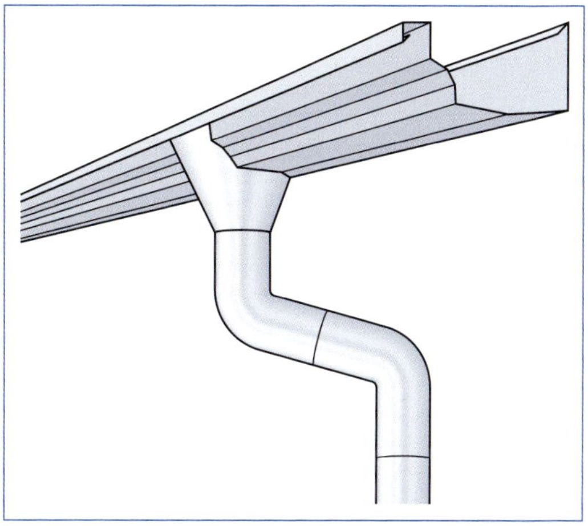

Bild 4: Nachbildung eines historischen Simses durch eine eigengekantete Metallrinne

Sonderlösungen kommen dem handwerklich orientierten Klempner mehr gelegen als die Montage von Massenprodukten. Die Dachentwässerung kann daher auch kreativ als Gestaltungselement am Haus eingesetzt werden. Das belegen die Bilder 1 bis 3.

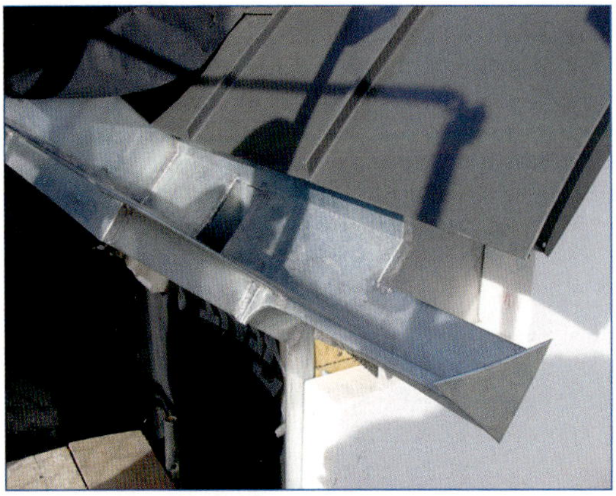

Bild 1: Spitzrinne mit kastenförmigem Ablauf

Bild 2: Dachrinne mit Traufstreifen in Falztechnik

Bild 3: Dachentwässerung über Rohrwinkel

2.9 Dachrinnen aus Kunststoff

Kunststoffrinnen nach DIN EN 607 bestehen aus unplastifiziertem PVC – einer schlagzähen Mischung aus PE und PVC, die ähnlich wie die Rolladenmaterialien frostbeständig ist. Dieser Kunststoff ist beständig gegen alle aggressiven Bestandteile, die in der Luft und im Niederschlagswasser vorkommen.

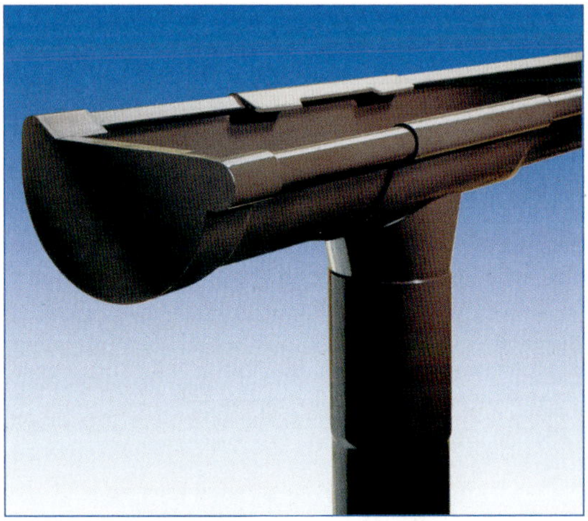

Bild 4: Kunststoffdachrinne

Störend an Kunststoffrinnen sind die großen Verbindungsstellen, die Verformungen bei Wärme und Last, die ungleichmäßige Vergilbung und die Empfindlichkeit bei Kälte gegen Schneebretter – hier kann die Rinne in Scherben zerbrechen. Die erhebliche Dehnung von etwa 8 mm/m bei 100 K Temperaturdifferenz wird in dem System konstruktiv durch Klemmverbinder mit in Stücken eingelassenen Gummidichtungen berücksichtigt. Die Montagetemperatur (Sommer/Winter) ist zu beachten und dafür zu sorgen, dass weder bei Kälte die Rinne herausgezogen wird, noch bei Hitze die beiden Enden aneinanderstoßen (ungerader Verlauf). Die Rinnenträger sind hierzu sehr genau anzuschlagen, da leichte Versätze zu Verkantungen in den Stoßverbindern führen und damit Undichtheiten auftreten. Die Federn dürfen nicht mit der Zange angezogen werden, sonst schneidet die Rinne beim Schieben ein und verkanten. Im Extremfall kann die Rinne sogar „wandern". Um dies zu vermeiden, sind an geeigneten Stellen Festpunkte durch Einsägen des Wasserfalzes und Hineindrücken der Trägerfeder zu schaffen. Nähte ohne Dehnungsmöglichkeiten können auch mit Tangit oder einem anderen PVC-Kleber geklebt werden. Die 50 mm breiten Überlappungen sehen unsauber aus, deshalb gibt es teilweise auch Klebeschuhe, die übergeklemmt werden. Die Klebevorschriften bezüglich Reinheit, Tropfzeit, Ablüftzeit, Anpressdruck und Aushärtezeit (Belastbarkeit) sind unter Baubedingungen nicht immer einfach einzuhalten.

Wegen der vielen hersteller- und systemabhängigen Zuberhörteile hat sich die ausführende Firma auf ein Rinnensystem und eine Nenngröße festzulegen. Der objektbezogene Einkauf braucht eine genaue Teileermittlung. Bei Änderungen bzw. Maßungenauigkeiten kann die Dachentwässerung nicht fertiggestellt werden. Längere Lieferzeiten erhöhen die Gerüstkosten. Darum führen viele Klempnerfirmen Kunststoffrinnen nicht aus.

Es gibt aber durchaus brauchbare und gut aussehende Systeme, die zunehmend zum Einsatz kommen (Bild 2). Wegen der Korrosionsbeständigkeit sind Kunststoffrinnen bzw. kunststoffbeschichtete Rinnen unersetzlich bei organischen Stäuben (Müllereien, Gärtnereien, Düngermittelhersteller). Hier ist die Anwendung durchaus sinnvoll, da metallische Werkstoffe, selbst Edelstahl, recht schnell durchkorrodieren.

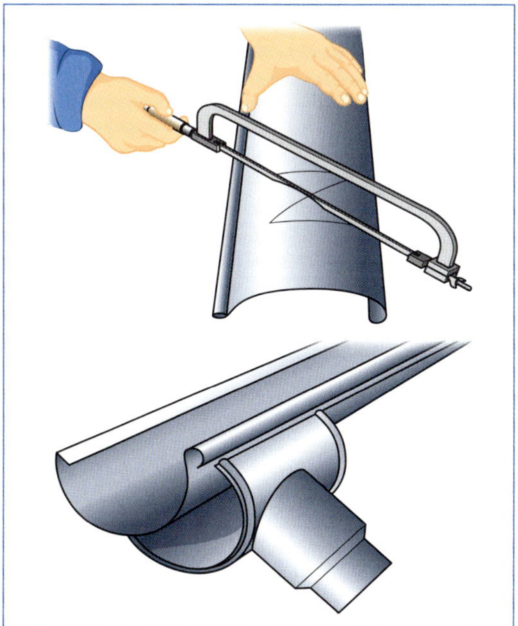

Bild 1: Anarbeitung eines Stutzens

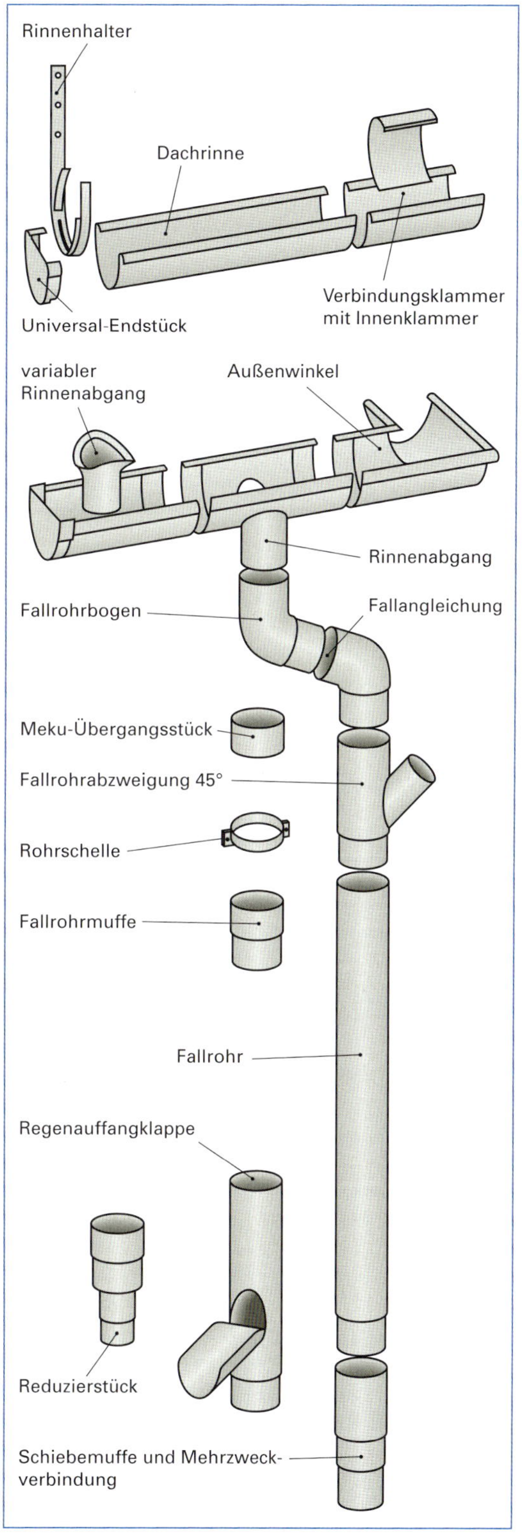

Bild 2: Rinnensortiment aus Kunststoff

2.10 Balkonrinnen

Damit bei Balkonen auch bei Schneematsch kein Wasser durch die Türen eindringt, benötigen sie recht hohe Anschlusshöhen. Um den Wassereintritt zu verhindern, kommen auch Entwässerungsrinnen zum Einsatz (Bild 1).

Bild 1: Terrassenrinne für bodengleichen Innen-Außenbereich

Die VOB sieht eine Austrittshöhe von 150 mm vor, also eine regelrechte Stufe, die Fachregel für das Klempnerhandwerk fordert bei ausreichender Neigung 100 mm, bei sicherer Abflussmöglichkeit auch nur 50 mm. Da der Trend eindeutig zu barrierefreien Ausgängen geht (möglichst kein oder ein sehr niedriges Sims), ist die Ausführungsart mit Entwässerungsrinne anzustreben. Andernfalls muss sich der Handwerker durch Anmelden von Bedenken absichern, um nicht in der vollen Haftungspflicht zu stehen. Liegt Schnee auf dem Balkon, so bildet sich wegen der aus der Wohnung abgestrahlten Wärme meist ohnehin ein Gefälle zum Haus hin. Fällt nun Regen auf den Schnee, so läuft das Wasser zur Türe hin.

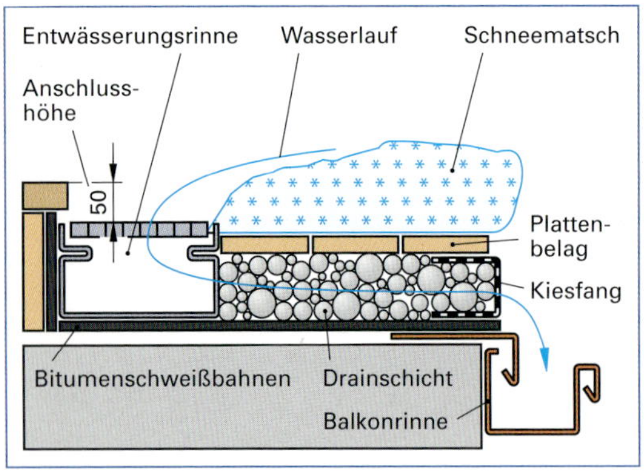

Bild 2: Wasserverlauf im Balkon

Dort verursacht das Wasser immense Schäden (Heben des Parketts oder des Laminats, Durchfeuchtung von Kork und Teppichboden oder Eindringen in die Trittschalldämmmatte unter Fliesen). Viele Klempner mussten hier schon hohen Schadensersatz leisten. Führt man also widerwillig nach dem Willen des Bauherrn eine niedrige Schwelle aus, läuft man Gefahr, nachher zur Rechenschaft gezogen zu werden und gewährleisten zu müssen.

Das in die Rinne eingelaufene Wasser muss in einer Drainschicht aus Kies, Splitt, Gummitellerplattenhaltern oder einer Vollgummidrainschicht aus der Altreifenverwertung nach vorne ablaufen können. Dort mündet es in die eigentliche Balkonrinne bzw. versickert bei einer Terrasse in einem Drainrohr (Bild 2).

Bild 3: Einfache Balkonrinne aus Edelstahl mit abnehmbarem Deckel zur Laubentnahme

Bild 4: Gitterrost einstellbar auf Tellerständern

2.11 Vorrichten und Anbringen von Dachrinnen

Dachrinnen werden heute von 5-m- oder 6-m-Stücken als Halbzeuge bezogen oder sogar direkt auf die Baustelle geliefert. Bei größeren Baustellen geht der komplette Materialauszug direkt an den Zulieferer, der dann die Ware passend für die Baustelle kommissioniert. Die Materialkosten sind damit für die Buchhaltung exakt erfasst. Im Lager großzügig vorgehalten wird oft nur das Standard-333er- und das 285er-Rinnenprogramm mit allen Zubehörteilen, zusammen mit Restposten abgeschlossener Baustellen. Zu achten ist auf die DEL-Notiz (Deutsche Einheitsliste für Edelmetalle) oder die MK-Notiz (Materialkennungsziffer). Hier werden oft Massenkäufe getätigt, wenn der Kupferpreis sinkt. Eine andere Möglichkeit ist ein Mengenkontingent, also eine vertraglich zugesicherte Abnahme von Standardrinnenteilen bei einem Lieferanten, die über das ganze Jahr verteilt angefordert werden kann. Zum Jahresschluss muss dann die Restmenge abgenommen werden. In der Werkstatt vorgerichtet werden nur noch Reststücke, Traufbleche und die Sonderrinnenformen. Rinnen brauchen nach DIN EN 12056 kein Gefälle mehr aufzuweisen. Dennoch wird wegen Bauwerkssetzungen, Verschmutzungen der Rinne wegen langsamer Transportgeschwindigkeit des Wassers und wegen der Vermeidung von Pfützenbildung

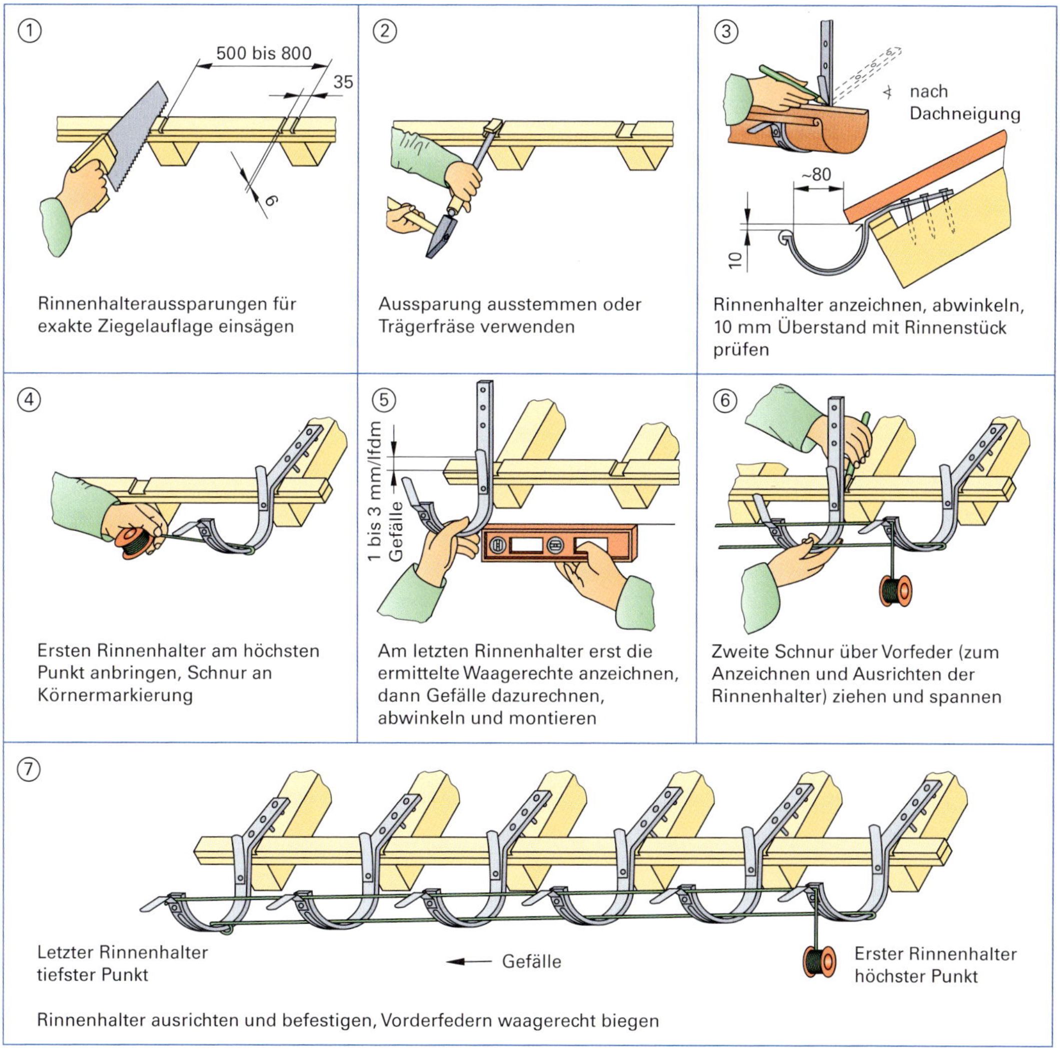

Bild 1: Anbringen einer Dachrinne

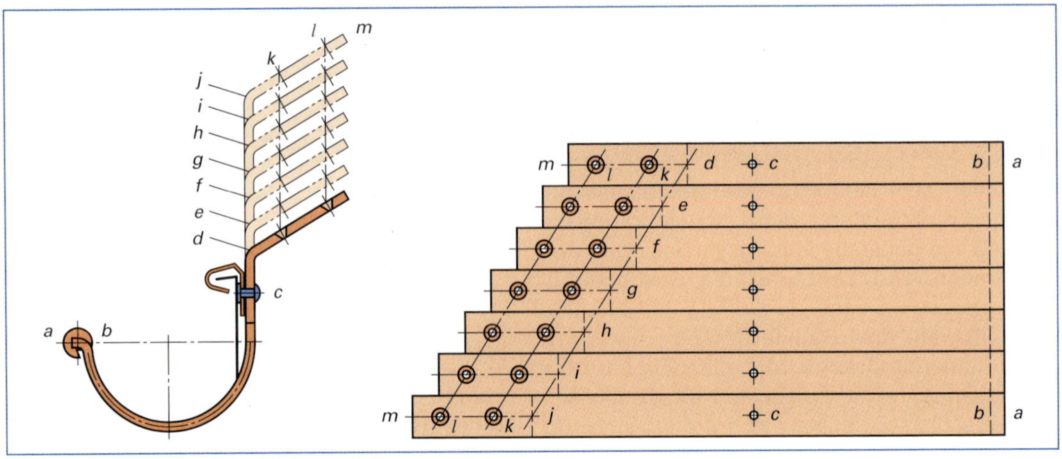

Bild 1: Rinnenträger zur Montage vorbereitet

nach der alten Fachregel mit einem Gefälle von 1 ‰ bis 5 ‰ gearbeitet, wenn nicht anders vereinbart. Wegen Ungenauigkeit am Bau werden die Träger zumeist aber erst auf der Baustelle abgekantet. Hierzu werden der erste und der letzte Träger einer Traufkante mit den erforderlichen 10 mm Überhöhung (Wasserablauf nach vorne) angeschlagen (Bild 1, Seite 49).

Begonnen wird die Verlegung mit dem höchsten am Dach auftretenden Punkt, also der längsten Strecke zum nächsten Fallrohr. Diese Strecke in Meter mal dem gewünschten Gefälle in ‰ ergibt die Höhendifferenz der beiden Träger in Millimeter. Den errechneten Höhenunterschied kann man mittels Setzlatte oder Schlauchwaage zugeben. Heute kommen auch vermehrt Laserwasserwagen oder sogar Rotationslaser zum Einsatz. Dann werden zwei Schnüre gespannt, die eine am tiefsten Punkt des Trägers (meist am Träger markiert), die andere in Höhe der Nase bzw. am Trägerende. Nun kann ein Träger nach dem anderen an beide Schnüre gehalten, an der Traufe markiert und im passenden Winkel abgekantet werden. Durch Auffütterung mit Furnier o. Ä. können kleine Ungenauigkeiten ausgeglichen werden. Bei Kastenträgern muss zusätzlich eine dritte Schnur gespannt werden, damit der Winkel genauer erfasst wird. Die Träger sind nach VOB und Fachregeln einzulassen. Dies kann mit Fuchsschwanz und Stemmeisen, schneller jedoch mit einer Trägerfräse bewerkstelligt werden. Eine optimale Ziegelauflage wird durch eine ins Gefälle gehobelte Bohle mit 30-50 mm x 150 mm Querschnitt erreicht. Eine Alternative hierzu ist die Verwendung von speziellen Traufziegeln, die unten dicker ausgeführt sind. Die im Süden Deutschlands übliche Doppelplatte ist zwar nicht fachgerecht, aber dort allgemein anerkannter Stand der Technik. Der Träger liegt dann zwischen Doppelplatte und Sparren hohl und verändert wegen seiner immer kürzer werdenden Länge (Gefällezugabe) seine Neigung geringfügig. Eventuell ist nachzukanten. Einen hinten abgelängten Rinnenträger, der für den sichtbaren Traufbereich an einem Wintergarten vorbereitet wurde, zeigt Bild 1.

Ist die Traufe auf Geradlinigkeit überprüft, können die Träger auch in der Werkstatt vorgerichtet und nummeriert werden. Das unterschiedliche Ablängen der Träger wird unterlassen – der Rest wird einfach am Dach belassen und steht weiter in den Dachraum zum Sparren hin. Nun wird die Rinne angelegt, die Federn umgeschlagen, die Nähte fachgerecht verbunden und das Traufblech aufgelegt. Die hinteren Tragfedern werden an der Unterkante des Traufbleches abgelängt. Sie dienen als Einhang des Traufblechs. Das Einhängen des Traufbleches direkt in den Wasserfalz der Rinne ist nur bei sehr genauem Arbeiten und gerader Traufkanten möglich.

Rinnenträger für Sonderprofile müssen selbst hergestellt werden. Wegen der großen Lasten (Vollfüllung, Schneematsch) sind sie in ähnlicher Materialstärke wie die anderen Träger herzustellen und werden meistens an zwei Punkten aufgelagert.

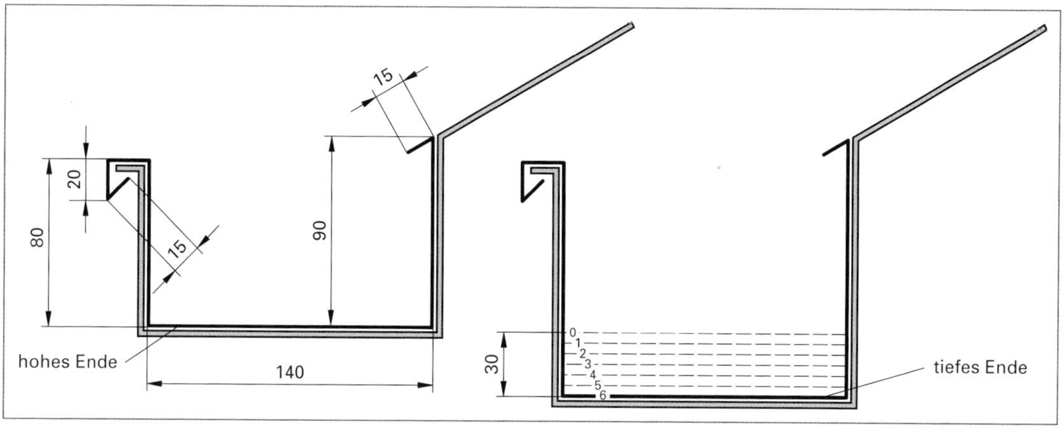

Bild 1: Kastenrinne ins Gefälle geschnitten

Rinnen mit Zuschnitt nach dem Gefälle

Bei Attikarinnen, Sheddachrinnen und innenliegenden Rinnen werden Rinnenhalter und Rinnenbleche öfter nach Gefälle zugeschnitten. Man bezeichnet die Stelle am Regenfallrohr als tiefes und die entgegengesetzte Stelle als hohes Ende, die ganze Länge als Fall. Daher kommen die Bezeichnungen „Einfall von 12 m nach rechts“ oder „Einfall von 10 m nach links“ usw. Die Benennung „rechts“ oder „links“ ergibt sich, wenn man das Gesicht dem Gebäude zukehrt. Die Blechlängen richten sich jeweils nach der Entfernung der Regenfallrohre.

Beispiel:

Eine Kastenrinne mit 5,85 m Fall nach rechts soll zugeschnitten und die Rinnenhalter sollen angefertigt werden. Da die Rinne aus 1-m-Stücken vorgerichtet werden soll, sind fünf Nahtstellen von 30 mm zu berücksichtigen. Im Ganzen sind also genau 6 m Rinne zuzuschneiden (Bild 1).

Wenn das Profil der Rinne feststeht, wird zuerst die Zuschnittsbreite der Rinne am hohen und am tiefen Ende ermittelt. Bei 5 mm Gefälle je Meter hat die Rinne ein Gesamtgefälle von 30 mm, die am tiefsten Ende zweimal zugegeben werden müssen.

Dann fertigt man einen Modellstreifen an, der an das hohe bzw. tiefe Ende passt, also 380 mm bzw. 440 mm lang ist.

Für das Zuschneiden der einzelnen Rinnenstücke hat sich die Verwendung eines Maß- und Punktierstreifens bewährt (Bild 2). Er kann aus den Blechstreifen des tiefen Endes oder gesondert hergestellt werden. Die Zuschnittsbreiten der 6 Rinnenbleche werden ermittelt, indem man die Differenz zwischen dem tiefen und dem hohen Ende der Rinne in so viele Teile einteilt, wie Meterstücke gebraucht werden.

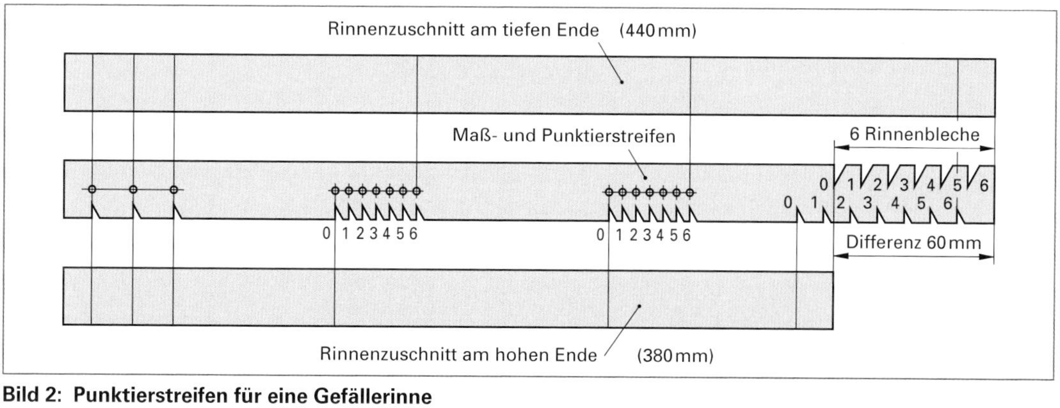

Bild 2: Punktierstreifen für eine Gefällerinne

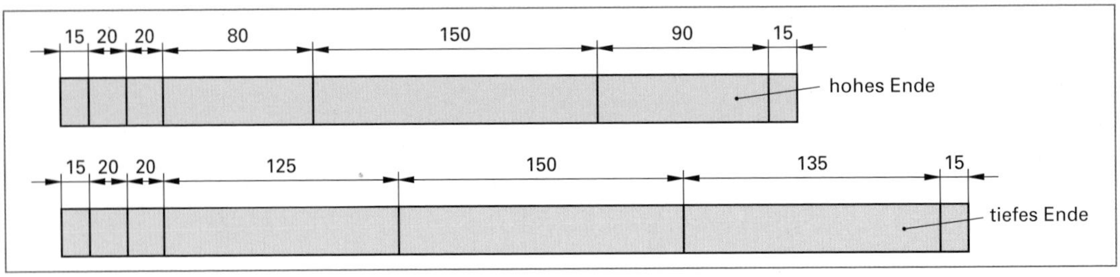

Bild 1: Hohes und tiefes Ende der Kastenrinne

Mit dem Zuschneiden selbst beginnt man auf der Blechtafel oben links mit der Breite des hohen Endes Nr. 0. Unten trägt man zweimal die Breite Nr. 1 ab, danach oben zweimal die Breite Nr. 2, also abwechselnd auf beiden Seiten, sodass jeder zweite Schnitt gerade durch die Tafel läuft. Man kann auch mit der Zuschnittbreite des tiefen Endes beginnen und sinngemäß entsprechend verfahren.

Um später die gerade Schnittkante leicht wieder finden zu können, schreibt man die Kennziffern der Zuschnittbreiten so auf das Blech, dass sie von der geraden Kante aus richtig lesbar sind. Es ist wichtig, die gerade Schnittkante wiederzufinden, da an diese Kante der Wulst kommt.

Nachdem alle Teile zugeschnitten sind, stellt man sie sich zur Kontrolle lotrecht auf. Es ist nun sofort zu erkennen, ob alle Teile in der richtigen Reihenfolge geordnet sind und gleichmäßigen Gefällezuschnitt – in unserem Beispiel mit Fall nach rechts – besitzen.

Punktierstreifen

Vor dem Abbiegen der Rinnenbleche müssen die Kantungen genau angezeichnet werden. Dies kann mithilfe des Maß- und Punktierstreifens geschehen. Auf diesem Blechstreifen, der schon für die Zuschnittbreite verwendet wurde, sind alle Kantungen des hohen und des tiefen Endes markiert. Die entstandenen Differenzen werden wieder in so viele Teile eingeteilt, wie Meterstücke gebraucht werden. So erhält man die Lage der einzelnen Kantungen auf jedem Rinnenblech. Beim Punktierverfahren arbeitet man mit einem Körner. Es kann aber auch mit einer Reißnadel oder dem Bleistift gearbeitet werden, wenn man auf dem Maßstreifen an den Kantungspunkten kleine Einschnitte anbringt. Es ist immer zu empfehlen, die Markierungen mit den Kennziffern der Zuschnittkante zu versehen.

Abschnürmethode

Das Arbeiten mit dem Punktierstreifen verlangt große Aufmerksamkeit. Die Abschnürmethode ist etwas einfacher (Bild 2). Sie setzt aber voraus, dass ausreichend Platz zur Verfügung steht, um alle zugeschnittenen Rinnenbleche in richtiger Reihenfolge mit Nahtüberdeckung aneinander legen zu können. Außerdem muss mit einem Helfer gearbeitet werden.

Die mit Kreide eingefärbte Schnur wird an den Kantungspunkten des hohen und tiefen Endes angelegt und über alle Bleche niedergeschlagen. Ein „schnurgerader" Strich läuft jetzt über alle Bleche. An den Nahtstellen werden die Kreidestriche durch leichte Körnerschläge dauerhaft markiert.

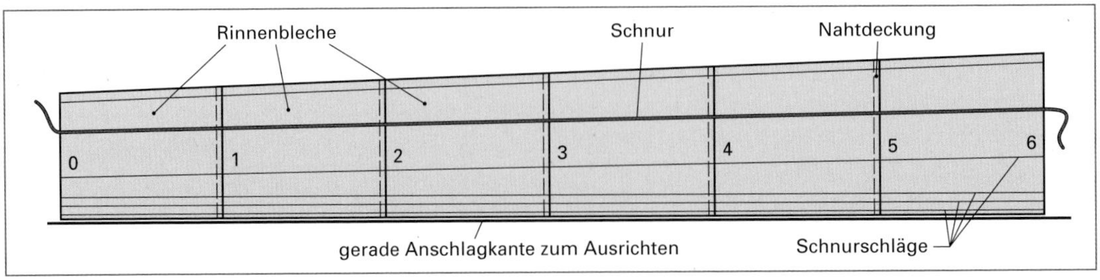

Bild 2: Abschnürmethode

Für die Feststellung der Anzahl der erforderlichen Rinnenhalter ist die Länge der Rinne und der Abstand der Halter entscheidend. Soll alle 70 cm einen Halter gesetzt werden, so benötigt man bei 5,85 m Rinne 8 + 1 = 9 Rinnenhalter.

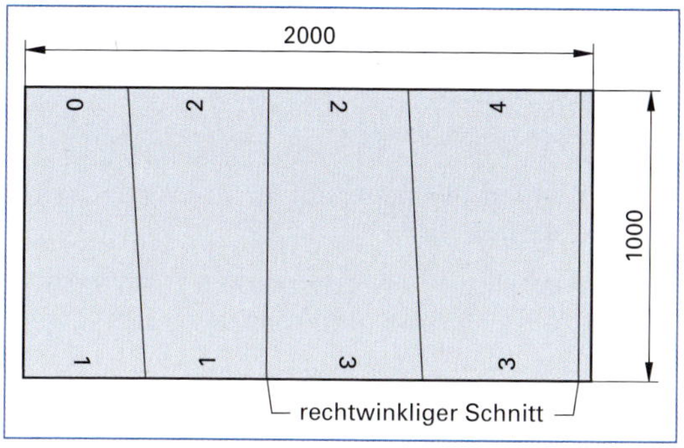

Bild 1: Schneiden der Gefällebleche

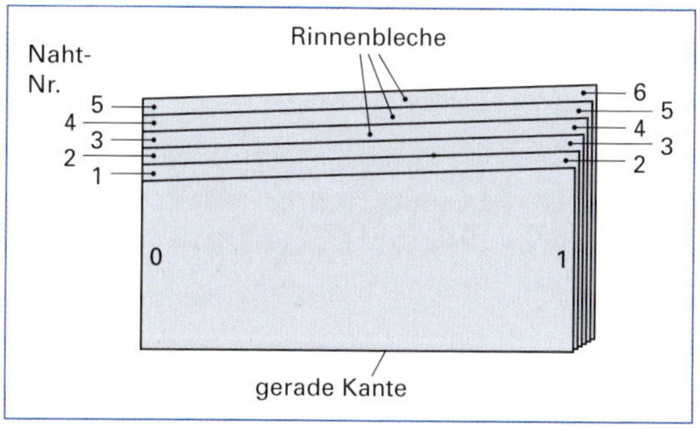

Bild 2: Kontrolle der Rinnenbleche

Für die Zuschnittlängen der einzelnen Halter wird wieder ein Maßstreifen angefertigt. Auch dabei wird von der Länge des tiefen und hohen Halters ausgegangen und die Differenz im Beispiel in 9 – 1 = 8 Teile eingeteilt.

Nachdem die Halter zugeschnitten und gerade gerichtet sind, legt man sie nebeneinander in einen Winkel, um sie für das Abbiegen und Lochen anzuzeichnen. Hat man den tiefen und hohen Halter mit den erforderlichen Loch- und Abbiegepunkten versehen, so wird durch eine Verbindungsleine mit einem Bleistift jeder Rinnenhalter einzeln angezeichnet. Die Anzeichnung liegt immer in der Mitte des Halters. Man kann die Anzeichnung durch einen leichten Körnerschlag noch verstärken. Die einzelnen Halter werden nun nummeriert, um unnötiges Auseinandersuchen an der Baustelle zu vermeiden, und können im Biegeapparat abgebogen werden. Zuletzt werden sie in richtiger Reihenfolge auf einen Draht gezogen.

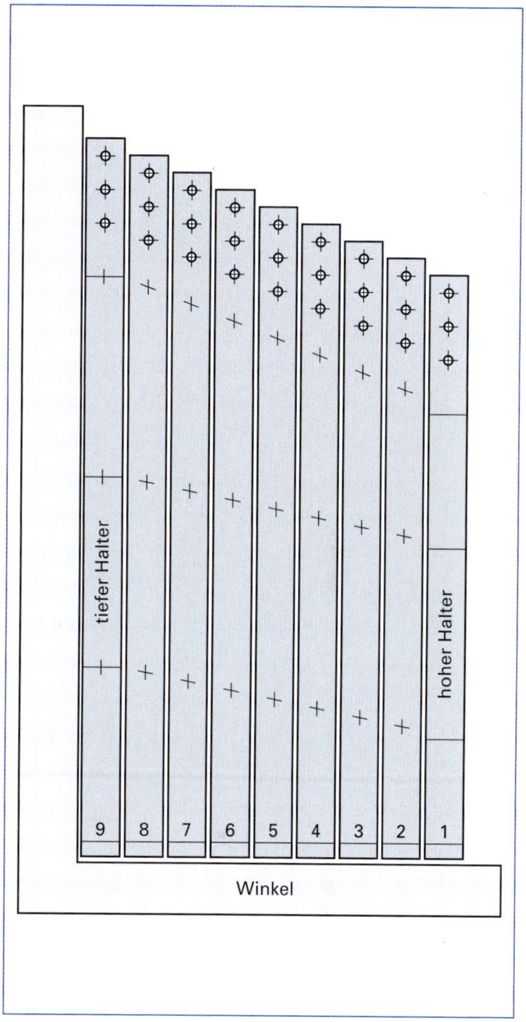

Bild 3: Kontrolle der Rinnenträger

Fragen

1. Nennen Sie die Merkmale einer
   a) Liegerinne,
   b) innenliegenden Rinne,
   c) EU-Rinne,
   d) vorgehängten Rinne,
   e) Attikarinne!
2. Welche Rinnenarten unterscheidet man nach der Form?

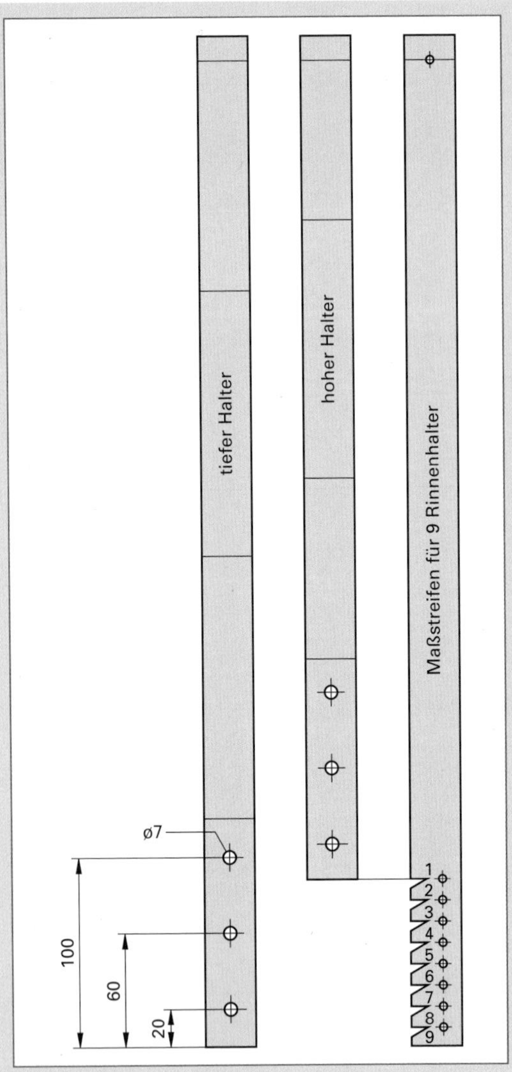

Bild 1: Maßstreifen für Rinnenträger

3. Weshalb muss bei vorgehängten Rinnen die Vorderkante tiefer liegen als die Hinterkante?
4. Welche Zubehörteile gehören zur Rinne?
5. Wonach richtet sich die Form und Zuschnittbreite der Traufstreifen?
6. Wie werden die Traufbleche an der Rinne bzw. auf dem Dach befestigt?
7. Welche drei Möglichkeiten für die Herstellung von Rinnenwinkeln gibt es?
8. Welche Vorteile bieten Vollmaterialträger, beschichtete und ummantelte Träger?
9. Warum muss der Anschluss an die Rinne trichterförmig ausgeführt werden?
10. Wann müssen in den Rinnen Dehnungsausgleicher angeordnet werden?
11. Welche Möglichkeiten gibt es für die Ausführung von Dehnungsausgleichern?
12. Skizzieren Sie eine Tiefpunkt-Schiebenaht im Schnitt!
13. Wann und zu welchen Zwecken werden in die Rinne Wasserfangkästen (Rinnenkessel) eingebaut?
14. Auf welche zwei Arten kann der Attikarinne ein Gefälle gegeben werden, das außen nicht sichtbar ist?
15. Welche besonderen Sicherungsmaßnahmen gegen Wasserschäden kennen Sie für innenliegende Rinnen?
16. Wie werden die Querstöße der Dachkehlen verbunden a) bei Neigung unter 10° b) bei Neigung von 10° bis 15° c) bei Neigung über 15°?
17. Wie werden die Nähte bei Rinnen aus Kupfer, Aluminium oder verschiedenen Rinnenwerkstoffen ausgeführt?
18. Aus welchem Material bestehen die Rinnenhalter bei den verschiedenen Rinnenwerkstoffen?
19. Für eine Kastenrinne, die aus neun Meterstücken mit Gefälle zugeschnitten werden soll (5 mm Gefälle je Meter mit dem Fall nach links) zeigt Bild 1 die Maße auf dem Modellstreifen des hohen und tiefen Endes. Fertigen Sie für die Gefällerinne den Maß- und Punktierstreifen in natürlicher Größe an!
20. Wie werden die nach Gefälle zu schneidenden Meterstücken am günstigsten auf der Blechtafel aufgerissen?
21. Wie werden zweckmäßig die Loch- und Kantenpunkte für die Rinnenhalter der Gefällerinne angezeichnet?
22. Welche Eigenschaften kennzeichnen Kunststoffrinnen?
23. Auf welche Weise können Dachrinnen aus Kunststoff miteinander verbunden werden?
24. Wie wird die große Wärmedehnung bei Kunststoffrinnen berücksichtigt?

2.12 Regenfallleitungen

Regenfallrohre sollen das Niederschlagswasser so schnell wie möglich in die Grundleitung abführen. Selten sind offene Ausläufe auf dem eigenen Grundstück gewünscht. Die Rohre sind senkrecht herunterzuführen, scharfe Bögen und Richtungsänderungen stören den Wasserabschluss beträchtlich, lassen Spritzwasser aus den Steckverbindungen austreten und verursachen Ablaufgeräusche. Außerdem „wachsen" Rohre an diesen Stellen im Winter über Eiszapfenbildung zu und können gesprengt werden. Horizontal oder schräg an der Wand verlaufende Regenfallrohre sind zu vermeiden. Es lagert sich dort Schnee, Spinnengewebe, Staub und Vogelkot ab, die die Fassade beschmutzen und Ablaufspuren verursachen. Eine solche Ausführung kann vermieden werden durch das Anbringen eines neuen Standrohres aus Guss, Vollkupfer oder Kunststoff von 80 cm über Erdgleiche bis in frostfreie Tiefe (50 cm bis 100 cm tief). Dann kann über einen Rohrgraben eine Grundleitung (PVC-Rohr KAG orangefarbig) an eine andere Anschlussleitung angeschlossen werden.

Es werden vorwiegend industriell vorgefertigte Regenfallrohre aus Titanzink, Kupfer, bandverzinktem Stahlblech und farbbeschichtetem Aluminium verwendet. Sie können gefalzt (F), gelötet (L) oder auch geschweißt (S) sein.

Die DIN EN 612 verlangt Rohre mit ausreichender Nahtüberlappung. Da deutsche Zulieferer weiterhin nach der DIN 18461 Zubehörteile herstellen, wird das Mindestmaß 50 mm bei weitem überschritten. Auch bei handwerklich gefertigten Rohren geht man bei uns darüber selbstverständlich weit hinaus. Zusätzlich schreibt die Norm eine Geradheitstoleranz von 2,5 mm je m vor. In Deutschland hergestellte Rohre weisen einen deutlich geringeren Säbel auf.

Rechteckige oder quadratische Regenfallrohre sind ebenfalls genormt; sie sind ablauftechnisch ungünstiger und müssen nach DIN EN 612 die gleiche Kantenlänge wie der Durchmesser eines entsprechenden runden DIN-Rohres aufweisen. Sie eignen sich vor allem im Holzbau in zangenförmigen Stabkonstruktionen, müssen aber äußerst genau verwindungsfrei montiert werden und verursachen somit wesentlich größeren Aufwand als die üblichen runden Rohre.

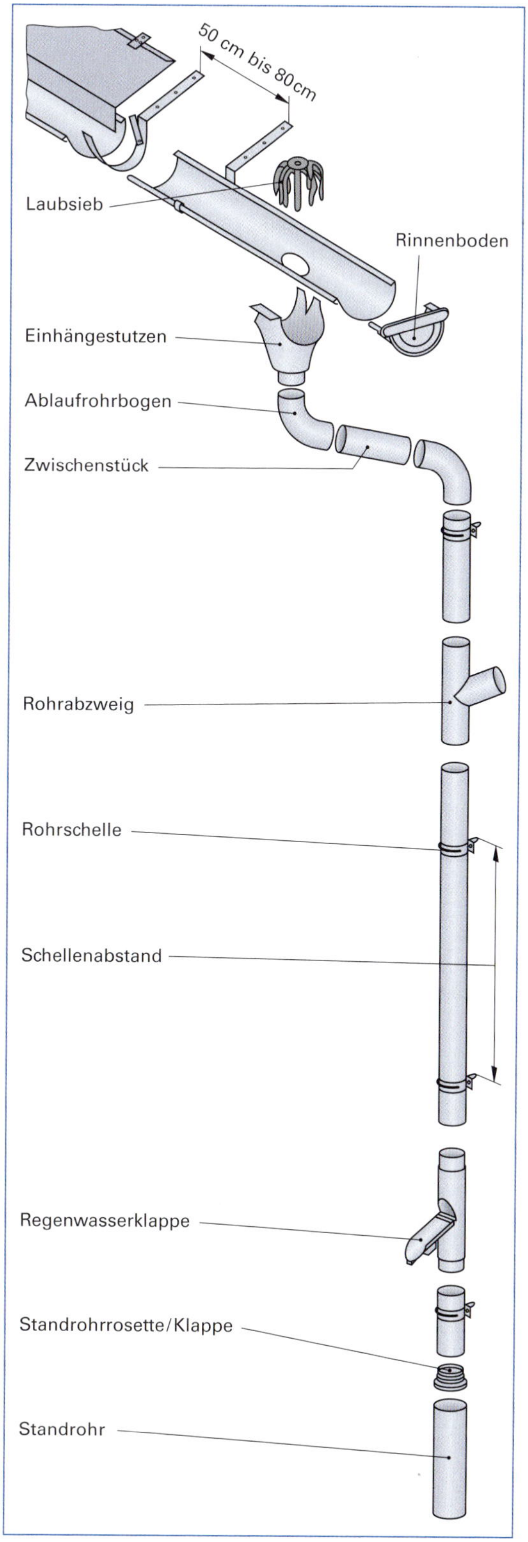

Bild 1: Rohre und Zubehörteile

Handwerkliches Vorrichten von gefalzten konischen Regenfallrohren

Konische Regenfallrohre werden meistens als Halbzeug eingekauft. Zum Teil werden sie jedoch auch handwerklich hergestellt, da die gefalzten industriell gefertigten 2-m- oder 3-m-Stücke konisch und darum nur geringfügig ablängbar sind. Passstücke sind sowohl in der Länge bis zum Standrohr als auch zum Überbrücken des Dachvorsprungs erforderlich. Zulieferer halten zwar ein gewisses Sonderlängensortiment bereit, verkaufen dieses aber wesentlich teurer. Zudem ergeben sich die genauen Maße zumeist erst später und sind bei der Bestellung noch gar nicht bekannt. Sonderfarben aus Farbaluminium sind nicht als fertiges Rinnen- und Rohrprogramm erhältlich.

Zur Herstellung eines Regenfallrohres wird ein Heftring mit den drei erforderlichen Rohrweiten verwendet (Bild 1). Die Oberweite und Unterweite sind so bemessen, dass zwei Rohrschüsse gerade ineinander passen und den Lötspalt einer 5-mm Lötnaht ergeben (etwa 1 mm Durchmesserunterschied bedeutet 3 mm Blechzugabe).

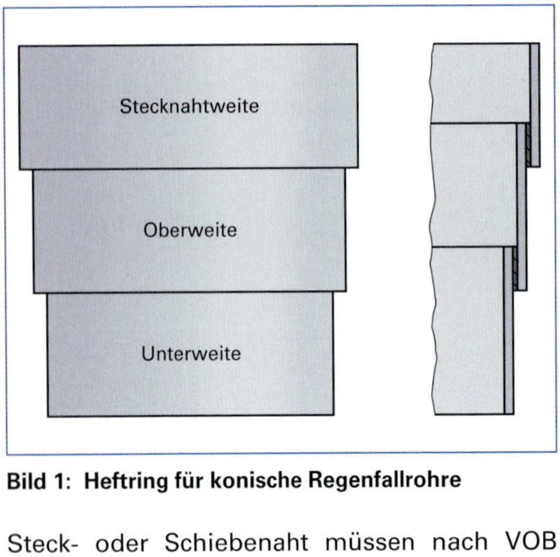

Bild 1: Heftring für konische Regenfallrohre

Steck- oder Schiebenaht müssen nach VOB mindestens 50 mm eingesteckt werden. Üblich ist wegen Ungenauigkeiten im Schellenabstand und aus Sicherheitsgründen eine Stecktiefe bis 100 mm. Hierzu ist wegen der Längsnähte ein Durchmesserunterschied von etwa 3 mm erforderlich (Blechzugabe 9 mm), damit die Naht ohne Verkantung und Abrieb der Schutzschicht schieben kann. Ein Rohr mit Nenngröße 100 hat also einen Innendurchmesser von 100 mm oben und einen Innendurchmesser von 97 mm unten, unabhängig von seiner Länge. Industriell hergestellte Regenfallrohre und andere Zubehörteile richten sich ebenso nach diesen Angaben und können also problemlos mit selbst hergestellten Rohren kombiniert werden.

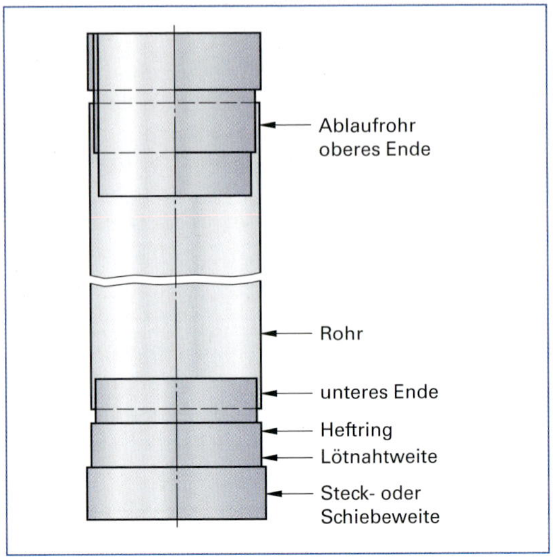

Bild 2: Arbeiten mit dem Heftring

Gemuffte Metallrohre

Der Vorteil der problemlosen Ablängbarkeit kann auch für Metallrohre genutzt werden. Zulieferer bieten auch zylindrische, einseitig aufgemuffte Kupfer- und Titanzinkrohre an. Die von einem Klempnermeister entwickelte Handmaschine ist aber auch im Fachhandel erhältlich, sodass auch Reststücke oder andere Materialien aufgemufft werden können und dann ineinander steckbar sind. Diese Regenfallrohre besitzen nicht den schönen gleichmäßigen und übergangslosen Verlauf wie konische Rohre.

Bild 3: Aufmuffsatz zum Ausweiten von Regenfallrohren

Sie haben aber den Vorteil, dass keine weitere Rutschsicherung gegen Abrutschen beim Einlaufen von kaltem Wasser erforderlich ist, wenn man die Schelle direkt unterhalb der Muffe anbringt.

Bild 1: Aufweitsatz für die Regefallrohrdurchmesser 60 mm, 80 mm, 100 mm und 120 mm

Befestigung der Regenfallrohre

Regenfallrohre werden mit Rohrschellen vor der Wand mit 20 mm Wandabstand befestigt. Engere Abstände führen zu größeren Verschmutzungen (Laub, Nadeln, Spinnengewebe). Die Rohre können für Maler- und Putzarbeiten abgenommen werden.

Die Rohrschellen werden lotrecht über dem Standrohr in der Wand angebracht. Als Schellenabstand gilt 3 m bis einschließlich Richtgröße 100 als fachgerecht, Rohre über 100 mm sind weniger formstabil und brauchen alle 2 m die Aussteifung durch eine Schelle. Die Schellen sind immer so anzubringen, dass jeder Rohrschluss oben gehalten wird und nach unten die nächste Schiebeweite einschieben kann. Bringt man Schellen zwischen Anfangs- und Endpunkt an, verläuft das Rohr wegen ständiger Dehnungen bald geknickt zur geraden Außenwand.

Laut Fachregel 2020 sind für Schellen Dübel-Schraubenkombinationen zu verwenden, Schlagstifte sind nicht geeignet. Bei Wärmedämmverbundsystemen (WDVS) sind Befestigungssysteme zu verwenden, die neben den statischen Anforderungen auch eine thermische getrennte Befestigung gewährleisten. Hier kommen Thermostoppanker oder Schneckendübel zum Einsatz, die nur im WDVS-System (Dämmung) halten. Die Schelle muss so eingebaut werden, dass am Rohr herunterlaufende Tropfwasser über eine Tropfnase von der Wand ferngehalten werden. Regenfallrohre sind nach VOB und den Fachregeln gegen Abrutschen zu sichern (Bilder 2 und 3).

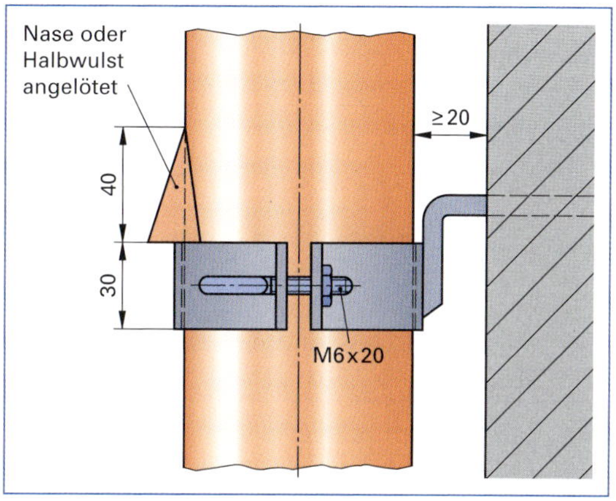

Bild 2: Rutschsicherung durch angelötete Nase

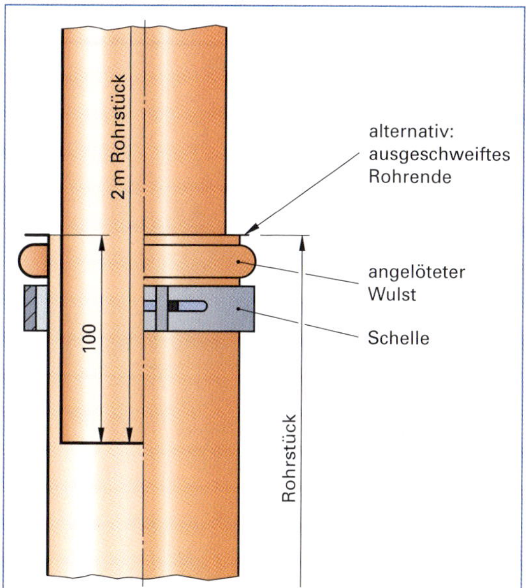

Bild 3: Rutschsicherung durch angelöteten Zierwulst

Dies kann durch aufgelötete Nasen oder Zierwulste geschehen, bei verzinkten Rohren kann hinten ein Stück eingeschnitten und umgelegt, bei Aluminiumrohren hinten zwei Schweißpunkte aufgebracht werden. Bei aufgemufften Rohren ist die Schelle unter der Muffe zu setzen. Insbesondere bei dem Abnehmen der Rohre wegen Malerarbeiten können Rohre ineinander oder in das Standrohr hineinrutschen und sind dann kaum wieder herauszubekommen. Zudem ist die Wiedermontage der Rohre so einfacher.

Die Längsnähte sollen zum Erkennen von Frostschäden und zum Schutz der Fassade nach vorne weisen. Das wird in der Praxis aus optischen Gründen jedoch nicht immer so gehandhabt. Sinnvoll ist diese Regelung bei Rohren in Mauerwerksschlitzen.

Auslaufknie

Enden Rohre im Freien, so erhalten sie einen Auslaufbogen oder gefalzte und gesickte Auslaufwinkel. Somit wird das Wasser weit genug von dem zu schützenden Bauwerk weggeleitet.

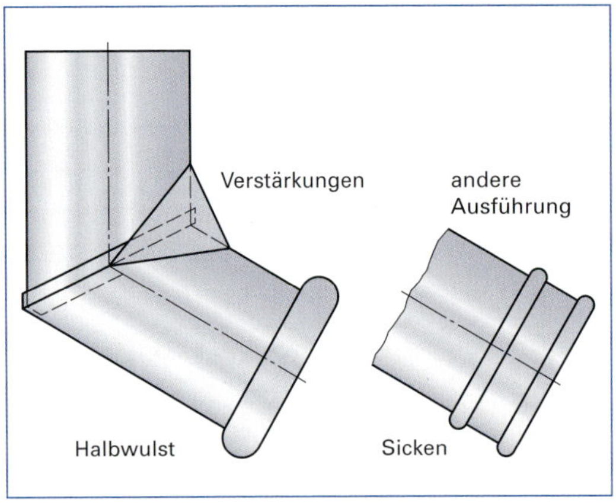

Bild 1: Auslaufwinkel

Bild 2: Auslaufbogen

Regenwasseranschlüsse

Regenwassernutzungsanlagen werden teilweise staatlich begünstigt und bei der Abwassergebühr verrechnet. Diese Anlagen sind aufwendig und bedürfen einer sorgfältigen Bedarfsrechnung, einer großen Zisterne und aufwendiger Sicherungs- und Schutzmaßnahmen für das häusliche Trinkwasser. Sie benötigen eine Druckerhöhungsanlage und können für WC-Spülungen, Gartenbewässerung und als Waschmaschinenwasser genutzt werden. Die Komplexität der Anlage zeigt das Bild in bei den Übungsfragen am Ende von Kapitel 2.15.

Wenn kostengünstig nur ein Teil des Regenwassers auf dem Grundstück genutzt werden soll, kann dies durch einfachere Regenwassersammler bewerkstelligt werden, die in einen oberirdischen Sammelbehälter (meist eine einfache Regenwassertonne) einmünden.

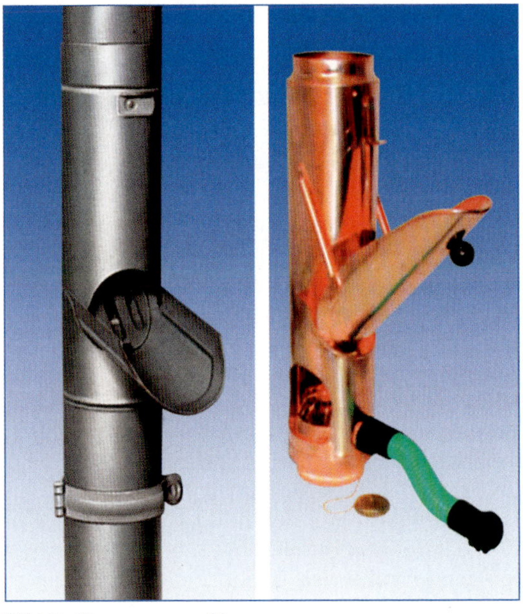

Bild 3: Regenwasserklappen

Wollte der „Betreiber" solcher Sammelbehälter das Überlaufen vermeiden, musste er bislang im strömenden Regen das Haus verlassen, um sie im passenden Moment wieder zu schließen. Vermeidbar ist dies durch eine selbstschließende Klappe mit Schwimmerkugel im Behälter. Eine andere Alternative ist der Einsatz eines Innenwandungsrinnchens aus Kupfer oder eines Kunststoffformstückes im Regenfallrohr (Bild 3). Da fast das gesamte Wasser an der Rohrwandung abläuft (in der Mitte befindet sich ein Luftkern), wird ein Behälter damit bis zur Füllstandshöhe des Rinnchens gefüllt, anschließend strömt das Wasser zum Rohrinneren wieder über (Bilder 1 und 2).

Bild 1: Wassersammler mit Filterkörper

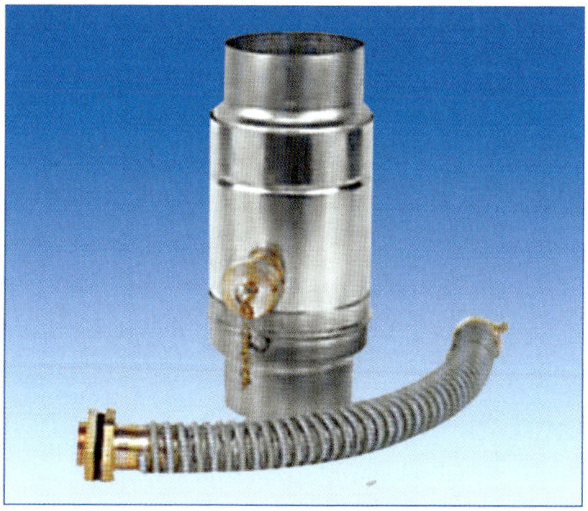

Bild 2: Regenwassersammler mit Filter

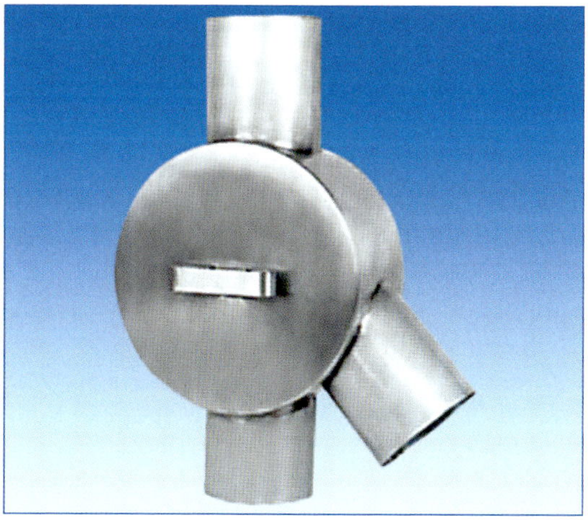

Bild 3: Regenwasserumschalter von Hand für den Zisternenbetrieb

Standrohre und Standrohrbögen

Um in Bodennähe Deformationen beim Anstoßen mit Rasenmähern, Packtaschen, Kinderfahrzeugen oder Fahrrädern zu vermeiden, sind Guss- oder Kunststoffrohre üblich. Im Fachhandel sind auch Vollkupfer- und Vollzink-Massivrohre zu recht hohen Materialpreisen erhältlich. Nicht selten werden diese gestohlen und einem Altmetallhändler verkauft.

Bild 4: Standrohr aus Vollkupfer und aus PVC-Hartkunststoff

Werden Regenfallrohre im Gehwegbereich direkt an der Straßenseite an die Kanalisation angeschlossen, werden oft diese Standrohre aus Guss oder Stahl 2 m hoch angebracht, da Randalierer sie mutwillig verbeulen. Auch massive Vollkupferrohre oder Zinkrohre kommen zum Einsatz, werden aber oft geklaut und beim Schrotthändler in Geld umgesetzt. Der Übergang vom Metallrohr zum Standrohr muss abrutschsicher und optisch sauber gestaltet werden. Er darf nicht dichten, da sonst bei Verstopfungen das ganze Rohr bis zur Rinne volläuft und durch die Schiebenähte Durchfeuchtungen und Verschmutzungen an der Fassade auftreten. Die Einrutschsicherung kann durch Anschweifen des Rohres oder Anlöten eines Zierwulsts oder einer Manschette geschehen. Die Dehnung des oben befestigten Rohres muss aber berücksichtigt werden. Der Übergang von Blech auf Guss oder auf Kunststoff wird durch Standrohrkappen (Rosetten) oder Einschiebestücke bewerkstelligt.

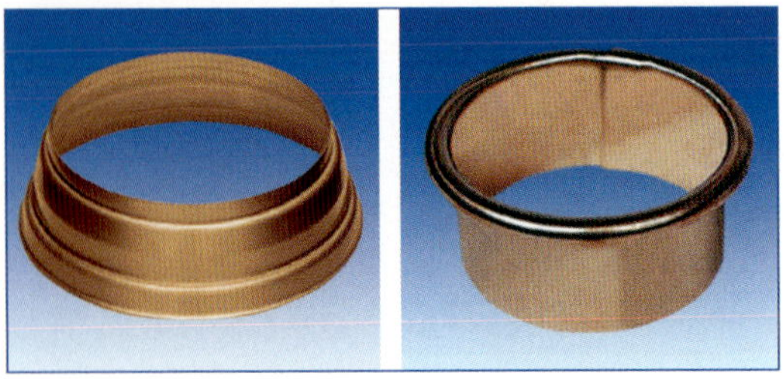

Bild 1: Standrohrüberhänge (Rosetten)

Teilweise sind besondere Schiebestücke im Fachhandel erhältlich. Sie sind aber nur erforderlich, wenn die Regenfallrohre zu größeren Strängen verlötet sind. Die unteren Schellen sind dann wegen größerer Dehnungen nicht fest anzuziehen.

Simsdurchführungen

Bei Attikarinnen oder Gebäuden mit auskragendem Kranzgebälk ist das Rohr durch das Sims hindurchzuführen (Bild 2). Um dem Rohr genügend Bewegungsfreiheit zu ermöglichen und es später austauschen zu können, wird im Gesims ein größeres Futterrohr eingebaut. Somit ist das Gesims gegen herunterlaufendes Schwitzwasser geschützt und kann auch regendicht an eine Simsabdeckung angeschlossen werden.

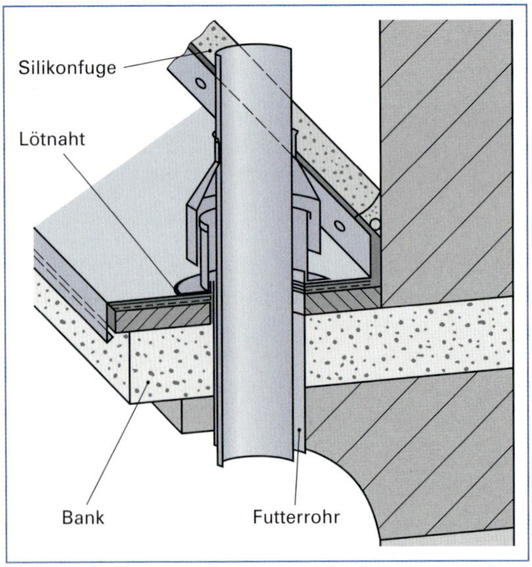

Bild 2: Simsdurchführung mit Futterrohr

Bauabweiser

Laut VOB ist nach der Rinnenmontage während der Bauphase vom Klempner das anfallende Regenwasser mindestens 50 cm über das Gerüst hinauszuführen. Dies geschieht über ein „Notknie“ und ein am Gerüst befestigtes schräges Notfallrohr aus PVC. Als günstiger und sicherer haben sich Ablauftüten erwiesen, die oben am Stutzen und unten am Standrohr angebracht werden (Bild 3).

Regenrohrschellen

Regenrohrschellen sind als Schlagschellen und als Schraubschellen im Handel. Schlagschellen werden zusammen mit Holzstückchen (sogenannte „Schwarzwalddübel“) eingeschlagen und erreichen beträchtliche Auszugswerte. Sie sind in zwei Baulängen erhältlich. Bei längeren Schellen für gedämmte Wände kommen Schraubschellen mit Kunststoffdübeln zum Einsatz, die mit allen möglichen unterschiedlichen Stiftlängen kombinierbar sind.

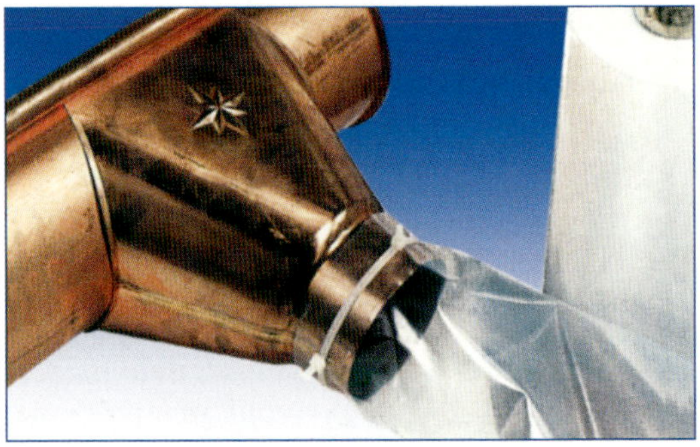

Bild 3: Ablaufschlauch für den Bauzustand

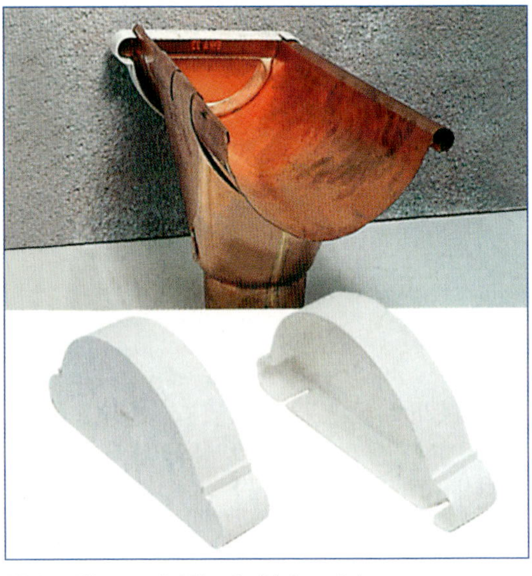

Bild 4: Rinne mit Wandschiebestück

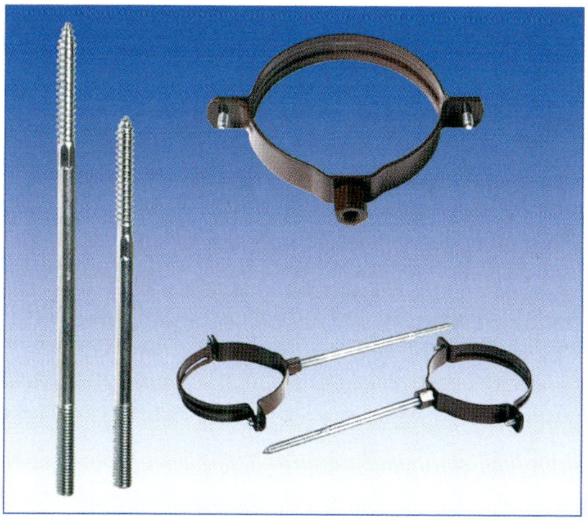

Bild 1: Schraubschellen auf Kupfer

Bild 2: „Runde" Kupferrinne aus Segmenten hergestellt – Lötnaht überdeckt durch Rinnenträger

Regenfallrohre aus Kunststoff

Im Allgemeinen gelten für Regenfallrohre aus Kunststoff die gleichen Regeln wie für Metallrohre. Für die Befestigung werden die zugehörigen kunststoffummantelten, verzinkten Schellen verwendet. Die Verbindung der zylindrischen Regenfallrohre (an jeder Seite ablängbar) geschieht mit Steckmuffen. Die üblichen aus dem Abwasserbereich bekannten HT-Steckmuffen sind groß und unansehnlich. Darum wurden schon mehrere verschiedene Sonderformen auf den Markt gebracht, einige sind jedoch bereits wieder verschwunden. Für die im „Baukastensystem" zu beziehenden Systeme ist die mitgelieferte Verlegeanleitung zu beachten.

Die Industrie liefert Rohre bis 5 m. Bei der extremen Ausdehnung von Kunststoffen ist in den Muffen mindestens 10 mm, bei längeren Rohren 30 mm Schiebemöglichkeit vorzusehen, hierzu wird das Rohr bis zum Anschlag eingesteckt, mit einem Filzstift markiert und anschließend wieder um das gewünschte Maß herausgezogen. Wird dieser „Spielraum" dem Zufall überlassen, biegen sich bei Sonneneinstrahlung die Rohre unter Druck seitlich weg. Selbst bei einseitiger Erwärmung kann man ein Kunststoffrohr von einem Blechrohr durch den ungeraden Verlauf unterscheiden. Bei mehreren Schellen an einem Rohr sind die unteren Schellen wegen der Ausdehnung lose zu lassen. Kunststoffrohre sollten vornehmlich bei aggressiven Niederschlagswässern und stark austretenden Kanalgasen zum Einsatz kommen.

2.13 Übergänge vom Stutzen zum Fallrohr

Zur Überbrückung des Dachvorsprunges bieten sich mehrere Möglichkeiten an. Entscheidendes Kriterium für die Auswahl ist die Auslandung, also das Versatzmaß zwischen Mitte vorgehängter Stutzen und Mitte Regenfallrohr mit 20 mm Wandabstand.

Doppelter Rohrbogen

Doppelte Rohrbögen werden aus industriell vorgefertigten Bögen zusammengesetzt. Sie können maschinell gebogen sein oder aus zwei tiefgezogenen und anschließend verschweißten Halbschalen bestehen.

Bild 3: Rohrbogen 45°

Es sind nach DIN 18461 Winkel von 40°, 60° und 72° (regional auch 87°) erhältlich und Bögen mit engem („winkeligem") und weitem Radius („geschwungenem"). Das gerade Verbindungsstück zwischen den Rohrbögen muss passend konisch oder zylindrisch mit dem Rohraufweiter angefertigt werden. Die Einstrecktiefe beträgt bei Bögen nur 30 mm bis 40 mm.

Gliederbogen

Gliederbögen werden aus einzelnen Segmenten zusammengesetzt und dann verfalzt (bei Kupfer) oder verlötet (bei Zink). Sie werden individuell für das jeweilige Haus mit seinem vorhandenen Dachvorsprung (auch Ausladung genannt) angefertigt.

Bild 1: Gliederbogen als Schwanenhals mit großer Ausladung

Für den in Bild 2 gezeichneten doppelten Gliederbogen liegt der Dachvorsprung fest – die Ausladung *R* ist also vorgegeben. Wählbar ist die Höhe – am besten man wählt sie doppelt so hoch wie die Ausladung. Nun verbindet man die Achspunkte von Stutzenmitte und Rohrmitte und halbiert sie. Dann zieht man um M_1 einen Kreisbogen mit der Ausladung bis zum Wendepunkt auf der Verbindungsachse. Den gleichen Kreis schlägt man nun um M_2.

Die Einteilung der Bogenmittellinien erfolgt nach folgender Regel: Die Anzahl der Teilung ist gleich der doppelten Anzahl der Teilstücke plus 2 Endstücke für die Stutzen.

Anzahl der Teilungen = $2 \cdot n + 2$

n ist die Anzahl der Teilstücke (Segmente) je Bogen. Im Allgemeinen nimmt man drei Teilstücke je Bogen. Das ergibt: $2 \cdot 3 + 2 = 8$ Teilungen. Einzuteilen ist jeweils der Kreisbogen vom schrägen Profilanschnitt des Rohres bis zum Stutzen.

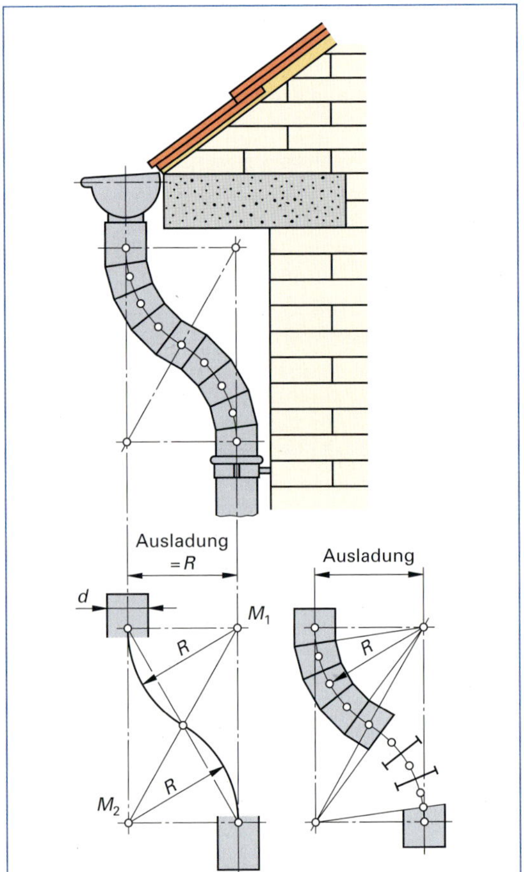

Bild 2: Aufreißen eines doppelten Gliederbogens

Das Mittelstück wird zweckmäßig mit einer Schiebenaht zum Stecken versehen. Auf diese Weise lassen sich Abweichungen in den Baumaßen, die sich oft erst bei der Anbringung herausstellen, ausgleichen.

Schwanenhals

Im Mittelstück ist beim Schwanenhals im Gegensatz zum Gliederbogen keine Schiebenaht vorhanden – er ist komplett durchgefalzt. Durch die schlanke Bogenführung des Schwanenhalses ist die Wasserableitung ohne Zweifel am besten gesichert. Er kommt bei großen Ausladungen vor, bei denen eine Schiebenaht mittig zu instabil wäre (Bild 1, Seite 62).

Schweizerbogen

Bei besonders weit ausladenden Gesimsen werden Rohrbogen mit einem sehr schlanken Bogenstück und spitzem Knie, die sogenannten Schweizerbogen, bevorzugt. Strömungstechnisch sind sie wegen der Behinderung des Wasserablaufes im Knie und der leichten Verstopfungsgefahr nicht sehr günstig. Werden sie aus architektonischen Gründen dennoch verlangt, so sollte man das Knie nicht rechtwinklig ansetzen, sondern stets mit angemessener Neigung.

Bild 1: Zwei Schweizerbogen nach innen gekrümmt

Das Aufreißen und dic Gliederung der Schweizerbogen geschieht wie folgt (Bild 2):

Um den Bogenmittelpunkt *M* reißt man einen 90°-Bogen mit Radius *R* (gleich der Ausladung) auf. Von dem oberen bzw. unteren Ende des Bogens zieht man, je nach Größe der Ausladung, einen halben bis ganzen Rohrdurchmesser *d* ab. Durch Anlegen des rechten Winkels an die Schräge *a-M* erhält man die Neigung des Kniestückes.

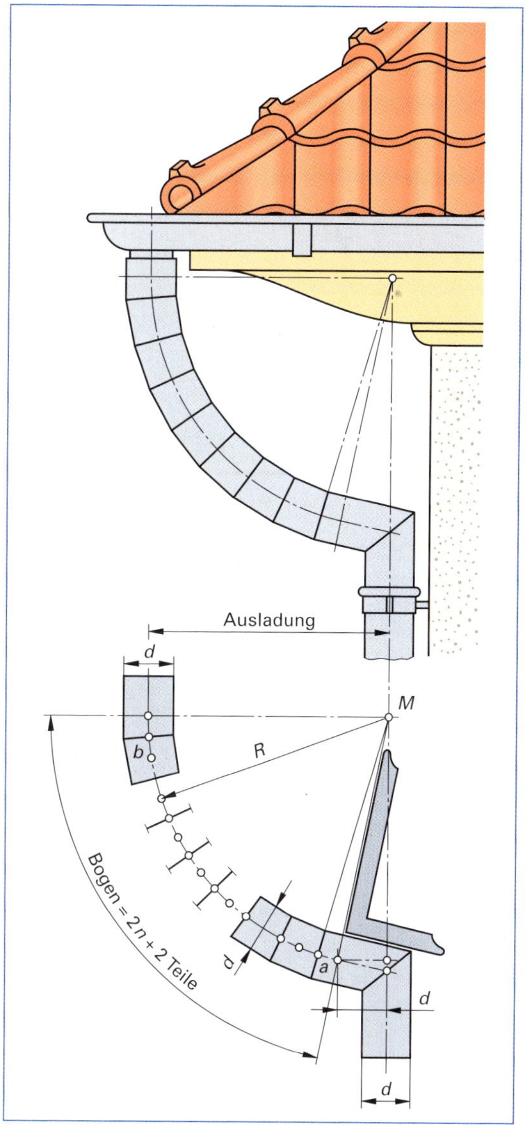

Bild 2: Aufreißen eines Schweizerbogens nach außen gekrümmt

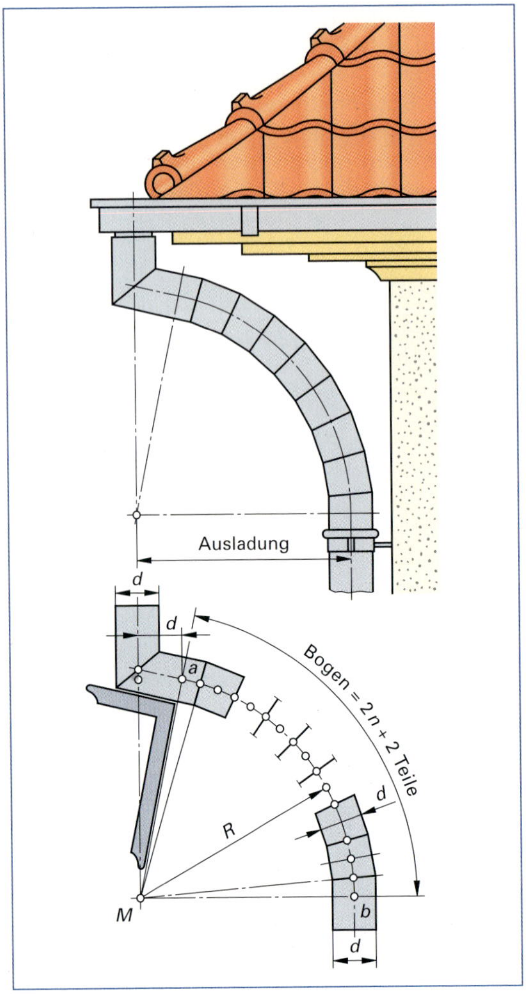

Bild 1: Aufreißen eines Schweizerbogens nach innen gekrümmt

Die Anzahl *n* und die Größe der Teilstücke (Segmente) richten sich nach der Ausladung und dem Rohrdurchmesser. Als Richtwert kann gelten: Die mittlere Länge eines Segmentes entspricht 3/4 des Rohrdurchmessers. Die Anzahl der Teilungen auf dem Bogen zwischen den Punkten *a* und *b* (Bild 2, Seite 63) ergibt sich wieder nach der Formel $2 \cdot n + 2$, d. h. aus der doppelten Anzahl der Gliederstücke plus zwei Endstücken. In den beiden hier gezeigten Beispielen mit sieben Segmenten sind also $2 \cdot 7 + 2 = 16$ Teilungen vorzunehmen. Die erste und letzte Teilung befinden sich jeweils am Rohrstutzen.

Gliederbögen können auch aus herkömmlichen Regenfallrohren hergestellt werden. Sie werden mit einer Gehrungssäge auf die nötigen Längen einschließlich der Falz- oder Lötzugaben abgesägt, aufgeweitet und dann gefügt über Löten oder Falzen.

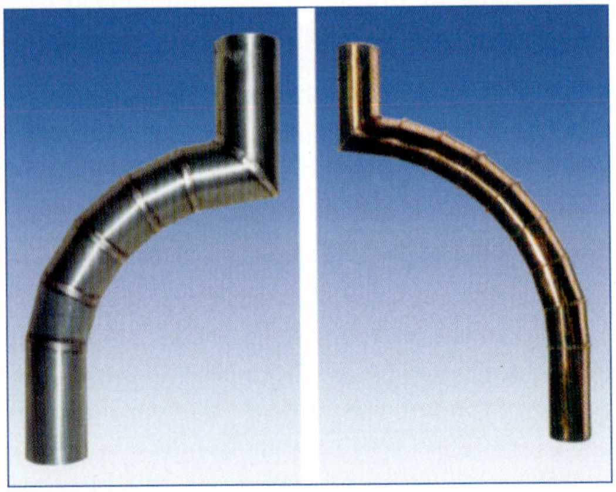

Bild 2: Löt- bzw. Falzbogen

Bild 3: Industriell hergestellter Bogen mit nach innen geknickten Metallbügeln, ähnlich einem Ofenrohr hergestellt

Konische Schrägrohre

Alle bisher betrachteten Bögen verwenden einen herkömmlichen konischen Übergangsstutzen von Rinne zu Rohr. Dies wird vermieden durch konische Schrägrohre, die früher sehr modern waren. Heute bevorzugt man dezentere Übergänge.

Konische Schrägrohre werden für jede Ausladung speziell angefertigt, die aufgeweitete Seite wird an die Rinne direkt angearbeitet und dann ohne Einhängestutzen direkt aufgelötet. Aufwendig stellt sich der Übergang vom konischen Schrägrohr zum Regenfallrohr dar. Heute sind konische Schrägrohre mit knickbaren

Unterteilen erhältlich, um nicht für jede Ausladung neu anfertigen zu müssen.

Bild 1: Konisches Schrägrohr mit Schrägstutzen

Alternative Übergänge mit separater Rohrbelüftung

Entwässerungstechnik kann kreativ sein. Es muss nicht immer der althergebrachte Stutzen verwendet werden, sondern auch kostengünstige Abzweige eignen sich ebenso für eine außergewöhnliche Entwässerungstechnik.

Bild 2: Kreative Rinnenübergänge

Sicher setzt dies mehr falztechnische Kenntnisse voraus als das Überklemmen eines Stutzens. Diese Einzellösungen sind als lebhaftes Dachdesign aber bedeutend attraktiver als Lösungen aus der Massenproduktion.

Rohrabzweige

Rohrabzweige werden erforderlich, wenn andere außenliegende Entwässerungsstellen wie Balkonrinnen oder Rinnen anderer Nebendächer zusammengeführt werden müssen oder bei Ermangelung eines Standrohres im Boden auf das Rohr von der anderen Hausseite zurückgegriffen werden muss. Dies ist für einen guten Ablauf zwar möglichst zu vermeiden, manchmal aber unumgänglich.

Bild 3: Rohrabzweig aufgemufft mit Rohrausweitung

Rohrabzweige werden meist handwerklich hergestellt, es gibt aber auch vorgefertigte Einsteckschieblinge, die anschließend am Bau nur noch verlötet werden müssen.

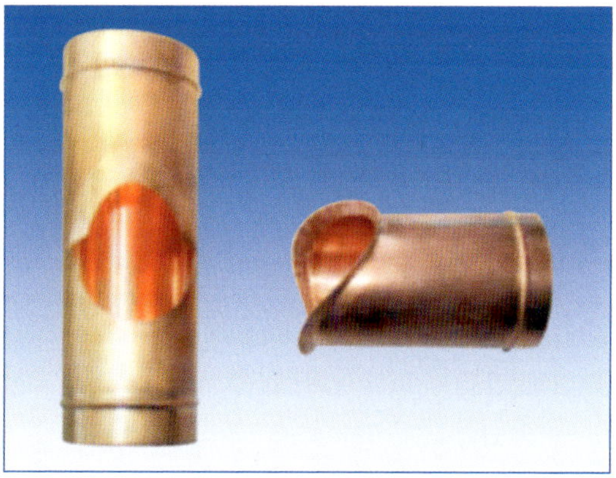

Bild 4: Einsteckteil zum Nachverlöten

2.14 Alternative Rinnenbefestigung

Rinnen werden im englischsprachigen Raum an der Hauswand befestigt. Diese Befestigungsart hat bei geringen Dachvorsprüngen Vorteile. Hierzu sind auch bei uns Haltesysteme mit Klemmschienen erhältlich. Der Einsatz ist bei Balkonrinnen sinnvoll, da hier die Betonbodenplatte als guter Befestigungsgrund nutzbar ist (Bilder 1 und 2).

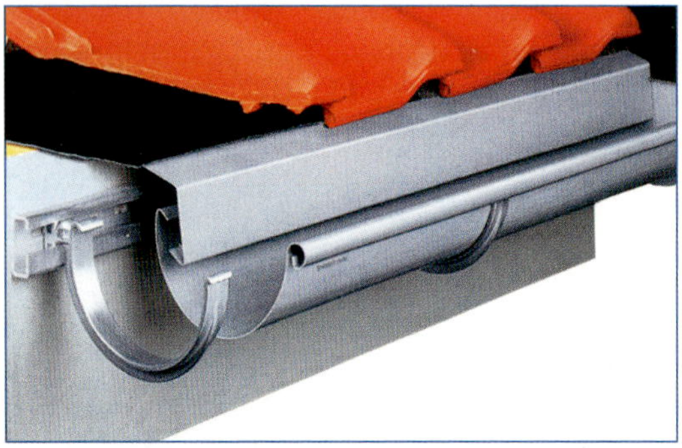

Bild 1: Rinne angebracht am Stirnbrett des Steildaches mit Drehhaken

Bild 2: Balkonrinne unter der Tropfkante des Plattenbelages mit Eindrehhaken

2.15 Löten von Dachrinnen

Dachrinnen können weich oder hart gelötet werden. Beim Weichlöten wird die Löttemperatur unter 450 °C gehalten. Dies wird mit einem Weichlötkolben aus massivem Kupfer und einer Propangasflamme erreicht, die im Wärmeeintrag gut regelbar ist. Beim Hartlöten wird mit Flamme, also mit Acetylen und Sauerstoff über 450 °C, gearbeitet, was bei manchen Stoffen leicht zum Durchbrennen führen kann.

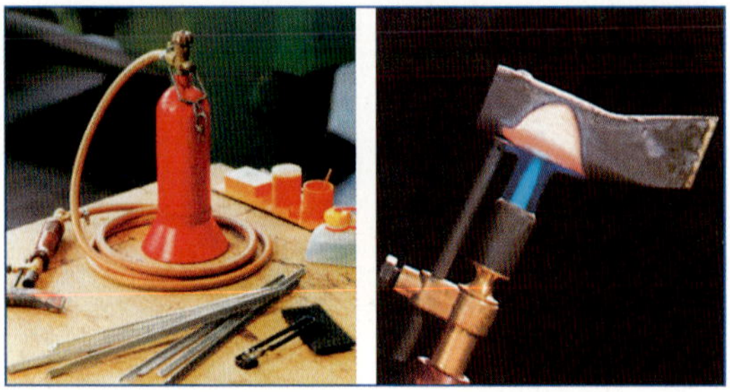

Bild 3: Weichlötgarnitur

Nachdem die Rinne mit einem Putzvlies von groben Oxidationen gereinigt worden ist, wird sie im Wulst eingesteckt, richtig überlappt und dann hinten der Wasserfalz eingeklickt. Normalerweise entsteht so der erforderliche Lötspalt von 0,1 mm bis 0,5 mm von selbst. Bei Fertigungstoleranzen und insbesondere bei Rinnenwinkeln kann mit einer Beißzange hinten durch das Zusammenpressen des Wasserfalzes ein dichteres Anliegen des Kapillarspaltes erreicht werden. Besser ist der Einsatz einer Lötklemme oder Löthilfe (Bild 4).

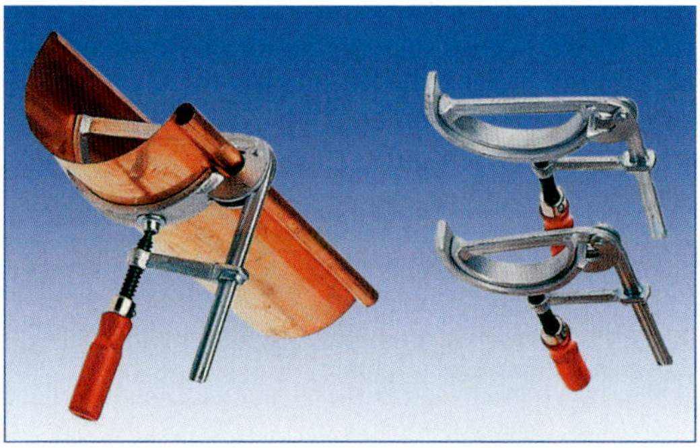

Bild 4: Löthilfe bei unzureichendem Lötspalt

Nun wird das Flussmittel aufgebracht und mit dem Kolben das Lot aufgeschmolzen und verstrichen. Es muss durchgelötet werden, das Flussmittel und auch ein wenig Lot müssen am anderen Ende des Lötspaltes heraustropfen.

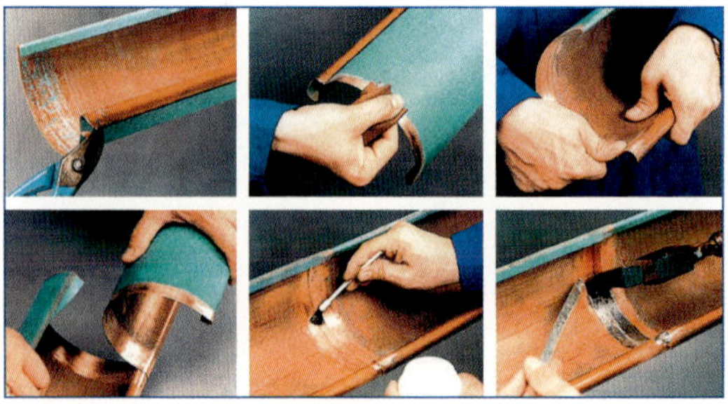

Bild 5: Arbeitsschritte beim Weichlöten

Merkblätter des Fachverbandes regeln Lot, Flussmittel, Lötspalt und eine eventuell erforderliche Verwendung von Nieten (Tabelle 1).

Tabelle 1: Fachgerechtes Verbinden von Dachrinnen

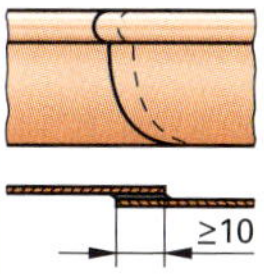	10 mm Überlappung ohne Niete gelötet bei			
	Titanzink weichgelötet S-Pb Sn 40 (Sb) F-S W 11	Kupfer hartgelötet L-CuP 6 oder L-Ag2P	Kupfer weichgelötet S-SnCu 3 F-SW 21	Aluminium hartgelötet L-Al Si 12 F-LH 2
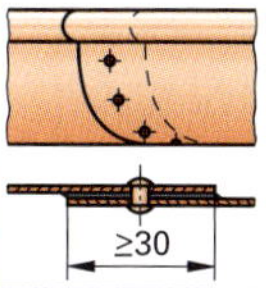	30 mm Überlappung einreihig genietet bei			
	Verzinktes Stahlblech weichgelötet S-Pb Sn 40 (Sb) F-SW 11	Kupfer weichgelötet S-Pb-Sn 40 F-SW 21	Edelstahl weichgelötet S-Pb Sn 40 Phosphorsäure	
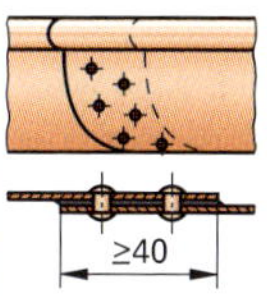	50 mm Überlappung bei kunststoffbeschichteten Blechen, doppelreihig versetzt genietet mit Dichtbeilage (Moosgummi) oder 100 mm Überlappen bei Alcan-Rinnen mit Klebstoff „Sikaflex" 40 mm Überlappung bei Shedrinnen (Lote, Flussmittel wie oben) vorverzinnen, doppelreihig versetzt nieten und durchlöten oder 15 mm Überlappung bei Shedrinnen beim Hartlöten			

Fragen

1. Weshalb dürfen Regenfallrohre nicht zu eng bemessen sein (drei Gründe)?
2. Beschreiben Sie den Dehnungsausgleich einer zusammengesetzten Regenfallleitung.
3. Aus welchen Teilen besteht ein Heftring zum Vorrichten gelöteter Regenfallrohre?
4. Wie sind die Längsnähte von Regenrohren aus Kupfer, Titanzink und verzinktem Stahlblech auszuführen?
5. Welche Abrutschsicherungen kommen für Rohre aus Titanzink, Kupfer, Aluminium und verzinktem Stahlblech zum Einsatz?
6. In welchen Abständen sind die Schellen für Regenrohre anzuordnen?
7. Aus welchem Grunde sollen die Längsnähte der Regenrohre bei der Montage sichtbar sein?
8. Welchem Zweck dienen Regenwasser-Auslaufklappen?
9. Skizzieren Sie verschiedene Ausführungen für den Übergang des Regenfallrohres in das gusseiserne Standrohr!
10. Wie schützt man ein Regenfallrohr, wenn es durch ein Hauptgesims geführt werden muss?
11. Nennen Sie drei verschiedene Möglichkeiten für die Verbindung von Regenfallrohren aus Kunststoff!
12. Wie berücksichtigt man bei Kunststoffregenrohren die Längenänderung bei Temperaturunterschieden?
13. Zeichnen Sie für einen doppelten Rohrbogen mit Schiebenaht den Aufriss der Mittellinie und die Teilung für dreiteilige Gliederbogen! Das Rohr hat 100 mm Durchmesser, der Rohrbogen soll eine Ausladung von 45 cm überbrücken.
14. Zeichnen Sie den Aufriss der Mittellinie und die Bogenteilung für einen eingeschwungenen Schweizerbogen, der 100 mm Durchmesser, 50 cm Ausladung und sieben Bogenstücke (Segmente) besitzt! Für die Neigung des Kniestückes ist vom Bogen die Länge 1 · *d* abzuziehen!
15. Welche kreativen Lösungen zum Fallrohranschluss kennen Sie?
16. Wie kann eine Kupferrinne fachgerecht verbunden werden?
17. Beschreiben Sie das Weichlöten von Titanzink!
18. Wie können werkseitig farbbeschichtete Rinnen verbunden werden?

Bild 1: Professionelle Regenwassernutzungsanlagen fallen in den Bereich des Installateurs

2.16 Bemessung von außenliegenden Rinnen

Rinnen werden nach DIN EN 12056, DIN EN 752 und DIN EN 1986-100 bemessen. Zusätzlich hat der ZVSHK eine Fachinformation „Bemessung von vorgehängten und innenliegenden Rinnen" herausgegeben, die das aufwendige Bemessungsverfahren baupraktisch regelt.

Bemessungsregen

Es werden 2 Regenereignisse unterschieden. Diese wurden mit langjährigen Messungen für alle großen Städte Deutschlands und ihre Umgebung festgelegt.

Die Abkürzung „$r_{5/5}$" steht für einen Regen von 5 Minuten, mit dem einmal in 5 Jahren zu rechnen ist. Er wird als **Berechnungsregen** bezeichnet. Er gilt als Maß für die Regelentwässerung, dieses Maß wird bei der Berechnung von außenliegenden Fallrohren und Rinnen verwendet. Alle 5 Jahre kann es hierbei statistisch gesehen zu Überläufen kommen, was bei Ablaufmöglichkeit über die Wulst keine weiteren Nachweise erfordert.

„$r_{5/100}$" steht für den **Jahrhundertregen**. Er gilt als Maß für die Spitzenbemessung und wird bei der Berechnung innenliegender Rinnen und Rohre und deren Notüberläufen eingesetzt. Damit ist die Entwässerungsanlage sicher gegen jedes regionale Regenereignis.

Separate Notüberläufe werden mit der Differenz von $r_{5/100}$ und $r_{5/5}$ bemessen. Bei vorgehängten Rinnen gilt die tiefer gehängte Vorderkante ohne Nachweis als Notüberlauf.

Die Regenereignisse für alle größeren Städte sind im ZVSHK-Merkblatt in umfassenden Tabellen nach der DIN 1986-100 festgelegt. Einen Auszug zeigt Tabelle 1. Das örtliche Bauamt gibt auf Anfrage Auskunft. Bei einmaligem Überlaufen der Rinne kann der Kunde also noch keine Beanstandungen geltend machen, da dies laut Bemessung alle 5 Jahre passieren kann. Erst eine Langzeitbeobachtung kann ergeben, dass die Rinne falsch gewählt wurde.

Bei innenliegenden Rinnen müssen generell zusätzliche Sicherungsmaßnahmen gegen Überlaufen mit dem Bauherrn vereinbart werden.

Tabelle 1:			**Regenereignisse in Deutschland**					**DIN 1986-100**
Ort	$r_{5/5}$	$r_{5/100}$	Ort	$r_{5/5}$	$r_{5/100}$	Ort	$r_{5/5}$	$r_{5/100}$
	in l/(s · ha)			in l/(s · ha)			in l/(s · ha)	
Aachen	**252**	462	Garm. Partenkirch.	**292**	527	Mannheim	**309**	533
Aschaffenburg	**307**	567	Gera	**340**	637	Mönchengladbach	**270**	502
Augsburg	**339**	648	Göppingen	**310**	564	München	**353**	633
Bad Kissingen	**361**	723	Görlitz	**310**	565	Münster	**307**	567
Bad Tölz	**354**	627	Göttingen	**316**	570	Neubrandenburg	**365**	682
Bamberg	**317**	566	Halle/Saale	**313**	567	Neustadt/Weinstr.	**345**	636
Bayreuth	**357**	674	Hamburg	**266**	463	Nürnberg	**317**	566
Berlin	**371**	668	Hamm	**307**	567	Oberstdorf	**258**	431
Bielefeld	**285**	533	Hanau	**313**	567	Osnabrück	**337**	641
Bocholt	**217**	350	Hannover	**328**	652	Paderborn	**336**	639
Bonn	**299**	572	Heidelberg	**355**	634	Passau	**348**	633
Braunschweig	**307**	568	Heilbronn	**303**	527	Pforzheim	**323**	602
Bremen	**205**	304	Hildesheim	**293**	529	Pirmasens	**345**	636
Bremerhaven	**274**	498	Ingolstadt	**269**	460	Regensburg	**303**	570
Chemnitz	**346**	597	Kaiserslautern	**345**	636	Rosenheim	**452**	853
Cottbus	**286**	536	Karlsruhe	**337**	603	Rostock	**230**	388
Cuxhaven	**277**	494	Kassel	**302**	568	Saarbrücken	**260**	462
Dessau	**313**	567	Kiel	**239**	426	Schweinfurt	**299**	534
Dortmund	**303**	526	Koblenz	**323**	602	Schwerin	**286**	496
Dresden	**323**	602	Köln	**312**	610	Siegen	**302**	568
Duisburg	**268**	457	Konstanz	**327**	600	Speyer	**336**	639
Düsseldorf	**316**	607	Leipzig	**365**	682	Stuttgart	**446**	858
Eisenach	**293**	529	Lindau	**326**	604	Trier	**310**	564
Emden	**282**	538	Lingen	**342**	639	Ulm	**316**	563
Erfurt	**255**	459	Lübeck	**293**	552	Villingen-Schwenn.	**371**	668
Erlangen	**320**	605	Lüdenscheid	**333**	601	Willingen/Upland	**349**	677
Essen	**281**	493	Magdeburg	**308**	583	Wittenberge	**260**	459
Frankfurt/Main	**329**	601	Mainz	**285**	533	Würzburg	**314**	569

Zur Bemessung wird die vorhandene Dachgrundfläche A mit dem gewählten Bemessungsregen der Stadt $r_{T/Tn}$ (also z. B. $r_{5/5}$) und mit dem Abflussbeiwert C (s. u.) multipliziert, nach der Umrechnung von ha in m² wird so der Volumenstrom Q_r errechnet. Dieser Volumenstrom Q_r ist ein Maß für die Wassermenge, die durch die Rinne und das Rohr fließen können muss. Aus ihm können die Dimensionen des benötigten Entwässerungssystems ermittelt werden.

Die Bemessungsformel hierzu lautet

$$Q_r = \frac{A \cdot r_{T/Tn} \cdot C}{10\,000 \frac{m^2}{ha}} \qquad \text{Formel 1}$$

Dabei sind:
A : die projektierte Dachgrundfläche in m²
$r_{T/Tn}$: die Regenspende in l/s (mindestens jedoch 300 l/(s · ha))
C : der Abflussbeiwert
10 000 : der Umrechnungsfaktor von m² und ha

Beispiel: Dachfläche 100 m², Regenspende 400 l/(s · ha), Abflussbeiwert 1,0:

$$Q_r = \frac{100\ m^2 \cdot 400 \frac{l}{s \cdot ha} \cdot 1{,}0}{10\,000 \frac{m^2}{ha}} = 4{,}0 \frac{l}{s}$$

Abflussbeiwert *C*

Er berücksichtigt die zeitliche Verzögerung des Ablaufens des Wassers abhängig von der Art der beregneten Fläche. Jeder Untergrund wird zunächst mit dem Regenwasser benetzt, das Wasser hängt kapillar an, sucht sich teilweise verschlungene Wege und fließt verzögert ab. Manche Untergründe saugen sich auch voll, so dass Teile des Wassers verdunsten oder versickern. Für Dachentwässerungen sind vor allem die ersten Zeilen der Tabelle 1 relevant.

Wirksame Dachfläche *A*

Da angenommen wird, dass der Regen senkrecht von oben fällt, ist mit der Projektion der Dachfläche in die waagrechte Ebene zu rech-

Tabelle 1: Abflussbeiwert *C*[1] zur Ermittlung des Regenwasserabflusses — DIN 1986-100

Art der Flächen	*C*
Wasserundurchlässige Flächen, z. B.	
– Dachflächen	1,0
– Betonflächen, Rampen, befestigte Flächen mit Fugendichtung	1,0
– Schwarzdecken, Pflaster mit Fugenverguss	1,0
– Kiesdächer	0,5
begrünte Dachflächen [2]	
– für Intensivbegrünungen	0,3
– für Extensivbegrünungen ab 10 cm Aufbaudicke	0,3
– für Extensivbegrünungen unter 10 cm Aufbaudicke	0,5
Teildurchlässige und schwach ableitende Flächen, z. B.	
– Betonsteinpflaster, in Sand oder Schlacke verlegt, Flächen mit Platten	0,7
– Flächen mit Pflaster, mit Fugenanteil > 15 %, z. B. 10 cm x 10 cm und kleiner	0,6
– wassergebundene Flächen	0,5
– Kinderspielplätze mit Teilbefestigungen	0,3
Sportflächen mit Dränung	
– Kunststoff-Flächen, Kunststoffrasen	0,6
– Tennisflächen	0,4
– Rasenflächen	0,3
Wasserdurchlässige Flächen ohne oder mit unbedeutender Wasserableitung z. B. Parkanlagen und Vegetationsflächen, Schotter- und Schlackenboden, Rollkies auch mit befestigten Teilflächen wie – Gartenwege mit wassergebundener Decke oder – Einfahrten und Einstellplätze mit Rasengittersteinen	0,0

[1] $C = 1{,}0$ für alle nicht-wasserspeichernden Flächen, unabhängig von der Neigung des Daches
[2] nach Richtlinien für die Planung, Ausführung und Pflege von Dachbegrünungen

nen. Bei aufgehenden Wänden, an die Schlagregen fallen kann, ist dies in abgeminderter Form zu berücksichtigen (es ist ebenfalls die Projektion in die Ebene zur Berechnung heranzuziehen).

Die DIN 12056-3 enthält einige weitere seltene Sonderfälle.

Fließweglänge

Früher gehörte zu jeder Rinne ein passendes Fallrohr (Rinnenzuschnitt 333 gerundet und verfalzt ergibt den Rohrdurchmesser 100, Rinnenzuschnitt 400 gerundet und verfalzt ergibt den Rohrdurchmesser 120 usw.). Je nach Lage des Fallrohres können heute den Rohren alle Rinnen zugeordnet sein, da die Füllhöhe der Rinnen bei größer werdender Länge steigt. Je länger die Rinne, umso langsamer der Ablauf und umso öfter geschieht Vollfüllung (siehe Bild 1). Dies muss in der Rinnenbemessung berücksichtigt werden.

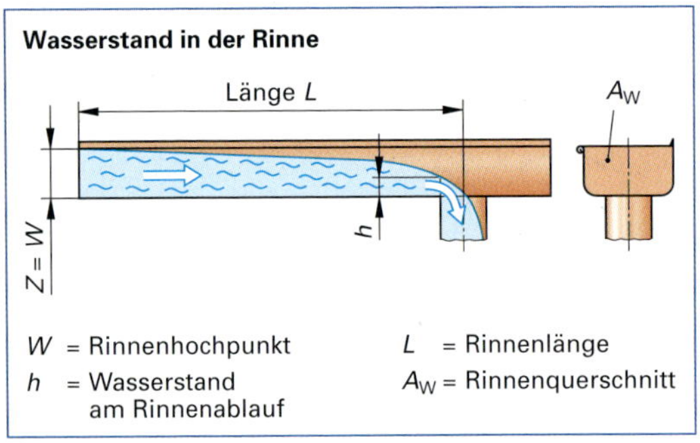

Bild 1: Ablaufverhalten des Wassers je nach Rinnenlänge

Stutzen als Einlauftrichter

Je nach Trichterausbildung kann das Wasser mehr oder weniger schnell ohne Aufstauung und Blasenbildung in die Regenfallleitung einlaufen. Ein trichterförmiger Ablauf muss eine Einlauffläche aufweisen, die mindestens 30 % größer als der Rohrdurchmesser ist, sonst gilt er weiterhin als nicht aufgeweitet zylindrisch. Einige Hersteller bieten hierzu Schablonen an, wie in Bild 2 gezeigt.

Bei zylindrischem Rohranschluss des Stutzens ist die Zuordnung von Rinne und Rohr nach Tabelle 1 auf der folgenden Seite zu beachten.

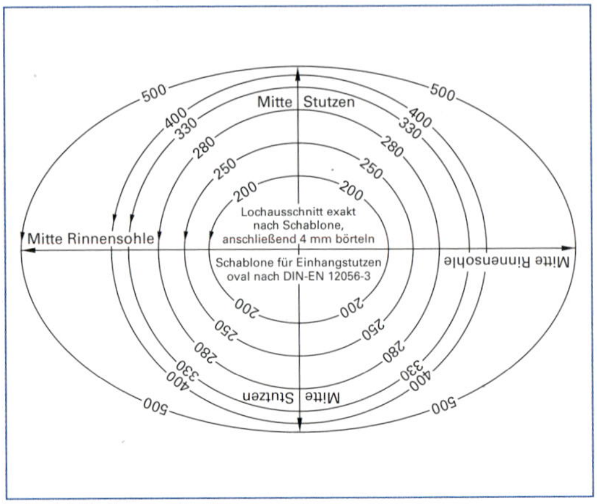

Bild 2: Maßschablone für einen ovalen Rinnenausschnitt, die auf umfangreichen Messversuchen zum Ablaufverhalten mit und ohne Einlaufstutzen beruht.

Rinnenwinkel

Richtungsänderungen der Rinne von über 10° sind bei der Dachentwässerung zu berücksichtigen. Eine in kurzen Stücken segmentierte runde Rinne kann als gerade angenommen werden. Größere Richtungsänderungen stören den Wasserablauf und erhöhen somit den Füllungsgrad der Rinne. In seltenen Fällen kann es auch zum Überschießen am Rinnenwinkel kommen, deshalb werden in manchen Ländern auf Rinnenwinkel Wasserleitbleche zusätzlich aufgelötet. Diese haben aber bei einwandfreier Bemessung nur optische Gründe. Rinnenwinkel sind als Reduzierungsfaktoren mit 0,85 auf das zulässige Q_r abzuschlagen.

Beispiel:
5-teilige halbrunde Rinne, Zuschnitt 400, Länge 12 m, 45° Richtungsänderung, Ablaufvermögen ohne Winkel 4,25 l/s, maximales Ablaufvermögen mit Winkel nur noch 4,25 l/s · 0,85 = 3,61 l/s.

Laubfangkörbe im Rinnenbereich

Laubsiebe können teilweise oder sogar ganz mit Laub bedeckt sein. Bis sie sich freigespült haben, dauert es einige Zeit und das Wasser kann so lange weder gut vorbeiströmen noch in der erforderlichen Menge einströmen. Darum sind sie mit dem Reduzierungsfaktor 0,5 bei der Berechnung von Q_r zu berücksichtigen.

Tabelle 1: Bemessung außenliegender Rinnen

Fachinformation ZVSHK: Tabellen 1, 2, 3, 4 **Abflussvermögen von Rinnen bei Gefälle $J = 0$**									
Länge in m	halbrunde Rinnen 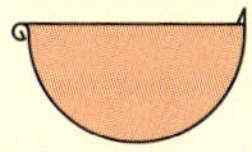					Kastenrinne 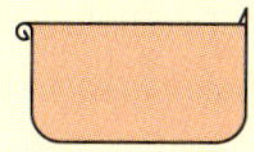			
	Nennmaß					Nennmaß			
	250	285	333	400	500	250	333	400	500
	Abflussvermögen in l/s					Abflussvermögen in l/s			
5	1,07	1,65	2,64	4,63	8,66	1,02	2,38	3,96	7,23
6	1,05	1,62	2,60	4,58	8,66	1,00	2,33	3,90	7,15
7	1,03	1,59	2,56	4,51	8,64	0,98	2,30	3,85	7,06
8	1,01	1,57	2,52	4,46	8,53	0,96	2,26	3,79	6,98
9	0,99	1,54	2,49	4,41	8,43	0,93	2,22	3,74	6,90
10	0,97	1,51	2,45	4,35	8,35	0,91	2,18	3,69	6,82
11	0,95	1,49	2,41	4,30	8,27	0,89	2,14	3,63	6,74
12	0,93	1,46	2,38	4,25	8,20	0,87	2,11	3,58	6,66
13	0,91	1,44	2,34	4,20	8,12	0,85	2,07	3,53	6,58
14	0,89	1,41	2,31	4,15	8,04	0,84	2,04	3,48	6,50
15	0,88	1,39	2,28	4,10	7,97	0,82	2,01	3,44	6,43
16	0,86	1,36	2,24	4,05	7,89	0,80	1,97	3,39	6,36
17	0,84	1,34	2,21	4,00	7,82	0,79	1,94	3,34	6,28
18	0,83	1,32	2,18	3,96	7,75	0,77	1,91	3,30	6,21
19	0,81	1,30	2,15	3,91	7,67	0,76	1,88	3,25	6,14
20	0,8	1,28	2,12	3,87	7,60	0,74	1,85	3,21	6,07

Bemessungsbeispiele

Für die Fülltiefe und damit das maximale Transportvolumen der Rinne ist entscheidend, wo das Regenfallrohr angeordnet ist. Fließt das Wasser weit über 7 m durch die Rinne bevor es das Fallrohr erreicht, so ist schnell soviel Wasser zugeflossen, dass der Füllstand der Rinne kein weiteres Wasser mehr zulässt. Das bedeutet, dass eine größere Rinne erforderlich wird, wenn das Fallrohr am Rand angeordnet ist. Die Fallrohranordnung ist also entscheidend.

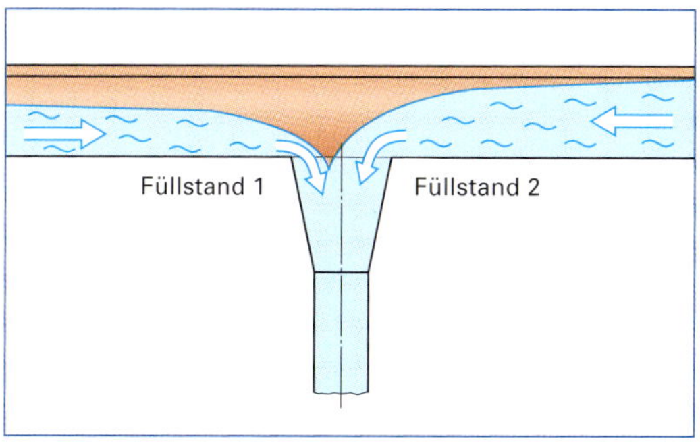

Bild 1: Unterschiedliche Füllstände bei verschiedenen Rinnenlängen

Je nach angeschlossener Rinnenlänge wird aus der Tabelle 1-4 aus DIN 1986-100 die zugehörige Rinne entsprechend der angeschlossenen Quadratmeterzahl ausgesucht und nach praktikablen Gründen entschieden, welche Rinne nun tatsächlich genommen wird. Dabei wird rechts und links vom Fallrohr die gleiche Rinne verwendet.

Fall 1: Fallrohr ist 1 m vom Rand entfernt

A_{ges} = 100 m²; Dachgrundlänge 5,55 m

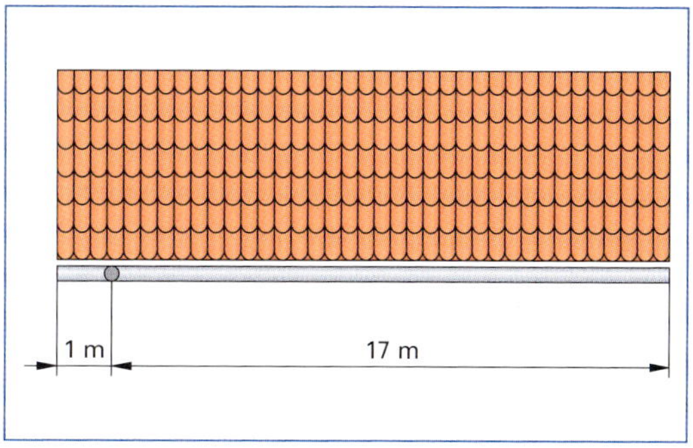

Bild 2: zu Fall 1

$A_{rechts} = 17{,}00 \text{ m} \cdot 5{,}55 \text{ m} = 94{,}35 \text{ m}^2$

$A_{links} = 1{,}00 \text{ m} \cdot 5{,}55 \text{ m} = 5{,}55 \text{ m}^2$

Die Rinnengröße wird der längeren Seite angepasst.

Aus der Bemessungstabelle ergibt sich:

Nennmaß 333 ergibt bei 17,00 m und 400 l/(s · ha) A_{max} = 55 m² und reicht nicht aus,

Nennmaß 400 ergibt bei 17,00 m und 400 l/(s · ha) A_{max} = 100 m² und reicht aus.

Gewählt wird eine durchgängige Rinne Nennmaß 400 mit Stutzen 400, vermutlich auf DN 100.

Fall 2: Fallrohr ist 8 m vom Rand entfernt

A_{ges} = 100 m², Dachgrundlänge 5,55 m

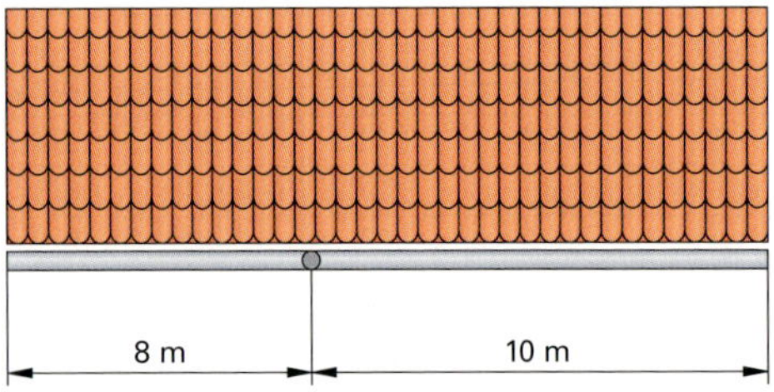

Bild 1: zu Fall 2

$A_{rechts} = 10{,}00\ m \cdot 5{,}55\ m = 55{,}50\ m^2$
$A_{links} = 8{,}00\ m \cdot 5{,}55\ m = 44{,}40\ m^2$

Aus der Bemessungstabelle ergibt sich:

Nennmaß 333 ergibt bei 10,00 m und 400 l/(s · ha) A_{max} = 60 m² und reicht aus,

Nennmaß 333 ergibt bei 8,00 m und 400 l/(s · ha) A_{max} = 64 m² und reicht aus.

Gewählt wird eine durchgängige Rinne Nennmaß 333 mit Stutzen 333er, vermutlich auf DN 100.

Zuordnung von Regenfallleitungen

Je nach der Anschlussart ohne (zylindrisch) oder mit Einlaufstutzen (trichterförmig) wird nun das maximale Ablaufvermögen beider Teilströme der beiden Seiten in das Rohr abgelesen. Die zulässigen Bemessungswerte entnimmt man Tabelle 1. Da Wasser in großen Rinnen besser auf das Rohr zuströmen kann als in engen, kann aber selbst bei der gleichen Dach-

Tabelle 1: Abflussvermögen von Regenfallleitungen

Fachinformation ZVSHK: Tabellen 5, 6, 7, 8
Abflussvermögen von Regenfallleitungen (FL), abhängig von Rinne und Stutzen

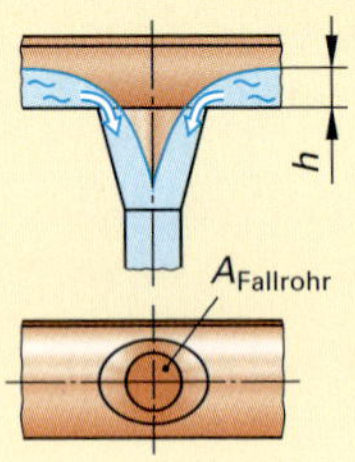

		halbrunde Rinnen 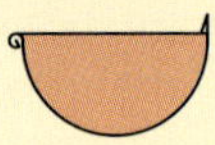		Kastenrinne 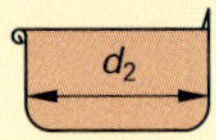		
		Fallleitung 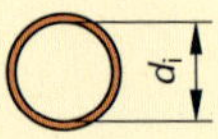		Fallleitung:	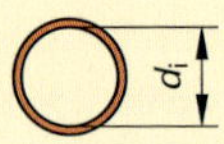	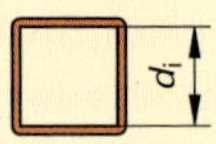
		ohne Einlauftrichter	mit Einlauftrichter		ohne Einlauftrichter	mit Einlauftrichter
Rinne	FL-Innendurchmesser	Abflussvermögen	Abflussvermögen	Breite der Rinne	Abflussvermögen	Abflussvermögen
Nennmaß	d_i	$\dot{V}$	$\dot{V}$	d_2	$\dot{V}$	$\dot{V}$
	mm	l/s	l/s	mm	l/s	l/s
250	60	1,5	1,8	85	0,7	1,3
250	80	2,0	2,2	85	1,1	1,8
280	80	2,6	3,0			
280	100	3,0	3,3			
333	80	4,0	5,0	120	1,4	2,8
333	100	4,5	5,3	120	2,2	3,5
400	100	6,8	9,0	150	2,8	4,6
400	120	7,4	9,3	150	3,7	5,5
500	100	10,5	–			
500	120	12,0	–	200	4,4	7,4
500	150	14,5	–	200	5,9	9,3

fläche doch noch ein unterschiedliches Rohr erforderlich werden.

Für Fall 1 gilt:

$$Q_r = 400\ \text{l/(s} \cdot \text{ha)} \cdot 100\ \text{m}^2 \cdot \frac{1}{10\,000} = 4\ \text{l/s}$$

Rinne 400 mit Rohr 100 mm trichterförmig leitet 9,0 l/s, ohne Trichter 6,8 l/s ab. Ein Rohr Durchmesser 100 ist ausreichend.

Für Fall 2 gilt:

Rinne 333 mit Rohr 80 mm trichterförmig leitet 5,0 l/s, ohne Trichter 4,0 l/s ab. Ein Rohr mit Durchmesser 80 mm ist ausreichend, nun ist jedoch trichterförmig anzuschließen.

Fallleitungsverziehungen

Fallleitungsverziehungen über 10° Neigung sind ohne Reduzierung des maximalen Volumenstromes möglich. Haben die Fallleitungsverziehungen weniger als 10°, verwirbelt sich das Wasser turbulent, dies muss berücksichtigt werden (Bild 1).

Rohrwinkel oder Sockelwinkel nahe an 87° wirken sich insgesamt ungünstig aus und verursachen erhebliche Fallleitungsgeräusche.

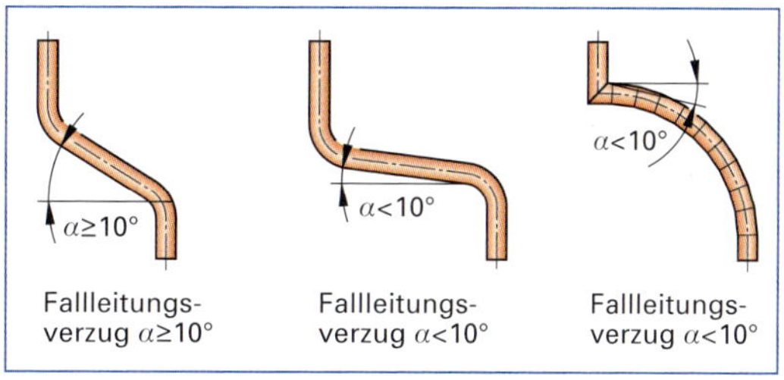

Bild 1: Fallleitungsverziehungen

Tabelle 1: Abflussvermögen

Fachinformation ZVSHK: Tabellen 9
Abflussvermögen von liegenden Regenfallleitungen

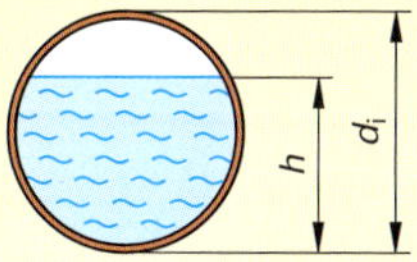

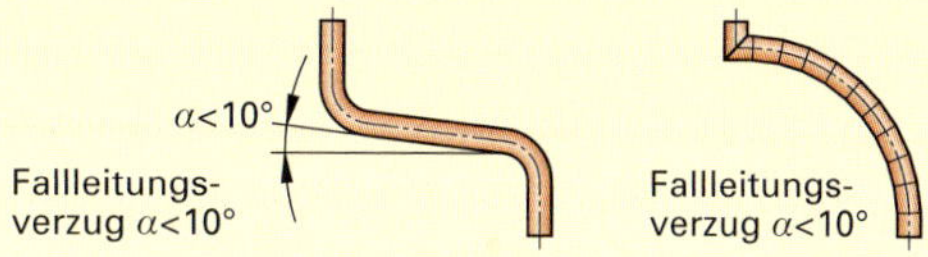

Gefälle	Winkel	d_i = 60 mm		d_i = 80 mm		d_i = 100 mm		d_i = 120 mm		d_i = 150 mm	
J		$\dot{V}$	v	$\dot{V}$	v	$\dot{V}$	v	$\dot{V}$	v	$\dot{V}$	v
cm/m		**l/s**	m/s	**l/s**	m/s	**l/s**	m/s	**l/s**	m/s	**l/s**	m/s
0,5	0,29	–	–	**1,8**	0,5	**3,3**	0,6	**5,4**	0,6	**9,7**	0,7
0,6	0,34	–	–	**2,0**	0,5	**3,6**	0,6	**5,9**	0,7	**10,6**	0,8
0,7	0,40	**1,0**	0,5	**2,1**	0,6	**3,9**	0,7	**6,3**	0,8	**11,5**	0,9
0,8	0,46	**1,1**	0,5	**2,3**	0,6	**4,2**	0,7	**6,8**	0,8	**12,3**	0,9
0,9	0,52	**1,1**	0,5	**2,4**	0,6	**4,4**	0,8	**7,2**	0,9	**13,1**	1,0
1,0	0,57	**1,2**	0,6	**2,6**	0,7	**4,7**	0,8	**7,6**	0,9	**13,8**	1,0
1,1	0,63	**1,2**	0,6	**2,7**	0,7	**4,9**	0,8	**8,0**	0,9	**14,5**	1,1
1,2	0,69	**1,3**	0,6	**2,8**	0,8	**5,1**	0,9	**8,3**	1,0	**15,1**	1,1
1,3	0,74	**1,4**	0,6	**2,9**	0,8	**5,3**	0,9	**8,7**	1,0	**15,7**	1,2
1,4	0,80	**1,4**	0,7	**3,0**	0,8	**5,5**	0,9	**9,0**	1,1	**16,3**	1,2
1,5	0,86	**1,5**	0,7	**3,2**	0,8	**5,7**	1,0	**9,3**	1,1	**16,9**	1,3
2,0	1,15	**1,7**	0,8	**3,7**	1,0	**6,6**	1,1	**10, 8**	1,3	**19,5**	1,5
3,0	1,72	**2,1**	1,0	**4,5**	1,2	**8,1**	1,4	**13,2**	1,6	**24,0**	1,8
4,0	2,29	**2,4**	1,1	**5,2**	1,4	**9,4**	1,6	**15,3**	1,8	**27,7**	2,1
5,0	2,86	**2,7**	1,3	**5,8**	1,5	**10,5**	1,8	**17,1**	2,0	**31,0**	2,3
6,0	3,43	**2,9**	1,4	**6,4**	1,7	**11,5**	2,0	**18,7**	2,2	**33,9**	2,6
8,0	4,57	**3,4**	1,6	**7,3**	2,0	**13,3**	2,3	**21,7**	2,6	**39,2**	3,0
10,0	5,71	**3,8**	1,8	**8,2**	2,2	**14,9**	2,5	**24,9**	2,9	**43,9**	3,3

Bild 1: Schwierige Wasserführung bei großen Dachvorsprüngen

Bild 2: Starke Fallleitungsverziehung

Wassersammelkästen

Rinnenkästen, auch Wassersammler genannt, verhindern das Überschießen des Wassers über den Stutzen nach einer langen Rinne. Bei einem Gefälle von über 2 % sind sie sogar vorgeschrieben. Allgemein ergeben Rinnenkästen eine größere Vollfüllung der Rohre und damit bessere Ablaufwerte. Werden sie bei außenliegenden Rinnen eingesetzt, kann die Rinne wie eine innenliegende Rinne bemessen werden. Dies kann unter Umständen günstigere Werte ergeben. Da der Bemessungsaufwand sehr hoch ist, werden sie aber meistens nur nach subjektiv geschätzter Bemessung bei ankommenden Kehlen eingesetzt oder einfach aus optischen Gründen ohne spezielle hydraulische Bemessung.

Bild 3: Überführung einer innenliegenden Entwässerung in eine außenliegende

Innenliegende Wassersammelkästen sollten über die ganze Rinnenbreite gehen und mindestens doppelt so tief sein wie die erforderliche Stauhöhe (= Druckhöhe), die der Bemessung der Abläufe zugrunde liegt. Dieser komplexe Rechenweg ist nur im Zusammenhang mit der Bemessung innenliegender Rinnen und deren Rohre zu verstehen. Insgesamt werden Wasserfangkästen aber so groß angefertigt, dass problemlos Wartungsarbeiten auch am unteren Anschluss des Regenfallrohres durchführbar sind.

Bild 1: Außenliegende Wassersammler

2.17 Hochleistungsdachentwässerung

Man unterscheidet zwei 2 Dachentwässerungsarten je nach dem Füllungsgrad der Leitungen: **Freispiegelentwässerung** bei geringem Füllstand der Rinne und **Druckentwässerung**, die eintritt, sobald es zu einer Vollfüllung des Rohres kommt. Dann fängt das bereits eingelaufene Wasser im Rohr an zu ziehen. Es entsteht Unterdruck, der obere Luftdruck ist stärker als der im Rohr entstehende Sog aus der Fallbeschleunigung (darum wird dies manchmal auch Sogentwässerung genannt). Fallendes Wasser bildet einen Strudel und reißt die ca. 35-fache Luftmenge mit sich. Dann läuft das Wasser weitgehend an der Rohrwandung ab. Sind nun noch dichtemindernde Blasen im Wasser verteilt, wächst die Geschwindigkeit des Wassers immens, es kommt zu erheblicher Geräuschbildung (Gurgelgeräusche), die Leitungen fangen an zu schwingen, am oberen Einlauf können Kies, kleinere Äste und Laub mitgerissen werden.

Kann es zu Druckentwässerung kommen, sind blecherne Rohre ungeeignet. Sie würden in den Nähten Fremdluft einlassen oder einfach von den auftretenden Druck-Sog-Schwankungen zerdrückt werden.

Der Übergang von einer Freispiegelentwässerung zu einer Druckentwässerung mit ganz anderen Ansprüchen an die Leitungen ist fließend. So handelt es sich z. B. bei gleichem Q_r bei einem Rohrdurchmesser von 70 mm um eine Freispiegelentwässerung, falls $h < 55$ mm ist und falls $h > 55$ mm um eine Druckentwässerung, die auch Sog- oder Hochleistungsdachentwässerung genannt wird.

Zur Ausführung kommen Hochleistungsdachentwässerungen nur bei Großdächern mit einer möglichen Stauhöhe, damit die erforderliche Einlaufhöhe überhaupt erreicht werden kann. Teilweise muss dies in der Statik vorgesehen sein. Zur Zeit sind unterschiedliche Materialien wie PVC oder Guss mit zugelassenen Systemen am Markt. Sie werden meist von den Herstellern selbst bei Planvorlage bemessen und das Material wird dann baustellenbezogen geliefert und dann vom Handwerker installiert.

Bild 2: Sogentwässerungsablauf

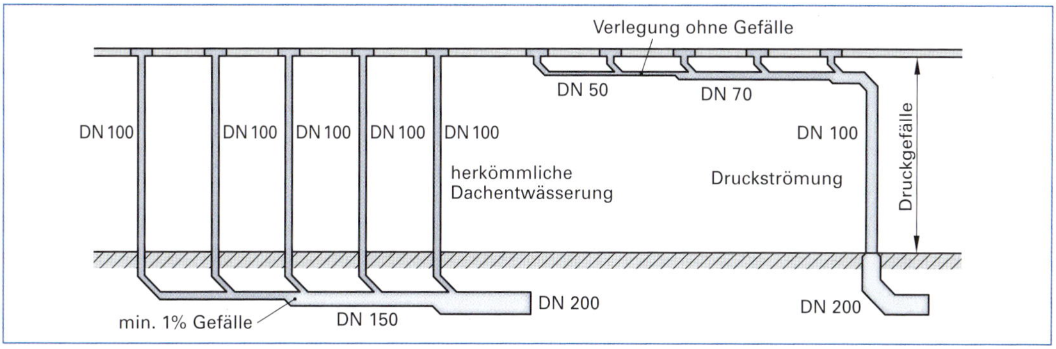

Der Einlauf muss als Luftsieb ausgeführt werden, damit die Rohre auch die nötige Vollfüllung erreichen (Bild 1). Die Rohre dieser Systeme sind weniger als halb so groß wie herkömmliche und können ohne Gefälle, ja sogar mit Steigungen und Umfahrungen geführt werden.

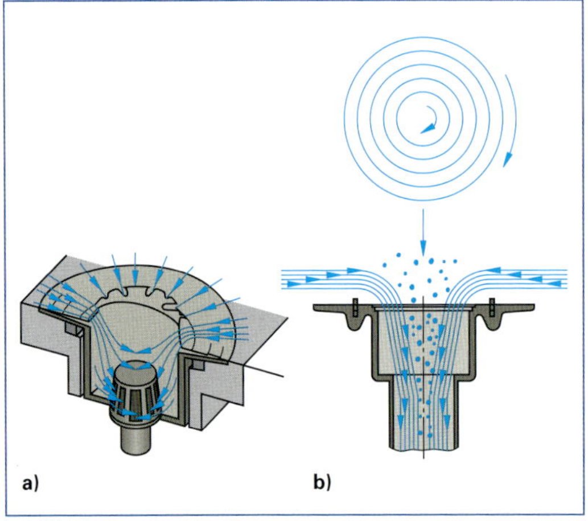

Bild 1: a) Luftsiebwirkung und b) Strudelwirkung mit Lufteinspülung

Entscheidend für die erforderliche Fliesgeschwindigkeit von 1 m/s bis 6 m/s ist die statische Nutzhöhe abzüglich aller Einzelwiderstände durch Umlenkungen, Verengungen und Rohrreibungsverluste (Bild 2).

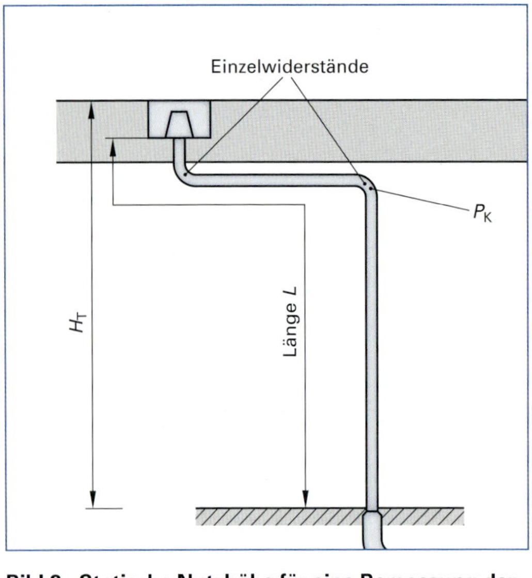

Bild 2: Statische Nutzhöhe für eine Bemessung der Hochleistungsdachentwässerung

Der Hauptvorteil der Druckentwässerung liegt in den kleineren Rohrabmessungen, weniger Fallleitungen im Gebäude und damit weniger Kosten für den Rammschutz im Industriebau, weniger Grundleitungen und Rohrgräben im Bodenbereich und geringere Deckenhöhen, da sie gefällelos verlegt werden. Nachteilig sind der frühzeitige Planungsaufwand, die Geräuschbelästigung und die druckfest längsverbundenen Rohre. Notüberläufe sind jedoch wie bei der herkömmlichen Dachentwässerung fest mit einzuplanen, da Verstopfungen eine unzulässig hohe Rückstauung auf einer recht großen Fläche bewirken würden.

2.18 Bemessung von innenliegenden Rinnen

Innenliegende Rinnen dürfen wegen Folgeschäden im Gebäudeinnern auf keinen Fall ohne Schutzmaßnahmen überlaufen. Es sind aufwendige Detailprobleme mit dem Bauherrn zu klären, z. B. Signalgeber, Sicherheitsrinnen aus Blech oder Folie und deren Entwässerung, Notüberläufe und Rinnengefälle. Nur im Zusammenhang kann das Entwässerungsgesamtkonzept funktionieren.

Alle zu berücksichtigenden Volumenströme sind sicher über das Dach zu einer ungefährlichen Stelle zu bringen. Die Ableitung von Notüberläufen hin zu öffentlichen Flächen (z. B. Gehwegen oder Parkflächen) ist verboten.

Tabelle 1: Beispiel für eine Wassermengenaufteilung in die Regel- und die Notbemessung

für den innenliegenden Ablauf	Bmessungsregen $Q_{r5/5}$	z. B.: 400 l/s
für die innenliegende Rinne	Jahrhundertregen $Q_{r5/100}$	z. B.: 1000 l/s
für den Notablauf über einen Speier	Differenz $Q_{r5/100}$ - $Q_{r5/5}$	z. B.: 600 l/s

Die Aufteilung der Wasserströme erfolgt durch den gezielten Einsatz von Kopfstücken. Das System wird auf den sich von selbst einstellenden Freispiegel des Wassers abgestimmt. Die Abmessungen und die Höhe der Bauteile richten sich nach dem Höhenverlauf des Wassers in der Rinne.

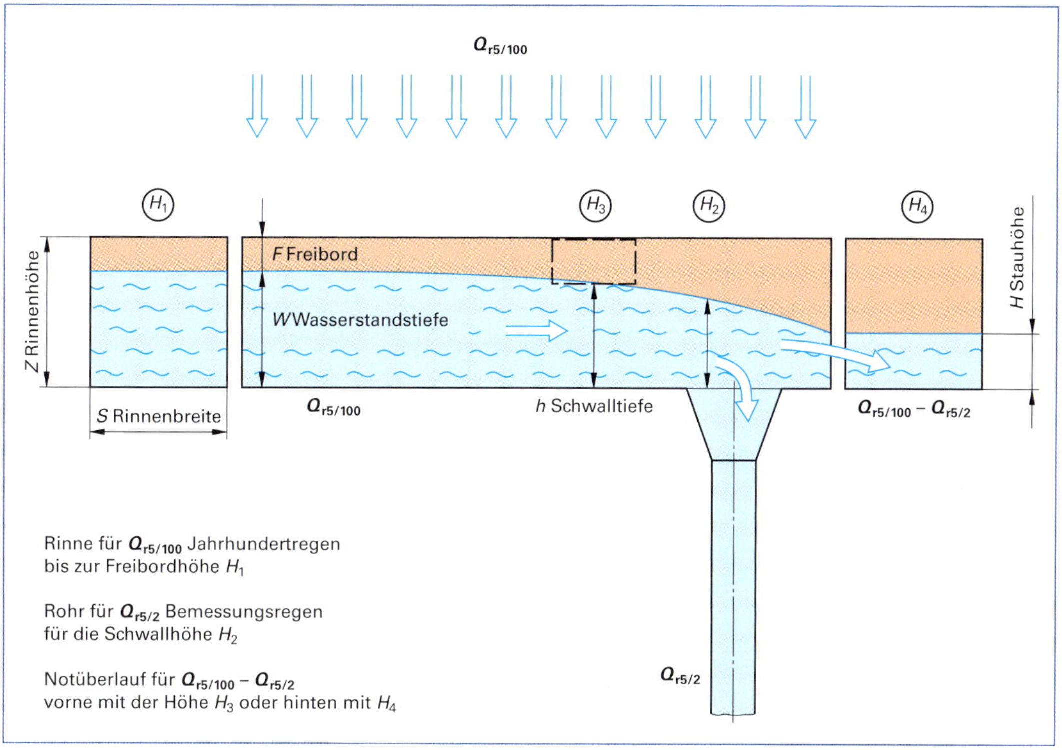

Bild 1: Höheneinteilung nach dem tatsächlich entstehenden Freispiegel

Innenliegende Rinnen werden als rechteckig angenommen, trapezförmige Rinnen bringen wenig Volumenstromerhöhung, weil an der Stauhöhe vor dem Einlauf (Schwall) fast nur noch die untere Breite maßgeblich ist.

Ab einer gewissen rohrabhängigen Stauhöhe über dem Einlauf (Schwallhöhe *h*) tritt Vollfüllung ein, es wird dann fast keine Luft mehr mitgerissen und es stellen sich wie bei der Hochleistungsdachentwässerung sehr hohe Fließgeschwindigkeiten mit Lärmbelästigung, Schwingungen und immensen Unterdrücken ein. Dies muss bei der Rohrauswahl und Verbindungs- und Befestigungstechnik geplant sein, es ist nicht der Regelfall. Deshalb ist die sich einstellende Schwallhöhe *h* die entscheidende Größe für die Rinnengröße und die Rohrauswahl. Sie muss unbedingt durch die Höhe der Notüberläufe abgesichert sein!

Die Grenzen der Freispiegelentwässerung sind einzuhalten und dies ist durch die Beachtung der Bemessungsrichtlinie des ZVSHKs (in ihren Tabellen angegeben) sicherzustellen.

Tabelle 1: Maximale Schwallhöhen in mm vor dem Einlauf bevor Vollfüllung eintritt

DN	70	100	125	150	200	250	300
Trichterförmig	55	80	95	115	145	150	200
Zylindrisch	36	50	65	80	105	130	200

Der Höhenverlauf des Wassers bei Einläufen, Notüberläufen, Freiborden und Rinnenhöhen und auch bei Strömungswiderständen (Siebe, Nähte, Verengungen usw.) kann durch EDV-Entwässerungsprogramme simuliert werden. Über Formelwerke in der Bemessungshilfe des ZVSHK ist der exakte Wasserverlauf auch von Hand über komplexe Formeln mit Taschenrechner berechenbar. In der Praxis läuft die Bemessung für den Handwerker über Ablesen aus den umfangreichen Tabellenwerken der ZVSHK-Bemessungshilfe, die hier ab der nächsten Seite abgedruckt sind.
Nach Ermittlung von $Q_{r5/100}$ aus der Einzugsfläche und der Rinnenlänge wird nun nach den folgenden Tabellen die Rinnenbreite frei gewählt und die erforderliche Rinnenhöhe festgelegt. Aus den baupraktischen Gegebenheiten wird dann entschieden, ob die Entwässerungsanlage so ausführbar ist.

Tabelle 1: Rinnenbreite 200 bis 300 mm

Fachinformation ZVSHK: Auszug aus Tabellen 59, 60, 61
Abflussvermögen von rechteckiger, innenliegender Rinnen

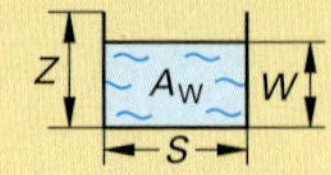

rechteckig				Abflussvermögen der Rinne												
				l/s	l/s	l/s	l/s	l/s	l/s	l/s	l/s	l/s	l/s	l/s	l/s	l/s
S	*W*	*h*	A_w	Länge der Rinne												
mm	mm	mm	cm²	5 m	10 m	15 m	20 m	25 m	30 m	35 m	40 m	45 m	50 m	60 m	70 m	80 m
200	200	95	400	19,8	19,8	19,8	19,8	17,6	17,0	16,4	15,9	15,3	14,8	13,9	13,0	12,3
200	195	92	390	19,1	19,1	19,1	19,1	16,9	16,3	15,7	15,2	14,6	14,2	13,2	12,4	11,7
200	190	90	380	18,3	18,3	18,3	18,3	16,2	15,6	15,0	14,5	14,0	13,5	13,6	11,8	11,1
200	185	87	370	17,6	17,6	17,6	17,6	15,4	14,9	14,3	13,8	13,3	12,8	12,0	11,2	10,6
200	175	83	350	16,2	16,2	16,2	16,2	14,1	13,5	13,0	12,5	12,0	11,6	10,8	10,1	9,5
200	165	78	330	14,8	14,8	14,8	13,3	12,7	12,2	11,7	11,2	10,8	10,4	9,6	9,0	8,4
200	155	73	310	13,5	13,6	13,5	11,9	11,4	10,9	10,5	10,0	9,6	9,2	8,5	7,9	7,5
200	145	69	290	12,2	12,2	11,2	10,7	10,2	9,7	9,3	8,8	8,5	8,1	7,5	7,0	6,6
200	135	64	270	11,0	11,0	10,0	9,5	9,0	8,5	8,1	7,7	7,4	7,1	6,5	6,1	5,7
200	125	59	250	9,8	9,3	8,8	8,3	7,8	7,4	7,0	6,7	6,4	6,1	5,6	5,2	5,0
200	121	57	242	9,3	8,8	8,3	7,8	7,4	7,0	6,6	6,3	6,0	5,7	5,2	4,9	4,7
200	117	55	234	8,9	8,3	7,8	7,4	7,0	6,6	6,2	5,9	5,6	5,3	4,9	4,6	4,5
250	250	118	625	34,6	34,6	33,7	32,8	31,9	31,0	30,1	29,3	28,5	27,7	26,3	24,9	23,7
250	240	113	600	32,5	32,5	31,6	30,7	29,8	28,9	28,1	27,3	26,5	25,8	24,4	23,1	21,9
250	230	109	575	30,5	30,5	29,5	28,6	27,8	26,9	26,1	25,4	24,6	23,9	22,5	21,3	20,2
250	220	104	550	28,6	28,6	27,5	26,6	25,8	25,0	24,2	23,5	22,7	22,2	20,7	19,6	18,5
250	210	99	525	26,6	226,6	25,5	24,7	23,9	23,1	22,3	21,6	20,9	20,3	19,0	17,9	16,9
250	200	95	500	24,8	24,8	23,6	22,8	22,0	21,3	20,5	19,8	19,2	18,5	17,4	16,3	15,4
250	190	90	475	22,9	22,6	21,8	21,0	20,2	19,5	18,8	18,1	17,5	16,9	15,8	14,8	13,9
250	180	85	450	21,1	20,7	19,9	19,2	18,4	17,7	17,1	16,4	15,8	15,3	14,2	13,3	12,5
250	170	80	425	19,4	18,9	18,2	17,4	16,7	16,1	15,4	14,8	14,2	13,7	12,7	11,9	11,2
250	160	76	400	17,2	17,2	16,5	15,8	15,1	14,4	13,8	13,3	12,7	12,2	11,3	10,6	9,9
250	150	71	375	16,1	15,5	14,8	14,1	13,5	12,9	12,3	11,8	11,3	10,9	10,0	9,3	8,8
250	140	66	350	14,5	13,9	13,2	12,6	12,0	11,4	10,9	10,4	9,9	9,5	8,7	8,1	7,7
250	130	61	325	13,0	12,3	11,7	11,1	10,5	10,0	9,5	9,0	8,6	8,2	7,5	7,1	6,7
250	120	57	300	11,5	10,9	102	9,7	9,1	8,6	8,2	7,7	7,4	7,0	6,5	6,1	5,8
300	300	142	900	54,6	54,6	54,0	52,7	51,5	50,3	49,1	48,0	46,9	45,8	43,7	41,8	40,0
300	280	132	840	49,2	49,2	48,4	47,2	46,0	44,9	43,8	42,7	41,6	40,6	38,7	36,8	35,1
300	260	123	780	44,0	44,0	43,1	41,9	40,8	39,7	38,6	37,6	36,6	35,7	33,8	32,1	30,6
300	240	113	720	39,1	39,1	37,9	36,8	35,8	34,7	33,7	32,8	31,8	30,9	29,7	27,7	26,3
300	220	104	660	34,3	34,3	33,0	32,0	31,0	30,0	29,1	28,2	27,3	26,5	24,9	23,5	22,2
300	200	95	600	29,7	29,4	28,4	27,4	26,4	25,5	24,6	23,8	23,0	22,2	20,8	19,6	18,5
300	190	90	570	27,5	27,1	26,1	25,2	24,2	23,4	22,5	21,7	21,0	20,2	18,9	17,7	16,7
300	180	85	540	25,4	24,9	23,9	23,0	22,1	21,3	20,5	19,7	19,0	18,3	17,1	16,0	15,0
300	170	80	510	23,3	22,7	21,8	20,9	20,1	19,3	18,5	17,8	17,1	16,4	15,3	14,3	13,4
300	160	76	480	21,3	20,6	19,8	18,9	18,1	17,3	16,6	15,9	15,3	14,7	13,6	12,7	11,9
300	150	71	450	19,3	18,6	17,8	17,0	16,2	15,5	14,8	14,1	13,5	13,0	12,0	11,2	10,5
300	140	66	420	17,4	16,7	15,9	15,1	14,4	13,7	13,0	12,4	11,9	11,4	10,5	9,8	9,2
300	130	61	390	15,6	14,8	14,0	13,3	12,6	12,0	11,4	10,8	10,3	9,8	9,1	8,5	8,0
300	120	57	360	13,8	13,0	12,3	11,6	10,9	10,3	9,8	9,3	8,8	8,4	7,7	7,3	7,0

Tabelle 1: Rinnenbreite 400 bis 600 mm

Fachinformation ZVSHK: Auszug aus Tabellen 63, 65, 66
Abflussvermögen von rechteckiger, innenliegender Rinnen

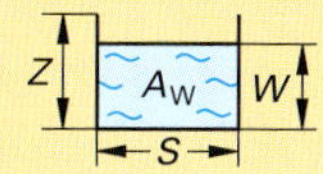

rechteckig				Abflussvermögen der Rinne												
				l/s	l/s	l/s	l/s	l/s	l/s	l/s	l/s	l/s	l/s	l/s	l/s	l/s
S	*W*	*h*	A_w	Länge der Rinne												
mm	mm	mm	cm²	5 m	10 m	15 m	20 m	25 m	30 m	35 m	40 m	45 m	50 m	60 m	70 m	80 m
400	400	189	1600	112,0	112,0	112,0	112,0	108,8	106,9	105,0	103,2	101,4	99,6	96,2	92,9	89,8
400	350	165	1400	91,7	91,7	91,7	89,7	88,0	86,2	84,5	82,8	81,1	79,5	76,4	73,5	70,7
400	300	142	1200	72,8	72,8	72,8	70,3	68,6	67,0	65,5	64,0	62,5	61,0	58,3	55,7	53,3
400	250	118	1000	55,4	55,4	55,4	52,5	51,0	49,6	48,2	46,9	45,6	44,4	42,0	39,8	37,8
400	200	95	800	39,6	39,6	39,6	36,5	35,2	34,0	32,8	31,7	30,7	29,7	27,8	26,1	24,6
400	180	85	720	33,8	33,8	31,9	30,7	29,5	28,4	27,3	26,3	25,3	24,4	22,7	21,3	20,0
400	170	80	680	31,0	31,0	29,1	27,9	26,8	25,7	24,7	23,7	22,8	21,9	20,4	19,0	17,9
400	160	76	640	28,3	28,3	26,3	25,2	24,1	23,1	22,1	21,2	20,4	19,6	18,1	16,9	15,9
400	150	71	600	25,7	25,7	23,7	22,6	21,6	20,6	19,7	18,8	18,0	17,3	16,0	14,9	14,0
400	140	66	560	23,2	23,2	21,2	20,1	19,1	18,2	17,4	16,6	15,8	15,1	14,0	13,0	12,3
400	130	61	520	20,8	20,8	18,7	17,7	16,8	15,9	15,1	14,4	13,7	13,1	12,1	11,7	10,7
400	120	57	480	18,4	18,4	16,4	15,4	14,6	13,8	13,0	12,4	11,8	11,2	10,3	9,7	9,3
500	500	236	2500	195,7	195,7	195,7	195,7	193,5	190,8	188,1	185,5	182,9	180,3	175,3	170,4	165,7
500	450	213	2250	167,1	167,1	167,1	167,1	163,9	161,4	158,8	156,4	153,9	151,5	146,9	142,4	138,0
500	400	189	2000	140,0	140,0	140,0	138,5	136,0	133,6	131,3	129,0	126,8	124,5	120,3	116,1	112,2
500	350	165	1750	114,6	114,6	114,6	112,2	109,9	107,7	105,6	103,5	101,4	99,4	95,5	91,8	88,3
500	300	142	1500	91,0	91,0	89,9	87,8	85,8	83,8	81,8	80,0	78,1	76,3	72,9	69,6	66,6
500	250	118	1250	69,2	69,2	67,5	65,6	63,7	62,0	60,3	58,6	57,0	55,4	52,5	49,8	47,3
500	200	95	1000	49,5	49,5	47,3	45,6	44,0	42,5	41,1	39,7	38,3	37,1	34,7	32,6	30,8
500	180	85	900	42,3	42,3	39,9	39,3	36,9	35,5	34,1	32,9	31,7	30,5	28,4	26,6	25,0
500	170	80	850	38,8	38,8	36,3	35,9	33,5	32,1	30,8	29,6	28,5	27,4	25,5	23,8	22,4
500	160	76	800	35,4	35,6	32,9	31,5	30,2	28,9	27,7	26,5	25,5	24,4	22,6	21,1	19,9
500	150	71	750	32,2	32,2	29,6	28,3	27,0	25,8	24,6	23,6	22,5	21,6	20,0	18,6	17,5
500	140	66	700	29,0	29,0	26,4	25,1	23,9	22,8	21,7	20,7	19,8	18,9	17,5	16,3	15,4
500	130	61	650	25,9	25,9	23,4	22,2	21,0	19,9	18,9	18,0	17,2	16,4	15,1	14,1	13,4
600	600	284	3600	308,7	308,7	308,7	308,7	308,7	305,2	301,7	298,1	294,6	291,2	284,4	277,8	271,4
600	500	236	3000	234,9	234,9	234,9	234,9	232,2	228,9	225,7	222,5	219,4	216,3	210,3	204,5	198,9
600	400	189	2400	168,0	168,0	168,0	168,0	163,2	160,4	157,6	154,8	152,1	149,4	144,3	139,4	134,6
600	350	165	2100	137,5	137,5	137,5	134,6	131,9	129,3	126,7	124,2	121,7	119,3	114,6	110,2	106,0
600	300	142	1800	109,2	109,2	109,2	105,4	102,9	100,5	98,2	95,9	93,7	91,6	87,5	83,6	79,9
600	250	118	1500	83,0	83,0	80,9	87,7	76,5	74,4	72,3	70,3	68,4	66,5	63,0	59,8	56,8
600	200	95	1200	59,4	59,4	56,7	54,7	52,8	51,0	49,3	47,6	46,0	44,5	41,7	39,1	36,9
600	180	85	1080	50,7	49,8	47,8	46,0	44,2	42,6	41,0	39,4	38,0	36,6	34,1	31,9	30,0
600	160	76	960	42,5	41,3	39,5	37,8	36,2	34,7	33,2	31,8	30,5	29,3	27,2	25,4	23,9
600	150	71	900	38,6	37,3	35,5	33,9	32,4	30,9	29,5	28,3	27,1	25,9	24,0	22,3	22,1
600	140	66	840	34,8	33,4	31,7	30,2	28,7	27,3	26,1	24,9	23,7	22,7	20,9	19,5	18,5
600	130	61	780	31,1	29,6	28,1	26,6	25,2	23,9	22,7	21,6	20,6	19,7	18,1	16,9	16,1

Tabelle 1: Rinnenbreite 700 bis 1000 mm																
Fachinformation ZVSHK: Auszug aus Tabellen 67, 68, 69 **Abflussvermögen von rechteckiger, innenliegender Rinnen**																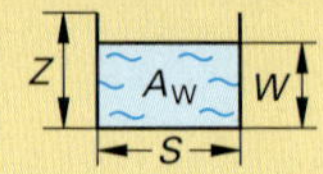
rechteckig				Abflussvermögen der Rinne												
				l/s	l/s	l/s	l/s	l/s	l/s	l/s	l/s	l/s	l/s	l/s	l/s	l/s
S	*W*	*h*	A_w	Länge der Rinne												
mm	mm	mm	cm²	5 m	10 m	15 m	20 m	25 m	30 m	35 m	40 m	45 m	50 m	60 m	70 m	80 m
700	700	331	4900	453,9	453,9	453,9	453,9	453,9	453,3	448,7	444,2	439,8	435,3	426,6	418,1	409,8
700	600	284	4200	360,2	360,2	360,2	360,2	360,2	356,1	351,9	347,8	343,7	339,7	331,8	324,1	316,6
700	500	236	3500	274,0	274,0	274,0	274,0	270,9	267,1	263,3	259,6	256,0	252,4	245,4	238,6	232,0
700	400	189	2800	196,1	196,1	196,1	196,1	190,4	187,1	183,8	180,6	177,5	175,4	168,4	162,6	157,1
700	300	142	2100	127,3	127,3	125,9	123,0	120,1	117,3	114,6	111,9	109,3	106,8	102,0	97,5	93,3
700	250	118	1750	96,9	96,9	94,4	91,8	89,2	86,8	84,4	82,0	79,8	77,6	73,5	69,7	66,2
700	200	95	1400	69,3	68,5	66,2	63,9	61,6	59,5	57,5	55,5	53,7	51,9	48,6	45,7	43,1
700	180	85	1260	59,2	58,1	55,8	53,7	51,6	49,7	47,8	46,0	44,3	42,7	39,8	37,2	35,0
700	170	80	1190	54,3	53,0	50,9	48,8	46,8	45,0	43,2	41,5	39,9	38,4	35,7	33,3	31,3
700	160	76	1120	49,6	48,2	46,1	44,1	42,2	40,4	38,7	37,1	35,6	34,2	31,7	29,6	27,8
700	150	71	1050	45,0	43,5	41,5	39,6	37,8	36,1	34,5	33,0	31,6	30,3	28,0	26,1	24,6
700	140	66	980	40,6	38,9	37,0	35,2	33,5	31,9	30,4	29,0	27,7	26,5	24,4	22,8	21,5
800	800	378	5600	633,7	633,7	633,7	633,7	633,7	633,7	632,2	626,6	621,1	615,6	604,8	594,2	583,8
800	700	331	5600	518,7	518,7	518,7	518,7	518,7	518,1	512,9	507,7	502,6	497,5	487,6	477,8	468,3
800	600	284	4800	411,6	411,6	411,6	411,6	411,6	407,0	402,2	397,5	392,8	388,2	379,2	370,4	361,8
800	500	236	4000	313,1	313,1	313,1	313,1	309,6	305,2	301,0	296,7	292,6	288,5	280,4	272,7	265,2
800	400	189	3200	224,1	224,1	224,1	224,1	217,6	213,8	210,1	206,4	202,8	199,3	192,4	185,8	179,5
800	350	165	2800	183,4	183,4	183,4	179,5	175,9	172,4	168,9	165,6	162,3	159,1	152,8	146,9	141,3
800	300	142	2400	145,5	145,5	145,5	140,5	137,3	134,1	131,0	127,9	125,0	122,1	116,6	111,4	106,6
800	250	118	2000	110,7	110,7	110,7	104,9	102,0	99,2	96,4	93,8	91,2	88,7	84,0	79,7	75,7
800	200	95	1600	79,2	79,2	75,6	73,0	70,5	68,0	65,7	63,5	61,3	59,3	55,5	52,2	49,2
800	180	85	1440	67,6	66,3	63,8	61,3	59,0	56,7	54,6	52,6	50,6	48,8	45,5	42,6	40,0
800	170	80	1360	62,1	60,6	58,1	55,8	53,5	51,4	49,3	47,4	45,6	43,9	40,7	38,1	35,8
800	160	76	1280	56,1	55,1	52,7	50,4	48,3	46,2	44,3	42,4	40,7	39,1	36,2	33,8	31,8
800	150	71	1200	51,5	49,7	47,4	45,2	43,2	41,2	39,4	37,7	36,1	34,6	32,	29,8	28,1
800	140	66	1120	46,4	44,5	42,3	40,2	38,3	36,5	34,7	33,1	31,7	30,3	27,9	26,0	24,6
1000	500	236	5000	391,4	391,4	391,4	391,4	387,0	381,6	376,2	370,9	365,7	360,6	350,6	340,9	331,5
1000	400	189	4000	280,1	280,1	280,1	276,9	272,1	267,3	262,6	258,0	253,5	249,1	240,5	232,3	224,4
1000	350	165	3500	229,2	229,2	229,2	224,4	219,9	215,5	211,2	207,0	202,9	198,8	191,1	183,7	176,7
1000	300	142	3000	181,9	181,9	181,9	175,7	171,6	167,6	163,7	159,9	156,2	152,6	145,8	139,3	133,2
1000	250	118	2500	138,4	138,4	138,4	131,1	127,5	123,9	120,5	117,2	114,0	110,9	105,0	99,6	94,6
1000	200	95	2000	99,0	99,0	94,5	91,2	88,1	85,0	82,1	79,3	76,7	74,1	69,4	65,2	61,5
1000	180	85	1800	84,5	82,9	79,7	76,7	73,7	70,9	68,3	65,7	63,3	61,0	56,8	53,2	50,1
1000	170	80	1700	77,6	75,8	72,7	69,7	66,9	64,2	61,7	59,3	57,0	54,8	50,9	47,6	44,8
1000	160	76	1600	70,9	68,8	65,9	63,0	60,3	57,8	55,3	53,0	50,9	48,9	45,3	42,3	39,8
1000	150	73	1500	64,3	62,1	59,2	56,5	54,0	51,5	49,2	47,1	45,1	43,2	40,0	37,2	35,1
1000	140	66	1400	58,0	55,6	52,9	50,3	47,9	45,6	43,4	41,4	39,6	37,9	34,9	32,5	30,8
1000	130	61	1300	51,9	41,4	46,8	44,3	42,0	39,9	37,9	36,0	34,3	32,8	30,2	28,2	26,8
1000	120	57	1200	46,0	43,4	40,9	38,6	36,5	34,5	32,6	30,9	29,1	28,1	25,8	24,2	23,3
1000	110	52	1100	40,4	37,7	35,4	33,2	31,2	29,3	27,7	26,2	24,8	23,7	21,8	20,7	20,2

Gegebenenfalls muss mit einer anderen Rinnenbreite neu gestartet werden, falls die Stauhöhe h zu einer Vollfüllung führen würde. Zwischenmaße sind aus den umfangreichen Originaltabellen zu entnehmen.
Zur Sicherheit muss ein Übermaß für Wellenbildung und Windeinwirkung oder Schmutzanlagerung freigehalten werden – der sogenannte Freibord (Tabelle 1).

Tabelle 1: Freibordhöhe (Reserve)

Gesamtrinnenhöhe Z einschließlich Freibord	Freibord (minimal)
mm	mm
< 85	25
85 ... 250	$0{,}3 \cdot Z$
> 250	75

2.19 Bemessung der Notüberläufe

Das Ablaufvermögen eines Notüberlaufs hängt von seiner Breite und Höhe ab. Je nach baulichen Gegebenheiten ist die Höhe durch den Freibord begrenzt. Somit kann für $Q_{r5/100}$ bis $Q_{r5/2}$ und die an dieser Stelle zu ermittelnde Stauhöhe h die minimale Breite nach Tabelle 2 gefunden werden.

Sie kann aber auch mittels Diagrammen aus dem Überschwellmaß des Notauslaufes bestimmt werden (Bild 1). Dies ist der sicherere Weg und spiegelt die Realität besser wider.

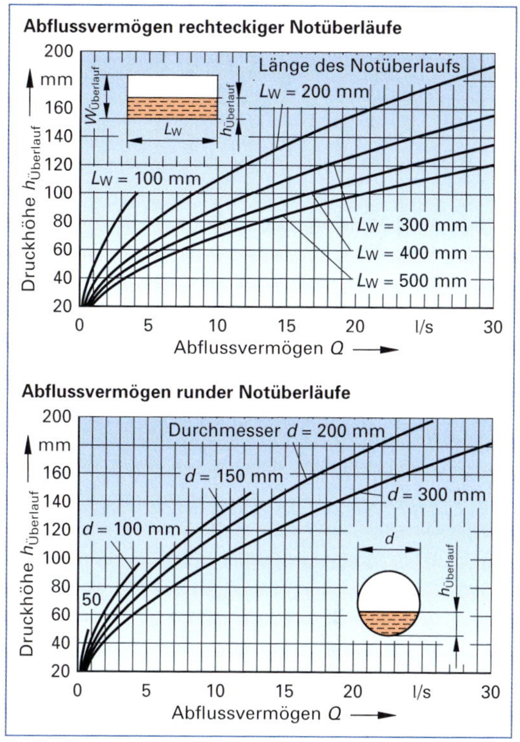

Bild 1: Ablesen der erreichbaren Abflussmengen an Notüberläufen in rechteckiger und runder Bauweise

Notüberläufe müssen an sichtbarer Stelle angeordnet werden, da sie dann auch als Signal einer eventuell verstopften Rinne verwendet werden können (Signalgeberwirkung).
Sie sollen am Gebäude aber keine Schäden verursachen.

Tabelle 1: Bemessung der Notüberläufe

L_w	Abflussvermögen **rechteckiger** Notüberläufe bei einer Druckhöhe $h_{Überlauf}$ von					
	50 mm	60 mm	70 mm	80 mm	90 mm	100 mm
	Q_{Not}	Q_{Not}	Q_{Not}	Q_{Not}	Q_{Not}	Q_{Not}
mm	l/s	l/s	l/s	l/s	l/s	l/s
100	1,5	1,9	2,4	3,0	3,6	4,2
110	1,6	2,1	2,7	3,3	3,9	4,6
120	1,8	2,3	2,9	3,6	4,3	5,0
130	1,9	2,5	3,2	3,9	4,6	5,4
140	2,1	2,7	3,4	4,2	5,0	5,8
150	2,2	2,9	3,7	4,5	5,3	6,3
160	2,4	3,1	3,9	4,8	5,7	6,7
170	2,5	3,3	4,1	5,1	6,0	7,1
180	2,7	3,5	4,4	5,4	6,4	7,5
190	2,8	3,7	4,6	5,7	6,8	7,9
200	2,9	3,9	4,9	6,0	7,1	8,3
210	3,1	4,1	5,1	6,3	7,5	8,8
220	3,2	4,3	5,4	6,6	7,8	9,2
240	3,5	4,6	5,9	7,2	8,5	10,0
300	4,4	5,8	7,3	8,9	10,7	12,5

2.20 Bemessung von innenliegenden Regenfallrohren

Aus der Rinnenbemessung wurde, wie im letzten Kapitel behandelt, auch die Stauhöhe h gefunden. Nun kann mit den nachfolgenden Tabellen auf den beiden folgenden Seiten für trichterförmigen oder zylindrischen Einlauf bei dem Volumenstrom $Q_{r5/5}$ der erforderliche Durchmesser abgelesen werden. Dabei ist zu beachten, dass wie oben beschrieben keine Vollfüllung eintritt, da dies zu einer andersartigen Rohrausführung führen müsste.

Bei sehr flachen innenliegenden Rinnen mit zu geringer Stauhöhe h bietet sich der Einbau eines Wassersammlers an (Rinnenkessel über die gesamte Rinnenbreite). Die Länge des Sammlers muss beidseitig das 0,75-Fache der Wassertiefe W betragen, damit nicht das Wasser überschwallt. Die Tiefe muss mindestens $D/2$, also die Hälfte der Länge betragen (Bild 1).

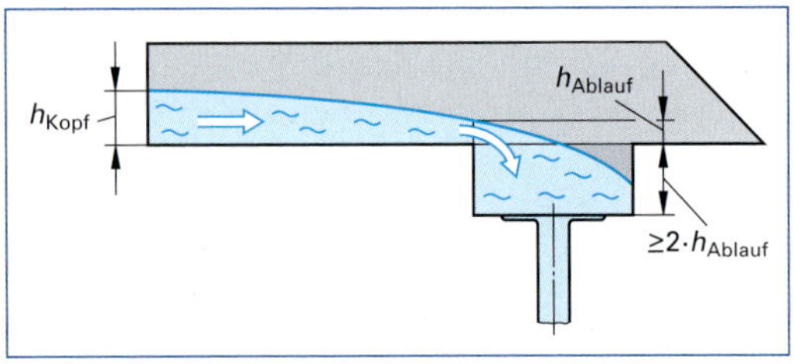

Bild 1: Ausführung des Rinnenkessels am Flachdach

Berechnungsbeispiel:

Ein an eine Wand angrenzendes Pultdach ist für 800 l/(s · ha) nach hinten zu entwässern. Es ist 4,65 m tief, 7° geneigt und 15 m lang. Wie ist die innenliegende Rinne auszuführen?

$$Q_r = \frac{A \cdot r_{5/100} \cdot C}{10\,000} = \frac{70\ \text{m}^2 \cdot 800\ \frac{\text{l}}{\text{s} \cdot \text{ha}} \cdot 1{,}0}{10\,000} = 5{,}6\ \frac{\text{l}}{\text{s}}$$

Lösung 1: Bei 200 mm Rinnenbreite und 15 m Transportlänge ergibt sich eine Rinnenhöhe von 160 mm.

Die Stauhöhe h beträgt somit bis zu 53 mm, dies erfordert einen DN 100er Ablauf mit Trichter (Q_{max} = 7,1 l/s) oder einen DN 125er ohne Trichter (Q_{max} = 5,9 l/s).

Lösung 2: Bei beidseitigem Ablauf verkürzt sich die Rinnenlänge auf 7,50 m, der Volumenstrom wird halbiert auf 2,8 l/s. Nun kann die Rinne auch nur 120 mm hoch ausgeführt werden. Die Stauhöhe h reduziert sich auf 40 mm. Es wird also ein Rohr DN 70 mit Trichter erforderlich (Q_{max} = 3,5 l/s) oder ohne Trichter mit DN 100 (Q_{max} = 3,4 l/s).

Die nötigen Anschlusshöhen sind nun der Tabelle zu entnehmen

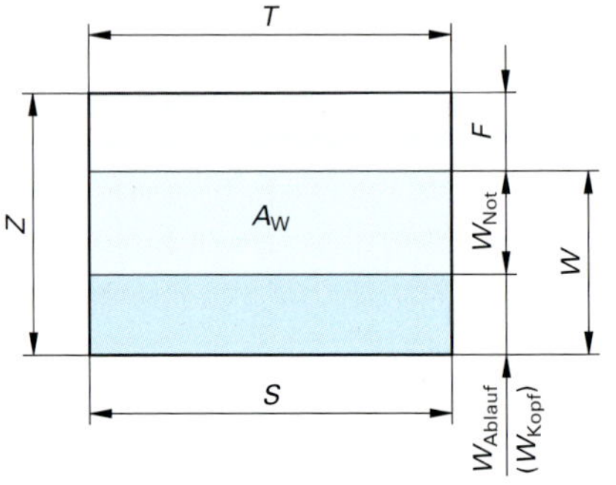

Bild 2: Bemessung einer Rinne

Lösung 3: Es wird ein Notüberlauf vorgesehen. Der erforderliche Q_r reduziert sich somit auf

$$Q_r = \frac{A \cdot r_{5/2} \cdot C}{10\,000} = \frac{70\ \text{m}^2 \cdot 400\ \frac{\text{l}}{\text{s} \cdot \text{ha}} \cdot 1{,}0}{10\,000} = 2{,}8\ \frac{\text{l}}{\text{s}}.$$

Bei einseitigem Ablauf ergibt sich eine Stauhöhe von 53 mm wie bei Lösung 1. Es reicht nun ein Rohr DN 70 mit Trichter (Q_{max} = 4,9 l/s). Bei zylindrischem Anschluss ergäbe sich Vollfüllung. Darum muss hier ein DN 125 genommen werden (Q_{max} = 5,9 l/s).

Der Notüberlauf muss auf 2,8 l/s ausgelegt werden. Also kommt eine Fläche mit Breite x Höhe gleich 100 mm auf 80 mm in Frage oder 200 mm auf 50 mm, je nach baulicher Gegebenheit auch andere Maße dieser Tabelle.

Tabelle 1: Rohrbemessung innenliegend

Fachinformation ZVSHK: Tabelle 37

Abflussvermögen von Fallleitungen innenliegender Rinnen mit kreisrunden Rinnenausläufen <u>ohne</u> Trichter

$D = D_0 = d_1$

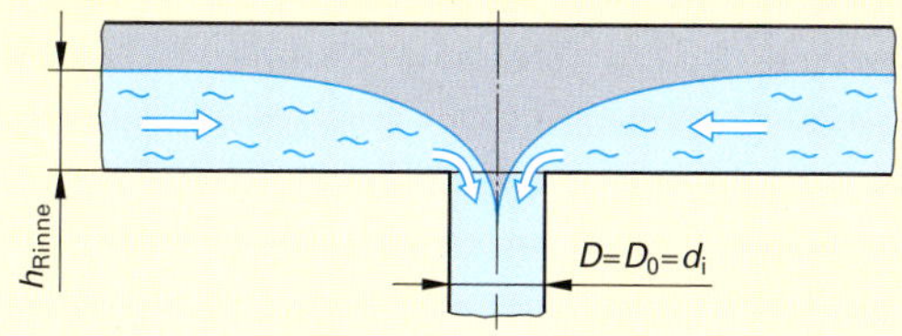

DN	70		100		125		150		200		250		300	
D_0	70 mm		100 mm		125 mm		150 mm		200 mm		250 mm		300 mm	
h	$\dot{V}$	$\dot{V}_{Korb}$	$\dot{V}$	$\dot{V}_{Korb}$	$\dot{V}$	$\dot{V}_{Korb}$	V	$\dot{V}_{Korb}$	$\dot{V}$	$\dot{V}_{Korb}$	$\dot{V}$	$\dot{V}_{Korb}$	$\dot{V}$	$\dot{V}_{Korb}$
mm	l/s	l/s	l/s	l/s	l/s	l/s	l/s	l/s	l/s	l/s	l/s	l/s	l/s	l/s
30	1,5	0,8	2,2	1,1	2,7	1,4	3,3	1,6	4,4	2,2	5,5	2,7	6,6	3,3
32	1,7	0,8	2,4	1,2	3,0	1,5	3,6	1,8	4,8	2,4	6,0	3,0	7,2	3,6
34	1,9	0,9	2,6	1,3	3,3	1,7	4,0	2,0	5,3	2,6	6,6	3,3	7,9	4,0
36	2,0	1,0	2,9	1,4	3,6	1,8	4,3	2,2	5,8	2,9	7,2	3,6	8,6	4,3
38	2,0	1,0	3,1	1,6	3,9	2,0	4,7	2,3	6,2	3,1	7,8	3,9	9,4	4,7
40	2,1	1,0	3,4	1,7	4,2	2,1	5,1	2,5	6,7	3,4	8,4	4,2	10,1	5,1
42	2,1	1,1	3,6	1,8	4,5	2,3	5,4	2,7	7,6	3,6	9,1	4,5	10,9	5,4
44	2,2	1,1	3,9	1,9	4,9	2,4	5,8	2,9	7,8	3,9	9,7	4,9	11,7	4,8
46	2,2	1,1	4,2	2,1	5,2	2,6	6,2	3,1	8,3	4,2	10,4	5,2	12,5	6,2
48	2,3	1,1	4,4	2,2	5,5	2,8	6,7	3,3	8,9	4,4	11,1	5,5	13,3	6,7
50	2,3	1,2	4,7	2,4	5,6	2,9	7,1	3,5	9,4	4,7	11,8	5,9	14,1	7,1
55	2,4	1,2	4,9	2,5	6,8	3,4	8,2	4,1	10,9	5,4	13,6	6,8	16,3	8,2
60	2,5	1,3	5,2	2,6	7,7	3,9	9,3	4,6	12,6	6,2	15,5	7,7	18,6	9,3
65	2,6	1,3	5,4	2,7	8,4	4,2	10,5	5,2	14,0	7,0	17,5	8,7	21,0	10,5
70	2,7	1,4	5,6	2,8	8,7	4,4	11,7	5,9	15,6	7,8	19,5	9,8	23,4	11,7
75	2,8	1,4	5,8	2,9	9,0	4,5	13,0	6,5	17,3	8,7	21,7	10,8	26,0	13,0
80	2,9	1,5	6,0	3,0	9,3	4,7	13,4	6,7	19,1	9,5	23,9	11,9	18,6	14,3
85	3,0	1,5	6,1	3,1	9,6	4,8	13,8	6,9	20,9	10,4	26,1	13,1	31,3	15,7
90	3,1	1,5	6,3	3,2	9,9	4,9	14,2	7,1	22,8	11,4	28,5	14,2	34,2	17,1
95	3,2	1,6	6,5	3,2	10,2	5,1	14,6	7,3	24,7	12,3	30,9	15,4	37,0	18,5
100	3,3	1,6	6,7	3,3	10,4	5,2	15,0	7,5	26,7	13,3	33,3	16,7	40,0	20,0
105	3,3	1,7	6,8	3,4	10,7	5,3	15,4	7,7	27,3	13,7	35,9	17,9	43,0	21,5
110	3,4	1,7	7,0	3,5	10,9	5,5	15,7	7,9	28,0	14,0	38,5	19,2	46,1	23,1
115	3,5	1,8	7,1	3,6	11,2	5,6	16,1	8,0	28,6	14,3	41,1	20,6	46,3	24,7
120	3,6	1,8	7,3	3,7	11,4	5,7	16,4	8,2	19,2	14,6	43,8	21,9	52,6	26,3
125	3,7	1,8	7,5	3,7	11,6	5,8	16,8	8,4	29,8	14,9	46,6	23,3	55,9	28,0
130	3,7	1,9	7,6	3,8	11,9	5,9	17,1	8,6	30,4	15,2	47,5	23,8	59,3	29,6
135	3,8	1,9	7,7	3,9	12,1	6,1	17,4	8,7	31,0	15,5	48,4	24,2	62,7	31,4
140	3,9	1,9	7,9	3,9	12,3	6,2	17,7	8,9	31,6	15,8	49,3	24,7	66,3	33,1
145	3,9	2,0	8,0	4,0	12,5	6,3	18,1	9,0	32,1	16,1	50,2	25,1	69,8	34,9
150	4,0	2,0	8,2	4,1	12,8	6,4	18,4	9,2	32,7	16,3	51,0	25,5	73,5	36,7
200		2,3	9,4	4,7	14,7	7,4	21,2	10,6	37,7	18,9	58,9	29,5	84,9	42,4
250		2,6	10,5	5,3	16,5	8,2	23,7	11,9	42,2	21,1	65,9	32,9	94,9	47,4
300		2,8		5,8	18,0	9,0	26,0	13,0	46,2	23,1	72,2	36,1	103,9	52,0

Tabelle 1: Rohrbemessung innenliegend

Fachinformation ZVSHK: Tabelle 36

Abflussvermögen von Fallleitungen innenliegender Rinnen mit kreisrunden Rinnenausläufen mit Trichter

D_0 oberer Durchmesser Ablauföffnung
L_T Höhe des Einlauftrichters
$h_{Rinne} \geq h_{Ablauf}$
$D_0 \geq 1{,}5 \cdot d_i$
$L_T \geq D_0$

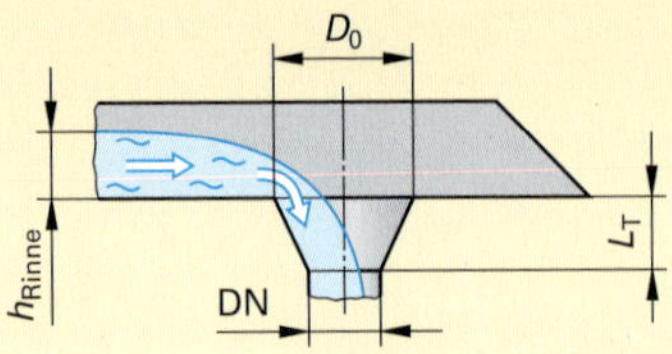

DN	70		100		125		150		200		250		300	
D_0	105 mm		150mm		187,5 mm		225 mm		300 mm		375 mm		450 mm	
L_T	105 mm		150mm		187,5 mm		225 mm		300 mm		375 mm		450 mm	
h	$\dot V$	$\dot V_{Korb}$	$\dot V$	$\dot V_{Korb}$	$\dot V$	$\dot V_{Korb}$	$\dot V$	$\dot V_{Korb}$	$\dot V$	$\dot V_{Korb}$	$\dot V$	$\dot V_{Korb}$	$\dot V$	$\dot V_{Korb}$
mm	l/s	l/s	l/s	l/s	l/s	l/s	l/s	l/s	l/s	l/s	l/s	l/s	l/s	l/s
30	2,3	1,2	3,3	1,6	4,1	2,1	4,9	2,6	6,6	3,6	8,2	4,1	9,9	4,9
32	2,5	1,3	3,6	1,8	4,5	2,3	5,4	2,7	7,2	3,6	9,1	4,5	10,9	5,4
34	2,8	1,4	4,0	2,0	5,0	2,5	5,9	3,0	7,9	4,0	9,9	5,0	11,9	5,9
36	3,0	1,5	4,3	2,2	5,4	2,7	6,5	3,2	8,6	4,3	10,8	5,4	13,0	6,5
38	3,3	1,6	4,7	2,3	5,9	2,9	7,0	3,5	9,4	4,7	11,7	5,9	14,1	7,0
40	3,5	1,8	5,1	2,5	6,3	3,2	7,6	3,8	10,1	5,1	12,6	6,3	15,2	7,6
42	3,8	1,9	5,4	2,7	6,8	3,4	8,2	4,1	10,9	5,4	13,6	6,8	16,3	8,2
44	4,1	2,0	5,8	2,9	7,3	3,6	8,8	4,4	11,7	5,8	14,6	7,3	17,5	8,8
46	4,4	2,2	6,2	3,1	7,8	3,9	9,4	4,7	12,6	6,2	15,6	7,8	18,7	9,4
48	4,7	2,3	6,7	3,3	8,3	4,2	10,0	5,0	13,3	6,7	16,6	8,3	20,0	10,0
50	4,9	2,5	7,1	8,3	8,4	4,4	10,6	5,3	14,1	7,1	17,7	8,8	21,2	10,6
55		2,7	8,2	4,1	10,2	5,1	12,2	6,1	16,3	8,2	20,4	10,2	24,5	12,2
60		2,8	9,3	4,6	11,6	5,8	13,9	7,0	18,6	9,3	23,2	11,6	27,9	13,9
65		3,0	10,5	5,2	13,1	6,6	15,7	7,9	21,0	10,5	26,2	13,1	31,4	15,7
70		3,1		5,9	14,6	7,3	17,6	8,8	23,4	11,7	29,3	14,6	35,1	17,6
75		3,2		6,5	16,2	8,1	19,5	9,7	26,0	13,0	32,5	16,2	39,0	19,5
80		3,3		6,7	17,9	8,9	21,5	10,7	28,6	14,3	35,8	17,9	42,9	21,5
85		3,4		6,9		9,8	23,5	11,8	31,3	15,7	39,2	19,6	47,0	23,5
90		3,5		7,1		10,7	25,6	12,8	34,2	17,1	42,7	21,3	51,2	25,6
95		3.6		7,3		11,4	27,8	13,9	37,0	18,5	46,3	23,1	55,6	27,8
100		3,7		7,5		11,7	30,0	15,0	40,0	20,0	50,0	25,0	60,0	30,0
105		3,8		7,7		12,0		16,1	43,0	21,5	53,8	26,9	64,6	32,3
110		3,9		7,9		12,3		17,3	46,1	23,1	57,7	28,8	69,2	34,6
115		3,9		8,0		12,6		18,1	49,3	24,7	61,7	30,8	74,0	37,0
120		4,0		8,2		12,8		18,5	52,6	26,3	65,7	32,9	78,9	39,4
125		4,1		8,4		13,1		18,9	55,9	28,0	69,9	34,9	83,9	41,9
130				8,6		13,4		19,2	59,3	29,6	74,1	37,1	88,9	44,5
135				8,7		13,6		19,6	62,7	31,4	78,4	39,2	94,1	47,1
140				8,9		13,9		20,0	66,3	33,1	82,8	41,4	99,4	49,7
145				9,0		14,1		20,3		34,9	87,3	43,7	104,8	52,4
150				9,2		14,4		20,7		36,7	91,9	45,9	110,2	55,1
200				10,6		16,6		23,9		42,4		66,3	169,7	84,9
250						18,5		26,7		47,4		74,1		106,7
300								29,2		52,0		81,2		116,9

Fragen

1. Für welche Regenereignisse stehen die Werte „$r_{5/5}$" und „$r_{5/100}$" ?
2. Wählen Sie für die Städte Stuttgart, München, Frankfurt, Hamburg und Kassel die Werte „$r_{5/5}$" und „$r_{5/100}$" aus Tabelle 1 auf der ersten Seite von Kapitel 2.16 aus!
3. Was versteht man unter dem Abflussbeiwert *C* und wie groß ist er für a) extensiv begrünte Dächer, b) Kiesdächer und c) Falzdächer?
4. Welche Bedeutung hat die Fließweglänge einer Rinne für die Rinnengröße?
5. Wie beeinflussen die folgenden baulichen Gegebenheiten die Dimensionierung der Dachrinnen?
   a) Rinnenwinkel b) Laubsiebe c) Stutzenaufweitung d) Fallrohrlage am Ende oder in der Mitte?
6. Bemessen Sie ein Steildach von 150 m² mit harter Deckung und 15 m langer Traufe in Köln mit a) einem Regenfallrohr in der Mitte, b) zwei Regenfallrohren außen.
7. Bemessen Sie ein Falzdach mit 25° Dachneigung, 80 m² und 12 m langer Traufe in Dresden mit a) einem Regenfallrohr, das ein Drittel der Dachbreite von einem Dachende entfernt ist, b) zwei Regenfallrohren jeweils außen.

Bild 1: Die Rinne der Gaube muss für die Fläche des Falzdaches und für die Fläche des Ziegeldaches bis zum First bemessen werden.

8. Bemessen Sie ein einseitig geneigtes, bekiestes Flachdach mit außenliegender Rinne und 180 m² Dachfläche und einer 18 m langen Traufe in Regensburg mit a) einem Regenfallrohr in der Mitte, b) zwei Regenfallrohren außen c) drei Fallrohren, die bei einem Viertel, der Hälfte und drei Vierteln der Dachbreite angeordnet sind.

Bild 2: Ist ein Ziegel über der Gaube defekt, fließt das Wasser auf der Trennlage unter dem Blech vor bis zur Traufe. Dies führt zu erheblichen Bauschäden (Unterseitenkorrosion des Zinkbleches). Die Folie muss auf das Metalldach hochgezogen werden

9. Für eine Scheune ist eine große Durchfahrtshöhe erforderlich. Dazu muss das 100 mm Regenfallrohr mit 2 cm/m Gefälle verlegt werden. Welches maximale Abflussvermögen stellt sich laut Tabelle ein?
10. Welche Vor- und welche Nachteile hat eine Hochleistungsdachentwässerung gegenüber einer herkömmlichen Dachentwässerung mit nur teilgefüllten Rohren?
11. Wann tritt auch bei der herkömmlichen Dachentwässerung bei einem 125er Rohr Vollfüllung der Fallrohre ein (Tabelle)?
12. Eine innenliegende Rinne hat 220 m² Dachfläche zu entwässern. Die Rinne ist 18 m lang und erhält jeweils an den Außenseiten einen Wasserablauf mit Notüberlauf. Bemessen Sie die Rinnengröße, die Rohrgröße für den Bemessungsregen und die Notüberläufe auf den Jahrhundertregen in runder und eckiger Ausführung.

3 Verwahrungstechnik

An jedem Haus wird eine ganze Reihe von Blechen angebracht – teils mit eindeutiger Funktion, immer mehr auch aus optischen Gründen. Gerade Linien am Haus setzen Architekten gerne als Gestaltungselement ein und Metall wirkt hier mit seiner natürlichen Einfärbung sehr ansprechend.

Bringt man Bleche am Haus an, so spricht man allgemein von **Verwahrungen**, obwohl unter diesem Begriff eigentlich nur eine Gruppe von Metallverkleidungen zu verstehen ist – nämlich die, die Baustoffe verwahren, also unschöne Stellen am Haus zudecken, die mit anderen Baustoffen nicht besser erstellt werden können. So ist das Sprichwort „Des Klempners Hand deckt der anderen Handwerker Schand" zu verstehen.

Allerdings kann nur der Klempner mit seinen Metallen Anschlüsse an alle anderen Werkstoffe herstellen. Daher ist die Lösung für komplexe Stellen am Bau oft eine Blechverwahrung – dann muss „da eben ein Blechle na" (schwäbisch). Die meisten Bleche werden daher aus der umfangreichen Bauerfahrung heraus zielgerichtet eingesetzt. Blechkantprofile können in fünf Gruppen eingeteilt werden.

Verwahrungen fassen die Ränder eines Dachdeckstoffes wie Ziegel, Betondachsteine, Schindeln und Schiefer ein. Verwahrungen sind geneigt und leiten Wasser auf andere Bauteile über. Sie schließen Dachziegel regensicher an aufgehende Wände, an Ein- oder Aufbauteile und an die Dachrinne an. Überall wo Ziegeldächer enden, wird mit einem Blech „verwahrt". Zu ihnen gehören der Ortgang, die Kehle, das Seitenblech, das Traufblech, die Kaminverwahrung, die Dunstrohrverwahrung und das Brustblech (Bild 1).

Abdeckungen schützen Bauteile vor Tropfwasser von oben und leiten es über eine sichere Tropfkante an ungefährlicher Stelle ab. Sie sind eben oder mit einem leichten Quergefälle versehen. Zu ihnen gehören die Mauerabdeckung, die Attikaabdeckung, die Kaminabdeckung und das Sims.

Einfassungen sind regendichte Verfalzungen von Blechteilen untereinander. Sie erfüllen höhere Dichtigkeitsansprüche. Dazu gehören Fenstereinfassungen, Kamineinfassungen und Dunstrohreinfassungen in das Falzdach.

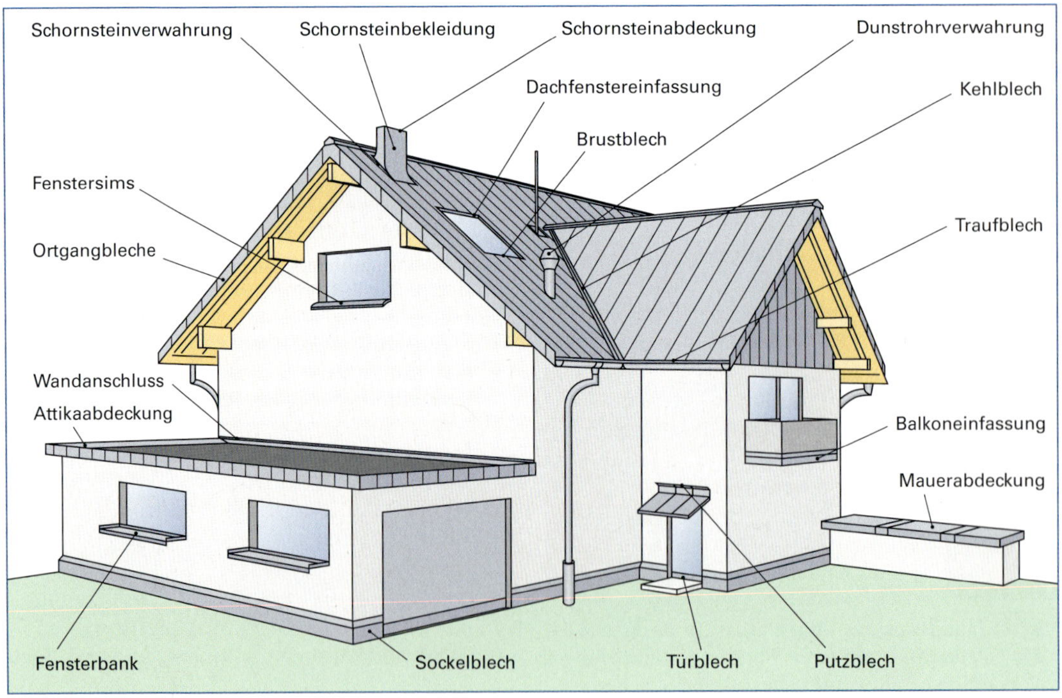

Bild 1: Bleche am Einfamilienhaus

Einklebungen treten am Flachdach auf. Hier werden Bitumenbahnen mit Blechbauteilen verklebt, um dicht gegen drückendes Wasser zu sein. Dunstrohre, Traufbleche und Winkelbleche werden dem Flachdachleger geliefert und dieser klebt sie ein – natürlich kann der Klempner dies auch selbst tun, aus Haftungsgründen verzichten aber viele darauf.

Bekleidungen haben vorwiegend optische Funktion oder schützen vor Witterungseinflüssen. Zu ihnen gehören Kaminbekleidungen, Wandbekleidungen und Stehfalzblenden an Attika und Ortgang.

Metallprofile sind die Visitenkarte eines Spenglers. Über Jahrzehnte hinweg haben sich sinnvolle Maße für Anschlusshöhen, Überlappungen, Tropfkanten, Ziegelüber- und unterdeckungen bewährt und sind in den Fachregeln des Klempnerhandwerks des ZVSHK festgeschrieben worden.
Klempner sichern dem Bauherrn eine einwandfreie, fachgerechte Leistung zu. Diese muss aber erst einmal definiert sein und die Maße für diese Leistung sind in der Fachregel des Klempnerhandwerks in sinnvollem Umfang eindeutig geregelt. Absichtlich wurde in diesem Regelwerk nicht alles festgelegt, um Gestaltungsfreiheit zu ermöglichen.

Maße bei Blechverwahrungen sind eine heikle Sache. Maße sind einengend – der freiheitsliebende Klempner schätzt diese Gängeleien nicht sonderlich. Die feststehenden Maße schränken den Klempner in seiner Gestaltungsfreiheit ein, andererseits aber schützen sie den Klempner vor überzogenen Ansprüchen des Bauherrn bei dennoch aufgetretenen Undichtheiten. Schnee bringt nicht nur Hallen zum Einsturz – die Schneehöhen steigen wesentlich öfter auch über die „amtlichen" Verwahrungsmaße. Auf was will man sich im Schadensfall berufen? Verwahrungsmaße müssen also festgelegt sein, um über ein eindeutig zu kleines oder ein unwirtschaftlich großes Maß entscheiden zu können.
Immer mehr Architekten, Bauherren oder Generalbauunternehmer sind heute über Internet gründlicher informiert und sie suchen durchaus Mängel, um Minderungen durchzudrücken. Hier stellt die Fachregel einen gut funktionierenden Schutz dar – natürlich nur, wenn sie maßlich und fachlich eingehalten wurde.

Sicher kann der Klempner in begründeten Fällen durchaus vom Stand der Fachregeln abweichen – nur ist die Verantwortlichkeit dann zu klären. Unterschreibt der Planer die vom Handwerker angemeldeten Bedenken, so gewährleistet der Klempner unter Haftungsausschluss nicht. Führt der Klempner eigenverantwortlich aus, muss er im Gewährleistungszeitraum alle Folgeschäden auf Verlangen des Bauherrn beheben.

3.1 Mauerabdeckungen

Mauerabdeckungen haben die Aufgabe, Niederschlagswasser zur ungefährlichen Seite abzuleiten, die Fassade durch eine ausreichende Tropfkante zu schützen und einen dauerhaft geradlinigen optischen Abschluss der Mauer nach oben hin zu bewirken.

Bild 1: Mauerabdeckung an einer Attika

Welche Bauart im konkreten Fall nun verwendet wird, hängt im Wesentlichen vom verwendeten Bügel, der Lage und Höhe am Bau und der Art des Dehnungsausgleiches ab. Der größere Aufwand zur Herstellung eines **Quergefälles** wird durch die einfachere Nahtausbildung (z. B. durch einfacheres Einhängen) wettgemacht. Abdeckung 1, Bild 1, Seite 88, hat kein Quergefälle. Der Dreikant verhindert, dass Wasser zur Sichtseite hinfließt (was zu Ablaufspuren an der Fassade führt) und erleichtert das Einhängen im Bügel. Verformungen des Bleches führen zur **Pfützenbildung** auf dem Blech, die ungleichmäßige Dunkelfärbung und auch Korrosion nach sich zieht. Beim Austrocknen einer sauren Regenwasseransammlung kann die Säurekonzentration bis zu pH3 ansteigen!

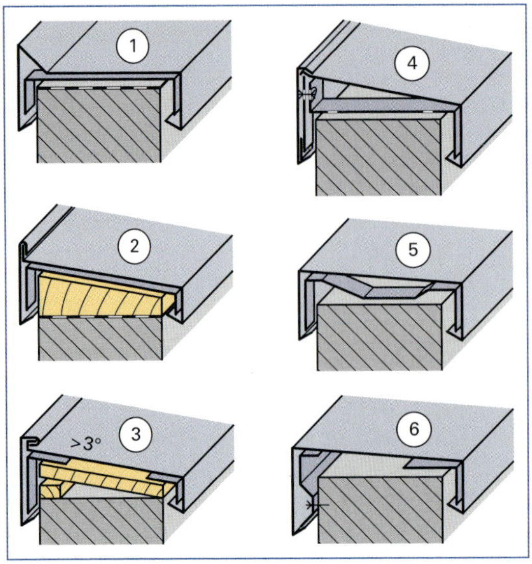

Bild 1: Arten von Mauerabdeckungen

Die Bügel der Mauerabdeckungen 2 und 3 in Bild 1 sind einfach auf Holz (Mindestdicke 30 mm vorgeschrieben!) mit Holzschrauben zu befestigen. Die Bohle ist wegen der Verziehungsgefahr im Abstand von 60 cm auf den Untergrund zu dübeln. Werden die Bügel mit Rinnenträgerfräse oder Stemmeisen eingelassen, können diese Abdeckungen begangen werden, ohne dass Blechverformungen auftreten. Bei den Abdeckungen 4 bis 6, die lediglich durch Schnee und Regen belastet werden dürfen, wird das Quergefälle durch die Bügel selbst erreicht. Langlöcher im aufgekanteten und aufliegenden Bereich der Bügel ermöglichen die Ausrichtung auf häufig unebenem Untergrund. Bei größeren Zuschnitten empfiehlt es sich, die Abdeckung **zweiteilig,** getrennt nach Blende und Abdeckung, auszuführen. Wird so in den Morgenstunden das noch kalte Blech einseitig erwärmt, kommt es nicht wie bei einteiligen Ausführungen zu optisch störenden Verwerfungen und Beulen im Sichtbereich. Die Blende kann sich so unabhängig dehnen und bleibt dauerhaft gerade.

Zahlreiche Hersteller bieten fertige, zum Teil sehr aufwendige und teure Bügel zur Befestigung der Abdeckungen an. Viele erfordern große Blechdicken (meist Aluminium > 1,2). Dafür sind die üblichen Klempnermaterialien nicht tauglich. Die für das Falzdach üblichen Bleche sollen in diesem besonders stark windsogbelasteten Bereich nach den „Fachregeln des Klempnerhandwerks" nur bei vollflächiger Auflage (Bügel eingelassen) eingebaut werden. Für „freitragende" (hohl liegende) Bleche muss die Blechstärke um etwa 1/10 mm bis 2/10 mm dicker ausgeführt werden (Tabelle 1, Seite 89).

Bild 2: Anbringen der Haltebleche

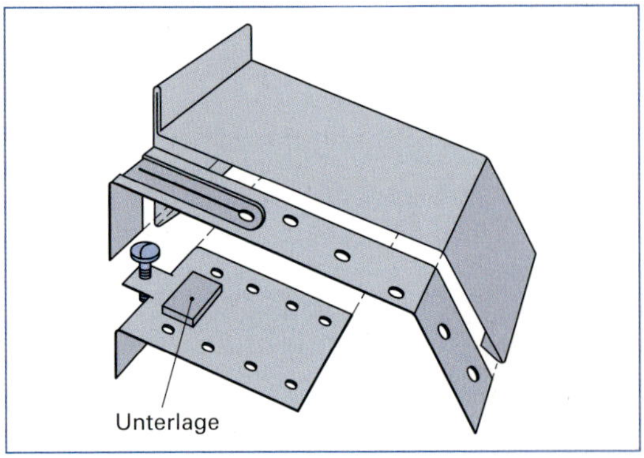

Bild 3: Bügel zur optimalen Anbringung auf unebenen Untergründen

Insbesondere **Ablaufspuren** des Werkstoffes Kupfer (grüne Patinaauswaschungen) können Fassaden irreparabel schädigen, da Kupferionen auch neu aufgebrachte Farbschichten wieder aus dem Mauerwerk heraus durchwandern. Tropfkantenabstände dieser Größe erfordern dann Ausführungen nach Bauart 6 in Bild 1, um die Einsicht unter die Abdeckung auf Bügel und Mauerwerkskanten zu verhindern. An die Stelle des Bügels tritt dann eine durchgehende Befestigungsschiene aus dem gleichen Material wie die Abdeckung selbst. Die **senkrechte Mauerfläche** muss nach den „Fachregeln des Klempnerhandwerks“ mit den Maßen der Tabelle 1 ab Unterkante Schalung überdeckt werden.

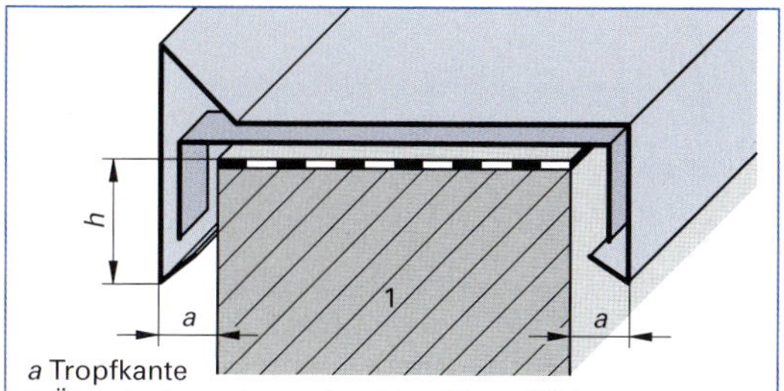

a Tropfkante
h Überdeckung der senkrechten Mauerfläche

Bild 1: Einzuhaltende Maße bei einer Mauerabdeckung

Der Zuschnitt einer Mauerabdeckung kann somit je nach Mauerdicke und gewähltem Profil 333 mm bis 667 mm betragen. Bei getrennter Blende reduziert er sich entsprechend.

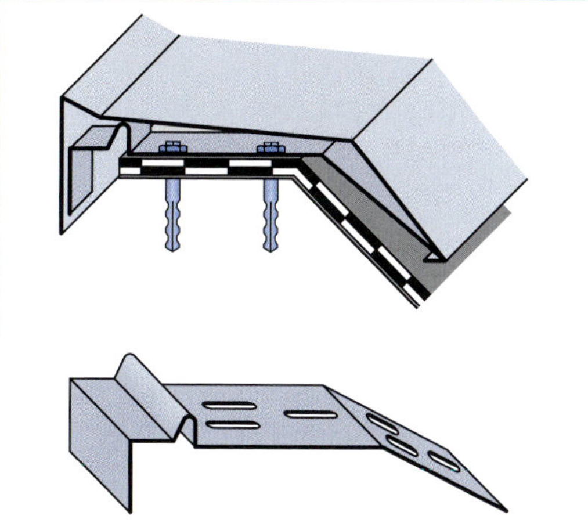

Bild 2: Bügel aus Edelstahlstangenmaterial mit Langlöchern zwecks Schiebemöglichkeit

Für die **Bügelabstände** in Mauerwerk oder Beton gelten Herstellerangaben. Bei selbst angefertigten Bügeln kann wie bei Rinnenträgern von 50 cm bis 90 cm ausgegangen werden. Der Abstand industriell angebotener Bügel kann wegen der Versteifung durch Sicken je nach Höhe und Zuschnitt 80 cm bis 1,50 m betragen.
Windverwirbelungen nehmen das Wasser mit und schlagen es dann an darunter liegenden zu schützenden Bauteilen ab. Die festgelegten Maße verhindern Bauwerksanschmutzungen und schützen den Klempner als anerkannter Stand der Technik vor Regressansprüchen seiner Bauherren.

Tabelle 1: Überdeckungen

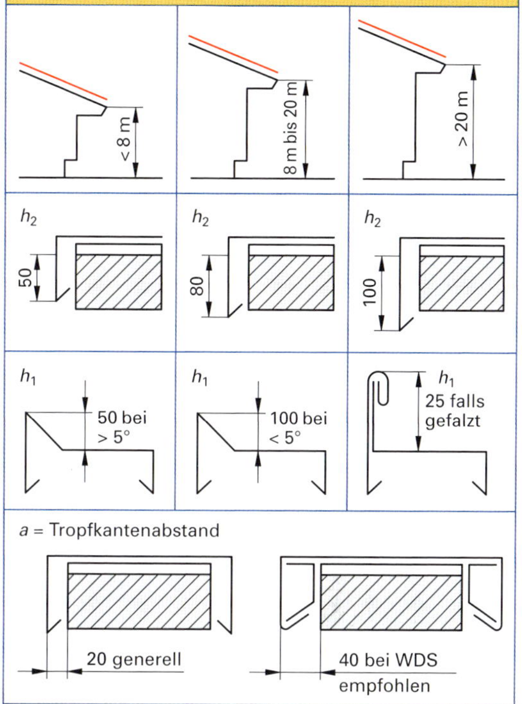

Blechstärken von Abdeckungen

	StV	Cu	Zn	Al	SS	Pb
aufliegend	0,6	0,6	0,7	0,7	0,4	1,5
freitragende Anschlüsse	0,7	0,7	0,7	0,7	0,7	–
freitragende Abdeckungen	0,8	1,0	1,0	1,0	0,8	–

Aluminium-Strangpresstiefe 1,5 mm

3.1.1 Stöße von Abdeckungen

Querstöße von Abdeckungen werden je nach Art des zu stützenden Bauteiles unterschiedlich ausgeführt (Tabelle 1, Seite 90).
Für übliche Mauerabdeckungen reicht ein **regensicherer** Stoß völlig aus, der durchaus bei Schlagregen und Flugschnee Wasser tropfenweise durchlässt – die Saugfähigkeit der Mauer reicht aus, um das eingedrungene Wasser aufzunehmen. Liegen hingegen Wohnräume direkt unter der Mauer, empfiehlt sich eine regendichte Stoßausführung. Löten und damit der Einbau von Dilatationselementen wird erst erforderlich, wenn Wintergärten oder Glasfronten sich unterhalb der Mauerabdeckung befinden.

Tabelle 1: Stoßausbildungen bei Abdeckungen

regensicher	regendicht	wasserdicht
nur >3° Quergefälle angereifte Ränder	einfacher Stehfalz	verlötet (keine Dehnung) nur in Verbindung mit anderer Naht!
nur >3° Quergefälle Stoß mit Rillenblech	Winkelstehfalz	Enkolitverklebung mit Stoßblech
einfacher Falz 40 mm	U-Schienen aufgelötet	Haft Dilatationselement mit Abdeckung
Falz nicht eingehängt	Schiebeleiste	
Schiebefalz		

Die lose Überlappung mit angereiften Rändern ist in den Fachregeln nicht vorgesehen. Sie wird aber bei einer Überdeckung von etwa 80 mm und ausreichendem Quergefälle in der Fachliteratur als möglich angesehen, wenn eine Bitumenschicht als Trennlage vorhanden ist.

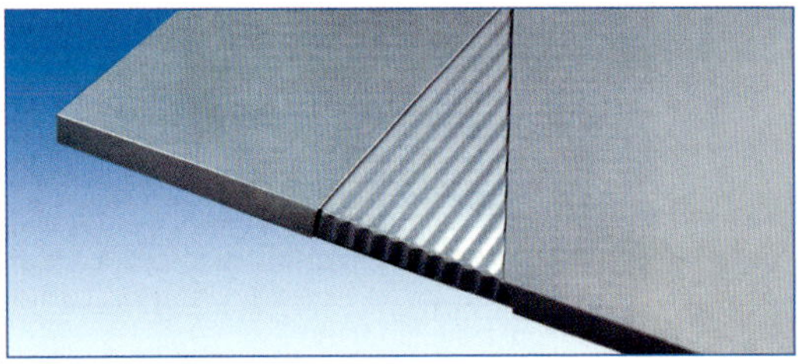

Bild 1: Stoß mit untergelegtem Rillenblech

Die Stoßausbildung ist das „Markenzeichen" eines guten Klempners. Darum ist hier besondere Sorgfalt angesagt, da bei mangelhafter Ausführung durch die thermisch bedingten Längendehnungen Risse, Aufschiebungen oder auch ein Aushängen möglich sind.

Bild 2: Stoß mit Schiebedeckel

Bild 3: Schiebenaht nach gelöteter Gehrungsnaht

3.2 Attikaabdeckungen

Flachdächer sind in der Regel durch einen umlaufenden Betonkranz – auch Attika genannt – eingefasst. Zur Verwahrung der Attika ist eine Abdeckung erforderlich. Sie entspricht einer Mauerabdeckung (Bild 4).

Bezüglich der Tropfkanten gelten die gleichen Vorschriften wie bei der Mauerabdeckung. Die **Blechdicken** für freitragende Attikaabdeckungen betragen wegen erhöhter Windsoglasten nach den Fachregeln bei Kupfer 0,8 mm, verzinktem Stahlblech 0,7 mm, Edelstahl 0,7 mm, Titanzink 0,8 mm, Aluminium 1,2 mm (Tabelle 1, Seite 89).

Außerdem muss der Anschluss der Dachhaut an die Abdeckung erfolgen. Man unterscheidet zwei Prinzipien: Einerseits den Stoß Bitumen-Blech in der wasserführenden Schicht mit Winkelblechen, andererseits den Stoß außerhalb der wasserführenden Schicht mit hochgezogenen Bahnen (Bild 4).

Bild 4: Ausführung einer runden Attikaabdeckung mit hochgezogenen Bitumenbahnen (Stoß außerhalb der Wasserebene)

3.2.1 Anschluss durch Winkelbleche

Der Übergang von Blech zu Bitumen erfolgt durch eine Einklebung, bei der die Abmessungen der Flachdachrichtlinien (Bild 1) einzuhalten sind. Da das Blech größere und vor allem schneller wechselnde Wärmedehnungen aufweist (schnellere Erwärmung bzw. Abkühlung als der Dachaufbau selbst), besteht an scharfen Blechkanten Abschergefahr. Dieser Gefahr wird mit einem 8 cm bis 10 cm breiten, nicht eingeklebten **Schleppstreifen** begegnet.

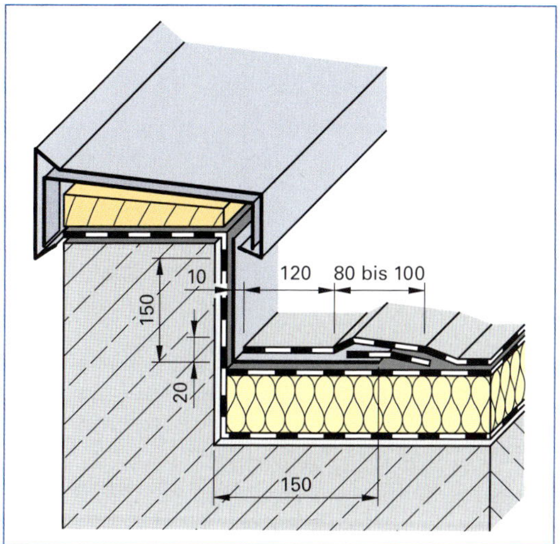

Bild 1: Anschluss mit Einklebung

So ergibt sich zwischen Blech und Bitumenbahn ein Bereich, der die Längendehnungen des Winkelblechs besser auffangen kann. Der 15 cm breite **Klebeflansch** darf wegen Abschälgefahr beim Wechsel von Frost zu Tauwetter nicht ganz bis an die Kante geklebt werden. Zudem braucht das Blech wegen **Bitumenkorrosion** einen Voranstrich. Durch UV-Einwirkung auf das Bitumen entsteht eine starke Säure (etwa im Bereich von pH2), die insbesondere bei Nieselregen an der vorderen Kante selbst bei Edelstahl starke Korrosion hervorrufen kann.

Die **Befestigung des Winkelbleches** kann durch Haften an eine in die Dämmung eingelegte Holzleiste oder mittels eines Z-Streifens (Bild 2) erfolgen. Bei Einkleben und einer späteren Auflast von mindestens 5 cm Kies kann auch auf eine Befestigung verzichtet werden, wenn die Attikaabdeckung das Winkelblech überdeckt und so die Windsoglasten von dieser abgefangen werden.

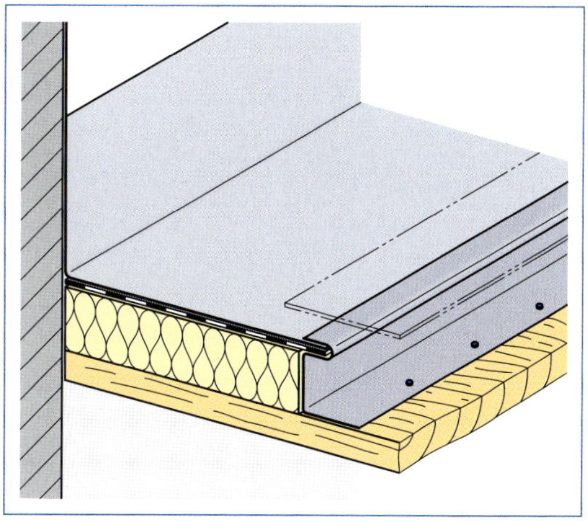

Bild 2: Indirekte Befestigung des Winkelbleches ohne Kiesauflast

Schädlich für den bauphysikalischen Dachaufbau ist es, das Winkelblech an der Attika festzukleben – dies darf nur erfolgen, wenn der **Dampfausgleich** durch eine hochgeführte Dampfausgleichsschicht (z. B. Filz) sichergestellt ist. Das Winkelblech kann durch Hafte und einen 15 mm großen Wasserfalz oben gehalten werden. Dieser Falz bietet auch zusätzlich Schutz gegen auftreibendes Wasser und Flugschnee.

3.2.2 Anschluss bei hochgeführten Bitumendachbahnen

Wird die komplette Dachabdichtung nach oben gezogen (Bild 1, Seite 92) muss ein **PU-Keil** eingelegt werden, der das Abreißen durch die Eigenlast der Dachbahnen und durch die Kies- bzw. Schneelasten verhindert. Zudem führt so das Schwinden der Dachdichtungsbahnen nicht zu Spannungen in den abgeknickten Dachbahnen. Oben muss die Bitumenbahn durch Auflegen auf die Attika und anschließendes Durchschrauben durch die Bügel der Abdeckung mechanisch fixiert werden. Die reine Einklebung reicht nicht aus, da bei Sonneneinstrahlung der Kleber sich lösen kann.

Diese Anschlussart wird wegen der Gewerketrennung bevorzugt. Der Flachdachleger kann seine Arbeiten abschließen und seine Leistungen abnehmen lassen und den Klempner davon in Kenntnis setzen. Somit ist die Verantwortlichkeit geklärt.

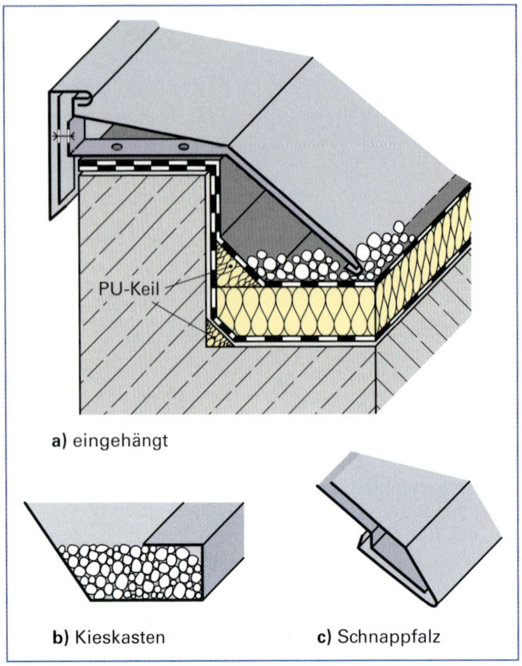

Bild 1: Anschlussart ohne Blech-Einklebung mit hochgezogenen Bitumenbahnen

3.2.3 Befestigung der Attikableche

Attikaabdeckungen können wie Mauerabdeckungen befestigt werden (Bild 1, Seite 88). Da es sich meist um große Längen handelt, befinden sich aber auch industriell vorgefertigte Befestigungssysteme auf dem Markt. Große Höhen verlangen gerade am Dachrand sehr stabile Ausführungen.

Bild 2: Vom Windsog losgerissene Attika

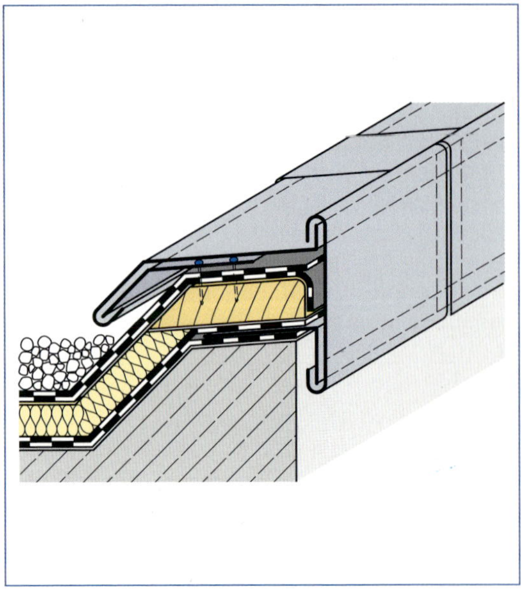

Bild 3: Handwerkliche Befestigung mit einer Holzbohle

Insbesondere Federsysteme, die in Blechkantungen einrasten, benötigen aber größere Blechstärken. Der Trend in der modernen Verwahrungstechnik geht deshalb (und auch wegen der dann geringeren Beulenbildung) zu „Dickblechen" mit einer Dicke von 1,5 mm bis 4 mm. Dies wird von Architekten zunehmend angefragt. Schwächere Kantbänke können diese Materialstärken nicht mehr verarbeiten, dies sollte beim Kauf einer Abkantmaschine beachtet werden.

3.2.4 Dehnungsausgleich

Wie bei Mauerabdeckungen beträgt die maximale **Schiebelänge bei Attikaabdeckungen** 8 m. Von festen Randpunkten muss jeweils nach 4 m ein Dehnungsausgleich möglich sein. Für Blenden empfiehlt es sich, wegen der höheren Anforderungen an den geradlinigen Verlauf kleinere Schiebelängen zu wählen.

Schwierig gestaltet sich der **Dehnungsausgleich der Winkelbleche**. Er muss in Abständen von 6 m erfolgen, von festen Randpunkten ausgehend sogar von 3 m. Früher wurde dies mit aufwendigen Schiebekästen bewältigt, die den Stoß Bitumen-Blech aus der wasserführenden Schicht herausholten. Diese Schiebekästen kommen heute nur noch im Denkmalschutz zur Anwendung.

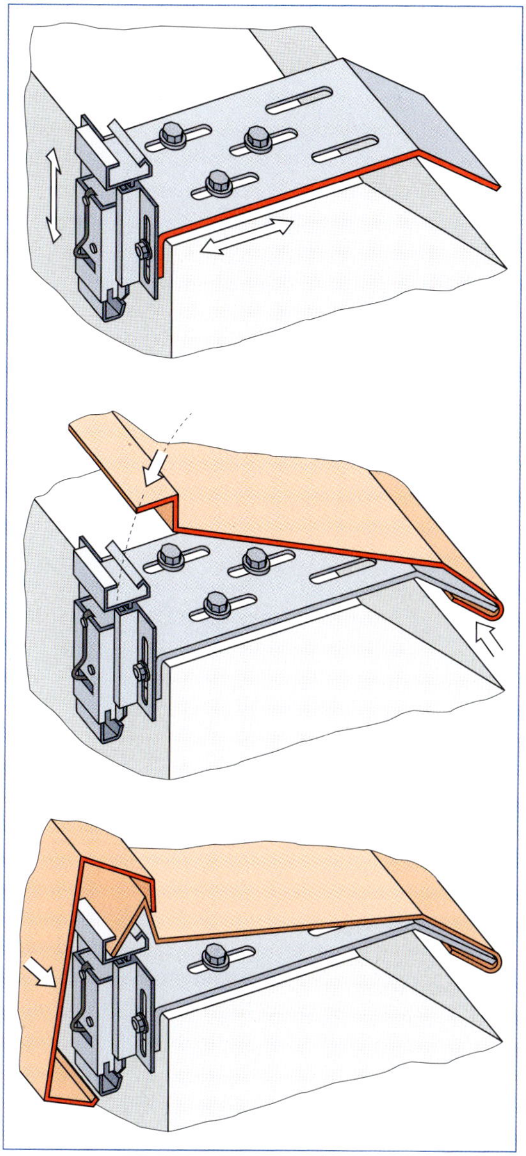

Bild 1: Das Einhängen in Schnapphalter ermöglicht das Schieben der Deckbleche

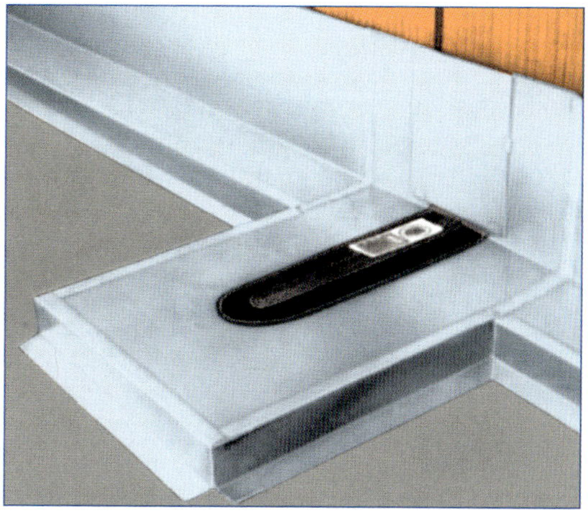

Bild 2: Dehnungsausgleich mit Einkopfdehnelement, vorgesehen für Dämmungseinbau

Bild 3: Dehnungseinkopfelemente aufliegend auf der ersten Decklage, vorbereitet zum Aufkleben der zweiten Decklage

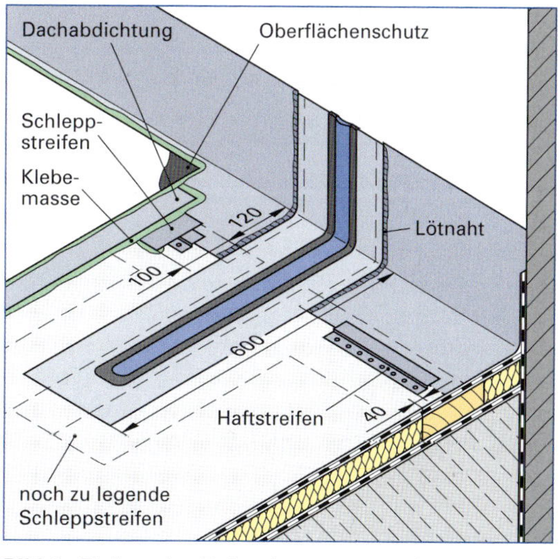

Bild 4: Einbau des Dehnelementes an einer aufgehenden Wand

Heute stehen **Dilatationseinkopfelemente** (Bild 2 und 3) zur Verfügung, die über die unverlöteten Winkelblechstöße gelegt, genietet und 40 mm durchgelötet werden. Der Dachdecker schneidet dann die Bitumendachdichtungsbahnen in diesem Bereich ein und klebt auf 150 mm Breite einen Schleppstreifen rund um das Dehnungselement. So kann das Winkelblech sich dehnen, ohne weitere Spannungen auf die Klebenaht aufzubringen.

3.2.5 Geklebte Attika und Mauerabdeckungen

Auch in der Klempnertechnik hat die Klebetechnik längst Einzug gehalten. Der Klebstoff muss die immensen Dehnungen mitmachen und bei allen bauüblichen Temperaturen von –20 °C bis über 80 °C eine ausreichende Festigkeit gegen Abheben aufweisen.

Insbesondere schlagartige Witterungsereignisse wie Hagel auf noch gut warme Bleche oder intensive Sonneneinstrahlung auf ein eiskaltes Blech verursachen Dehnwege bis zu 2 cm. Für solche Anwendungen haben verschiedene Klebstoffe eine bauaufsichtliche Zulassung. Die Bleche gelten dann als indirekt befestigt, sie sind auf 6 m Länge begrenzt. Diese Bitumen-Glasfaser-Mischung ist in drei **Konsistenzen** erhältlich, um für das Aufstreichen die richtige Weichheit bzw. Zähigkeit zu haben: Sommer-, Herbst- bzw. Frühlings- und Winterqualität. Der Kleber wird auf ebenem, sauberem und staubfreiem Untergrund (Beton, Mauerwerk, Holz) mit einer groben Zahnspachtel aufgetragen. Er kann Längenänderungen aufnehmen, die von Temperaturunterschieden bis 100 K herrühren.

Bild 1: Auftragen des Klebers mit einer Zahnspachtel

Schwierigkeiten ergeben sich bei großen Zuschnitten über 500 mm und bei weit vorspringenden Tropfkanten, wie sie bei Kupfer oder großen Höhen vorkommen. In beiden Fällen treten sogenannte Schälkräfte auf, die den Kleber nicht vollflächig, sondern punktuell belasten und nach und nach „abschälen“. Deshalb verlangt die Fachregel bei Tropfkanten größer als 30 mm zusätzlich Haltebleche oder die Verwendung von dickeren Blechen. Außerdem warnt sie vor einer großflächigen Anwendung, wie zum Beispiel im Fassadenbau.

Bei Abdeckungen ist das Vorurteil, Kleben sei „Pfusch am Bau“, ungerechtfertigt. Es stellt eine gute Fugen- und Dehnungstechnik dar, die sich nun schon seit Jahrzehnten bewährt hat und häufig angewendet wird. Geeignete Klebstoffe werden von dem Herstellern Sika und Innotec angeboten.

Der Hersteller übernimmt bei fachgerechter Verlegung die Produkthaftung bei Schäden durch Windsog weit über die üblichen Gewährleistungszeiträume hinaus.

Der Klebstoff muss mit einer Zahnspachtel zwecks Ablüftung recht dick aufgetragen werden, die Bleche werden dann aufgedrückt. Unter dem Stoß muss ein 100 mm großes Stoßblech angebracht werden, das allseits mit Kleber einzustreichen ist.

Breite Bleche wie Scharen, Großrauten und breite Zuschnitte über 500 mm sollen nicht mehr geklebt werden, da sich durch die zusätzlichen Querdehnungen Beulen bilden, die Abschälkräfte hervorrufen und das Blech langsam sich ablösen lassen.

Klebstoffbefestigungen erfordern recht teures Klebematerial, aber sie haben den Vorteil eines optimalen Schallschutzes durch die satte Auflage und die Vermeidung eines Resonanzkörpers.

3.2.6 Schnappfalzabdeckungen

Beim Einsatz von CNC-gesteuerten Kantbänken mit großer Wiederholgenauigkeit setzen sich teilweise Schnappfalztechniken durch, die kurze Verlegezeiten auf der Baustelle ermöglichen (Bild 2).

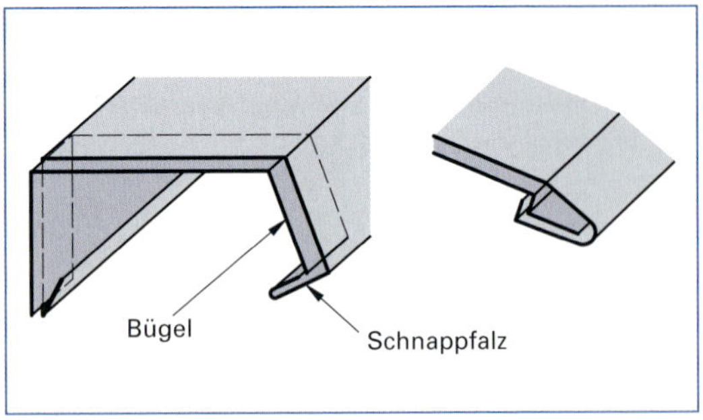

Bild 2: Abdeckungen mit Schnappfalzen

Hierbei muss kaum noch von Hand nachgearbeitet werden und Bearbeitungsspuren treten dann kaum noch auf. Sicher muss das Einschnappen auf den Unterblechen schon in der Werkstatt überprüft werden. Dies erfordert einige Erfahrungen und wird hauptsächlich bei großen Stückmengen (z. B. bei Friedhofsmauern) angewandt.

3.3 Wandanschlüsse

Stößt ein Flachdach an eine aufgehende Wand, ist ein **wasserdichter Anschluss** mit 150 mm Stauwasserhöhe anzufertigen. Handelt es sich hierbei um ein getrenntes Bauwerksteil mit eigenem Fundament (durchgehende Gebäudefuge) oder zum Beispiel um einen nachträglichen Flachdachanbau an ein bestehendes Haus, sind größere Verschiebungen durch **Gebäudesetzungen** zu erwarten. Die Verwahrung ist dann zweiteilig, ohne feste Verbindung, auszuführen.

3.3.1 Unterer Anschluss an die Dachabdichtung

Der Anschluss an die Dachabdichtung muss wie bei einer Attikaabdeckung erfolgen. Es gelten die gleichen Vorschriften bezüglich Einklebung, Befestigung und Dehnungsausgleich.

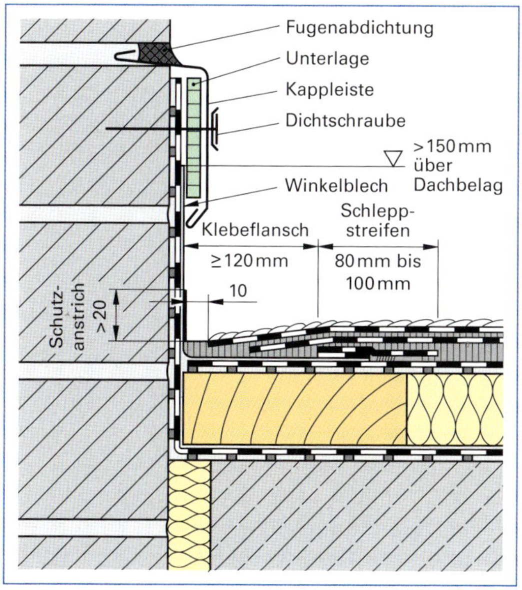

Bild 1: Flachdachanschluss mit Winkelblech

Die früher häufig ausgeführte Variante mit einem Winkelblech nach Bild 1 hat den Vorteil, dass oben direkt Blech sichtbar ist, was bei Balkonen und Terrassen wandanliegend trittsicher ist (eventuell: Unterlage verwenden). Die Nachteile der schwierigen Gewerketrennung und der Gefahr einer mangelhaften Einklebung (Schmutz, Fett, Überhitzung beim Einkleben) lassen diesen Anschluss aber zunehmend verschwinden.

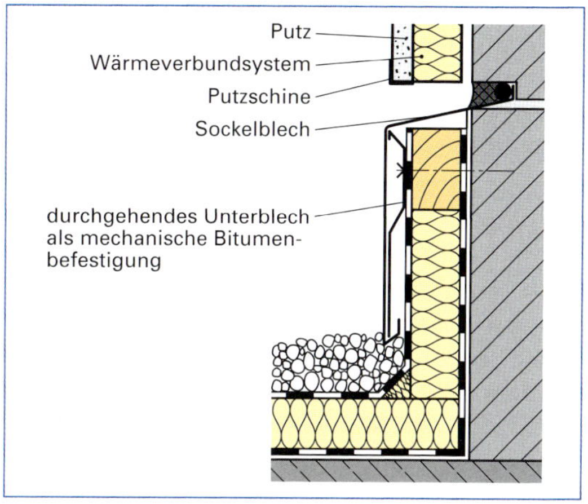

Bild 2: Hochgedämmter Anschluss mit Keil

Bei Wandanschlüssen mit hochgezogenen Dachbahnen werden Anpressschienen mit mindestens 50 mm x 5 mm Querschnitt eingesetzt. Alternativ kann ein dickes Blech mit sinnvoller Aufstandsfläche gebogen werden, das dann gleichzeitig als Halter dienen kann. Diese mechanischen Befestigungen sind im Abstand von 20 cm zu dübeln oder zu schrauben, um einen ausreichenden Anpressdruck zu erhalten. Bei durchgängig gedämmten Wänden muss die Kappleiste bis hinter die Dämmung greifen, damit an der Wand kondensiertes oder eingedrungenes Wasser abfließen kann (Bild 2 oben).

3.3.2 Oberer Anschluss an das Gebäude

Dieser als **Kappleiste** (Zugstreifen), **Putzschiene** oder **Wandanschlussschiene** bezeichnete Anschluss muss je nach Untergrund verschieden ausgeführt werden. Gemeinsam ist allen Varianten die untere doppelte Umkantung, um dem Profil Eigensteifigkeit zu geben. Die Befestigung erfolgt in der Regel mit Spenglerdichtschrauben, die im Abstand von 250 mm zu setzen sind.

Bild 1: Moderner trittsicherer Wandanschluss, ausgeführt mit Aluwarzenblech

Kann in die aufgehende Wand eine **Fuge** eingelassen werden (bei Holz durch Fräsen, bei Mauerwerk durch Trennschneiden mit dem Winkelschleifer), wird das Blech mit einer kleinen Umkantung in die Fuge eingeschoben und mit Mauerwerkshaken befestigt (Bild 2, Ausführungsart 1). Diese Lösung ist nach dem heutigen Stand der Technik fraglich geworden. Wird die Wand nachträglich verputzt, bietet sich Ausführungsart 2 mit **Putzschiene** an, bei der der Putz auf die Vorderkante der Putzschiene gestellt wird. Um unterschiedliche Dehnung von Putz und Blech zu vermeiden, kann die Kappleiste auch zweiteilig ausgeführt werden (Ausführungsart 3). Während die vordere Schiene durch die Sonneneinstrahlung sich schnell erwärmt und ausdehnt, bleibt die andere durch die Wand und den Putz gekühlt.
Bei Sichtbeton (Ausführungsart 4) ist generell eine vertiefte Fuge unzulässig, da sie die für den Korrosionsschutz des Betonstahls erforderliche Betondeckung mindert. Hier und auch bei nachträglichen Anschlüssen am Putz muss mit **Dichtstoff-Fugen** (Ausführungsart 5) gearbeitet werden. Solche Silikonfugen sind im Sinne der Fachregeln Wartungsfugen und müssten bei hohen Dichtheitsansprüchen alle zwei Jahre ausgekratzt und erneuert werden. Normalerweise reicht aber die Saugfähigkeit des Mauerwerks aus, um das durch einen Schlagregen einmal eingedrungene Wasser kurzfristig aufzusaugen. Die obere Kante der Dreiecksfuge sollte abgekantet werden, damit beim Einbringen des Silikons ein Verletzungsschutz besteht. Ausführungsart 5 bietet mehr Steifigkeit und damit eine längere Haltbarkeit der Fuge.

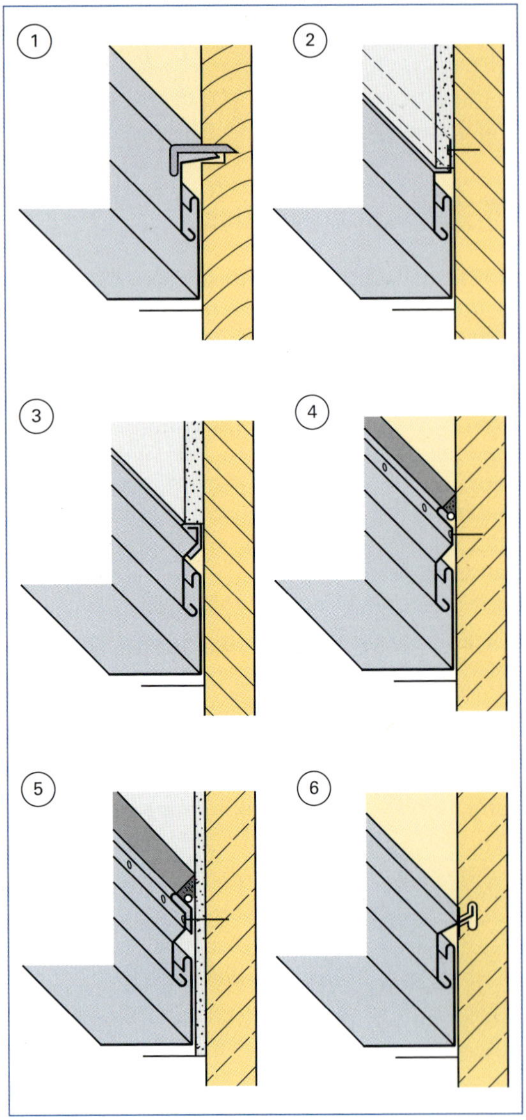

Bild 2: Ausführungen von Kappleisten

Voreinbetonierte Anschlussschienen (Ausführungsart 6) sind nur bei exakter Vorausplanung des Architekten und Absprache der Bauhandwerker möglich. In die Betonschalung wird ein Einlassprofil eingelegt, befestigt und mit in den Beton eingegossen – der Klempner braucht seine **Kappleiste** nur noch einzuschieben und gegen den Wind durch ein Kunststoffprofil zu sichern. Insbesondere in der Schweiz werden Häuser oft mit einem höheren Vorfertigungsgrad geplant und somit kann dieser hochwertige Abschluss dort zum Einsatz kommen.

Bild 1: **Wandanschluss mit Einputzprofil**

Besonderer Beliebtheit erfreuen sich spezielle Einputzprofile für Dickputz oder auch für Dünnputz (Bild 1). Hier legt der Stuckateur schon beim Verputzen ein Kunststoffprofil ein, der Klempner fährt mit seinem Blech in die vorgesehene Nut.

Immer mehr Hersteller bieten alternative **Wandanpressschienen** für bereits fertigen Putz aus steifen Aluminium- oder Kupferprofilen (Bild 2) an. Sie stellen die Dichtheit über einen zusammengepressten Moosgummi und einen vorgeschriebenen engeren Befestigungsabstand von 200 mm her. Bei den am Bau üblichen Wandtoleranzen jedoch bietet auch diese Lösung insbesondere an den weniger gepressten Stellen keinen besseren Schutz als die klempnertechnischen Ausführungen 1 bis 5 in Bild 2, Seite 96. Oft werden diese Profile zum Befestigen von Bitumenbahnen ohne UV-Schutz verwendet.

Die Haftungsabgrenzung zwischen den Gewerken stellt auch beim oberen Anschluss an den Putz ein großes Problem dar. Deshalb sollten schon vor der Ausführung der Klempner und der Stuckateur sich absprechen. Häufig ist auch bekannt, welcher Putzer welchen Anschluss bevorzugt. Zusammenarbeit zahlt sich hier aus und führt zu einer längeren Lebensdauer des Anschlusses, der wegen der unterschiedlichen Wärmedehnungen von Putz und Metall stark beansprucht ist.

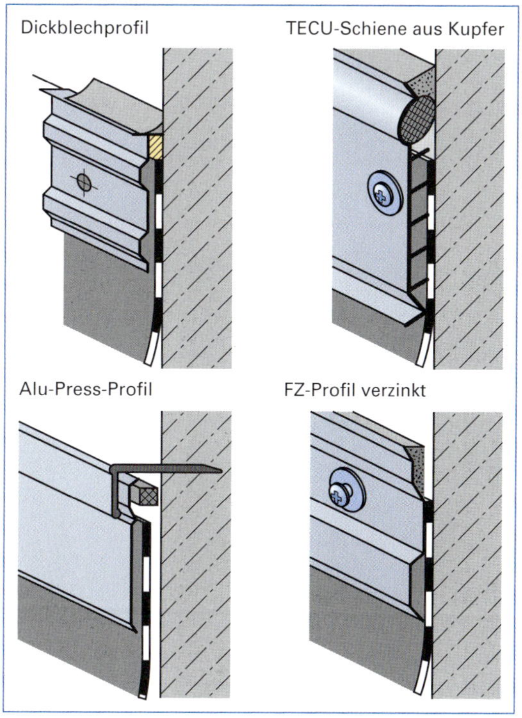

Bild 2: **Industriell hergestellte Kappleisten**

3.4 Simsbleche

Für den Übergang von einer lotrechten Wandfläche zur waagrechten Abdeckung kommt häufig eine Simsverwahrung zum Einsatz. Es handelt sich um eine Art Wandanschluss, der allerdings nur regendicht an- und abgeschlossen wird. Außerdem treten hier keine Setzungen auf, sodass in der Regel einteilig angeschlossen werden kann. Typische Beispiele für Simsbleche sich **Fensterbänke**, vorspringende **Mauerversätze** durch nach unten dicker werdende Wände und Naturstein-Simse zur **Aufgliederung einer großen Wandfläche**. Insbesondere im Denkmalschutz treten häufig Sanierungsmaßnahmen an Sand- und Kalksteinsimsen auf, die durch Frostsprengung oder Tropfwasser stark beschädigt sind.

Bild 1: Simsblech an einem Fensterband

Bild 2: Simsblech an einer Gaube

Bei Neubauten kommen in der Regel fertige **Aluminiumprofile** mit seitlichen Aufkantungen zur Anwendung, mit den durch die Mauerwerkssteine vorgegebenen Maßen. Sie werden vom Gipser (Stukkateur) mitverlegt. Häufig jedoch sind handwerkliche Lösungen gefragt.

Bild 3: Gesims mit Schiebeleiste als Dehnungsausgleich

Bild 4: Gesims mit Schiebedeckel als Dehnungsausgleich

Bild 5: Simsblech an einer Tür

Der **handwerkliche** Anschluss an die Wand oder ein darüberliegendes Fenster hängt von den baulichen Gegebenheiten ab. In Holz oder Mauerwerk kann eine Fuge eingelassen werden, in die man das Blech einführt (Ausführungsart 1, Bild 1, Seite 99) und mit einem Fugedichtstoff verschließt. Aufgabe des Dichtstoffes ist hier neben der Abdichtung auch die Überleitung des bei Schlagregen ankommenden Regenwassers.

Bei vielen Fensterprofilen ist dieser Anschluss durch Aussparungen im Holz oder durch Aluminiumschienen am Fensterrahmen bereits vorgesehen.

Bei geringen Längen bis 3 m wird an der Wand direkt befestigt, d. h. über Nagelung oder Spenglerdichtschrauben (Ausführungsart 1).

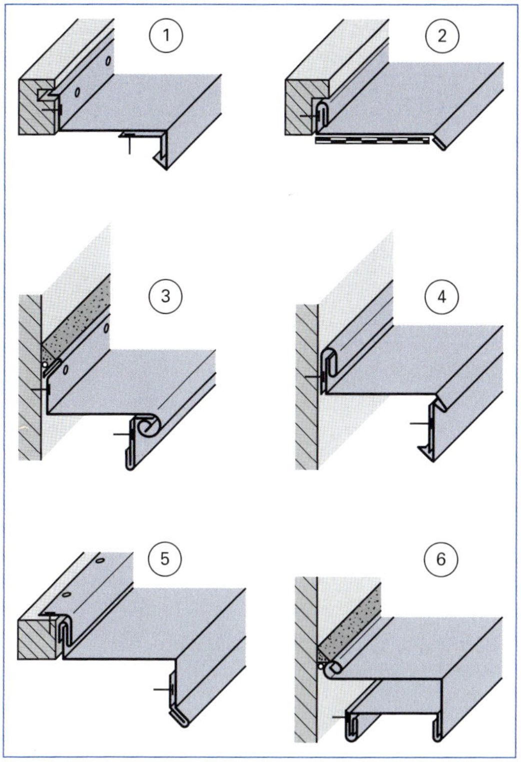

Bild 1: Arten handwerklicher Simsausführungen

Ausführungsart 2 (Bild 1) zeigt eine regensichere Lösung ohne Dichtschrauben – die **verdeckte Nagelung**. Das Simsblech wird mit Umschlag versehen und angekantet fertig auf die Baustelle geliefert, dort im Abstand von 25 cm geschraubt, anschließend wird der Umschlag herumgeschlagen. Dieser Anschluss ist dauerhaft regendicht – ganz im Gegensatz zu Spenglerdichtschrauben, deren Gummilage versprödet und dann Kapillarwasser anzieht. Besteht keine Möglichkeit des Einlassens, muss mit einer Silikonfuge gearbeitet werden (Ausführung 3), die allerdings in diesem Sichtbereich groß und unschön wirkt. Bei größeren Längen über 3 m muss indirekt, also beweglich über Haftbleche oder ganze Haftschienen, befestigt werden. Besonders geeignet hierfür sind **Randabschlussprofile** (Ausführungen 4 und 5).

Durch diese Hohlumschläge lässt sich das eigentliche Deckblech sehr leicht einführen, hat genügend Halt und sieht einwandfrei aus.

Je nach dem Grad der Verwitterung muss die **vordere Kante des Simses** mit eingedeckt werden, um gut auszusehen und sicher gegen Abplatzungen zu sein. Ein Wulst nach Ausführungsart 3 als vordere Tropfkante eignet sich insbesondere im Denkmalschutz.

Ist die Unterseite mit einzukleiden (Ausführung 6), verfährt man ähnlich wie bei der Unterseite einer Ortgangverwahrung (siehe Kapitel 3.8).

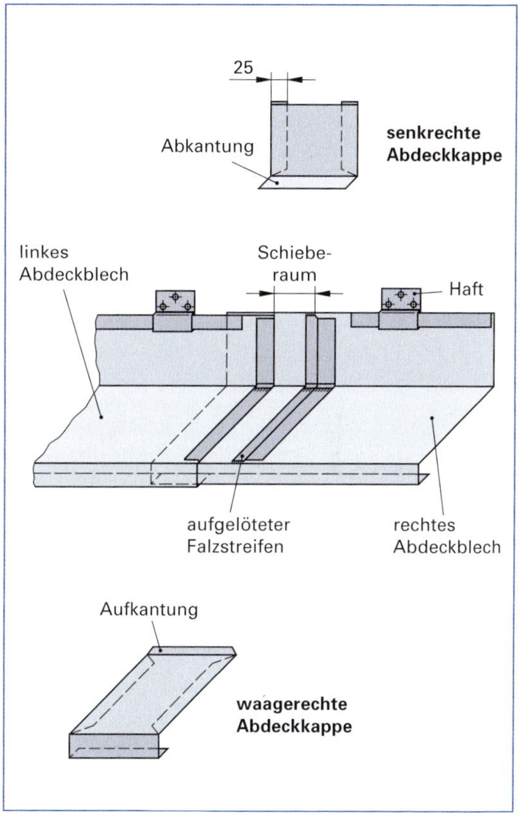

Bild 2: Herstellung einer handwerklichen Schiebenaht an einem Sims

Fragen

1. Welche Arten von Blechkantprofilen kommen am Bau zum Einsatz und welche Aufgaben haben sie?
2. Warum legt die Fachregel für das Klempnerhandwerk Verwahrungsmaße fest?
3. Warum sollen Mauerabdeckungen ein Quergefälle nach hinten aufweisen?
4. Durch welche unterschiedlichen Unterkonstruktionen kann ein Quergefälle erreicht werden?

5. Welche Abmessungen sind bei Tropfkanten bezüglich Wandabstand und Überdeckung zu beachten?
6. Skizziere Sie je zwei regensichere, regendichte und wasserdichte Stoßbildungen bei Abdeckungen!
7. Welche Abmessungen sind bei eingeklebten Winkelblechen in Attikaabdeckungen und Wandanschlüssen zu beachten?
8. Wie kann ein Winkelblech bei größeren Gebäudehöhen am Gebäude befestigt werden?
9. Aus welchen Gründen werden Bitumenbahnen vermehrt an aufgehenden Wänden und Mauerkränzen hochgezogen?
10. Auf welche Art und Weise kann sicherer UV-Schutz für diese Bitumenbahnen gewährleistet werden?
11. Welche maximalen Schiebelängen gelten für a) eingeklebte Winkelbleche, b) Mauerabdeckungen und c) Blenden?
12. Welche Nachteile weisen in den Untergrund eingelassene Kappleisten auf?
13. Wie werden Wandanschlüsse ausgeführt a) bei nachträglicher Anbringung, b) bei Anbringung im Rohbauzustand?
14. Beschreibe Sie Vor- und Nachteile von industriell hergestellten Wandanschlussschienen gegenüber handwerklichen Kappleisten!
15. Welche Befestigungsabstände sind zu beachten a) bei Holzunterkonstruktionen, b) bei Systemträgern, c) bei Haften/Haftschienen, d) bei Kappleisten, e) bei Wandanschlussschienen?
16. Wo kommen handwerklich hergestellte Simsabdeckungen wie in Bild 1 zur Anwendung?
17. Welche Anschlussmöglichkeiten von Simsblechen an die Wand bestehen?
18. Beschreiben Sie Vor- und Nachteile einiger unterschiedlicher Arten von Tropfkanten!
19. Warum benötigt man bei der Verarbeitung von blechspezifischen Bauklebern unterschiedliche Konsistenzen?

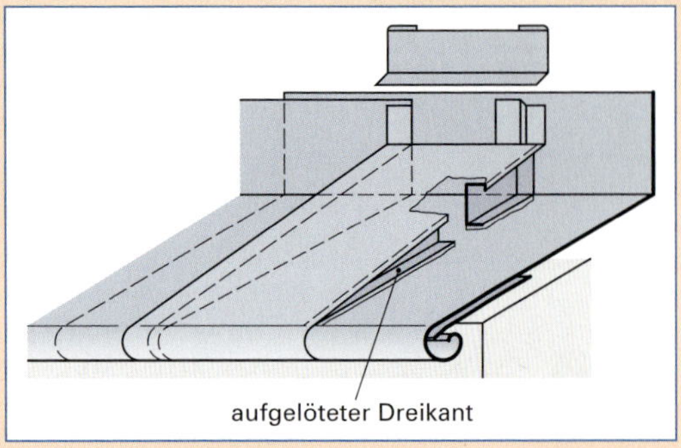

Bild 1: Simsabdeckung geneigt, zu Frage 16

20. Wie muss der Untergrund vor Aufbringung der Klebemasse beschaffen sein?
21. Welche Kräfte sind für Kleberverbindungen gefährlich, wo treten sie bei Klempnerarbeiten auf und wie kann diesen Gefahren begegnet werden?
22. Wie werden Dehnungsnähte mit Bauklebern fachgerecht ausgeführt?

Bild 2: Gebogene Simsmauerabdeckung, noch nicht verputzt

23. Welche Vor- und Nachteile weisen verklebte Abdeckungen gegenüber der Bügelbefestigung auf?
24. Welche besonderen Gefahren bei Abdeckungen weisen die folgenden Werkstoffe auf: a) Kupfer, b) Titanzink, c) verzinktes Stahlblech?
25. Welche Blechdicken für freitragende Abdeckungen sind bei den folgenden Werkstoffen erforderlich: a) Kupfer, b) Titanzink, c) verzinktes Stahlblech?

3.5 Brustbleche

Ein Übergang von einer senkrechten Fläche zu einer geneigten wird als Brust bezeichnet. Bei Ziegeldeckung ist hier ein Blech unentbehrlich, da Ziegel erst nach der Überlappung mit anderen Ziegeln hinreichend regendicht sind.

Bild 1: Elegantes Brustblech auf Tegalitsteinen

Der obere Wandanschluss erfolgt wie bei einem Simsblech meist direkt befestigt – unten muss es aus Steifigkeitsgründen einen Hohlumschlag mit Ankantung erhalten. Dieser bewirkt neben der Formstabilität eine dauerhafte Unterbindung der Kapillarwirkung und ausreichend Sicherheit gegen auftreibendes Wasser. Bei kleinen Zuschnitten reicht die Befestigung an der senkrechten Wand, bei größeren Zuschnitten und großen Höhen muss das Blech mit Bügel gegen den Windsog nach unten gehalten werden. Ziegeldurchbohrungen sind unüblich. Das Brustblech kann auch nach dem in Bild 2 dargestellten Prinzip mit Halteblechen gehalten sein, wenn auf genügend Abstand und Vorspannung des Bleches (Halteblech kürzer gekantet) geachtet wird. Brustbleche müssen bei einer Dachneigung von größer als 15° um 150 mm überlappen, bei kleiner als 15° um 200 mm, über 22° um 100 mm.

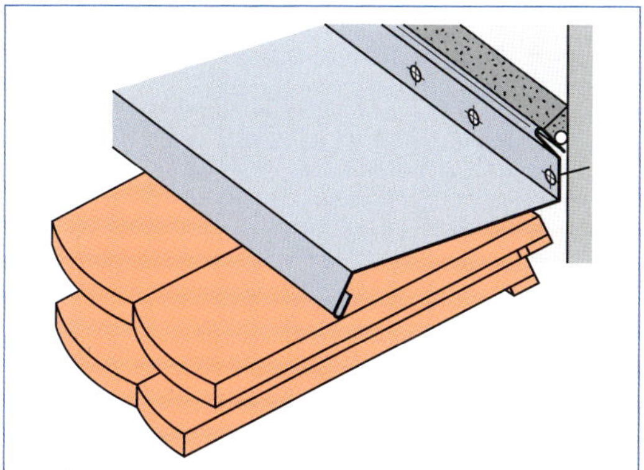

Bild 2: Brustblech auf Spannung gebogen

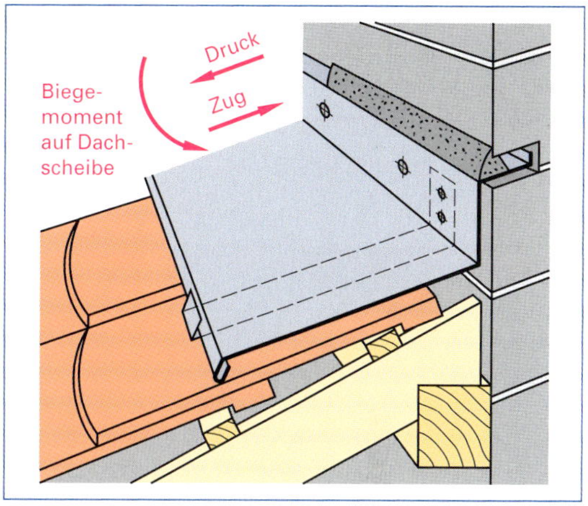

Bild 3: Brustblech auf Spannung in den Halter gebogen

Bei **Biberschwanzdeckung** kann der Hohlumschlag mit Knick als ausreichend dicht angesehen werden, bei **Falzziegeln** muss gegen auftreibendes Wasser und eindringende Insekten entweder das Brustblech nach den Ziegeln ausgeschnitten werden (Bild 4) oder eine Bleischürze mit eingefalzt werden, die man mit der Hand der Ziegelform anpassen kann (Bild 1, Seite 102). Kunststoffbeschichtete **Blei-Aluminium-Schürzen aus Rillenblech** ersetzen zunehmend das Blei, da dieses auf dem Dach Ablaufspuren (Weißrost und Bleiauswaschungen) hinterlässt.

Bild 4: Brustblech mit farbbeschichtetem Walzblei in Ziegelfarbe rot

Bild 1: Brustblech mit Riffelblei

Bild 2: Einarbeitung des geriffelten Walzbleilappens an das Kupferblech

3.6 Seitenkehlen

Seitenkehlen werden benötigt zum Anschluss eines Ziegeldaches an eine aufgehende Wand. Am häufigsten kommt dies vor bei dem Übergang an eine Gaube, an hochgezogene Giebelwände oder an ein nebenstehendes höheres Haus. Konstruiert werden Seitenkehlen nach den Vorschriften entsprechend der Neigung aus Kappleisten (Kapitel 3.4) seitlich und einem Winkelblech oder Ortgangblech (Kapitel 3.8) unten.

Die in Bild 3 dargestellte Ausführung 1 ist eine einfache Standardausführung. Die Art der **Kappleiste** ist variabel je nach der Beschaffenheit des Untergrundes.

Bei flacheren Neigungen muss **vertieft** werden (Ausführung 2), um das anfallende Wasser abführen zu können und genügend Sicherheit zu bieten.

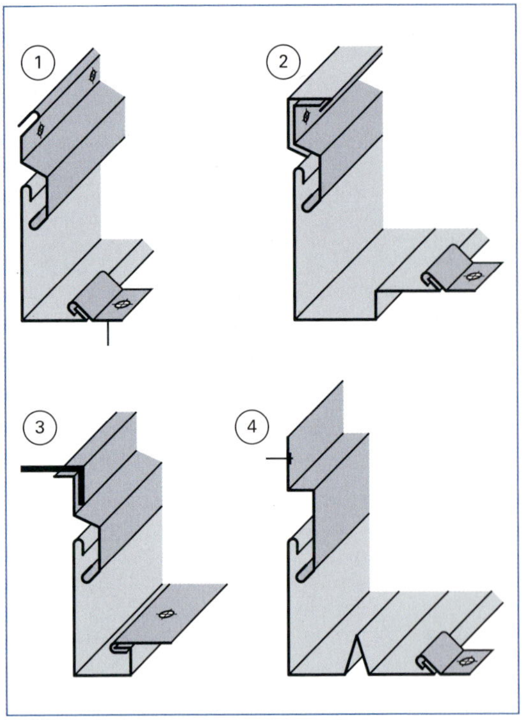

Bild 3: Arten von Seitenblechen

Bei flachdeckenden Biberschwänzen entfällt die Möglichkeit, im Ziegel eine Rückkantung aufzustellen. Diese würde die Biberschwänze hohl liegen lassen. Hier muss generell vertieft werden (Ausführung 3) oder mit **Schichtstücken (Noggen)** gearbeitet werden (Kapitel 3.7).

Bild 1: Seitenkehle bei einer Kupfergaubenbekleidung

Ausführung 4, Bild 3, Seite 102, enthält einen **Stehfalz** für die großen Wassermengen, die anfallen, wenn sich darüber eine Satteldachgaube mit Kehlen und nach hinten geführten Regenrinnen an den Seiten der Gaube befindet. Auch hier ist es zweckmäßig, zweiteilig auszuführen, da die Dachkonstruktion bei Wind schwingt.

Seitenbleche müssen nach DIN 1986-100 und VOB nach Teil C DIN 18339 150 mm über die wasserführende Schicht hinausgezogen werden. Die Fachregel des Klempnerhandwerks erlaubt aber eine Reduzierung der Anschlusshöhe auf 100 mm bei einer Dachneigung von über 5° und auf nur 80 mm bei über 35°. Diese Maße gelten ab Höhe der wasserführenden Schicht – maßgeblich ist also das Ziegeltal, nicht die Überdeckhöhe des Ziegelsteines. Oft wird auf die Reduzierung verzichtet, da sonst Spritzwasser und Schnee die Wandfläche anschmutzen.

Bild 2: Seitenkehle aus Titanzinkschichtstücken (Noggen)

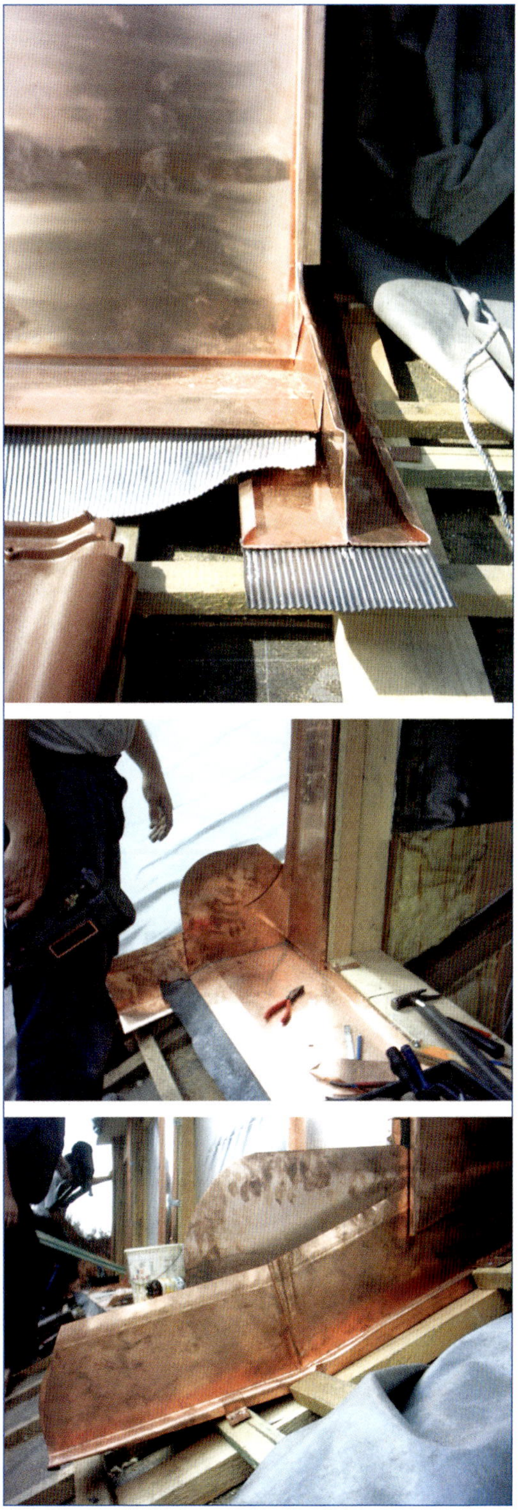

Bild 3: Anarbeitung des Seitenbleches an ein Brustblech

Regional wird statt der Unterdeckung des Seitenbleches unter den Ziegeln ein Bleilappen auf die Ziegel gelegt. Diese Ausführungsart wird in schneereichen Gebieten teilweise auch zusätzlich zur Unterdeckung ausgeführt, um einen flugschneesicheren Abfluss des Wassers zu ermöglichen.

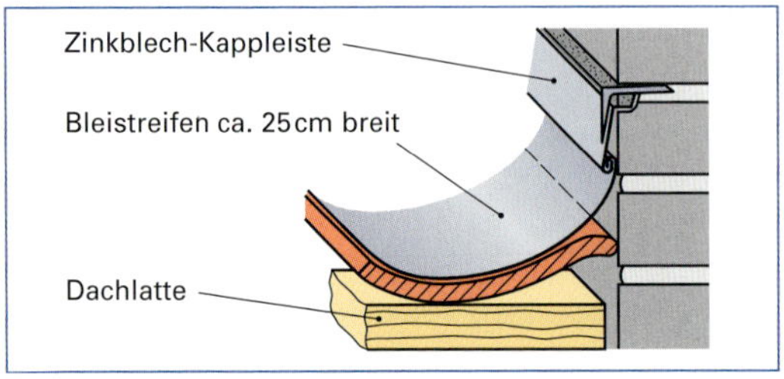

Bild 1: Alternative Seitenkehle mit Bleilappen

Tabelle 1: Maße bei Seitenkehlen

Seitliche Wandanschlusshöhen		
Dachneigung  >22°	Dachneigung 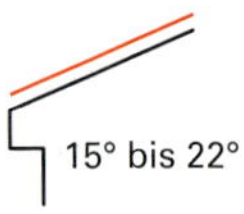 15° bis 22°	Dachneigung 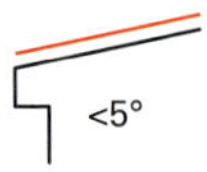 <5°
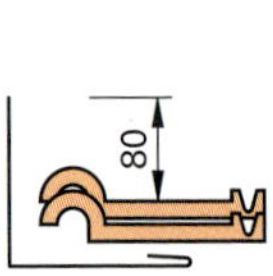 80	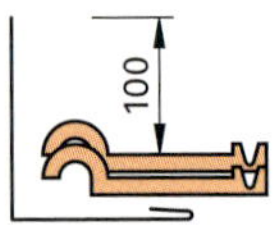 100	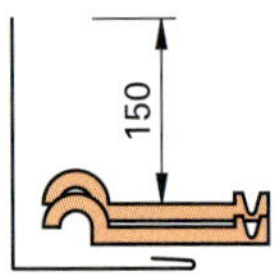 150
Seitliche Ziegelunterdeckung		
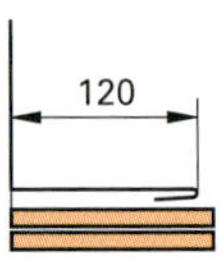 120	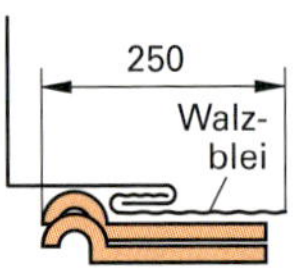 250 Walzblei	
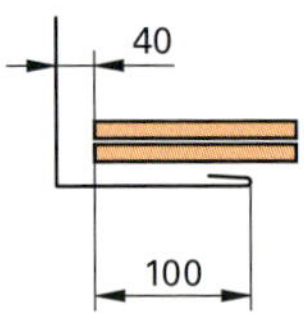 40 100	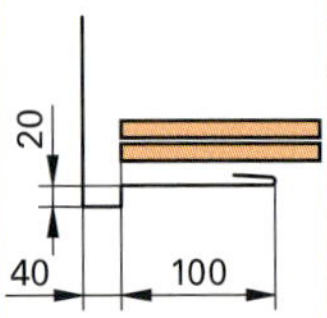 20 40 100	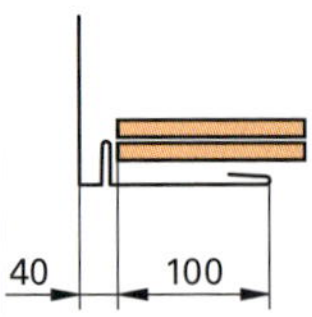 40 100
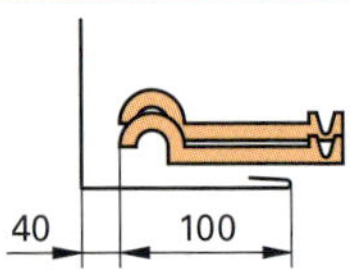 40 100	Bei konturierten Dachziegeln (Falzziegel) generell	

3.7 Noggen

Noggen kommen bei Seitenkehlen und Ortgängen zum Einsatz. Es sind Blechschichtstücke, die in jede Ziegelreihe mit eingedeckt werden. Früher bestanden diese Schichtstücke aus gespaltenen Holzblättern.

Bild 2: Abschneiden der Noggen

Bild 3: Verfalzen der Noggen

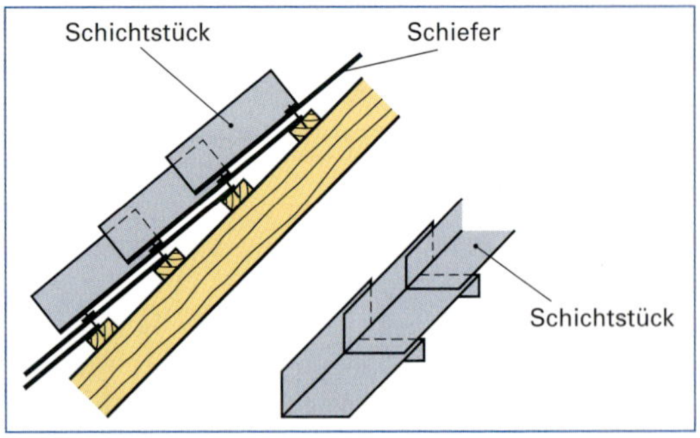

Bild 4: Noggenform und Verlegung

Tabelle 2: Maße bei Noggen über oder unter Biberschwanzziegeln

Dachneigung	Mindestüberdeckung
überdeckte Anschlüsse	120 mm
unterdeckte Anschlüsse	80 mm

3.8 Ortgangverwahrungen

Der Ortgang stellt den seitlichen Abschluss eines Daches zum Giebel hin dar. Der Zimmermann bringt dort in der Regel das **Windbrett**, auch Windfeder genannt, an. Es hat die Aufgabe, den sich am Ort bildenden Windsog abzuleiten (Bild 1). Dieses Windbrett gibt dem Haus einen sauberen Dachschluss nach oben hin.

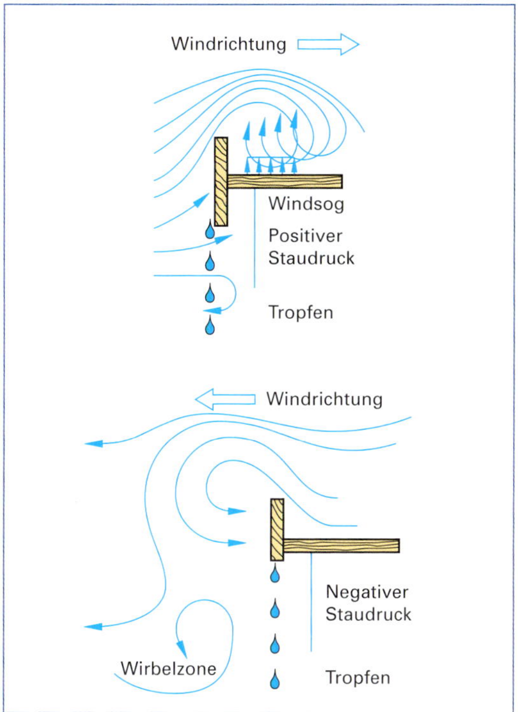

Bild 1: Verwirbelungen am Ort

Je höher der Ort (Maß h_1 nach Tabelle 1, Seite 107) ausgeführt wird, umso weiter hinten und umso schwächer bildet sich der Wirbel aus (Bild 1 oben). Die **Größe der Blende** richtet sich einerseits nach dem Gebäude – je größer die Wandfläche, umso größer muss die Blende als optischer Abschluss wirken. Anderseits muss die Blende bei größeren Windgeschwindigkeiten tiefer heruntergreifen, um die **Wirksamkeit der Tropfkante** zu gewährleisten (Bild 1 unten). Versuche mit Seifenblasen zeigen, dass diese selbst bei Staudruck nicht auf die Wand gedrückt werden, sondern an dieser mit sehr kleinem Abstand entlang gleiten. Ursache für dieses Phänomen ist die direkt vor der Wand stehende Luftschicht. Ausnahmen sind verwirbelte Luftbereiche an Gebäudekanten.

Aus diesem Grunde schreibt die Fachregel Mindesthöhen über der wasserführenden Schicht (h_1) und Überdeckungen senkrechter Mauerwerkskanten ab Unterkante Schalung vor, mit den Maßen h_2 gemäß Tabelle 1, Seite 107.

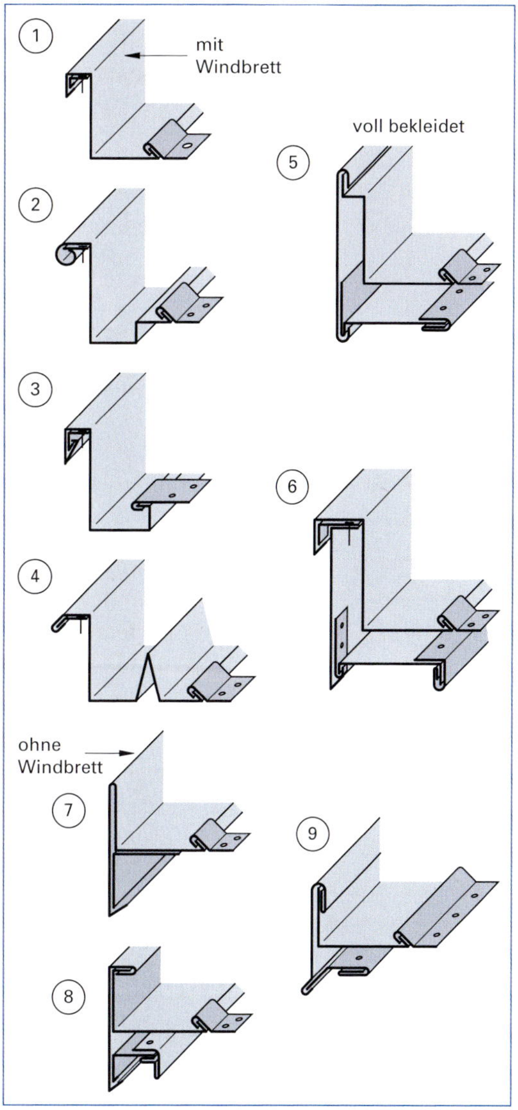

Bild 2: Ortgangausführungen

Somit ergibt sich die **Blendenhöhe** aus Überdeckung (h_1) + Schalungsdicke + Überhöhung (h_2). Holzzuschnitte von 115 mm sind für maximal 8 m Traufhöhe zulässig. Üblich ist ein Zuschnitt von 120 mm bis 180 mm. Bei sehr großen Höhen können Blenden ohne Queraussteifung verwerfen, sie bilden Beulen und geben gerade im Sichtbereich ein unschönes Bild. Hier sollten schmalere Blechtäfelchen mit **Stehfalzdeckung** zur Anwendung kommen.

Ortgangverwahrung 1 (Bild 1, Seite 107) auf der letzten Seite stellt den **Normalfall** dar. Der Wasserfalz wird möglichst mit der Rundschiene gekantet oder mit der scharfkantigen Schiene mit etwas „Luft" auf zweimal ca. 60° herumgeholt. Diese Vorgehensweise stellt sicher, dass selbst bei einem durch die Dachdecker heruntergetretenen Falz noch ein Rest Hohlumschlag über die wasserführende Schicht hinausragt. Da Ortbleche üblicherweise zwischen den Dachlatten hohl liegen, läuft das Wasser je nach Beulung des Bleches zwischen den Latten hin und her und kann bei heruntergetretener Aufkantung in den Dachaufbau einlaufen. Zudem lagert sich bei einer Ausrundung weniger Schmutz als in einer scharfen Kante ab, was bei schlechterer Abtrocknung die Belüftungskorrosion in der Kante verringert. Oben ist das Blech über einen Einhang entweder mit einem Haftsteifen zu befestigen oder durch Einklemmen des Holzes durch geringe Kantmaße einzuspannen. Am oberen Ende wird genagelt und die Nagelung durch das nächste Blech (Deckrichtung von unten nach oben) überdeckt. Wegen des geringen Zuschnittes, der mehrseitigen Formgebung und der Ziegelauflast, reicht die Befestigung durch Haften auf jeder zweiten Latte aus. **Tropfkantenabstände**, wie bei Mauerabdeckungen brauchen hier zumeist nicht berücksichtigt werden, da Steildächer in der Regel einen ausreichenden Dachvorsprung aufweisen und so die Fassade gut gegen Tropfwasser geschützt ist. Handelt es sich aber um einen Ortgang direkt über dem Giebel ohne Vorsprung, gelten die gleichen Abstände wie bei der Abdeckung.

Ortgangverwahrung 2 (Bild 1, Seite 105), ist um eine Lattendicke vertieft ausgeführt und kann darum bei flacheren Dachneigungen auch größere Mengen Wasser sicher abführen. Allerdings muss nun an der Traufe ein **konisch gekanteter „Schuh"** ausgebildet werden, um das Wasser auf das Traufblech und dann in die Rinne überzuleiten. Oben ist dieser Ortgang mit einem **Wulst** versehen, der dem Blech eine gute Steifigkeit, sicheren Verletzungsschutz und einwandfrei geradlinigen Verlauf garantiert. Nachteilig ist, dass bei runder „Tropfkante" Tropfen immer größer werden und dann außen herunterlaufen und Wulststäbe nur in Längen bis 2 m wirtschaftlich eingesetzt werden können. Zwar werden Wulstmaschinen bis 6 m Länge angeboten, Erfahrungen zeigen aber, dass sich das Blech beim Runden stark windet und nur schwer vom Wulststab wegzubekommen ist.

Bild 1: Ortgang mit Versatz

Ortgangverwahrung 3 ist oben mit einem Dreikant abgeschlossen, der zwar aufwendiger zu kanten ist, aber die Vorteile von Wulst und Einhang verbindet. Der untere vertiefte Anschluss ist für **Biberschwanzdeckungen** optimal geeignet: Einmal würde ein aufgestellter Wasserfalz im Haftbereich auftragen (unebene Biberschwanzdeckung), außerdem kommt bei Schlagregen eine große Wassermenge in den vertieften Ort. Bei Biberdeckung fehlen nämlich die Buckel der Falzziegel, die einen zur Traufe senkrechten Wasserabfluss gewährleisten. Die Breite des „Rinnchens" richtet sich nach dem Aufgehen der vorhandenen Deckung – jeder Ziegel muss noch eine Nase zum Einhängen auf den Latten behalten. Ein Maß von ca. 60 mm bis 100 mm ist für das Rinnchen geeignet.

Bei allen Ortgangverwahrungen und Seitenblechen sollen die Deckstoffe seitlich 40 mm Abstand von Aufkantungen haben, sodass vom Wind eingeblasenes Laub oder Nadeln wieder freigeschwemmt werden können. Sonst umfließt das Wasser die Ablagerungen und kann hinter den Ziegeln in den Dachaufbau eindringen.

Ortgangverwahrung 4, mit Stehfalz, kann bei Häusern mit Krüppelwalm oder Gauben im Randbereich (der Dachvorsprung ist noch ziegelgedeckt) ausgeführt werden. Geeignet ist diese Ausführung auch, wenn durch Schneeschmelze beträchtliche Wassermengen anfallen und den Ortgang füllen. Die hier erreichte Abtrennung des Wasserstromes durch den Stehfalz rechtfertigt den erhöhten Blechaufwand. Außerdem ist am Traufpunkt kein Schuh erforderlich, da keine Vertiefung hochzuholen ist.

Die vollverkleideten Ortgangverwahrungen 5 und 6 sind als Gestaltungselement (Blenden mit Aussteifungssicken oder in Stehfalztechnik) wertvoll und schützen die Windfeder dauerhaft vor Feuchtigkeit und Pilzbefall. Dies erspart so manchen aufwendigen Farb- oder Lasuranstrich des Holzes. Der untere Einhang wird am besten gleich als Fassadenabschlussprofil ausgeführt, das eine unterseitige Bekleidung des Dachvorsprunges ermöglicht. Am Rand zum Giebel verwendet man am besten einen Doppelumschlag als Halteblech, in den man sauber einschieben kann. Solch ein **Steckfalz-Halteprofil** ist einfach herzustellen. Es sieht sehr gut aus und ist wesentlich montagefreundlicher als ein umständliches Einfalzen oder Einhängen in einzelne Haltestreifen. Diese Haftstreifen sind dann von unten zu sehen, was sehr unschön ist. Die Verwendung von durchgängigen Unterblechen ist hier zu empfehlen.

Ein stabileres Halteprofil zeigt Bauart 8 und 9.

Bild 1: Ortgang vorne von einer Kappe überdeckt, Ortgang hinten nach oben offen am Haus des Autors

Tabelle 1: Überdeckungen

Überdeckung von Bauwerkskanten

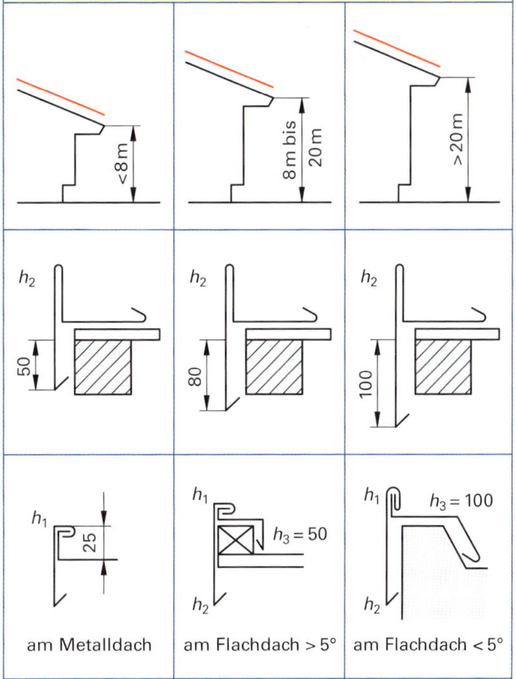

Aufkantungen am Flachdach (h_3 siehe oben)

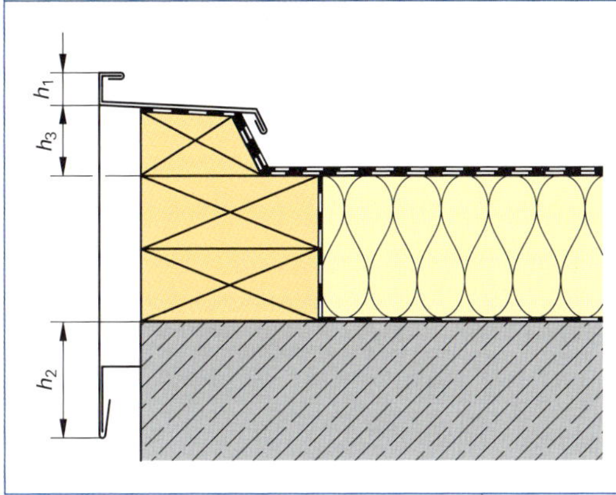

Bei **Ortgangverwahrung 6** ist als Alternative zum Blindfalz oben die Blende mit einem Halteblech zusätzlich angenagelt und durch einen Dreikant überdeckt. Diese Ausführung wird auch gewählt, wenn mit Faserzementschindeln, Blechrauten, Holz- oder Schieferschindeln bekleidet werden sollen. Der untere Abschluss ist herkömmlich eingehängt. Insbesondere bei größeren Dachvorsprüngen über die normalen 30 cm hinaus, braucht das untere Deckblech beidseitig Aufkantungen, um genügend Steifigkeit zu haben. Optimal wären kleine, stehende Querfalze, die dem Blech dann allseitig Halt bieten sowie Durchhängen und Beulenbildung verhindern (Bild 1 links).

Bild 1: Ortgang nach oben hin überdeckt

Generell sind solche Ortgangverwahrungen **mehrteilig** herzustellen. Infolge der unterschiedlichen Sonneneinstrahlung erhitzen sich die Bleche sehr unterschiedlich und würden sich bei gegenseitiger Dehnungsbehinderung stark krümmen. Da dies durch die Befestigung unterbunden wird, verziehen sich einteilige Bleche unschön und werfen Beulen. Außerdem ist die mehrteilige Ausführung in der Regel auch einfacher zu montieren.

Ist vom Zimmermann keine Windfeder vorgesehen, muss der **Ort vollständig aus Blechteilen** hergestellt werden. Hier schreibt die Fachregel erhöhte Blechdicken vor, da das Blech freitragend und hohl liegend ist und zusätzlich tragende Funktion erfüllt. In der Regel müssen etwa 2/10 mm zu den üblichen Blechdicken addiert werden. Dies ergibt für Kupfer 0,8 mm, verzinktes Stahlblech 0,7 mm, Titanzink 0,8 mm, Edelstahl 0,7 mm und Aluminium 1,2 mm.

Hier reichen einteilige Ausführungen, da sich die Bleche gegenseitig erwärmen und unterschiedliche Dehnungen schneller ausgleichen. **Ortgangverwahrung 7** (Bild 2, Seite 105) ist von oben befestigt, die Unterkante ist eingehängt aber nicht eingefasst und wirkt unschön. Außerdem besitzt die Blende wenig Eigensteifigkeit und „flattert" somit. Mehr Steifigkeit bringt ein Winkelfalz oben (Ortgangverwahrung 8) und eine Befestigung von unten. Neu in die Fachregel aufgenommen ist der **Blindfalz** (Ortgangverwahrung 9), der einfach zu montieren ist und aussieht wie ein Doppelstehfalz, sich aber in Längsrichtung dehnen kann.

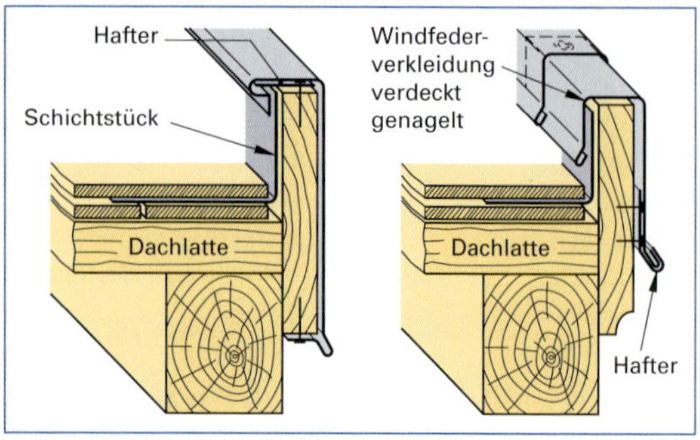

Bild 2: Ortgangverwahrungen mit Kappe für Noggenbleche

3.9 Traufbleche

Traufbleche gehören zu einer ordnungsgemäßen Dachentwässerung. Sie haben die Aufgabe, das Gefälle der Rinne gegenüber der waagrechten Traufkante auszugleichen, den Dachaufbau insbesondere bei Schneematsch und Schlagregen zu schützen und gegebenenfalls das unter die Ziegel eingedrungene Tropfwasser aufzufangen.

Bild 3: Traufblech segmentiert an einem Rundbau

Bei Traufblechen mit unterer Ziegelbelüftung wird das Traufblech auf der Lattung angebracht. Sinnvoll und früher sogar vorgeschrieben ist eine in Gefälle gehobelte Traufbohle, in die die Rinnenträger einzulassen sind. Dies kann mit Fuchsschwanz und Stemmeisen oder besser mit einer Rinnenträgerfräse bewerkstelligt werden, andernfalls liegt das Traufblech hohl und wird von der Ziegel- und Schneelast nach unten durchgedrückt – die Traufkante verliert ihren optisch wichtigen geradlinigen Verlauf. Anstelle der Traufbohle wird regional vereinfachend auch die Doppellatte angewandt, die für den untersten Ziegel eine Auflage bildet. Unter der Doppellatte bzw. Traufbohle befindet sich die Konterlattung, die die Luft zwischen Bitumen-Unterziehbahn („Butzi") oder glasfaserverstärkter Kunststofffolie einströmen lässt. Entsteht Schwitzwasser oder ist das Dach nicht flugschneedicht, läuft Wasser unter der Rinne heraus und tropft an der Fassade entlang ab. Teilweise wird hier zusätzlich unter der Rinne ein Tropfblech angebracht. Die Ziegel müssen auf dem Traufblech je nach Dachneigung 100 mm bis 200 mm aufliegen (siehe Tabelle 1, Seite 112).

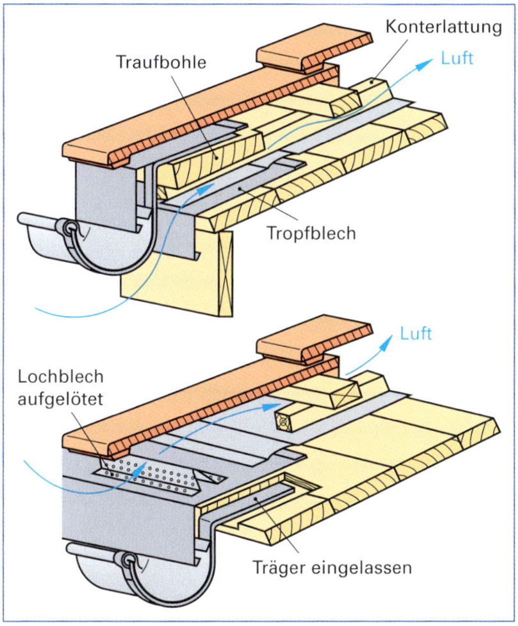

Bild 1: Traufblech mit oberer (oben) und mit unterer Ziegelbelüftung (unten) ausgeführt

Bei Traufblechen mit oberer Ziegelbelüftung wird das Blech direkt auf der Schalung bzw. direkt auf dem Sparren aufgebracht und die Lattung für die Ziegel darüber geschlagen. Jetzt kann die Unterspannbahn (Notdachfunktion) auf das Traufblech gelegt werden und eingedrungenes Wasser wird vollständig in die Rinne eingeleitet. Die fehlende Höhe für die Traufziegelauflage wird ausgeglichen durch einen aufgelöteten Dreikant aus Lochblech. Diese Lösung hat sich in schneereichen Gebieten bewährt, da Schneebretter oder rutschende Eisschollen die tiefer liegende Rinne nicht mitreißen.

Bild 2: Spitzrinne mit Traufblech

Bis zu einer Länge von 3 m werden Traufbleche ohne Berücksichtigung der Wärmedehnungen einfach durchnagelt. Die kleine Undichtheit am Nagelloch kann in Kauf genommen werden. Bei größeren Längen muss ein Wasserfalz mit Hakenhaft zur Aufnahme der Dehnung angeordnet werden. Traufbleche werden seitlich angereift und 3 cm bis 6 cm überlappt.

Bild 3: Das Traufblech schließt an die Dachfläche an als Ziegelauflage

3.10 Kehlbleche

Kehlen entstehen beim Verschnitt zweier Dachflächen. An dieser Stelle ist die geringste Neigung des Daches. Schnee kann sich durch Gewölbebildung ansammeln; deshalb muss hier mit größter Sorgfalt gegen eindringendes Wasser Vorsorge getroffen werden.

Bild 1: Kehlblech aus Titanzink, fertig eingedeckt

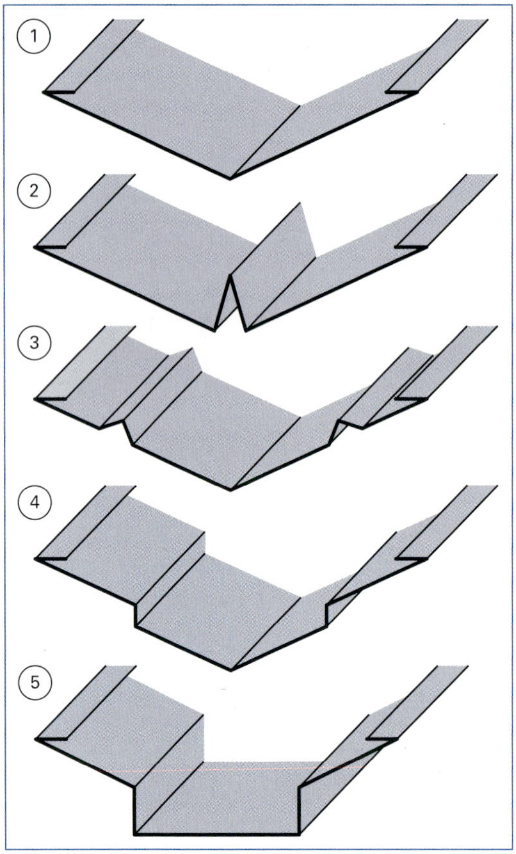

Bild 2: Kehlblechformen

Kehlen nach Form 1 in Bild 2 sind Standardausführungen bei Dachneigungen über 30°. Durch den großen Zuschnitt von 500 mm bis 667 mm können sie weit unter die Ziegel greifen.

Kehlbleche mit Stehfalz (Form 2) werden insbesondere bei Dächern mit unterschiedlicher Neigung ausgeführt. Bei einfachen Ausführungen nach Form 1 besteht die Gefahr des Überschießens in den flacheren Dachaufbau. Der 15 mm bis 20 mm breite Wasserfalz bietet dann zu wenig Sicherheit. Der Stehfalz in der Mitte wird 60 mm bis 80 mm hoch ausgeführt, um über die Ziegel hinauszustehen und das Wasser sicher aufzufangen.

Bild 3: Kehlblech bei der Montage

Da Ziegel noch in der Lattung einhängen müssen, kann die Unterdeckung des Kehlbleches nicht beliebig groß gewählt werden. Je flacher die Dachneigung, desto weniger Profiltiefe haben die Formen 1 und 2. Sie fassen zu wenig Wasser und es kann zu Wasserschäden kommen. Sicherer ist die Ausführungsart mit Ziegelauflage (Form 3). Unter 7° Neigung müssen Kehlen in einer vertieften Ausführung hergestellt werden (Form 4), um das Wasser noch sicherer abtransportieren zu können. Vertieft wird um eine Lattendicke auf nicht allzu großer

Breite, um noch genügend tragende Latten zu haben. Bei parallelen Dachflächen und sehr flach geneigten Dächern mit Bitumen oder Metalldeckung entsteht eine Kehlrinne (Form 5). Sie muss den gleichen Querschnitt wie eine herkömmliche Kastenrinne aufweisen. Es gelten hier die gleichen Vorschriften wie bei innenliegenden Rinnen – also doppelter Ablauf mit sichergestellter Überströmung oder Notüberlauf möglichst auf beiden Seiten. Für die Ausbildung der Stöße sind die Regeln zu beachten nach Tabelle 1, Seite 112: Die Überlappung mit Falz am Deckblech gilt als ausreichend regendichte Schiebenaht, sofern die Kehlneigung größer als 15° ist. Bei über 10° bis 15° ist der Falz mit Zusatzfalz eine sichere Variante. Hafter oben bzw. Halteblech unten sind eigentlich nicht erforderlich, da der mittige Knick große Formstabilität bringt. Teilweise wird verdeckt genagelt; besser ist es, oben Hakenhafte einzuhängen, da bei großen Windgeschwindigkeiten auftreibendes Wasser in diesen Bereich eindringt. Bei flachen Kehlneigungen unter 15° muss nach den Fachregeln wasserdicht gestoßen werden, das erfordert gelötete Kehlnähte, die bis insgesamt 8 m Kehllänge zulässig sind. Darüber hinausgehende Längen müssen wegen der Wärmedehnungen mit Dilatationsstreifen und Überdeckblech versehen werden. Es empfiehlt sich, die Kehle erst auf die gesamte Länge vorzurichten und dann als ganzes Bauteil einzulegen und mit Hakenhaften (Schiebemöglichkeit) zu befestigen.

Bild 1: Verfalzung einer Kehle am Gaubenfirst

Oben am First wird das Kehlblech eingeschnitten, aufgestellt und mit Firstziegeln überdeckt. Bei flacheren oder ausgebauten Dächern ist eine Quetschfalte sinnvoll. Unten wird die Kehle angeschnitten, umgeschlagen und wie das Traufblech in die Rinne eingehängt. Das Kehlblech greift über das Traufblech.

Unten wird die Kehle ausgeschnitten, hochgetrieben und der Form der Rinne angearbeitet.

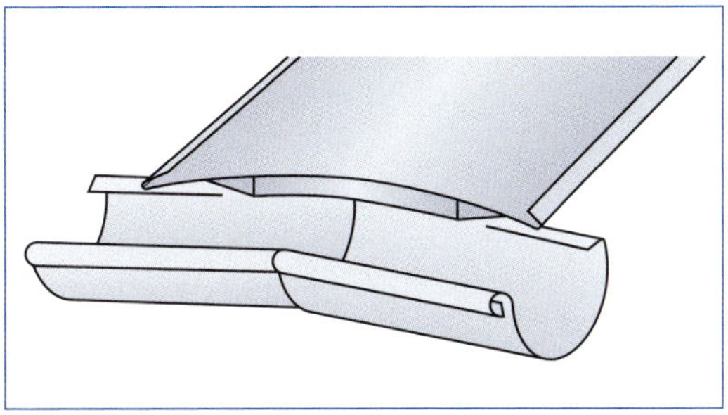

Bild 2: Anarbeitung der Kehle an die Rinne

Bild 3: Kehle eingedeckt mit Prefa-Platten aus Farbaluminium

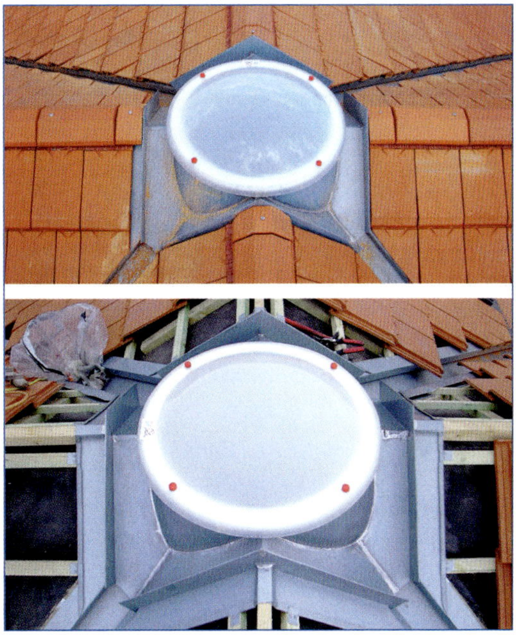

Bilder 4: Kehlzusammenführung an einem Zeltdach

Tabelle 1: Vorgeschriebene Maße an Kehlen

Ziegelüberlappung		
Kehlneigung 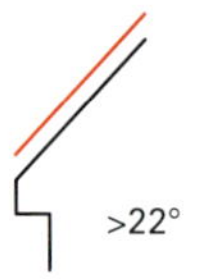	Kehlneigung 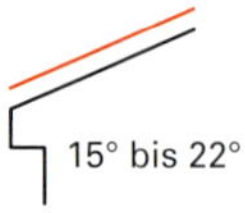	Kehlneigung 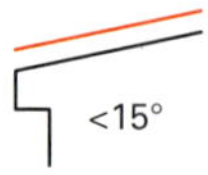
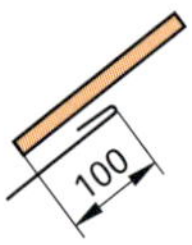	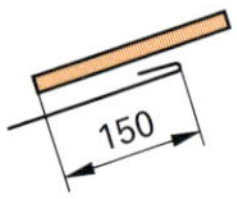	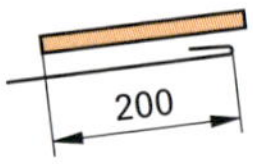

Kehlüberlappung	
Kehlneigung 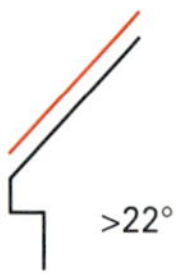	Überlappung 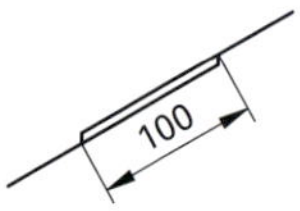
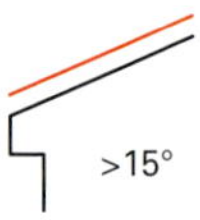	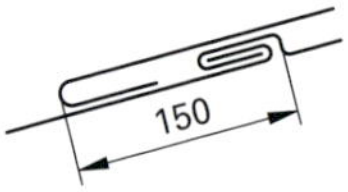
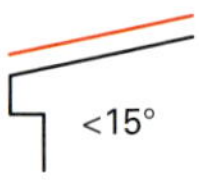	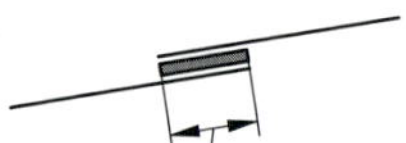 40 weichgelötet 15 hartgelötet

3.11 First- und Gratbleche

Deckungsarten mit Schiefer, Steintafeln, Holzschindeln und Bitumenschindeln benötigen als oberen Dachabschluss ein Firstblech und auf den Graten ein Gratblech. Dieses wird wie eine umgedrehte Hohlkehle ausgeführt und mit Haften oder Haltern nach unten gehalten. Wird der Winkel etwas spitzer als die Dachschräge abgebogen, so wird das Blech etwas nach unten auf die Deckung gedrückt. Vereinfachend können so auch kurze 1-m-Stücke angefertigt und verdeckt genagelt werden.

Bild 1: Kupferfirstblech auf einem Flachziegeldach

Bild 2: Firstblech

Aus aggressiven Deckstoffen (Schiefer, Bitumenschindeln, Holzschindeln) können **Säuren** austreten und abgewaschen werden, dies greift die Rinne und die Verwahrungsbleche stark an. Treten insbesondere bei Kupfer ungewöhnliche Färbungen auf, ist dies immer ein Hinweis auf solche Schäden und es muss ein Anstrich der Bleche auf Bitumenbasis erfolgen.

Bei starken Gerbsäuren (z. B. Redwood, Kanada-Zeder), bei salzhaltigen Auswaschungen (Schottischer Schiefer) oder bei Bitumensäuren (Bitumenschindeln im Zusammenhang mit UV-Strahlungen) kann es sogar erforderlich werden, auch die Regenfallrohre mit einem Innenanstrich zu versehen. Es gibt Fälle, in denen selbst Kupfer innerhalb von zwei Jahren von Lochfraß befallen war.

Für den Innenanstrich von Regenfallrohre wird ein Stopfen auf das Fallrohr aufgedrückt, das Schutzmittel eingefüllt und das Rohr um seine Achse gedreht.

Dies kann auch bei starken Kanalgasen dem Blech zu längerer Haltbarkeit verhelfen. Sicherer ist bei Kanalgasen ein Regenfallrohrsiphon in frostfreien Tiefen mit 100 mm Sperrwasserhöhe.

Firstbleche sollen indirekt befestigt werden (Bild 1). Ihre Maße richten sich nach den erforderlichen Überdeckungen von Ziegeln durch Brustbleche (Seite 101).

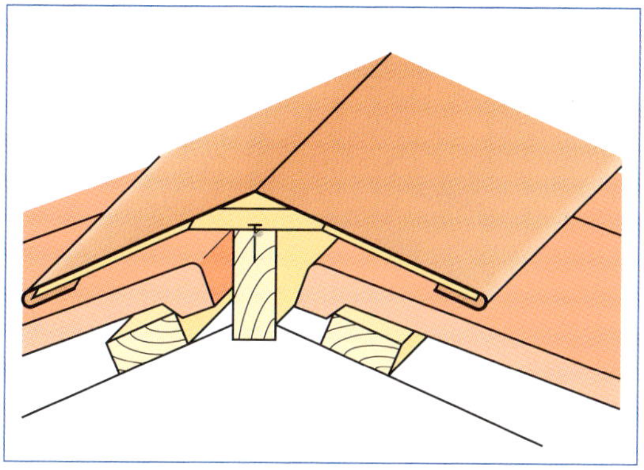

Bild 1: Indirekte Befestigung eines Firstbleches auf einer hochgeholten Dachlatte

Firstbleche aus Kupfer halten Deckwerkstoffe wegen ihrer Ionenausschwemmung moosfrei. Zu diesem Zweck gibt es schon kleinere Kupferwabenbleche zum Eindecken unter die Firstziegel. Sie sind nur wenig zu sehen und halten dennoch das Dach bewuchsfrei.

3.12 Dachdurchdringungen

Dachdurchbrüche treten bei allen über das Dach zu führenden Teilen wie Dunstrohren, Antennen- und Fahnenmasten, Stromdachständern und Abgasschornsteinen auf. Hierzu kommen Elemente wie Dachflächenfenster, Dachgauben und Dacherker sowie Dacheinbauten, z. B. Loggias und Verglasungen. Diese Dachdurchdringungen können aber entsprechend den bereits bekannten Verwahrungen eingefasst werden.

Dachdurchbrüche können auf zwei unterschiedliche Arten gegen Eindringen von Niederschlag wasser gesichert werden.

Zum einen kommen **Fertigsysteme** aus Kunststoff oder kunststoffbeschichtetem Stahlblech zum Einsatz, die auf die herkömmlichen Ziegelarten abgestimmt sind (Bild 2).

Bild 2: Fertige Dunstrohrverwahrung aus Kunststoff mit Kugelgelenk

Der Durchbruch muss in der Ziegelmitte erfolgen. Deshalb wird über einen **Flexschlauch** (Weichkunststoff mit Drahtspirale) der entstehende Versatz ausgeglichen. Bei hinausstehenden Masten müssen wegen der Standfestigkeit die Sparren unterfüttert werden, um Befestigungsuntergrund zu finden.

Die Anpassung an die Dachschräge erfolgt hier über ein großes **Kugelgelenk,** das einfach auf dem Dach mit der Wasserwaage ausgerichtet werden kann. Ist ein solches zum Ziegel passendes, industriell hergestelltes Kunststoffteil greifbar, stellt es sicherlich die günstigste Lösung dar.

Bild 3: Dunstrohrverwahrung fertig eingedeckt

Andererseits stehen aber nicht für alle Ziegelarten, Dachneigungen und Durchbruchabmessungen passende Systemteile zur Verfügung, sie müssen dann vom Klempner **selbst angefertigt** werden. Hier kommen drei verschiedene Bauarten in Betracht (Bilder 1 bis 3).

Die Dunstrohrverwahrung in Bild 1 besteht aus **Dachscheibe** (Ziegelersatz- und Anschluss) und einem am ausgestellten Bord eingelöteten Blechrohr, das 150 mm bis 300 mm über das Dach hinausragen muss. Unten ist es beweglich über **Rollringe** in das Fallrohr eingeführt, um dessen Dehnungen ausgleichen zu können, die infolge Heißwassereinleitung sowie bei Setzungen bzw. Schwingungen des Daches auftreten. Ansonsten würden die Ziegel leicht angehoben werden, sie können aushängen und abrutschen oder aber brechen. Die Dachscheibe ist hinten bis unter die obere Latte zu führen und allseitig mit einem Wasserfalz zu versehen. Vorne muss sie wie ein Brustblech auf die Ziegel übergeführt werden. Diese Lösung hat den Nachteil, dass die tatsächlich entstehende Neigung (Ziegelneigung ist flacher als Dachneigung) an der Baustelle zu ermitteln ist, damit das überstehende Dunstrohr senkrecht über den Dachaufbau hinaus steht.

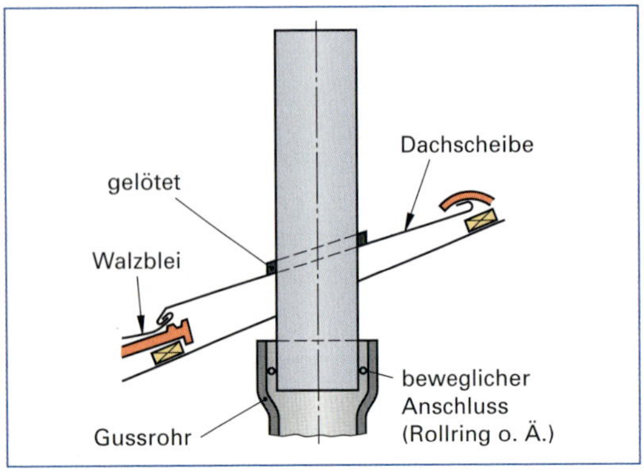

Bild 1: Dunstrohrverwahrung mit Dachscheibe und eingelötetem Dehnrohr mit Rollring

Die Dunstrohrverwahrungen in den Bildern 2 und 3 können dies über den **konischen Stiefel** ausgleichen. Es ist sogar eine Vorfertigung innerhalb gewisser Dachneigungsbereiche ohne weiteres möglich, da ein schräg sitzender Konus vom Betrachter nicht als störend empfunden wird. Weiterhin vorteilhaft ist die ovale Form, die es erlaubt, das eigentliche Fallrohr bis an die Oberkante der Verwahrung zu führen. Oben wird ein **Bleilappen** mit in den Umschlag eingefalzt, das Dunstrohr zuerst ein Stück herausgezogen und der Bleilappen von Hand in dieses eingeschlagen. Zum Schluss kann das Fallrohr wieder abgesetzt werden und ist nun fähig, die Dehnung auszugleichen. Diese Art wird auch von manchen Ziegelherstellern als Kunststoffformstück oder in verzinktem Stahlblech tiefgezogen für übliche Ziegelformate angeboten.

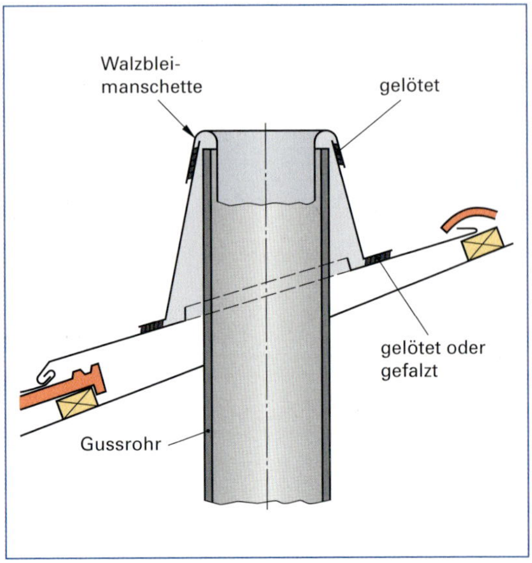

Bild 2: Dunstrohrverwahrung mit neigungsunabhängigem Stiefel und Bleilappen oben

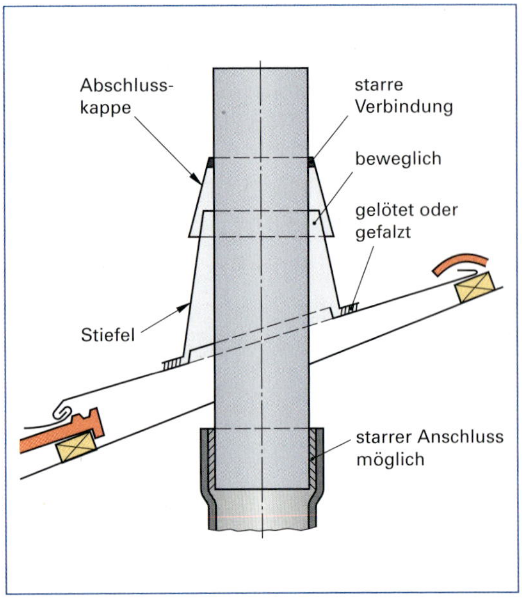

Bild 3: Dunstrohrverwahrung mit Manschettenanschluss oben

Die Dunstrohrverwahrung in Bild 3, Seite 114 ist eine Mischform. Sie verwendet den Stiefel als Dachschrägenanpassung und ein darüber hinausstehendes Blechrohr als Dehnstück. Der obere Abschluss wird durch eine aufgeschobene und angelötete **trichterförmige Manschette** gebildet, die das Wasser auf den Stiefel überleitet. Diese Form bietet große Dehnungsmöglichkeiten und dauerhaft hohe Regensicherheit.

3.13 Mastenverwahrung

Antennen und Stromdachständer, Fahnenstangen und Leuchtreklameschilder stellen ebenfalls einen Durchbruch der Ziegeldeckung dar. Bauornamente wie Wetterfahnen, Hähne sowie Kreuze und andere sakrale Gegenstände müssen bei Kirchen und anderen Gebäuden ebenso dicht angeschlossen werden.

Bild 1: Mastenverwahrung

Diese Aufbauten müssen ähnlich den Dunstrohren eingefasst werden. Bild 3 zeigt eine Verwahrung mit eingelötetem zylindrischem Mantelrohr mit trichterförmiger Manschette.

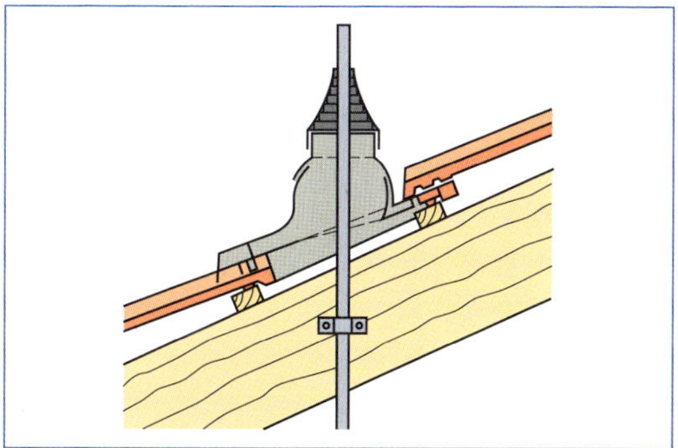

Bild 2: Kunststoff-Formteil mit Gummistopfen für eine Mastenverwahrung

Andere Ausführungen mit Stiefeln sind denkbar. Manche Ziegelhersteller bieten Ziegelformstücke für Stahlrohrführungen mit einem spe-ziellen Gummistopfen als Dichtelement an (Bild 2)

Teilweise sind gerade für Massenartikel wie Satellitenschüsseln Standardbauteile aus Kunststoff oder Blechen erhältlich.

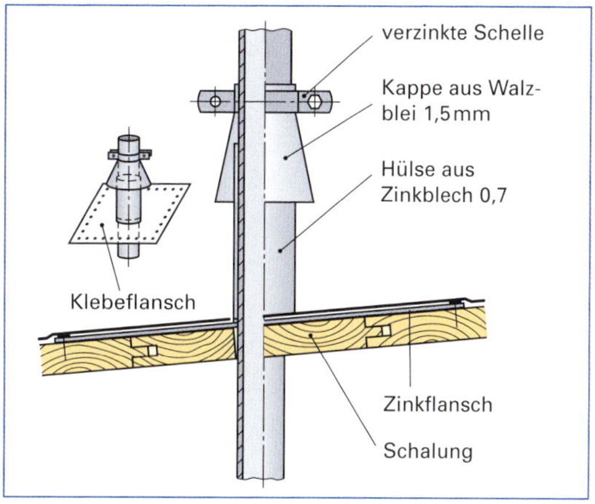

Bild 3: Handwerklich hergestellte Dachscheibe mit Stulprohr und Manschette

Fragen

1. Welche Aufgaben haben Brustbleche?
2. Wie kann das ebene Blech an die gewellten Ziegel angepasst werden?
3. Beschreiben Sie die Einfalzung eines Bleilappens!
4. Seitenbleche müssen je nach Dachneigung und Deckwerkstoff unterschiedlich weit unter die Ziegel greifen. Stellen Sie alle Maße zusammen.
5. Seitliche Anschlüsse müssen wegen Spritzwasser und Schnee unterschiedlich hoch geführt werden. Wann reicht eine Aufkantung an der Kantbank von 150 mm? Bedenken Sie die Dicke von 2 Falzziegeln und die Anschlusshöhe.
6. Laub und Nadeln werden vom Wind häufig an die aufgehende Wand geweht. Wie wird dem begegnet?

7. Erläutern Sie die Verfalzung eines Brustbleches mit dem Seitenblech.
8. Wie wird das sich unter den Ziegeln befindliche Wasser auf dem Seitenblech wieder nach oben geführt?
9. Beschreiben Sie die Kantskizze für Noggen in Bild 1 und geben Sie die Einsatzgrenzen dieses Zuschnittes bezüglich der möglichen Dachneigung an.

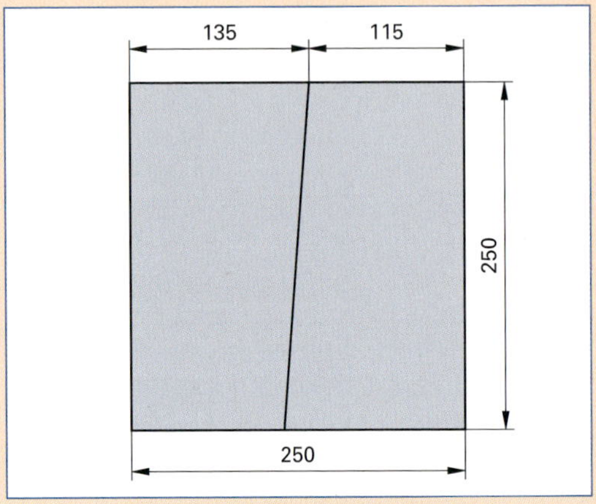

Bild 1: Standardmaße für die Herstellung einer Nogge für übliche Dacheindeckungen, zu Frage 9

10. Weshalb sollen Ortgänge besser zweiteilig ausgeführt werden?
11. Eine Aufdachdämmung verursacht eine hohe Ortgangblende. Wie kann sie ausgeführt werden?
12. Wie wird die Untersicht eines Ortgangs am besten verwahrt?
13. Wie unterscheidet sich ein „Schweizer Traufblech" (obere Belüftung) von einem deutschen Traufblech (untere Belüftung)? Wo werden sie eingesetzt und welche Vorteile haben sie?
14. Skizzieren Sie einige hochwertige Kehlen für flachgeneigte Dächer.
15. Bei welchen Deckstoffen werden First- und Gratbleche benötigt? Wie können sie sturmsicher montiert werden?
16. Nennen Sie die 3 Prinzipien nach denen ein Dunstrohr dicht an eine Verwahrung angeschlossen werden kann, sodass eine leichte Bewegung der Dachscheibe im Wind möglich bleibt.

Bild 2: Komplexe Kehlausbildung

Bild 3: Schiebestück an aufgehender Wand zur Dehnungsaufnahme

Bild 4: Klempnerarbeiten mit Kupfer an Seitenkehle

17. Welche Verwahrungen sind in den Bildern 2 bis 4 ausgeführt?

4 Schornsteine in Klempnertechnik

Kamine haben eine offene Verbrennungskammer (offener Kamin), Schornsteine sind an geschlossene Feuerstätten angeschlossen. Für den über das Dach gehenden Teil (Kaminkopf) ist diese Unterscheidung aber unerheblich. Der Anschluss an das Dach und die Bekleidung müssen aufeinander abgestimmt sein.

Bild 1: Kaminverwahrung und Bekleidung, aus einem Stück gefertigt

Bild 2: Kaminmantel aufgesteckt auf Verwahrung

4.1 Schornsteinverwahrungen

Schornsteinverwahrungen werden aus Brust-, Seiten- und Kehlblech zusammengebaut. Über diese Bleche wird eine umlaufende Kappleiste oder eine ganze Kaminkopfbekleidung angebracht. Metallarbeiten an Schornsteinen sind generell zweiteilig auszuführen. Zum einen stehen Schornsteine auf einem eigenen Fundament und dehnen sich bei Wärme, zum anderen setzt sich die Dachscheibe aus Holzsparren und Pfette doch beträchtlich und Bewegungen würden die Ziegel anheben oder die Verwahrung losreißen. Auch eine gewisse Querdehnung ist sinnvoll, da die Dachscheibe mit Kopfbändern und Windrispen doch beträchtlich bei Wind schwingt. Risse im Schornstein sind dringend zu vermeiden, da dort Fremdluft eindringt, was zu Kondensatbildung und zu erheblicher Kaminversottung führt.

Werden Brust- und Kehlblech eckig abgewinkelt, darf an den Knickpunkten nicht bis unten in den Wasserlauf eingeschnitten werden. Auch Nachlöten eingeschnittener Ecken ist nur eine temporärere Lösung, da wegen der Kaminbewegung diese Nähte ohne zulässige Überlappung reißen. Außerdem setzt sich in der Kante Ruß und Staub fest, Wasser kann sich ansammeln und dies führt dann im Inneren zu hässlichen schwarzen Ablaufspuren. Der feuchte Rauch verbindet sich auch über dem Dach zu korrosiv wirkender Kohlen- oder Schwefelsäure, die bei stehendem Wasser in Ecken sehr hohe pH-Werte erreicht. Deshalb ist auf einwandfreie Ablaufmöglichkeiten zu achten. Aus diesen Gründen ist es richtig, die Ecken rund herauszufalzen, was aber eines gewissen handwerklichen Geschickes bedarf.

Bild 3: Kaminverwahrung unten, rund herausgefalzt

Ab 1 m Breite ist das Kehlblech mit einem **Sattel** (beidseitig geneigt) oder einem **Keil** (einseitig geneigt) zu versehen, so dass auch bei einrutschendem Schnee das Wasser zur Seite abfließen kann.

Bild 1: Kaminverwahrung eingedeckt

Kleinere Kaminverwahrungen bis ca. 60 cm x 60 cm können nach einem guten Aufmaß in der Werkstatt komplett fertig gemacht werden. Sie werden dann einfach übergestülpt und auf der Dachscheibe mit Hakenhaften befestigt. Größe Kaminverwahrungen für ganze Kamingruppen werden vorbereitet und auf der Baustelle verfalzt.

Im Fachhandel sind auch fertige Kaminverwahrungen erhältlich – sie haben einen Längen- und einen Breitenausgleich und sind in mehreren Größen erhältlich. Nicht fachgerecht ist bei diesen Modellen die Quernaht hinten, die ja keine vorschriftsgemäße Überlappung zum Durchlöten aufweisen kann.

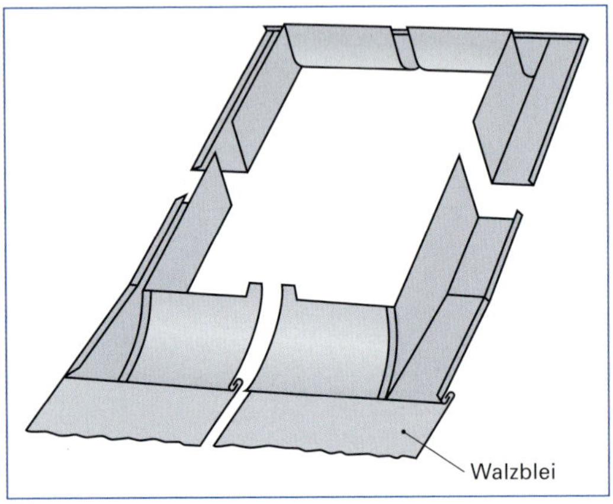

Bild 2: Kaminverwahrung industriell hergestellt

Beim Aufmessen auf der Baustelle sind viele wichtige Maße abzugreifen, sonst sitzen die Ziegel nicht richtig, liegen hohl oder schräg und hängen bei Wind aus. Insbesondere der Dachknick f (Bild 3) vor der letzten Latte ist abzugreifen, da ab hier die Verwahrung eine andere Neigung hat und bis über die vordere Ziegelreihe hinausgreifen muss. Das Wasser ist ja von der Kehle unterhalb der Ziegel aufgegriffen worden und muss nun über die wasserführende Schicht der Dachziegel „hinausgehoben" werden.

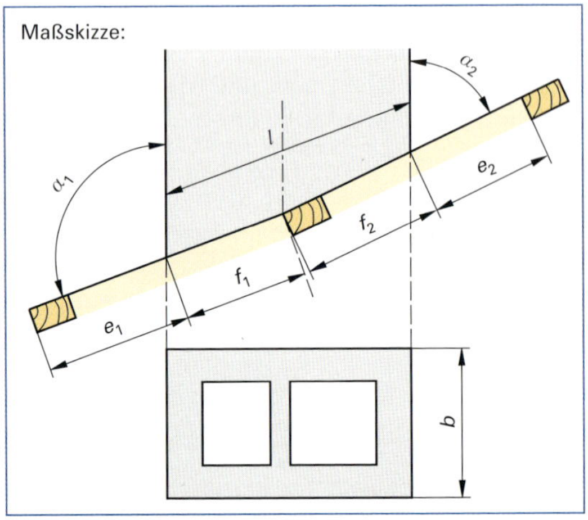

Bild 3: Abzugreifene Maße am Bau zur Herstellung einer gut sitzenden Kaminverwahrung

Das Maß e_1 muss vom Brustblech überdeckt werden, um die Ziegelunterdeckung von 100 mm zu gewährleisten.

Das Maß e_2 (Bild 3) ergibt die Kehlbreite bis zur oberen Latte, das Maß b ist für das Brustblech maßgeblich, der Winkel α_1 wird für das Anschneiden der Seitenkehlbleche benötigt. Insgesamt hat man in der Länge etwas Spiel durch die Überlappung des vorderen und hinteren Teiles, die in der Werkstatt schon zusammengeführt werden können.

Vereinzelt kommen auch Kaminfalzschablonen auf einem Tischchen zum Einsatz, bei denen man die Baustellenrealität (Winkel und Längen) durch Überfalzeisen herstellen kann. Somit kann die Verwahrung einfacher herausgefalzt werden, was ja sonst ohne Rundeisen „ins Leere" zu geschehen hat.

An der Vorderseite ist analog zum Brustblech ein Bleilappen anzubringen oder das Blech ist dem Ziegelverlauf gemäß auszuschneiden. Das kann nicht in der Werkstatt erfolgen, da Ziegel unterschiedlich zusammengedrückt oder auseinandergezogen sein können.

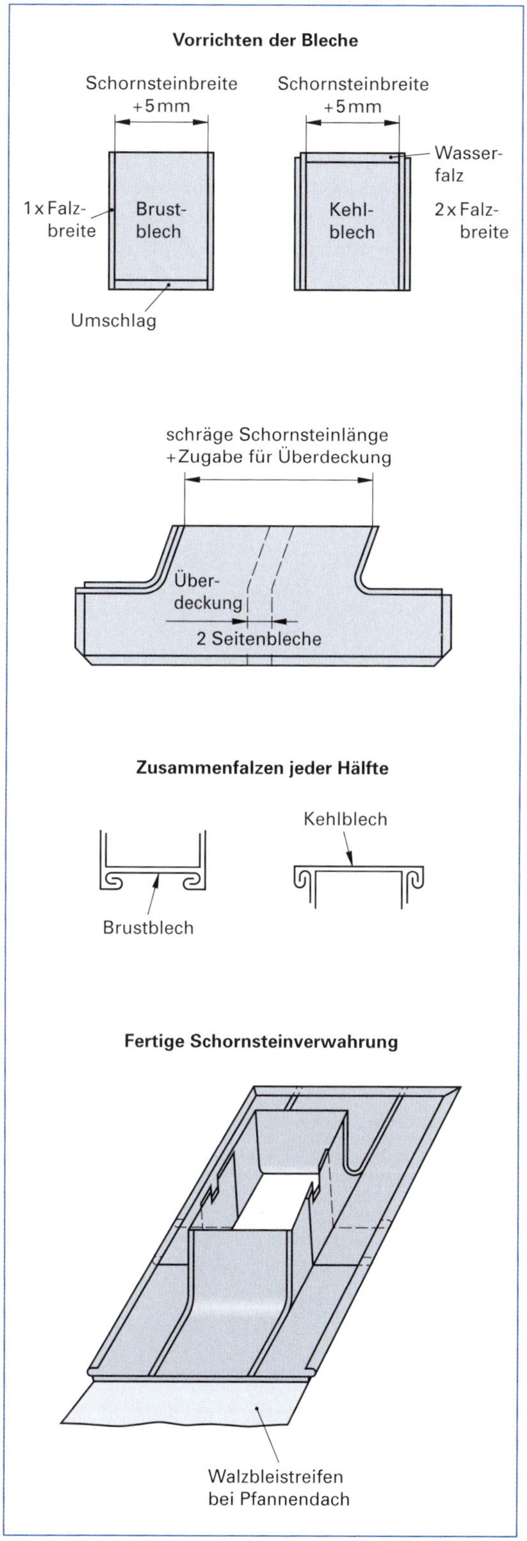

Bild 1: Vorbereitung der Bleche

Bild 2: Kaminverwahrung am First, Brustblech sehr lang ausgeführt

4.2 Schornsteinbekleidungen

Kaminköpfe sind besonders aggressiven Umwelteinflüssen ausgesetzt. Abgase aus gasförmigen Brennstoffen (Erdgas, Stadtgas) enthalten Wasserdampf und Kohlendioxid, die sich zu Kohlensäure verbinden. Zusätzlich treten bei Rauchgasen aus festen und flüssigen Brennstoffen (Erdöl L, Erdöl H, Holz, Kohle) Schwefeldioxidverbindungen auf, die sich mit Wasser zu Schwefelsäure verbinden. Das ZVSHK hat ein Merkblatt „Schornsteinkopfbekleidungen in Klempner-Technik" herausgegeben, in dem nur noch bestimmte Bleche für bestimmte Feuerungsarten zulässig sind. Während bei der Bekleidung bei Ölfeuerung noch alle Stoffe (ausgenommen beschichteter Stahl) in den üblichen Dicken zugelassen sind, kommt für die Schornsteinabdeckung nur noch 2-mm-Saturnblei, 0,6-mm-Edelstahl und 1,5-mm-Aluminium in Betracht. Lediglich bei reiner Holzfeuerung ist Kupfer als Schornsteinabdeckung noch zugelassen. Ähnlich verhält es sich mit Schornsteinhauben. Bei Ölfeuerung kommt lediglich Edelstahl, bei Gasfeuerung Edelstahl und Aluminium zur Verwendung und nur noch bei Holz sind Hauben aus Kupfer zugelassen.

Klempnertechnische Arbeiten dürfen die Standsicherheit des Schornsteins nicht beeinträchtigen. Ist der Schornsteinkopf beschädigt, muss der Klempner schriftlich Bedenken anmelden. Herabfallende Schornsteinköpfe können Gebäudeschäden, Sachschäden und Personenschäden verursachen, die vor Gericht als „fahrlässige Tötung" eingestuft werden können.

Bild 1: Kaminbekleidung, komplett über die Verwahrung heruntergezogen

Bild 2: Kaminverwahrung, eckig unten herausgefalzt mit Lötpunkten am Knickpunkt

Arbeiten an Schornsteinköpfen dürfen nicht stemmend bzw. schlagend erfolgen. Zulässig an allen Bauarten ist das Bohren zum Setzen von Dübeln. Zu beachten ist einerseits der Randabstand (Gefahr von Abplatzungen), anderseits aber auch, dass die Innenschale nicht angeschnitten wird. Ansonsten zieht Fremdluft in den Schornstein, was die Abkühlung der Abgase und damit die Kondensation gerade an dieser kälteren Stelle (Kältebrücke durch Dübelschraube) verursacht. Das Bohrloch zieht Wasser, friert im Winter auf, platzt ab und verliert jegliche Tragfähigkeit. Die Belastung durch Windsog und Druck ist aber insbesondere in Höhen über 8 m beträchtlich und die Bleche fangen an zu schlagen. Diese Gefahr führte dazu, dass Zulieferer Systeme mit indirekter Befestigung auf den Markt brachten. Diese arbeiten mit Spannschrauben und Winkelprofilen, auf denen Hafte angebracht werden bzw. auf die die fertige Schornsteinbekleidung aufgesteckt werden kann und die dann als Abstandhalter fungieren. Bei kleinflächigen Schornsteinbekleidungen mit nur vier Eckfalzen hat das Blech ausreichend Eigensteifigkeit, sodass erfahrungsgemäß nichts passiert, wenn die Bekleidung gut an den vier aufgerundeten Eckfalzen der Schornsteinverwahrung aufsteht und nicht flattert.

Bild 3: Kaminkopfverwahrung mit Eckschiebleisten

Bekleidungen für Schornsteine aus Blechen ab 30 cm x 30 cm müssen nach dem ZVSHK-Merkblatt belüftet werden wenn kein dampfdichtes Innenrohr vorhanden ist (Glas, Edelstahl, Schamott). Bei kleinflächig mit Blechrauten oder Blechtafeln gedeckten Schornsteinen ist dies nicht erforderlich, da man davon ausgeht, dass genügend Fugen zur Dampfdiffusion gegeben sind. Ansonsten hat das dampfdichte Blech einen wesentlich höheren Dampfdiffusionswiderstand als die Schornsteinwangen selbst. Dringt Rauch unter das Blech, verbindet er sich mit kondensiertem Wasser und wird zur Säure. Dies führt zu Korrosion. Deshalb müssen bei diffusionsoffenen Schornsteinen (Klinkersteine oder Kaminformstücke) ein hinterlüfteter Hohlraum von 20 mm und Be- und Entlüftungsöffnungen von ebenso 20 mm unten und oben vorgesehen werden. Die zum Teil recht hohen Temperaturen führen natürlich zu einem thermischen Auftrieb, der dazu gebraucht wird, das angefallene Kondensat während der Stillstandzeit der Heizungsanlage wieder abzuführen und den Schornstein auszutrocknen.

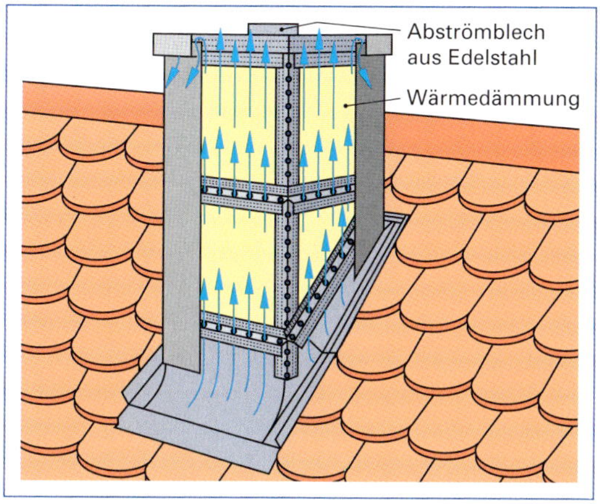

Bild 1: Kaminkopf, belüftet mit fertig beziehbaren Lochblech-Z-Streifen

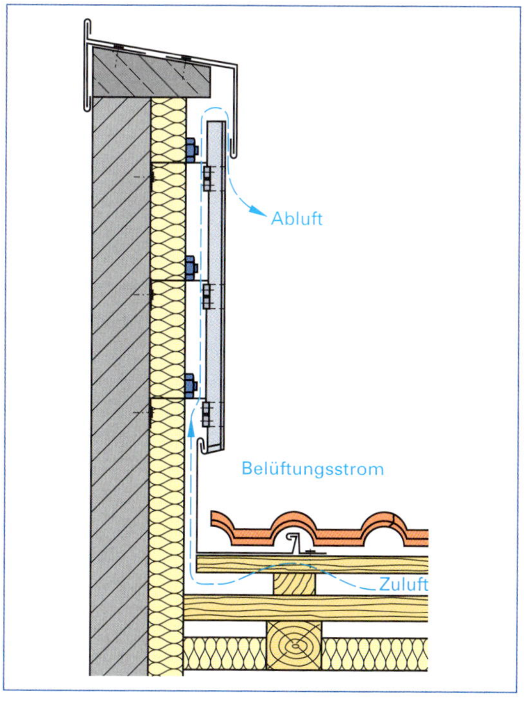

Bild 2: Belüftungsausführung Typ B (Luftzufuhr aus dem Dachraum)

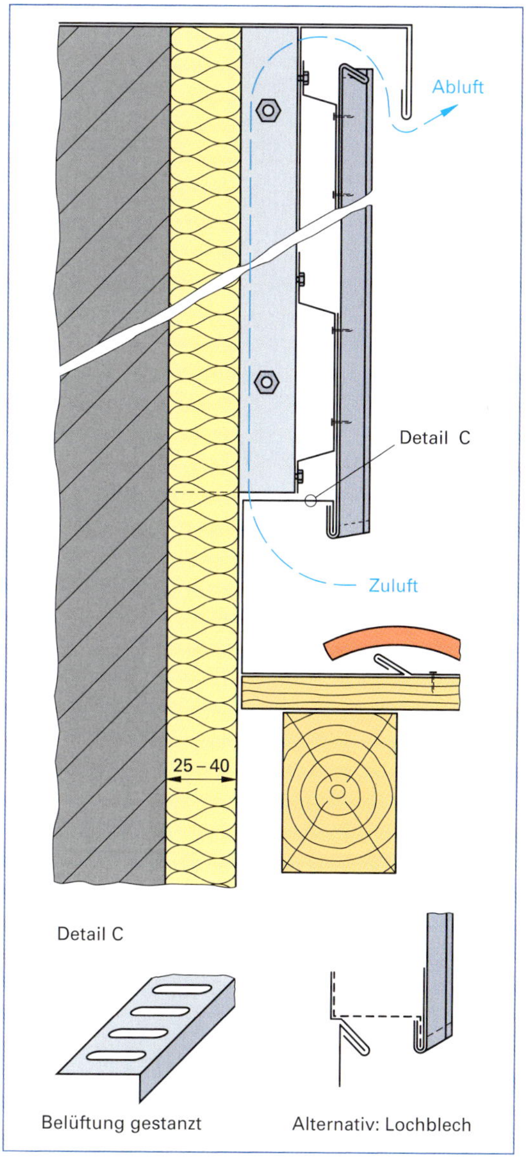

Bild 3: Beflüftungsausführung Typ A (Luftzufuhr über den Dachziegeln)

Das ZVSHK-Merkblatt sieht für die Belüftung zwei verschiedene Bauarten vor. Bei Typ A, in Bild 3, erfolgt die Luftzufuhr oberhalb der Bedachung durch Lochbleche. Hier darf Holz als Unterkonstruktion verwendet werden, wenn es mineralisch gedämmt (Glas- oder Steinwolle komplett) und vollständig vom Schornstein getrennt ist. Er ist also mineralisch zu umkleiden, anschließend können Latten aufgedübelt werden, die maximal 20 % der zu hinterlüftenden Fläche ausmachen dürfen. Durchgehende

Holzplatten unbelüftet sind untersagt weil sich Strahlungsswärme ansammeln könnte.

Typ B (Bild 2, Seite 121), „zieht" seine Luft aus dem unteren Dachaufbau und führt sie unter der Abdeckung ab. Dabei muss schon die Verwahrung um 20 mm größer angefertigt sein, um freien Durchstrom zu gewährleisten. Aus Brandschutzgründen muss bei dieser Belüftungsart eine feuersichere Unterkonstruktion aus Metall gewählt werden. Feuer könnte sonst ungehindert auf den Dachstuhl überschlagen.

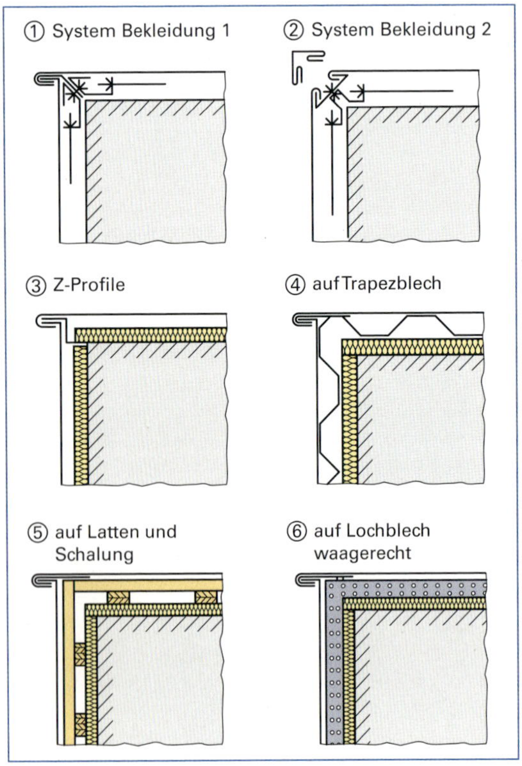

Bild 1: Belüftete Kaminkopfausführungen

Bild 1 zeigt verschiedene Bauarten für Kaminbekleidungen

Bauart 1 kommt bei versotteten Kaminköpfen zum Einsatz. Das Spannsystem hält den Kamin zusammen und bildet den Hinterlüftungshohlraum. Bei einschaligen Kaminen ohne Schamottinnenrohr soll nicht durch Bohren oder schlagende Beanspruchung der Kaminkopf geschwächt werden. Bauart 2 verwendet ein anderes Spannsystem, bei dem mit den zukaufbaren Schiebeleisten einfach gekantete Blechteile miteinander verbunden werden können. Die Hinterlüftung kann auch durch aufgedübelte senkrechte Z-Profile erfolgen (Bauart 3), oder mittels eines senkrecht verlegten Trapezblechs (Bauart 4), auf dessen „Buckeln" Hafte aufgenietet werden können. Hier ist die mögliche Kontaktkorrosion von Kupfer zu anderen Baumetallen zu beachten. Die Verwendung von kunststoffbeschichtetem Trapezblech oder von Moosgummibändern schafft Abhilfe, Farbstriche sind unzureichend. Holzlatten (Bauart 5) müssen gegen Flugfeuer und Strahlungswärme durch eine vollflächige Umkleidung des Schornsteins mit mineralischen Baustoffen geschützt werden. Es ist druckfeste, nichtbrennbare Dämmung (Steinwolle oder Glaswolle) zu verwenden. Oberhalb der Dämmung kann dann mit Lattung bzw. auch mit einer vollflächigen Schalung weitergearbeitet werden, was für eine kleinflächige Bekleidung z. B. mit Schindeln, Faserzementplatten oder Schiefer erforderlich ist. (Ausgenommen hiervon ist Belüftungstyp B.)

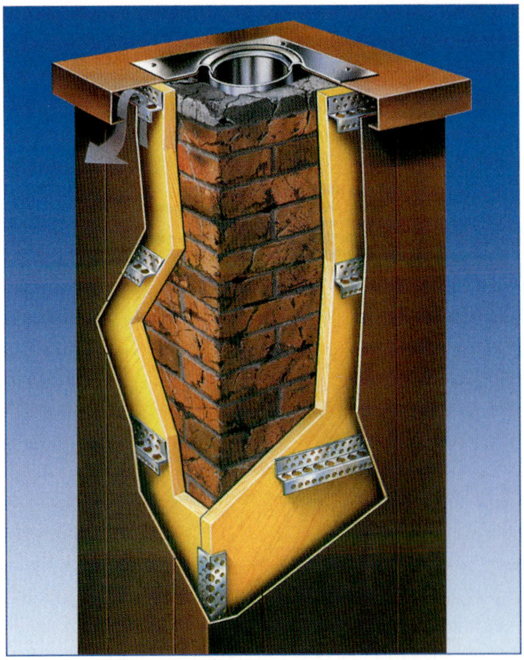

Bild 2: Kaminaufbau mit Z-Loch-Profilen

Mehrschalige diffusionsdichte Schornsteine mit Schamott- oder Glasinnenrohr brauchen nicht unbedingt hinterlüftet zu werden, wenn der Diffusionswiderstand der Kaminschale größer ist als der der Bekleidung. Der Diffusionswiderstand ist der Widerstand, den eine Materialschicht dem Durchgang von Wasserdampf entgegensetzt. Er wird im Vergleich zu einer Luftschicht angegeben: Ein Diffusionswiderstand von 10 m bedeutet, dass diese Schicht dem Durchgang von Wasserdampf den gleichen Widerstand entgegensetzt wie eine 10 m dicke Luftschicht. Gefalzte Ausführungen haben einen Diffusionswiderstand von ca. 70 m, kleinflächige Bleche, die nur eingehängt werden, von etwa 20 m. Ist der Schornstein einwandfrei ausgeführt, beträgt sein Diffusionswiderstand über 100 m und er ist als dicht anzusehen. Problematisch sind natürlich später auftretende Risse oder Mörtelbrüche in den Fugen. Insofern ist es immer sinnvoll zu hinterlüften.

Eine zusätzliche Dämmung ist dann auch nicht erforderlich, da ja das Innenrohr bereits gedämmt ist. Generell führt Dämmung zu einer Zugerhöhung, dies ist bei den heutigen Niedertemperaturkesseln durchaus sinnvoll.

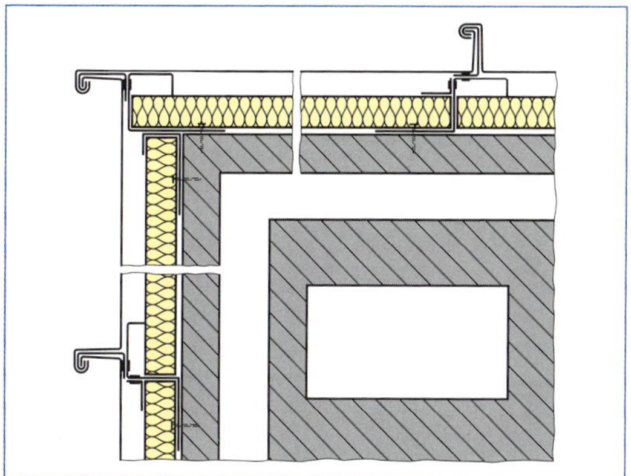

Bild 1: Kaminbekleidung für mehrschaligen Kamin, nicht hinterlüftet, mit senkrechten Dämmungshalteblechen

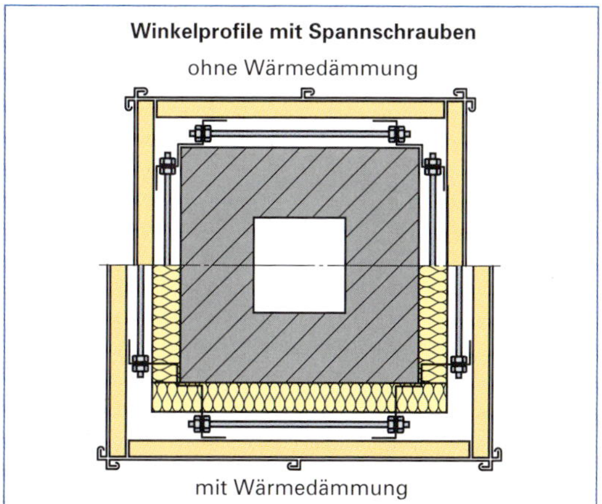

Bild 2: Kaminausführung mittels Spannsystem mit Gewindestangen, gedämmt und nichtgedämmt ausgeführt

Bild 3: Hinterlüftete Ausführung mit selbstklebender Dämmung

Bild 4: Kaminmantel aus Farbaluminium (Haushaut oder Prefa)

Rund um den Schornstein kann es bei Verwendung von bestimmten Nordseeölen zu seltsamen Braunfärbungen kommen. Regen durchfällt die Abgase und nimmt sie auf. Zink wird dann braun, Aluminium schnell dunkel und Kupfer wird grau. Diese Färbungen sind nur optischer Natur, stellen also keinen funktionalen Mangel dar. Sicher wird es einigen Aufwand benötigen, den Kunden zu beruhigen und ihm klarzumachen, dass bei anderen Ölen diese Färbungen rückläufig sind.

4.3 Kaminhauben

Kaminhauben aus den klassischen Materialien Zink und Kupfer werden oft schon innerhalb eines Jahres durchgefressen, deshalb sollte generell auch der legendäre Napoleonhut aus Edelstahl und seewetterfest hergestellt werden. Beispiele zeigen die Bilder 1 bis 3.

Bild 1: Kaminmantel mit engem Falzabstand

Bild 2: Kaminmantel in konischer Ausführung

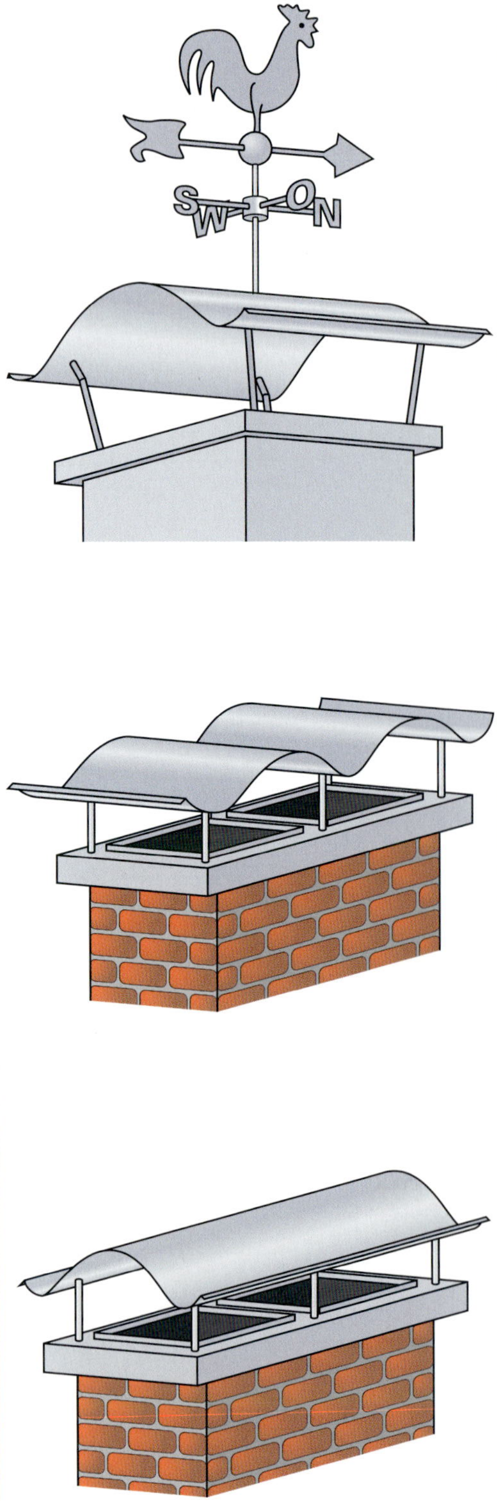

Bild 3: Haubenausführungen

Kaminhauben schützen den Schornstein vor eindringendem Regen. Dringt Regen in großen Mengen ein, so kann er unten am Kamintürchen, angereichert mit Schwarzruß, auslaufen. Außerdem stellt die Haube eine Windsicherung bei Föhn (Fallwinden) dar, zusätzlich ist sie sinnvoll, wenn Kamine nach Windumlenkungen durch höhere Häuser und Baumbestand kurzfristig Rückstrom aufweisen können.

Die einfachste Ausführung einer Haube ist die Meidinger Scheibe – ein ebenes Deckblech, das abklappbar sein muss, damit der Schornsteinfeger kehren kann (der Abstand vom Dach entspricht dem Kugeldurchmesser, also der Diagonale der Kaminöffnung). Da Schrauben hier leicht korrodieren, ist der Napoleonhut mit Kugeleinwurfsloch seitlich wirklich die beste Lösung.

4.4 Kaminabdeckungen

Kaminabdeckungen wurden früher häufig als Betonwerksteine aufgesetzt. Diese sind nach einigen Jahren stark versottet und brüchig. Werkseitig werden zu Kaminen teilweise Betonabdeckungen mit unten eingefräster Tropfkante mitgeliefert.

Bild 1: Kaminabdeckung für zweizügigen Schornstein

Da jedoch an Schornsteinen starke Säuren wirken, ausreichende Tropfkanten für das Blech vorhanden sein müssen und zusätzlich die Hinterlüftung des Kamines zu überdecken ist, werden darüber oft zusätzlich Kaminabdeckungen aus Edelstahl 0,8 mm oder Blei 2,00 mm angebracht.

Der Kaminhersteller liefert meist ein Stülprohr oder Abströmrohr aus einer Aluminiumlegierung oder Edelstahl mit. Die Abdeckung braucht dann nur angereift oder angekantet zu werden, damit Wasser nicht in großen Mengen in den Kamin läuft. Es reicht aber ein regensicherer Anschluss, da das Kamininnenrohr sowieso aufgrund des Verbrennungsvorgangs feucht ist. Bei der Verbrennung von 1 m^3 Erdgas entsteht durch Oxidation 1,5 l Wasser, bei 1 kg Holz oder Kohle wird 1 l Wasser freigesetzt und selbst bei Erdöl entsteht aus 1 l Erdöl knapp 1 l Wasser, also mehr als die Erdöldichte vermuten lässt. Manche professionellen Kaminhaubenhersteller liefern sogar nur einen Aufsetzrahmen mit Dichtbändern. Es reicht also ein Bord von ca. 5 mm – mehr ist in Edelstahl 0,7 mm nur schwer möglich.

Fragen

1. Welche Metalle sind zulässig a) an der Kaminverwahrung, b) an dem Kaminmantel, c) an der Kaminabdeckung?
2. Welche Maße muss der Klempner an der Kaminverwahrung abmessen, um sie sauber anfertigen zu können?
3. Wie unterscheiden sich die Belüftungstypen A und B bei einem Kaminmantel?
4. Skizzieren Sie 5 feuersichere Unterkonstruktionen für Kamine.
5. Wann darf Holz am Kaminbau als Unterkonstruktionen eingesetzt werden?
6. Wie kann der Kamindeckel befestigt werden, sodass die Belüftung gewährleistet ist?
7. Welche Vorteile bietet ein Napoleonhut gegenüber einer Meidinger Scheibe?

5 Dachaus- und Dacheinbauten

5.1 Gaubenbekleidungen in Klempnertechnik

Gauben sind schwer zugängliche Bauteile auf dem Dach und bedürfen daher eines dauerhaften Witterungsschutzes. Kommt Spritzwasser auf die nach längerer Trockenzeit oft stark angestaubte Dachfläche, gibt es auf den unteren 30 cm der Gaube, schnell Trübfärbungen und Ablaufspuren auf dem Putz. Teilweise werden Gauben auch nachträglich ausgebaut und da dann sowieso sehr viele Klempnerarbeiten anfallen, ist es sinnvoll, dabei die restliche Gaubenfläche auch mit Metall zu bekleiden.

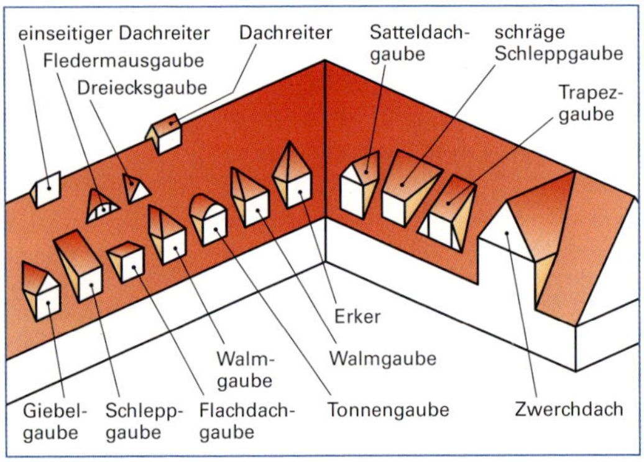

Bild 1: Gaubenarten

Bild 2: Gaube in Kupfer blank vor der Eindeckung

Bild 3: Moderne Gaube beim Flachziegeldach

Gaubenwangen können unterschiedlich gegen Witterung geschützt werden. Der Falzverlauf gibt der Gaube eine gewisse Leichtigkeit und ein gefälliges, strukturiertes Äußeres, verstärkt durch den Schattenverlauf bei Sonneneinstrahlung (siehe z. B. Bild 3). Die natürliche Patinabildung wirkt zusätzlich echt und harmonischer als lackierte Schindeln oder andere kleinflächige Deckungen mit großem Randverschnitt an den geneigten Seitenwangen.

Bild 4: Schleppdachgaube komplett bekleidet auf einem Bogendach

Weitere Gründe für den Werkstoff Blech sind, dass hierbei geringe Neigungen von 3° möglich sind und dass das gleiche Material für die Seitenwangen, die Frontseite und die Anschlüsse verwendet werden kann.

Bild 1: Dachlandschaft mit Gauben aus Prefa schwarz

Andere Dachwerkstoffe benötigen Neigungen über 15°, was bei großen Gauben somit zu sehr hohen, groß wirkenden und schlecht nutzbaren Hohlräumen führt. Insbesondere graue Werkstoffe wie Titanzink, Titanzink vorbewittert, Falzink (verzinktes Aluminium) und grau farbbeschichtetes Aluminium in leichten Grautönen passen sich sehr gut jeder Ziegel- und Fassadenfarbe an. Der Werkstoff Kupfer benötigt ca. 1 bis 3 Jahre, ehe sich die Farbe mit anderen Brauntönen am Dach „versöhnt" hat.

Bild 2: Schleppgaube aus Bemoprofil anthrazit

5.1.1 Aufnahme der Gaubenmaße und Vorrichten

Gaubenwangenbleche sind recht aufwendig vorzurichten. Die Falze sollen senkrecht verlaufen, der Schrägschnitt der Scharbleche muss unten und oben stimmen. Deshalb ist es sinnvoll, ein Lattendreieck auf der Baustelle anzufertigen, es mit in die Werkstatt zu nehmen und die Bleche nach und nach anzuhängen – ohne sie natürlich zu verfalzen, dies geschieht dann auf der Baustelle.

Eine andere Möglichkeit besteht darin, genau zu messen, die Maße in ein EDV-Programm zusammen mit der gewünschten Scharbreite einzugeben, und die Bleche nach den ausgedruckten Planungsunterlagen vorzurichten (Seite 14, Bild 4). Da Bautoleranzen am besten vor Ort zu sehen sind und bei Maßen oft die perfekte Abstimmung schwer ist, ist es sinnvoll, denjenigen, der gemessen hat, auch planen zu lassen.

Bild 3: Eingezogener überdachter Balkon (Loggia) aus Titanzink

5.1.2 Anschlussbleche

Insgesamt gelten die Vorschriften der Verwahrungstechnik mit all ihren einzuhaltenden Maßen auch für Anschlussbleche (Bild 1, Seite 128). Brust-, Seiten- und Kehlbleche sind miteinander regendicht zu verfalzen und es ist dafür zu sorgen, dass das Wasser wieder auf die Dachfläche fließt. Dies ist ein beträchtlicher Aufwand und erfordert recht hohes Klempnerkönnen – sowohl auf handwerklicher als auch auf planerischer Seite.

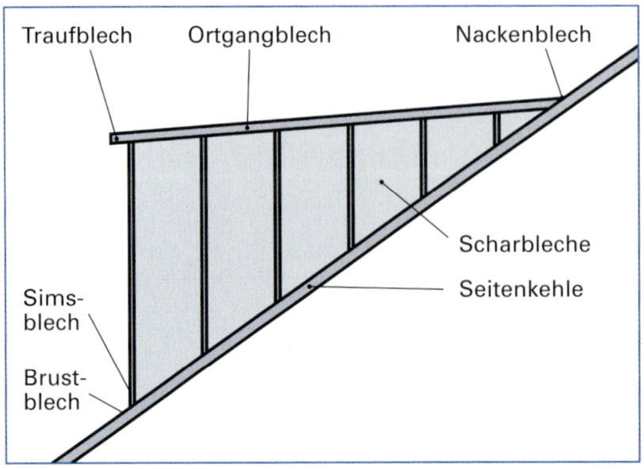

Bild 1: Erforderliche Bleche an einer Schleppdachgaube

5.1.3 Gaubenbelüftung

Kleinflächige Gauben müssen nicht unbedingt belüftet ausgeführt werden. Innen im Gebäude ist dann eine Dampfsperre anzuordnen, die verhindert, dass die Raumfeuchte in den Wand- und Dachaufbau eindiffundiert und am kalten Blech kondensiert (Bilder 2 und 3). Dies würde bei Titanzink zu Weißrostbildung und Lochfraß führen. Normalerweise hat das Holz kurzfristig genug Saugfähigkeit, um eventuell eingedrungenes Wasser anzunehmen und dann über den sogenannten Pumpeffekt wieder abzuführen. Nachts zieht nämlich kalte trockene Luft unter das Blech, tagsüber erwärmt sie sich, nimmt Feuchtigkeit auf und wird samt der Feuchtigkeit nach außen gedrückt. In diesem Fall kann man die Scharbleche direkt in die Seitenbleche einhängen und oben in einer Steckleiste enden lassen.

Bei größeren Gauben, die für Wohnzwecke beheizt sind, empfiehlt es sich, durch eine um 20 mm abgesetzte Schalung zu hinterlüften. Es ist recht schwer, innen alles genau abzukleben und dampfdicht zu realisieren. Insgesamt verhalten sich weniger hinterlüftete Blechkonstruktionen störungsanfälliger als unbelüftete. Es muss nun aus dem kalten Dachraum unter der Seitenkehle in den Dachlatten Luft zuströmen können (Belüftungstyp B, Bild 1, Seite 129). Sicher kann auch über dem Dachaufbau Luft eingeführt werden (Belüftungstyp A), dies erfordert aber dann ein Lochblech über dem Seitenblech, das insbesondere bei Schnee zugesetzt sein kann. An der Oberseite der Gaube muss nun die Steckleiste 20 mm tiefer angeordnet werden, sodass die feuchtigkeitsangereicherte Luft auch abströmen kann. Ist dies nicht der Fall, kommt es dort im Winter zu Eisbildung und Bauschäden.

Bild 2: Gaubenbekleidung in Haushaut weiß

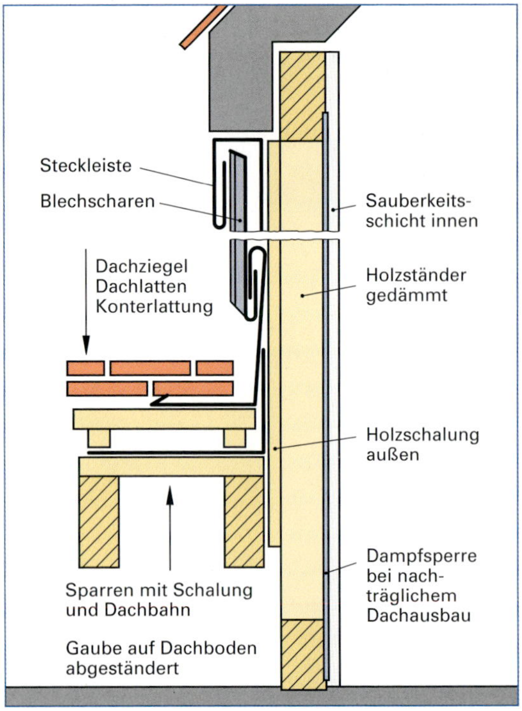

Bild 3: Unbelüftete Gaubenausführung

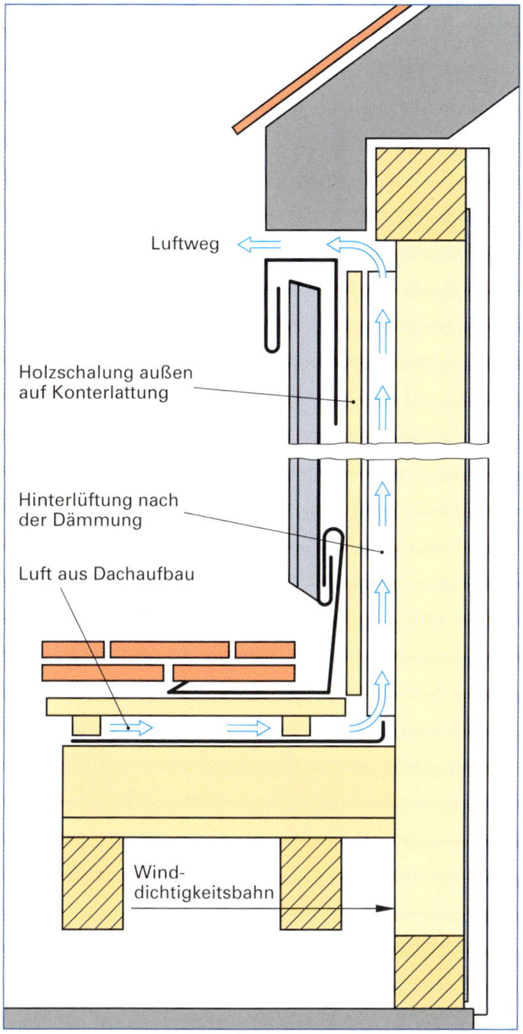

Bild 1: Belüftete Gaubenausbildung nach Typ B – aus dem Dachaufbau

Bild 2: Verfalzen der Bleche dicht an einer belüfteten Gaube (Luftweg in der Lattung)

Bild 3: Moderne Gaube aus Prefa schwarz ohne Dachüberstand

Bild 4: Gaubendach mit Ortgangblech und Rinne flachgeneigt

Nach der VOB 2014 Teil C (Verdingungsordnung für Bauleistungen DIN 18399) muss eine Trennschicht unter dem Blech angeordnet werden. Die Blechhersteller raten dem Handwerker, diese wegzulassen und das Blech direkt auf der Schalung zu verlegen. Es gehen keine schädigenden Einflüsse von Holz auf Blech aus. Die Trennschicht schadet bei Feuchtigkeit mehr als sie nützt. Dennoch sollte der Handwerker sie nur nach Absprache mit dem Bauherrn weglassen, da sie eben noch Stand der Technik ist.

5.1.4 Laibungen

Der Anschluss an die Fenster erfolgt mit indirekter Befestigung durch Laibungsbleche. Diese werden mit Steckleisten rundum eingefasst und vorne mit den Fassadenblechen verfalzt.

Bild 1: Laibungsbleche als Anschluss an Kunststofffenster

Bild 2: Laibungsbleche vorne eingefalzt

Steckleisten können Bautoleranzen ausgleichen, sie ermöglichen Dehnung und sehen optisch sehr gut aus.

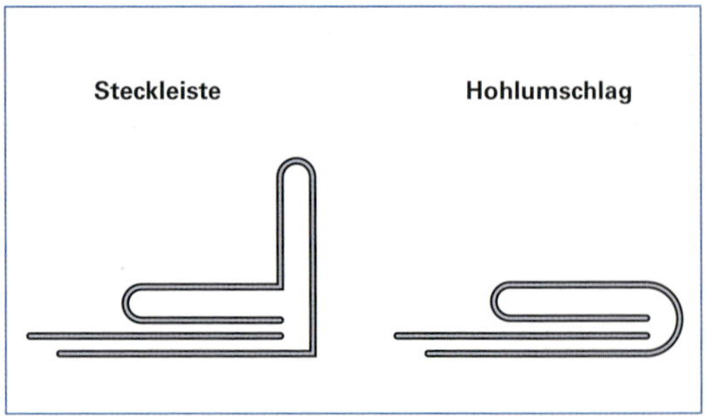

Bild 3: Laibungsbleche für verdeckte Nagelung, hergestellt aus Blechstreifen

5.1.5 Rundgauben

Rundgauben nutzen die optimale Formbarkeit des Blechmaterials. Sie werden mit vorprofilierten und anschließend gerundeten Scharen hergestellt. Segmentgauben mit wenig Rundung können auch von Hand mittels Haften nach unten gezogen werden.

Bild 4: Segmentgaube mit Lüfterfirst, ohne Vorrundung verlegt

Eine Scharenrundmaschine haben nicht allzu viele Klempner – man kann die Scharen auch auf den richtigen Radius vorgerundet vom Großhändler beziehen. Oft wird oben kein Lüftungsfirst mehr vorgesehen, sondern man erreicht durch Querlüftung von Traufe zu Traufe den nötigen Luftdurchsatz. Alternativ dazu kann auch die unten eingeströmte Luft durch eine Sparrenausklinkung in den normalen Dachaufbau weiter nach oben geleitet werden. Rundgauben ohne Firstlüfter sind schöner und werden zunehmend angestrebt.

Bild 1: Rundgaube beim Eindecken

Bild 2: Rundgaube als Kirchenvordach

Bild 3: Rundgaube in rundem Dach mit Faltenkehle

Die Ausführung der Kehle, insbesondere hinten am Nacken, bedarf großer Sorgfalt. Entweder es werden zwei Bleche vorgerundet und mittig verfalzt oder es kommen im oberen Bereich verlötete Bleche zum Einsatz. Klempnertechnisches Können beweist der Einsatz einer durchgehend gefalteten Kehle ohne Absatz. Sie wird mit Papier vorbereitet, aus Blech nachgebildet, anschließend wird der Überstand abgeschnitten, der sich beim Versetzen durch Falten ergibt.

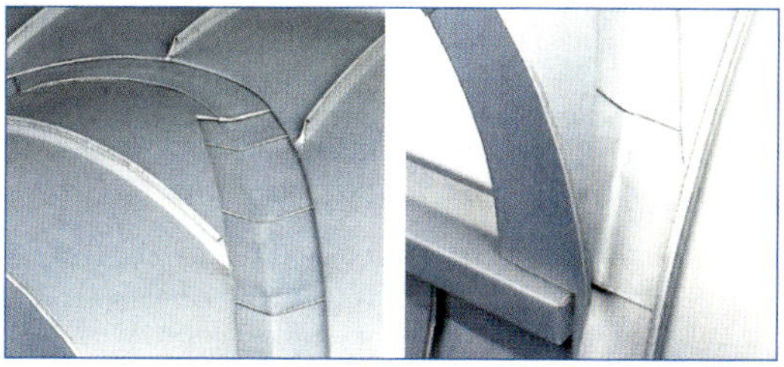

Bild 4: Faltenkehlen

5.2 Loggien

Ein Dacheinbau ist das Gegenteil eines Dachaufbaus. Es entsteht eine Loggia, auch Dachbalkon genannt. Die Seiten sind mit Loggiablechen einzufassen, die ein Abfließen des von den Ziegeln kommenden Wassers ermöglichen. Anschließend muss das Wasser wieder aus der Loggia abgeleitet werden: Die Sohle benötigt einen Flachdachablauf und einen Anschluss an die Kanalisation (Putzwasser kann hier ausgeschüttet werden).

Bild 5: Dachbalkon (Loggia) in einem Prefa-Plattendach

Die Anschlüsse sind recht hoch, insbesondere wenn auf dem Dach gedämmt wurde. Sie werden am besten in Stehfalztechnik ausgeführt. Sie sind sehr gut sichtbar und sind darum mit großer Sorgfalt zu verlegen.

Bild 1: Anschluss unten an das Sims

Bild 2: Anschluss oben an die Attikarinne

Bild 3: Laibungsanschlüsse an die Fenster

Unten am Loggiaboden muss eine komplette Wanne ausgebildet werden, die Ränder sind wiederum mit Blech einzufassen, ein Notüberlauf aus Blech sollte durchgebohrt werden. Es „wimmelt“ also nur so von Blechen und die Ausführung benötigt einen immensen Zeitaufwand, der unbedingt als Einzelleistungen kalkulatorisch zu erfassen ist (Bild 4).

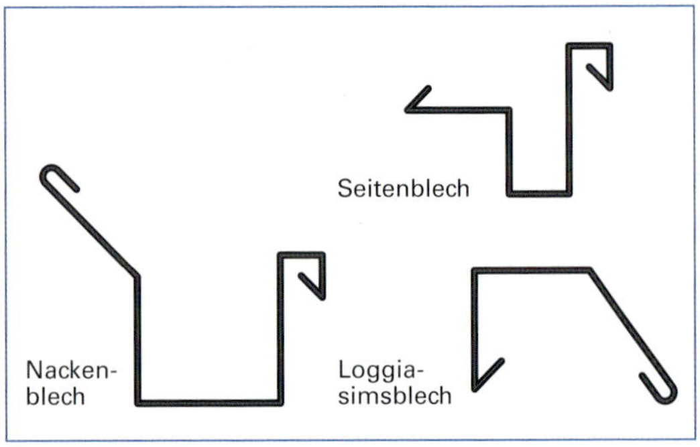

Bild 4: Loggiableche

5.3 Dachflächenfester

Wesentlich einfacher gestaltet sich die Einfassung eines in der Dachebene liegenden Dachflächenfensters. Hierfür werden meist industriell hergestellte Rahmen verwendet, die mit dem Fenster gleich mitzubestellen sind (Bild 5).

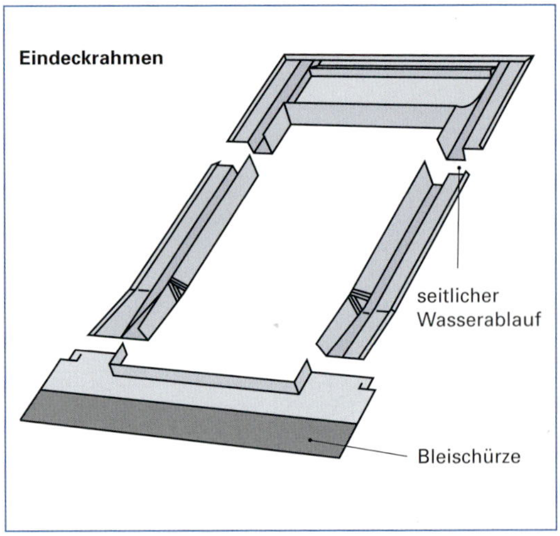

Bild 5: Industriell hergestellter Eindeckrahmen

Diese Rahmen werden beim Ziegeldach oft vom Dachdecker mitverlegt. Natürlich stellt eine Eigenanfertigung für den Klempner selbst keine größere Schwierigkeit dar – entspricht es doch exakt dem Herstellen einer Kaminverwahrung.

Dachflächenfenster stellen insbesondere am Rahmen eine erhebliche Wärmebrücke dar. Hier bietet eine handgefertigte Dachfenstereinfassung wesentlich mehr Möglichkeiten zur Dämmung als eine Serienproduktion (Bilder 1 bis 3).

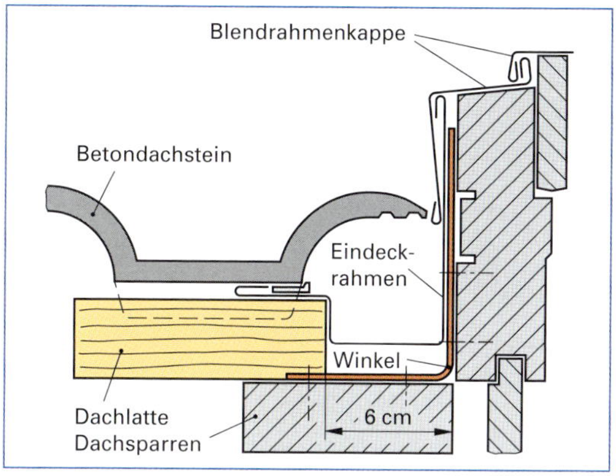

Bild 1: Anschluss eines Dachflächenfensters, herkömmlich an der Seite ungedämmt, aber vertieft

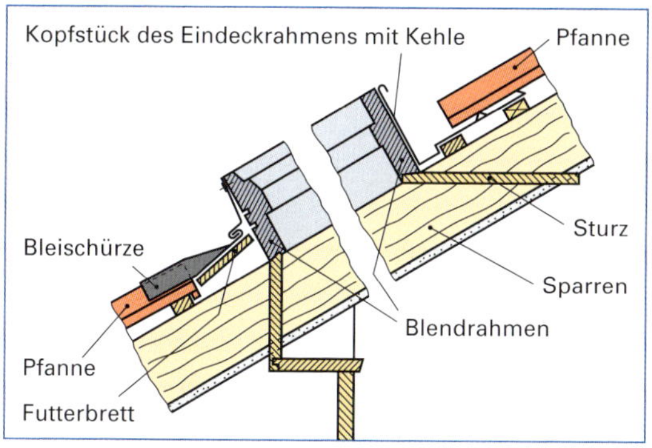

Bild 2: Ungedämmter Anschluss der Dachfensterbleche oben und unten

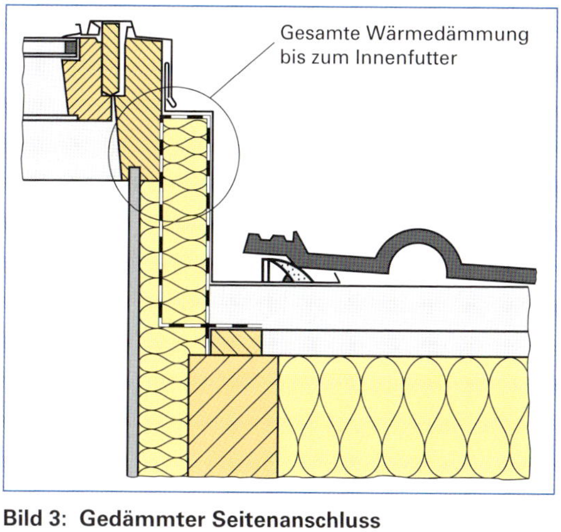

Bild 3: Gedämmter Seitenanschluss

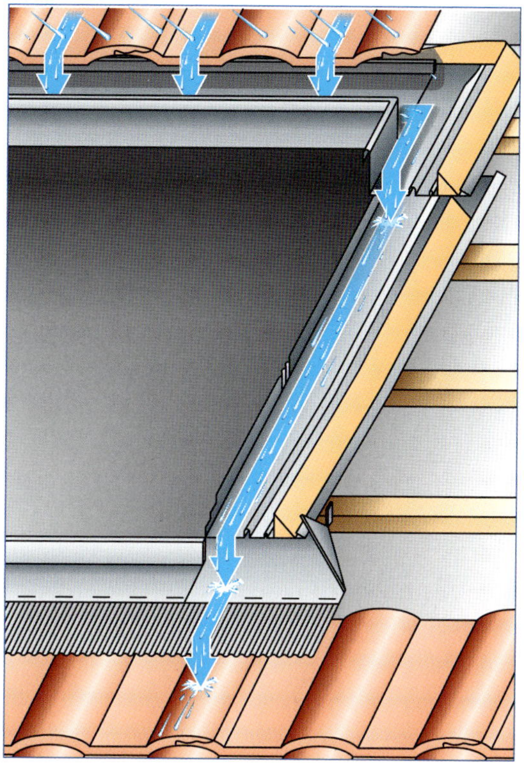

Bild 4: Wasserlauf an einem zugekauften Dachflächenfensterrahmen mit Ziegelandichtung über Moosgummileisten

Bild 5: Dachflächenfenster mit Gaubeneffekt

Bild 1: Dachflächenfensterrahmen, einseitig mit Festverglasung selbst hergestellt

Bild 3: Ochsenauge, nachträglich verglast

5.4 Ochsenaugen

Früher wurden bei nicht ausgebauten Dächern große Belüftungsquerschnitte für die ausdiffundierende Raumfeuchtigkeit benötigt. Schon seit Michelangelo ist das Prinzip einer belüfteten Schale bekannt. Die innere, reich bemalte Schale kann nur trocken (und damit farbecht) bleiben, wenn die obere Schale die im Zwischenraum auftretende Feuchtigkeit abführt. Dies wurde mit Ochsenaugen und Dachreitern zur Erhöhung der Thermik bewältigt. Insbesondere historische Bauten wie Kirchen und Rathäuser müssen auch heutzutage fachgerecht restauriert werden, was eine interessante Klempneraufgabe darstellt.

Bild 4: Restaurierungsarbeiten

Bild 2: Ochsenauge, kombiniert mit Rautendeckung

5.5 Erker

Herausragende Bauteile werden an der Wand als Erker, am Dach als Dacherker bezeichnet. Sie werden meist verblecht wie eine Gaube, benötigen aber noch mehr seitliche Anschlüsse an aufgehende Bauteile.

Sie sind wie kleine Dächer mit allen Verwahrungsblechen wie Traufblech, Ortgangblech, Wandanschlussblech, Sockelblech und gegebenenfalls Brust- und Simsblech zu versehen.

Bild 1: Wanderker

Bild 2: Dacherker

Bild 3: Dacherker in Paneeltechnik

Fragen

1. Skizzieren Sie die verschiedenen **Gaubenarten**: Schleppdachgaube, Spitzdachgaube, Satteldachgaube, Fledermausgaube, Tonnengaube, Dreiecksgaube, Trapezgaube und Dacherker.
2. Wie unterschieden sich **Dacheinbauten von Dachaufbauten**?

Bild 4: Dachgaube mit eingefalztem Kamin, zu Frage 4

3. Wie werden **Dachgauben vom Zimmermann** auf das Dach aufgebracht?
4. Benennen Sie die erforderlichen Anschlussbleche in Bild 4.
5. Welche Vorteile und welche Nachteile bietet eine **Werkstattfertigung** und die anschließende Montage mit einem Autokran?
6. Beschreiben Sie die verwendeten Bleche bei der Gaube in Bild 5.

Bild 5: Gaube in waagrechter Deckung, zu Frage 6

6 Metalleindeckung

Dacheindeckungen in Metall haben eine lange Tradition. Die ältesten Kupferdächer, z. B. der Hildesheimer Dom, weisen immerhin 600 Jahre Haltbarkeit auf, die ältesten Zinkarbeiten finden sich in Berlin und sind etwa 400 Jahre alt, und die Bleideckung des Kölner Domes muss nun nach 500 Jahren erstmals ausgetauscht werden.

Bild 1: Eine 600 Jahre alte Kupfereindeckung

Während früher noch warmgeschlagene Bleche von über 4 mm verwendet wurden, kommen heute nur noch kaltgewalzte Bleche und Bänder mit Dicken unter 1 mm zum Einsatz.

Bild 2: Wohnhaus heute, Dachfläche gedeckt in Stehfalztechnik, Kupfer verzinnt

Die Vorzüge der Metalleindeckung gegenüber der mineralischen Eindeckung mit Ziegel oder Betondachsteinen sprechen für sich:

- lange Haltbarkeit, da sich die Deckstoffe an der Luft mit einer Schutzschicht (Patina) überziehen,
- problemlose Eindeckung aller Neigungen, gekrümmter Dachflächen und der Schrägschnitte, alles aus demselben Material,
- das Material ist zu 100 % recyclingfähig, deshalb energetisch gesehen umweltfreundlich und CO_2-neutral,
- geringes Flächengewicht (wichtig vor allem bei Hallen),
- gute Wärmerückstrahlung,
- flugschneesicher im Gebirge,
- flugfeuersicher,
- elektrisch strahlungsreduzierend,
- blitzsicher bei elektrischen Anlagen.

Durch die Verwendung guter Stoßverbindungen sind Metalleindeckungen dichter als Dachsteineindeckungen. Man bezeichnet sie als regendicht (dicht gehen erhöhte Einwirkungen aus Flugschnee, Matschbildung und auftreibendes Wasser), während andere Eindeckungen nur regensicher sind, d. h. normale Einwirkungen abhalten, bei stärkeren Belastungen aber Wasser in größeren Mengen durchlassen. Metalleindeckungen werden durchweg als schön empfunden. Dieses subjektive Empfinden hat mehrer Gründe:

- Das menschliche Auge ist zur Erfassung der räumlichen Tiefe auf Linien angewiesen, somit erfasst das Auge aufgrund der Falze recht leicht die Dimensionen des Daches **(Raumempfinden)**.
- Strukturierte Flächen wirken schöner als glatte (Putz) oder geschuppte (Ziegel), jedes Parkdeck unterbricht man durch Rabattsteine, Granitpflaster oder Blumenbeete, um ein harmonisches Empfinden zu erreichen, somit wirkt das durch Falze recht streng gegliederte Dach auf den Betrachter gefällig **(Harmonieempfinden)**.
- Falze werfen je nach Sonnenstand einen unterschiedlichen Schatten. Dies wussten schon die Griechen durch ihre geprägten Säulen, Simse und Kranzgebälke auszunutzen. Diese Schattierungen geben dem Betrachter ein **Zeitempfinden**.

- Metalle bewittern je nach Regeneinwirkungen auf unterschiedlich geneigten Flächen andersartig. Somit geben sie dem Betrachter ein **Altersempfinden** für das Bauwerk. Ausgenommen hiervon ist Farbaluminium, das deshalb recht hart und unnatürlich aussieht. Die Hersteller versuchen, die Bewitterung durch Farbpigmente nachzuempfinden.
- Das menschliche Auge erkennt – wohl aus negativen Erfahrungen früherer Zeiten, als noch nicht alles generell dicht war – recht schnell den Wasserverlauf. Falze entsprechen also dem **funktionalen Empfinden** – sie entsprechen in etwa dem Wasserlauf.

Bild 1: Die Falzeinteilung entspricht dem Wasserlauf

6.1 Dachneigungen

Damit das Niederschlagswasser schnell ablaufen kann, verlangt die VOB, DIN 18339 eine Mindestdachneigung von 3° oder 5,2 %. Damit bei Umkantungen an der Traufe und vor Dachaufbauten keine Pfützenbildung stattfindet, wird eine Regeldachneigung von 7° (13 %) angestrebt. Ist die Neigung niedriger, sind zusätzliche Maßnahmen vorgeschrieben:

- erhöhte Falze (über 35 mm Fertighöhe),
- strukturierte Trennlagen wie Kraushaarmatten, Noppenfolien und dgl.,
- Dichtband oder Dichtgel in den Falzen.

Eine oder mehrere dieser Maßnahmen sind vom Planer in Absprache mit dem Bauherrn zu wählen und mit in die Kalkulation einzubeziehen. Es gibt viele 3°-Dächer ohne Sicherheitsmaßnahmen, insbesondere die vielen Schleppdach-Gaubendächer, die auch ohne zusätzliche Maßnahme dicht sind. Diese Ausführung muss dann aber vom Bauherrn schriftlich „abgesegnet" werden.

Problematisch ist das kapillare Einsaugen von Wasser zwischen Folie (Notdehnung) und Metall. In den österreichischen Vorschriften wird darum ein Zerschneiden der Notdehnung direkt vor dem Verlegen angeordnet.

Tabelle 1: Mindestdachneigungen üblicher Deckungsarten

Doppelstehfalz mit zusätzlichen Maßnahmen	> 3°
Doppelstehfalz und Deutsche Leistendeckung	> 7°
Winkelstehlfalz, schneearme Gegend	> 25°
Winkelstehfalz, schneereiche Gegend	> 35°
Belgische Leistendeckung	> 25° < 80°
Rollennahtgeschweißter Edelstahl	0°
Rautendeckung, Stufendeckung, Sonderprofile je nach bauaufsichtlicher Zulassung	ab ca. 35°
Vorprofilierte Metallprofile je nach Zulassung	ab 1,8°
Betondachsteine	ab 22°
Falzpfannen	25°
Hohlpfannen	32°
Flachdachpfannen	ab 18°
Schiefer	25° bis 30°
Bleideckung mit Hohlwulst	10°

Bei Dachneigung unter 15° sind bei Titanzink Sondermaßnahmen wegen Unterseitenkorrosion (Weißrostbildung), also zusätzliche Dichtmaßnahmen zwingend erforderlich, insbesondere ist das Herstellen einer zweiten Ablaufebene vorzusehen. Hier wird mittels Noppenfolie oder Strukturmatte ein Abstand zwischen Unterkonstruktion und Metalldeckung eingebaut, in dem Luft zirkulieren und Feuchtigkeit so leichter abgeführt werden kann.

Bild 1: Rautendeckung bis in den unzulässig flachen Bereich hinein – hier kommt eine zweite Ablaufebene zum Einsatz

Bild 2: Versuchsaufbau zum Ablaufverhalten (Kapillarwirkung) von bereits eingedrungenem Wasser

Der Dachneigungswinkel wird an der Dachinnenseite, also im Winkel zwischen Sparren und Dachboden genommen. Er kann ebenso außen an der Dachschräge als Gegenwinkel gegen eine Wasserwaage gemessen werden (Bild 3).

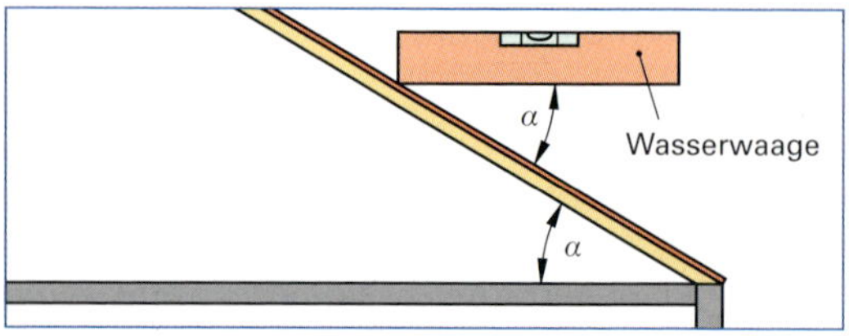

Bild 3: Messen der Dachneigung

Bleibt über längere Zeit Wasser zwischen Trennlage und Blech stehen und wird dies durch Sonneneinstrahlung warm, tritt Unterseitenkorrosion ein, die sich in wenigen Monaten durch das Blech hindurchfressen kann. Der Versuch in Bild 2 mit einer auf eine Folie aufgelegten Glasplatte zeigt, wie Wasser sich auf einer Fläche kapillar verteilt. Die meisten Dächer werden undicht von unten – nicht von außen!

Bild 4: Unterseitenkorrosion durch zu geringe Neigung als Lochfraß in einem Titanzinkdach

Tabelle 1: Einteilung der Dachneigungen nach den Klempnerrichtlinien

Bezeichnung	Grad	%-Neigung
Sonderkonstruktion	< 3°	5 %
Flachdach	3° bis 7°	5 % bis 13 %
Flachgeneigtes Dach	7° bis 25°	13 % bis 47 %
Steildach	> 25°	47 %

Bei Dächern aus Bauholz setzt sich die Dachscheibe im Laufe der ersten Jahre nach Fertigstellung – das Dach hängt durch – es bilden sich Pfützen im Traufbereich. Da unsere Falztechnik nur regensicher, nicht stauwasserdicht ist, gilt generell: Die kleinste zulässige Dachneigung bei handwerkstechnisch verlegten Blechen beträgt 3°, ausgenommen Edelstahl rollnahtverschweißt. Industriell hergestellte Profile mit größeren Falzhöhen können auf Metallunterkonstruktionen auch mit einer Neigung von nur 1,8° gedeckt werden.

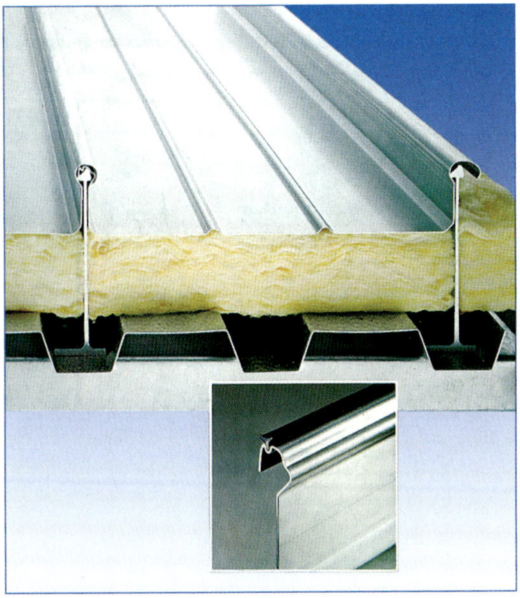

Bild 1: Industriell hergestelltes Dach mit Lippendichtung auf Ganzmetallunterkonstruktion

6.2 Längsfalze

Längsfalze stehen aus der wasserführenden Schicht um mindestens 23 mm Fertigmaß heraus, Leistendeckungen sind nur von Hand geschlossen und teilweise ohne Rückkantung, deshalb sind sie 40 mm hoch auszuführen. Dann gelten sie als regensicher, d. h. ausreichend sicher gegen Schneematsch, Flugschnee und auftreibendes Wasser.

Einfacher Stehfalz

Einfache Stehfalze wurden früher häufig ausgeführt, weil die Materialen nicht mehr Dehnungsvermögen in den Kantungen aufwiesen. Kupfer war sehr hart oder zu dick, um es doppelt herumzuholen. Reines Walzzink ohne Titan als Legierungselement verkraftet schon bei einer Verarbeitungstemperatur von unter 10° nicht einmal 180°-Kantungen, darum wurde es vorwiegend als Leistendeckung verarbeitet. Paris wird auch als die „Zinkstadt" bezeichnet, weil etwa 70 % aller Häuser ein Zinkleistendach aufweisen können.

Die Befestigung einfacher Stehfälze erfolgt mit Hosenhaften (Bild 3) bei denen ein „Bein" so lang ist, dass es den Unterdecker herunterdrückt, das andere so lang, dass es um den Überdecker herum bis über den Hochpunkt hinaus herumgekantet werden kann (Bild 2). Nur so werden die Dächer gegen abhebende Kräfte windsogsicher.

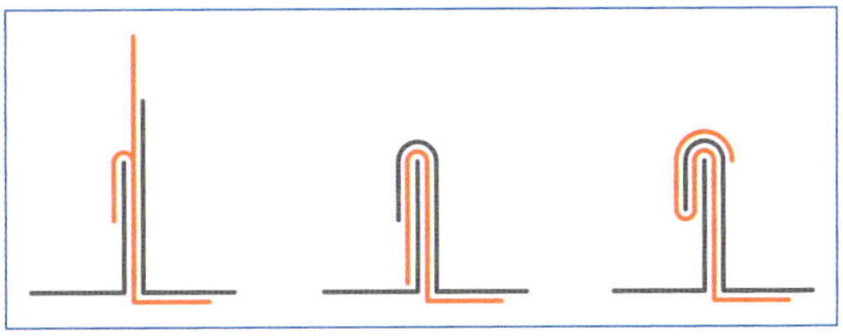

Bild 2: Handverlegung eines einfachen Stehfalzes mit Hosenhafte

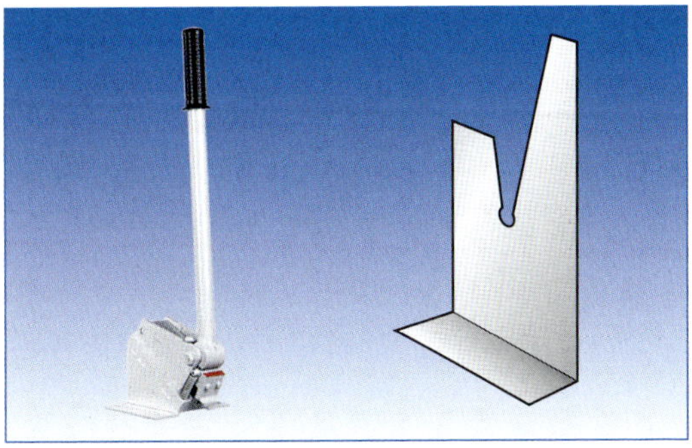

Bild 3: Hosenhaftenstanze und Hosenhafte

Die Scharen werden beidseitig 35 mm bzw. 45 mm aufgekantet – dies kann mittels Kantbanken in der Werkstatt oder auch am Bau (Bild 4) mit einer Aufkantmaschine (Bild 2, Seite 140) erfolgen.

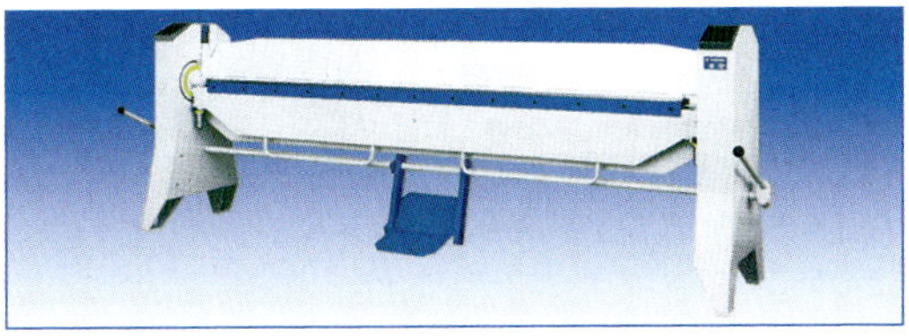

Bild 4: Einfache Handkantbank

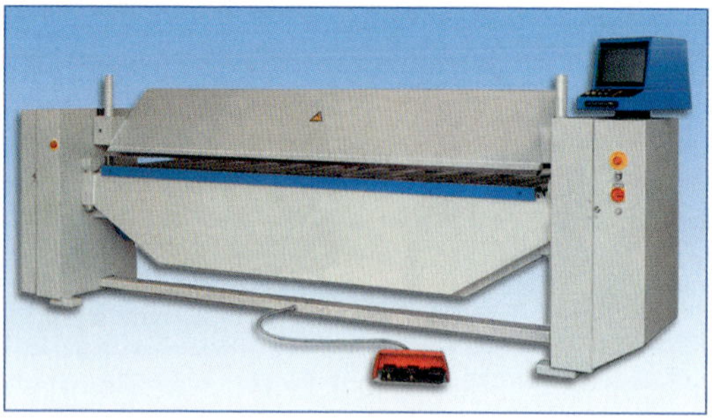

Bild 1: CNC-gesteuerte Kantbank

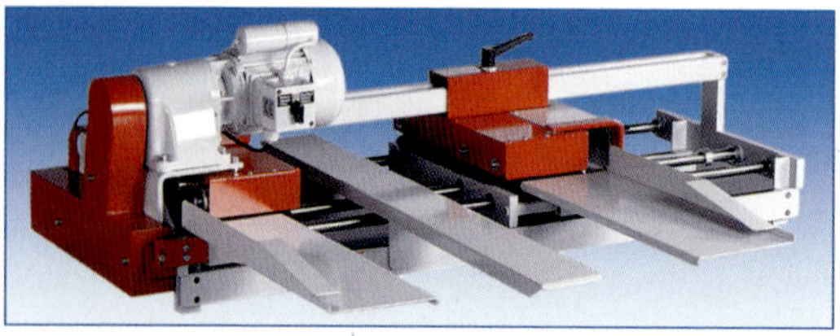

Bild 2: Aufkantmaschine

Die Scharen werden auf dem Dach ausgelegt, seitlich mit Haften befestigt und dann von Hand oder maschinell verfalzt.

Bild 3: Handverfalzung mit dem Schaleisen

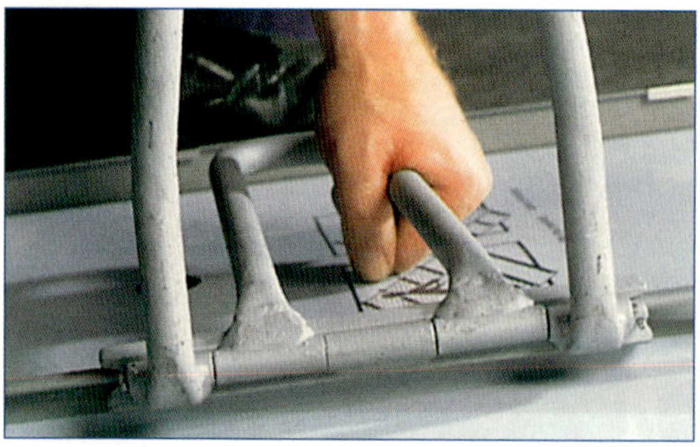

Bild 4: Kürzere Längen werden mit dem Falzkanter geschlossen

Zum Schließen des Falzes können auch andere spezielle Handwerkzeuge und Apparate eingesetzt werden (Bild 5).

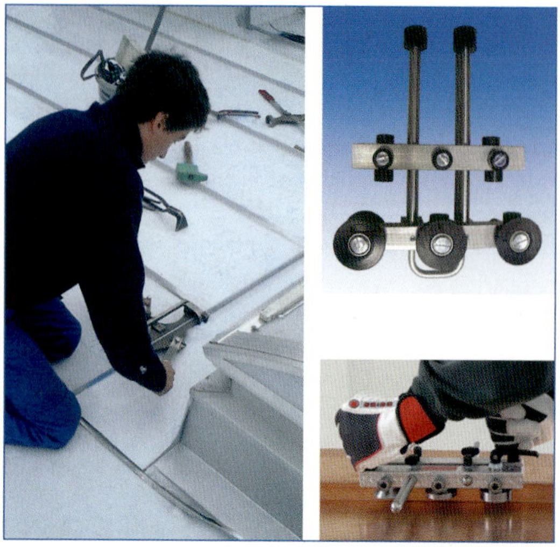

Bild 5: Falzschließwerkzeuge mit Rollen

Durch zwei Übergänge kann aus dem einfachen ein doppelter Stehfalz gemacht werden. Für diese Verfalzung wurde auch der Name „Handverlegung" eingeführt. Alle Detailpunkte werden hier meist aus einem aufgekanteten Blech hergestellt – somit kommt diese Verlegetechnik weniger großflächig, sondern eher kleinflächig (Gaube, Detail, Vordächer) zum Einsatz.

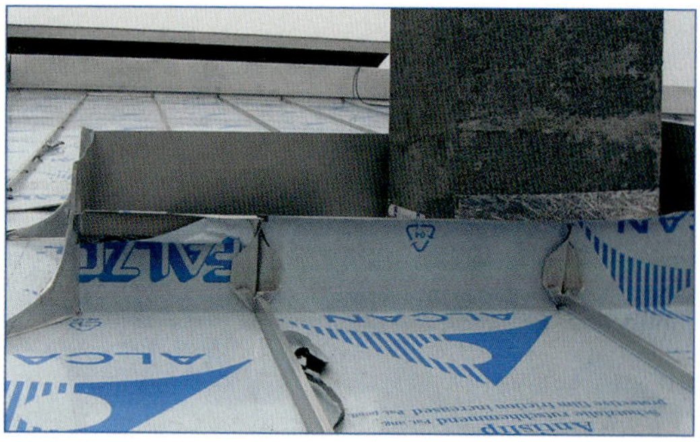

Bild 6: Vorbereiten der Scharen handwerklich an aufgehendem Kamin

Somit kann auf die Baustelle mit dem Coil (noch unverarbeitetem Band) gefahren werden. Insbesondere im Osten Europas werden so ohne jegliches Vorrichten, mit relativ wenig Aufwand, die leichten Maschinen (z. B. Bild 2 und 6) auf das Dach gebracht und dann ausschließlich dort gearbeitet.

Doppelter Stehfalz

Für den Doppelstehfalz wurde eine eigene Verlegetechnik für die großflächige Anwendung entwickelt. Ausgehend vom Coil werden die Scharen vorprofiliert (Bild 5) und dann auf die Baustelle transportiert.

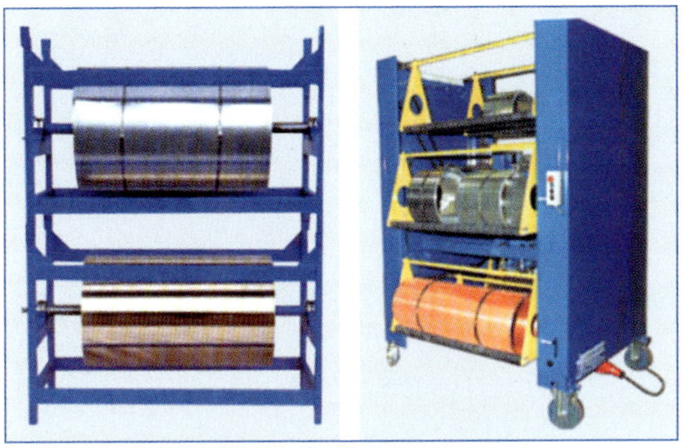

Bild 1: Coillager, manuell und mit Aufzug

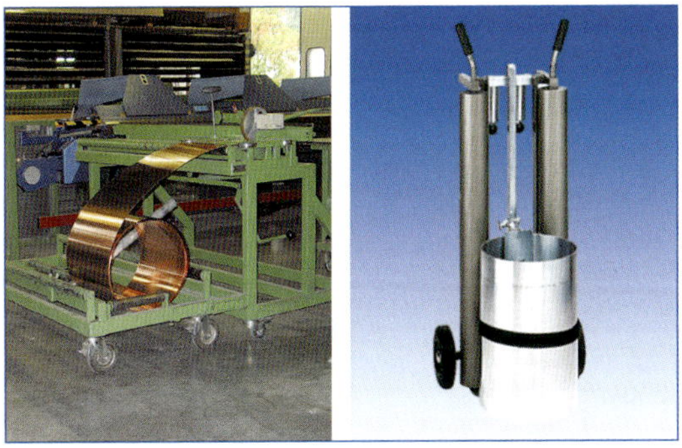

Bild 2: Transportmöglichkeiten für die schweren Blechcoils mit Coilwägen

Bei der Handkantung wird das Blech auf einem langen Zurichttisch ausgelegt und mit einer Rollenschere zugeschnitten (Bild 3).

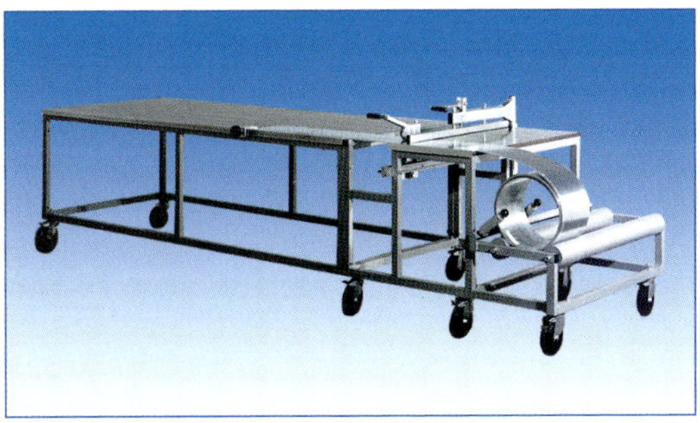

Bild 3: Zurichttisch mit Blechabwickelhaspel und Rollenschere

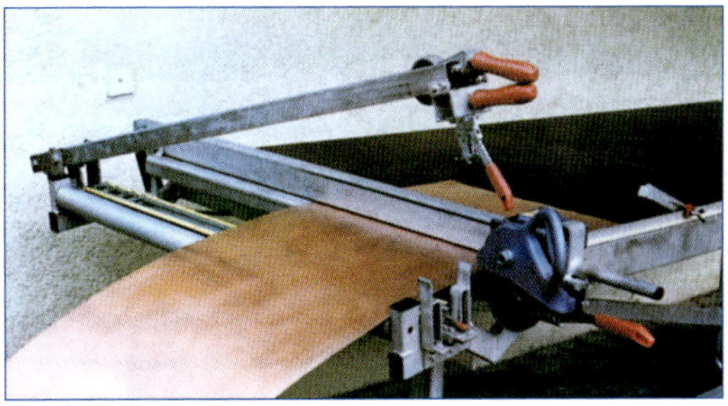

Bild 4: Rollenschere mit Festspanner

Nun kann es in eine lange Kantbank eingebracht werden und zu einer Normalschar vorgekantet werden (Bilder 5 und 6).

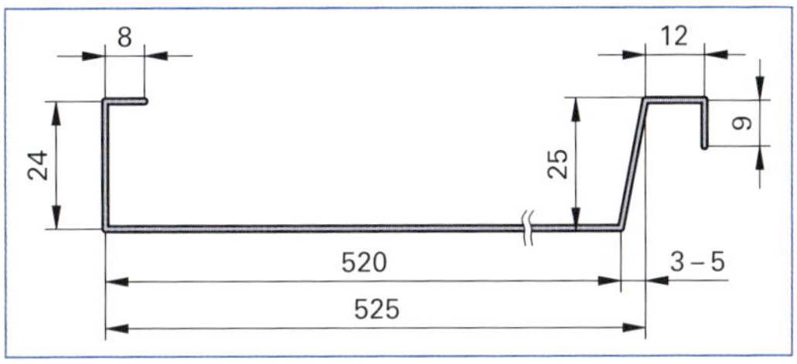

Bild 5: Normalschar vorprofiliert

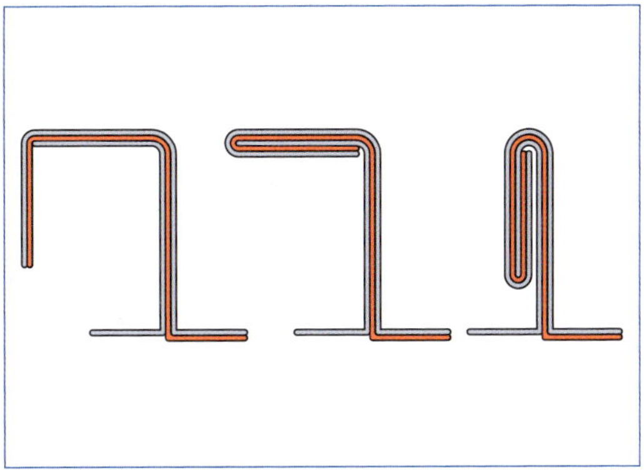

Bild 6: Normalschar mit Maschinenhafte

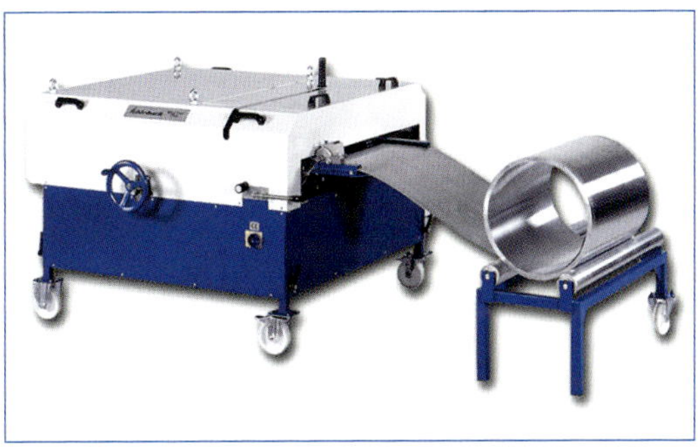

Bild 7: Miniprofilieranlage mit Querteileinrichtung

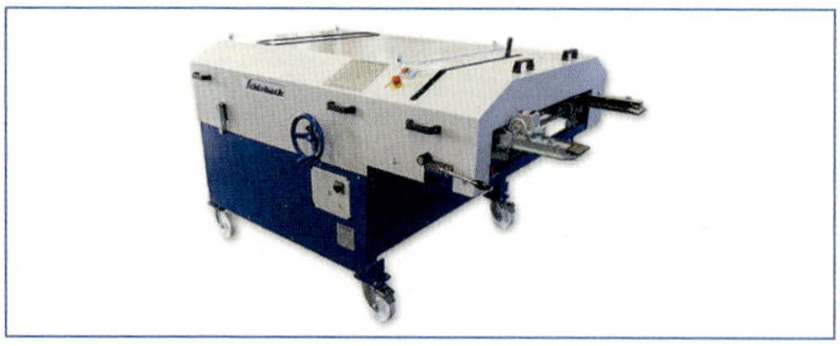

Bild 1: Mittlere Profilieranlage mit Vorschneidemesser

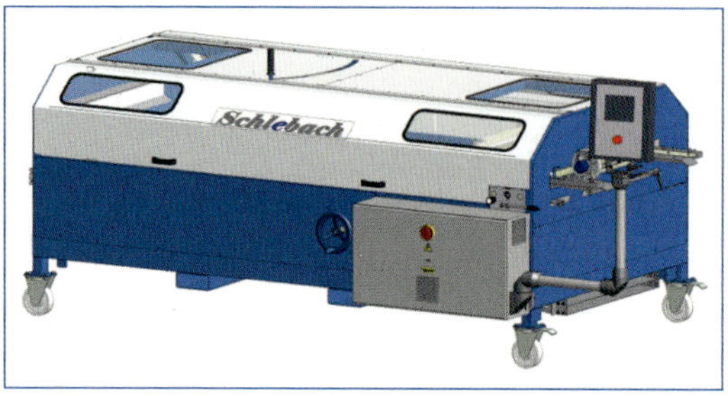

Bild 2: Große Profilieranlage Quattro mit Vor- und Nachschneideeinrichtung

Die Alternative ist das Profilieren kontinuierlich über Walzensätze (Bild 1). Die Maschinen können auf die gewünschte Breite eingestellt werden. Die fertiggestellten Scharen kommen in eine Scharenbox oder einen Hänger und werden am besten zusammen mit allen Haften, Nägeln, Naglern und Kleinwerkzeugen mit dem Kran auf das Dach gehievt. Somit kann nach einem beiliegenden Verlegeplan direkt vor Ort gearbeitet werden. Natürlich sind nicht alle Klempnereien so ausgestattet, man kann aber auch Scharen gleich auf Maß beim Zulieferer bestellen und auf die Baustelle liefern lassen. Das Verarbeiten am Dach dürfte dann für einen Klempner kein Problem sein.

Bild 3: Gitterboxentransport langer Blechscharen

Die Scharen werden ausgelegt und jeweils am Rand des Unterdeckers mit Maschinenhaften befestigt. Dazu werden mit Druckluftnaglern 2 bis 3 Rauh-, Deck- oder Rillenstifte durchgeschossen. Klammern haben sich nicht bewährt.

Bild 4: Verlegen der Scharbleche

Bild 5: Festschießen der Hafter mit dem Pressluftnagler

Nach dem Festschießen der Hafter im richtigen Abstand (siehe Kapitel 9 Bauphysik) werden die Scharen verfalzt. Dies geschieht im einmaligen Übergang mit einer Falzmaschine. Sie wird am Ende auf einem zuvor mit Schaleisen vorgeformten Falz angesetzt und anschließend bis zum First laufen gelassen.

Alle Dachdurchdringungen und Dacheinbauten sind zu beachten und der Scharverlauf ist anzupassen. Am besten legt man vor den Durchbruch eine Passschar (schmalere Ausgleichsschar) und schließt dann mittig oder am Rand an. Die Scharenplanung kann schon vor der Verlegung gemacht werden – die Scharbleche lassen sich etwas ziehen, sodass man die Vorgaben einigermaßen trifft. Am besten überträgt man die Einteilung mit der Schlagschnur auf das Dach – dann sieht man zuverlässig, ob die Verlegung sitzt oder ob gezogen oder gedrückt werden muss.

Bild 1: Arbeiten an den Rändern werden in Handarbeit ausgeführt

Bild 2: Falzmaschine – leichte Bauweise

Bild 3: Falzmaschine mit Schutzhaube

Bild 4: Falzmaschine – knickbar

Der Firstbereich wird durch eine Aufkantung der Schar hergestellt. Hier sind Anschlusshöhen von 100 mm bei über 22° Dachneigung und 150 mm bei unter 22° Dachneigung einzuhalten.

Bild 5: Herstellung einer Aufkantung an einer aufgehenden Wand

Leichter ist der Einsatz einer Segmentbiegemaschine bereits in der Werkstatt (Bild 6). Hier können alle Scharbreiten zusammengesetzt werden und eine exakte Kantung hergestellt werden. So können die Aufkantungen schon vor dem Transport fertig vorbereitet sein, die Länge unten an der Traufe lässt man etwas überstehen und passt sie dann vor Ort der exakten Sparrenlänge an. An der Traufe ist bei allen Arbeiten die Längendehnung der Scharen zu beachten. Für Scharen bis 10 m Länge reicht ein Luftspalt von 10 mm. Bei längeren Scharen ist die erforderliche Größe nachzurechnen.

Bild 6: Klaviereinsatz für eine Segmentbiegemaschine

Bild 1: Handabkantbank als Segmentbiegemaschine mit Klaviereinsatz

Die Traufe wird nun geschnitten, rund oder eckig der Falzverlauf ausgeklinkt und dann mit Traufkanter und Traufschließer geschlossen.

Bild 2: Traufkanter

Bild 3: Traufschließer

Um sicherzustellen dass der erforderliche Dehnweg beim Biegen eingehalten wird, kann man ein Einschiebeblech verwenden, das später dann seitlich wieder herausgezogen wird. Stimmt die Längendehnung nicht, zieht die bei Kälte zurückziehende Schar das Traufblech mit hoch oder es hängt sich bei Hitze aus und kann nicht wieder eingehängt werden.

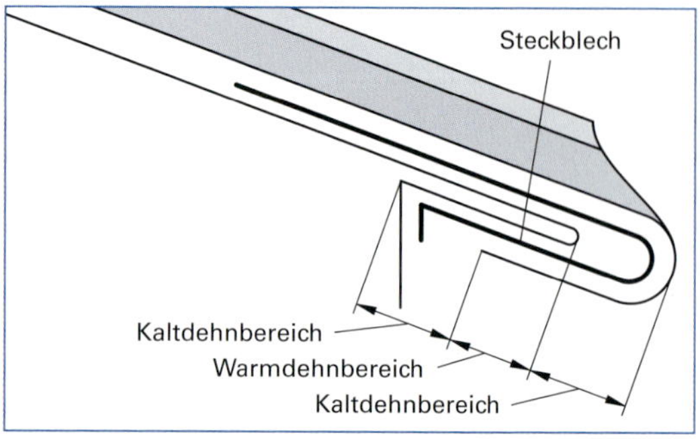

Bild 4: Dehnungsberücksichtung durch ein Steckblech, das nach dem Umkanten der Schar an der Traufe seitlich zu entfernen ist

Bei der Bestimmung der Dehnwege ist auf die Montagetemperatur zu achten. Achtung: Bei Sonneneinstrahlung ist das Blech wärmer als die Umgebungstemperatur!

Bild 5: Traufausführung rundgeschnitten, der Stehfalz wird zum Liegefalz umgearbeitet

Teilweise werden die Falze an Traufe und First umgelegt. Diese Methode ist nicht fachgerecht. Ausschneidmuster helfen dem Anfänger, die stehenden Falze richtig auszuklinken und herumzufalzen. Der obere Abschluss wird mit einem Bündnerfalz und einer Quetschfalte ausgeführt. Das Einschneiden der Bleche ist verboten.

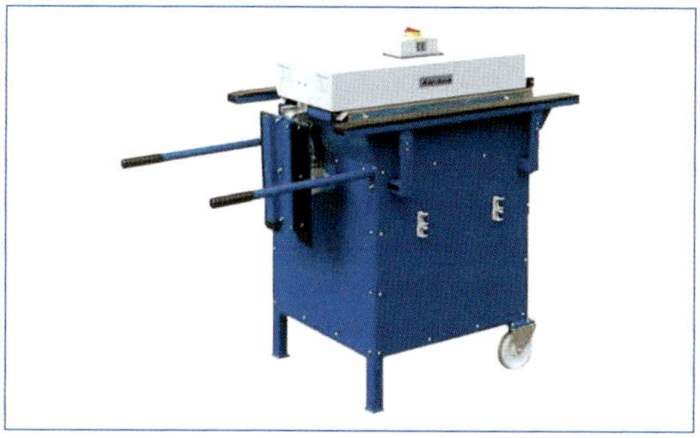

Bild 1: Kleinste Profiliermaschine zum einseitigen Aufstellen von Über- und Unterdecker

Winkelfalz

Winkelfalze werden auch als L-Falze oder als Fassadenfalze bezeichnet. Der Name gibt den Einsatzbereich schon deutlich vor – die Fassade. Hier sind nicht so hohe Dichtigkeiten wie am Dach gefordert und außerdem beult das Blech infolge der geringeren Längsfalzdeformation weniger. Die Bleche können sich bei unterschiedlicher Erwärmung durch Schattenwurf anderer Bauteile oder Bäume leichter aneinander vorbeischieben.

Schon beim Rollprofilieren wirft das Blech Beulen, da das Material in den Falzen zuerst gedehnt und dann gestaucht wird – anders wäre eine Profilierung gar nicht machbar; lässt man Papier durch einen Profilierautomaten laufen, zerreißt es. Aus diesem Grund werden Winkelfalze für Fassaden häufig gekantet, was ein deutlich beulenfreieres Bild ergibt. Hierzu stehen dem Klempner 6 m oder 8 m lange Abkantbänke zur Verfügung.

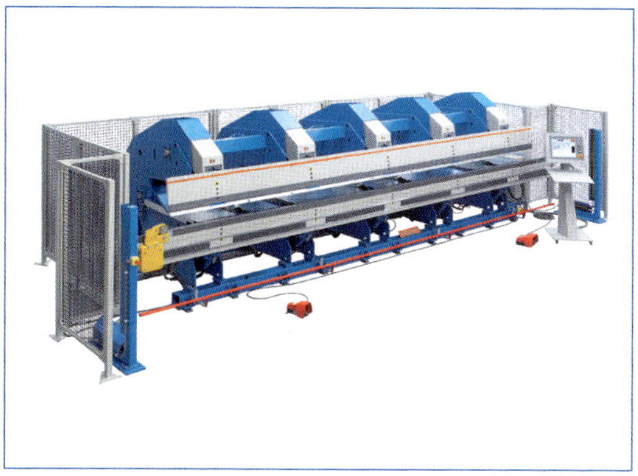

Bild 2: Langabkantbank, CNC-gesteuert

Das Schließen des Winkelfalzes ist sehr einfach – lediglich der letzte Schenkel mit der Haft muss geschlossen werden. Dafür verwendet man häufig keine Falzmaschine, sondern Winkelfalzschließer.

Bild 3: Winkelfalzschließer Dräco

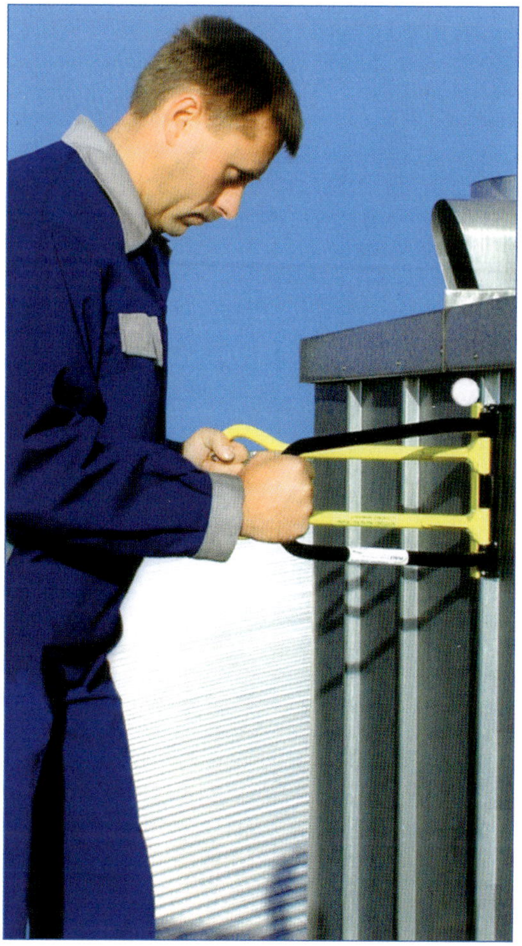

Bild 4: Winkelfalzschließer Standard

Tafeldeckung

Die Tafeldeckung ist die älteste Deckungsart, da früher nur Tafeln gewalzt werden konnten. Bei dieser Deckung werden kürzere Metallplatten (Tafeln) aneinander gekantet. Im Gegensatz dazu werden bei der Leistendeckung (siehe nächster Anschnitt) Bahnen verlegt, die über die gesamte Dachlänge gehen.

Solange es also noch keine kontinuierlichen Bandwalzstaßen gab, war man auf normalformatige Tafeln mit 2000 mm x 1000 mm oder mittelformatige Tafeln mit 1250 mm x 2500 mm begrenzt.

Bild 1: Turmdeckung als Tafeldeckung im Vollspiegel

Heute wird die Tafeldeckung nur aus optischen Gründen an der Fassade oder als Turmdeckung wegen der Verdrillung von Kirchtürmen infolge von Windverwirbelungen ausgeführt. Dort kann sie die Verwindungen des Dachstuhles besser und beulenfreier überstehen als eine durchgängige Banddeckung. Bei Verwendung von TECU-Patina ist ebenfalls Tafeldeckung nötig, da das Bewitterungsverfahren bislang nur maximale Längen von 4 m erlaubt.

Bild 2: Tafeldeckung mit Leistengrat

Bild 3: Tafeldeckung an einem Wolkenkratzer

Je nachdem wie stark die Quernaht versetzt wird, spricht man von verschiedenen Spiegeln (Bild 4).

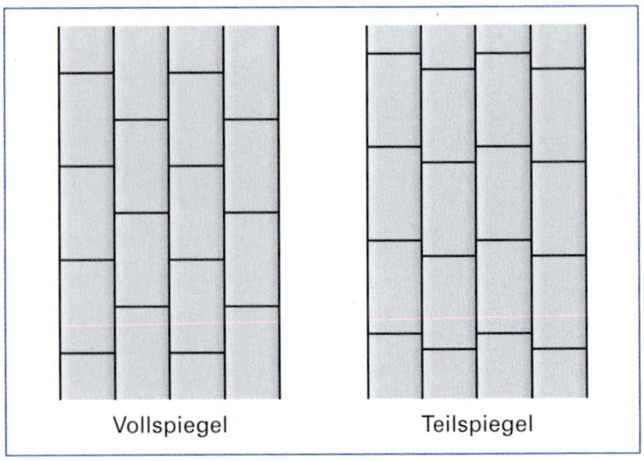

Bild 4: Deckungsarten mit verschiedenen Spiegeln

Leistendeckungen

Um dem Gebäude ein massiveres Aussehen zu geben, wird teilweise die alte Leistentechnik angewandt. Man unterscheidet 3 historische Leistendeckungen, die im Bild 3 zu sehen sind.

Heute werden zunehmend Mischformen realisiert. Insbesondere Deutsch-Belgisch ist die führende Deckungsart. Hier ist die Schar deutsch, also rückgekantet, die Hafte samt Deckel belgisch, also unter dem Holz durchgeführt (Bild 4).

Bild 1: Moderne Leistendeckung

Bild 2: RZ-Klickleiste

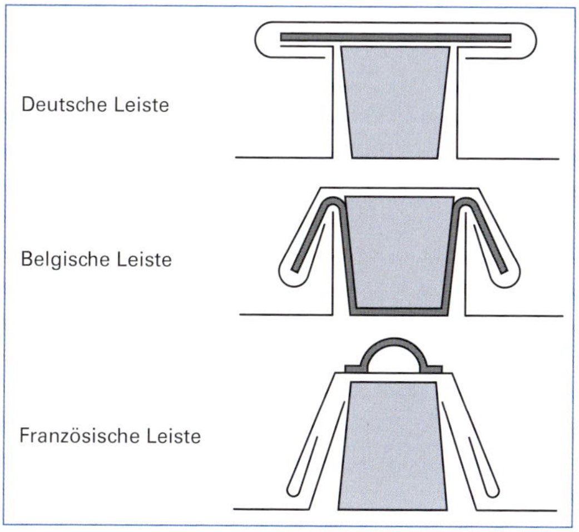

Bild 3: Historische Leistendeckungen

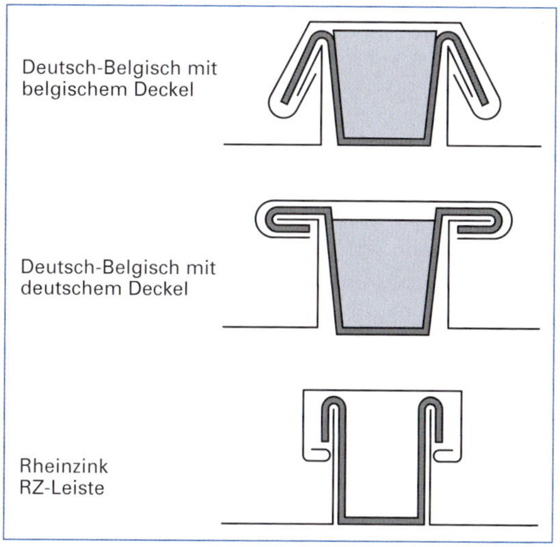

Bild 4: Moderne Leistendeckungen

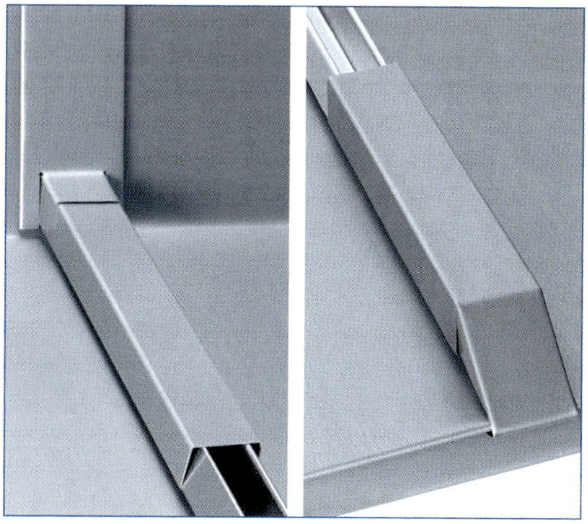

Bild 5: Details des RZ-Leistensystems

Das RZ-Klick-System (Bild 4 unten) ist der Versuch, auch Leistendeckungen, die ja bislang reine Handarbeiten ohne Maschineneinsatz waren, etwas zu rationalisieren. Hier werden die verzinkten Unterprofile und der Deckel mit Schnappfalz zugekauft – er wäre mit normalen Kantbänken nur schwer herzustellen. Das normale Deckmaterial wird aus gewöhnlichem Rollenmaterial angefertigt.

6.3 Querfalze

Quernähte an Falzdächern treten bei Dachdurchdringungen, gekanteten Blechteilen am Ortgang (meist begrenzt auf 6 m Kantbanklänge) oder als Dehnnaht bei zu langen Scharenlängen auf. Eine regendichte Quernahtausführung bei Metalldächern ist je nach Dachneigung unterschiedlich auszuführen.

Bild 1: Scharen mit Quernähten als Dehnungsnaht

Scharen aus Titanzink, Kupfer und Aluminium sind ohne Bedenken bis 10 m, Scharen aus verzinktem Stahlblech oder Edelstahl bis 14 m Länge ohne Quernaht ausführbar. Größere Scharenlängen sind ebenso zulässig, wenn auf den Dehnweg in den Haften und der Traufe und bei Einbauteilen geachtet wird. Als Versuchsbau kann ein Hotel auf der Zugspitze mit 17-m-Scharen und extremen Witterungsverhältnissen angesehen werden. Es ist seit Jahren schadensfrei.

Tabelle 1: Zulässige Quernähte, neigungsabhängig

Dachneigung mit Fließrichtung von rechts nach links (←)	Art der Quernähte
> 25° 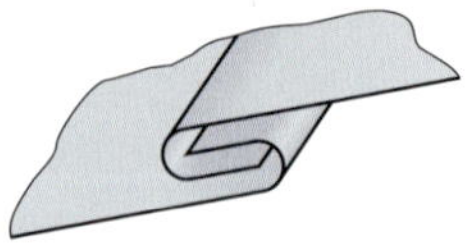	Einfacher Querfalz 40 mm Fertigmaß 30 mm gekantet
> 10° 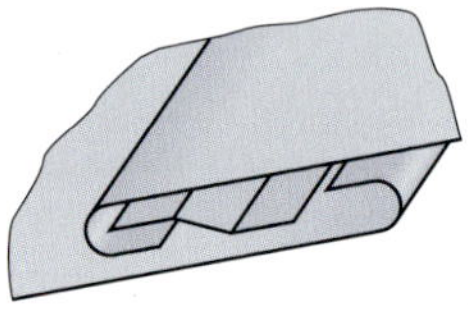	Einfacher Querfalz mit Zusatzfalz Fertigmaß beliebig, Stauwasserreservoir nach dem Z-Streifen aber min. 100 mm bis zur Rückkantung
> 7° 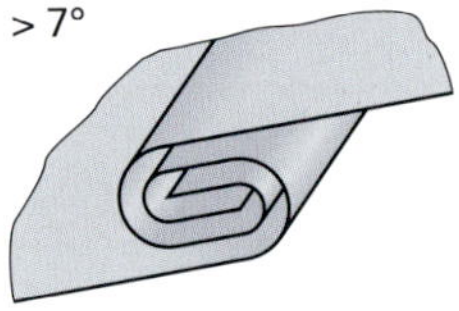	Doppelter Querfalz ohne Dichteinlage 40 mm Fertigmaß (nur noch bei Tafeldeckung)
< 7° 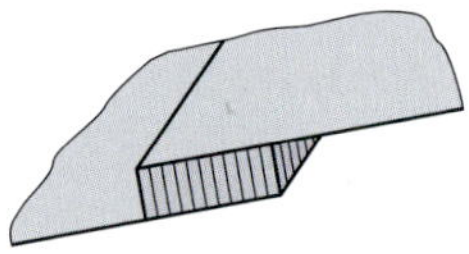	Wasserdichte Ausführung, je nach Werkstoff 15 mm hartgelötet 40 mm weichgelötet 50 mm versetzt genietet mit Dichteinlage

Bild 2: Quernähte bei einer Tafeldeckung

Bild 3: Quernahtherstellung an einem Dachausstieg

Tabelle 1: Wasserdichte Querstöße von Scharen ohne Schiebemöglichkeit

Werkstoff	Mindestüberlappung teilweise in Abhängigkeit von versch. Lotmitteln	Verbindung
Al	50 mm	Doppelseitig versetzt genietet mit Dichteinlage Doppelter Falz mit Dichteinlage
	10 mm bei Lot L-Al Si 12 mit F-LH1	Hartlöten WIG-Schweißen am Dach
Cu	50 mm	Doppelseitig versetzt nieten mit Dichtstreifen
	40 mm bei Lot S-PbSn40 mit F-SW21	Einreihig nieten und weichlöten
	15 mm bei Lot S-SnCu3 mit F-SW21	Weichlöten ohne Niete
	15 mm bei Lot LCuP6 ohne Flussmittel	Hartlöten
Zn	15 mm bei Lot S-PbSn40(Sb) mit F-SW11	Weichlöten ohne Niete
St	50 mm	Doppelseitig versetzt nieten mit Dichteinlage
	40 mm bei Lot S-PbSn40(Sb) mit F-SW11	Einreihig nieten und löten
SS	50 mm	Doppelseitig versetzt nieten mit Dichteinlage
	40 mm bei Lot S-PbSn40(Sb) mit VA-Flussmittel	Weichlöten ohne Niete Doppelter Falz mit Dichteinlage Schweißen

Bei Dachrinnen reduzieren sich die Überlappungen für Lötnähte auf 30 mm, falls genietet und 10 mm, falls nicht genietet wurde. Die Lote und Flussmittel sind gleich (Seite 67).

Wasserdichte Quernähte werden, wenn möglich, vermieden, weil sie unschöne Materialfärbungen mit sich bringen. Die enormen Spannungen durch die Längendehnung der Scharen führen bei vielen Werkstoffen auch irgendwann zu Dehnungsrissen und damit zu Undichtigkeiten – ausgenommen hiervon ist Titanzink, das hervorragend gelötet werden kann.

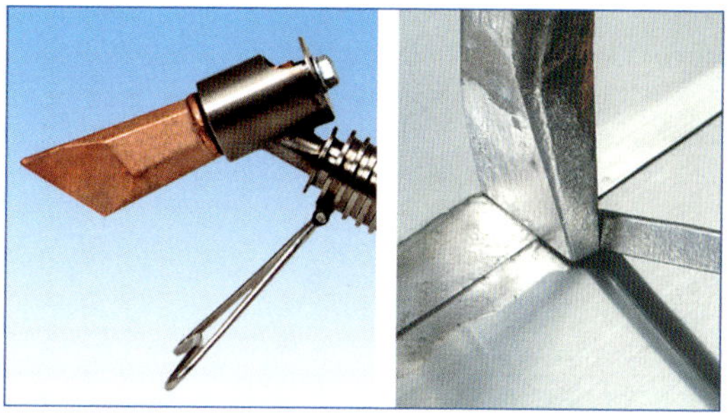

Bild 1: Weichlöten von Titanzink

Bild 2: Falzwerkzeug

Im Fassadenbereich ist die Optik sehr wichtig, beulenfreies Verlegen sollte selbstverständlich sein (Bild 3).

Bild 3: Beulenbildung infolge fehlender Schiebemöglichkeit

Bild 1: **Diese Baustelle wurde eingestellt, da sich schon während des Verlegens Beulen bildeten**

6.4 Fest- und Schiebehafte

Zur Befestigung des Falzdaches oder der Falzfassade werden Fest- und Schiebehafte verwendet. Diese wiederum werden unterteilt in Warm- und Kaltdachhafte. Während früher alles auf einer Holzschalung oder Holzsparschalung befestigt wurde, kommen heute – insbesondere bei öffentlichen Bauten – Warmdächer ohne brandgefährdeten Holzanteil zur Ausführung.

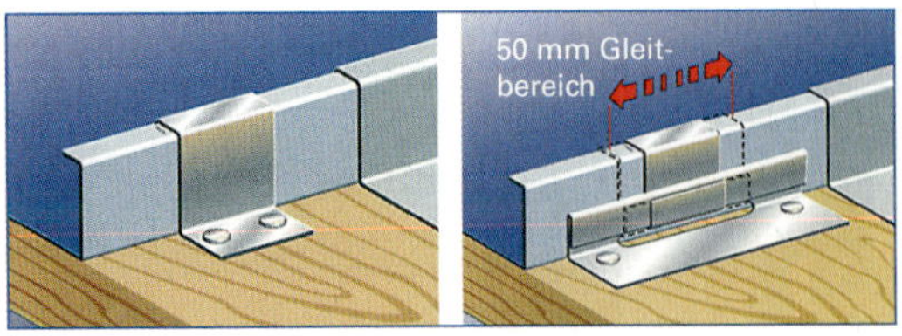

Bild 2: Kaltdachfest- und Kaltdachschiebehafte direkt auf Holz verlegt

Mithilfe von eingedeckten Z-Blech-Streifen oder mit in die Dämmung eingelassenen U-Blechstreifen kann nun auch beim Warmdach mit diesen „Normalhaften" gearbeitet werden.

Bild 3: Z-Blechstreifen, mit eingedeckt in die Dämmung

Bild 4: Beim Einfräsen in die Dämmung, dort wo Hafte benötigt werden (Prodach)

Bild 5: Optimaler Haftengrund beim Prodachsystem

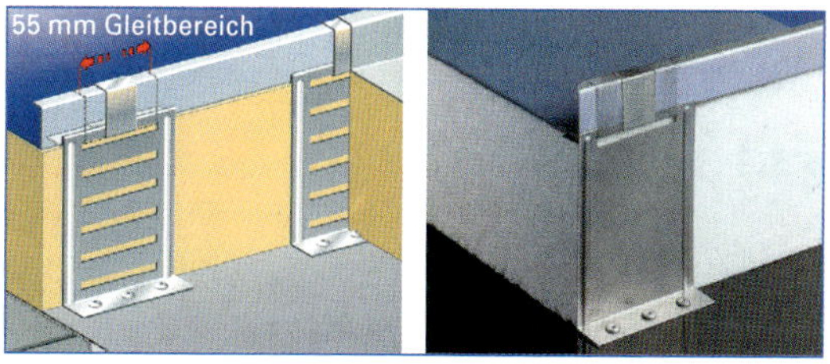

Bild 1: **Oberschiebehafte mit langem Unterteil, in die Dämmung mit eingedeckt**

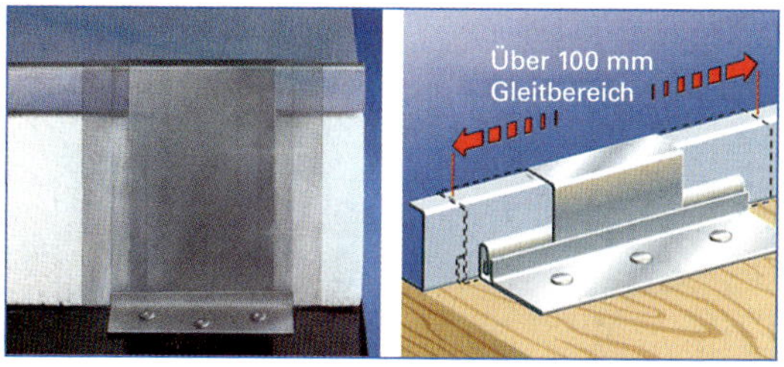

Bild 2: **Unterschiebehafte mit unbegrenztem Schiebeweg**

Bild 3: **Dämmung und Hafte werden miteinander verlegt bei Langhaften**

Problematisch beim Verlegen mit Langhaften ist die Abstimmung des Scharverlaufes auf die Dämmung. Die Dämmung ist üblicherweise 60 cm breit, die Bleche 52,5 cm. Entweder muss jede Dämmung nachgeschnitten werden oder es ist ein Band zu verwenden, das eine 60-cm-Dämmung genau abdeckt. Hier bietet sich das Band mit einer Breite von 667 mm an, das aber nicht in jeder Höhe einsetzbar ist und stärker beult als schmalere Bänder. Der Klempner muss hier die Dämmung mitverlegen – der Einbau einer zweiten Ablaufebene ist aber unmöglich. Problematisch ist auch das Verkanten in der Dämmung, da die Reibungskräfte bei zusammengedrückten Haftoberteilen doch erheblich sind. Deshalb kann hier auch nur Edelstahl verwendet werden, der das beste Gleitvermögen aller Haftwerkstoffe besitzt.

Besser ist daher der Einsatz von Haftsystemen, die nachträglich an beliebiger Stelle aufgebracht werden. Hier bieten sich Plattenhafte an. Sie werden von oben mit ihren spitzen Zacken in die Dämmung gesetzt und mit einer Langschraube nach unten in die Holzschalung geschraubt (Bild 4).

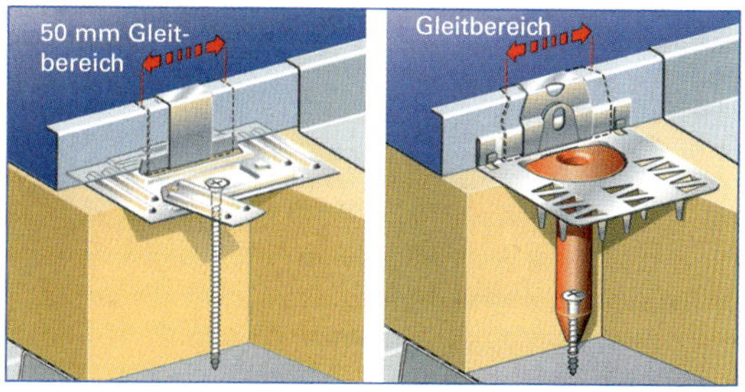

Bild 4: **Plattenhafte mit und ohne Krabban**

Bei weichen Dämmungen besteht die Gefahr, die Schraube zu fest anzuziehen, diese schaut dann unten aus der Schalung. Deshalb können auch Krabbans (Kunststoffunterteile passend zur Dämmungsstärke) eingesetzt werden, die als Abstandshalter dienen. Interessant ist dann die Verschraubung mit einer kurzen Schraube unten im Krabban, hierzu wird ein extrem langer Bithalter auf dem Schrauber verwendet.

Bild 5: **Konstruktion mit Krallenhafte**

Nach dem Verlegen sieht die Konstruktion wie eine Kaltdachkonstruktion aus. Die Dämmplatten aus PU, PF, PS oder gepresster Steinwolle sind gut zu begehen.

Für optimalen Brandschutz insbesondere im Flughafenbau gilt Schaumglas (Foamglas) als idealer Dämmstoff. Dieser wird wegen seines Geruches und der schweren Platten nur ungern verlegt, weist aber den höchsten Feuerwiderstand aller Baustoffe auf.

Hier werden entweder die Hafte mit eingeklebt oder besser nur die Haftunterbleche, sodass der Klempner mehr Spielraum mit der Scharbreite hat. Dies ist besonders bei Gewerketrennung zwischen Unter- und Deckkonstruktion zu beachten.

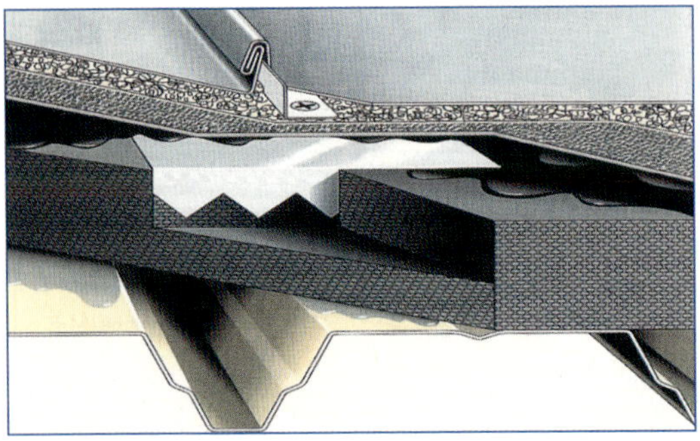

Bild 1: Einkleben einer Haftenschiene oder eines Einzelbleches zur anschließenden Aufbringung der Hafte

Bild 2: Beim Einlassen der Unterbleche

Immer mehr Hersteller von Haftsystemen kommen auf den Markt und es ist sehr schwer festzustellen, welche Hafte nun am sichersten die hohen Windsoglasten aushalten und die Dehnung der Scharen auf Dauer mitmachen. Deshalb hat sich der ZVSHK dazu entschlossen, alle Haftsysteme statisch untersuchen zu lassen und eindeutige Auszugswerte vorzulegen. Bislang gilt nur die Vorschrift, dass ein Haft 400 N Auszugswert aufweisen muss. Das entspricht in etwa der Kraft, die zum Heben eines 40 kg schweren Kalk- oder Zementsackes frei vom Boden weg nötig ist. Der Klempner kann also ruhig einmal versuchen, an seinen Haften mit „aller Kraft“ zu ziehen, sie müssen es aushalten. Dies gilt natürlich nicht für die Kraft bei einer Hebelwirkung mit Beißzange, Schaleisen oder Brecheisen.

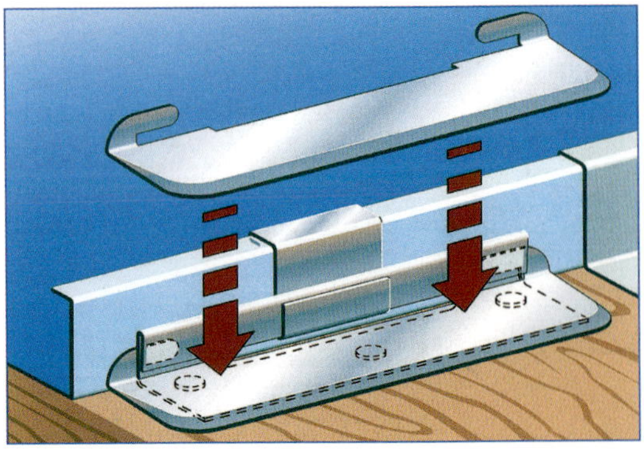

Bild 3: Deckelblech zur Überdeckung scharfkantiger Schrauben oder Hafteile

Für weiche Stoffe wie Titanzink oder Aluminium empfiehlt es sich, ein Deckelblech zu verwenden (Bild 3). Insbesondere wenn die Hafte sehr stark nach unten geschossen wurden, besteht die Gefahr, dass hochstehende Hafteile die Blechschar später beim Darübergleiten auf Dauer durchkratzen. Es gibt viele Schadensfälle, bei denen deswegen Undichtheiten aufgetreten sind.

Dass das Warmdach den Markt erobert, war nicht abzusehen. Die Gründe hierfür sind: erheblich besserer Brandschutz, kostengünstiger, da nur eine Schale erforderlich, geringere Bauhöhe des Daches und bessere Dämmwirkung durch die Minimierung von Wärmebrücken.

Bild 4: Tafeldeckung bei der Verlegung mit Haften, die mit Nieten direkt in Glattblech mit selbstklebender alukaschierter Bitumenunterlage genietet werden

Die Dämmungshersteller reagieren zunehmend auf diesen Trend und bieten Spezialwärmedämmstoffe an, damit der Klempner auf Holz als Unterkonstruktion nicht verzichten muss.

Bild 1: Metalldachdämmplatte, PU-Hartschaum mit beidseitigen OSB-Grobspanplatten wetterfest verleimt

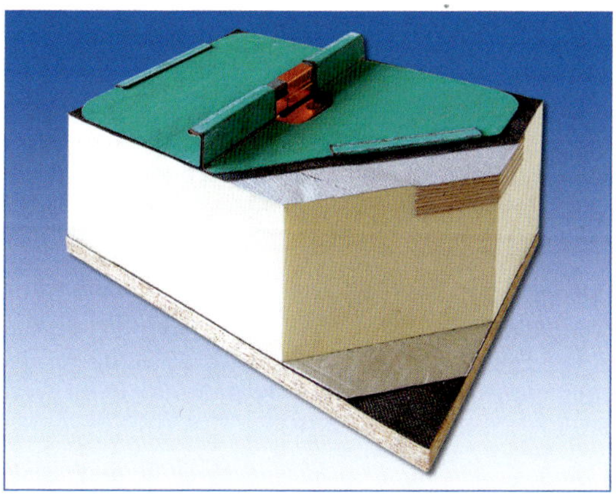

Bild 2: Dämmstoff mit eingelassenen Leimholzleisten zum Einschießen der Hafte

Alle diese PU-Dämmsysteme haben den Vorteil, dass sie innen schon eine Dampfsperre aufgebracht haben und die Stöße schon ausreichend dicht sind, da der PU-Schaum als geschlossenporig gilt. Bei anderer Dämmung hat man den sehr großen Aufwand, die Gaube innen mit Folien und Klebebändern äußerst sauber abkleben zu müssen, weil sonst das nach außen dringende Wasser an der Blechunterseite kondensiert und somit zu Weißrostbildung bei Zink, Aluminium oder verzinktem Blech führt. Auch Kupfer ist von diesem Effekt nicht ganz ausgenommen – es wird dann innen zuerst grün!

6.5 Befestigungsmittel

Für die Befestigung können keine Glattstifte (glänzend) verwendet werden. Erstens haben diese einen zu kleinen Kopf, der durch das Haftenblech durchstanzt und zweitens bringen sie insbesondere in noch feuchter Schalung zu schlechte Auszugswerte. Matt aussehende Nägel, möglichst grob und am besten mit rauhem Zinkauftrag, sind am besten geeignet.

Als Nägel oder Schrauben pro Haft sind zugelassen

- 2 Rauhstifte/Deckstifte 2,8 x 25 oder
- 2 Rillenstifte 2,8 x 25 oder
- 2 Senkkopfschrauben 4 x 25 oder
- 3 Klammern 10 x 28 mit Zulassung.

Befestigung mit Nägeln

Die meisten Haftunterteile haben 3 Löcher – bei den heutigen Schussapparaten ist dies kein Problem mehr, denn sie schießen auch durch das Blech. Viele Klempner schießen dennoch 3 Stifte ein. Ein losgerissenes Metalldach kann ja nicht mehr saniert werden. Der Einschlagdruck ist bei vielen Naglern einstellbar, er darf nicht zu stark gewählt werden, da sonst die Nagelköpfe durch die Schalung herausstehen und kleine Kondensationspunkte im feuchten kalten Hinterlüftungsraum darstellen. Eine etwas dickere Trennlage verschafft hier Abhilfe. Die Schalungsdicke muss im Frischschnittmaß 24 mm betragen, die Folie mit dem Haftunterteil muss nun noch 1 mm aufdoppeln. Die Nenndicke von Holzwerkstoffplatten (OSB, Baufurnierholz) muss bei der Unterkonstruktion bis 80 cm 22 mm aufweisen, bei Abständen unter 1,00 m 25 mm btragen. Hier ist generell eine strukturierte Trennlage zu verwenden.

Ein Durchstoßen der Nägel bei geringeren Dicken ist laut Fachregel 2020 unvermeidbar.

Befestigung mit Schrauben

Schrauben ist mit Akkuschraubern oder sogar Akkumagazinschraubern kein zeitliches Problem mehr. Schrauben haben jedoch die Eigenschaft, dass sie zwar im Holz optimale Haftung versprechen, der Kopf aber wegen des gehärteten Werkstoffs leicht abbricht. Schon beim Eindrehen mit zuviel Drehmoment bilden sich kleine Anrisse unter dem Schraubenkopf, die Schraube wird dann durch die thermische Längendehnung immer wieder hin- und hergebogen und die Risse vergrößern sich. Auf jeden Fall sind gute Schrauben von Markenherstellern zu verwenden, größere längere Flächen, die mit Billigschrauben befestigt wurden, sind schon „fortgeflogen". Bei Befestigungen macht man die gleichen Erfahrungen wie mit Ziegeln: Die beste Befestigung ist Drähten oder Klammern, weil dies die Bewegungen mitmacht, Nageln ist besser als Schrauben, weil Schrauben schon durch leichte Deformationen einfach abbrechen.

Befestigung mit Klammern

Klammern sind leicht zu schießen und deutlich billiger als Magazinnägel. Hier sind mindestens 3 Klammern direkt an der Haftaufkantung vorzusehen. Problematisch bei zuviel Druck ist das Durchschießen der minimalen Klammeroberfläche durch den Haftwerkstoff hindurch. Im Holz sollen sich dann durch den Schrägschliff die Klammern verwinden, wozu eigentlich das Gleitmittel (blauer oder grüner Farbaufstrich am Klammerfuß) dienen soll. Das Gleitmittel wird aber beim Durchgang durch den Haft abgestreift und dies führt dann zu Klammerverwicklungen direkt auf der Holzoberseite ohne richtige Tiefenerfassung. Deshalb sind nach einer anfänglichen Klammereuphorie Klammern weitgehend vom Bau verschwunden. Einige Firmen lassen sich aber noch Spezialklammern herstellen und überprüfen die Eindringtiefe an den ersten Haften jeder Baustelle neu. (Sie hängt ab von Holzart und Holzfeuchtigkeit.)

6.6 Haftenverlegepläne

Der ZVSHK hat umfangreiche Untersuchungen zur Anordnung von Haften nach der neuen Norm zu Windsoglasten, der DIN 1055 „Lastannahmen im Hochbau" bzw. DIN EN 1991-1 (auch Eurocode 1 genannt), durchführen lassen.

Es wird angenommen, dass Stürme in Europa durch Klimaverschiebungen zahlreicher und stärker werden. Erste Windhosen, wie man sie aus Amerika kennt, sind auch in Deutschland in Fotos festgehalten worden.

Bei den Untersuchungen kam heraus, dass die alten Klempnerfachregeln, die ausschließlich auf Erfahrungen basierten, recht gut sind. Selbst die sprichwörtliche „Hammerstiellänge" als Haftenabstand am Rand oder der Ecke eines Daches ist richtig. Überraschend für viele Klempner war, dass in der Mitte des Daches unabhängig von der Höhe des Gebäudes nur ganz wenige Hafte vonnöten sind. Hier haben sich die Randverwirbelungen bereits wieder beruhigt, die Luft strömt laminar und das Blech darf lediglich nicht durch leichte Druckunterschiede zu flattern beginnen. Dieses Schlagen des Daches, ähnlich dem Vibrieren bei einem Cabriolet bei hoher Geschwindigkeit, führt zu Flatterrissen durch Materialaufhärtungen und anschließend zum Versagen des Daches – es wird losgerissen und ist durch nichts mehr aufzuhalten!

Bild 1: Windzonenkarte Deutschland

Einteilung in Windsogbereiche A bis J

Bei der Fassade (Bild 2) staut sich der Wind vor dem Gebäude (Bereich **D** wie Druck) und verursacht beim Ausweichen über die Gebäudeänder dann seitlich einen räumlich begrenzten Wirbel. Die Bereiche **A** (Wirbel), **B** (Beruhigung) und **C** (laminare Strömung) treten nun seitlich auf – auf der dem Windangriff gegenüberliegende Seite liegt der Bereich **E**. Die Bereiche **C**, **D** und **E** sind für den Klempner ohne Bedeutung, da der Windangriff von allen Seiten aus stattfinden kann und somit nur Bereich **A und B** maßgeblich sind.

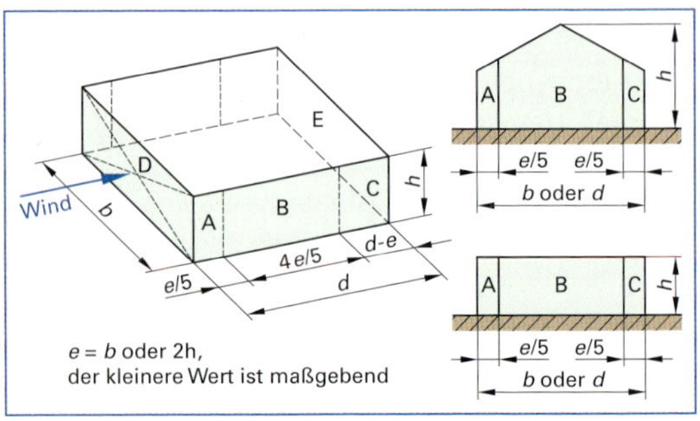

Bild 2: Genaue Einteilung einer Fassade

Beim Dach bildet sich der Wirbel flächig an den Rändern im Bereich **G** aus, bei den Ecken wird das Gebäude zweiachsig umströmt und wird somit in **F** und $\mathbf{F}_{\text{hoch}}$ eingeteilt. Im Innenbereich des Daches gelten je nach Dachneigung die Bereiche **H** oder **J**.

Die Größe des Innen-, Rand- und Eckbereiches wird über die Hilfsgröße *e* festgelegt.

Formel 1 $e = 2h$ oder b

(der kleinere Wert ist maßgebend)

Dabei ist
b – die Gebäudelänge – also die längst Gebäudeseite
d – die Gebäudebreite – also die kürzere Gebäudeseite
h – die Gebäudefirsthöhe – also nicht wie bislang gültig die Traufhöhe

Die Breite des **Randbereiches** auf der schrägen Dach- oder Wandfläche beträgt dann am Dach *e*/10 und an der Fassade *e*/5. Der **Eckbereich** folgt in der Breite dem Randbereich – die Länge des Eckbereiches beträgt *e*/4. Der Rest ist dann der **Innnenbereich**.

Bei offenen Gebäuden oder großen freigespannten, ausspringenden Gebäudekanten baut sich zusätzlich ein Gebäudeinnendruck auf, der bei durchlässigen Untergründen wie Holzschalungen oder Lochblech zusätzlich bei der Haftanzahl zu berücksichtigen ist. Genaueres findet man in der DIN 1055-1 und den Fachregeln für das Klempnerhandwerk.

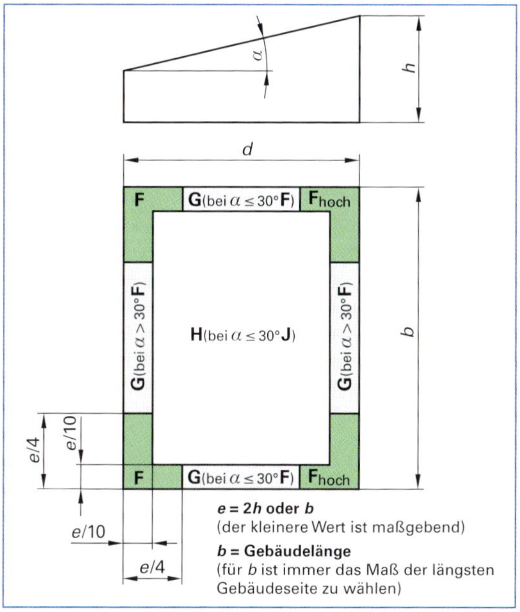

Bild 1. Einteilung am Pultdach

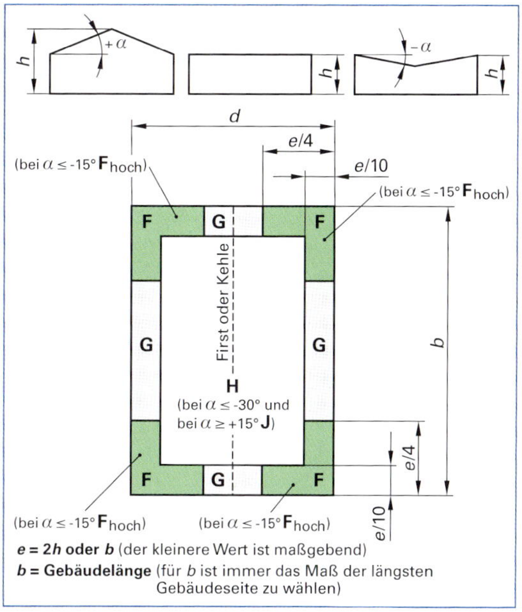

Bild 2: Vereinfachte Einteilung am Sattel-, Flach- und Trogdach

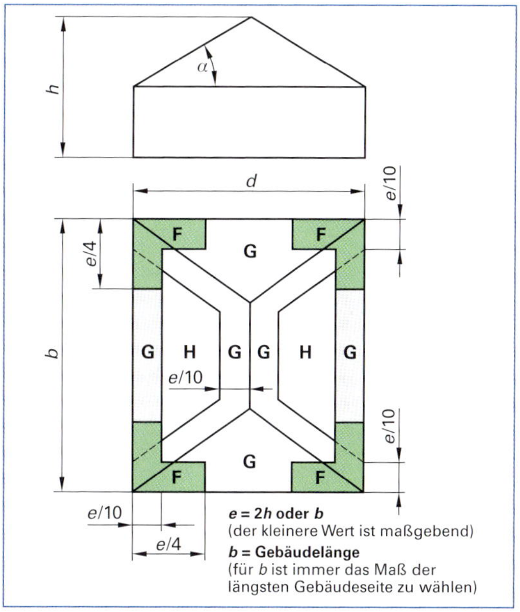

Bild 3: Einteilung am Walmdach

Haftenanzahl

Die genauen Haftanzahlen können vom Statiker mit einer Berechnung auch exakt festgelegt werden. Bei den Haftanzahltabellen der Fachregeln liegt ein Haftauszugswert von 400 N – entsprechend also 40 kg Gewichtskraft. Als Werkstoff ist hierbei ausschließlich Edelstahl vorgesehen.

Tabelle 1: Haftabstände für die Windzonen 1-3													
		Windzone 1				**Windzone 2**				**Windzone 3**			
		Band 600		Band 670		Band 600		Band 670		Band 600		Band 670	
		bis 10 m	10-20 m	bis 10 m	10-20 m	bis 10 m	10-20 m	bis 10 m	10-20 m	bis 10 m	10-20 m	bis 10 m	10-20 m
Wand A	*h*/*d*, *h*/*b* > 5	500	490	430	380	460	400	350	310	380	330	290	260
Wand A	*h*/*d*, *h*/*b* < 1	500	500	500	500	500	500	500	500	460	400	360	310
Wand B		500	500	500	500	500	500	500	480	500	500	450	400
Dach	F_{hoch}	330	290	250	220	270	240	210	180	220	190	170	150
$\alpha < 30°$	F	380	330	290	260	310	270	240	210	260	230	200	180
	G	470	420	370	320	390	340	300	260	320	280	250	220
	H	500	500	500	500	500	500	500	440	500	470	410	370
	J	500	500	490	430	500	450	400	350	430	380	330	290
Dach	F_{hoch}	400	350	250	220	320	290	210	180	270	240	170	150
$\alpha > 30°$	F	500	500	490	430	500	460	400	350	430	380	330	290
	G	470	420	370	320	390	340	300	260	320	280	250	220
	H	500	500	500	500	500	500	500	440	500	470	410	370
	J	500	500	500	500	500	500	460	400	490	430	380	340

Ist ein Dach „fortgeflogen", lässt sich durch zwei Meterstäbe schnell ein Quadratmeter markieren. Egal wo man dieses Viereck hinverschiebt – es muss stets die richtige Zahl von Haften enthalten! Der exakte Haftabstand ist dabei für ein über 3 m im Mittel genommenes Maß anzusetzen.

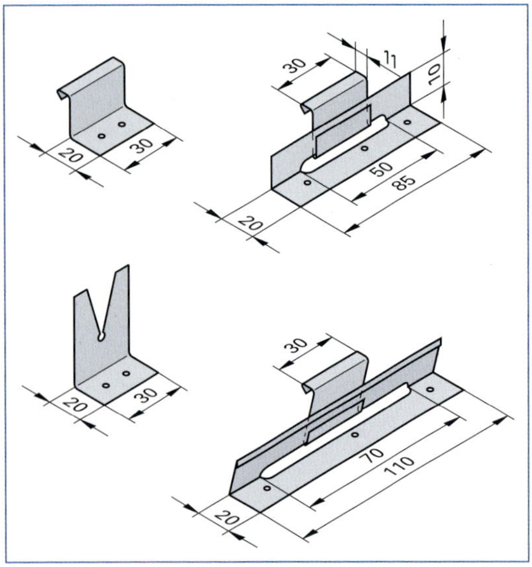

Bild 1: Hafte und deren Abmessungen je nach der erforderlichen Schiebelänge - alle Haftsystem heute sollen gerundete Kanten haben, um ein Durchscheuern zu hindern.

Anordnung von Fest- und Schiebehaften

Festhafte werden auf einer Länge von 1 m bis 3 m angebracht. Optimal ist ein „Endlosfesthaft", der einen sicheren Halt gewährleistet. Zusätzlich empfiehlt es sich, diesen mit Unterdeckern leicht zu verkanten oder auch einzuschneiden. Dadurch wird ein Rutschen verhindert. Die Schiebekräfte sind groß und der Festhaftbereich darf auch bei jahrelanger Druck- und Zugbelastung nicht wandern oder sich losreißen.

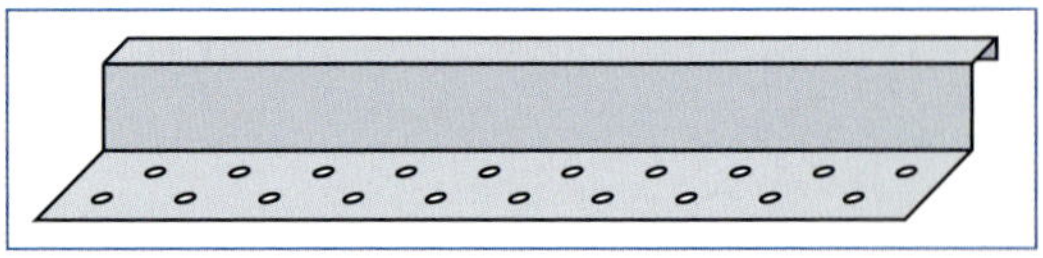

Bild 2: Langer Festhaft, selbst gekantet aus einem Abfallsteifen

Nach dem Festhaftbereich sollen Schiebehafte angeordnet werden, um die Längendehnung aufzunehmen Man geht von möglichen Temperaturen von –20 °C bis 80 °C aus. Bei dunklen Materialien können auch Temperaturen über 100 °C auftreten, weil sie wenig Reflexionsvermögen haben. Viele Schiebehafte haben einen Körnerpunkt. Natürlich muss die „Zunge" auch an der richtigen Stelle liegen – bei einer mittleren Montagetemperatur von 30° (Materialtemperatur) also mittig (siehe die Bilder 2 und 3, Seite 157).

Bild 1: Wo die Schiebehafte liegen, ist nach der Verfalzung nicht mehr zu sehen

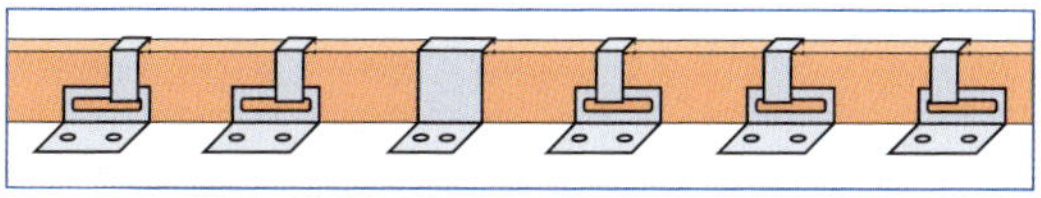

Bild 2: Anordnung der Zunge von Schiebehaften bei kalter Montagetemperatur unter 20 °C

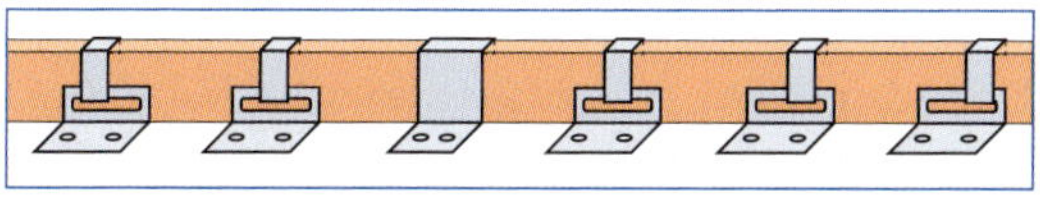

Bild 3: Anordnung der Zunge von Schiebehaften bei warmer Montagetemperatur über 40 °C

Der Ort des Festbereiches ist in den Fachregeln festgelegt worden. Das Blech soll sich so verhalten, als wenn es tatsächlich frei ausgelegt worden wäre, bei flachen Neigungen ist der Festbereich mittig. Das Blech schiebt dann nach vorne und hinten, bei geneigten Dächern anteilig, je nachdem was bergab und was bergan schieben würde.

Tabelle 1: Festhaftbereichsanordnung	
3° DN in der Mitte	1/2 Punkt
3° bis 10° DN	1/3 Punkt
10° bis 30° DN	1/4 Punkt
> 30° DN	1/1 Punkt

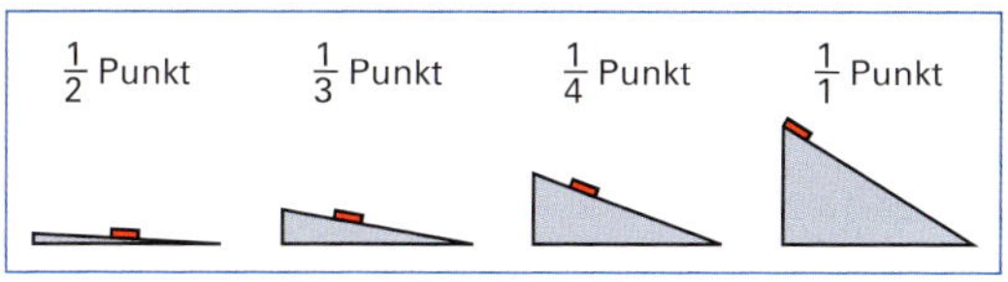

Bild 4: Festhaftberciche am Falzdach

Jeweils in der Mitte des Festhaftbereiches liegt der theoretische Ruhepunkt – bei Dächern über 30° wird er ganz oben angenommen, da man annimmt, dass die unteren Hafte etwas mitwandern.

Bei der Traufausbildung muss die Längenänderung von diesem Punkt an berücksichtigt werden. Die Vorkantung am Traufblech sollte standardgemäß bei einer Scharenlänge bis 10 m mindestens 25 mm betragen, bei größeren ist sie nachzurechnen.

Es muss darauf geachtet werden, dass sich die Schar beim Ausdehnen nicht aushängt und auch noch genügend Platz zum zusammenziehen hat.

Bei DN < 7° sollte die Traufe 5 mm tiefer als die Dachfläche angeordnet sein, um eine Pfützenbildung durch falztechnisch bedingte Verdickung zu vermeiden.

Traufbleche werden lose übereinander verlegt (30 mm bis 50 mm überlappt), müssen mindestens 100 mm auf der Holzschalung aufliegen und sollten versetzt in engem Abstand genagelt werden. Zur zusätzlichen Stabilisierung kann ein Vorstoßblech (meist 0,8 mm dick) aufgenagelt werden (siehe Bild 5).

Traufbleche ziehen über Kapillarwirkung Wasser ein. Da hier Traufblech und Schar plan aufeinander liegen, besteht Durchrostungsgefahr. Deshalb muss unbedingt dieser Bereich losgekoppelt werden, manche Betriebe schließen das Traufblech nur lose, sodass eine deutliche Öffnungsspalte bleibt. Das Einlegen eines Dichtbandes wäre hier fatal, da es wegen der Dehnungen sowieso nicht dicht bleibt und dann umso mehr Kapillarwasser in den Traufbereich einzieht (Bild 1, Seite 158).

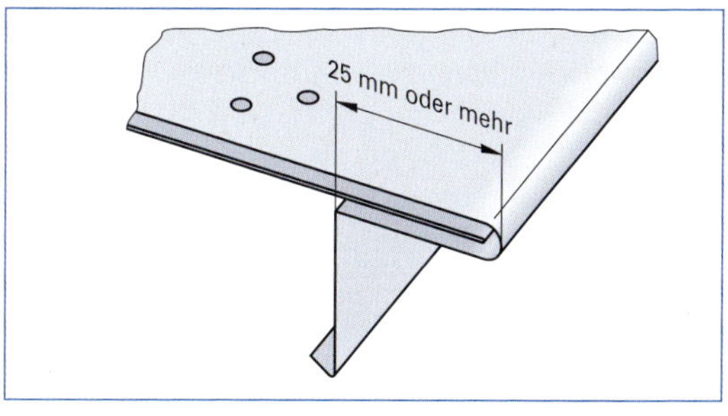

Bild 5: Standard-Traufblech mit Vorstoßstreifen

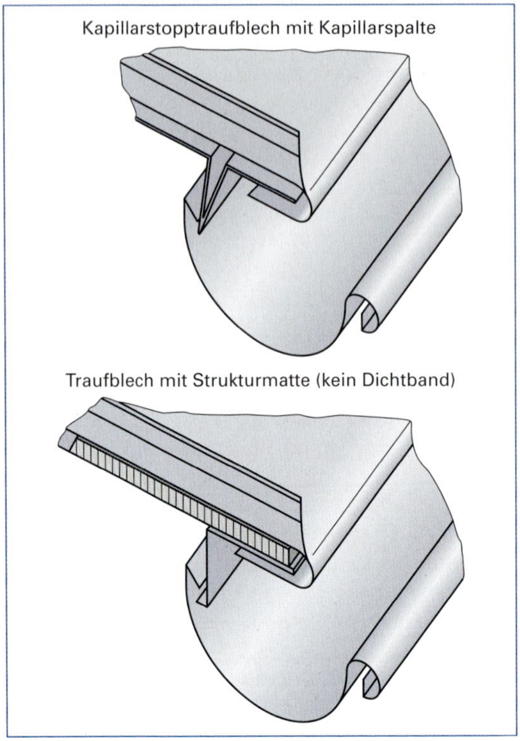

Bild 1: Alternative Falzdachtraufbleche

Berechnung der Scharendehnung durch die thermisch bedingte Längenänderung

In unserem Klima kommen im Dachbereich Temperaturen zwischen –30 °C und 120 °C vor. Berechnet wird die Scharendeckung nicht für Maximalwerte, sondern für die häufigsten Werte von –20 °C bis 80 °C.

Alle Verbindungen und Befestigungen sind so auszuführen, dass die Bauglieder den jeweiligen Temperaturverhältnissen entsprechend sich ungehindert ausdehnen, zusammenziehen oder verschieben können, ohne Undichtheiten hervorzurufen.

Alle Werkstoffe erfahren durch Temperaturwechsel eine Längenänderung, die abhängig ist vom werkstoffbezogenen Ausdehnungskoeffizienten, der Temperaturdifferenz und der Länge des Bauteiles.

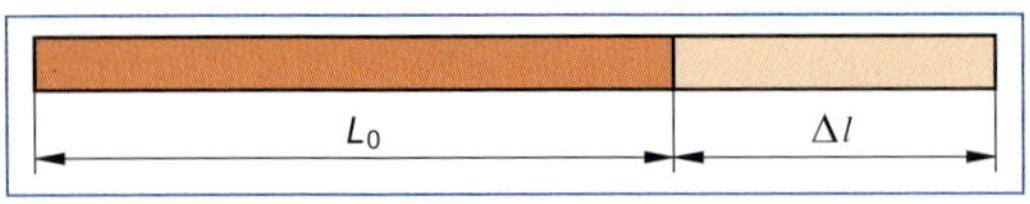

Bild 2: Dehnungsweg

Die Längenänderung Δl berechnet sich wie folgt:

$$\Delta l = \alpha \cdot L_o \cdot \Delta T$$

L_o: Bauteillänge

α: Ausdehnungskoeffizient

$\Delta T = T_1 - T_2$ Temperaturdifferenz

Tabelle 1: Ausdehnungskoeffizienten der metallischen Werkstoffe

Werkstoff	Ausdehnungskoeffizient
Aluminium	2,4 mm/m je 100 K (0,024 mm/mK)
Blei	2,9 mm/m je 100 K (0,029 mm/mK)
Edelstahl	1,2 mm/m je 100 K (0,016 mm/mK)
Kupfer	1,7 mm/m je 100 K (0,017 mm/mK)
Verz. Stahl	1,2 mm/m je 100 K (0,012 mm/mK)
Titanzink	2,2 mm/m je 100 K (0,022 mm/mK)

Berechnungsbeispiel einer 15 m langen Titanzink-Schar bei 35° Dachneigung und bei einer Verlegetemperatur von 60 °C Metalltemperatur im Hochsommer:

Dehnweg 15 m, da der theoretische Ruhepunkt hier ganz oben liegt.

$\Delta T_{warm} = 20\ K$

$\Delta T_{kalt} = 80\ K$

$$\Delta l_{warm} = 15\ m \cdot \frac{2{,}2\ mm}{m \cdot 100\ K} \cdot 20\ K \approx 7\ mm$$

$$\Delta l_{kalt} = 15\ m \cdot \frac{2{,}2\ mm}{m \cdot 100\ K} \cdot 80\ K \approx 27\ mm$$

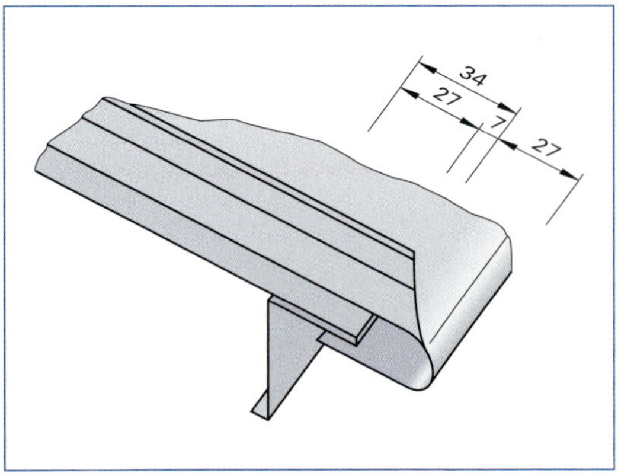

Bild 3: Dehnweg an der Traufe

Errechnet wurde für die Länge der Traufvorkantung ein Dehnweg für das Traufblech von 34 mm – aus Sicherheit wählt man 40 mm bis 50 mm!

Beispiel für den Verlegeplan

Angaben:

Pultdachhaus, Dachfläche 20 m auf 12 m

Dachneigung 35°, Dachhöhe 14 m am First

Band Normalschar mit 600 mm →

Scharbreite (600 – 35 – 45) mm = 520 mm

Lösung:

Hilfsgröße $e = 2h$ oder b

$e = 2 \cdot 14$ m = 28 m oder 20 m

Es gilt $e = 20$ m (der kleinere Wert zählt)

Dachgeometrie

Randbereich $e = 10 = 20$ m/10 = 2,0 m

Eckbereich $e/4 = 20$ m/4 = 5,0 m

Festhaftbereich im 1/1 Punkt, theoretische Ruhelinie ist also bei 12 m/1 = 12 m also ganz oben. Die Festhaftbereichslänge wird 3 m gewählt.

Haftabstände

aus Tabelle 1 auf Seite 156 über 10 m Höhe, Bandbreite 600 mm, $\alpha > 30°$

Rand-Bereich **G**	Eck-Bereich **F**	Eck-Bereich $\mathbf{F_{hoch}}$	Innen-Bereich **H**
370 mm	490 mm	250 mm	500 mm

Umrechnung der Haftabstände aus Tabelle 1 auf Seite 156 in Haftzahlen pro m² (aus den Tabellen der Fachregeln 2009 direkt ablesbar)

nG = $1000/(b \cdot a) = 1000/(0{,}52 \cdot 370) = 5{,}2$ St/m²

nF = $1000/(b \cdot a) = 1000/(0{,}52 \cdot 490) = 3{,}9$ St/m²

$\mathbf{nF_{hoch}}$ = $1000/(b \cdot a) = 1000/(0{,}52 \cdot 250) = 7{,}6$ St/m²

nH = $1000/(b \cdot a) = 1000/(0{,}52 \cdot 500) = 3{,}8$ St/m²

Haftanzahlen

1_ Festhafte

Bereich **G** = 10,00 · 2,00 · 5,2 St/m² =	104 St
Bereich $\mathbf{F_{hoch}}$ = 2 · 5,00 · 2,00 · 7,6 St/m =	152 St
Bereich $\mathbf{F_{hoch}}$ = 2 · 1,00 · 2,00 · 7,6 St/m² =	30 St
Bereich **H** = 16,00 · 1,00 · 3,8 St/m² =	62 St
Summe Festhafter	**348 St**

2_ Schiebehafter

Bereich **G** = 10,00 · 2,00 · 5,2 St/m² =	104 St
Bereich **G** = 2 · 2,00 · 2,00 · 5,2 St/m² =	42 St
Bereich **F** = 2 · 5,00 · 2,00 · 3,9 St/m =	78 St
Bereich **F** = 2 · 3,00 · 2,00 · 3,9 St/m² =	48 St
Bereich $\mathbf{F_{hoch}}$ = 2 · 2,00 · 2,00 · 7,6 St/m² =	60 St
Bereich **H** = 16,00 · 7,00 · 3,8 St/m² =	462 St
Summe Schiebehafter	**794 St**
Summe **Hafter insgesamt**	**1142 St**

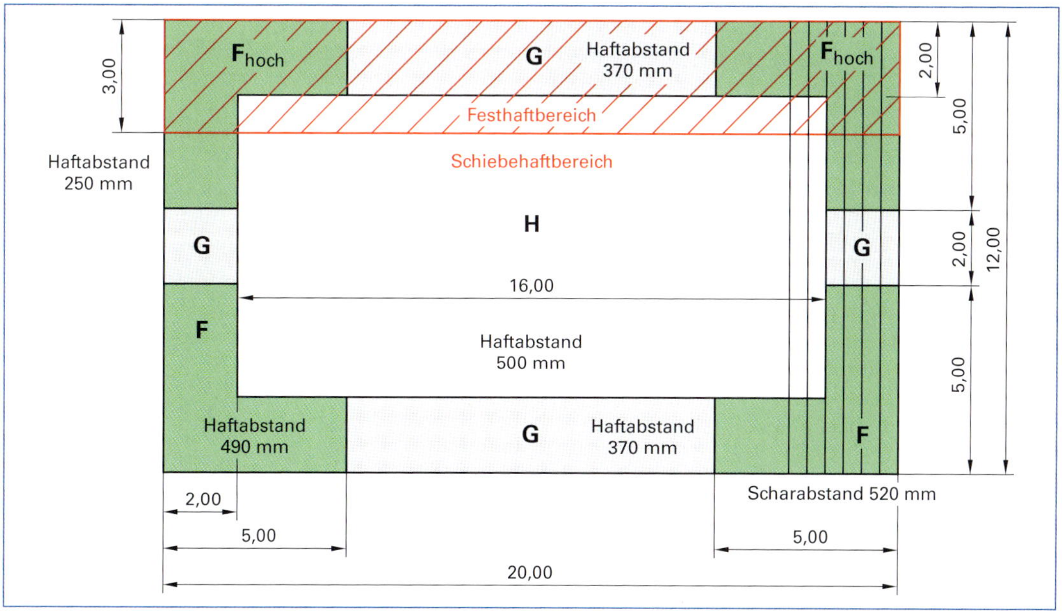

Bild 1: Beispiel für einen Haftenverlegeplan

6.7 Kehlen im Falzsystem

Die Ausführung der Kehle hängt von der Kehlneigung und der Länge der Kehle ab. Die Kehlneigung ist grundsätzlich geringer als die Dachneigung. Deshalb sollte schon bei der Planung darauf geachtet werden, welche Ausführungsart man wählt, um die geeigneten Vorleistungen zu erbringen. Vertiefte Kehlen benötigen eine Vorbereitung vom Zimmermann.

Bild 1: Kehle im Falzsystem

Kehlen dehnen sich aus und sind auf 8 m Schiebelänge begrenzt. Sind sie länger, benötigen sie eine Schiebenaht. Unten wird die Kehle in die Rinne eingeführt, oben wird sie mit der gegenüberliegenden Kehle verfalzt oder in den First eingeführt.

Kehlen transportieren Wasser, darum sollen sie ausreichende Querschnitte erhalten. Der Mindestzuschnitt beträgt 400 mm, üblich sind 500 mm bis 667 mm Zuschnitt. Kehlen wehen im Winter leicht mit Schnee zu, sie müssen also dicht ausgeführt sein – manchmal werden sie mit einer Dachflächenheizung versehen.

Tabelle 1: Anbindung der Scharen an die Kehle und deren Ausführungsart

Ausführungsnummer	Kehlneigung	Kehlausbildung
1	≥ 3°	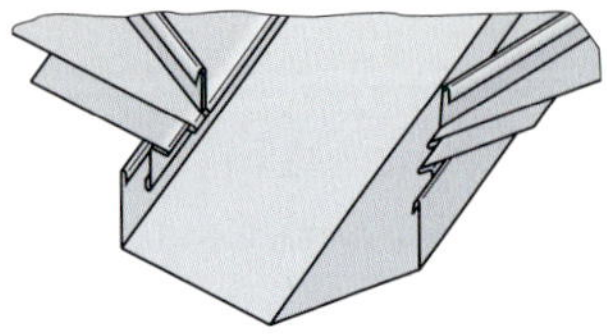 Vertieft angeordnete Kehle
2	≥ 7°	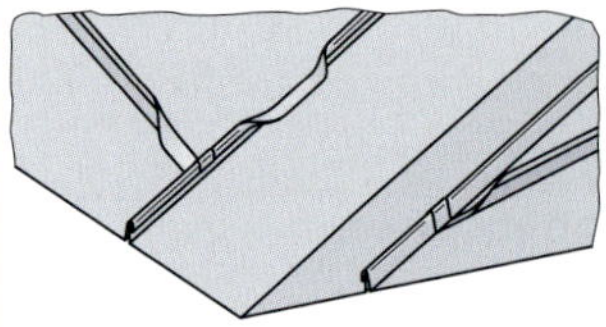 Beidseitig in Dachscharen eingefalzt, keine Ausdehnung möglich. Deshalb ist die Kehllänge auf 6 m zu begrenzen, nur sinnvoll bei Tafeldeckung
3	≥ 10°	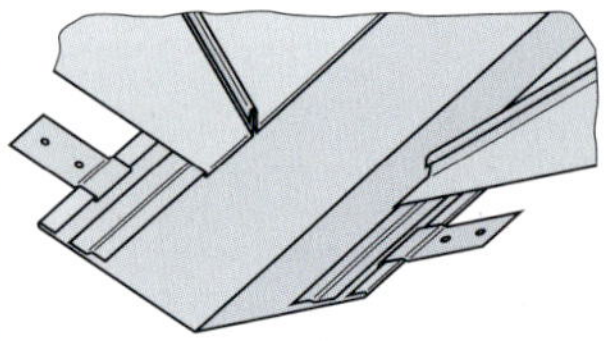 Verbindung mit Kehlschar durch einfachen Falz mit Zusatzfalz, sinnvoll bei Banddeckung
4	≥ 25°	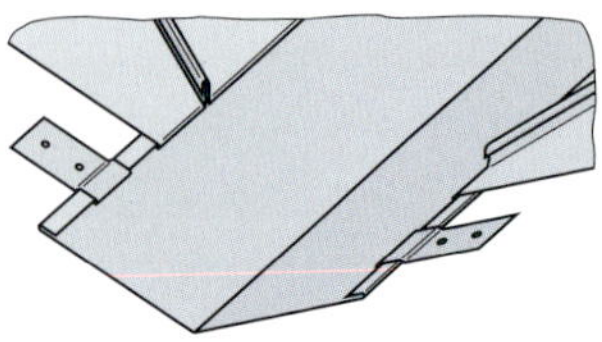 Kehlenschar mit einfachem Falz (gute Ausdehnung)

Bild 1: Lichtkuppeln mit 150 mm Stauwasserhöhe (Schneetaschen) eingefalzt

Kehlnähte

Bei flacheren Kehlneigungen unter 10° muss nach den Fachregeln wasserdicht gestoßen werden, das erfordert gelötete Kehlquernähte, die bis insgesamt 8 m Kehllänge zulässig sind. Bei größeren Längen sind wie bei Dachrinnen Dilatationsstreifen einzubauen.

Kehlen bis 22° Dachneigung können mit 150 mm überlappt werden, Kehlen über 22° können nur mit 100 mm überlappt werden. Die vordere Kante ist umzubiegen, die hintere anzureifen und verdeckt zu nageln.

6.8 Gratausbildungen

Grate können unbelüftet oder belüftet ausgeführt werden. Die Optik ist bei nicht belüfteten Graten besser, da sonst ähnliche Haubengrößen wie bei der Firsthaube erforderlich werden.

Häufig werden hier auch noch die Falze umgelegt; da es sich nur um kleine Längen handelt, ist dies unproblematisch. Die Haube sitzt dann tiefer auf dem Dach auf – sie „schwebt" dann nicht abgehoben über den Falzen.

Normalerweise wird der Grat nicht mehr durchgefalzt. Dies bringt zu viele Materialdopplungen mit sich. Bei der Fertigung wird zunächst die eine Dachseite hergestellt, die Scharen lässt man überstehen. Nun wird mit einer Aufkantungshöhe von 60 mm der Schrägschnitt durchgeführt und die Scharen um annähernd 180° umgelegt. Danach kann die andere Seite genauso vorbereitet werden. Zum Schluss wird eine Holzleiste eingeschraubt, auf die dann der Deckel besser zu montieren ist und geradliniger verläuft als bei einem Direkteinhang in die umgekanteten Scharen (Bild 4).

Bild 2: Gratleiste in Titanzink

Bild 3: Ende der Gratleiste eingefalzt

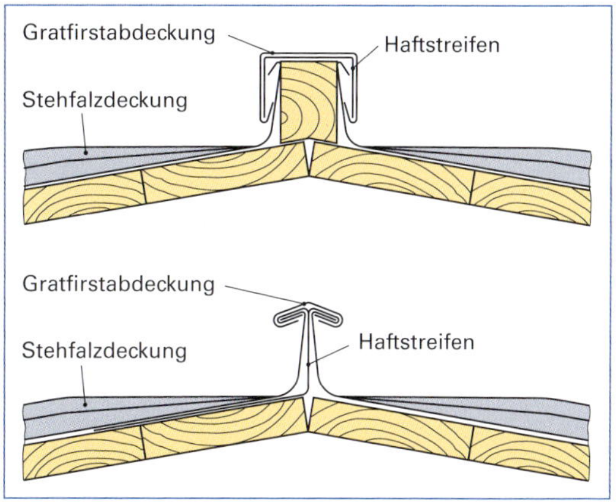

Bild 4: Grate mit und ohne Holzleiste

Bild 1: Gratausbildung, stehend eingeführte Falze ohne Holzleiste

Bild 2: Trauf- und Brustbleche kombiniert

6.9 Firstausbildungen

Unbelüftete Firste

Firste von unbelüfteten Dächern (Warmfirste) können wie Grate ausgeführt werden. Sie können verfalzt werden, was aber nur im kleinflächigen Bereich, z. B. bei Gauben, geschieht. Meistens wird eine Firstleiste aufgesetzt und das Blech auf 10 mm Dehnungsspalt herangearbeitet, um die Dehnungen nach oben bei flacheren Dächern zu gewährleisten.

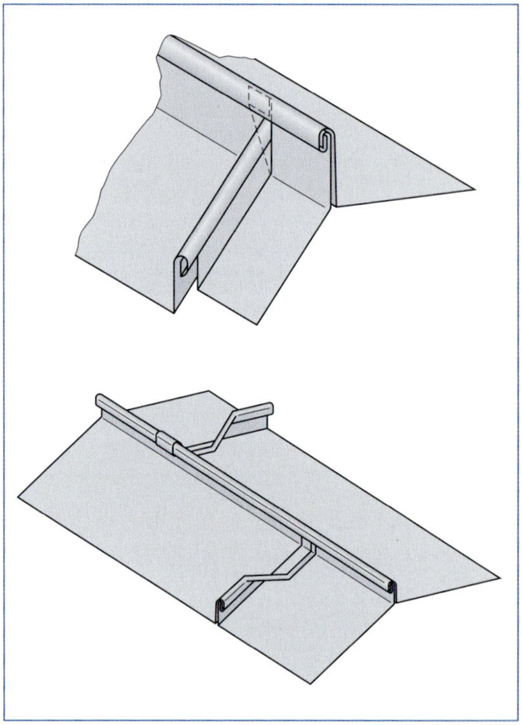

Bild 3: Firstfalze, umgelegt und stehend eingefahren

Umgelegte Stehfalze entsprechen nicht mehr dem Stand der Technik und behindern die Querdehnung der Metallscharen. Umlegen ist jedoch noch zulässig, wenn mindestens alle 12 m eine Dehnungsleiste eingebaut wird, die diese Dehnungen aufnehmen soll. Wie der Schiebeweg von gut 10 mm von den Haften darunter aufgenommen werden soll, ist fraglich. Diese Verlegeart wird von Anfängern oft ausgeführt, denn trotz ihrer Probleme ist sie besser, als wenn oben Falze reißen und Wasser sich über die ganze Scharenlänge verteilt. Dies ruft nämlich beträchtliche Unterseitenkorrosion hervor.

Belüftet Firste

Meistens wird jedoch eine Hinterlüftung des Daches vorgesehen und die muss durch eine aufgesetzte Firsthaube sichergestellt werden.

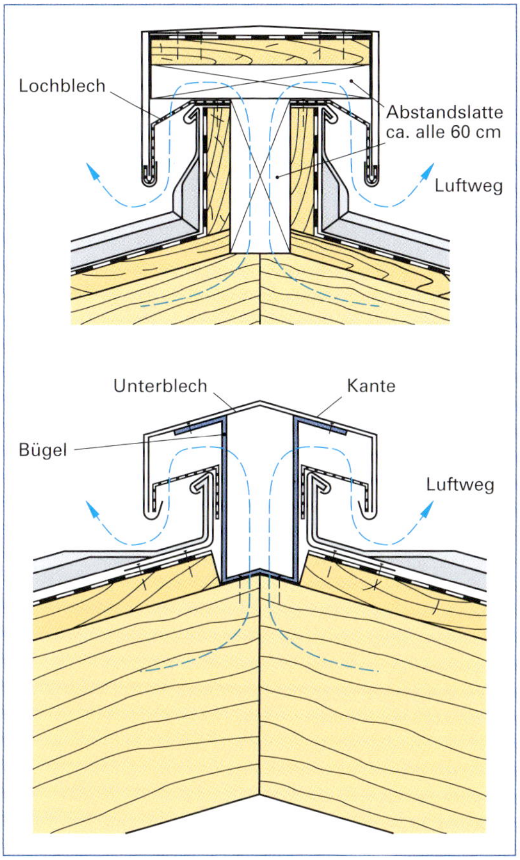

Bild 1: Firsthauben in Holz- und in Ganzmetallausführung

Der obere First in Bild 1 ist eine zimmermannsmäßige Holzkonstruktion mit Stellbrett, Konterlatte zur Belüftung und Firstbrett zum vollflächigen Auflegen der Haube. Diese Konstruktion wirkt insgesamt recht groß, da zusätzlich zu den vorgeschriebenen Belüftungsöffnungen nun noch die Holzstärken dazu kommen. Architekten drängen meist auf kleine Detaillösungen. Hier bietet sich eine auf Bügeln montierte Firsthaube (Bild 1 unten) mit freitragenden Blechen an, die allerdings größere Blechstärken erforderlich macht. Dies kann man umgehen durch vollflächige Unterbleche aus Kupfer 0,8 mm bis 1,0 mm oder bei Titanzink aus verzinktem Stahl 0,8 mm.

Bild 2: Firsthaube mit Grateinführung

Bild 3: Baufurnierständer für die Firsthaube an die Sparren seitlich angeschlagen

Bild 4: Firsthaubenabschluss

Bild 5: Firsthaube an einer Verfallung

Eine weitere gute Lösung stellt die im Bild 3, Seite 163 dargestellte Firsthaube dar. Sie ist mit ausgesägten Baufurnierständern hergestellt und seitlich an den Sparrenkopf angenagelt. Wird hier eine Schnur zwischen erstem und letztem Baufunierholz gespannt, können beim Einpassen der Zwischenelemente sehr genau die Bautoleranzen ausgeglichen werden.

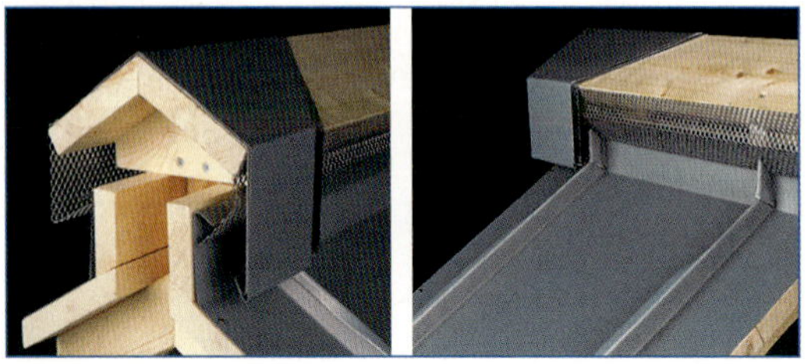

Bild 1: Lochblecheinbau

Für den Einbau eines Lochbleches zur Verhinderung des Eindringens von Wespen ist ein Lochblech mit mindestens 45 % Lochanteil und 5 mm Lochgröße vorgeschrieben. Gute Erfahrungen liegen auch mit Wabenblech vor, bei dem der Lochanteil wesentlich höher ist, die Lochgröße aber etwas kleiner.

Dieses Blech kann einfach oben auf die Lüftungsöffnung gelegt werden oder schräg von Haube zu Schar eingebaut werden. Der schräge Einbau verringert die Gefahr von Verschmutzung, da so auf dem Blech nichts liegen bleiben kann. Manche nageln einfach auch seitlich ein Kunststofflochband an.

In schneereichen Gebieten wird häufig der First mit Flugschnee zugeblasen und Wasser dringt in großen Mengen durch den Luftspalt in die hier ungeschützte Dämmung ein.

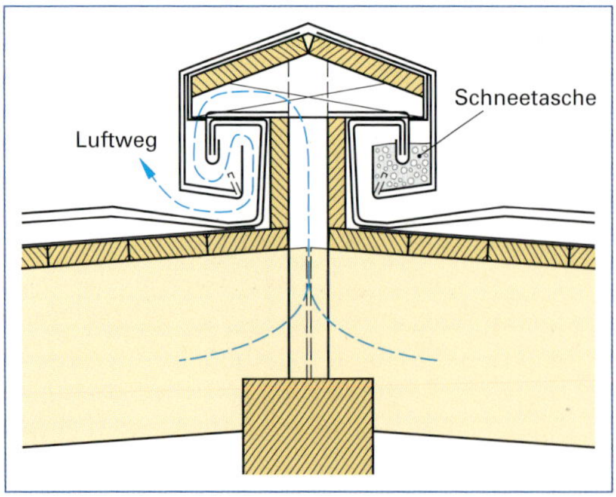

Bild 2: Flugschneesicherer Siphonfirst

Dies kann durch den Einbau einer Schneetasche (Siphon) verhindert werden. Diese wird dann einseitig zugeblasen, die andere Seite bleibt frei zur Entlüftung. Durch die aufströmende wärmere Luft aus der Hinterlüftung schmilzt der Siphon wieder auf und der volle Lüftungsquerschnitt steht zur Verfügung (Bild 2). Das Schmelzwasser tropft einfach durch die Nähte der Haube nach unten auf das Falzdach.

Für Firste sind auch Fertigelemente im Kommen – hier ist industriell schon alles vorbereitet, das Firstelement muss nur aufgesteckt und angenietet werden.

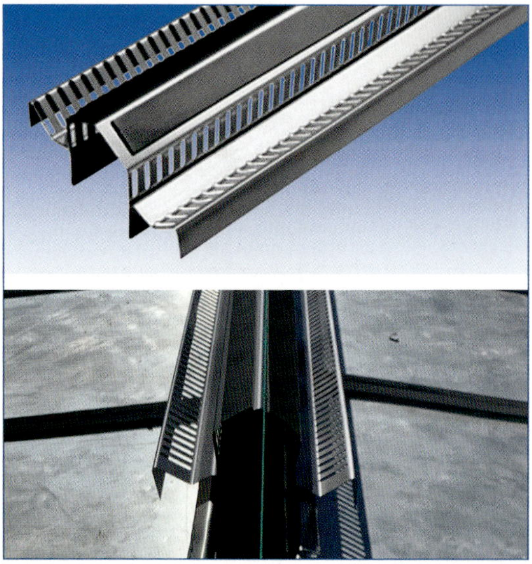

Bild 3: Jetlüfter zum Aufstecken auf die aufgekantete Schar

Bild 4: Jetlüfter mit Halter für Firsthaube

Mindestblechdicken

Verzichtet man bei Hauben und anderen Bauteilen auf eine vollflächige Unterkonstruktion im waagrechten Bereich, sind erhöhte Blechdicken vorzusehen (Tabelle 1).

Tabelle 1: Mindestdicke gekanteter Blechbauteile mit und ohne bauseitige Unterkonstruktion

Werkstoff	vollflächig aufliegend	Anschlüsse ohne Unterkonstruktion	Selbsttragend am Dachrand
Aluminium	0,7 mm	0,7 mm	1,0 mm
Kupfer	0,6 mm	0,7 mm	1,0 mm
Verzinkter Stahl	0,6 mm	0,7 mm	0,8 mm
Titanzink	0,7 mm	0,7 mm	1,0 mm
Edelstahl	0,4 mm	0,7 mm	0,8 mm
Aluminium-Strangpressprofile	1,5 mm	1,5 mm	1,5 mm

Als vollflächig aufliegend kann die einschenklige vollflächige Auflage gelten, die das Blech am Beulen hindert – also z. B. Traufbleche, Ortgangblech auf Windfeder, Mauerabdeckungen mit Holz oben und freiem Schenkel nach unten.

6.10 Traufausbildungen

Traufen stellen die schwierigsten Detailanforderungen an den Klempner. Folgende Punkte muss er dort unter einen Hut bekommen:

- Überlaufsicherheit der Attikarinne,
- Belüftung des Daches,
- Sicherheitsrinne oder Simsblech für Kondenswasserbildung,
- Rinnengefälle, falls mit dem Bauherrn vereinbart.

Diese Aufgaben verlangen eine immense planerische Leistung, die eigentlich der Architekt zu leisten hat. Liefert der Klempner als Fachplaner Detailpläne, kann er sie dem Architekten in Rechnung stellen. Immer mehr Klempnereien legen schon der Ausschreibung ihre Lösungsvorschläge bei, was ein sehr fachkompetentes Erscheinungsbild bietet.

Bild 1: Kastenrinne am Falzdach

Bild 2: Die Standardrinne halbrund wirkt am Falzdach „putzig“ klein

Bild 3: Attikarinne hinter Stehfalzfassade wirkt deutlich größer

Bild 1: Attikarinne im Dachaufbau

Einige Anforderungen widersprechen sich und erfordern Kompromisse:

Im Bild 2 ist das Simsblech durchschraubt – dafür ist die Blende unabhängig von Unebenheiten des Baukörpers. Es kann eine herkömmliche Rinne verwendet werden.

Im Bild 3 tropft das Kondenswasser unter der Rinne auf das Konstruktionsholz der Wandbekleidung, was kurzfristig unbedenklich ist.

Lediglich die Lösung im Bild 4 erfüllt alle wesentliche Punkte. Sie ist aber durch die Sicherheitsrinne und deren Entwässerung am Rinnenende recht aufwendig.

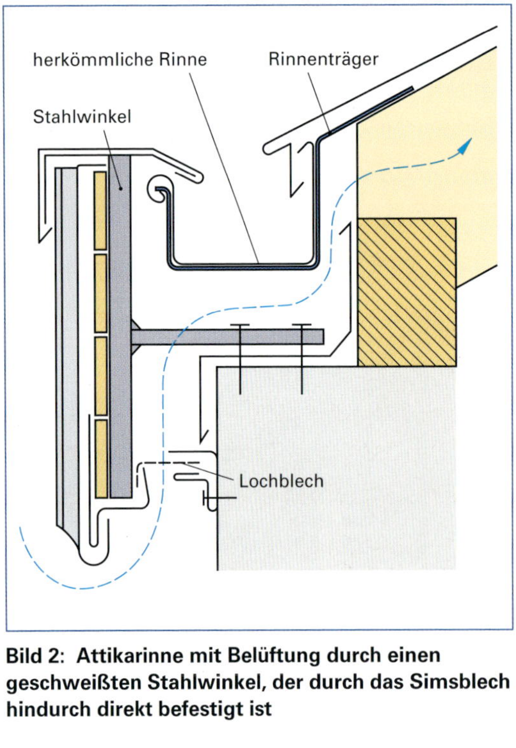

Bild 2: Attikarinne mit Belüftung durch einen geschweißten Stahlwinkel, der durch das Simsblech hindurch direkt befestigt ist

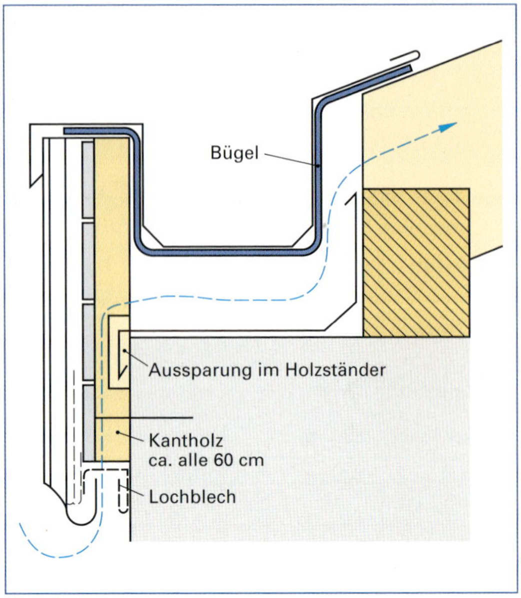

Bild 3: Attikarinne, belüftet über eine Aufdopplung durch ein senkrechtes Kantholz an der Fassade, das anschließend beplankt und bekleidet wird

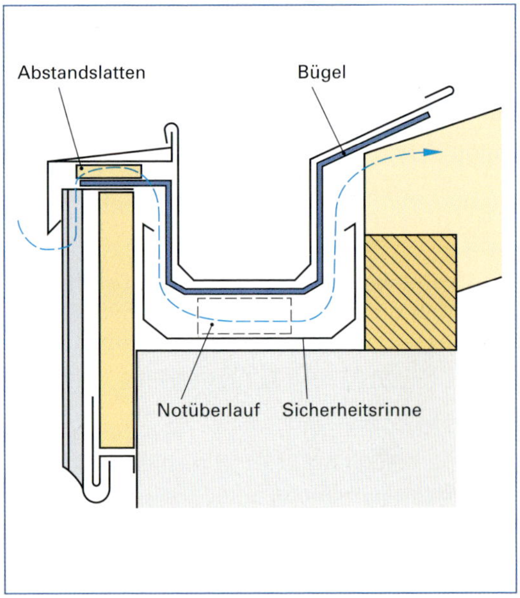

Bild 4: Attikarinne, belüftet über den oberen Rand, mit belüfteter Sicherheitsrinne mit Notüberlauf am Ende der Rinne

Alle diese Ausführungen sind nach vorne überlaufsicher, können den Dachaufbau belüften und leiten Tropfwasser an ungefährlicher Stelle ab.

Der Klempner sollte sich auf keine minderwertigen Lösungen einlassen, denn es handelt sich hier um eine innenliegende Rinne, die den Baukörper durchfeuchtet, somit haftet er für alle Folgeschäden – es sei denn, er hat seine Bedenken gegen die ihm auferlegte Lösung schriftlich und vom Bauherrn unterschrieben in der Tasche.

Bild 1: Traufumschlag ohne Dehnungsmöglichkeit

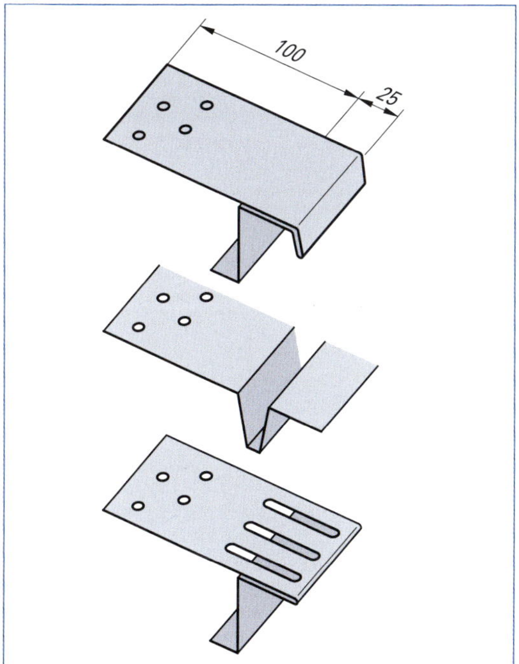

Bild 2: Kapillarstoppbleche

Erfahrungen mit erheblicher Weißrostbildung bei rückziehendem Wasser im Traufenbereich lassen über die Traufausbildung nachdenken. Vorne soll die Traufe keinesfalls ganz zugedrückt werden. Ansonsten laufen die Wassertropfen bei flacheren Neigungen um die Traufkante herum, dringen zwischen Traufblech und Deckblech ein und verweilen dort zu lange. Jeder Klempner kennt den Anblick eng beieinanderliegender Titanzinkbleche, zwischen die Wasser eingezogen ist – sie sind weiß!

Deshalb kommen bei flacheren Neigungen Kapillarstoptraufbleche zum Einsatz (Bild 2). Eingedrungenes Wasser kann nun in den Dreikant laufen und in der losen Überlappung der direkt genagelten Bleche auslaufen. Eine andere Möglichkeit sind gestanzte Langlöcher im herkömmlichen Traufblech, in die Kapillarwasser entweicht.

6.11 Wandanschlüsse

Obere Wandanschlüsse

Obere Wandanschlüse führen das Dach an eine aufgehende Wand und müssen somit bei belüfteten Dächern auch die ankommende Luft abführen.

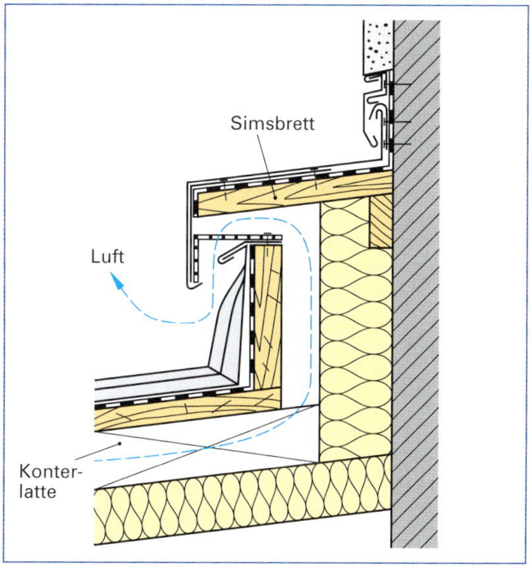

Bild 3: Hinterlüfteter Wandanschluss

Dies kann zum Beispiel durch das Aufsetzen eines Simses erfolgen. Alternativ kann auch eine Lüftungskopplung mit der Fassade erfolgen. Dies hat den Vorteil, dass die Fassade wegen ihrer besseren Thermik die angefeuchtete Luft aus einem flach geneigten Dach geradezu herauszieht (siehe Kapitel 9, Bauphysik).

Bild 1: Lüftungskoppelung Dach zu Wand

Bild 2: Oberer Wandanschluss, belüftet über Simsbleche

Seitliche Wandanschlüsse

Seitliche Wandanschlüsse führen die Schar an einer seitlich aufgehenden Wand hoch und schließen sie dehnbar mit einer Kappleiste an das Wandmaterial an.

Hier kommen alle Arten von Kappleisten, Putzschienen oder Einhängstreifen (siehe Kapitel 3, Verwahrungstechnik) in Frage.

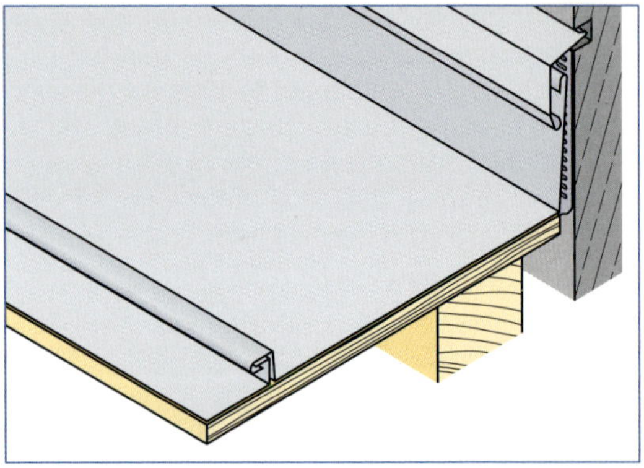

Bild 3: Seitlicher Anschluss schiebend über eine eingelassene Kappleiste

Bild 4: Aufgekantete Scharen an aufgehender Wand

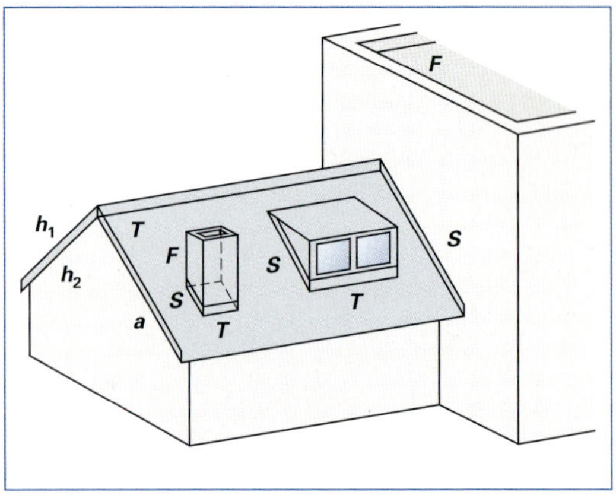

Bild 5: Einzuhaltende Anschlusshöhen bei Wandanschlüssen

Tabelle 1: Anschlusshöhen

Dachneigung	Dachneigung	Dachneigung

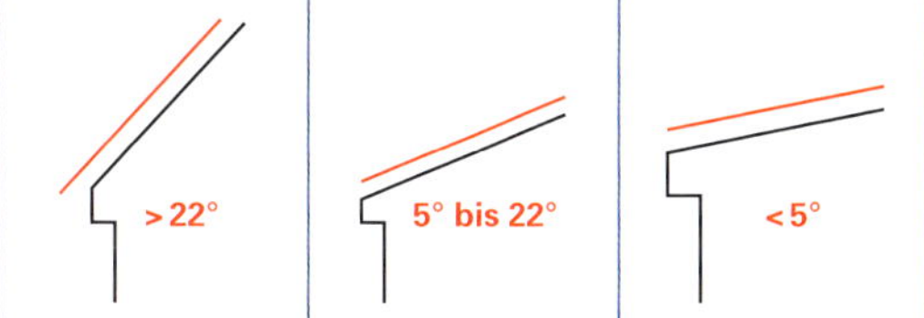

Seitliche Anschlusshöhe *S* (*S* = seitlich)

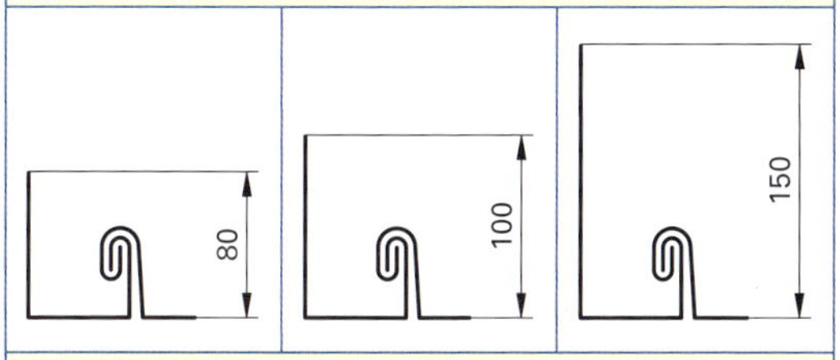

Falzabstand von Aufkantung 200 mm

Anschlusshöhe *T* vorne (*T* = traufseitig)

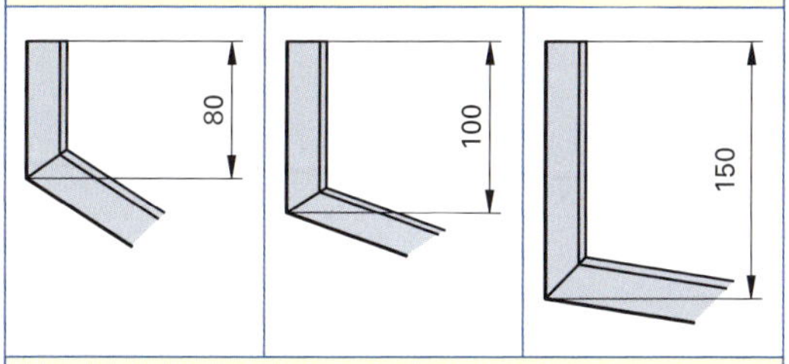

Anschlusshöhe *F* hinten und Wasserlaufgröße (*F* = firstseitig)

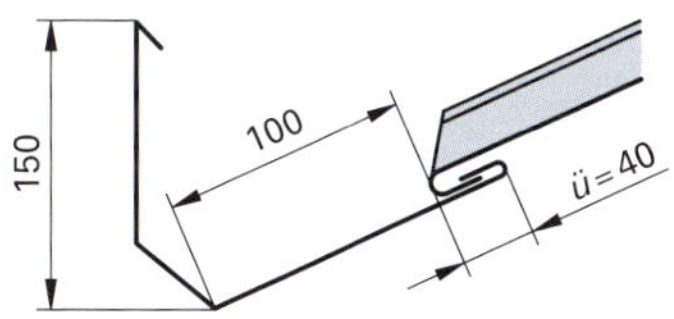

Die Einhaltung der Anschlusshöhen (Bild 5, Seite 168 und Tabelle 1) ist dringend erforderlich, um Schneeansammlungen und Spritzwasser zu bewältigen. Sie gelten ab der wasserführenden Schicht, also ab dem aufliegenden Deckmaterial. Im Norden Deutschlands werden Bleche wegen der höheren Windgeschwindigkeit immer nach der Anschlusshöhe rückgekantet, im Süden wird teilweise darauf verzichtet.

6.12 Ortgänge

Ortgänge sind ähnlich den Ortgängen am Ziegeldach ausführbar (siehe Kapitel 3, Verwahrungstechnik). Im oberen Bereich sind sie zu entlüften, der Aufbau entspricht dann einem Pultdachfirst.

Bild 1: Gekrümmter Ort in Stehfalztechnik, nicht überdeckt durch eine Kappe und vorderer Dachabschluss, überdeckt und belüftet

Stößt eine belüftete Fassade an den Ortgang, muss dieser auch seitlich belüftet werden. Bei Aufdachdämmung wird der Ortgang nachträglich recht hoch. Hier sind Stehfalzblenden die beste Möglichkeit, diese Höhe auszugleichen und dem Haus einen ansehnlichen Abschluss zu verleihen.

Bild 2: Ortgangblende überdeckt

Für den Randabschluss des Falzdaches reicht eine gewöhnliche Falzhöhe von 25 mm nicht aus. Damit sich der Windwirbel oberhalb des Bleches ausbildet, ist eine Überhöhung (h_1 im Bild 1) erforderlich. Sonst schlagen die Scharen nach dem Ort auf der Dachscheibe bei Windanströmung.

Wenn der Wind von hinten kommt, soll das Wasser nicht seitlich zur Fassade hin überlaufen. Es ist durch die längere Verweildauer mit Ionen angereichert und würde selbst bei gleichem Material zu hässlichen Ablaufspuren führen. Der ZVSHK lässt h_1 = 25 mm aus optischen Gründen zu (Seite 170, Tab. 1). Exakte Maße siehe Seite 107.

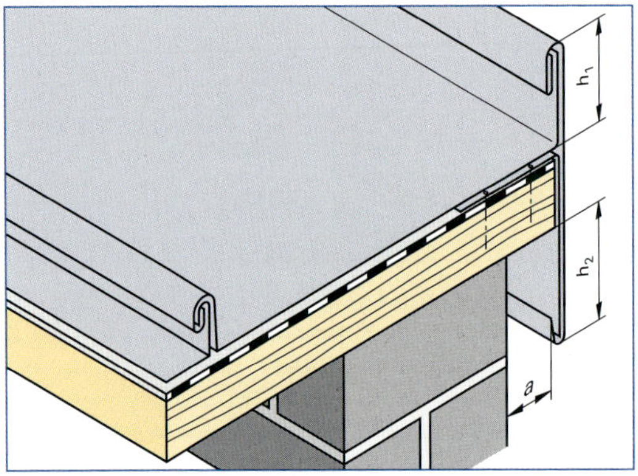

Bild 1: Ortgang mit Blindfalzausführung – die Maße h_1 und h_2 sind einzuhalten

Tabelle 1: Überhöhungen und Unterdeckungen am Ort im mm

Traufhöhe	h_1	h_2	a
< 8 m	25	50	20
8 m bis 20 m	25	80	20
> 20 m	25	100	20

Optisch einwandfrei ist eine Stehfalzbekleidung des Ortes mit senkrecht verlaufenden Falzen. Dies streckt das Haus optisch und gibt einen guten oberen Abschluss.

Der obere Anschluss kann überdeckt oder nicht überdeckt ausgeführt werden. Jede Ausführung gibt dem Haus ein grundlegend anderes äußeres Erscheinungsbild. Überdeckt wirkt er klassisch, nicht überdeckt hat eine modernere schlichte Optik. Genaueres hierzu siehe Kapitel 3, Verwahrungstechnik.

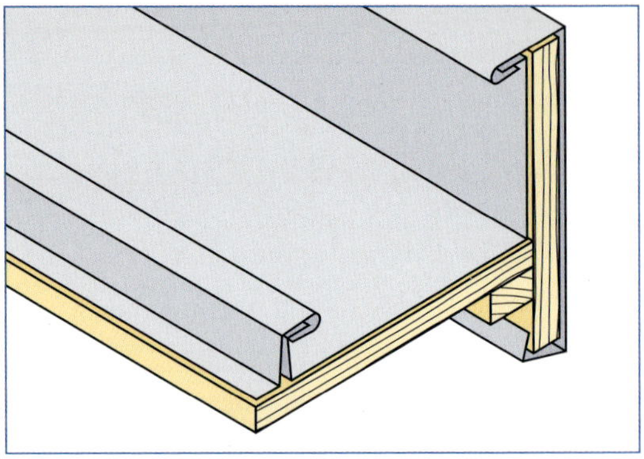

Bild 2: Höhergeführter Ort mit einem Ortbrett und reiner Klemmwirkung der Ortgangblende

Bild 3: Ortgang in Stehfalztechnik, angewandt an einem Ziegeldach

Bild 4: Ortgänge, optimal eingebunden in das Erscheinungsbild des Falzdaches

6.13 Einbindung von Dachdurchbrüchen

Schareneinteilung

Jedes Gebäude hat ein eigenes Gebäuderaster. Nicht immer macht sich dieses Raster auch auf dem Dach bemerkbar, dann hat das Dach vorwiegend dichtende Funktion und es bleibt dem Zufall überlassen, wie der Falzverlauf entsteht. Führen Elemente wie Schornsteine, Dachfenster oder Belüftungsrohre aber zu Dachdurchbrüchen, müssen diese bei der Planung der Falzverläufe berücksichtigt werden.

Bild 1: Einbindung von Fenstern

Vor dem Verlegen muss der Klempner sich Gedanken zur Schareneinteilung machen. Bei architektonisch wertvollen Gebäuden macht er dies am besten zusammen mit dem Architekten – teilweise wird auch ein Fachplaner zugezogen, der einen fertigen Verlegeplan liefert. Folgende Randdaten sind zu beachten:

- Der Falzabstand zu Durchdringungen muss ca. 200 mm betragen. Dies ist erforderlich, um die nötige Hochführung aus der wasserführenden Schicht zu realisieren.
- Es sollten nie Scharen geplant werden, die größer als das vorgesehene Standard-Band sind. Eine solche Schar würde mit Blech einer anderen Coil-Nummer ausgeführt und das sieht man später wegen der unterschiedlichen Bewitterung.
- Kleine Durchbrüche sollten mittig in der Schar liegen, läuft der Falz auf den Durchbruch zu, ist er sehr schwer zu teilen, das stellt eine falztechnische Herausforderung dar.
- Blechbahnen dürfen nicht gedreht werden. Durch die Walzung entsteht eine gerichtete Schuppung, die bei Lichteinfall dem Material einen anderen Farbton verleiht.
- Es muss immer der Reihe nach gedeckt werden. Kommt bei stückweiser Verlegung nachts ein saurer Regen, sieht man die „Zebra-Bildung“ über Jahre.
- Es sollten keine zu großen Unterschiede in den Scharbreiten realisiert werden. Gibt es dagegen mehrere Scharen mit kleineren Unterschieden, sieht der Betrachter das nicht.
- Falze können direkt auf Ecken zulaufen, wenn sie genügend Anschlusshöhe besitzen. Der Rest der Schar ist dann bis zur Traufe zurückzuschneiden.

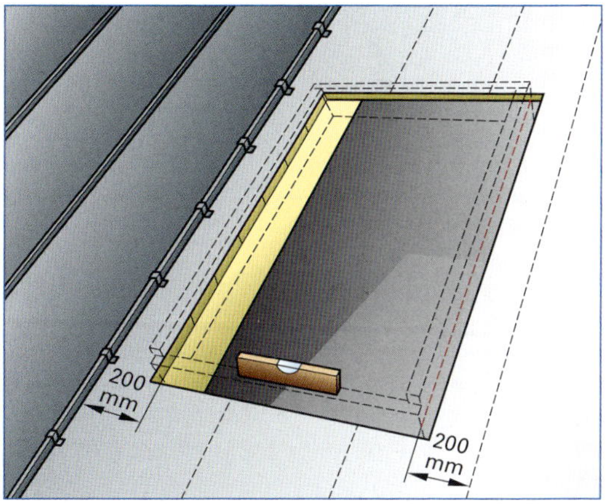

Bild 2: Voraussetzungen der Schareneinteilung für die fachgerechte Einbindung mit „Eindeckrahmen“

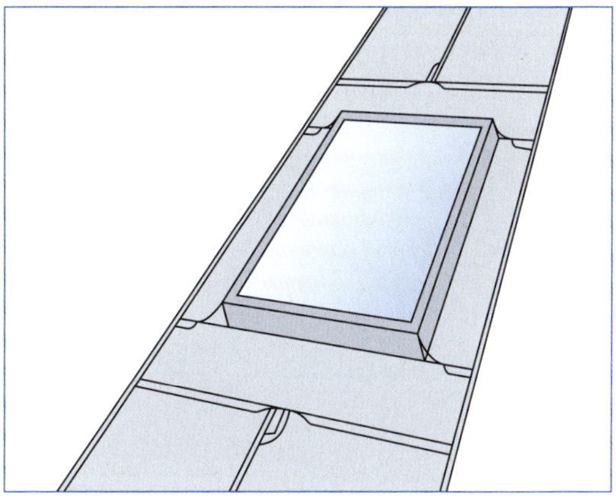

Bild 3: Einbindung mit „Eindeckrahmen“

Einbindung von Dachfenstern

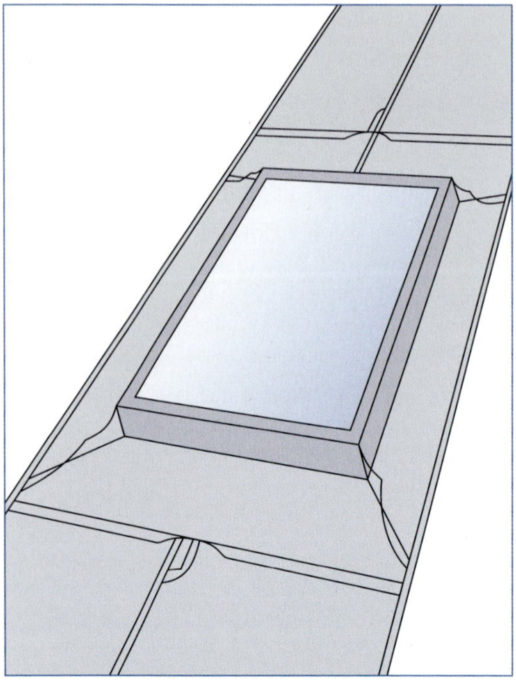

Bild 1: **Eindeckrahmen, Seitenteile 45° abgeschrägt zum besseren Wasserablauf**

Bild 2: Recht groß gewählter Eindeckrahmen – er wirkt wie ein „Pflaster auf dem Dach“

Bild 3: Um ca. 20° abgeschrägtes Brust- und Kehlblech zum besser Wasserablauf

Bild 4: Mehrere Eindeckrahmen nebeneinander

Bild 5: Scharverlauf angepasst, Fensteranschluss mit selbsthergestelltem Eindeckrahmen verfalzt

Am häufigsten werden Fenster mit einem Eindeckrahmen eingebunden, da hier der Rahmen gekauft oder zuhause in der Werksatt vorbereitet werden kann (Bilder 1 bis 4). Er wird dann einfach auf der Baustelle über das Fenster gestülpt und anschließend seitlich oben und unten eingefalzt.

Natürlich muss zuvor die Scharenabstimmung erfolgen – optimal sitzt der Rahmen optisch nur dann, wenn rechts und links das gleiche Abstandsmaß zum Falz erreicht wird. Es wurden durchaus schon Dachfenster versetzt, wenn dies weniger Aufwand als das Anpassen der Passscharen bedeutete. Dies geht natürlich nur innerhalb eines Wechsels.

Die optisch bessere Variante ist natürlich die 100 %ige Einbindung in das Rastermaß der Scharen. Dies erfordert mehr Planungs- und mehr Ausführungsaufwand.

Bild 1: Nichts ist schöner als ein harmonisch abgestimmter Scharenverlauf

Bild 2: Hier hat jede Schar ein anderes Passmaß

Bei dieser schöneren Variante müssen seitlich an das Fenster die Blechteile auf 150 mm hochgekantet werden, damit die Rundung zum Fenster hin möglich wird. Dann ist rund auszuschneiden auf die Fertigfalzhöhe 35 mm bzw. 45 mm und die Übergänge sind dann bis unten an die Traufe handwerklich herzustellen. Hier ist ja dann keine Vorprofilierung vorhanden.

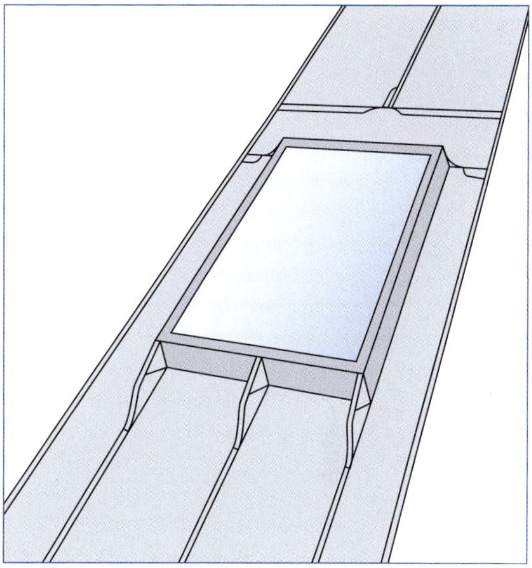

Bild 3: Einfalzung mit Scharenanpassung unten

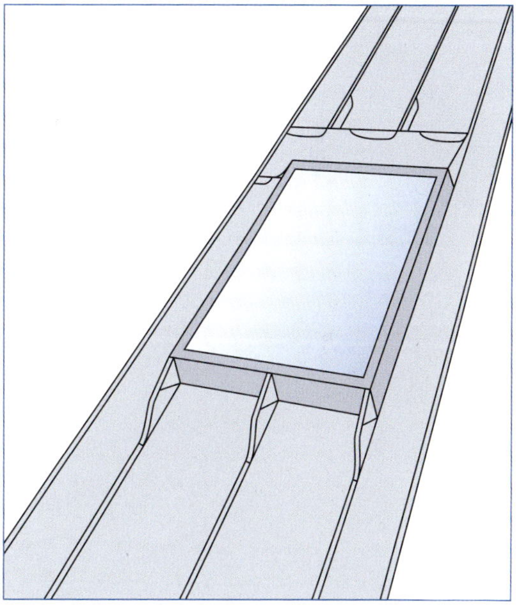

Bild 4: Scharenverlauf oben und unten angepasst – oben muss ein Kehlblech in den Nacken eingefalzt werden, damit das Wasser auf einer Seite herauslaufen kann

Bei komplexen Anschlüssen ist es meist ratsam, gleich jedes Blech höher vorzurichten. Dann macht das runde Ausfalzen keine Probleme mehr und kann langsam bis zur Einfahrungsstelle zurückgeschnitten und umgelegt werden.

Bild 1: Scharverlauf optimal an den Dachausstieg angepasst – die überstehenden Längen sind heruntergeschnitten bis zur Traufe bzw. zum Firstanschluss

Bild 2: Scharen nach unten aufgehend an den Graten

Bild 3: Scharen optimal an Fenster angepasst

Bild 4: Bei minimalen Abständen erscheint ein kleiner Eindeckrahmen für den Betrachter fast wie eingepasst

Die Quernähte werden je nach Neigung unterschiedlich ausgeführt. Es gelten die allgemeinen Regeln für Quernähte (siehe Kapitel 6.3).

Bei über 25° Dachneigung kann einfach eingehängt werden. Die eigentlich vorgeschriebenen 40 mm Fertignahtbreite sind nicht einzuhalten, weil es sich nicht um eine Schiebenaht handelt. Es reicht 25 mm Nahtbreite bei 20 mm Kantmaß und 5 mm Längenausgleich. Die Bleche sind ja seitlich über Längsfalze verbunden und somit schieben alle Eindeckrahmen mit. Darum ist rund um den Ausschnitt mindestens ein Luftspalt von 10 mm vorzusehen.

Bei Dachneigungen über 10° wird der Falz mit Zusatzfalz verwendet.

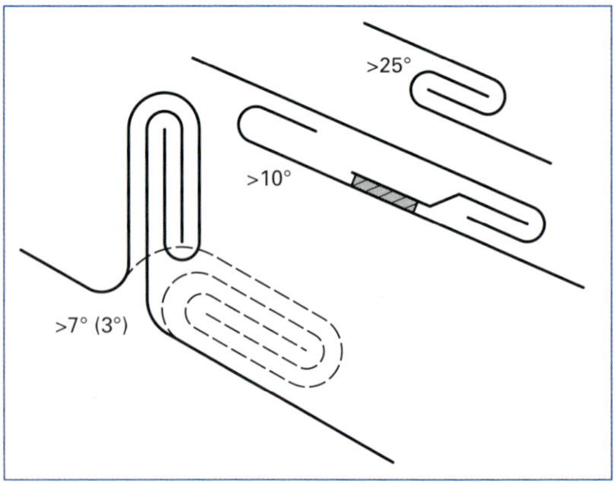

Bild 5: Einfalzungen des Eindeckrahmens oben und unten

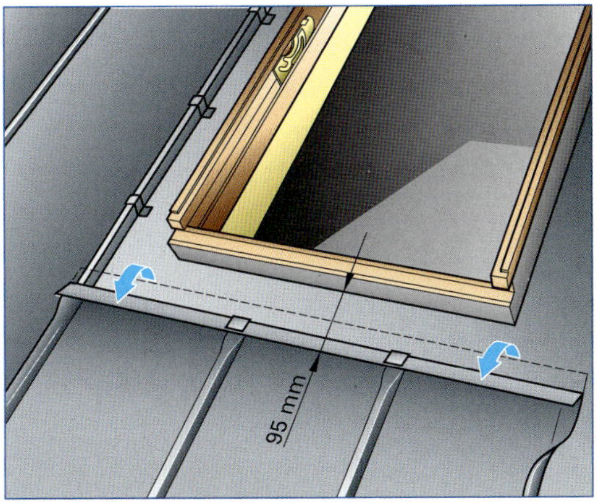

Bild 1: „Herandecken" an den Durchbruch

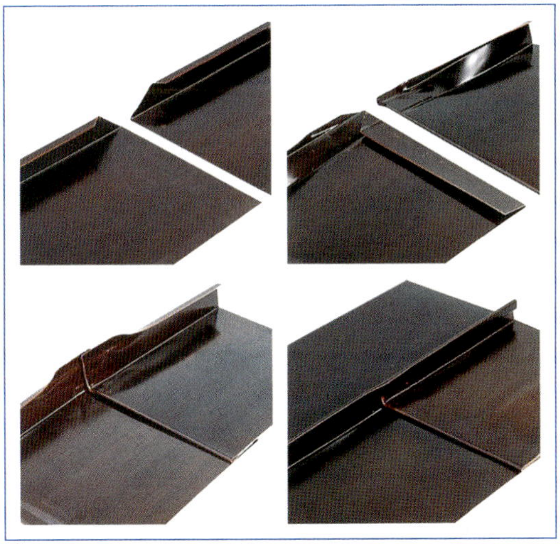

Bild 2: Herstellung des einfachen Querfalzes bis 25° Dachneigung

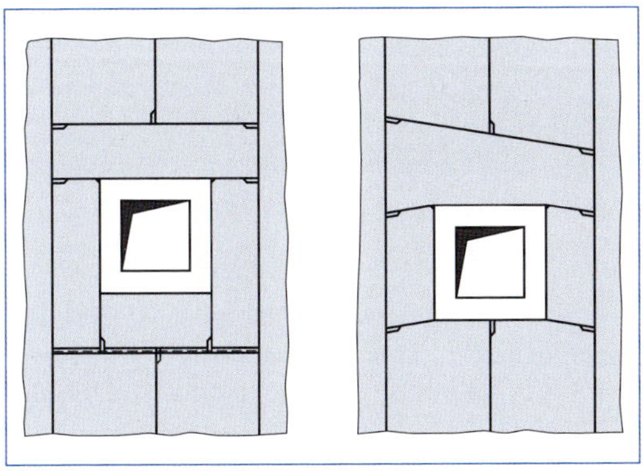

Bild 3: Musterbild eines Eindeckrahmens von oben gesehen, gerade oder geneigte Ausführung

Die Verfalzung erfolgt je nach vorhandener Dachneigung mit einfachem Falz, Falz mit Zusatzfalz oder einem T-Punkt.

Bild 4: Herstellung des doppelten Querfalzes, auch Schiebefalz genannt (da er seitlich eingeschoben wird) bis 7° Dachneigung

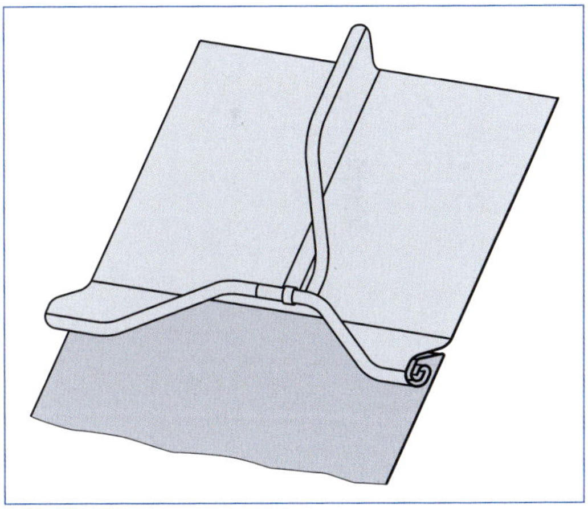

Bild 5: T-Punkt oben

Unter 7° Dachneigung muss mit den aufgestellten Falzen gearbeitet werden. Dazwischen werden die Falze umgeschlagen, damit das Wasser auslaufen kann.

Die Falzunterseite wird beim oberen T-Punkt (Bild 5) offen hingelegt, somit dringt kein stehendes Wasser aufgrund von Kapillarwirkung in den Falz ein.

Beim unteren T-Punkt (Bild 1) wird die Falzunterseite ins Wasser gelegt, damit auftropfender Regen seitlich abfließt.

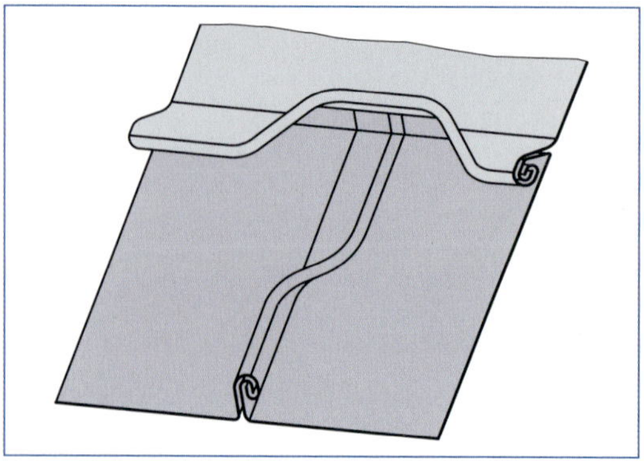

Bild 1: T-Punkt unten

Bild 3: Ausmittlung bei Dunstrohreinbindung

Bild 2: Fenster, die dem Scharenverlauf nicht angepasst sind

Bild 4: Lüfterrohre eingepasst in den Scharverlauf

6.14 Dunstrohrdurchführungen

Lüfterrohre, Fahnenmasten, Dunstrohre, Stromdachständer und Halter für Bauornamente werden am besten mittig in der Schar oder leicht versetzt mittig angeordnet. Meist ist es billiger, die Durchbrüche zu versetzen als die Scharen anders anzuordnen.

Die Verbindung am Titanzinkdach kann durch Löten erfolgen. Das Stülprohr muss oben und unten gut 10 mm größer sein, damit es bei der Scharendehnung nicht anstößt und zu große Lasten auf die ungünstige Lötnaht bringt. Bei anderen Deckstoffen wie Kupfer, Aluminium oder farbbeschichteten Blechen ist einzufalzen.

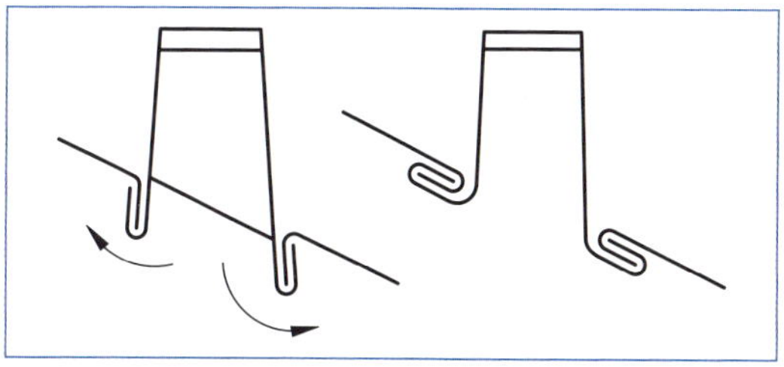

Bild 1: Einfalzen nach unten und anschließendes Durchlöten bei Kupfer

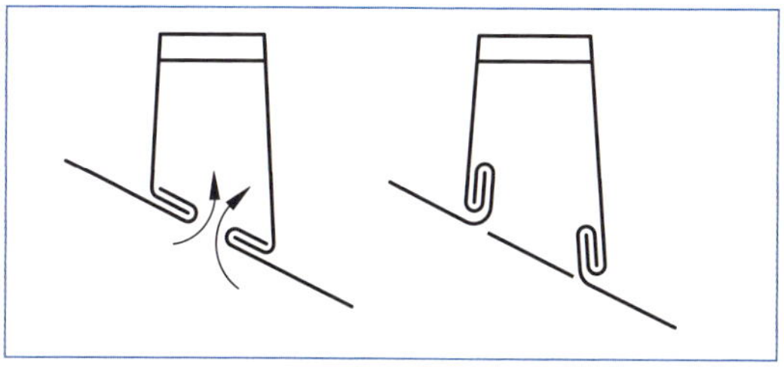

Bild 2: Einfalzen nach oben mit Dichtband bei farbbeschichteten Blechen

Bild 3: Eingefalzt nach unten und nur innen durchgelötet ergibt eine bessere Optik

Bild 4: Absolute Falz-Profis schaffen auch dann das Einfalzen, wenn der Falz direkt auf das Rohr zuläuft – und das ohne Löten!

Bild 5: Durchgefalzter Durchbruch bei Falzinc (verzinktes Aluminium unten eingefalzt)

Die einfachste Möglichkeit ist das Kleben. Hier wird der Rand der Schar etwas aufgebördelt und dann das Kunststoffteil mit Klebenahtvorbereitung (Schichtdickengewährleistung durch Abstandshalter) einfach aufgedrückt. Problematisch ist, dass sich die Kunststoffteile bei Bewitterung anders verfärben als die Scharbleche.

Bild 6: Lüfterrohre, aufgeklebt mit Spezialklebstoffen

6.15 Kamine im Falzsystem

Kamindurchdringungen werden wie Fenstereinfassungen ausgeführt. Zu unterscheiden ist der Belüftungstyp A: Luftzutritt über dem Dachaufbau und der Typ B: Luftzutritt aus dem Dachaufbau heraus. Beide Belüftungstypen und ihre Auswirkungen auf den Kaminmantel werden im Kapitel 4, Schornsteine (S. 117), ausreichend dargestellt.

Der Anschluss an das Falzdach kann auf beide Arten geschehen. Sicher bietet die Ausführungsart B mehr Flugschneesicherheit, erfordert aber eine recht teure Einbindung mit vielen rundgeschnittenen Falzen. Deshalb kommt meistens dennoch Typ A zum Einsatz.

Bild 1: Kamine über der Dachfläche belüftet

Bild 2: Schräger Kaminverlauf gut eingefalzt

Für jedes Decksystem muss hier eine eigene Lösung gefunden werden, da der Anschluss unterschiedlich erfolgen muss. Insofern bleibt jeder Kamin ein Unikat, das speziell für diesen Fall entwickelt wurde.

Bild 3: Flugschneesicherer Kamin nach der Ausführungsart Typ B

Bild 4: Aufwendige Kamineinfassung mit runden Falzen, bis zur Traufe heruntergeschnitten

Bild 5: Sattel am breiten Kamin > 1 m

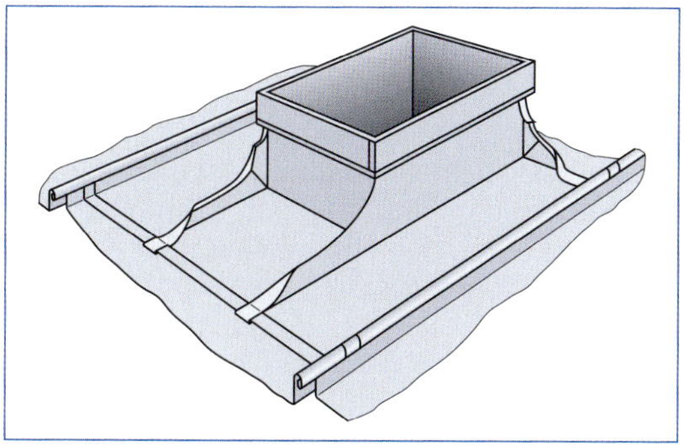

Bild 1: Kamineinfalzung zum Nachschneiden am Scharverlauf

6.16 Praktische Falztechnik am Metalldach

Die Anschlussarten am Metalldach lassen sich auf wenige wesentliche Typen reduzieren. Andere Anschlüsse lassen sich aus diesen Grundtypen entwickeln. Man kann am Dach auch selbst mit einem Papiermuster sich neue Anschlüsse erarbeiten, wenn man die grundlegenden Prinzipien verstanden hat.

Das Umlegen der Falze wird im Trauf-, First-, Kehl- oder Gratbereich noch bis zu einer Dachlänge von 12 m toleriert. Vermutlich ist diese Regel von den Blechherstellern erwünscht gewesen, weil ein dichter umgelegter Falz immer noch besser ist als ein undichter stehender Falz. Die Angst vor Unterseitenkorrosion spielt dabei eine größere Rolle als optische Gesichtspunkte. Tatsächlich jedoch behindert das Umlegen der Falze generell die Querdehnung der Schar und sollte darum vermieden werden. Falze werden heutzutage stehend wesentlich besser, sauberer und dichter ausgeführt.

Auszwickungen werden vorgenommen, um nicht zu viele Blechlagen aufeinander liegen zu haben. Ein normaler Doppelstehfalz hat für sich alleine schon mehrere Blechlagen ohne Hafte. Legt man ihn um und falzt ihn erneut ein, ergeben sich 5 mal 5, also 25 Blechlagen mit je 0,6 mm – dies bedeutet einen Falzknuppel von 15 mm. Dieser ist unschön, schwer herumzuholen und reißt leicht ein. Dehnung ist unmöglich. Es müssen also alle Blechlagen, die nicht zur Dichtigkeit beitragen, weggeschnitten werden.

Quetschfalten werden gezogen, um die Dichtigkeit bis in 25 mm Falzhöhe zu erreichen. Einschneiden bis in den Wasserlauf ist unzulässig. Das Blech wird auf einer Seite vorgekantet. Dann wird mit einer Segmentkantbank oder einem Aufstellwerkzeug die Querkantung leicht angestellt. Manche ziehen nun die Seite hoch, beobachten die entstehende Falte, helfen mit dem Entenschnabel etwas nach und schlagen dann den Falz zu und legen ihn um. Besser ist es natürlich, die Falze vorzukanten, damit sie beim Aufstellen schon in ihre Position gedrückt werden und somit eindeutig im vorgesehenen Aufstellwinkel sauber anliegen und nicht unten einreißen.

Traufabschlüsse können unterschiedlich ausgeführt werden.

Die gängige Art ist die schräge Ausführung mit umgelegtem Blechlappen (Bild 2).

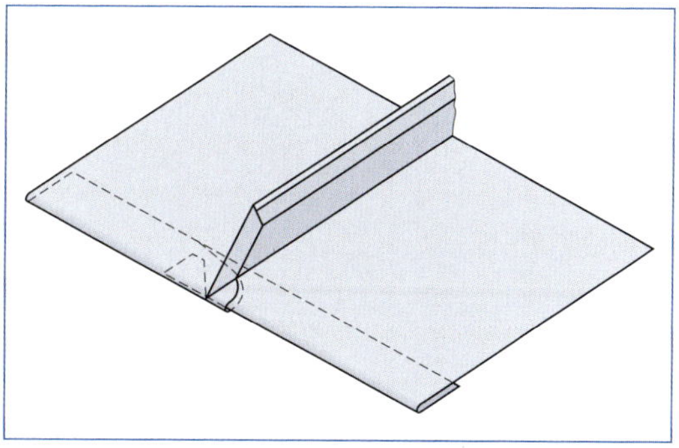

Bild 2: Systemskizze schräger Traufabschluss

Bild 3: Traufausbildung schräg geschlossen

Weitere Traufabschlüsse sind:

- schwäbische Ausführung mit „Mundstück“,
- rundgeschnittener Traufabschluss,
- zurückgeschnittener Traufabschluss,
- schräger Traufabschluss.

Generell darf das Wasser nicht zurückziehen, deshalb schließt man die Traufe nicht mehr ganz, sondern verhindert durch einen größeren Zwischenraum eindringendes Kapillarwasser. Zur Traufblechausführung siehe Kapitel 6.10. Schneidet man das Blech von vornherein aus, sieht der Abschluss besser aus. Oft lässt man aber die fertige vorprofilierte Schar an der Traufe überstehen, das Blech wird dann von Hand aufgestellt und nach außen gelegt und nun wird mit zwei geschickten Schnitten der Ober- und der Unterdecker zurückgeschnitten.

Traufen können – mit einer gewissen Übung – gut mit der Rundschere im Freischnitt geschnitten werden, wenn die Schere im Winkel angesetzt wird. Optimale Ergebnisse erzielt man mit einer Ausklinkeinheit, die sich insbesondere für Attikaabschlüsse an Lebensmittelmärkten bewährt hat, wo jeder Abschluss im Sichtbereich völlig gleich auszusehen hat.

Obere Falzdachanschlüsse werden mit **Bündnerfalzen** ausgeführt (Bild 3). Sie kommen am hohen First oder bei jedem Anschluss an senkrechte Wände oder Aufbauten zur Anwendung. Sie lassen sich an der fertigen vorprofilierten Schar anwenden. Ähnlich wie an der Traufe wird der ganze Bereich von Hand aufgestellt und dann die Quetschfalten rechts und links gezogen (Bild 3).

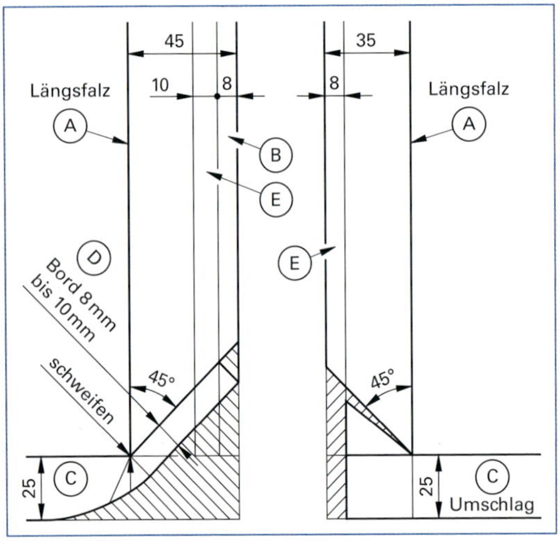

Bild 1: Ideale Ausschnittlinie, schräger Traufabschluss

Bild 2: Traufausbildung rund geschnitten

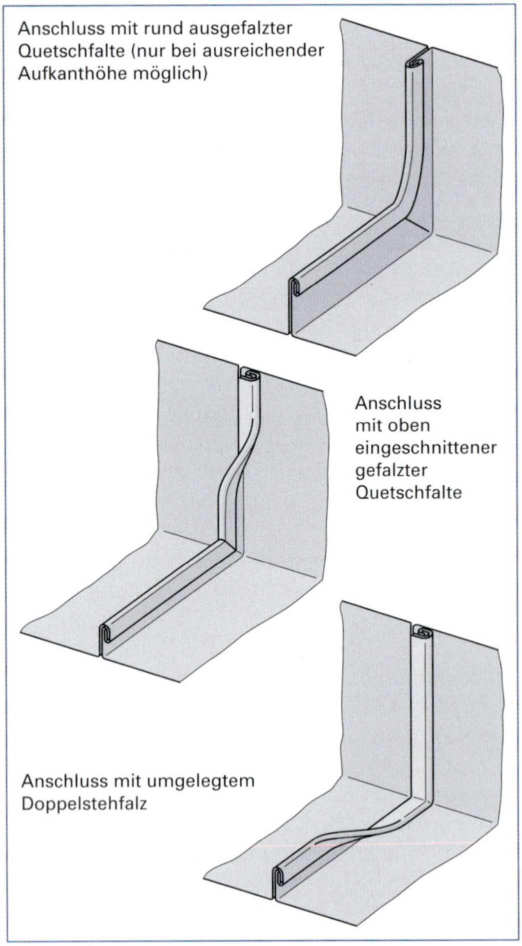

Bild 3: Arten von oberen Falzanschlüssen

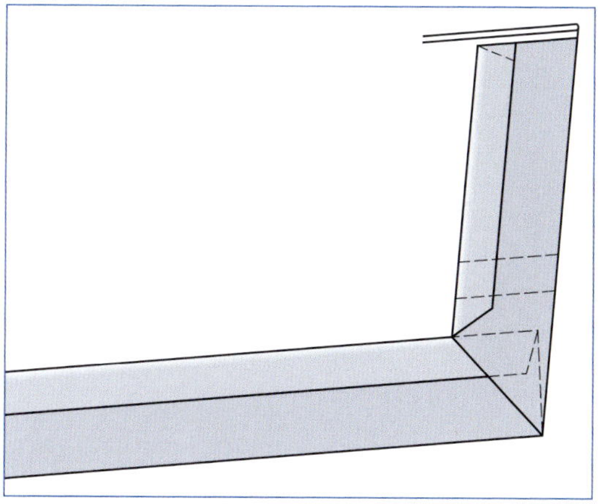

Bild 1: **Verlauf des Bündnerfalzes**

Bild 2: Bündnerfälze vorbereitet zum Schließen

Bild 3: Bündnerfalze an einem Lüftungsschacht

Nun wird der Falz etwas nachgeschnitten und zunächst unten bis hinten durchgefalzt. Die „Seitenbacken" bleiben solange stehen. Dann werden sie geschlossen und von beiden Seiten an den Falz herangeschlagen.

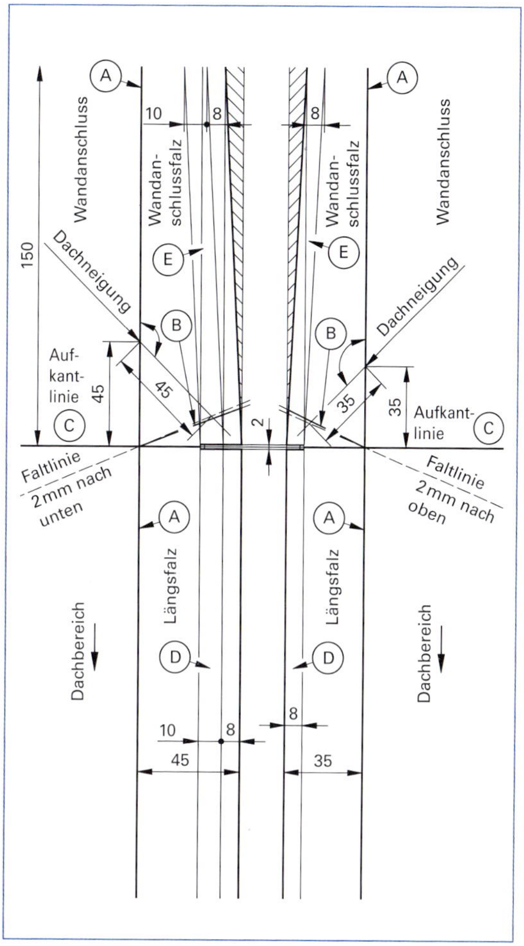

Bild 4: Anzeichnen der Quetschfalten

Hochgestellte Scharbleche können zurückgeschnitten werden, bis sie einen liegenden Falz bilden, der die Querdehnung aufnehmen kann. Meist werden sie allerdings gerade gelassen, oben der Falz ganz weggeschnitten und dann rückgekantet, um sicher gegen auftreibendes Wasser zu sein. Die Anschlusshöhen betragen je nach Dachneigung 80 mm, 100 mm oder 150 mm (siehe Seite 169).

Aufkantungen werden meist schon mit vorbereiteten Bündnerfalzen auf das Dach geschoben. Unten steht die Traufe über, um einen Längenausgleich wegen ungenauer Baumaße zu ermöglichen.

In einzelnen Fällen, wie zum Beispiel am First, kann auch unvorbereitet gearbeitet werden, wenn man die Scharen überstehen lassen kann.

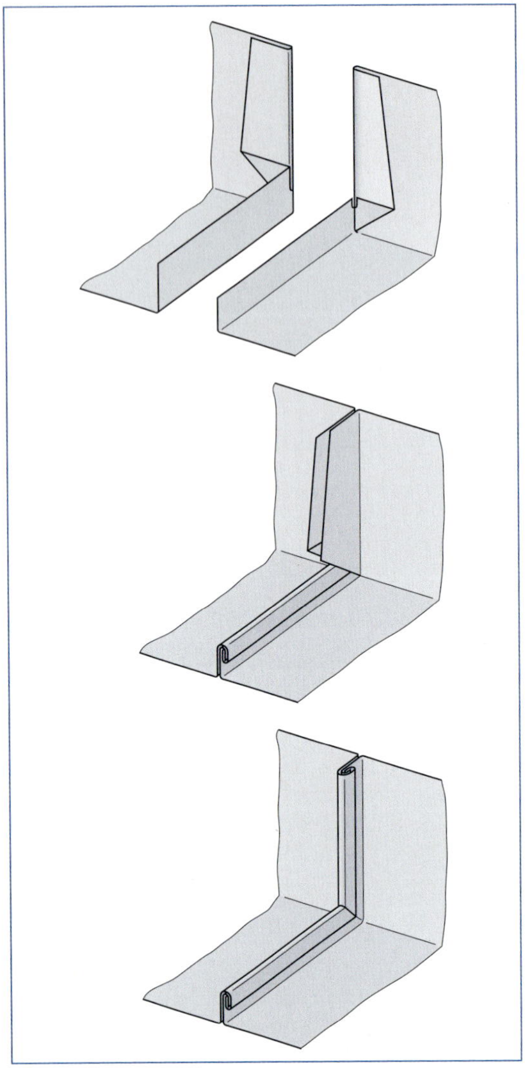

Bild 1: Herstellung eines Bündnerfalzes

Seitliche Falzdachanschlüsse werden mit einer seitlich aufgekanteten Schar hergestellt. Problematisch hierbei ist, dass das Dach oft länger ist als die zur Verfügung stehende 6-m-Kantbank. Einige Betriebe haben auch 8-m-Kantbänke, wenige haben 2 Kantbänke mit 6 m Länge nebeneinander stehen und parallel geschaltet. Da die Transport- und Einbaulänge sowieso begrenzt ist, ist dies auch kaum sinnvoll. Es ist also ein Querfalz anzuordnen, der bis zur Oberkante des Wandanschlusses geführt wird. Er muss sich nicht dehnen, da er sowieso mit der Schar mitschiebt. Somit können doppelte Liegefalze bis 7° Dachneigung verwendet werden,

Bild 2: Stehende Anschlüsse mit Schaleisen vorbereitet

die als Schiebefalze oder als Schwedenfalz ausgeführt werden können (Bild 3, Seite 168).

Beim **Schiebefalz** wird die obere und untere Schar zunächst waagrecht vorbereitet und doppelt mit Zwischenbeilage angekantet. Nun werden die Bleche von der Seite her eingeschoben und anschließend mit einem Kantwerkzeug oder dem Schaleisen als lange Schar nach oben gestellt. Dehnung ist natürlich so nicht mehr möglich (siehe Seite 175).

Beim **Schwedenfalz** wird das Blech oben und unten senkrecht aufgestellt, herkömmlich doppelt verfalzt und dann umgeschlagen. Manche bereiten den Schwedenfalz auch mit 45° Neigung vor, sodass die entstehende umgeschlagene Kante optisch anschließend wie ein durchgesetzter Falz wirkt. Natürlich hinterlässt diese Ausführung mehr Bearbeitungsspuren als der Schiebefalz (siehe S. 174).

Firstanschlüsse

Der Anschluss am First erfolgt ähnlich wie der am Wandanschluss.

Um Materialdopplungen oben gering zu halten, sind entweder die Längsfalze zu versetzen (Bild 3, Seite 162) oder der Firstfalz aufzulösen.

Sinnvoll und auch nicht handwerklich schwieriger ist die stehende Einfahrung in den Firstfalz (Bild 1, Seite 183).

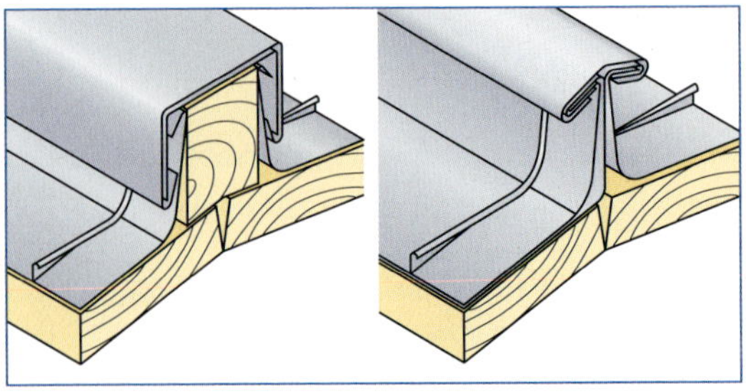

Bild 3: Firstausbildungen mit Gratleiste, mit und ohne Holz

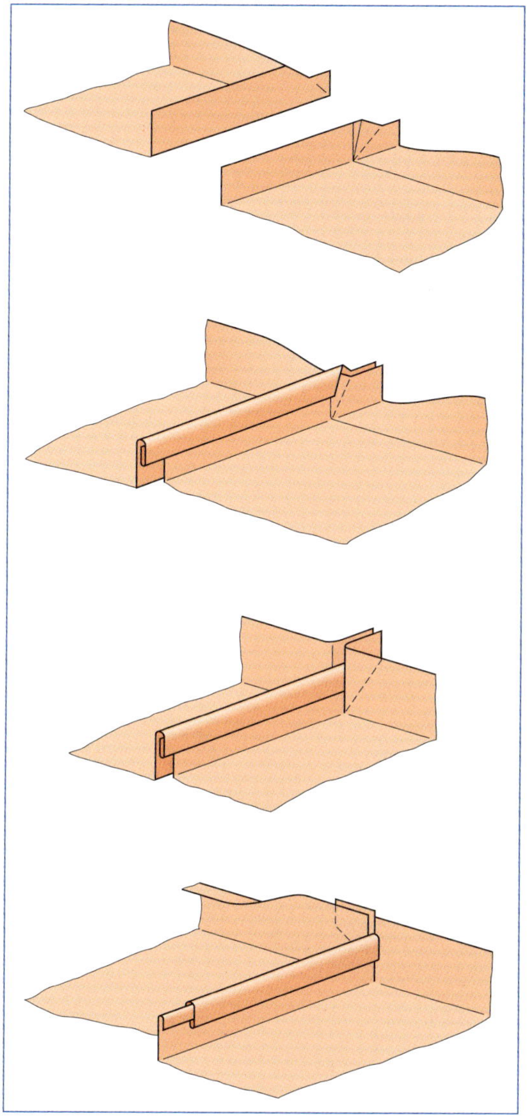

Bild 1: Ausführung des Firstanschlusses

Diese Ausführungsarten werden nur bei unbelüfteten Dächern ausgeführt. Dazu gehören Warmdächer oder kleinere Gaubendächer.

Bei größeren Dächern wird der First wie ein Wandanschluss ausgeführt und oben auf entsprechenden Abstandshaltern eine belüftete Abdeckung montiert (siehe Bild 1, Seite 163).

Falztechnisch soll am First immer stehend eingefahren werden (Bild 1). Die Abschlusshöhe beträgt 60 mm.

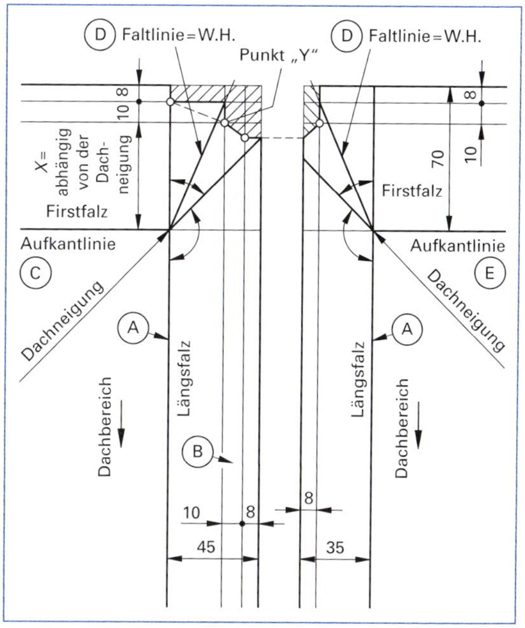

Bild 2: Auszwickungen am First

Grateinfahrungen

Grate sind wie Firste zu behandeln – nur ist hier alles schräg auszuführen. Dies macht die Anschlüsse natürlich komplizierter, insbesondere bei spitzen Winkeln.

Bild 3: Arbeiten an einer Gratleiste

Beim Abtragen der Quetschfalte ist die Winkelhalbierende zwischen stehender Dachneigung und Anschlagwinkel zu nehmen und die Falte gut vorzukanten, damit sie gut ausgebildet ist und Platz freilässt zum Einbau einer Holzleiste.

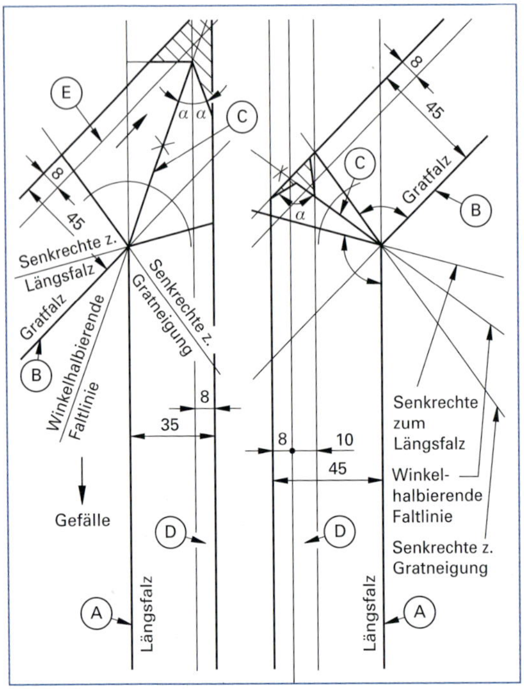

Bild 1: Quetschfalte an einer stehenden Grateinfahrung

Man geht davon aus, dass die ganze Dachscheibe als Einheit schiebt. Die einzelnen Scharen sind derart schubfest miteinander verbunden, dass ein unabhängiges Schieben der Scharen nicht denkbar ist. Es schiebt also die Dachscheibe den Gratfalz mit nach unten – zu viel Befestigung ist hier deshalb schädlich.

Wandanschlussecken werden aus Pfannenecken hergestellt (Bild 2). Hierzu gibt es spezielle Pfanneneckkanter, die ein Herumholen der großen Aufstellhöhe von 150 mm Höhe erlauben (Bild 3). Hier wird eine große Quetschfalte angeordnet und anschließend die Falze zur Dachseite hinten umgelegt, sodass das Wasser herausfließen kann. Die unterste Stelle wird mit dem Hammer vorsichtig in die richtige Richtung getrieben. Dabei soll ruhig etwas Platz gelassen werden, damit die Kante nicht einreißt. Bei Zinkblech kann zur Not auch nachgelötet werden.

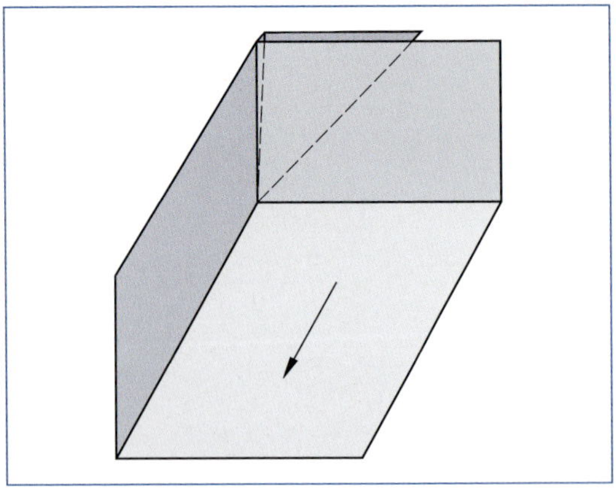

Bild 2: Pfannenecke

Bild 3: Pfanneneckkanter

Fragen

1. Skizzieren Sie die Ausführung eines Doppelstehfalzes a) mit Handverlegung, b) mit Maschinenverlegung.
2. Wo treten am Dach trotz Verwendung von Band immer wieder Querfalze auf?
3. Wie führen Sie diese Falze aus (mit Maßangaben)? Betrachten Sie die Dachneigungen 5°, 11°, 21°, 58° und 90°.
4. Wie stellen Sie bei einem flachgeneigten Dach eine um 150 mm aufgekantete Ecke her? (Skizze)

5. Falzverläufe von Falzdächern müssen aufgeteilt werden. Was ist hier zu beachten?
6. Woher rührt der Unterscheid zwischen theoretischer Scharbreite und praktischer Scharbreite?
7. Errechnen Sie den Einfalzverlust von 500 mm Band bei 45 mm Stehfalzhöhe!
8. Wieviel m² Blech pro m² Dachfläche brauchen Sie bei einem Dach bei Ausführung wie in Aufgabe 7, wenn Sie zusätzlich 10 % Verschnitt berücksichtigen?
9. Zeichnen Sie 2 Ganzmetallausführungen für Firste mit Bügel ohne Verwendung von Holz und 2 Ausführungsarten mit Holz.
10. Warum verzichtet man bei Gauben meist auf einen Firstfalz?
11. Lange Falzdächer über 10 m sind nach FR 05 möglich. Berechnen Sie den Schiebeweg kalt und warm für ein Titanzinkdach mit 26 m Scharenlänge und 50 °C Verlegetemperatur und skizzieren Sie, wie Sie das Traufblech biegen (mit eingezeichneten Maßen)!
12. Welche Tafeldecksysteme gibt es und wo kommen sie zur Anwendung (siehe Bild 1)?

Bild 1: Tafeldeckung an einem Hotel, zu Frage 12

13. Ortgänge an Falzdächern können verschieden ausgeführt werden. Skizzieren Sie einen
    a) Ortgang mit vollbekleidetem Windfederbrett in Stehfalztechnik,
    b) Ortgang mit deutscher Leiste und belgischem Haft,
    c) Ortgang, vertieft mit Rinne und Blende (bei Schrägschnitt),
    d) Ortgang mit Blindfalz.
14. Insbesondere im Zusammenhang mit Schneefangeinrichtungen kommt es vor, dass Dächer „wandern", d. h. sie hängen an der Traufe aus. Wo sollen laut FR 09 bei den angegebenen Dachneigungen die theoretischen Ruhepunkte liegen?
15. Skizzieren Sie einen Wandanschluss oben (Dach stößt an aufgehende Wand), belüftet mit Holzunterkonstruktion, Gebäudetraufhöhe (GTH) 7 m, Dachneigung (DN) 30°.
16. Skizzieren Sie einen seitlichen Wandanschluss von Falzdach zu belüfteter Fassade, Belüftungstyp B (aus dem Dachaufbau)!
17. Skizzieren Sie eine Pultfirsthaube, 30°, belüftet nach unten, Stehfalzblende darunter ca. 50 cm, Luftaustritt unten über Fassadenabschlussblech, für eine GTH von 9 m (3 Maße)!
18. Tragen Sie die 3 Möglichkeiten für die Lüftungswege bei der Rundgaube in Bild 2 ein (Firstentlüfung, Querlüftung und Lüftung über den Ort in den Dachraum des Hauptdaches)!

Bild 2: zu Frage 18

19. Scharen sind je nach Höhe und Lage am Dach unterschiedlich stark zu befestigen. Ermitteln Sie die nötigen Haftabstände aus Tabelle 1 auf Seite 156.

Dachart	Dachneigung	Windzone	Bereich	Scharbreite	Haftabstand
Sattel	15°	1	**F**	520	
Pult	10°	3	**F_{hoch}**	590	
Trog	7°	2	**J**	590	
Walm	35°	1	**H**	520	
Fassade	90°	2	**A**	590	

20. Welche Arten von Kehleinfahrungen gibt es? Betrachten Sie Kehlneigungen von 3°, 29°, 8° und 15°.

21. Skizzieren Sie eine Firstausbildung, 30°, flugschneesicher, für GTH 22 m.
22. Skizzieren Sie eine Traufe (verdeckt als Attika), überlaufsicher, Blende mit Stehfalzen, Simsblech mit Holzunterkonstruktion!
23. Wie hoch schließen Sie ein Falzdach seitlich an eine aufgehende Wand an? Betrachten Sie die Fälle a) bei 5°, b) bei 15°, c) bei 50°!
24. Skizzieren Sie den Falzverlauf bei den beiden Dachdurchbrüchen in der untenstehenden Skizze ein (Bild 1). Betrachten Sie die Fälle
    a) mit Eindeckrahmen,
    b) ohne Eindeckrahmen.
25. Wie unterscheidet sich der Eckbereich bei quadratischen und rechteckigen Dächern?
26. Wie hoch schließen Sie ein Falzdach seitlich an eine aufgehende Wand an? Betrachten Sie die Fälle a) bei 5°, b) bei 15° c) bei 50°!

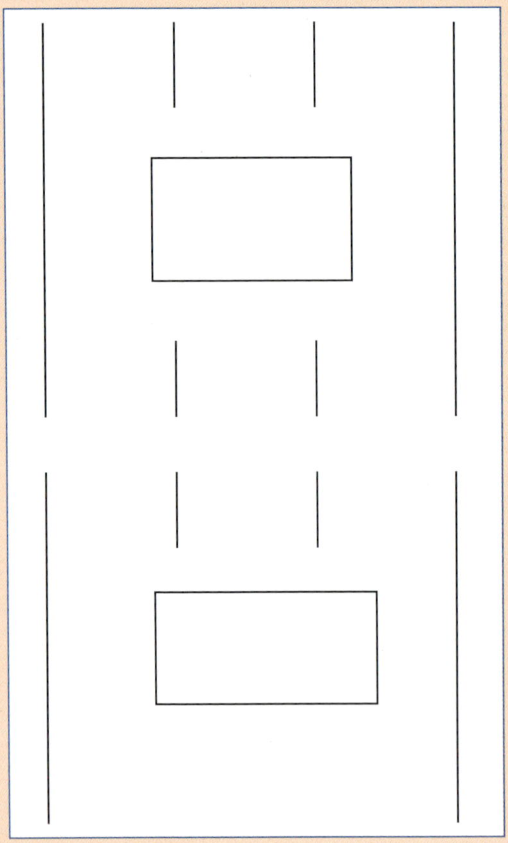

Bild 1: Theoretische Einfalzübung, zu Frage 24

Bild 2: Komplexe Scharenanpassung

27. Wie kann man Unterseitenkorrosion entgegenwirken?
28. Wie schließen Sie falztechnisch eine Traufe ab?
29. Wie schließen Sie falztechnisch an eine aufgehende Wand an?
30. Wie schließen Sie falztechnisch einen First oder Grat ab?
31. Was versteht man unter einer Pfannenecke?
32. Wie kann es zu Sturmschäden an einem Metalldach kommen?

Bild 3: Falzdachlandschaft

33. Nennen Sie einige „Warmhafte"!
34. Wie unterscheiden sich „Warmhafte" von „Kalthaften"?
35. Wie errechnet sich der richtige Haftenabstand?
36. Was empfindet das menschliche Auge am Falzdach als schön?

7 Fassaden in Klempnertechnik

7.1 Fassadengestaltung

Fassaden stellen einen ständig wachsenden Markt für Klempner dar. Im Industriebau waren schon immer Bleche in Form von farbbeschichteten Sinuswellen („Wellblech"), Trapezbleche oder Profilbleche im Einsatz. Diesen Markt decken spezialisierte Hallenbaufirmen mit großen Montagetrupps ab. Klempner kommen höchstens bei schwierigen Anschlussarbeiten zum Einsatz. Die Verlegetechniken im Industriebau sind leicht erlernbar und bedürfen keiner Klempnerausbildung.

Im hochwertigen Industriebau für Verkaufsräume, Baumärkte, Büros und Schulen sind Metallbaufirmen mit Kassetten, Glas- und Sandwichelementen tätig.

Neu entdeckt von den Architekten wurde die natürliche Einfärbung der „Echtmetalle" – im Gegensatz zu den monoton wirkenden Farben von homogenen und synthetisch erscheinenden kunststoffbeschichteten Stahlblechen. Immer schon war Blech im groß- und kleinflächigen Bereich wegen der Strukturierung der Fläche ein beliebter Baustoff. Allerdings war die senkrechte Linie aus dem normalen Falzverlauf aus der Mode gekommen.

Bild 1: Durch Fenster aufgewertete Stehfalzfassade

Bild 2: Geneigte Fassade mit Einbindung in die Dachlandschaft

Die senkrechte Falzlinie dominiert das Gebäude und gibt ihr ein strenges, förmliches Aussehen („Nadelstreifenanzug"). Durch zusätzliche Elemente kann dieser Eindruck gemildert werden.

Bild 3: Fassade aus Prefa metallic mit gerundeten Ecken

Bild 1: Senkrechte Linie, auch im Industriebau als Standard eingesetzt

Klempner brachten schon immer bewusst die waagrechten Linien durch Querfalze in der Tafeldeckung ins Spiel.

Bild 2: Tafeldeckung mit Vollspiegel, d. h. die Bleche sind um die Hälfte versetzt

Die Blechhersteller reagierten sofort auf das Ansinnen der Architekten, zumal hier ganz andere Mengen von Blech üblich sind. Es werden größere Blechdicken von 1,0 mm bis 1,5 mm verwendet, teilweise sogar bis 4 mm im Aluminiumbereich. Dies ergibt neue Möglichkeiten für waagrechte Linien mit einer Fülle von Paneelen, Sidings, einfachen Kassetten und Großrauten, was auch dem Klempner einen völlig neuen Markt eröffnet. Die preisgekrönten Bauwerke der modernen Architektur belegen dies.

Bild 3: Kombinierte Decksysteme aus dem gleichen Material, aber mit anderer Linienführung machen das Gesamtbild des Hauses lebendig

Bild 4: Falztechnik erinnert den Betrachter sofort an eine Dachfläche

Vereinzelt kommt Falztechnik in der Fassade noch vor – der Klempner jedoch muss sich zunehmend davon trennen und sich auf die neuen Systeme einlassen. Dies fällt ihm oft schwer, ist doch der Planungsaufwand deutlich höher – ohne CAD- oder sogar 3D-Konstruktion und optimale Werkstattvorbereitung kann es nicht wirtschaftlich gelingen. Fassadenplaner bieten sich für Klempnereien an, die über eine solche Planungsausrüstung nicht verfügen – sie nehmen dem Klempner die Planung ab und liefern ihm perfekte Verlegepläne und exakte Stücklisten. Dies ist oft ein Novum für den Klempner, konnte er doch bislang einfach in die Werkstatt fahren und „nachbiegen".

Da der Metallbauer sehr aufwendige Systeme mit 2- bis 4-fachem Fassadenpreis berechnet, sind nun Architekten verwundert, wie günstig Klempner arbeiten können – vielleicht nicht mit der Planungsakribie wie die Fassadenbauer, aber dies gleichen sie durch handwerkliches Geschick und Ideenreichtum aus. Sicher ist der Materialwert einer senkrechten Falzdeckung in 0,7 mm Dicke und mit 15 % Einfalzverlusten deutlich geringer als der von Stulppaneelen mit einer Materialdicke von 1,5 mm und Deckverlusten in den Überlappung der Einsteckkantung von 35 %. Die Verlegezeiten aber sind bei optimaler Vorbereitung wesentlich geringer und das handwerkliche Können macht sich insbesondere bei Ecken und anderen Detailpunkten bemerkbar.

7.2 Fassadenprofile

Steckfalzfassaden kommen nur noch selten zur Anwendung – es haben sich völlig neue Profile entwickelt.

Bild 1: **Steckfalztechnik waagrecht eingesetzt, mit Winkelfalz als Tropfkante**

Steckfalzpaneele

Bild 2: Typische Steckfalzpaneele

Steckfalzpaneele waren in farbbeschichtetem Stahlblech zum Beispiel im Innenbereich bei öffentlichen Verkehrsbauten (S-Bahnhöfen) schon seit langem bekannt. Da sie natürlich bewitterungsfähig sind und eine waagrechte Linie bilden können, werden sie in großen Flächen gern eingesetzt und haben so den größten Marktzuwachs unter den Paneelen. Sie können durchaus auf den handelsüblichen Kantbänken vom Klempner selbst in der eigenen Werkstatt gekantet werden. Wegen der Wiederholgenauigkeit sind CNC-gesteuerte Kantbänke mit selbstfahrendem Anschlag natürlich vorzuziehen. Aber man kann kleine Ungenauigkeiten durchaus auf der Baustelle ausgleichen, indem die Bleche nicht ganz ineinander eingeschoben werden. Problematisch bei manchen kleineren Klempnereien ist, dass ihre 6-m-Kantbänke nicht für derartige Materialstärken gebaut sind. Beim Neukauf ist unbedingt darauf zu achten, da der Trend allgemein auch bei Abdeckungen und Blenden eindeutig mehr zum Dickblech geht.

Bild 3: Steckfalzpaneele, die Längen abgestimmt auf die Bauwerköffnungen

Zweckmäßiger werden bei großen Mengen die Profile fertig abgelängt bezogen und mittels Stoßtechnik eventuelle Bautoleranzen ausgeglichen. Größere Klempnereien kaufen zunehmend eigene Profilierstraßen. Die Kosten sind durchaus in dem jährlichen Budget einer guten Klempnerei unterzubringen.

Steckfalzpaneele werden von oben nach unten gedeckt, oben werden sie in den Wasserfalz gesteckt, unten werden sie mit einem Schussapparat genagelt. Wegen der Längendehnung sollte die direkte Befestigung auf 4 m Montagelänge begrenzt sein. Sonst entstehen Knackgeräusche und eventuell Beulenbildungen durch Verwerfungen.

Bild 1: Fassadenrollformer für 4 unterschiedliche Wand- und Dachprofile

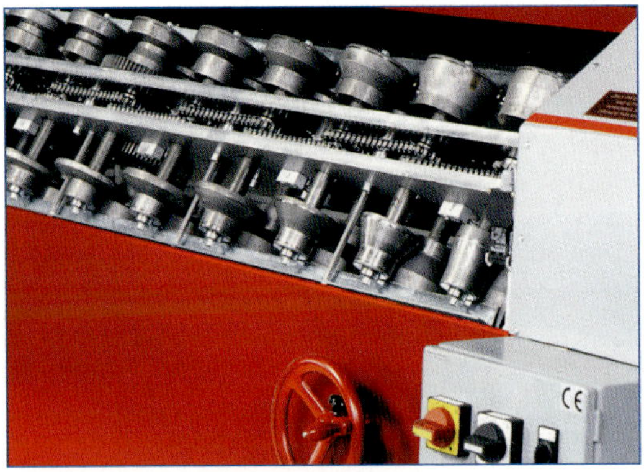

Bild 2: Walzensätze eines Rollformers

Bild 3: Waagrecht verlegte Steckfalzpaneele an einem Wohnhaus

Die Querstöße werden durch Trennbleche angedichtet. Zur Auswahl stehen schmale Trennbleche oder Blechlisenen mit ca. 40 mm Breite. Durch unterschiedliche Farben können sie stärker betont werden. Seitliche Abstände können frei gewählt werden – ein Maß von 2 cm hat sich bewährt. Damit können noch leichte Abweichungen von der Senkrechten aufgefangen werden, ohne dass dies wie bei engen Spalten sofort ins Auge fällt.

Bild 4: Senkrechte Fuge vor der Ecke als weiteres Gestaltungselement

Bild 5: Fassadenecke mit Steckfalzpaneelen und Fußrinne

Insbesondere bei Ecken ist darauf zu achten, dass das Verhältnis von Baubreite und Lisenen nicht unschön wird. Hierfür ist eine fachkompetente Planung und ein exaktes Aufmaß der Fassade erforderlich. Es empfiehlt sich durchaus, für die ersten Objekte einen Fachplaner hinzuzuziehen. Weitere Variationsmöglichkeiten bestehen durch unterschiedliche Fugenbreiten und die Ausführung der Ecken und Ränder. Unten wird am besten für den Längenausgleich eine Fußleiste angebracht, in die das Blech einsteckbar ist – wenn der Abschluss nicht exakt eben ist, kann dies so dem Betrachter entzogen werden. Es entsteht nämlich durch Nachfahren der Waagrechten mit allen Stecknähten unter Umständen eine etwas längere Fassade als geplant.

Stulppaneele

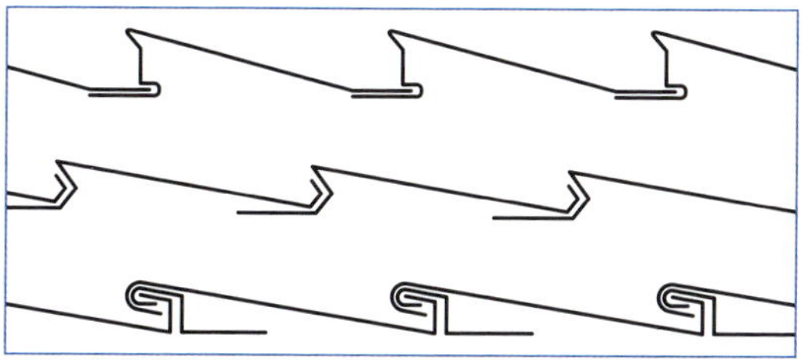

Bild 1: Stülpfalzpaneele

Der Name Stulppaneele kommt von der Stülpschalung aus Holz. Hier wird ein Brett über das andere, ähnlich wie bei einer Ziegeldeckung, verlegt. Falztechnisch geschieht dies ähnlich wie bei Steckfalzpaneelen. Alles dort Gesagte trifft auch für diese Variante zu.

Bild 2: Stulppaneele als Giebelbekleidung eingesetzt, dies reduziert die optische Höhe des Hauses

Zick-Zack-Profile

Bild 3: Zick-Zack-Profile

Diese Ausführungsart entspricht in etwa der Eindeckung mit Trapezblech. Sie strukturiert die Fassade noch kleinflächiger und macht sie somit noch filigraner. Hier wird die waagrechte Linie mit schmalem „Zeilenabstand" wiedererfunden, die eigentlich schon als überholt galt. Ihr interessantes Aussehen tritt durch den starken Schattenwurf bei Lichteinwirkung besonders stark hervor.

Zick-Zack-Profile werden einfach über eine Sicke überlappt

Bild 4: Zick-Zack-Profil mit „hohler" Eckleiste

Sinuswelle

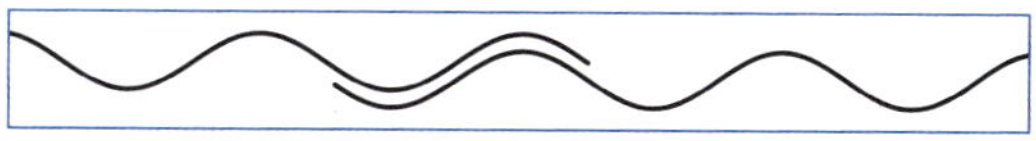

Bild 5: Sinuswelle

Als „Sinuswelle" wurde in letzter Zeit das Wellblech wieder entdeckt. Fühlte man sich früher eher an Wellblechhütten in Slums erinnert, erlebt es heute eine Renaissance, auch in Zink oder sogar in Kupfer-Patina.

Insbesondere bei Autohäusern und Industriebauten setzt man es als Bekleidungselement ein, dabei wird oft eine deutliche Rastereinteilung durch senkrechte Lisenen vorgenommen. Es ist sowohl für große Flächen als auch für kleine Teilflächen im Trend. Selbst im Einfamilienhausbau kann es als kleinflächiges Gestaltungselement in Kombination mit Putz oder anderen Decksystemen sehr interessant wirken.

Bild 1: Wellblech, mit dünnen Lisenen eingeteilt

Es gibt Architekten, die sogar bewusst mit ihren Bauten an Wellblechbuden erinnern.

Bild 2: Wellblechbude als Strandbeobachtungspunkt

Bild 3: Witzige, wenn auch nicht ewig haltbare Lisenen und Fenstereinfassungen aus Holz

Bild 4: Kleinflächiger Einsatz der Sinuswelle zur Betonung des Eingangbereiches

Bild 5: Durchgeplante Fassade aus Sinuswelle mit guter Detailplanung

Bild 6: Welle und Paneele kombiniert

Rautendeckung

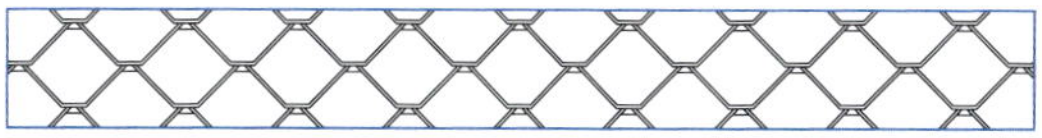

Bild 1: Rautendeckung

Diese kleinflächige Blechdeckungsart ist dem Klempner seit Generationen vertraut. Da es sich hier um intensive Handarbeit ohne viel Vorplanung handelt, sieht man diese Deckungsart immer weniger. Vorplanung ist deshalb schwierig, weil die vielen Nähte aufdoppeln und nur mit ständigem Schnurschlag die kleinen Täfelchen der Fläche anzupassen sind.

Bild 2: Gerade Rautendeckung an einem hohen Dachaufbau

Bild 3: Gebogene Rautendeckung

Bild 4: Rautendeckung, seitlich handwerklich angepasst an Fenster oder Ortgang

Rautendeckung ist sehr aufwendig, erfordert einen langen Atem und ergibt wegen der Kleinflächigkeit immense Fassadenpreise. Hier kann man berechtigterweise von „Liebhaberstücken" reden.

Großrautendeckung

Wegen des Aufwands für die Deckung mit kleineren Rauten war der Schritt zu großformatigen Rauten ab 400 mm Zuschnittsgröße naheliegend. Diese können nicht als Serien teilindustriell hergestellt werden – sie müssen bauwerksbezogen selbst gekantet oder von Biegebetrieben bestellt werden. Vorplanung ist hier aufwendig, da Länge und Breite an den Gebäudeöffnungen so gewählt werden müssen, dass es aufgeht. Großrauten liegen insbesondere auf gebogenen Flächen oft hohl auf und neigen zur Beulenbildung (Bild 5 und Bild 1, Seite 194).

Bild 5: Großrauten gebogen – man sieht die doch beträchtliche Wellenbildung

Bild 1: Großrauten liegen hohl und beulen

Rautendeckungen sind vielfältig – sie können wegen der einfachen Einhängtechnik längst oder quer oder sogar gemischt verlegt werden (Bild 2).

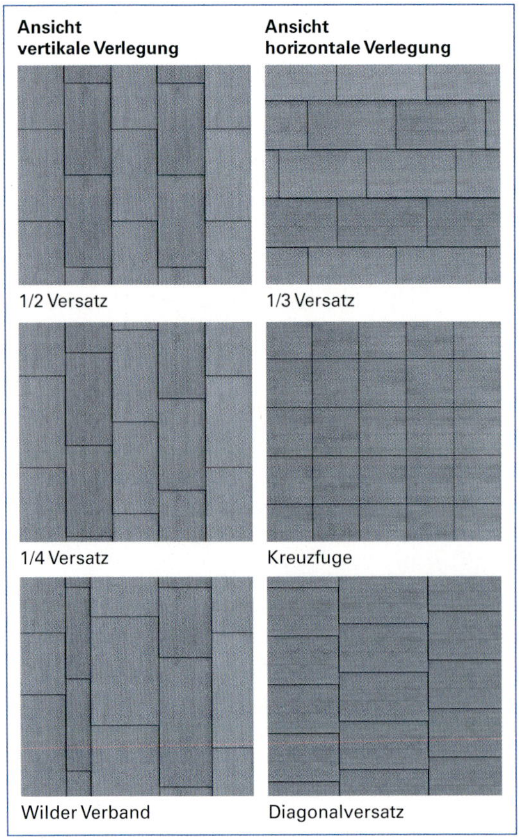

Bild 2: Verbandstechnik bei Großrauten

Bild 3: Grenzwertabmessungen von Großrauten – sie sind statisch nachzuweisen!

Rauten erfreuen sich großer Beliebtheit bei Architekten, weil sie dem Mauerwerksbau nachempfunden sind. Sie sind wirklich nur vom Klempnerbetrieb herstellbar und verlegbar. Die exakte Vorplanung scheitert an der ungenauen Verbindungstechnik. Deshalb wurden andere Verlegesysteme entwickelt als der sonst übliche Hafteneinhang, der leicht die Flucht verliert (Bild 4).

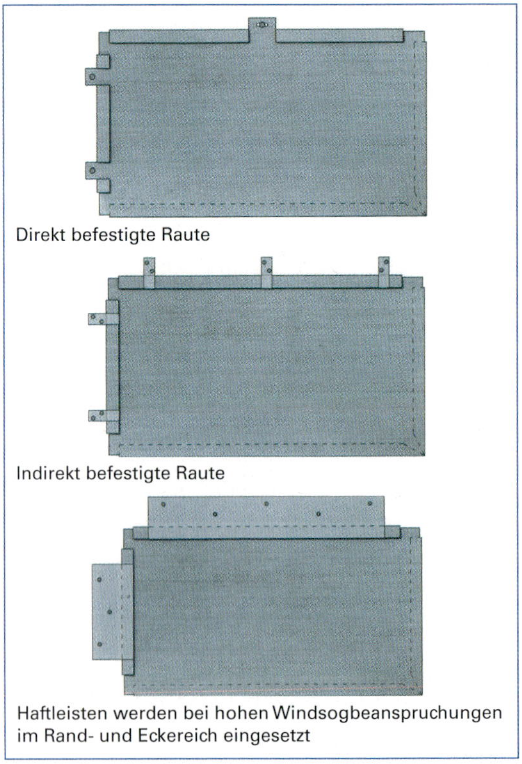

Bild 4: Verschiedene Arten von Befestigungstechniken von Großrauten

Je nach Gebäudehöhe müssen recht viele Hafte gesetzt werden. Deshalb empfiehlt es sich hier, ganze durchgängige Haftschienen vorzusehen, die bessere Windsogwerte ergeben.

Bild 1: Großrautenanordnung waagrecht mit unterschiedlicher Rautenhöhe

Bild 2: Großrautenanordnung, waagrecht mit gleicher Rautenhöhe

Bild 3: Großrautenanordnung, senkrecht mit ganz unterschiedlicher Rautengröße („Wilder Verband")

Großrauten gelten im Sinne der Bauphysik als großflächig. Das bedeutet, dass sie hinterlüftet werden müssen (Bilder 5 und 6). Kleinflächige Rauten haben derart viel Fugenfläche, dass davon ausgegangen werden kann, dass der Diffusionswiderstand der Deckung kleiner als der Diffusionswiderstand der Wand ist – alle Feuchte kann somit nach außen entweichen. Für Großrauten jedoch ist wie für dichte Deckungen ein Diffusionswiderstand von 50 m bis 70 m anzunehmen (siehe Kapitel 9 Bauphysik).

Bild 4: Großrauten haben nicht dieselbe Genauigkeit wie Falzdeckungen

Bild 5: Gedämmter Wandaufbau mit Hinterlüftung an Laibung und Fenstersturz

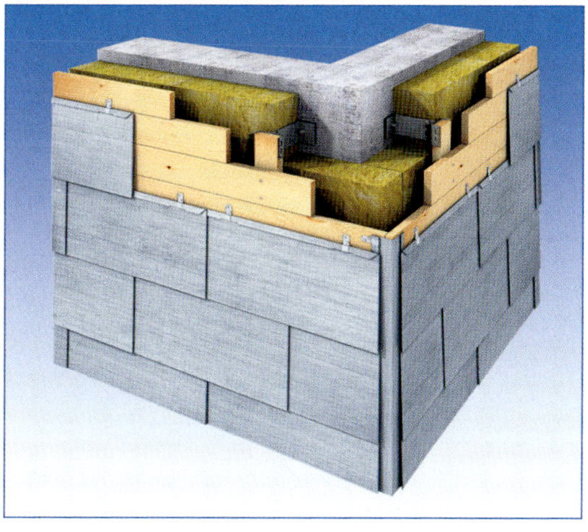

Bild 6: Gedämmter Wandaufbau mit Hinterlüftung an einer Gebäudeecke

Bild 1: Gedämmter Wandaufbau mit Hinterlüftung am Fenstersims

Wegen der Beulenbildung ist bei Fassadenplatten generell vorbewittertes Material sinnvoll. Wenn nicht anders mit dem Architekten besprochen, sollte nie walzblankes Material zum Einsatz kommen. Es dauert Jahre, bis die Walzemulsionen einigermaßen abgewaschen sind und sich die natürliche nichtglänzende Patina einstellt.

Bild 2: Stark im Trend: Großrauten aus TECU-Patina

Kassetten

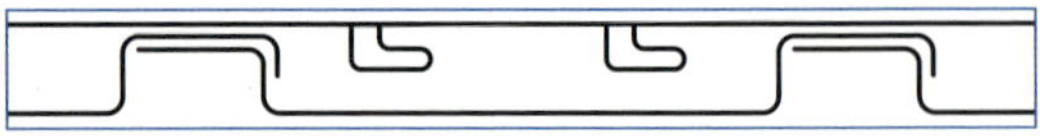

Bild 3: Kassettendeckung

Kassetten unterscheiden sich von Paneelen durch Querkantungen am seitlichen Rand. Diese Querkantungen sind aufwendig mit Segmentbiegeschwenkbänken auszuführen und führen dennoch zu leichten Verwerfungen. Kassetten wurden ursprünglich mit aufwendigen Einhängesystemen mit Klammern versehen. Heute wird ein zweiseitig gekantetes Paneel hergestellt, das wie ein Steckfalzpaneel schräg von unten einzuführen ist und keine sichtbare Befestigung mehr aufweist. Kassetten können in allen Größen selbst hergestellt werden.

Bild 4: Kleinstkassettentechnik

Dünne Bleche können innenseitig mit einem Aluminiumblech oder einer Faserplatte verstärkt werden. Diese werden eingeklebt und machen das Blech etwas aufschlagsicherer. Schneebälle, Hagel oder fliegende Fußbälle würden sonst dicke Dellen hervorrufen. Eine andere Möglichkeit ist die Verwendung von Dickblech mit 1,0 mm bis 1,5 mm Dicke.

Die Kassetten werden exakt den Fensteröffnungen angepasst und baustellenbezogen vorbereitet.

Bild 1: Fensterraster und Kassettenraster sind exakt aufeinander abgestimmt

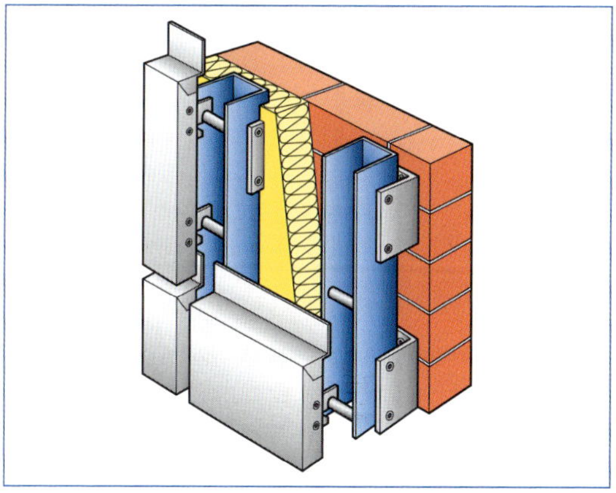

Bild 2: Einhangtechnik mit aufgenieteten Spezialhaltern für fertig vorbereitete Wandkassetten

Die Befestigung durch Einhängen bietet den Vorteil, dass einzelne Kassetten schnell ausgewechselt werden können. Allerdings müssen die Kassetten selbstragend sein und damit recht hohe Blechstärken aufweisen, sonst werden sie durch Windeinwirkungen deformiert.

Ersetzt man die aufwendige Unterkonstruktion durch eine Holzschalung oder durch Z-Winkelprofile, können die ausgekanteten Ränder der Kassette mit Steckfalz auch direkt aufgenietet oder sogar geschossen werden. Diese Befestigungstechnik ist dem Klempner lieber und erlaubt dünnere Bleche. Dies wiederum ermöglicht dem Klempner auch bei großen Fassaden einen erheblichen Preisvorteil.

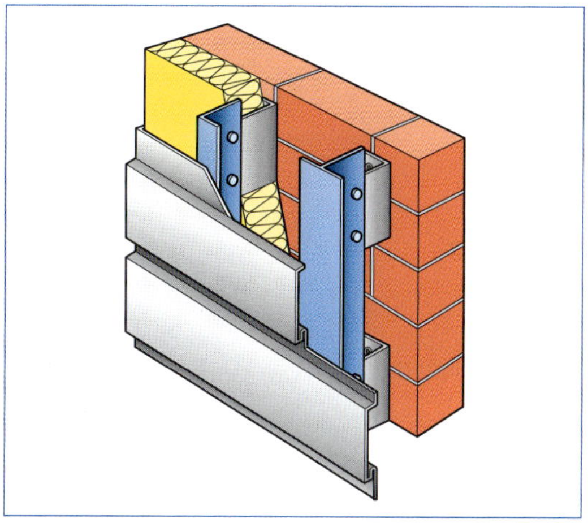

Bild 3: Montage von Kassetten auf Winkel oder Strangpressprofilen und Konsolen mittels Niete

Bild 4: Einkleben eines niederen Trapezprofils in eine große Wandkassette

Bild 5: Kassettentechnik in Kupfer Patina

Bild 1: Trittsichere Kassette im Fußbereich

Bild 2: Kassetten als Unteransichtsbekleidung

7.3 Alucobond- und Kupfercobond-Fassaden

Cobondbleche sind hauchdünne, folienartige Deckbleche mit einem Kunststoffkern aus Altkunststoffen. Sie werden seit Jahren für Autobahnschilder anstelle von dickwandigem Vollaluminium eingesetzt und weisen im Außenbereich sogar bessere Eigenschaften auf als Vollmaterial. Sie sind absolut beulenfrei, verwindungsarm bei Sonneneinstrahlung, stabil und widerstandsfähig im Witterungseinsatz, selbst bei ungeschützten Kanten. Der Innenkunststoff ist schwarz eingefärbt und somit weitgehend UV-beständig.

Vor dem Kanten des Sandwichmaterials wird das Blech einseitig mit einem Fräskopf entfernt. Es kann mit einer einfachen Oberfräse, die an einem Lineal entlang geführt wird, oder besser mit einer bauüblichen umgerüsteten Plattensäge in einem Winkel von 45° ausgefräst werden. Dann kann der Rest des Verbundwerkstoffes – ein Blech mit 0,2 mm Dicke – von Hand umgekantet werden. In die Naht kommt ein Klebstoff, sodass der Winkel auch formstabil bleibt. Diese etwas andere Verarbeitungsart ist dem Klempner zunächst fremd – sie ist aber leicht erlernbar und stark im Kommen.

Bild 3: Die Alucobond-Fassade sieht aus wie eine Wandkassette

Bild 4: Der Traum jedes Bauherrn – eine absolut ebene, beulenfreie, schlagsichere, hagelsichere und falzähnliche Außenbekleidungen, einschließlich der Verwahrungen

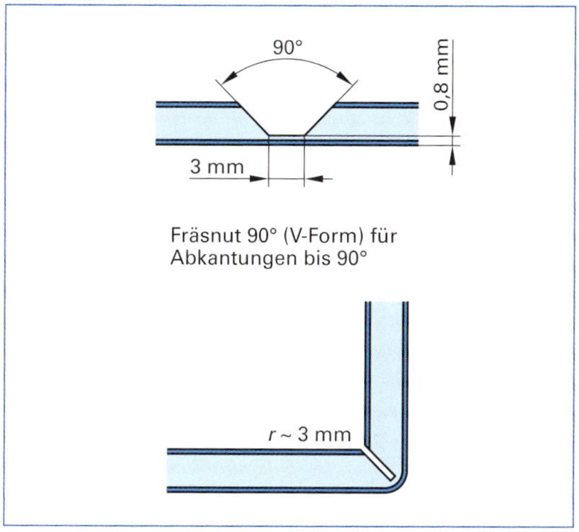

Bild 1: Fräsnuten für 90°-Kantung

Je nach der Nahtvorbereitung sind unterschiedlich scharfkantige Teile bis hin zu Rundungen herstellbar (Bild 2).

Bild 2: CNC-Fräskopfanlage

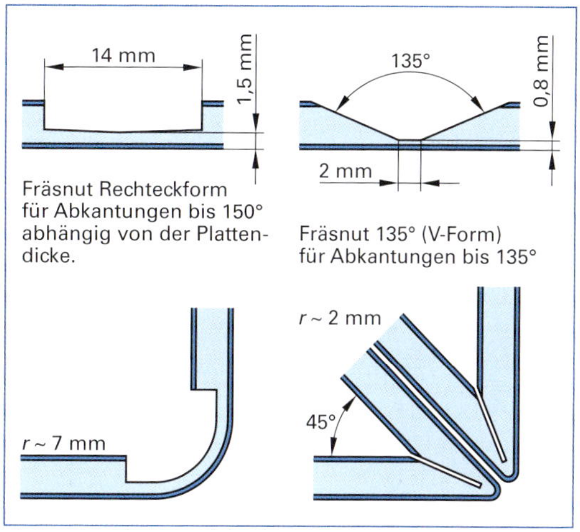

Bild 4: Nahtvorbereitung für Rundungen und Kassettenteile

Für Serienteile sind natürlich CNC-gesteuerte Fräskopfanlagen im Einsatz, die wiederholgenauer sind als die Handverarbeitung.

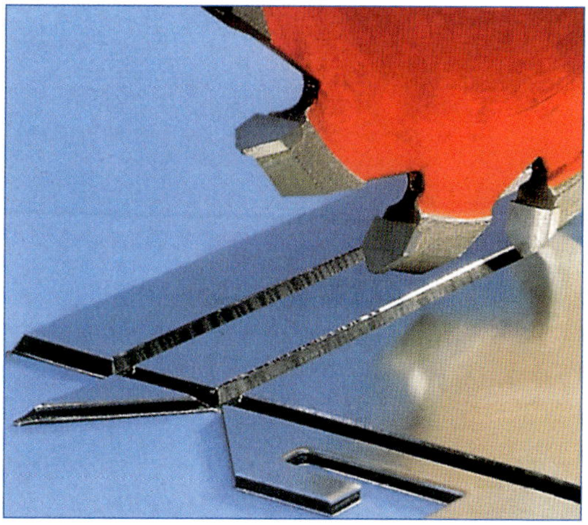

Bild 5: Spezialkreissägeblatt

Bild 3: Alucobondlandschaft

Je nach Wandaufbau können unterschiedliche Befestigungssysteme zum Einsatz kommen (Bilder 1 bis 6). Alle Systeme ergeben ein anderes Fugenbild und sind unterschiedlich wartungsanfällig.

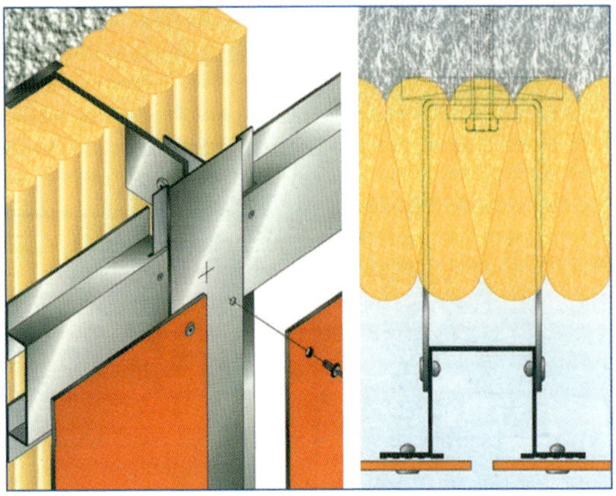

Bild 1: Glattblechverlegung auf Wandabstandshaltern, Befestigung sichtbar

Bild 2: Kassetteneinhang in Bolzenschienen

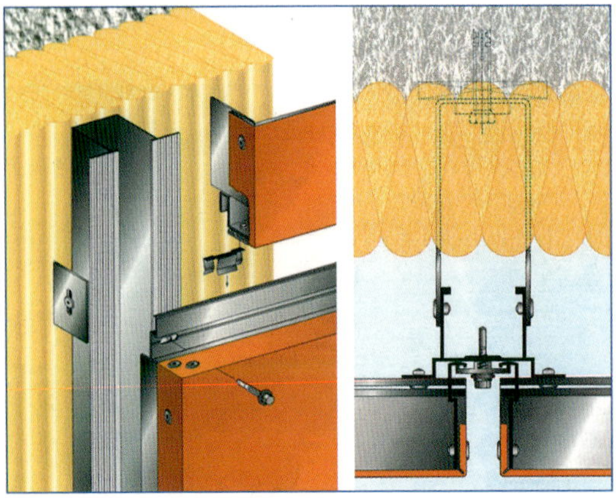

Bild 3: Steckfalzkassetten, aufgenietet auf Blechwinkel

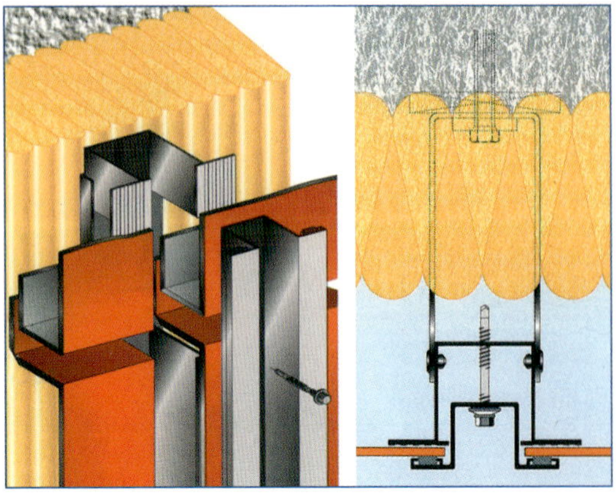

Bild 4: Deckleistenverlegung mit sichtbarer Fuge

Bild 5: Deckleistensystem, kombinierbar mit Glasbauprofilen aus dem Wintergartenbau

Bild 6: Eckleiste gekantet, Platten ungekantet

7.4 Einteilung der Fassaden

Fassaden in Klempnertechnik beschränken sich auf Metallfassaden. Der Slogan, „Dach und Wand in Klempnerhand" drückt dies aus – es handelt sich um ähnliche Arbeitstechniken. Nun ist der Fassadenmarkt aber recht umfangreich und der Klempner muss sich mit seinem Angebot darin positionieren. Fassadenarbeiten können nach unterschiedlichen Gesichtspunkten eingeteilt werden, die im Folgenden aufgeführt werden.

Statische Merkmale

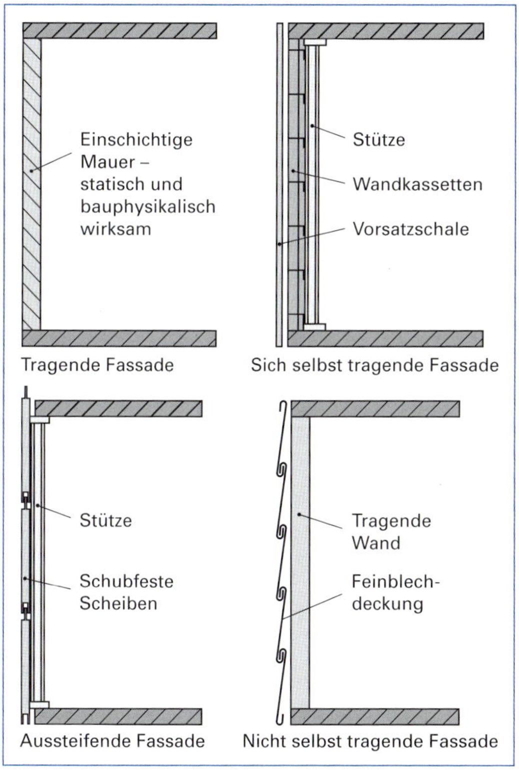

Bild 1: Einteilung nach statischen Gesichtspunkten

Der Klempner realisiert nur nicht selbsttragende Fassaden. Er braucht eine feststehende gemauerte Wand, eine Holzständerwand oder eine Metallunterkonstruktion, auf die er befestigt. Sicher kann er, je nach den gegebenen Umständen, Teile der Unterkonstruktion und alle funktionsbedingten Schichten zusätzlich anbringen, aber er kann nicht die Standsicherheit einer Wand bzw. eines ganzen Hauses und dessen Aussteifung gegen Windkräfte gewährleisten.

Optische Merkmale

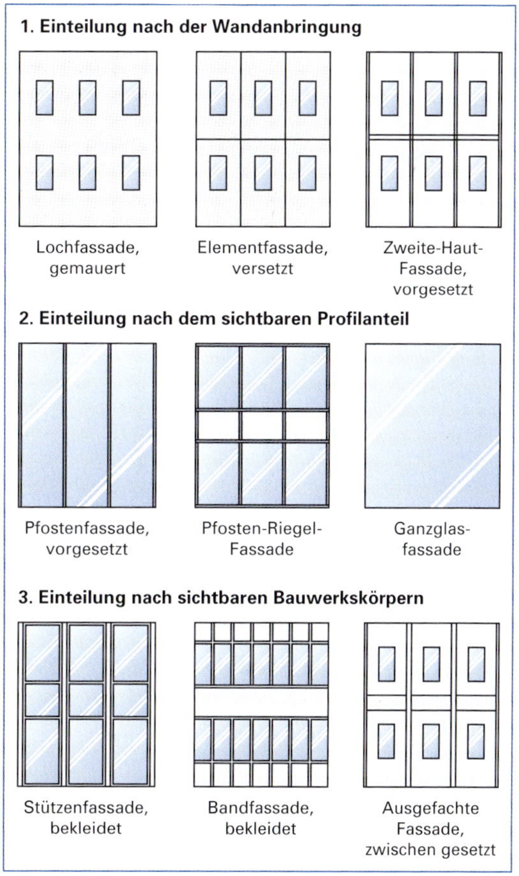

Bild 2: Optische Merkmale einer Fassade

Lochfassaden sind gemauert oder betoniert, das Fenster wird in die Öffnung eingesetzt, die Mauerwerkswand ist tragend.

Elementfassaden werden als komplett vormontierte Scheiben (Plattenbauten) vor oder auf die Deckenkonstruktion gesetzt.

Zweite-Haut-Fassaden sind völlig freistehend vor eine bestehende Mauerwerksfassade gestellt, um deren bauphysikalische Eigenschaften zu unterstützen. Sie sind mit einem beheizten Konvektionszwischenraum versehen.

Pfostenfassaden bestehen aus durchgehend an der Decke angebrachten Pfosten, die mit Glas oder gedämmten Metallelementen ausgefüllt werden.

Pfosten-Riegel-Fassaden bestehen aus senkrechten Pfosten, abgesetzt durch waagrechte Riegel. In diesen Bauteilen findet eine Luftzirkulation statt. Sie sind mehrfach dichtend.

Stützenfassaden decken die vorstehenden Betonskelettstützen mit Metall ein, dazwischen werden Glas- oder Metallelemente angebracht.

Bandfassaden setzten Fensterreihen auf vorhandenen Brüstungen auf. Sie werden auch Kalt-Warm-Fassaden genannt, weil die Brüstungen meistens belüftet gedämmt werden, das Glas darüber ist einschalig. Die Luft strömt am Fenstersturz unten ein und entweicht am belüfteten Fenstersims.

Ausgefachte Fassaden lassen beide Linien, die Betonstützen und die Betondecken, sichtbar und durch Metall eingekleidet hervorstehen, dazwischen facht ein Fensterelement die deckenhohe Öffnung von Stütze zu Stütze aus.

Bild 2: Lochfassade in Stehfalztechnik

Bild 3: Lochfassade mit Kassettentechnik

Anordnung im Raster

Je nachdem, wo sich die Fassade im Raster befindet, spricht man von eingestellter, ausgefachter, vorgehängter und abgeständerter Fassade (Bild 1). Einerseits gliedert die Stützen- und Deckenkonstruktion das Gebäude und zeigt den logischen Gebäudeaufbau, andererseits aber dominiert sie das Erscheinungsbild. Der Trend geht zu vorgehängten **Ganzglasfassaden oder Glattmetallfassaden**.

Bauphysikalische Probleme ergeben sich immer, wenn warme Bauwerksteile nach außen durchgeführt werden. Ganz abgesehen von den Energieverlusten treten hier Kondensationsprobleme auf, die diese Durchführungen unansehnlich machen oder sogar zum statischen Versagen führen können.

Sicher ist die Entscheidung über die Fassade Sache des Bauherrn, zusammen mit dem Architekten. Es haben sich aber Fachplanungsgemeinschaften gebildet, die Erfahrungsdaten über die Langlebigkeit und den zu erwartenden Wartungsaufwand verschiedener Fassaden zusammengetragen haben.

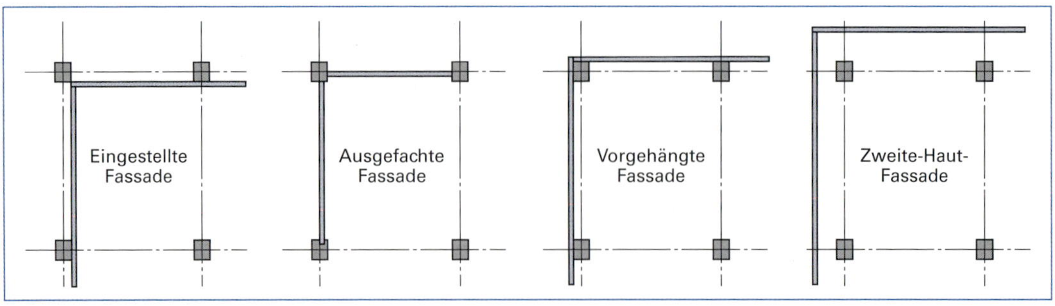

Bild 1: Anordnung im Raster

Bild 1: Lochfassade mit Steckfalzpaneelen

Bild 2: Pfosten-Riegel-Fassade in Glas kombiniert mit Steckfalzpaneel

Bild 3: SP-Linie-Fassade – einer Holzschalung nachempfunden

Der Klempner muss nach Plan die Gebäudegeometrie aufnehmen. Sicher ist dies eine Sache ausreichender Vorplanung, genauer Detailabsprache und guter Vorfertigung.

Auch wenn bei diesen verschiedenen metallverkleideten Fassaden viele Teile bereits fertig geliefert werden, so erfordern doch gerade die Ecken und Übergänge handwerkliches Können in der Detailarbeit. Hierfür sind Klempner bestens ausgebildet. Sie sind und bleiben die Spezialisten für Bleche im Außenbereich, für ihre Wasserführung, Korrosionsprobleme, Dichtigkeitsansprüche, Windsogbefestigung, indirekte Befestigungstechnik und Aufnahme thermisch bedingter Längendehnung.

Diese Arbeitsweise bedeutet sicher für manche Klempner ein Umdenken – man kann nun nicht mehr mit unbearbeiteten Blechen auf die Baustelle ziehen und dort vor Ort „alles richten“. Trotzdem sollten Klempner sich dieses wachsende Marktsegment nicht entgehen lassen.

Bild 4: Quadratgroßrautendeckung in Kupfer Patina, diagonal an einer Lochfassade

Bild 1: Gerundete Großrauten aus Edelstahl, hochglänzend

Bild 2: Stufenloser Übergang von der Fassade zum Dach mit handwerklich hergestellten Großrauten

Bild 3: Öffnung der Fassade durch nahtlosen Übergang von Fassade zu Fenster

Selbst bei klaren Gebäuderastern verbleibt bei den heutigen komplexen Bauten durchaus ein hohes Maß an Kreativität und Ideenreichtum, denn keine Fassade ist wie die andere und jede bringt viele handwerklich zu lösende Probleme mit sich.

Bild 4: Sanierung eines Klinkermauerwerks mit Kassettentechnik – eine handwerkliche Meisterleistung

Bild 5: Optische Hervorhebung der Fenster an einer herkömmlichen Tafeldeckung

7.5 Falztechnik an Fassaden

Trotz der vielen Möglichkeiten für die Gestaltung der großen Flächen mit Paneelen und Kassetten bleibt die Falztechnik wichtig in kleineren Fassadenbereichen. Stehfalzblenden, Abschlüsse, Übergänge, Simse und abwechslungsreiche Einzelflächen. Sie werden nach wie vor herkömmlich gefalzt.

Fassadenfußbleche (oder Abschlussbleche) bilden generell den Abschluss der Fassade nach unten (Bild 1). Sie entsprechen in ihrer Funktion den Traufblechen.

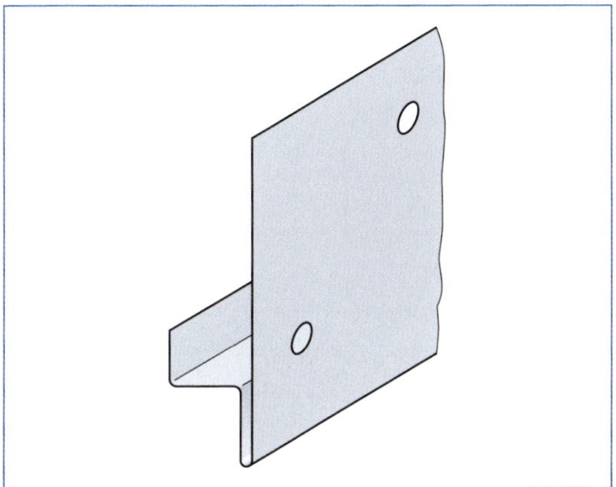

Bild 1: Fassadenabschlussblech

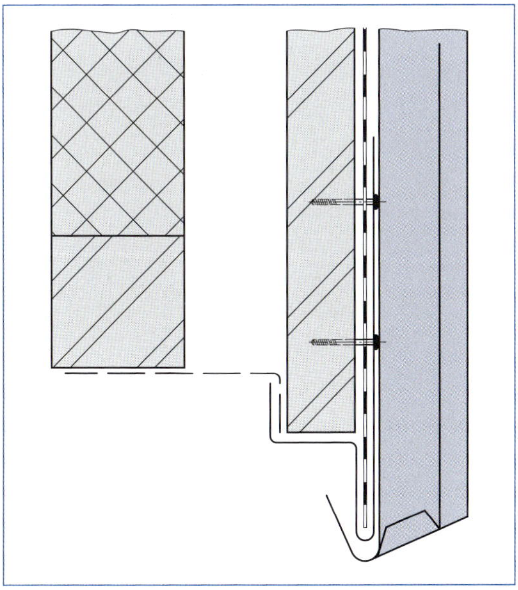

Bild 2: Fassadenabschlussblech, eingebaut mit Lochblech zur Hinterlüftung

Als Alternative kommt in Frage, das ganze Fußblech aus Lochblech zu kanten, sodass kein Übergang ersichtlich ist (Bild 3). Da Lochblech recht teuer ist, kann dies nur bei direkter Einsicht von unten sinnvoll sein.

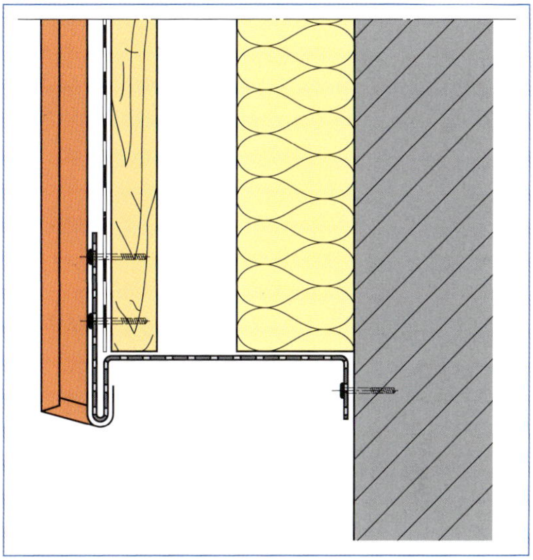

Bild 3: Fassadenabschlussblech aus Lochblech

Der Lüftungsspalt beträgt 20 mm. Manche bauen das Lochblech schräg ein, damit herunterrieselnde Dämmungsfasern nicht die Hinterlüftung zusetzen. Man kann diese Verschmutzung auch mit Pressluft ausblasen.

Fassadenquernähte brauchen nicht die Dichtigkeit von Dachquernähten zu haben. Sie werden einfacher ausgeführt, stärker ausgeschnitten und weniger überlappt.

Bild 4: Quernähte an einer Fassadengestaltung

Eigentlich reicht eine Überdeckung von 50 mm aus, aber da bei Fassaden ein starker Winddruck herrschen kann, muss eingehängt werden, damit im Nahtbereich die ungekanteten Bleche nicht vom Wind angehoben werden („Blow-up“).

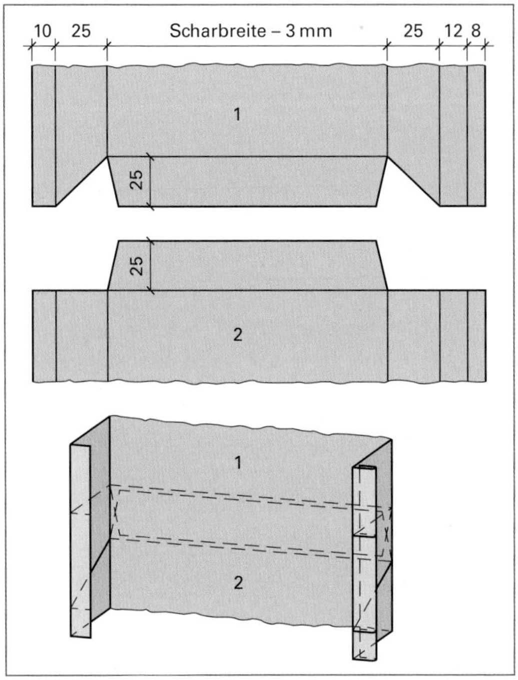

Bild 1: Fassadenquernaht

Übergänge von Dach zur Fassade

Diese Übergänge können entweder einfach eingehängt oder mit durchgängigem Falz hergestellt werden. Wichtig ist die Bildung einer Tropfkante, weil das mit Ionen angereicherte Wasser aus dem Dachbereich nicht über die auf andere Weise bewitterte Fassade laufen soll.

Dies ergäbe nämlich hässliche Ablaufspuren. Um sie zu vermeiden, soll bei Kupfer eine Tropfkante von 50 mm, bei den anderen Werkstoffen von 20 mm eingehalten werden. Falztechnisch einfach ist das völlige Abtrennen von Dach und Fassade und das einfache Einhängen, ähnlich einem Traufstreifen (Bild 2). Optisch besser ist ein durchlaufender Falz, der es durch Auszwickungen ermöglicht, den Falz durchlaufen zu lassen (Bild 1, Seite 207). Andere Möglichkeiten bieten Einschubleisten oder Fassadenknickpunkte ohne diese Tropfkantenlösung – dies ist jedoch mit dem Bauherrn abzuklären.

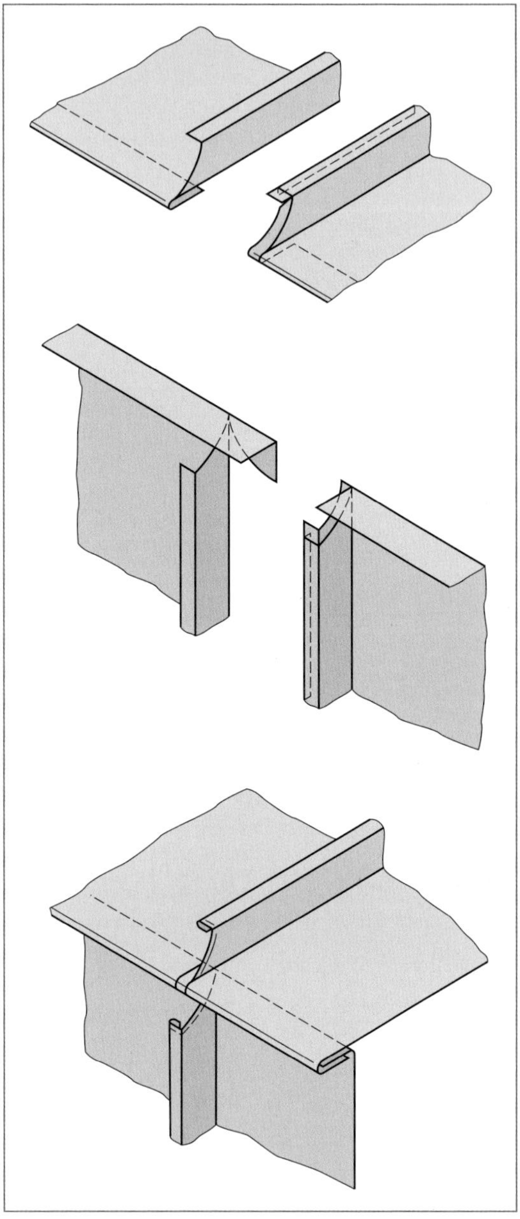

Bild 2: Fassadenknickpunkt mit großer Tropfkante

Zu beachten ist die Dehnung des Daches – die Fassade ist ja oben mit ihrem Festpunkt abgehängt, sie schiebt somit mit. Wenn dieser Knickpunkt als Schiebenaht ausgeführt werden soll, hat die Fertiglänge 40 mm zu sein.

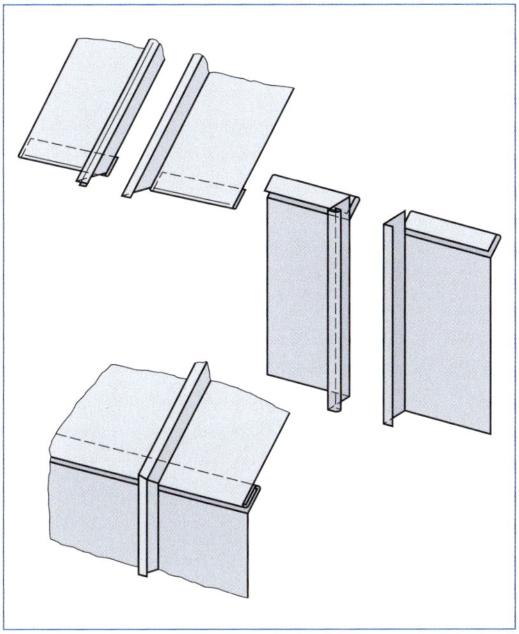

Bild 1: Fassadenknickpunkt mit durchlaufendem Falz zurückgesetzt

Bei dieser Ausführungsart sind nur minimale Dehnungen möglich – die obere Länge muss deshalb begrenzt sein.

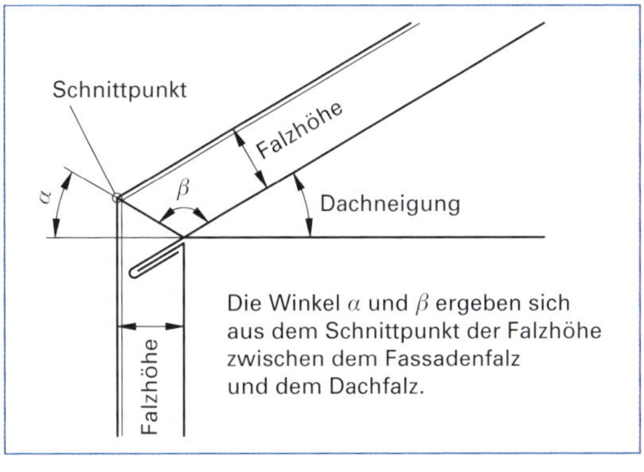

Bild 2: Abtragen der Winkel für die Quetschfaltenlager am Fassadenknickpunkt vorgesetzt

Fassadenknickpunkte von Paneelen werden mit Einschubleisten oder Simsblechen ausgeführt, um das Wasser wieder auf die Vorderseite zu bekommen. Generell muss nicht mit der Dichtigkeit eines Daches gearbeitet werden – wenn einmal Wasser hinter dem Blech abläuft, wird es irgendwann durch ein anderes Sims abgefangen und wieder nach vorne geholt.

Bild 3: Fassadenknickpunkt mit durchlaufendem Falz vorgesetzt

Bild 4: Mit Innotec geklebte Fassade – ein doppelseitiges Klebeband als Montagefixierung, dann die Klebewulst als endgültige Befestigung

Laibungen an Fassaden

Laibungen treten an seitlichen oder an oberen Fenster- und Türanschlüssen auf und werden herkömmlich mit Steckleisten ausgeführt (siehe Kapitel 5.1.4 Laibungen, Seite 130, Bild 3).

Simse an Fassaden

Simse haben die Aufgabe, optisch gut an die Fassade anzuschließen und Tropfwasser über die wasserführende Ebene der Fassade hinauszuführen. Undichtheiten können zu Bauwerksdurchnässungen und bei längerer Einwirkung zur Schädigung der Fassadenunterkonstruktion führen, die meist nur aus verzinkten Blechen besteht.

Deshalb müssen unbedingt dichte Simse mit einer guten Stauhöhe ausgeführt werden. Gut ist es, wenn sie weit unter die Fassade greifen, da sich auch Schnee und Schneematsch ansammeln kann. Die Fachregeln sehen eine Anschlusshöhe von 50 mm vor, was aber aus optischen Gründen nicht immer durchzusetzen ist.

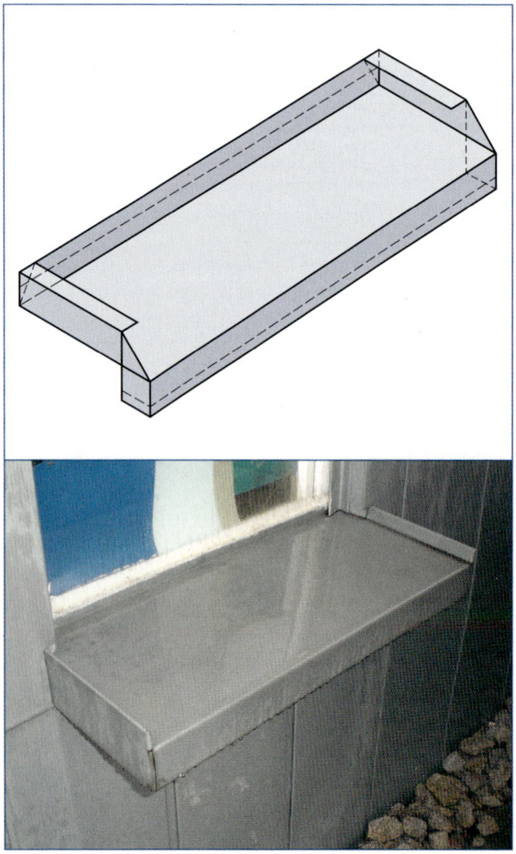

Bild 1: Simsausbildung nur mit Quetschfalten ohne Einschneiden

Diese Ausführungsart ist insbesondere bei Blechen, die man nicht löten kann, unumgänglich, wie Farbaluminium oder Falzinc.

Obere Fassadenabschlüsse

Obere Abschlüsse können entweder überdeckt oder nach oben offen ausgeführt werden. Die Überdeckung ist einfach – hier kann die Schar einfach zurückgekantet und oben aufgenagelt werden.

Bild 2: Moderne Garagenbekleidung mit überdeckter Attika

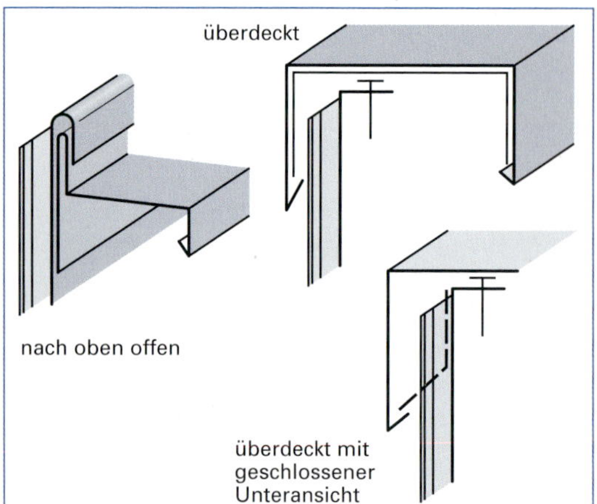

Bild 3: Obere Fassadenabschlüsse mit verschiedenen Unterblechen

Fragen

1. Nennen Sie unterschiedliche Fassadensysteme bezüglich
   a) der Montage,
   b) der Vorfertigung,
   c) der Metalldicke,
   d) der Optik.

2. Häufig ist, wie in Bild 1, die Fassade vom Dach fast nicht mehr zu unterscheiden. Welche Gestaltungselemente sind hier wirksam?

Bild 1: Dachterrasse in Titanzink, zu Frage 2

3. Um welche Fassadenarten handelt es sich in Bild 2?

Bild 2: Drei unterschiedliche Fassadensysteme nebeneinander, zu Frage 3

4. Wie unterscheiden sich Paneele von Kassetten-Systemen?

5. Skizzieren Sie die folgenden Fassadensysteme: Stulppaneel, Zick-Zack-Paneel, Steckfalzpaneel, Sinuswelle und Großraute.

6. Wie wird Alucubond zu Kassetten verarbeitet?

7. Welche Vorteile hat der Einsatz von Alucobond auch im Verwahrungsbereich?

8. Beschreiben Sie an Hand der Bilder 3 und 4, warum die herkömmliche Falztechnik nie aus dem Fassadenbereich verschwinden wird.

Bild 3: Falztechnik pur, zu Frage 8

Bild 4: Eine moderne Gebäudehülle – eine Herausforderung für den Klempner, zu Frage 8

9. Skizzieren Sie eine Gebäudeecke a) herkömmlich in Falztechnik b) modern in Steckfalzpaneelen c) in Alucobond.

10. Was macht ein Fassadenplanungsbüro und wie arbeitet es mit dem Klempner zusammen?

11. Skizzieren Sie brandsichere Unterkonstruktionen für Metallfassaden.

8 Unfallverhütung bei Dach- und Fassadenarbeiten

8.1 Einteilung der Gerüste

Gerüstarten

Gerüste werden bezüglich der Gerüstarten unterschieden nach ihrer Aufgabe. Die Einteilung ist deshalb wichtig, da sich die Vorschriften immer nur auf eine bestimmte Gerüstart beziehen. Ein Gerüst kann natürlich mehrere Aufgaben gleichzeitig erfüllen, muss aber dann auch alle diesbezüglichen Vorschriften erfüllen.

Arbeitsgerüste dienen dem Aufnehmen von Personen, Werkzeug und Material.

Fanggerüste dienen dem Auffangen von fallenden Personen.

Schutzgerüste dienen dem Auffangen von fallendem Werkzeug und Material.

Traggerüste dienen dem Abstellen von Material und Maschinen und erfordern eine Statik.

Bild 1: Standard-Rahmengerüst

Gerüstbauarten

Die Einteilung nach Bauarten bezieht sich auf die Ausführungsart des Gerüstes – nicht etwa auf die Maße. Dabei spielen das Material, das zugrunde liegende Aufbausystem und die bauartbedingten Kleinteile eine Rolle.

Standgerüste können aufgebaut werden als Rahmensteckgerüst, Holzstangengerüst, Holzleitergerüst und als Stahlrohrkupplungsgerüst.

Hängegerüste können als Dachbockgerüst (Besengerüst), Dachzangengerüst, Auslegergerüst und als Konsolengerüst ausgeführt werden. Sie sind an höher liegenden Bauteilen befestigt und berühren nicht den Boden.

Kleingerüste sind Klappgerüste, Fahrgerüste und Bockgerüste; aber auch Leitern und Tritte gehören dazu, wenn Beläge eingebaut sind.

Bild 2: Konsolengerüst als Aufsatz auf ein Standgerüst für eine Gaubeneindeckung

Bild 3: Volleinrüstung eines Hauses

Neue Gerüstideen kommen immer wieder auf den Markt – sie benötigen dann eine bauaufsichtliche Zulassung und erhalten für bestimmte Anwendungszwecke das GS-Zeichen der Berufsgenossenschaft (d. h. geprüfte Sicherheit). Das umfasst auch die Aufbauanleitung.

8.2 Arbeitsgerüste

Gerüstgruppen (Lastklassen)

Arbeitsgerüste der Gerüstgruppe 1 sind 50 cm breit (Breitenklasse W05) und dürfen nur für Inspektionstätigkeiten eingesetzt werden.

Arbeitsgerüste der Gerüstgruppe 2 und 3 sind 60 cm breit (Breitenklasse W06) und dürfen nur für Arbeiten eingesetzt werden, die kein Lagern von Baustoffen oder Bauteilen erfordern. Zulässige Arbeiten sind: Dachdeckungsarbeiten, Fassadenbekleidungsarbeiten, Malerarbeiten, Ausbesserungsarbeiten, Montagearbeiten, sowie maschinelle Putz- und Stuckarbeiten mit Kompressorschlauch zum Putztransport.

Arbeitsgerüste der Gerüstgruppe 4 und 5 sind 90 cm breit (Breitenklasse W09) und dürfen nur für Arbeiten eingesetzt werden, bei denen die Belastung durch Material und Benutzer das zulässige Nutzgewicht (siehe Tabelle 1, Seite 213) nicht überschreitet. Sie dürfen für Arbeiten eingesetzt werden, bei denen Baustoffe und Bauteile auf dem Gerüst gelagert werden. Bei Materiallagerungen muss aber mindestens 0,20 m Durchgangsbreite gewährleistet sein. Zulässige Arbeiten sind: Maurerarbeiten mit Steinpaketen, Putzarbeiten mit Speiskübel, Bewehrungsarbeiten mit Stahlbügelpaketen, Montagearbeiten mit begrenztem Gewicht.

Arbeitsgerüste der Gerüstgruppe 6 brauchen einen statischen Nachweis, da das Einzelgewicht die Zulassung überschreitet. Diese Gerüste sind z. B. beim Einsatz eines Profilierautomaten auf dem Dach erforderlich.

Bild 1: Unzulässige Gerüstbelastung – die Meisterschüler des Autors beim Arbeitseinsatz am Klempnermuseum

Seitenschutz und Stirnseitenschutz

Der Seiten- und Stirnschutz ist immer dreiteilig auszuführen. Der Geländerholm ist auf 1,0 m Höhe zu setzen, der Zwischenholm auf 0,50 m. Das maximale Zwischenmaß beträgt 0,47 m, das Bordbrett muss den Belag um 0,10 m überragen.

Auf Seitenschutz kann verzichtet werden, wenn sich die Gerüstlage nicht mehr als 2,0 m über dem Erdboden befindet, eine ausreichend breite und tragfähige Fläche vorhanden ist und wenn der Abstand zwischen Gerüstlage und Bauwerk nicht mehr als 0,30 m beträgt. Treppen sind schon ab 1 m Höhe mit Seitenschutz zu versehen, über Stoffen, in denen man versinken kann (Getreide, Zement, Wasser) ist Seitenschutz immer vorgeschrieben.

Bild 2: Volleingerüstetes Haus mit Fallschutz

Versteifung mit Diagonalen

Streben dienen der Längsversteifung des Gerüstes. Sie werden auch Diagonalen oder Steifen genannt und dürfen nur an Knotenpunkten befestiget werden. Bei Rahmengerüsten sind andere Befestigungspunkte auch gar nicht vorgesehen und wären nur sehr aufwendig, z. B. mit Drehkupplungen, zu realisieren.

Eine Strebe steift maximal 5 Felder aus, Streben sind fortlaufend im sogenannten Strebenzug anzubringen.

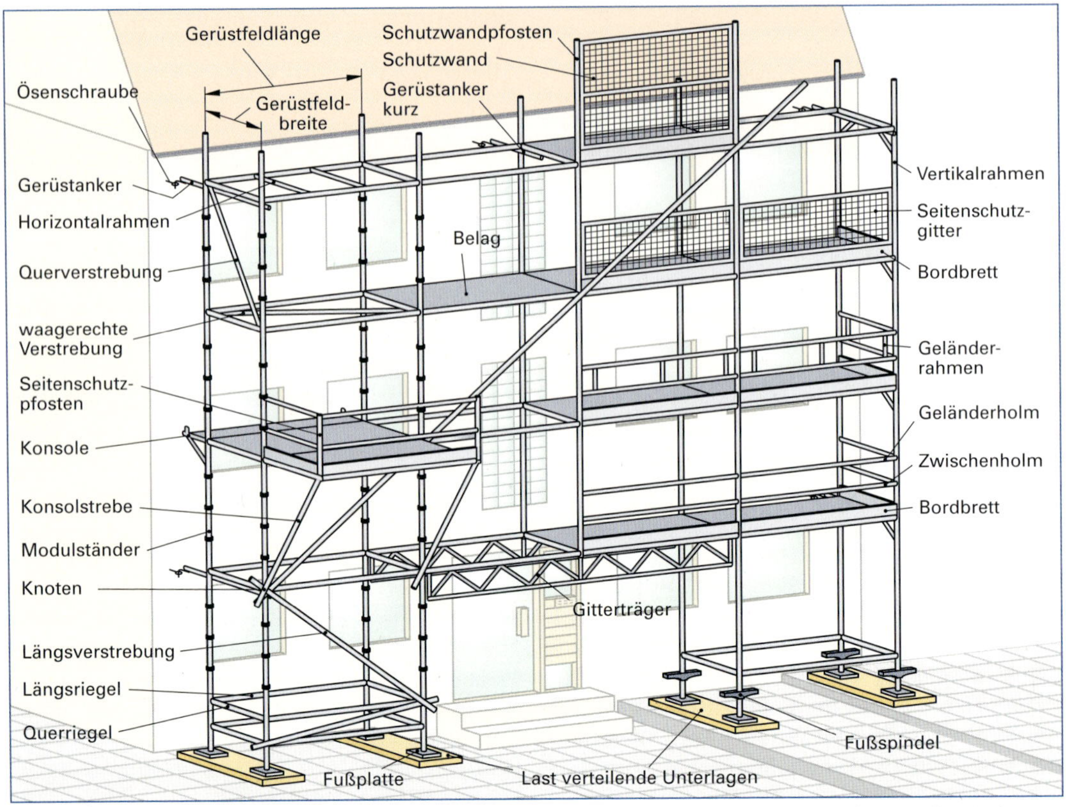

Bild 1: Bauteile eines Arbeitsgerüstes – rechts als Steckrahmen, links als Keilscheibengerüst (Allroundgerüst)

Verankerung

Die Befestigung erfolgt standardgemäß mit 14er Dübeln und 12er Ösenschrauben. In diese Ösen sind Gerüstankerstangen einzusetzen, die mit einer Kreuzschelle am Gerüst, knapp unterhalb des Belages, angeschraubt werden. Das Befestigen mit Gerüststricken und Holzabstandslatten (das Gerüst darf nicht an die Wand schlagen) ist in Einzelfällen zulässig.

Der Randdübelabstand der Befestigung beträgt 4,0 m senkrecht für jeden Ständer. Der Flächendübelabstand der Befestigung beträgt 8,0 m, wiederum senkrecht für jeden Ständer, aber versetzt angeordnet.

Tabelle 1: Ankerkräfte in kN

	Nicht bekleidet		Bekleidete Gerüste	
Gerüsthöhe	$F_{\perp}$	$F_{\parallel}$	$F_{\perp}$	$F_{\parallel}$
$h < 10$ m	2,7	0,9	7,5	0,7
$h < 20$ m	3,1	1,0	8,0	0,9
$h < 30$ m	3,3	1,2	8,3	1,2

Belag

Als Standard sind Systembeläge vorzusehen, je nach Hersteller aus Aluminium mit Rosten, Aluminiumwarmblech, Sperrholzkombinationen oder Holzdielen mit zugelassenen Einhängeklammern.

Bei Versätzen, nicht rechtwinkligen Ecken oder kurzen Überbrückungen zwischen Ständern sind einzelne Holzbohlen oder Holzdielen zulässig.

Für die Dicke von Bohlen bzw. Dielen gilt für 5 cm Frischmaß sowie für Gerüstgruppe 1 – 5:

20 x 5 bis 2,50 m Spannweite

24/28 x 5 bis 2,75 m Spannweite

Dünnere Beläge, z. B. 4,5 Schnittmaß, sind meist nur bei maximal 2 m Spannweite zugelassen.

Größere Flächen aus Bohlen bzw. Dielen sollen wieder mit einem Stahl- oder Aluminium-Systembelag belegt werden.

Belastungen

Tabelle 1: Lastgruppen (Gerüstgruppen) und deren zulässige Belastung:

1	2	3	4
Gerüstgruppe	**Mindestbreite der Belagfläche[1)]**	**flächenbezogenes Nutzgewicht**	**Flächenpressung[2)]**
1	0,50 m[3)]	–	–
2	0,60 m[3)]	150 kg/m²	–
3	0,60 m[3)]	200 kg/m²	–
4	0,90 m	300 kg/m²	500 kg/m²
5	0,90 m	450 kg/m²	750 kg/m²
6	0,90 m	600 kg/m²	1000 kg/m²

[1)] Die freie Durchgangsbreite muss bei Materiallagerung auf der Belagfläche mindestens 0,20 m betragen.

[2)] Flächenpressung ist hier das Nutzgewicht, geteilt durch dessen tatsächliche Grundrissfläche.

[3)] Die Bordbrettdicke darf mitgerechnet werden.

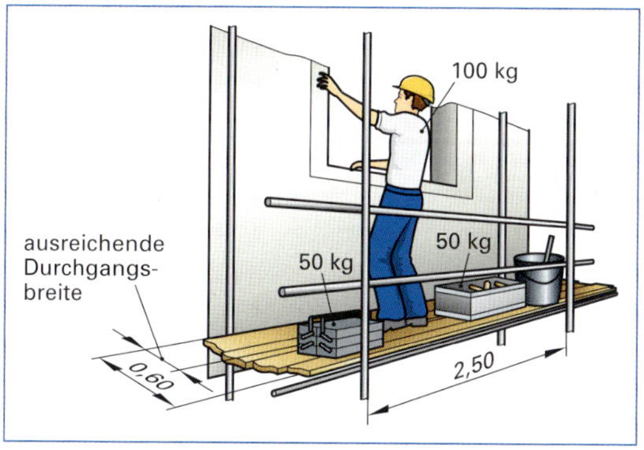

Bild 1: Mögliche Lasten bei Fassadenarbeiten

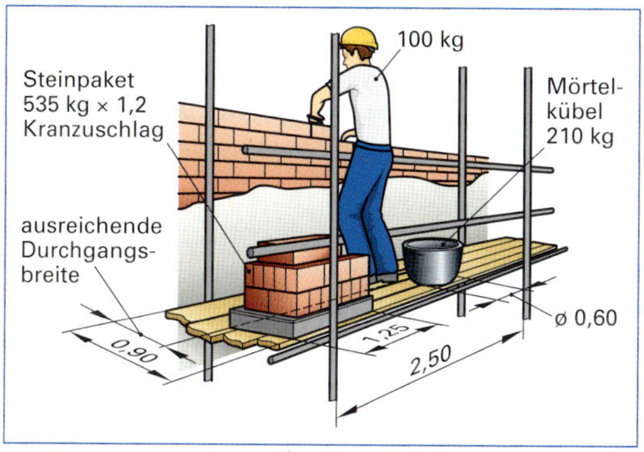

Bild 2: Mögliche Lasten bei Maurerarbeiten

Die Belastungen, die bei verschiedenen Arbeiten für die Gerüste entstehen, müssen abgeschätzt und in eine Flächenpressung umgerechnet werden. Damit kann dann die erforderliche Gerüstgruppe bestimmt werden.

Beispiel: Fassadenarbeiten Klempnerei

2 Personen à 75 kg:	150 kg
2 Werkzeug und Material à 25 kg:	50 kg
2 Wandkassetten à 20 kg:	40 kg
1 Falzmaschine à 40 kg:	40 kg
Gesamtgewicht	280 kg
Nutzungslast	2,8 kN
Belaggröße:	2,50 m auf 0,60 m = 1,50 m²
Flächenpressung:	2,8 kN/1,5 m² = 1,9 kN/m²
Gewählt: Gerüstgruppe 3	mit 200 kg/m²

Beispiel: Dacharbeiten Klempnerei

2 Personen à 75 kg:	150 kg
2 Werkzeug und Material à 25 kg:	50 kg
2 Ziegelpakete à 20 kg:	40 kg
Gesamtgewicht	240 kg
Nutzungslast	2,4 kN
Belaggröße:	3,00 m auf 0,60 m = 1,80 m²
Flächenpressung:	2,4 kN/1,8 m² = 1,3 kN/m²
Gewählt: Gerüstgruppe 2	mit 150 kg/m²

Fazit:

Das Fassadengerüst ist gerade ausreichend für Arbeiten mit 2 Mann, alles, was darüber hinausgeht, erfordert Gerüstgruppe 4 mit 90 cm Belagsbreite.

Bild 3: Fassadengerüst mit verschiedenen Belägen

An jeder Gerüstbaustelle muss am Aufgang ein Schild angebracht sein, das die maximale Belastung des Gerüstes und seine Breitenklasse angibt. W06 bedeutet eine Breite von 0,6 m, damit handelt es sich eindeutig um ein Fassadengerüst, das nur Gerüstgruppe 2 oder 3 sein kann.

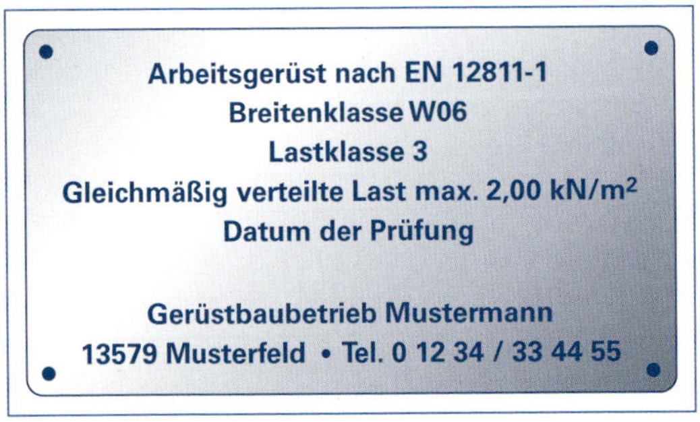

Bild 1: Zulassungsschild am Gerüsteinstieg

Viele Gerüste sind jahrelang im Einsatz – sie sind noch nach der alten Gerüsteinteilung gekennzeichnet (Tabelle 1).

Tabelle 1: Vergleich alte und neue Gerüsteinteilung der Berufsgenossenschaften

Gruppe (alt)	I	II	III	IV
Zulässige Last	1 $\frac{KN}{m^2}$ 1 Mann Malergerüst	2 $\frac{KN}{m^2}$ 2 Mann Fassadengerüst	3 $\frac{KN}{m^2}$ 3 Mann Maurergerüst	über 3 $\frac{KN}{m^2}$ Traggerüst
Breite des Belags	50 cm W05	60 cm W06	90 cm W09	> 90 cm –
Gruppe (neu)	1	2 /3 Alu/Stahl	4 /5 Alu/Stahl	Tragkonstruktion
Nutzgewicht	–	150/200 kg/m²	300/450 kg/m²	nur mit Statik

Diese Einteilung ist also im Prinzip beibehalten worden, lediglich Aluminiumgerüste wurden zusätzlich aufgenommen, die unter Umständen weniger belastbar sind als Stahlgerüste. Sie gilt für eine Regel-Aufbauhöhe von 20 m, kann aber mit Statik auf über 100 m nachgerechnet werden.

8.3 Hängegerüste

Hängegerüste sind Maurergerüste, die, sobald eine Geschossdecke fertig betoniert wurde, dort in einbetonierte Schlaufen eingehängt werden. Sie werden also im Laufe der Bauarbeiten mit dem Baukran jeweils ein Stockwerk höher gehoben und wachsen mit dem Baukörper in die Höhe. Hängegerüste dienen als „Maurerbühne" und als Fallschutz aus den Maueröffnungen. Deshalb beträgt die Fallhöhe auf Hängegerüste 3 m. Man unterscheidet je nach Bauart Konsolen-, Ausleger- und Dachzangengerüste.

Konsolengerüste

Beim Aufmauern eines Gebäudes kann wegen der Baugrube noch kein Standgerüst gestellt werden. Meist ist das Haus im Kellerbereich noch nicht verputzt und damit auch nicht gegen Feuchtigkeit abgedichtet. Die Drainage wird oft erst später angeschlossen – der Maurer will aber gewerkeunabhängig weiterarbeiten. Man kann also nicht einfach die Baugrube zuschütten, um ein Standgerüst zu stellen. Hier wird mit Konsolen weitergearbeitet, die dann manchmal für Zimmermann, Klempner und Dachdecker noch hängen bleiben. Sie können durch das Anbringen einer dichten Schutzwand auch als Fanggerüst dienen.

Bild 2: Konsolengerüst im Baueinsatz

Dreiteiliger Seitenschutz reicht als Fangsicherung nur bis 20° Dachneigung aus (siehe Kapitel 8.5 Fanggerüste).

Die Schlaufen, in die das Konsolengerüst eingehängt wird, werden vom Maurer und Betonbauer einbetoniert und stehen seitlich waagrecht aus dem Bauwerk. Ein nachträgliches Andübeln ist nur mit statischem Nachweis möglich. Unten an der Konsole ist auf festen Untergrund zu achten, meistens wird ein Brett als lastverteilende Platte eingesetzt.

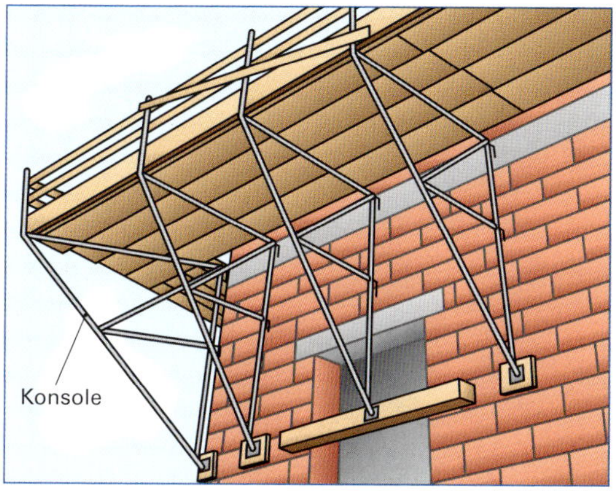

Bild 1: Konsolengerüst, eingehängt in voreinbetonierte Schlaufen außen am Gebäude

Auslegergerüst

Die ältere Alternative zum Konsolengerüst ist der Ausleger. Hier ragt durch ein vom Maurer übermauertes Loch in der Wand ein Stahlträger, auf dem Holzbohlen ausgelegt werden. Vorne wird mit speziellen Seitenschutzzangen der Seitenschutz aufgesteckt. Auch dieses Gerüst kann bei sinnvoller Höhe eines Kniestockes für die Dacharbeiten hängengelassen werden, wenn das Haus erst später verputzt wird.

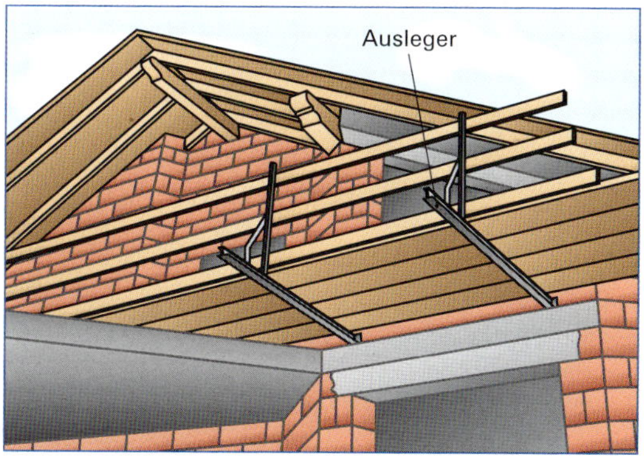

Bild 2: Auslegergerüst, eingehängt in voreinbetonierte Schlaufen im Inneren des Gebäudes

Dachzangengerüste

Immer mehr kommen bei gefährlichen Dacharbeiten Zangengerüste als Arbeitsgerüste zum Einsatz.

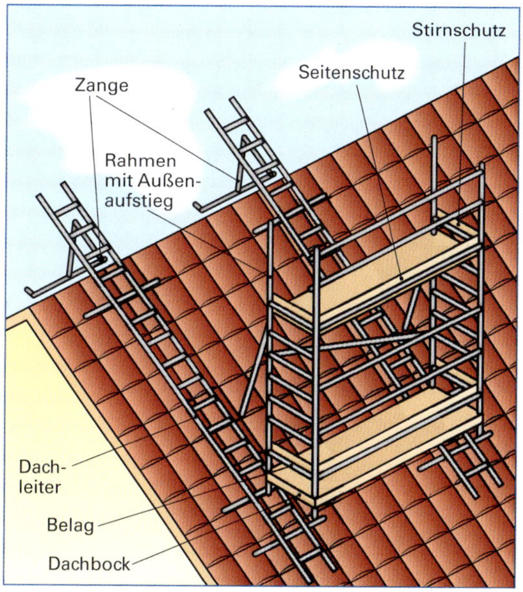

Bild 3: Elemente des Dachzangengerüstes

Bild 4: Zangengerüst an Kamin

Für ein Dachzangengerüst werden zwei Leitern über den First geschoben und jeweils mit einer eingeschobenen Firststange gesichert (Bild 1, Seite 216). Nun ist auf den Leitern problemlos jede Gerüstart wie Dachbockgerüste, Dacharbeitsgerüste oder sogar eine Fangwand aufsetzbar. Zugänglich wird dieses Gerüst mit sicheren Leiterzugängen, die zulässigen Aufstiegshöhen sind dabei zu beachten.

Bild 1: Dachzange für Zangengerüst

Bild 2: Aufwendiges Dacharbeitsgerüst für einen sehr hohen Kamin.

8.4 Leitergerüste

Man kann mit bauartgeprüften Zusatzteilen auch Arbeitsgerüste auf Leitern aufbauen. Problematisch sind hier die vielen Kleinteile und die nie ausreichende Länge. Oft wird dann doch ein Umstellen erforderlich, obwohl doch eigentlich laut den Unfallverhütungsvorschriften dem Handwerker ein hochwertigeres Komplettstandgerüst zur Verfügung zu stellen ist.

Bild 3: Aufsatz auf Firstzangengerüst

Bild 4: Leitergerüste brauchen einen weiteren Anlegeleiteraufstieg

Bild 5: Aufsatz auf Leitergerüst

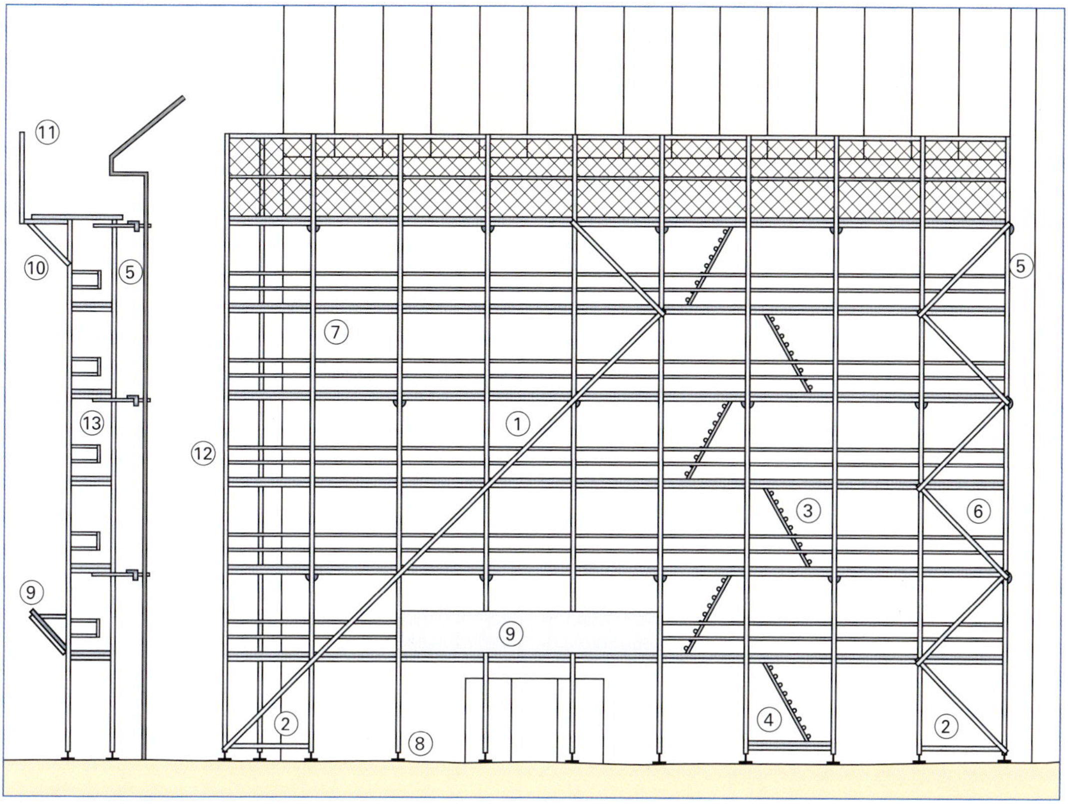

Bild 1: Beispiel für ein Arbeitsgerüst mit 27 m Länge auf 12 m Aufbauhöhe mit Beachtung aller Unfallsverhütungsvorschriften

Detailmaße am kompletten Standgerüst in Bild 1

1. Strebenzüge, 1 Strebe für max. 5 Felder
2. Fußversteifung im Strebenanfangsfeld
3. Innenaufstiege versetzt angeordnet
4. Belag im ersten Aufstiegsfeld
5. Gerüstabstand 30 cm
6. Ankerabstand am Rand alle 4 m
7. Ankerabstand im Feld alle 8 m versetzt
8. Spindeln am Fuß höhenverstellbar
9. Schutzgerüst 60 cm hoch und 1,50 m von der Wand auskragend über dem Eingang
10. Verbreiterung mit Konsolen auf 70 cm Durchgangsbreite
11. Dachfanggerüst 80 cm über Traufe
12. Dreiteiliger Seitenschutz 1 m hoch
13. Dreiteiliger Stirnschutz 1 m hoch

Allgemeine Grundsätze des Gerüstbaues

1. Jeder Punkt muss in maximal 2 m Höhe erreichbar sein (Gerüstzusätze wie Bockleitern auf Standgerüsten sind verboten).
2. Alle Teile haben eine bauaufsichtliche Zulassung.
3. Die Gerüstgruppe (Lastgruppe) ist unten am Schild angegeben, ebenso die Telefonnummer des Gerüststellers.
4. Die Schutzwandeindeckung ist schlagsicher, rückfederarm und auf 2 cm dicht.
5. Der Fangschutz ist auf 5 cm dicht (keine Körperteile können hindurchrutschen).
6. Der Arbeiter kann an jeder Stelle fallen und wird sicher innerhalb der zulässigen Fallhöhen aufgefangen.
7. Auf die Standsicherheit des Bodens ist geachtet, eventuell sind lastverteilende Lagenhölzer verwendet.

8.5 Fanggerüste

Fallhöhen (Sturzhöhen)

In den Unfallverhütungsvorschriften sind „zulässige“ Fallhöhen angegeben, die Menschen mit heilbaren Verletzungen überleben können (Tabelle 1). Ab diesen Höhen steht dem Klempner ein Gerüst zu, das heißt, er kann Arbeiten ohne Gerüst verweigern oder selbst ein Gerüst stellen und auch abrechnen. Bei niedrigeren Sturzhöhen muss er selbst unentgeltlich für seine eigene Sicherheit sorgen.

Tabelle 1: Fallhöhen, ab denen ein Fangschutz vorhanden sein muss

1 m	von Treppenaufgängen, Baustelleneingängen
2 m	auf Standgerüste
3 m	auf Hängegerüste und Erdreich
5 m	bei Arbeiten über die Hand auf Erdreich
6 m	in Netze

Bild 1: Bis 3 m Fallhöhe auf Erdreich und gleichzeitig unter 20° Dachneigung ist kein Gerüst vorgeschrieben (Garagenlösung)

Absturzsicherungen bei Dächern < 20° Dachneigung

An Arbeitsplätzen und Verkehrswegen auf Flächen mit weniger als 20 Grad Neigung kann auf Seitenschutz an der Absturzkante verzichtet werden, wenn in mindestens 2,00 m Abstand zur Absturzkante eine feste Absperrung als spürbarer Widerstand angebracht ist. Hier kommen Geländer, Holzbretter, Ketten oder Seile in Betracht, das rot-weiße Flatterwarnband gehört nicht dazu.

Bild 2: Einfache Sicherung bei Neigung < 20°

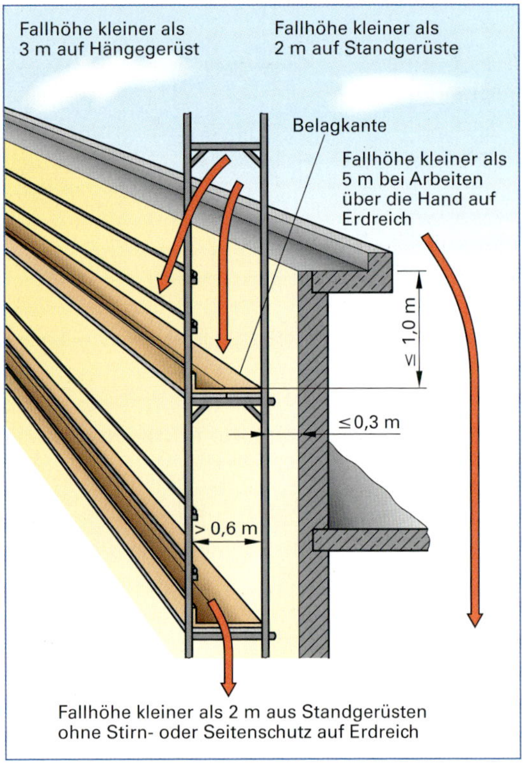

Bild 3: In diesen Fällen ist Sicherung auch bei < 20° erforderlich

Tabelle 2: Auffangschutzbreiten für Stand- und Hängegerüste

Fallhöhe auf das Fanggerüst	bis	2,00 m	3,00 m
Mindestauffangbreite	min.	0,90 m	1,30 m

Der maximale Wandabstand beträgt 30 cm. Beim Fassadengerüst mit 60 cm Breite ergibt dies genau die richtige Auffangbreite, ebenso bei Maurergerüsten. Diese haben eine Breite von 90 cm bis 100 cm, das ergibt dann in der Summe 130 cm.

Die Höhe des senkrechten Schutzes bei Dächern < 20° Dachneigung muss nicht vollflächig sein und mindestens 1,00 m betragen. Der Stürzende hat noch keine Anfangsbeschleunigung, sodass er einigermaßen senkrecht den Belag trifft. Eine weitere Funktion des Bordbrettes ist der zusätzliche Schutz gegen rutschendes Werkzeug oder rutschende Personen bei Nässe oder gar Glätte. Bei Eis darf ein Gerüst nicht betreten werden.

Dachfanggerüste

Sicherung bei Dächern mit > 20° und bis 60° Dachneigung

Dachfanggerüste sind bei Dächern mit > 20° und < 60° Dachneigung und einer Trauf-Absturzkante über 3,00 m anzubringen, wenn Arbeiten an der Traufe anfallen (z. B. Rinnenmontage) und zusätzlich Arbeiten auf dem Dach ausgeführt werden.

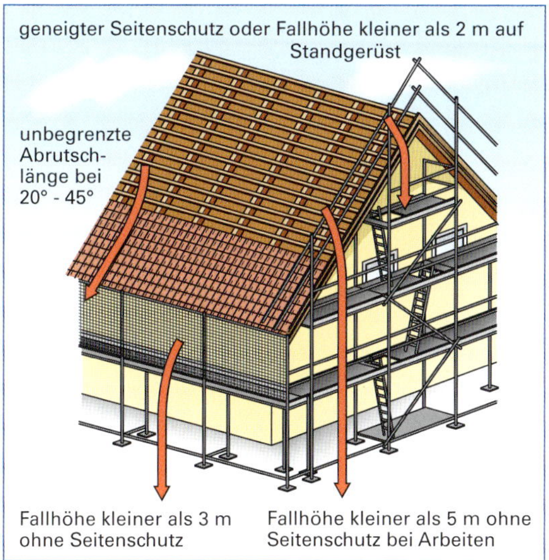

Bild 1: In diesen Fällen ist Sicherung erforderlich bei einer Dachneigung > 20°

Der Belag darf nicht tiefer als 1,50 m unter der Traufkante liegen und der Abstand der Fangwand zur Traufkante muss mindestens 0,70 m betragen, damit bequemes Arbeiten an der Rinne möglich wird.

Bild 2: Knapp aber noch richtig – das Dachfanggerüst montiert auf unbequemer Rinnenhöhe

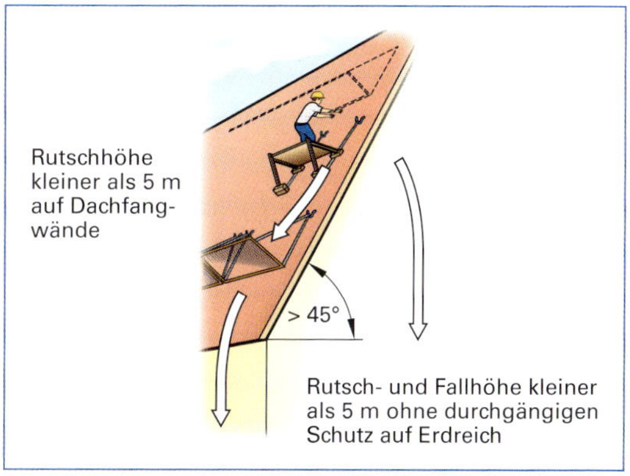

Bild 3: Erforderliche Sicherung bei Dachneigung > 45°

Die Fangwand muss die Traufkante um mindestens 0,80 m rechtwinklig überragen, damit hat sie wegen möglicher Schrägstellung 1 m tatsächliche Höhe aufzuweisen. Personen können aufgefangen werden, wenn sie keine zu große Geschwindigkeit erreicht haben. Deshalb beträgt der maximal zulässige Rutschweg senkrecht gemessen 5 m – danach sind Zwischenwände zu stellen.

Fangwände kommen beim Umdecken von Dächern zum Einsatz. Sie werden deshalb auch Dachdeckergerüst genannt. Oft haben sie eine geringe Maschenweite, sodass sie auch rutschende Ziegel und Ziegelschrott auffangen. Damit haben sie auch Schutzgerüstfunktion (siehe Kapitel 8.13, Schutzgerüste). Sie werden aber auch zum Auswechseln von Kaminverwahrungen eingesetzt. Die Fangschutzwand muss links und rechts 2,00 m über den Arbeitsbereich hinausgehen. Für einen 1 m breiten Kamin sind also 5 m Schutzwand zu stellen.

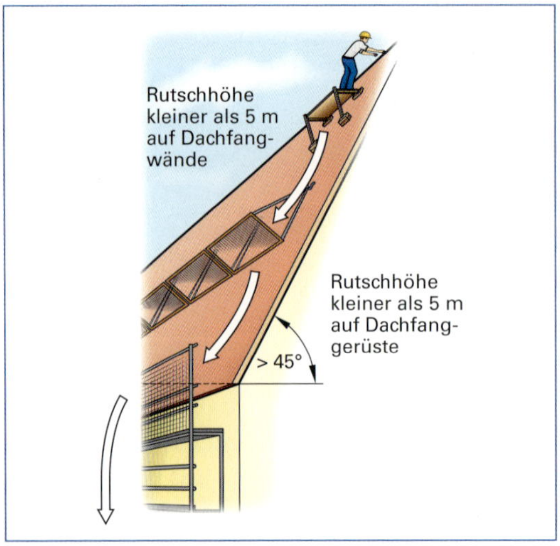

Bild 1: Erforderliche Sicherung an Gebäuden mit Standgerüst und Dachneigung > 45°

Bild 2: Dachfanggerüst, aufgesteckt auf Standgerüst mittels Konsolen

Bild 3: Richtig stehendes Dachfanggerüst auch bei geringer Traufhöhe < 3 m

Bild 4: Einfache Dachfangwand

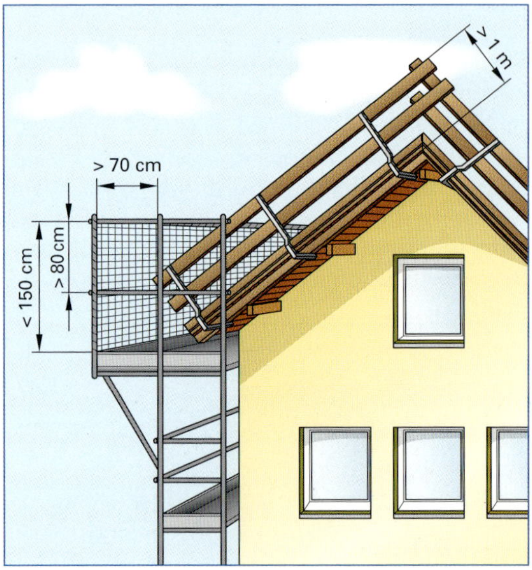

Bild 5: Vorgeschriebene Maße am Dachfanggerüst

Die Höhe *h* über der Traufkante kann bei größerem Abstand *b* der Fangwand von der Traufe um das gleiche Maß erniedrigt werden (Bild 5):

Formel 1

$$h = 150 - b$$

Setzt man die vorgeschriebenen 70 cm Durchgangsbreite ein, erhält man 80 cm Überstand. Ist die Schutzwand 1 m entfernt, braucht sie die Traufkante nur noch um 50 cm überragen. Wichtig ist auch die maximale Höhe von 1,50 m, damit jeder Monteur die Rinne verlöten kann, auch ohne auf eine Bockleiter oder einen Sprudelkasten steigen zu müssen. Gerüsterhöhungen sind nämlich untersagt.

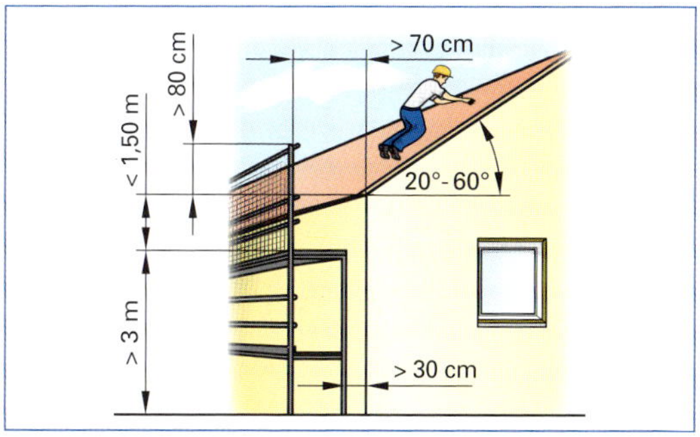

Bild 1: Möglicher Gerüstaufbau bei Dächern ohne Dachüberstand

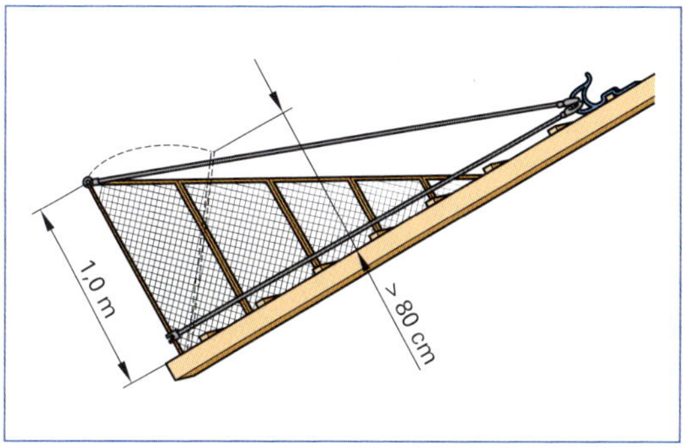

Bild 2: Maßvorschriften Dachfangwand

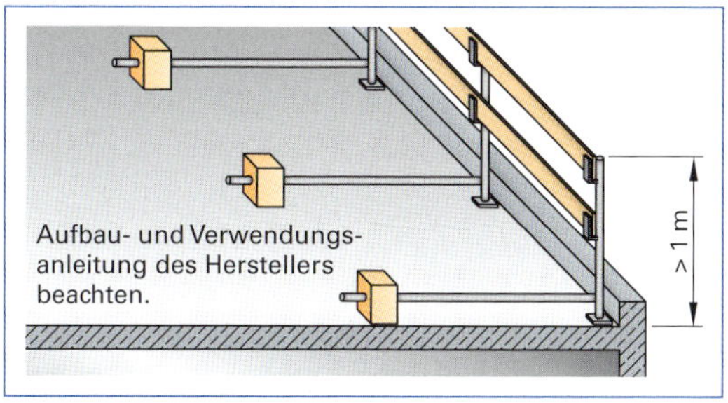

Bild 3: Maßvorschriften Absturzsicherung

8.6 Sicherheitsdachhaken

Die meisten Dächer befinden sich im Neigungsbereich zwischen 20° und 45°. Auf steileren Dächern hat man kein richtiges Stehvermögen und benötigt darum eine Stehhilfe. Alle Stehhilfen am Dach sind an Sicherheitsdachhaken zu befestigen. Diese sind baumustergeprüft und mit mindestens 3 Nägeln der Größe 6 x 100 oder – falls eine Nagelplatte vorhanden ist – mit 8 Nägeln der Größe 3,5 x 80 einzuschlagen.

Bild 4: Sicherheitsdachhaken verbleiben am Bau

Sicherheitsdachhaken benötigen einen aushängsicheren Einschlagbereich für den Seilhaken und müssen bei einem Sturz erheblich mehr Last aushalten als gewöhnliche Dachhaken, die nur für Montagezwecke oder für Schneefangeinrichtungen (Rundholzmaterial) zugelassen sind.

Bild 5: Sicherheitsdachhakensystem mit verschiebbaren Haken in Ziegelrot

Befestigt werden die gekröpften Haken direkt auf dem Sparren oder an einer zwischen den Sparren eingebauten dicken Holzbohle. Die Latte reicht nicht aus!

Darüber hinaus gibt es Dachhakensysteme mit Sicherungsplatte, die über der Dachlatte angesetzt wird und ein Verschieben des Hakens beim Eindecken mit Ziegeln an den optimalen Platz erlaubt (Bild 5).

Für das Falzdach gibt es neuerdings Falzsekuranten, an die man Sicherungssysteme bei Dachwartungsarbeiten anschlagen kann.

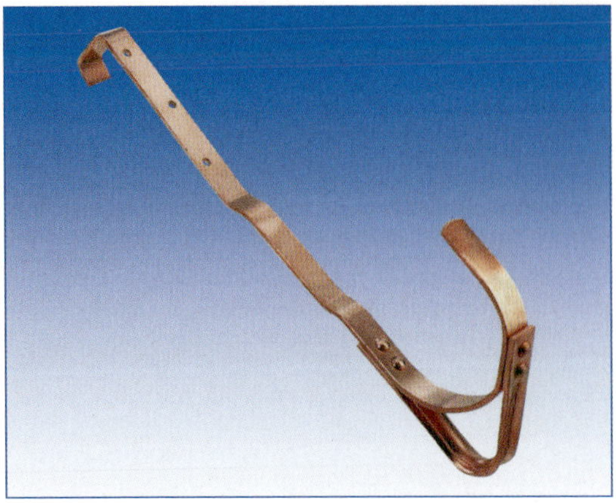

Bild 1: Herkömmlicher Sicherheitsdachhaken für Bohleneinhang

Bild 2: Moderner Dachhaken für Ziegel oder Metalldach

Bei Metalldächern erlaubt die Scharendehnung es nicht, direkt von oben durch das Blech hindurch zu befestigen. Dies würde Undichtheiten, Zwängungsspannungen und Flatterrisse nach sich ziehen. Deshalb werden Sicherheitsdachhaken nur in Quernähten montiert, ähnlich der Anbringung auf einem Ziegeldach.

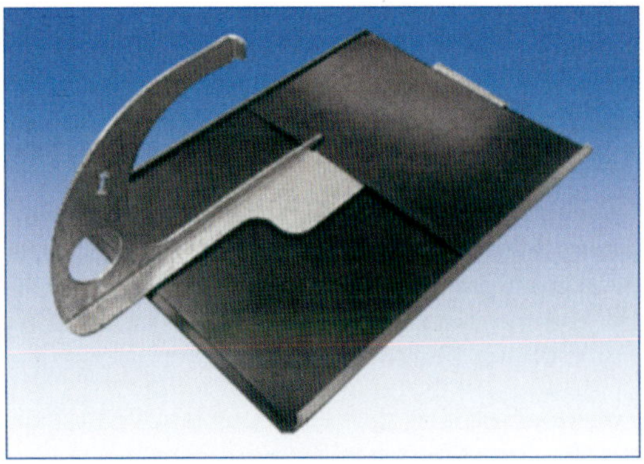

Bild 3: Dachhaken im Querfalz montiert

Systeme die nur an den Falzen montiert werden, sind seit langem ein Traum des Klempners. Problematisch war es, die Zulassung auch für weiche, dünne Werkstoffe wie Falzdächer zu erhalten. Die schon lange im Umlauf befindlichen Schneefalzklemmen sind jedenfalls nicht für das Anschlagen von Seilen zulässig.

Solche Klemmen müssen bauaufsichtlich zugelassen und CE-geprüft nach DIN EN 795 als Anschlagpunkt Klasse A+C sein. Die Herstellung aus rostfreiem Stahl schützt sie vor Korrosion. Stufenlos einstellbare Falzklemmen ermöglichen die Montage auf Falzdächern mit bis zu 620 mm Falzabstand.

Das in Bild 4 dargestellte System dient zur Sicherung von bis zu 3 Personen gleichzeitig gegen Absturz und wird auf Doppelstehfalzen angewendet oder mit anderen Haltern auf verschiedenen Falzprofilen. Außerdem kann die Montage auf Falzblechen aus Aluminium, Titanzink, Kupfer, verzinktem und korrosionsbeständigem Stahlblech erfolgen – eine Zulassung dazu ist im Internet erhältlich.

Bild 4: Auch für nachträgliche Ausbesserungsarbeiten ein praktischer Helfer – der Falzklemmensekurant

Neu ist der Einsatz von zugelassenen Einzelklemmen für Falzdächer. Diese Klammer greift um den Falz und hält laut Zulassung dem Sturz sogar mehrerer Personen stand – sicherlich bei einiger Deformation des Falzdaches, das nach dem Sturz dann Ausbesserungsarbeiten nötig hat.

Damit lassen sich Arbeiten auch bei schnee- oder eisglatten Dächern ausführen, die bislang große Seillängen erforderten.

Bild 1: Schneeräumarbeiten mit Einzelfalzklemme

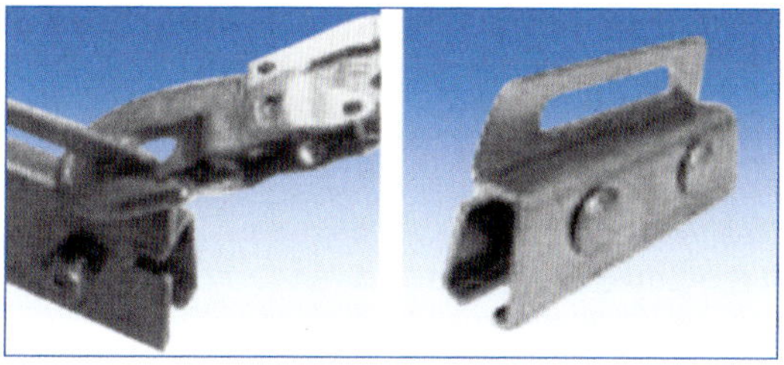

Bild 2: Detailansichten der Sicherheitshakenklemme

Bild 3: Sekurant für Rundfalzdächer

Bei schwer zugänglichen gefährlichen Punkten lohnt sich der Einsatz eines Steigers (Bild 2, Seite 225). Sie sind als Mietfahrzeug oder als Anhänger erhältlich und können das Stellen eines Gerüstes bei kleineren Wartungsarbeiten sicher umgehen. Das Auf- und Absteigen im ausgefahrenen Zustand ist unzulässig, weil dann die Kippsicherungssperre nicht mehr funktioniert.

Ebenso kann das Aufladen von schweren Blechteilen, Dachdichtungsbahnrollen oder Werkzeugkästen problematisch sein. Darum sind Steiger nur zum Personentransport zu höher gelegenen Punkten und als Personenaufnahme Mittel zum Arbeiten (Korb) zugelassen.

8.7 Sekuranten

Sekuranten sind bauaufsichtlich zugelassene Bauteile, die am Bau verbleiben und einer Stoßkraft von 7,5 bis 10 kN standhalten.

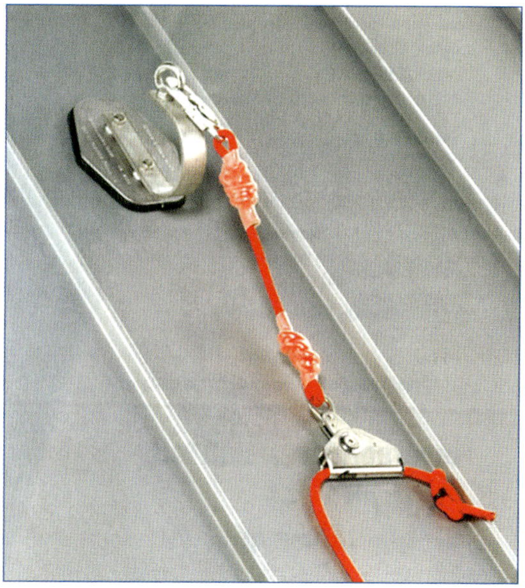

Bild 4: Nachträglich in ein Falzdach einbaubarer Sekurant

Sekuranten werden oft zur Dachrenovierung und zu Wartungsarbeiten auch noch nachträglich vorgeschrieben. Es sind für den nachträglichen Einbau extra Systeme mit anschließender Gummidichtung auf dem Markt.

Hierbei ist generell auf die Dehnung des Falzdaches zu achten. Die Dehnung wird beim Aufschrauben von Platten meist behindert oder verringert. Es gibt aber auch einzelne Systeme, die sich mitdehnen können und allein die Stoßkraft in das Blech einleiten – die anhebende Wirkung wird über aufgeschraubte Kopfplatten in die Holzschalung eingeleitet (Bild 1 und 4, Seite 224). Diese Teile sind insbesondere wegen der teuren Zulassung recht kostenintensiv.

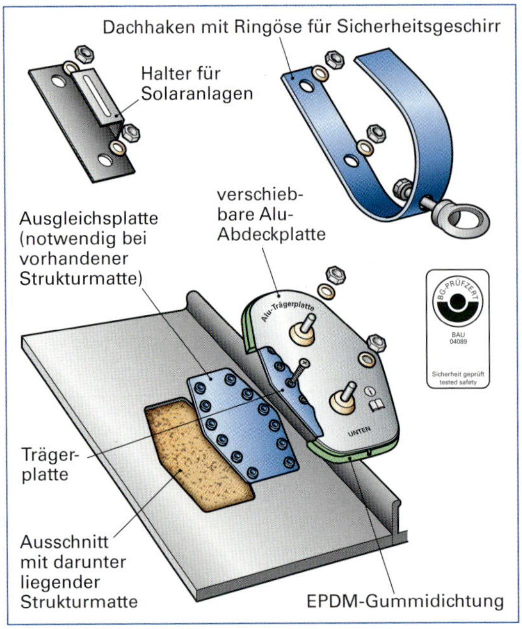

Bild 1: Montage der Grundplatte für einen Sekuranten oder eine PV-Anlage mit Neoprendichtung

Bild 2: Optisch ansprechend gestalteter Sekurant für ein Titanzinkdach

Bild 3: Flachdachsekurant

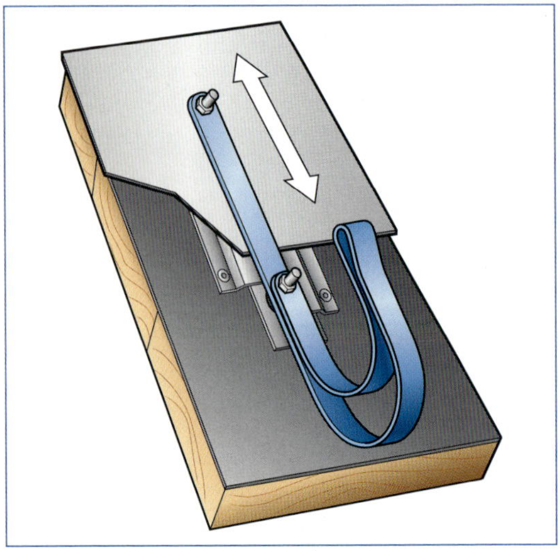

Bild 4: Sekurant mit Schiebeplatte unter dem Falzdach zur kompletten Dehnungsaufnahme

8.8 Anseilschutz

Der Anseilschutz wird auch als persönliche Schutzausrüstung gegen Absturz bezeichnet und gehört zu den persönlichen Schutzmitteln, deren Tragen dem Bauhandwerker selbst obliegt. Das hat rechtliche Gründe – niemand nimmt die Behinderungen durch Anseilschutz gerne länger in Kauf und so wird er oft auch gegen die Anweisung der Baustellenaufsicht abgelegt. Die Aufsicht kann dann nicht haftbar gemacht werden. Auf Baustellen im Ausland mit englischem Sicherheitsstandard sind ständig vollamtliche „Aufseher" dabei, die andere an das Tragen der PSA (Persönliche Schutzausrüstung) erinnern.

Anseilschutz ist zu benutzen:

- wenn Absturzsicherungen (Seitenschutz) nicht möglich sind,
- wenn Auffangeinrichtungen (Fanggerüste, Dachfanggerüste, Auffangnetze) unzweckmäßig sind,
- bei Arbeiten in der Nähe von Flachdachkanten,
- in der Nähe von Giebelkanten,
- an Gittermasten,
- bei Montagearbeiten,
- bei Arbeiten mit geringem Umfang,
- in Verbindung mit Steigschutzeinrichtungen.

Bild 1: Anseilschutz bei Wartungsarbeiten an steilen Dächern

Früher war das Wort „Sicherheitsgeschirr" üblich. Tatsächlich ist der Anseilschutz immer fünfteilig: der dreiteilige Haltegurt (Becken-, Hüften- und Schultergurt), Falldämpfer, Seilkürzer, Anschlagteil und das Tragseil mit mindestens 7,5 kN Haltekraft.

Bild 2: Die Alternative zum Anseilschutz ist eine Arbeitsbühne (Hubsteiger)

Bild 3: Anseilschutz mit Laufleine, in Zwingen waagrecht am First angebracht

Ideal als Anschlagspunkt sind Sekuranten. Sie sind in einbetonierte Schlaufen eingesetzt und verbleiben dauerhaft korrosionsgeschützt am Dach. Ebenso sicher sind Sicherheitsdachhaken oder unverschiebliche Bauteile wie Stahlträger, Kamine, Holzpfetten und Geländerfußteile.

Anseilschutz ist immer bei Inspektionen und bei Arbeiten mit geringfügigem Umfang sinnvoll. Diese werden von der Berufsgenossenschaft auf 2 Tagewerke beschränkt, also 1 Mann 2 Tage oder 2 Mann einen Tag. Ebenso zählt dazu das Reinigen der Dachrinnen und das Auswechseln von bis zu 75 Ziegeln. Alles was darüber hinausgeht, unterliegt den Unfallverhütungsvorschriften, es sei denn, das Verlegeverfahren selbst sichert den Handwerker im Arbeitsfortschritt. Hierunter fallen Sondertätigkeiten wie das Einlatten von Dächern oder das Hochschalen von schrägen Dachflächen. Hier kann auf Anseilschutz verzichtet werden, da im Fortschritt der Tätigkeit die Sicherheit gleich bleibt – es muss nicht nach vorne abgesichert werden, sondern lediglich nach hinten.

8.9 Stehhilfen

Dachleitern

Bei glatten Dächern sind Verlegearbeiten sehr erschwert und man braucht neben dem Fallschutz auch Stehhilfen.

Bild 1: Dachleitern im Einsatz

Arbeiten auf steilen Ziegeldächern werden mit Dachbockgerüsten, auch „Besen" genannt, ausgeführt. Das Wort Besen kommt vom Unterteil des Gerüstes, das teilweise wirklich wie ein Besen ausgeführt wird, um die darunterliegende Ziegeldeckung nicht zu zerstören.

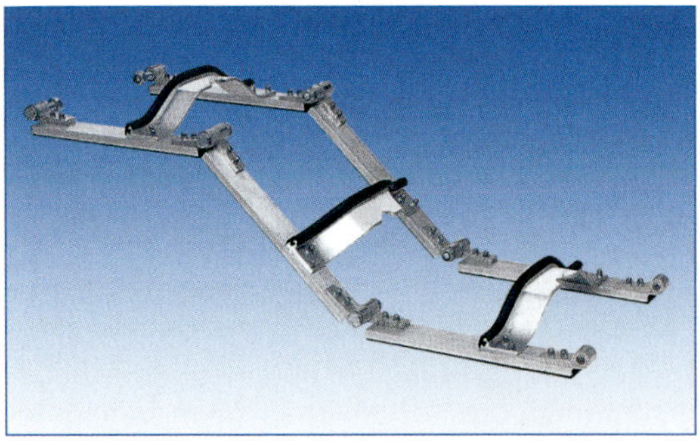

Bild 2: Klapp-Alu-Dachleiter mit Vollgummiunterlagen für schadfreie Arbeiten auf empfindlichen Metalloberflächen

Für Falzdächer sind unterschiedliche Systeme im Einsatz. Vollgummirollleitern ermöglichen ein gutes Arbeiten bei langen Scharblechen.

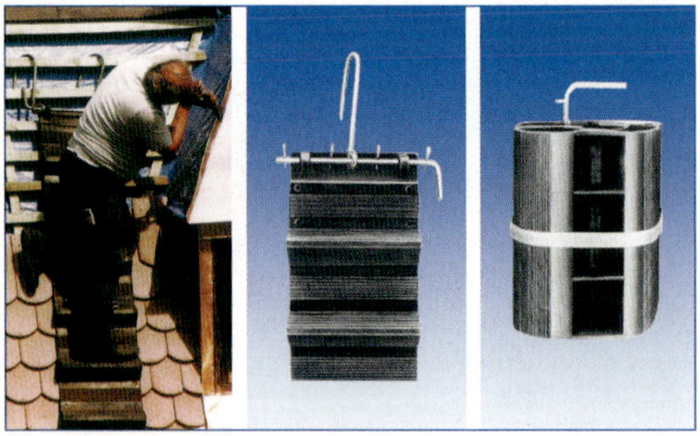

Bild 3: Vollgummirollleiter

Dachbockgerüste

Für aufwendige punktuelle Arbeiten behelfen sich Klempner mit selbstgebauten Falzklemmengerüsten, die aber keine Zulassung als Arbeitsgerüst oder Fanggerüst haben. Es sind nur Stehhilfen – beim Versagen muss der Mann unten in der Fangwand oder im Dachfanggerüst aufgenommen werden können.

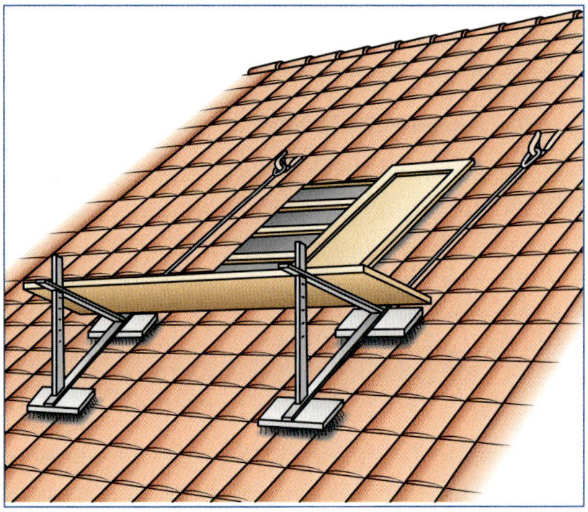

Bild 4: Dachbockgerüst

Dachleitern oder Dachbockgerüste sind mit maximal 1,5 kN zu belasten, ältere am Dach befindliche Dachhaken sind zuerst mit einer Sichtprüfung zu überprüfen.

Dachleitern oder Füße von Dachbockgerüsten dürfen nicht in Dachrinnen eingestellt werden. Sie dürfen nicht auf Dächern mit einer Dachneigung von mehr als 75° benutzen werden, eigentlich wird schon ab 60° eine Volleinrüstung mit einem Standgerüst auf dem Dach erforderlich.

8.10 Leitern und Tritte

Leitern werden unterschieden in Steh- und Anlegeleitern. Durch feststellbare Elemente sind Kombinationen aller Art möglich.

Bild 1: Dachbockgerüst als Stehhilfe/Tritt

Anlegleitern

Sie werden benötigt zum Erreichen höher gelegener Punkte. Nur mit den folgenden scharfen Einschränkungen und klaren Bedingungen darf von ihnen aus überhaupt gearbeitet werden:

- mitgeführtes Gewicht maximal 10 kg
- Einhandmaschinen, Hand zum Halten frei, auch bei Trittverbreiterungen
- maximal 1 m^2 Blechfläche wegen möglichem Windangriff
- maximal zwei Stunden Arbeitszeit auf der Leiter
- maximale Arbeitshöhe 7 m

Es kann zu gefährlichen Stürzen kommen, wenn die Leiter wegrutscht, schadhaft ist, einsinkt oder umfällt. Deshalb gibt es bei professionellen Leitern viel Zubehör:

- Fußverbreiterungen
- Fußschrägstellungen
- Rutschsicherungen oben
- Erdspieße

Schadhafte Leitern dürfen nicht mehr benutzt werden, sie selbst nachzuschweißen ist untersagt.

Holzleitern sind gegen Witterungseinflüsse zu schützen. Dabei dürfen keine deckenden Anstriche verwendet werden.

Unfallverhütungsvorschriften beim Gebrauch von Leitern:

- richtiger Anlegewinkel von 65° bis 75°
- Leiter an sichere Stützpunkte anlegen
- Leitern nur bis auf die vom Hersteller angegebene Länge zusammenstecken oder ausziehen

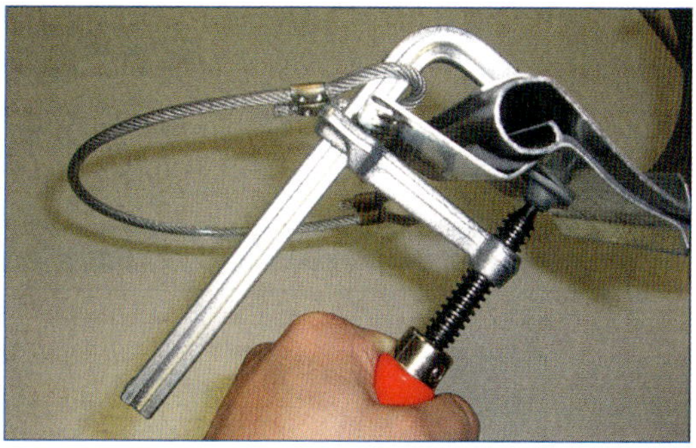

Bild 2: Rutschsicherung durch Schraubzwinge an den Rinnenwulst

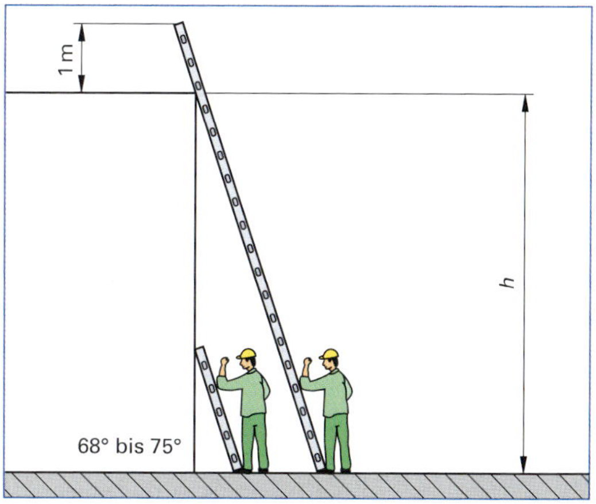

Bild 3: Höhenzulassungen für Leitern

Für Leitern gelten folgende Höhenbegrenzungen:

1,00 m über die Austrittstelle hinaus stehend

ab 2,00 m Arbeitseinschränkungen wie links aufgezählt

bis 5,00 m maximaler Gerüstaufstieg, generell Innenaufstiege falls möglich

bis 7,00 m maximale Arbeitshöhe

bis 12,00 m maximale Durchstiegshöhe auf höhergelegene Punkte

Stehleitern

Stehleitern bilden mit ihren 4 Füßen eine Fläche, liegt der Schwerpunkt außerhalb dieser Fläche, fällt die Leiter um. Gerade kurze Fallhöhen bis 2 m sind besonders gefährlich, weil die Zeit nicht ausreicht, um bewusst zu fallen.

Unfallverhütungsvorschriften beim Gebrauch von Stehleitern:

- oberste Sprosse nicht betreten
- ebener Grund notwendig, sonst Fußverlängerungen aufstecken
- Spreizsicherung einrasten
- nicht hinauslehnen
- nicht als Anlegeleiter verwenden

Bild 1: Stehleiter > 2 m

Für Arbeiten geringeren Umfangs können aus Stehleitern mit aufgelegten Bohlen Behelfsgerüste geschaffen werden.

Für sie gilt:

- Höchstbelastung 1 kN = 100 kg
- Bohlen nicht höher als 2,00 m über Aufstellfläche
- Belag nicht höher einschieben als in die 3. Sprosse von oben
- Belag muss beidseitig mindestens 10 cm über die Sprosse überstehen
- Bohlenbreite 28 cm

Tabelle 1: Spannweiten von Behelfsgerüsten

Bohlendicke	4,0 cm	4,5 cm	5,0 cm
Zulässige Stützweite	2,75 m	3,0 m	3,50 m

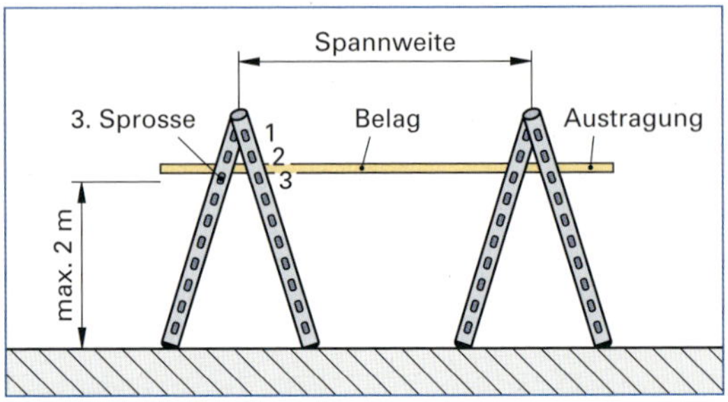

Bild 2: Spannweiten eines Behelfsgerüsts

8.11 Netze

Fangnetze werden als Innenauffangvorrichtung beim Eindecken von Hallen eingesetzt oder als Rahmenteile zum Vorhängen als Absturzsicherung vor Gebäuden.

Bild 3: Netzeinsatz im Hallenbau beim Verlegen von Trapezblechen

Vorteile sind die hohen Fallhöhen und der großflächige Einsatz mit recht wenig, wenn auch teurem „Rüstmaterial". Insbesondere sind Netze leicht zu transportieren und gut anzuschlagen, wenn ausreichend natürliche Anschlagpunkte durch die Gebäudekonstruktion vorhanden sind.

Beim Anschlagen der Netze ist darauf zu achten, dass in ausgestreckter Form noch 2,5 m Platz bis zum Boden vorhanden ist, als Reserve für den Netzdurchhang beim Einschlagen einer Person. Die genauen Befestigungsvorschriften sind in der BGR 179 zu finden, die über Durchhangformeln die Vorspannung der Netze regelt. Details würden hier zu weit gehen.

Personenfangnetze können auch als Schutznetze an Dächern verwendet werden, wenn die Maschenweite unter 2 cm beträgt.

Bild 1: Netz als Absturzsicherung im Außenbereich

8.12 Ortgangschutz

Vermehrt legt die Berufsgenossenschaft regional Wert auf den fachgerechten Ortgangschutz. Dieser wurde in der Vergangenheit etwas stiefmütterlich behandelt. Der Dacheindecker sieht der Gefahr des Absturzes hier direkt ins Auge und arbeitet sozusagen über der Hand. Dabei hat er eine kleine Schutzhöhe durch das ansteigende Dach gewissermaßen vor Augen. Bei Höhen über 5 m aber besteht die Berufsgenossenschaft auf dem Anbringen eines Ortgangschutzes. Dies ist umstritten, da das Anbringen und Entfernen unter Umständen mehr Gefahren birgt, als das Arbeiten ohne Ortgangschutz. Da sich die Randarbeiten meist innerhalb der 2 Tagewerke (Tätigkeiten mit geringfügigem Umfang) bewerkstelligen lassen, könnte hier auch mit Anseilschutz gearbeitet werden. Erst bei Stellen, die sich näher als 2 m am Dachrand befinden, wäre dieser anzulegen. Da sich die Arbeiten schlecht abgrenzen lassen, setzten nun einige Berufsgenossenschaften den Schutz recht vehement durch – sie stellen Baustellen ein, bis der Ortgangschutz in einer der zulässigen Varianten angebracht ist.

Bild 2: Vorschriftsgemäßer Ortgangschutz – in manchen Gegenden noch unbekannt

Ortgangschutz kann durch Standgerüste, die weit über den Giebel hinausragen, bewerkstelligt werden, wenn die Fallhöhe vom Dach aus an keiner Stelle mehr als 2 m beträgt. Dies ist beim herkömmlichen Standgerüst selbstverständlich gegeben.

Dieser Schutz wird bevorzugt, weil dann das Dach fertig eingedeckt werden kann und das Gerüst erst später weggenommen werden muss.

Bild 1: Ortganggerüst mit Flugsparrenzange

Das Anbringen von Gerüstzwingen an der Unterseite ist gefährlich, nicht immer möglich und sehr umständlich, hat aber den Vorteil, dass das Dach „nutzungsbereit“ und übergabebereit ist. Viele Gerüstfirmen holen das Gerüst nicht unbedingt zügig in ihr Lager, sondern setzten es lieber von Baustelle zu Baustelle um.

Bild 2: Flugsparrenzange für Ortganggerüst

8.13 Schutzgerüste

Schutzgerüste dienen dem Schutz der Passanten vor von oben herunterfallenden Gegenständen. Die Breite der Überdachungen ist nach den örtlichen Verhältnissen zu wählen und muss horizontal gemessen mindestens 1,50 m betragen. (Es ergibt sich also entweder ein Abstand von 1,50 m von der Wand oder von 0,60 m vom Gerüst aus.) Bei Fassadengerüsten müssen die Überdachungen auch an den Stirnseiten um mindestens 0,60 m hinausragen. Schutzdächer müssen eine mindestens 0,60 m hohe Bordwand haben. Wird ein Fanggerüst als Schutzdach verwendet, ist der Belag bis zum Bauwerk auszulegen. Bohlen müssen mindestens 24 cm x 4 cm groß sein und Netze eine Maschenweite < 2 cm aufweisen. Bei turmartigen Bauwerken müssen die Bohlen kreuzweise verlegt werden und dazwischen muss eine 10 cm dicke Dämmung eingebracht sein, um Rückfederungen und Durchschlag zu verhindern. Niedrigere Schutzwände werden von aufprallendem und rückfederndem Material und Werkzeug einfach übersprungen.

Bild 3: Schutzgerüst an einem Standgerüst angebaut

8.14 Organisation der Unfallverhütung

Zuständigkeiten

Für die Einhaltung der Unfallverhütungsvorschriften wurden unterschiedliche Verantwortungsbereiche eingerichtet.

Die allgemeinen **Pflichten des Unternehmers** sind, dafür zu sorgen, dass zur Ersten Hilfe und zur Rettung aus Gefahr für Leben und Gesundheit die erforderlichen Einrichtungen und das erforderliche Personal (Ersthelfer) zu Verfügung stehen. Für jeden Betrieb muss eine Gefährdungsanalyse vorliegen, die im Falle eines Unfalls der Berufsgenossenschaft vorzulegen ist.

Der Unternehmer hat dafür zu sorgen, dass Erste-Hilfe-Material schnell erreichbar, gegen schädliche Einflüsse geschützt, und in ausreichender Menge vorhanden ist. Häufig reicht es, wenn im Baustellenfahrzeug Erste-Hilfe-Material, Feuerlöscher und die Notrufnummern vorhanden sind.

Vor Beginn von Bauarbeiten ist durch den Unternehmer zu ermitteln, ob im vorgesehenen Arbeitsbereich Anlagen vorhanden sind, durch die Personen gefährdet werden können.

Gefahren können ausgehen von:

- elektrischen Anlagen,
- Rohrleitungen, Kanälen, Schächten, Behältern,
- Anlagen mit Explosionsgefahr,
- maschinellen Anlagen und Einrichtungen,
- Kranen und Förderanlagen,
- Gefahrstoffen.

Generell hat eine Meldeeinrichtung (heutzutage ein Mobiltelefon) vorhanden zu sein. Die Baustellenaufsicht muss eindeutig durch die Lohngruppenzugehörigkeit geklärt sein oder es bestehen feststehende Teams, bei denen klar ist, wer die Aufsicht führt, wer also weisungsbefugt ist.

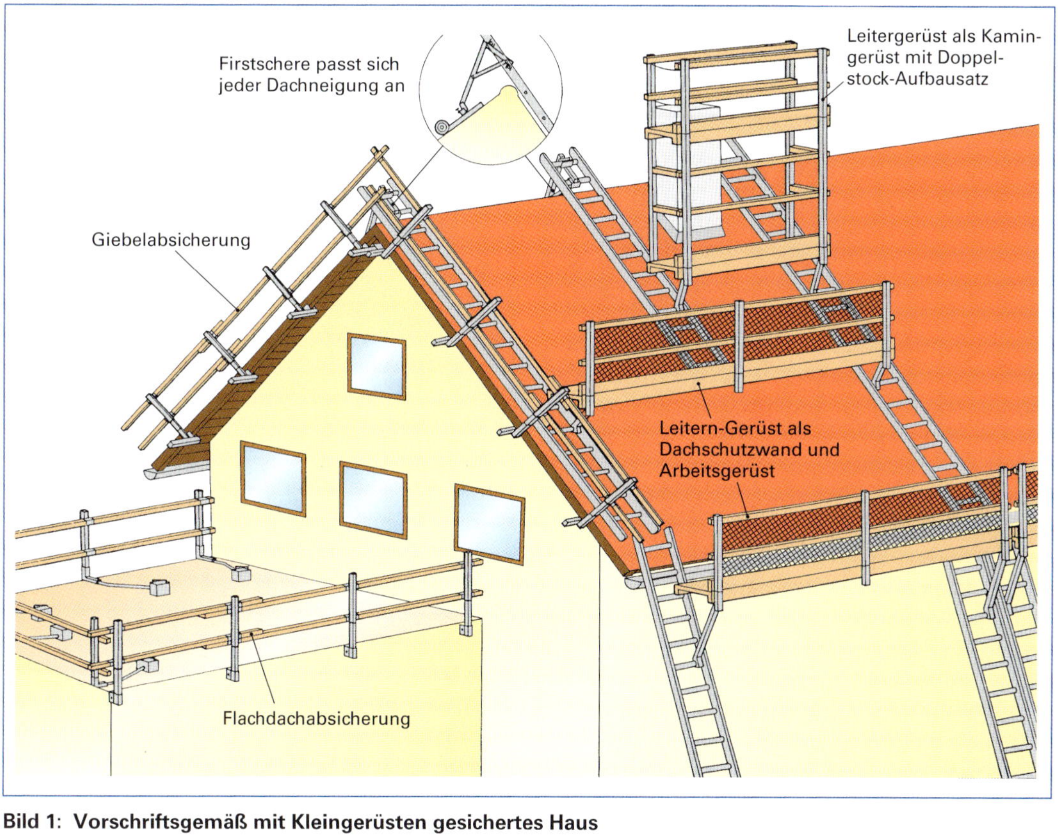

Bild 1: Vorschriftsgemäß mit Kleingerüsten gesichertes Haus

Die **aufsichtsführende Person** ist der Meister oder ein Vorarbeiter am Bau. Er setzt die Leute entsprechend ihrer Eignung ein, er motiviert zu sicherheitsbewusstem Verhalten, er prüft die Rüstungen vor Ort und entscheidet über die Benutzung des Gerüstes und eventuelle Umbaumaßnahmen oder Sicherheitsvorkehrungen.

Im Falle eines Unfalls ist er der Ansprechpartner, da ihm die Aufsicht vom Unternehmer übertragen wurde.

Der **Beschäftigte** hat den Anweisungen der aufsichtsführenden Person Folge zu leisten, er hat die Persönliche Schutzausrüstung zu tragen und ist verpflichtet, Gefahren dem Aufsichtsführenden zum melden.

Der **Sicherheitsbeauftragte** ist ein Mitarbeiter wie jeder andere auch. Er absolviert alle 2 Jahre eine zweitägige Schulung bei der Berufsgenossenschaft und überwacht, prüft und berät bei Sicherheitsmaßnahmen. Er ist nicht weisungsbefugt und darum auch nicht haftbar für seine Aussagen.

Verbandskästen

Bei Baustellen und baustellenähnlichen Einrichtungen ist bei 1 bis 10 Versicherten ein kleiner Verbandskasten (Verbandskasten C), bei 11 bis 50 Versicherten ein großer Verbandskasten (Verbandskasten E), ab 51 Versicherten 2 große und für alle weiteren 50 Versicherten ein weiterer großer Verbandskasten zur Verfügung zu stellen. Großbaustellen benötigen einen Sanitätsraum, eine Trage und Rettungsmittel, diese werden dann vom Bauunternehmer bei der Baustelleneinrichtung vorgesehen und vorgehalten.

Ersthelfer

Der Unternehmer hat dafür zu sorgen, dass pro 20 anwesenden Versicherten ein Ersthelfer zur Verfügung steht. Ersthelfer sind nur Personen, die 8 Doppelstunden in Erster Hilfe ausgebildet sind. Dies ist nicht gegeben mit der Erste-Hilfe-Ausbildung für den Führerschein. Der Unternehmer hat auch dafür zu sorgen, dass der Ersthelfer in angemessenen Zeitabständen fortgebildet wird.

Unterweisung zur Unfallverhütung

Der Unternehmer hat dafür zu sorgen, dass die Versicherten vor Aufnahme ihrer Beschäftigung und danach mindestens einmal jährlich über das Verhalten bei Unfällen unterwiesen werden. Der Unternehmer hat weiterhin dafür zu sorgen, dass den Versicherten durch Berufsgenossenschaftliche Aushänge oder in anderer geeigneter schriftlicher Form Hinweise über die Erste Hilfe und Angaben über Notruf, Erste-Hilfe- und Rettungseinrichtungen, über das Erste-Hilfe-Personal sowie über herbeizuziehende Ärzte und anzufahrende Krankenhäuser gemacht werden.

Fragen

1. Welche **Gerüstarten** gibt es?
2. Welche zwei **grundlegenden Gerüstbauarten** kennen Sie? Nennen Sie je 2 Beispiele.
3. Was wissen Sie über ein Arbeitgerüst der **Gruppe 3**?
4. Was wissen Sie über ein Arbeitgerüst der **Gruppe 4**?
5. Sie führen Arbeiten mit 2 Mann, Werkzeug und 120 kg zusätzlicher Last durch. Bestimmen Sie die erforderliche **Gerüstgruppe** bei 2,50 m Ständerabstand.
6. Ein **Gerüst** hat 12 Felder waagrecht und 5 Felder senkrecht. Wie viele Anker und wie viele Streben setzen Sie ein?
7. Was ist bei der **Verankerung** von Arbeitsgerüsten zu beachten?
8. Was ist bei der **Verstrebung** von Arbeitsgerüsten zu beachten?
9. Was wissen Sie zum Einsatz von **Bohlen auf Arbeitsgerüsten**?
10. Wie müssen **Gerüstaufstiege** gebaut werden?
11. Nennen Sie Vorschriften zu **maximalen Fallhöhen** für Arbeiten am Bau.

Bild 1: Innenaufstiege auch unter 5 m Aufbauhöhe

12. Nennen Sie Ausführungsarten von **Fanggerüsten**.
13. Was wissen Sie zum **Giebelschutz**?
14. Wie können Sie Ihre Arbeiter bei einem **Wohnhausdach** mit 26° Dachneigung und 5 m Traufhöhe bei Neueindeckung schützen?
15. Wie schützen Sie Ihre Arbeiter bei einem **Steildach** mit 48° Dachneigung, 7 m Traufhöhe und einer Dachlänge von 19 m?
16. Wie können Sie Ihre Arbeiter bei einem **flachgeneigten Dach** mit 12° Dachneigung und 4 m Traufhöhe bei Arbeiten am Dachrand schützen?
17. Wie sichern Sie Ihre Arbeiter bei einem **Flachdach** mit Traufhöhe 8 m?
18. Wie sichern Sie ein **Tannendach** mit 56° Dachneigung und 25 m Dachlänge?
19. Wie rüsten Sie einen **Turm** mit 75° Dachneigung sicher ein?
20. Was wissen Sie zu **Fang- bzw. Schutzwänden**?
21. Welche Maße hat ein **Dachfanggerüst?**
22. Welche Maße hat ein **Schutzgerüst**? Wo ist es anzubringen?
23. Wann können Sie **Leitern** einsetzen?
24. Nennen Sie Unfallverhütungsvorschriften für **Anlege-Leitern**.
25. Wann arbeiten Sie mit **Anseilschutz** (PSA)?
26. Nennen Sie Vorschriften für **Besengerüste** und für **Dachleitern**.
27. Wie sind **Sicherheitsdachhaken** zu befestigen?
28. Nennen Sie Vorschriften für Behelfsgerüste aus **Stehleitern**.
29. Ab wann ist ein Fangnetz auch als **Schutznetz einsetzbar**?
30. Was ist ein **Ersthelfer**? Wann benötigen Sie einen **Sicherheitsbeauftragten**?
31. Welche Aufgaben nach den Vorschriften der Berufsgenossenschaft hat der **Aufsichtsführende?**
32. Welche Aufgaben nach der Berufsgenossenschaft hat der **Unternehmer?**
33. Welche Aufgaben nach der Berufsgenossenschaft obliegen dem **Beschäftigten am Bau**?
34. Wie viele **Verbandskästen** sind mitzuführen auf einer Baustelle mit 12 Mitarbeitern?

Bild 2: Stehhilfen bei Dachneigungen > 45° (Dachleiter und Dachbock)

9 Bauphysik an Dächern und Fassaden

9.1 Grundlagen

Man nimmt an, dass 70 % aller Bauschäden Feuchtigkeitsschäden sind. Sie treten auf als

- Schimmelbildung,
- Holzfäulnis,
- Unterseitenkorrosion,
- Zusammensetzen der Dämmung,
- Korrosionsschäden,
- Minderung der Bausubstanz.

Man unterscheidet Primärtauwasser, das auf der Oberseite von kalten Flächen kondensiert (Schwitzwasser) und Sekundärtauwasser, das im Bauteil in kalten Schichten entsteht (Bauwerksdurchfeuchtungen).

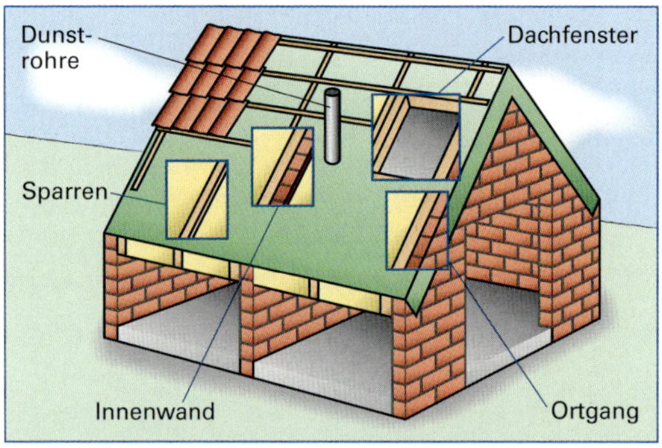

Bild 1: Mögliche Wärmebrücken am Dach

Warme Luft nimmt Feuchtigkeit auf. Unser weltweiter klimatischer Haushalt beruht auf diesem Sachverhalt, ansonsten würde es weder irgendwo regnen oder trocknen, noch würde etwas wachsen.
Die tatsächliche Menge des aufgenommenen Wassers in der Luft kann in g/m³ angegeben werden. Die maximal in Luft einer bestimmten Temperatur aufgenommene Wassermenge bezeichnet man als die absolute Feuchtigkeit oder auch Sättigungswassermenge (vgl. Tabelle 1). Mehr Wasser kann als Dampf nicht aufgenommen werden – sonst entstehen Nebel oder Oberflächentauwasser. Das Verhältnis der tatsächlich gelösten Wassermenge und der absolut möglichen Wassermenge in der Luft wird als relative Luftfeuchtigkeit in Prozent angegeben.

Tabelle 1: Einige Sättigungswassermengen

Temperatur	Sättigungswassermenge
–20 °C	0,6 g/m³
0 °C	3,7 g/m³
+20 °C	14,7 g/m³
+25 °C	20,1 g/m³
+40 °C	48,8 g/m³
+60 °C	152,2 g/m³

Beispiel: $T = 20\ °C$

$$\text{Relative Luftfeuchtigkeit} = \frac{\text{tatsächliche Wassermenge}}{\text{maximale Wassermenge}} = \frac{7{,}2\ \frac{g}{m^3}}{14{,}7\ \frac{g}{m^3}} = 49\ \%$$

Diese Luftfeuchtigkeit kann sehr einfach mit einem Hygrometer gemessen werden. Liest man auf dem Thermometer die Raumtemperatur ab, weiß man sofort, wieviel Wasserdampf sich in diesem Raum in der Luft befindet.

Beispiel:
Raum mit 6 m · 5 m · 2,5 m = 75 m³
Temperatur 25 °C und 70 % Luftfeuchte

Wassermenge:

$$20{,}1\ \frac{g}{m^3} \cdot 0{,}7 \cdot 75\ m^3 = 1055\ g = 1{,}055\ l\ \text{Wasser}$$

Kühlt der Raum ab, steigt die relative Luftfeuchtigkeit auf ihr Maximum, der Rest des Wassers muss kondensieren. In dem obigen Beispiel würden bei Abkühlung auf 20 °C rund 0,3 l Wasser anfallen – etwa eine halbe Kaffeekanne! Somit lässt sich bei konstanter Verdunstung von Blumen, durch Wäschetrocknen, Duschen und Kochen genau ermitteln, wie viel Wasser im Laufe einer Kälteperiode kondensieren wird – umgekehrt kann bei Aufheizprozessen berechnet werden, wie bei konstant einströmender Luft diese zu trocken wird.
Diese bauphysikalischen Grundsätze sind aus dem *h-x*-Diagramm nach Mollier gut abzulesen (siehe Seite 235). Auf der senkrechten Achse sind die Raumtemperaturen abgetragen – auf der Waagrechten die Dampfdrücke. Die schräg nach rechts oben laufenden Linien geben die relative Luftfeuchtigkeit an. Geht man also bei einer bestimmten Raumtemperatur waagrecht bis zur Raumfeuchte, so kann man

a) oben den Dampfdruck in mbar und
b) unten die Taupunkttemperatur ablesen, bei der das im Raum eingeschlossene Wasser an der kältesten Stelle zu kondensieren beginnt.

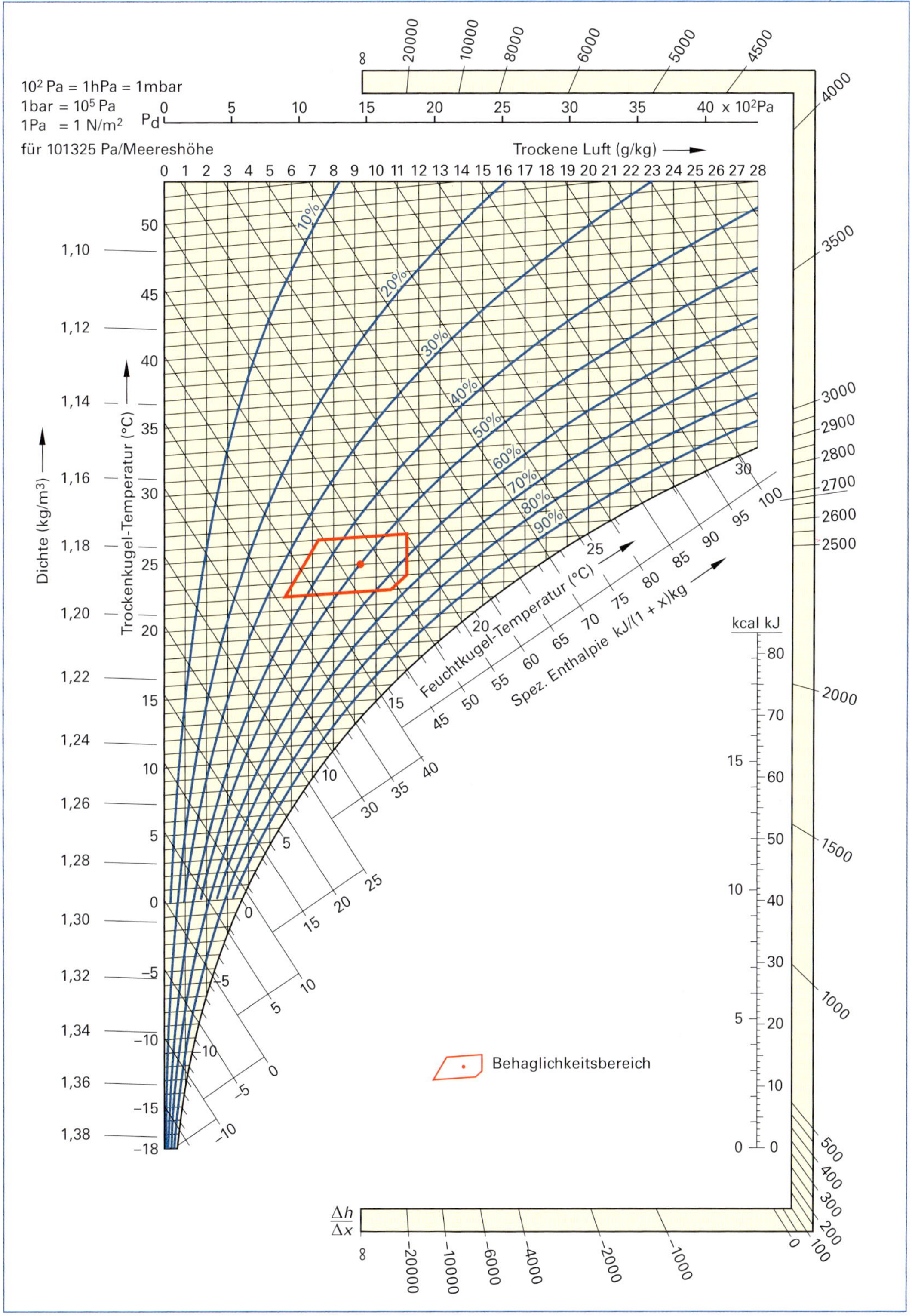

Bild 1: h-x-Diagramm nach Mollier

Diese Zusammenhänge müssen vom Klempner verstanden sein – die Berechnungen übernimmt ein Bauphysikbüro, das exakt die Feuchtigkeitsmengen und Feuchtigkeitsströme bei einer bestimmten Nutzung feststellt. Im Einzelnen wird berechnet:

- Wasserdampfmenge, die durch die Wände und Dächer diffundiert,
- Temperaturverläufe in der Wand, damit dort keine Kondensation entsteht,
- Wasserdampfmenge, die die Hinterlüftung abführen muss,
- benötigte Schlitzöffnungen und Belüftungshohlräume, um den Abtransport zu gewährleisten,
- benötigte Folienart und Foliendicke,
- Feuchtehaushalt im Gebäude,
- Auslegung der lufttechnischen Anlage zum Be- oder Entfeuchten,
- Feuchteansammlungen im Winter und deren Austrocknung im Sommer.

In den Fachregeln für das Klempnerhandwerk und auch in allgemeinen Regeln für Bauhandwerker werden Dächer in 3 Bereiche eingeteilt, die für einen Bauphysiker natürlich nicht scharf abgrenzbar sind:

1. **Belüftete Konstruktionen**
   (Kaltdächer oder Kaltfassaden)
   lassen Dampf fast ungehindert in die Konstruktion eindringen. Dort kühlt er auf seinem Weg nach außen hin ab und würde kondensieren, was durch eine Hinterlüftung verhindert wird, in der der Dampf entspannen (sich ausdehnen) kann, durch die thermische Wirkung aufsteigt und nach oben hin entweicht.

2. **Unbelüftete Konstruktionen**
   (Warmdächer oder Warmfassaden)
   sind durch eine Dampfsperre innen dampfdicht und lassen keinen Dampf in die Konstruktion eindringen. Der Name „Warmdach“ rührt daher, dass der Dampf auf der ungefährlichen warmen Seite gehalten wird.

3. **Teilbelüftete Konstruktionen**
   (lauwarmes Dach oder Fassade)
   lassen durch kontrollierende Folien eine gewisse Menge Dampf einströmen, der durch den nach außen geringer werdenden Diffusionswiderstand auch langsam abgegeben werden kann. Dabei darf der Taupunkt nicht unterschritten werden.

9.2 Belüftete Dächer und Fassaden

Diese Dach- und Wandkonstruktionen stellen für den Klempner den Standardfall dar.

Die Zweischaligkeit mit Innen- und Außenschale wird schon bei sehr einfachen Bauten (Hütten) praktiziert. Regnet es auf eine einzige Schale, die z. B. einfach aus großen Blättern bestehen kann, wird diese kalt, die Raumluft kondensiert innen und tropft ab – das Dach ist dicht und dennoch tropft es. Setzt man nun eine zweite Schale darunter, bleibt diese über der Taupunkttemperatur und es kondensiert an der oberen Schale nichts mehr. Voraussetzung: Man lässt die etwas kältere und damit feuchtere Zwischenluft durch Öffnungen am First entweichen.

Dieses Bauprinzip kommt dem Klempner sehr gelegen, da meist die Außenschale aus Holz errichtet wird und er so einen optimalen Befestigungsgrund hat.

Bild 1: Kaltdachaufbau mit Zwischensparrendämmung – hier schon wärmetechnisch entkoppelt mit Querlattung innen

Zwischensparrendämmung

Dieser Aufbau war jahrzehntelang der typische Dachaufbau eines Einfamilienhauses. Das Dach ist so nachträglich ausbaufähig.

Bild 1: Zwischensparrendämmung

Mit den wachsenden Anforderungen an den Wärmeschutz durch die Einführung der EnEV 2009 (Energieeinsparverordnung) und spätestens mit der Einführung eines Gebäude-Energiepasses wurde diese Bauart fraglich. Durch die Wärmebrücken, die die Holzsparren bilden, waren sehr hohe Dämmstärken (über 18 cm) erforderlich. Solche Querschnitte sind in Holz statisch nicht immer erforderlich.

Bild 2: Zwischensparrendämmung mit Querlattung innen

Abhilfe verschafft eine Konterlattung innen, die die Wärmebrücken von ca. 18 % Dachanteil bei linienförmigem Sparren auf ca. 1 % Dachanteil im Kreuzungspunkt Latte – Balken reduziert.

Außen wird die Schalung auf die Sparren genagelt, eine Dachbahn angebracht und darauf die Metalldeckung verlegt.

Bild 3: Zwischensparrendämmung, voll ausgedämmt und hinterlüftet durch Aufdachlatte

Ist der ganze Sparrenzwischenraum für die Dämmung erforderlich, kann mit einer Aufdachlatte die Folie abgeständert werden und die Schalung auf dieser Latte hinterlüftet aufgebracht werden.

Auch für die Ziegeldeckung sind diese Dachsysteme geeignet, problematisch sind immer die Wärmebrücken durch den Sparren und der häufige Kundenwunsch, die Sparren sichtbar zu lassen.

Aufdachdämmung

Wegen dieser Probleme entwickelte sich zunächst beim Ziegeldach, das nicht dieselbe Dampfdichtigkeit wie das Falzdach aufweist, der Trend zur Aufdachdämmung – ohne und mit Hinterlüftung. Vorteile hierbei sind eine gleichmäßige spaltenfreie Dämmung, schnellere Verlegezeiten der Folien und der Dämmschichten sowie das ergonomisch einfachere Verlegen von oben.

Bild 1: Hinterlüftete Aufdachdämmung – Sparren sichtbar

Durch den Einsatz von druckfesten Dämmungen können die Konterlatten schwimmend aufgebracht werden. Lange Schrauben mit über 200 mm Länge werden mit Anschlagschablonen schräg eingedreht, um die schrägen Dachlasten scherspannungsfrei in die Sparren überzuleiten.

Bild 2: Von außen sieht man die darunterliegende Dachkonstruktion nicht mehr

Die Aufdachdämmung setzt sich immer mehr durch, obgleich die Dämmstoffe hier teurer sind. Sie sind schwerer, haben ungünstigere Wärmedurchgangswerte und werden mit Nut- und Feder-Dämmstofffugen zur seitlichen Anbindung ausgestattet. Sie bewirken aber wesentlich weniger Bauschäden und haben zum Teil alle funktionsbedingten Schichten (wie Folien, Lattungen, Schalungen, Dämmungen, Hinterlüftungen u. A.) bereits aufgeklebt.

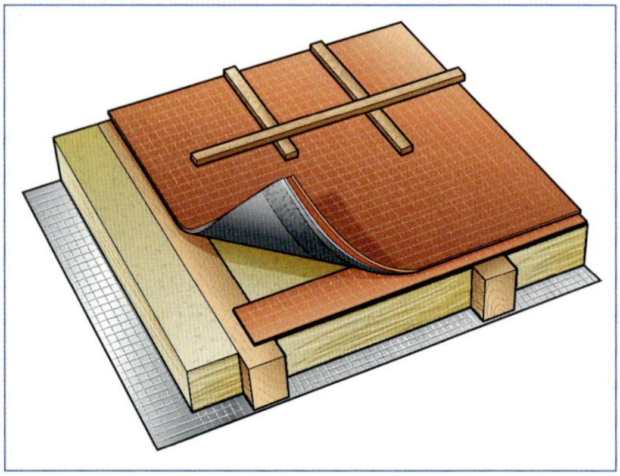

Bild 3: Vollsparrendämmung für Ziegeldach

Die Zwischensparrendämmung als Vollsparrendämmung (Bild 3) hat durch die Sparren 30 % mehr Wärmeverluste als die Aufdachdämmung.

Sicher können auch beide Dämmsysteme kombiniert werden, insbesondere bei der Altbausanierung (Bild 4). Dies erfordert aber meistens den Einbau einer Dampfbremse im Innenbereich.

Bild 4: Unterseitenkorrosion bei undichter Dampfbremse

9.3 Unbelüftete Dächer und Fassaden

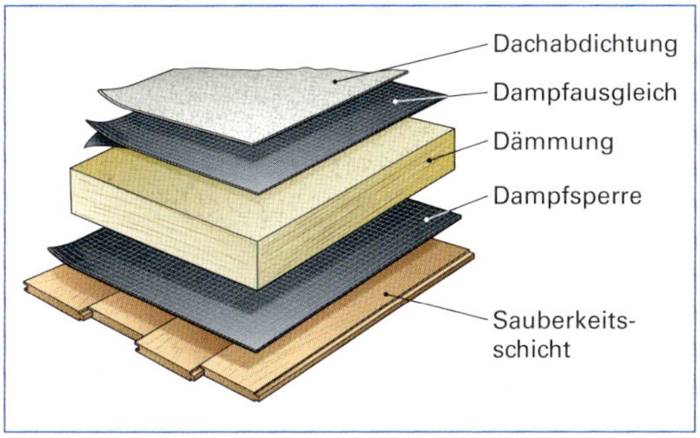

Bild 1: Prinzip Warmdachaufbau

Diese als „Warmdach“ bezeichneten Eindeckungen sind dem Klempner noch suspekt. Anders als bei der Ziegeldeckung ist Blech zunächst einmal diffusionsdicht – von innen kommendes Wasser kondensiert auf der Blechunterseite oder im Dachaufbau und führt zu Bauschäden und Energieverlusten. Deshalb muss der Klempner prüfen, ob der Innenbereich auch optimal abgeklebt und dampfdicht ist.

Bild 2: Warmdach mit althergebrachter Holzständerung (Zwischensparrendämmung)

Tatsächlich ist das Falzdach aber auch nicht 100 % dampfdicht. Es tritt der sogenannte Pumpeffekt auf: Nachts kühlt die Luft in der Dämmung ab und zieht sich zusammen. Damit wird kalte (und somit trockenere) Außenluft eingezogen, diese nimmt die Feuchtigkeit im Dachaufbau auf. Tagsüber bei Sonneneinstrahlung dehnt sich die Luft in der Dämmung wieder aus und diffundiert samt der aufgenommenen Feuchtigkeit aus. Somit hat das Falzdach selbst im voll geschlossenen Zustand eines Doppelstehfalzes nur ca. 70 m diffusionsäquivalente Luftschichtdicke. Dies trifft natürlich nicht mehr zu beim Einsatz von Falzband oder Falzgel oder bei daueraufgefrorenen Falzen im Winter. Insofern kann also im Regelfall auch das Falzdach ein wenig atmen und damit von innen kommende Feuchtigkeit „ausatmen“.

Die äquivalente Luftschichtdicke (auch der sd-Wert genannt) gibt an, wie viel Widerstand ein Bauteil dem Dampf entgegensetzt im Vergleich mit einem Luftweg von derselben Länge. Ein s_d-Wert von 100 m „Luftschicht-Dicke“ wird als dampfdicht angesehen.

Bild 3: Warmdach mit Außendämmung, ausgeführt als Prodachsystem – die grünen Metall-U-Kantprofile liegen diagonal passend zum erforderlichen Haftabstand

Beim Warmdach muss mit großer Innendichtigkeit gearbeitet werden (Bilder 1 bis 4, Seite 240):

- Die Stöße der Folien sind abzukleben oder mindestens 1 m zu überlappen, mit einer Pressung durch eine Latte.
- Foliendurchnagelungen sind angepresst, also unter Latten oder Platten auszuführen, da sie dann dichtend sind.
- Andichtungen an Dachdurchbrüche sind mit alukaschiertem Klebeband anzuschließen.
- Die Folie muss einen s_d-Wert von deutlich über 100 m aufweisen.

Bild 1: Dampfsperre, alukaschiert beim Warmaufbau

Bild 2: Der Folienübergang wird abgeklebt

Bild 3: Seitliche Andichtung an der Wand

Eindringender Dampf, der über Tage an einer Stelle eindiffundiert, führt zu Feuchteansammlungen. Diese bewirken dann Energieverluste und die Entstehung einer Wärmebrücke, zu der immer mehr Feuchtigkeit hinzieht. Schimmelbildung und Wasserflecken sind die Folgen.

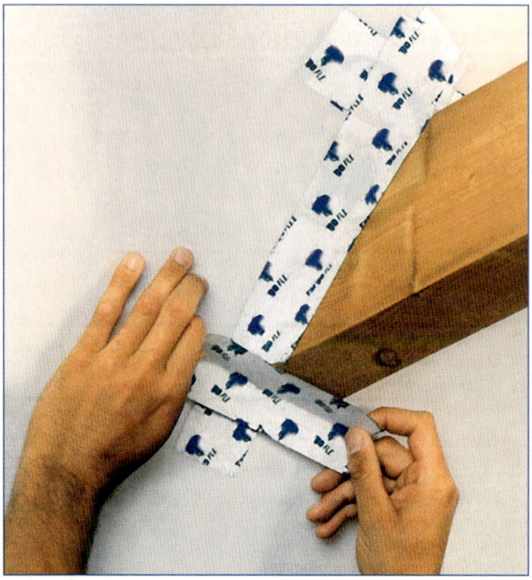

Bild 4: Abkleben eines Kehlbalkens

Wärmebrücken sind feststellbar durch Thermofotografien mit einem Infrarotfilm (Bild 5).

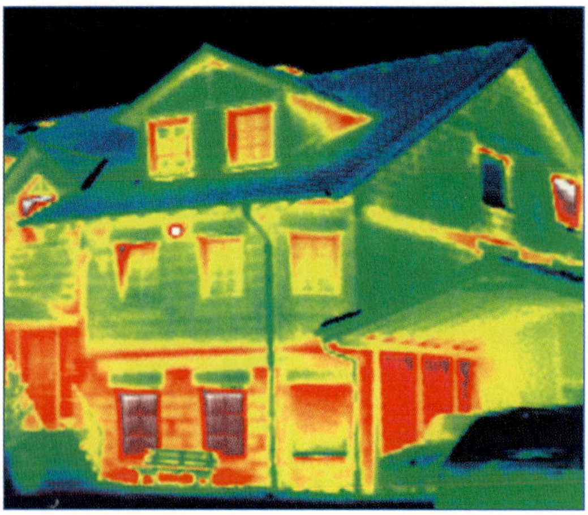

Bild 5: Infrarotbildaufnahme, man sieht die Wärmebrücken der nicht abgeklebten Fenster, des Gaubenanschlusses und die mangelhafte Ortgang- und Kehlabdichtung

Vor all diesen Fehlern beim Dachaufbau wurde ausreichend gewarnt – den Klempner treffen sie unmittelbar, da sein Dach wesentlich dichter ist und damit weniger Fehler verzeiht als eine recht diffusionsoffene Ziegeleindeckung.

Industriedächer

Industriedächer sind brandsicher auszuführen. Hier darf kein Holz eingesetzt werden und das Falzdach kann auch direkt auf der Dämmung verlegt werden (siehe Kapitel 6, Befestigung des Falzdaches mit Warmhaften).

Bild 1: Druckfeste Dämmung mit Folien

Bild 2: Druckfeste Dämmung mit eingelassenen Metall-U-Profilen zur Falzdachmontage (Prodach)

Bild 3: Undichte Dampfsperre, sichtbar durch den eingezogenen Staub

Bild 4: PUR-Hartschaumdämmung mit eingelassenen Holzleisten für Falzdachbefestigung (Puren)

Bild 5: Die PUR-Hartschaumdämmung wird durch die Holzleisten auf die Sparren geschraubt

Bild 1: Blower-Door-Test

Bild 2: Scharenverlegung beim Warmdach direkt auf der Dämmung

Viele Falzdächer, die auf Warmdächer verlegt wurden, sind seit Jahren schadensfrei. Zu prüfen hat der Klempner die Vorarbeiten der anderen Gewerke, absolute Sicherheit hat er nur durch die Bestätigung der Gebäudedichtheit durch einen Blower-Door-Test (Bild 1).

Bei diesem Test wird ein Gebläse in den Türrahmen des Hauses gesetzt und damit ein Mindestdruck im Haus erzeugt. Der Druckverlust in den nächsten 10 Minuten wird dann aufgezeichnet.

Natürlich sind alle anderen Undichtheiten wie Fenster, Türen, Gebäudeanschlüsse abzukleben, wenn nur die Dichte des Daches gemessen werden soll.

9.4 Lauwarme Dächer

Lauwarme Dächer sind eine Mischform aus Warm- und Kaltdächern. Es werden mehrere Folien verwendet, die nicht ganz dicht, sondern nach außen hin diffusionsoffener sind. Dadurch kann dem Dachaufbau auch bei dem starken Feuchteanfall im Bad nichts passieren. Sie sind wegen ihres besseren Feuchtehaushalts im Wohnungsbau häufig anzutreffen.

Insbesondere Ziegeldächer werden heutzutage so aufgebaut – die Ziegelfläche ist relativ dampfoffen, zusätzlich können an der Traufe und am First Lüfterziegel zum Einsatz kommen.

Beim Metalldach ist dies nur bei eingehängten Metallschindeln der Fall. Das Falzdach ist zu dampfdicht, um lauwarm gebaut werden zu können. Es gibt jedoch eine Idee, wie eventuell auch Blechdächer als lauwarme Dächer ausgeführt werden können: Man setzt die Holzschalung auf Konterlattung und überlässt das Holz der Witterung, bis das Blechdach gelegt ist. Diese Bauweise ist jedoch noch neu und bislang nicht bewährt.

Bild 1: Firstbelüftung mit Lochblech und Baufurnierstellbrettern

Bild 2: Bauschaden infolge falscher Bauphysik

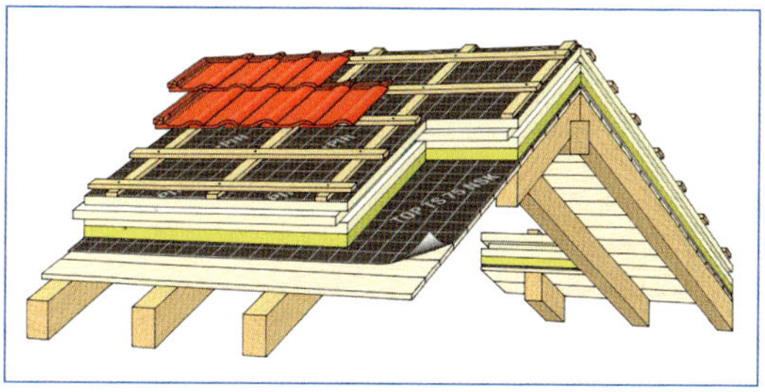

Bild 3: Typischer Dachausbau mit diffusionsgebremster PU-Aufdachdämmung

Bild 4: Traufbelüftung mit Lochblech

Für das Metalldach ist hier eine bauphysikalische Berechnung zugrunde zu legen, die ermittelt, ob die eingelassene Feuchte auch wirklich durch die Dacheindeckung entweichen kann. Sonst kann natürlich wieder belüftet werden, aber das Ziel war es ja, ohne brandgefährliche Hinterlüftung auszukommen.

Eine Hinterlüftungsebene bedeutet eine ganze zusätzliche Schicht, was Material- und Verlegekosten und mehr Dachaufbauhöhe verursacht.

Das Falzdach hat einen s_d-Wert von 70 m – dies ist beinahe schon diffusionsgeschlossen. Darum lohnt sich der lauwarme Aufbau für das Falzdach in der Regel nicht. Das Blech jedoch direkt auf die rohe Schalung zu legen ist zukunftsträchtig. Durch Undichtigkeiten eingedrungenes Wasser kann so durch die Schalung hindurchtropfen und läuft auf der weit entfernten 2. Ablaufebene sicher ab.

Die **Sanierung eines bestehendes Daches** kann auch von außen geschehen. Oft will der Kunde im Innenbereich nichts ändern und den hohlen Sparrenfeldraum auch nicht ungenutzt lassen. Nun befindet sich allerdings die Dampfbremse nicht komplett im Inneren – in die Sparren, die sowieso dämmtechnisch die schwächste Stelle im Dachaufbau darstellen, dringt nun Raumfeuchte, die den Sparren nachweislich durchnässt. Da es aber auch im Winter nicht dauerhaft kalt ist, kann der Dampf durch die mitteldiffusionsoffene Folie langsam nach außen diffundieren und somit in wärmeren Perioden wieder austrocknen.

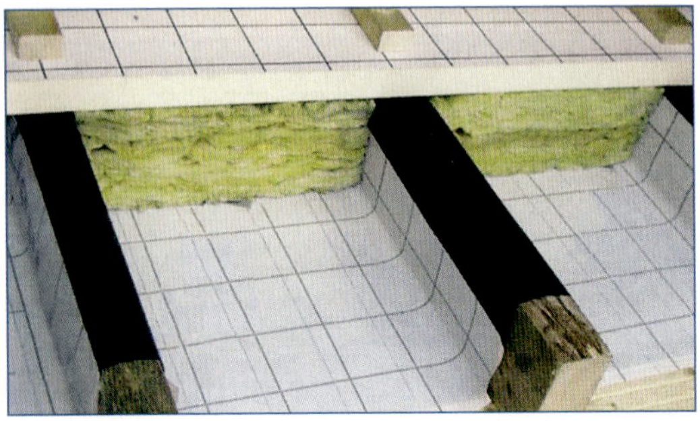

Bild 1: Typisch lauwarmer Aufbau für die Sanierung am Ziegeldach – die Balken werden thermisch entkoppelt

Bild 2: Diffusionsvariable Dampfsperre mit variablem sd-Wert

Ein feuchtetechnischer Nachweis ist in jedem Fall hier sinnvoll – es gibt fehlerhafte Baustellen, bei denen schon nach 3 Jahren die ganze Holzkonstruktion wegen Fäulnisbildung dem Bauherren „auf den Kopf" fiel. Die Gewährleistungsfrage ist dann nicht einfach zu klären – oft müssen alle Handwerker, die am Dach tätig waren, dann mithaften.

9.5 Belüftungsöffnungen

Bei Kaltdächern sind die Regeln für die Belüftungsöffnungen und die freien Belüftungsraumhöhen zu beachten (Tabelle 1).

Sie gelten für Lüftungswege bis maximal 15 m bis 18 m Länge. Bei größeren Längen ist die Hinterlüftung derart durch die zuströmende Dampfmenge gesättigt, dass Nebel in der Hinterlüftung erwartet wird. Dann sollte „frisch" Luft geholt werden, d. h. mit einem Absatz die angefeuchtete Luft abgelassen und neue Luft angesaugt werden.

Bei sehr flachen Dächern und bei Dächern mit starken Verwinkelungen, bei denen Luftwege nur sehr schwer auszubilden sind, sollte ganz auf die Ausführung von Hinterlüftungen verzichtet werden. Hier eignet sich ein Warmdach besser.

Tabelle 1: Belüftungsvorschriften der Fachregel für das Klempnerhandwerk

	< 5° flach	**> 5° steil**
Diffusionshemmende Schicht	s_d = 100 m	s_d = 2 m
Maximale Dämmung unter der Dampfbremse	R_w < 20 %	–
Maximale belüftete Sparrenlänge	max. 10 m ohne Zwischenlüftung	–
Höhe der Luftschicht	2 % min. 5 cm	min. 2 cm
Belüftungsöffnung traufseitig	2 % oder 200 cm^2/m	2 % oder 200 cm^2/m
Belüftungsöffnung first- und gratseitig	2 % oder 200 cm^2/m	0,5 % oder 50 cm^2/m
Lochblech Feier Querschnitt	> 45 % und 5 mm = d_{Loch}	> 45 % und 5 mm = d_{Loch}

Dächer und Fassaden können durch Schlitze belüftet werden. In einzelnen Fällen wird auch eine Belüftung über Einzelöffnungen vorgesehen.

Ein Problem ist, wie die Luft auf die Öffnung zuströmen kann. Im Prinzip müsste jedes Sparrenfeld je eine eigene Belüftungsöffnung für Zu- und Abluft erhalten. Da der Scharenverlauf nie dem Sparrenverlauf entspricht, sähe eine solche Entlüftung willkürlich aus. Es kann davon ausgegangen werden, dass kleinfächig in einem Feld angesammelte überschüssige Feuchte von einem Sparrenfeld in das andere übergeht.

Bild 1: Belüftungsöffnungen in Gaubenform

Insofern verzeiht das Dach kleinere Fehler am Grat, an der Kehle und bei Gauben, nicht aber großflächige. Abhilfe kann nun vom Zimmermann geschaffen werden durch Querlüftungswege:

- Ausklinkungen der Sparren um ca. 50 mm Tiefe auf gut 100 mm Länge,
- Abbohren der Sparren mit Dosenbohrern mit über 60 mm Durchmesser,
- Setzen von Konterlatten in Abständen größer als 200 mm (Querlüftungen),
- Versetzen der Sparren an Grat und Kehle, sodass Luft im Zickzack vorbeistreifen kann (Bild 1, Seite 256).

Bild 2: Belüftungsöffnungen am Grat

Im Prinzip muss jeder Luftweg geplant, berechnet und dann mit Detailzeichnungen festgehalten werden, dass er später am Bau auch realisiert ist. Rauchproben mit den Rauchröhrchen aus der Lüftungstechnik können später beweisen, ob ein Sparrenfeld „zieht" oder ob es irgendwo „tot" endet.

Bild 3: Übertriebene Angst vor Feuchte

Am Beispiel eines Dachflächenfensters in einem belüfteten Aufbau sei gezeigt, wie die Luftführung gewählt werden kann.

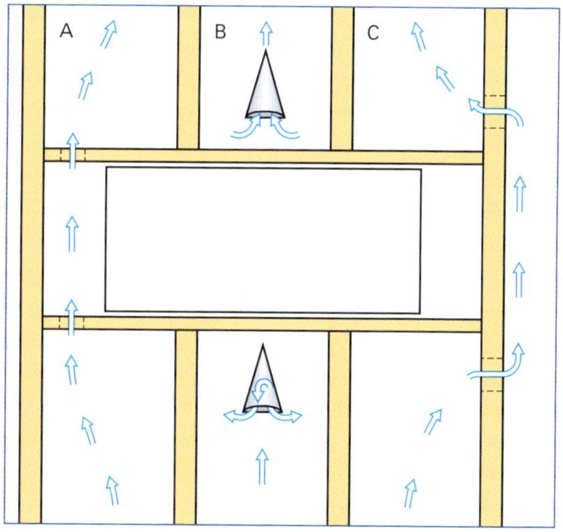

Bild 4: Mögliche Luftwegführung A bis C an einem Dachfenster

Luftweg A, in Bild 4, verläuft über den Wechsel, der tiefergesetzt, abgebohrt oder ausgeklinkt sein kann, damit die Luft am Fenster vorbeiströmen kann.

Luftweg B verläuft über Lüftergäubchen ins Freie, für jedes Feld muss ein Gäubchen eingeplant sein.

Im **Luftweg C** wird die Luft in ein ungehindertes Nebenfeld übergeleitet. Von dort wird dann der Luftraum über dem Fenster auch zurückbelüftet.

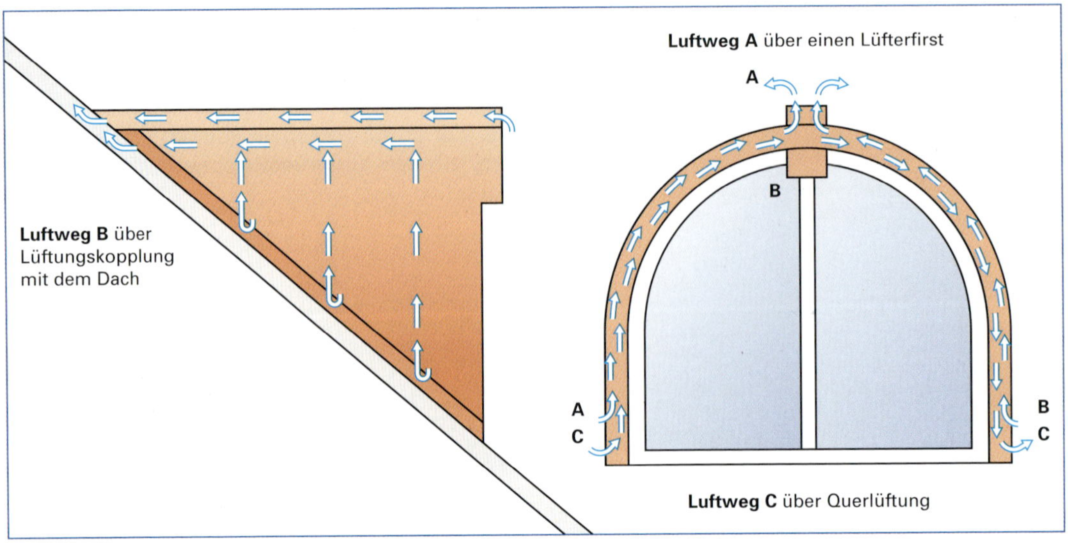

Bild 1: Lüftungswege bei einer Rundgaube

Bild 2: Metalleindeckung ohne Trennlage auf runder Schalung

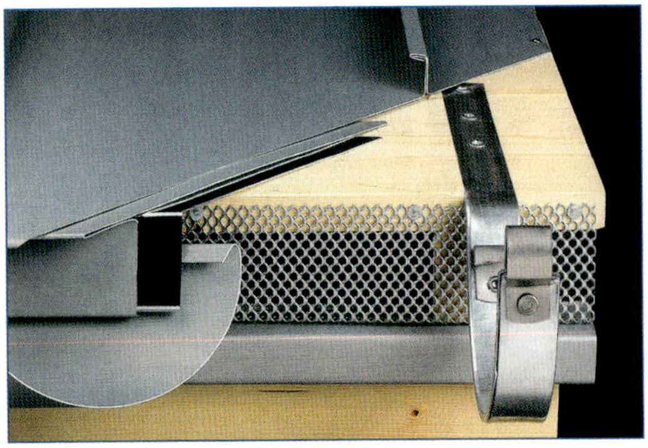

Bild 3: Belüftungsschlitz unter der Schalung

Beispiel für die Berechnung von Schlitzen und Lüftungsgäubchen nach DIN EN 4108-100

Vergleiche auch die Tabelle 1 Seite 244.

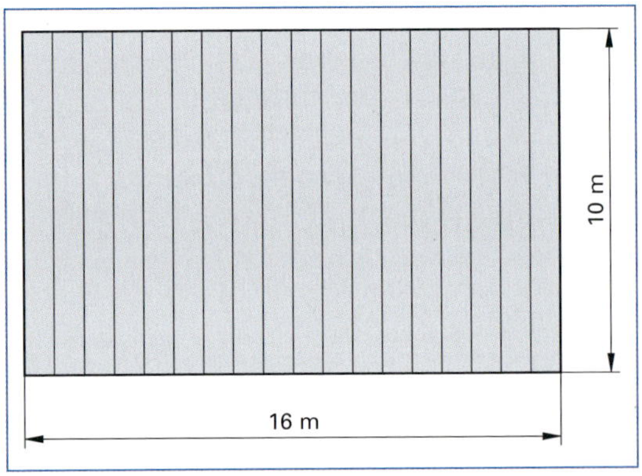

Bild 4: Dach mit 160 m^2 zu belüftender Fläche und einer Dachneigung von 25°

Freier Luftraum > 2 cm

Schlitzgröße unten

$160\ m^2 \cdot 0{,}002 = 0{,}32\ m^2$

$$B = \frac{0{,}32\ m^2}{16\ m} = 0{,}02\ m$$

= **20 mm** - mindestends jedoch 2 cm

Schlitzgröße oben

$160\ m^2 \cdot 0{,}0005 = 0{,}08\ m^2$

$$B = \frac{0{,}08\ m^2}{16\ m} = 0{,}005\ m$$

= **5 mm** - mindestends jedoch 2 cm

Lüftergäubchen unten

$160\ m^2 \cdot 0{,}002 = 0{,}32\ m^2$

1 St mit $0{,}10\ m \cdot 0{,}20\ m = 0{,}02\ m^2$

Anzahl

$0{,}32\ m^2/0{,}02\ m^2$/Stück = **16 Stück**

Gewählt: rechteckig 10 cm auf 20 cm = 200 cm^2 oder dreiecksförmig

$A = 25\ cm \cdot 16\ cm/2 = 200\ cm^2$

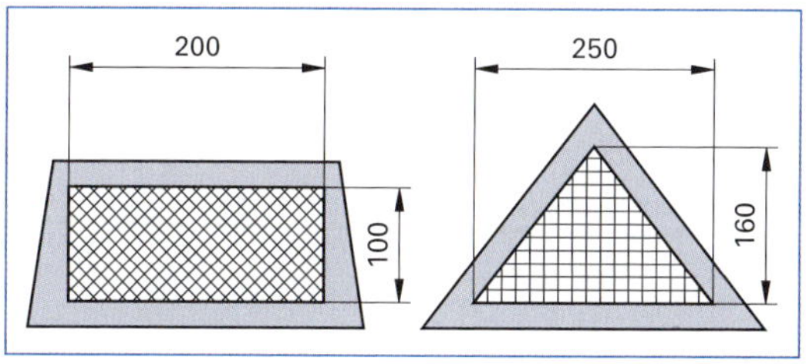

Bild 1: Lüftergäubchen rechteckig oder dreiecksförmig

Bild 2: Völlig übertriebene Anzahl von Lüftergäubchen

Zu viele Belüftungsöffnungen sind schädlich, da sich wegen des fehlenden Temperaturunterschiedes keine Thermik mehr bildet.

Bild 3: Entlüftung über Gäubchen – der Einsatz einer Firsthaube und eines Traufschlitzes wäre hier wohl sinnvoller gewesen

Bild 4: Lüftungsschlitz für Querlüftung

Bild 5: Entlüftung für ein Bleidach

9.6 Fassadenentlüftung

Die Fassadenentlüftung kann über Schlitze am Fassadenfußpunkt und oben an dem Übergang zur Traufe oder zum Ort erfolgen.

Die Alternative zu Schlitzen ist die Belüftung über Einzelöffnungen. Allerdings ergeben sich auch hier beträchtliche Größen für die Öffnungen, die unter Umständen recht störend wirken können.

Generell ist darum von Einzelöffnungen eher abzuraten – die Fassade entwickelt durch Thermik bei Sonneneinstrahlung einen immensen thermischen Auftrieb, der auch einmal eingedrungenes oder kondensiertes Wasser schnell entweichen lässt.

Beispiele für den Aufbau von Fassadenbelüftungen zeigen die Bilder 1 und 4.

Bild 1: Kreative Belüftungsöffnungen an einer Fassade

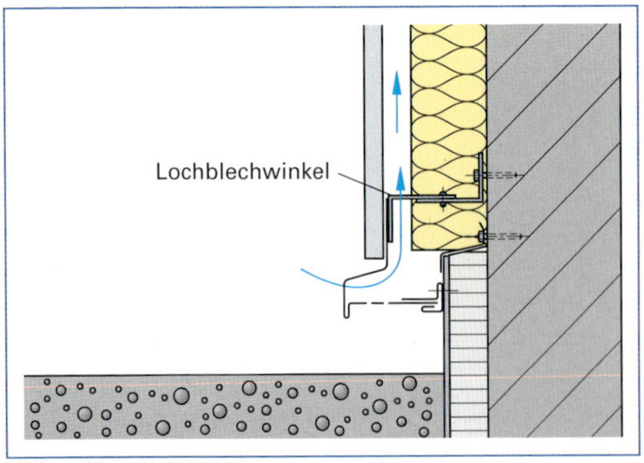

Bild 2: Fassadenfußpunkt mit Fassadenabschlussblech und mit Lochblecheinhang zur Hinterlüftung

Am Fuß der Dämmung rieseln leicht Staub oder abgelöste Dämmungsteilchen auf das Lochblech und können es so verstopfen. Darum empfiehlt es sich den Querschnitt zu erhöhen, indem man es wenige Zentimeter unter der Dämmung anbringt (Bild 2).

Manche Betriebe bestehen darauf, das Lochblech schräg einzubauen, damit nichts liegen bleibt. Hinterlüftete Fassaden fangen an zu tropfen, wenn der Luftstrom nicht mehr gewährleistet ist und die Feuchtigkeit nicht mehr abtransportiert werden kann!

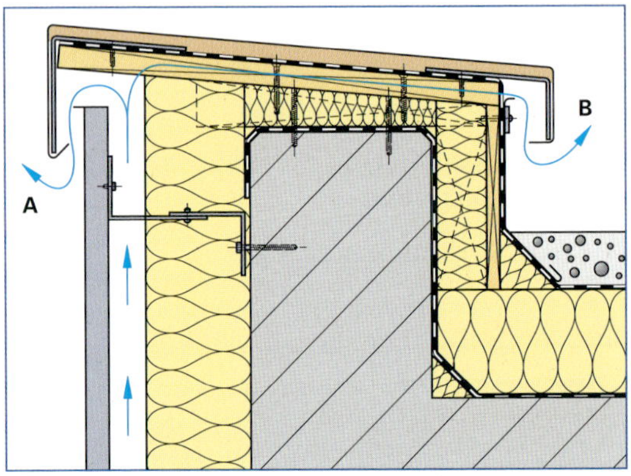

Bild 3: Fassadenübergang zur einem Pultfirst mit Belüftung vorne (A) und hinten (B)

Bild 4: Fassadenbelüftung oben durch Dreiecksgäubchen

9.7 Bauphysikalischer Aufbau von Fassaden

Fassaden werden wie Dächer unterschieden in Kalt- und Warmfassaden, je nachdem ob sie belüftet werden oder nicht.

Standard bleibt hier die Kaltfassade, da ein sicheres Abdichten innen fast nicht möglich ist. Sicher ist dies nur, wenn innen eine ca. 40 mm große Installationsebene für alle Kabel und Rohrleitungssysteme eingebaut wird. Sonst „zieht" es aus jeder Steckdose, bei Heizungsauslässen strömt Luft ein oder aus, Kabel von Lampen bleiben unabgedichtet.

Beim Aufhängen von Wandschränken, Bildern oder Installationen wird immer die Dampfsperre durchbrochen. Dies wirkt sich auf die Dichtheit der Fassade aus, besonders in den oberen Stockwerken, wo der Luftdruck durch die entstehende Thermik im Haus höher ist.

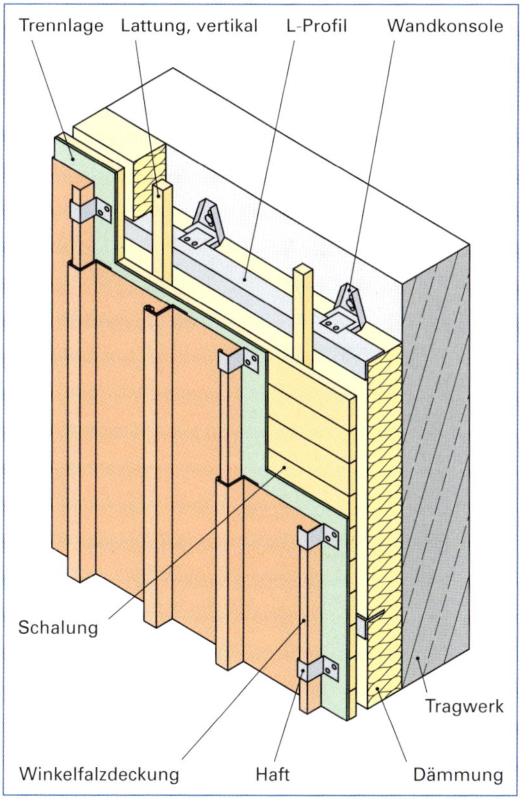

Bild 1: Hinterlüftete Stehfalzfassade auf Holzschalung

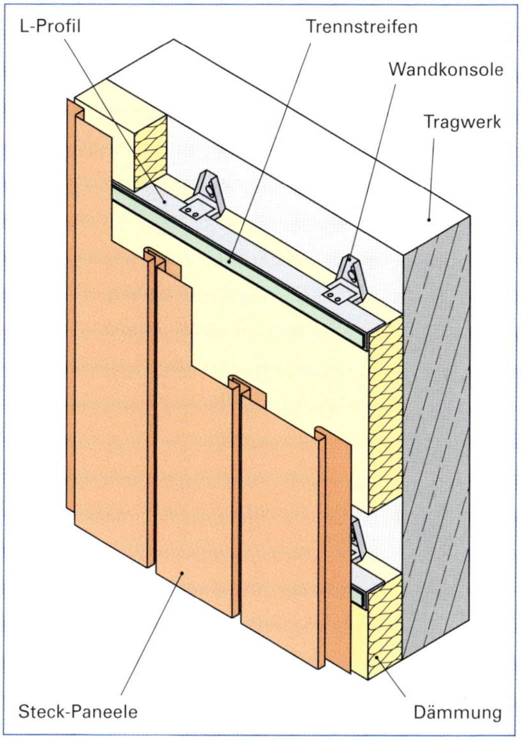

Bild 2: Kaltfassade, belüftet in den Steckfalzpaneelen

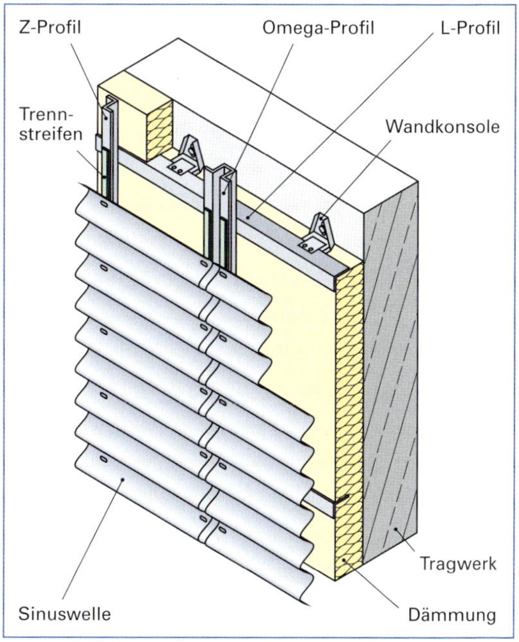

Bild 3: Sinuswelle hinterlüftet ausgeführt mit Omegaprofilen

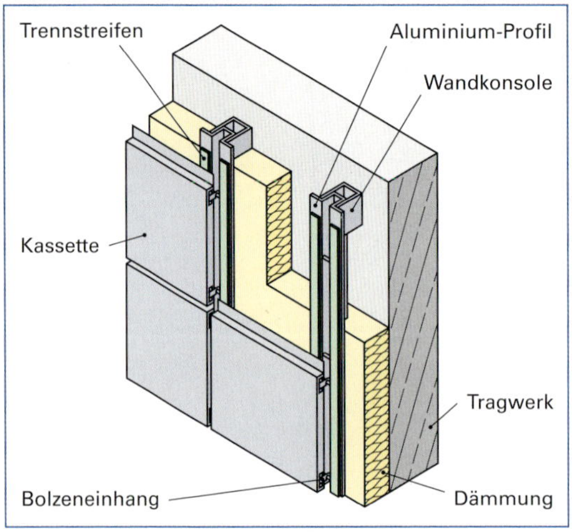

Bild 1: Kassettenfassade, hinterlüftet durch Wandprofilhalter, eingebaut vor der Dämmung

Die Belüftung einer Fassade verursacht minimale Kosten – oft wird sie auch gebraucht für den Ausgleich von Unebenheiten der dahinterliegenden Wand.

Bild 2: Gedämmte Fassade mit Z-Streifen senkrecht

9.8 Folieneinsatz am Dach und der Fassade

Dampfsperren verhindern das Eindringen von Dampf in den Wand- oder Dachaufbau. Sie sperren Dampf grundlegend ab und sind so nur am Warmdach zu empfehlen. Sie werden generell nur an der warmen Innenseite eingesetzt, ausgenommen bei Kühlhäusern und im Sommer stark zu kühlenden Häusern, bei denen der Dampfstrom umgekehrt, also zur kalten Seite hin, verläuft. Dampfsperren auf der kalten Seite sind äußerst gefährlich, da sie einmal eingedrungenes Wasser nicht mehr herauslassen und dann der gesamt Wand- oder Dachaufbau „absäuft".

Diese Problematik kennt man vom Flachdach. Dampfsperren haben laut den Fachregeln des Klempnerhandwerks einen s_d-Wert von über 100 m, von Dampfdichtigkeit spricht die DIN 4108-100 erst ab 1500 m.

Als Dampfsperren gelten:

- PE-Folien dicker als 0,2 mm,
- Bitumenschweißbahnen mit 4 mm Dicke,
- alukaschierte hochpolymere Dachdichtmaßbahnen,
- Alufolien wie sie bei alukaschierter Glaswolle benutzt werden,
- selbstklebende Elastomerbitumenbahnen mit Alufolieneinlage, 0,1 mm dick,
- Aluminiumverbundfolien (Gitterfolien).

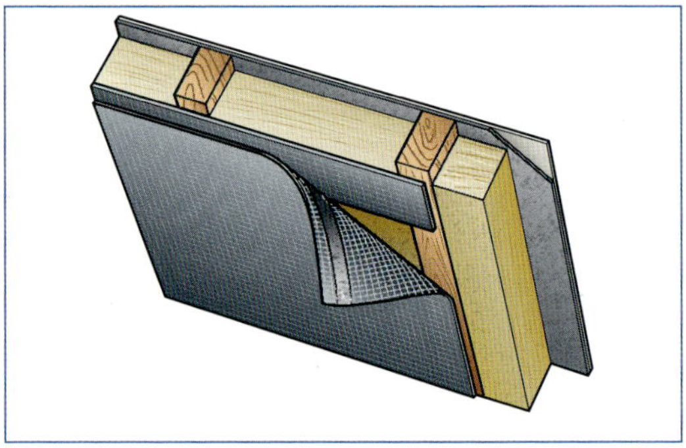

Bild 3: Dampfsperre unter einer Vollsparrendämmung

Dampfbremsen kontrollieren das Eindringen von Dampf in den Wand- oder Dachaufbau. Sie bremsen den Dampfstrom je nach ihrer Sperrwirkung, die von 0,5 m bis 100 m dampfdiffusionsäquivalente Luftschichtdicke reicht. Sie kommen beim lauwarmen Ziegeldach zur Anwendung. Ebenso werden sie an Kaltfassaden eingesetzt, um mehr Dampf im Rauminneren zu halten.

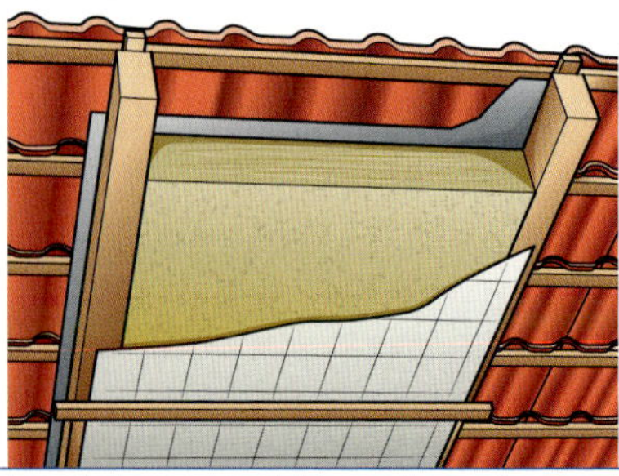

Bild 4: Dampfbremse an einem Ziegeldach innen und diffusionsoffener Folie unter den Ziegeln

Beispiele für Dampfbremsen sind:

- Bitumenbahnen einlagig, allgemein
- selbstregulierende PVC-Klimafolien
- PVC-Gitterfolien

Bild 1: Beim Abkleben einer Dampfbremse auf OSB-Platten

Winddichtigkeitsbahnen verhindern das Eindringen von Außenluft in den Innenraum. Bei hinterlüfteten Fassaden und Dächern drückt ja der Staudruck des Windes unter die Dachhaut und würde an undicht verlegten Dämmungsstößen kalte Außenluft nach innen lassen bzw. warme Raumluft absaugen. Viele Fassaden sind an den Fenstern und an Boden und Decke nicht sauber abgeklebt. Dies führt zu einer sehr großen Raumaustrocknung und erheblichen Energieverlusten. Um das Eindringen von Dampf in den Wand- und Dachaufbau zusätzlich zu bremsen, werden daher Winddichtigkeitsbahnen verlegt. Sie haben üblicherweise einen s_d-Wert von 1 m bis 10 m (Tabelle 1).

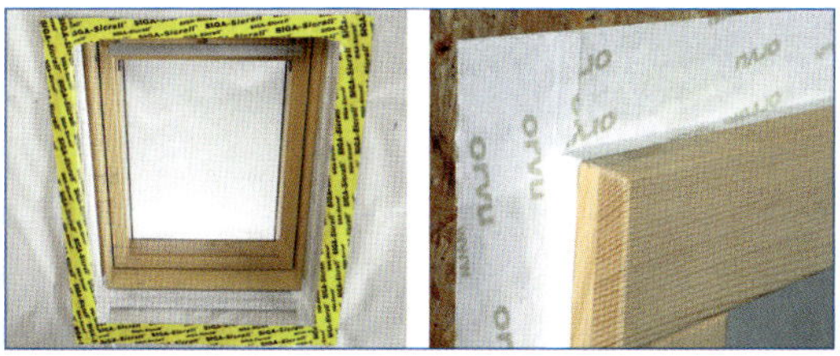

Bild 2: Winddichtigkeitsbahn: Anschluss an Fenster innen

Bild 3: Winddichtigkeitsbahn: Anschluss an ein Dachfenster außen

Bild 4: Ökologische Winddichtigkeitsbahn aus Ölpapier im Gebäudeinneren

Tabelle 1: Empfohlene s_d-Werte von Winddichtigkeitsbahnen

Luftweglänge	s_d-Wert
< 10 m	> 2 m
< 15 m	> 5 m
> 15 m	> 10 m

Beispiele sind

- PVC-Gitterfolien
- Holzfaser-Dichtigkeitsbahnen
- ölgetränkte Papiere
- MF-Platten mit Nut und Feder

Diffusionsoffene Folien kommen im Außenbereich zum Einsatz. Man nennt sie auch hochdiffusionsoffene Folien, da sie s_d-Werte kleiner als 0,5 m aufweisen und dennoch zu 100 % wasserabweisend sind, selbst bei Wasserstaudruck.

In der Bekleidungsindustrie werden sie als Tex (wie z. B. Goretex oder Sympatex) bezeichnet. Sie lassen bei kleinsten Dampfdruckunterschieden die Feuchtigkeit in gelöster Form durch, sind aber dennoch wasserdicht. Allerdings sind sie nur ca. 3 Monate außenbewitterungsfähig, da sie von UV-Licht angegriffen und aufgelöst werden.

Bild 1: Diffusionsoffene Schalungsbahn als zweite Ablaufebene

Strukturmatten werden auch als Sauerkrautmatten, Kraushaarmatten oder Wirrfasermatten bezeichnet. Sie kommen als zweite Ablaufebene zum Einsatz und sind bei Zinkdächern bei unter 15° Dachneigung, bei den anderen Werkstoffen bei unter 7° vorgeschrieben, wenn nicht andere Maßnahmen getroffen werden, wie zum Beispiel die Direktverlegung des Deckmetalles auf rauem Schalungsholz.

Bild 2: Strukturmatte (Wirrfasermatte)

Bild 3: Noppenfolie mit Noppenhaft als alternative Strukturmatte

Bild 4: Unterseitenkorrosion wegen falscher Trennlage bei unter 15° Dachneigung

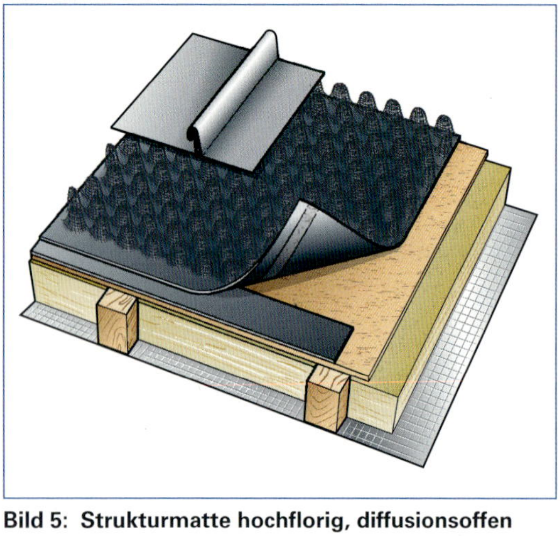

Bild 5: Strukturmatte hochflorig, diffusionsoffen

Dachdichtungsbahnen sind Materialen zur ein-, zwei- oder mehrlagigen Herstellung einer Dachabdichtung in Klebe- oder Schweißtechnik. Sie haben Einlagen aus Rohfilz, Jute, Glasgewebe oder Polyesterfaservlies und sind meist als Außenlage mit Splitt beschichtet. Ihre Verlegung gehört eigentlich in den Bereich des Dachdeckers, der auch bituminöse Flachdächer legt. Der Klempner kann sich aber werksseitig schulen lassen, um Kunststoffdachdichtungsbahnen verarbeiten zu können.

Bild 1: Blasenbildung einer Dachdichtungsbahn wegen undichter Dampfsperre

Trennlagen dienen nur zur Trennung von Metallen von aggressiven Untergründen wie Beton, Mörtel oder Gips. Holz wird heutzutage meist ohne Holzschutzmittel verlegt und muss damit nicht mehr von Blech getrennt werden. Selbst von den heute noch verwendeten Holzschutzmitteln sind keine schädigenden Einflüsse auf Bleche bezüglich der Unterseitenkorrosion bekannt.

Trennlagen haben die folgenden Aufgaben:

- Gleitschicht bei Wärmedehnung
- Ausgleich rauer Schalungskanten
- Schallschutz vor Trommelgeräuschen
- Notdeckung bei der Scharenverlegung
- Verhinderung des Durchschlagens der Nagelköpfe in die Hinterlüftung

Beispiele für Trennlagen sind

- V13-Bitumenvliesbahn,
- V60-Bitumenvliesbahn,
- PE-Folien reißfest, dicker als 0,2 mm,
- Bitumenbahnen mit Rohfilzeinlage,
- hochdiffusionsoffene Folien.

Alle dampfdichten Bahnen sind bei Metalleindeckung insbesondere bei flachen Dächern sehr gefährlich. Dringt Wasser durch einen Falz – diese sind ja nur regensicher, nie wasserdicht – bleibt es im Dachaufbau stehen und verursacht bei Sonneneinstrahlung eine Feuchtigkeit von ca. 70 %, die bei Weißrostbildern wie Titanzink, Blei oder Aluminium in wenigen Monaten zur Durchrostung führen kann (siehe Kapitel 6, Falzdach).

Über Trennlagen wurde lange diskutiert. Der Stand der Debatte ist: Generell ist laut VOB eine Trennlage beliebiger Art vorgeschrieben. Wird sie weggelassen, ist dies schriftlich mit dem Bauherrn festzuhalten. Trennlagen dürfen nicht weit überlappen, da sie sonst in den Überlappungen wegen der Kapillarwirkung das Wasser sehr lange halten und dies dann am Ende der Überlappung „einträufelt“. Trennlagen mit Wirrfaserauflage sind generell gut, unter 15° Dachneigung, bei Titanzink walzblank, sind sie vorgeschrieben. Andere Werkstoffe wie Colorblei, Farbaluminium und Titanzink vorbewittert haben oft schon eine Lackunterschicht, um Wasserzutritt von unten zu verhindern.

9.9 Dämmstärken für zusätzliche Schichten an Dach und Wand

Bringt der Klempner zusätzliche Schichten auf ein Bauteil auf (z. B. das Dach), so unterliegt er der Energieeinsparverordnung (EnEV 2014). Er hat den Kunden darauf hinzuweisen, dass diese Verordnung bei Neubau und Erneuerungsmaßnahmen generell Gültigkeit besitzt und gewisse Dämmwerte vorgeschrieben sind. Bei größeren Baustellen ist ein Bauphysikbüro eingeschaltet, bei Neubauten haftet der Architekt für die Einhaltung der EnEV, bei kleineren Baustellen aber muss der Handwerker selbst – am besten mit dem Kunden direkt vor Ort – entscheiden, wie stark gedämmt werden soll.

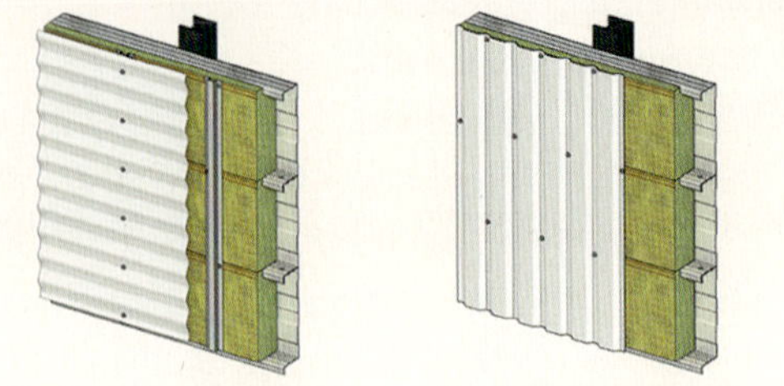

Bild 1: Wärmedämmkassetten im Einsatz

Gerade durch die Einführung des Energiepasses und hohe Heizkosten ist mittlerweile jeder Bauherr daran interessiert, bei Sanierungsvorhaben sein Haus sogar über diese Norm hinaus zu dämmen, um auch bei eventuellen weiteren Verschärfungen der Wärmeschutzverordnungen den Vorschriften noch zu genügen.

Die EnEV 2017 geht von einer Gesamtwärmebilanz für das ganze Haus aus – einschließlich aller Außen- und Innenwandflächen gegen unbeheizte Räume, der kompletten Heizungsanlage, inklusive 20 % regenerative Energien wie Solar, Elektrovoltaik, Wärmepumpe oder Holz und des Lüftungswärmebedarfs. Diese ganzen Aspekte will und kann ein Klempner nicht berücksichtigen. Er hat allerdings die Möglichkeit, zusätzlich zur Meisterprüfung, auch eine Prüfung zum Energieberater abzulegen. Dann kann er sogar selbst einen Wärmepass für das mit Blech zu bekleidende Haus oder auch für andere Baustellen oder Hausverkäufe erstellen.

Die EnEV erlaubt aber auch einen Einzelbauteilnachweis – das heißt, die nachträglich veränderten Flächen müssen bestimmte *U*-Werte (Wärmedurchgangskoeffizienten, Tabelle 1) aufweisen, um den Anforderungen zu genügen.

Tabelle 1: *U*-Werte in W/m^2K der EnEV 2017	
Außenwände	≤ 0,28
Steildächer	≤ 0,20
Flachdächer	≤ 0,20

Der *R*-Wert (Wärmedurchgangswiderstand) berechnet sich folgendermaßen:

$$R_i = \frac{d_i}{\lambda_i}$$

Dabei ist

d die Schichtdicke des Baustoffes in m

λ die Wärmeleitzahl in W/mK

R der Wärmedurchgangswiderstand

Die Wärmeleitzahl eines Dämmstoffes ist auf der Verpackung angegeben, allerdings verschlüsselt: So hat ein Dämmstoff der Gruppe 035 die Wärmeleitzahl λ = 0,035 W/mK.

Dämmstoffe werden in unterschiedliche Druckbelastbarkeiten eingeteilt.

Dämmstoffe W sind formloses Schüttgut zum Einblasen in die Hohlräume der Sparrenfelder von Dächern, sie sind auch zum Ausblasen von Holzständerbauwänden geeignet. Zur Auswahl stehen Perlit (Polystyrolkügelchen), Glaswollepellets oder Zeitungshackschnitzel (üblicherweise auch als Isoflock bezeichnet). Sie haben Wärmeleitzahlen von λ = 0,030 W/mK. bis λ = 0,045 W/mK.

Dämmstoffe WL (Bild 1) sind leicht druckbelastbar, also selbsttragend, und sind zum Einbau in Sparrenfelder geeignet. Bei Fassadenplatten ist vorne ein Filz aufgebracht, sodass sie nicht aus den Tragekassetten herausknicken. In Betracht kommen Polystyrolhartschaumplatten, seitlich ausgeschäumt, Glas- oder Steinwollekeile, Thermohanfplatten oder gewobene Glaswollerollen, die erst beim Aufrollen ihrer eigentliche Dicke einnehmen. Sie haben Wärmeleitzahlen von λ = 0,035 W/mK bis λ = 0,050 W/mK.

Dämmstoffe WD sind druckbelastbar, also begehbar, und sind als Aufdachdämmung vorgesehen. In Betracht kommen Polyurethanhartschaumplatten mit Nut und Feder, unterseitig alukaschiert, Glas- oder Steinwolleplatten, Foamglas (Schaumglasplatten) oder Korkschrotplatten. Sie haben Wärmeleitzahlen von λ = 0,045 W/mK bis λ = 0,065 W/mK.

Dämmstoffe WS (Bild 2, Seite 255) sind Sonderdämmstoffe für bestimmte Anwendungsgebiete. Sie sind druckbelastbar und werden extra zum Einsatz mit Metalldeckung hergestellt, sodass für Hafte ein nagelbarer oder schraubbarer Grund besteht. Sie sind als selbsttragende Aufdachdämmung vorgesehen. In Betracht kommen

- Polyurethanhartschaumplatten mit Nut und Feder, unterseitig alukaschiert und mit eingeklebten Holzschienen versehen (Bilder 2 bis 5, Seite 241 und Bild 1, Seite 255).

- Polyurthanhartschaumplatten mit Nut und Feder und oberseitig geklebte Holzwerkstoffplatten (Bild 1, Seite 258) oder das Prodachsystem (Bild 3, Seite 239),
- Glas- oder Steinwolleplatten, Foamglas (Schaumglasplatten) oder Korkschrotplatten. Sie haben Wärmeleitzahlen von λ = 0,045 W/mK bis λ = 0,065 W/mK (Bilder 1 und 2, Seite 152).

Bei mehreren Schichten muss der U-Wert für jede Schicht berechnet werden. Meist reicht aber für unsere Zwecke die Berechnung der Dämmschicht allein – dann bringen die weiteren nicht berücksichtigten Schichten eine geringfügige Verbesserung des U-Wertes. Bei 4 Schichten gilt:

$$R_{ges} = R_1 + R_1 + R_3 + R_4$$

Der U-Wert berechnet sich dann zu

$$U = \frac{1}{R_{ges}}$$

Beispiel 1 Aufdachdämmung mit PU-Hartschaumplatten

Ein Gaubendach mit 15° Neigung soll mit Aufdachdämmung nach Bild 1 mit nur 120 mm PU-Schaum 030 gedämmt werden. Die bisherigen Lagen bleiben unberücksichtigt.

Erfüllt die Konstruktion die EnEV?

$$R = \frac{0{,}12\ \text{m}}{0{,}030\ \frac{\text{W}}{\text{mK}}} = 4{,}0\ \frac{\text{m}^2\text{K}}{\text{W}}$$

$$U = \frac{1}{4{,}0}\ \frac{\text{W}}{\text{m}^2\text{K}} = 0{,}25\ \frac{\text{W}\ 0{,}24}{\text{m}^2\text{K}} \hat{=}\ 0{,}24\ \frac{\text{W}}{\text{m}^2\text{K}}$$

Die Vorschriften werden geradeso erfüllt.

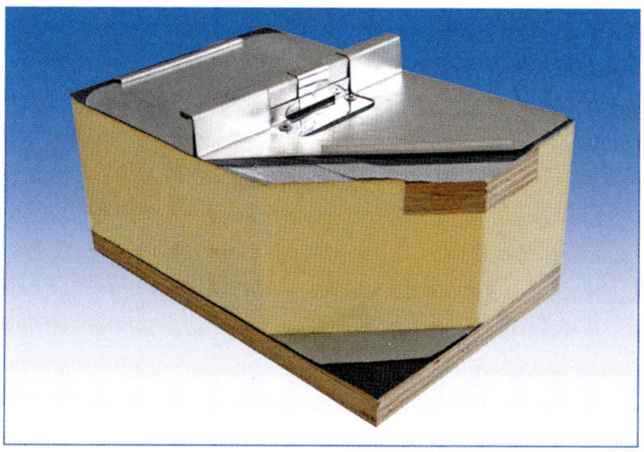

Bild 1: Aufdachdämmung mit Metalldachdämmung

Beispiel 2 Aufdachdämmung mit Steinwolleplatten (nach Bild 2)

Ein Flachdach mit 5° Neigung soll mit Aufdachdämmung wie in Bild 2 mit 160 mm Steinwolle 045 gedämmt werden. Die bisherigen Lagen bleiben unberücksichtigt.

Erfüllt die Konstruktion die EnEV 2009?

$$R = \frac{0{,}16\ \text{m}}{0{,}045\ \frac{\text{W}}{\text{mK}}} = 3{,}56\ \frac{\text{m}^2\text{K}}{\text{W}}$$

$$U = \frac{1}{3{,}56}\ \frac{\text{W}}{\text{m}^2\text{K}} = 0{,}28\ \frac{\text{W}}{\text{m}^2\text{K}} \geq 0{,}20\ \frac{\text{W}}{\text{m}^2\text{K}}$$

Die Vorschriften werden nicht erfüllt.

Bild 2: Aufdachdämmung mit Steinwolle, mit Krabban und Plattenhaften

Beispiel 3 Zwischensparrendämmung mit Glaswolleplatten hinterlüftet

Ein Steildach wird mit 180 mm hohen Sparren aufgedoppelt und soll mit Dämmkeilen aus 140 mm Glaswolle 040 ausgedämmt werden (siehe Bild 1, Seite 237). Die weiteren Lagen sowie die Holzschalung bleiben unberücksichtigt. Die Balken sind 12 cm breit und haben jeweils 75 cm Abstand.

Erfüllt die Konstruktion die EnEV?
Balken (λ = 0,14):

$$R_{Holz} = \frac{0{,}18\ \text{m}}{0{,}140\ \frac{\text{W}}{\text{mK}}} = 1{,}29\ \frac{\text{m}^2\text{K}}{\text{W}}$$

$$U_{Holz} = \frac{1}{1{,}29}\ \frac{\text{W}}{\text{m}^2\text{K}} = 0{,}77\ \frac{\text{W}}{\text{m}^2\text{K}} > 0{,}30\ \frac{\text{W}}{\text{m}^2\text{K}}$$

Dämmungsanteil:

$$R_{Dämmung} = \frac{0{,}14\ \text{m}}{0{,}040\ \frac{\text{W}}{\text{mK}}} = 3{,}5\ \frac{\text{m}^2\text{K}}{\text{W}}$$

$$U_{Dämmung} = \frac{1}{3{,}5}\ \frac{\text{W}}{\text{m}^2\text{K}} = 0{,}28\ \frac{\text{W}}{\text{m}^2\text{K}}$$

Balkenanteil für das Achsmaß:

75 cm + 12 cm = 87 cm

Balkenanteil (in Prozent):

$$P_{Balken} = \frac{12\ \text{cm}}{87\ \text{cm}} \cdot 100\ \% = 0{,}13 = 13\ \%$$

Dämmungsanteil:

$$P_{Dämmung} = \frac{75\ \text{cm}}{87\ \text{cm}} \cdot 100\ \% = 0{,}87 = 87\ \%$$

Gemeinsamer U-Wert:

$$U_{ges} = 0{,}13 \cdot 0{,}77 + 0{,}87 \cdot 0{,}28 = 0{,}37\ \frac{\text{W}}{\text{m}^2\text{K}} \geq 0{,}20\ \frac{\text{W}}{\text{m}^2\text{K}}.$$

Die Vorschriften werden also für diese Konstruktion nicht erfüllt, es muss eine Konterlattung innen aufgebracht und zwischengedämmt werden oder es müssen höhere Kanthölzer und eine dickere Dämmung gewählt werden.

Bild 1: Dämmung mit Hinterlüftung in den Grat

Beispiel 4 Fassade mit Glaswolleplatten und Steckfalzprofilen

Ein Giebel mit 120 mm hohen Sparren soll mit Dämmkeilen aus 120 mm Steinwolle 035 gedämmt werden. Die weiteren Lagen sowie die bestehende Wand aus Mauersteinen und die Holzschalung bleiben unberücksichtigt. Die Balken sind 6 cm breit und haben jeweils 60 cm Abstand.

Erfüllt die Konstruktion die EnEV?

$$R_{Holz} = \frac{0{,}12\ \text{m}}{0{,}140\ \frac{\text{W}}{\text{mK}}} = 0{,}86\ \frac{\text{m}^2\text{K}}{\text{W}}$$

$$U_{Holz} = \frac{1}{0{,}86}\ \frac{\text{W}}{\text{m}^2\text{K}} = 1{,}17\ \frac{\text{W}}{\text{m}^2\text{K}}$$

$$R_{Dämmung} = \frac{0{,}12\ \text{m}}{0{,}035\ \frac{\text{W}}{\text{mK}}} = 3{,}43\ \frac{\text{m}^2\text{K}}{\text{W}}$$

$$U_{Dämmung} = \frac{1}{3{,}43}\ \frac{\text{W}}{\text{m}^2\text{K}} = 0{,}29\ \frac{\text{W}}{\text{m}^2\text{K}}$$

Bild 2: Holzständer gedämmt mit Steckfalzpaneel an einer Gebäudeecke

Ständeranteil für das Achsmaß:

60 cm + 6 cm = 66 cm

Holzständeranteil:

$$P_{Holz} = \frac{6\ \text{cm}}{66\ \text{cm}} \cdot 100\ \% = 0{,}09 = 9\ \%$$

Dämmungsanteil:

$$P_{\text{Dämmerung}} = \frac{60 \text{ cm}}{66 \text{ cm}} \cdot 100\ \% = 0{,}91 = 91\ \%$$

Gemeinsamer *U*-Wert:

$$U_{ges} = 0{,}09 \cdot 1{,}17 \cdot 0{,}91 \cdot 0{,}29 = 0{,}37 \frac{\text{W}}{\text{m}^2\text{K}} > 0{,}28 \frac{\text{W}}{\text{m}^2\text{K}}$$

Die Vorschriften werden so nicht erfüllt, mit der bestehenden Wand kann der Dämmwert wohl kaum erreicht werden, ansonsten ist 180 mm Dämmung einzubauen.

Fragen

1. Was versteht man unter den Begriffen **Teilsparrendämmung, Aufdachdämmung, Vollsparrendämmung?**
2. Beschreiben Sie die **Sonder-Dämmsysteme Prodach, Puren, OSB-Aufdachplatten und Wandkassetten** für Blecheindeckung und deren Brandschutzklasse.
3. Welche Vorteile (bauphysikalisch) hat **Isoflock-Schüttgut** gegenüber Schaum? Wie wird es eingebracht?
4. Mit welchen 4 Haften kann der Klempner **Warm-Dämmstoffsysteme** selbst verlegen?
5. Was besagt ein ***U*-Wert**? Wie hoch muss er nach der EnEV für Wand und Dach sein?
6. Warum müssen **Dächer winddicht** sein? Wie wird dies erreicht (3 Maßnahmen)?
7. Ergänzen Sie die Tabelle 1, indem Sie die fehlenden Werte aus dem Mollierdiagramm ablesen (Bild 1, Seite 235).

Tabelle 1: zu Frage 7

Raumtemperatur	Rel. Luftfeuchte	Wasserdampfdruck	Taupunkttemperatur
20 °C	70 %		
16 °C		12 mbar	
	35 %		14 °C

8. Von welchen Größen hängt allgemein der **Wasserdampfdurchgang** in g/h einer Konstruktion ab?
9. Was versteht man unter einer **Taupunktunterschreitung?** Wie wird er im Mollierdiagramm ermittelt?
10. Was versteht man unter einem s_d-Wert?
11. Wo kommen **diffusionsoffene Folien** zum Einsatz?
12. Wie sollte der **Dampfdruckwiderstand** in einem Wandaufbau abgestimmt sein?
13. Nennen Sie alle **Belüftungsvorschriften** nach DIN 4108 und Fachregel 05 für ein 18° geneigtes Dach.
14. Von welchen Größen hängt die maximal **abtransportierbare Feuchte** in einem Hinterlüftungshohlraum ab?
15. Mit welchen 4 Möglichkeiten kann ein **Grat** entlüftet werden?
16. Mit welchen 4 Möglichkeiten kann ein **Dachflächenfenster** entlüftet werden?
17. Mit welchen 4 Möglichkeiten kann eine **Tonnengaube** entlüftet werden?
18. Wie kann man an einer Hinterlüftung eine **Funktionsprüfung** vornehmen?
19. Wie kommt **Unterseitenkorrosion** zustande? Wie kann man ihr entgegenwirken?
20. Welche 4 Aufgaben erfüllt eine **Trennlage?**
21. Was versteht man unter einer **zweiten Ablaufebene?** Wie kann sie beschaffen sein?
22. Welche Vorteile und welche Nachteile besitzt **eine nicht hinterlüftete Konstruktion?**
23. Wie können **feuchte Stellen** durch die Entstehung von Sekundärtauwasser in einem Dachaufbau (bei Warm- oder Kaltdach) bekämpft werden?

24. Ein **denkmalgeschützes Haus** muss innen gedämmt werden. Skizzieren Sie den Wandaufbau ohne Verwendung von Holz oder Holzwerkstoffen.

25. Der **First eines Satteldaches** mit 12° Dachneigung, 11,20 m Sparrenlänge und 19,50 m Trauflänge soll als Metalldach ausgeführt werden. Berechnen Sie die erforderlichen Lufthohlräume und Entlüftungsschlitze am First. Skizzieren Sie die beiden Stellbretter in Bild 3 mit dem Abdeckholz für die Metallabdeckung am First und tragen Sie die Maße ein.

26. Für die **Folie einer großen Gaube** schreibt der Bauphysiker der Baustelle einen sd-Wert von 35 m vor. Wo muss diese im Dachaufbau eingebaut werden?

27. Eine **Spitzgaube** wird in ein bestehendes Kaltdach eingebaut. (siehe Bild 2). Ein Wechsel wechselt die Sparrenfelder mit je 75 cm Achsmaß aus. Die Maße des gesamten Sparrenfeldes betragen 2,50 m bis zur Gaube (Brust) und 7,80 m von Gaube bis zum First. Die Entlüftung an der Brust wird als Schlitz ausgeführt.

    a) Berechnen Sie dessen Breite und skizzieren Sie die Ausführung des Simses in Bild 1.

    b) Berechnen Sie den Lochdurchmesser *d* für die Abbohrung der Schalungen.

    c) Berechnen Sie die rechteckige Länge des Trapezlüftergäubchens, wenn die Breite max. 10 cm beträgt.

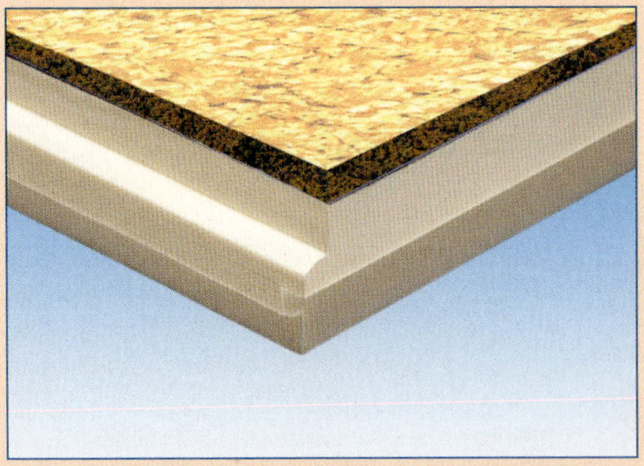

Bild 1: Lifeboardplatte mit Dämmung, beides aus PU (Puren)

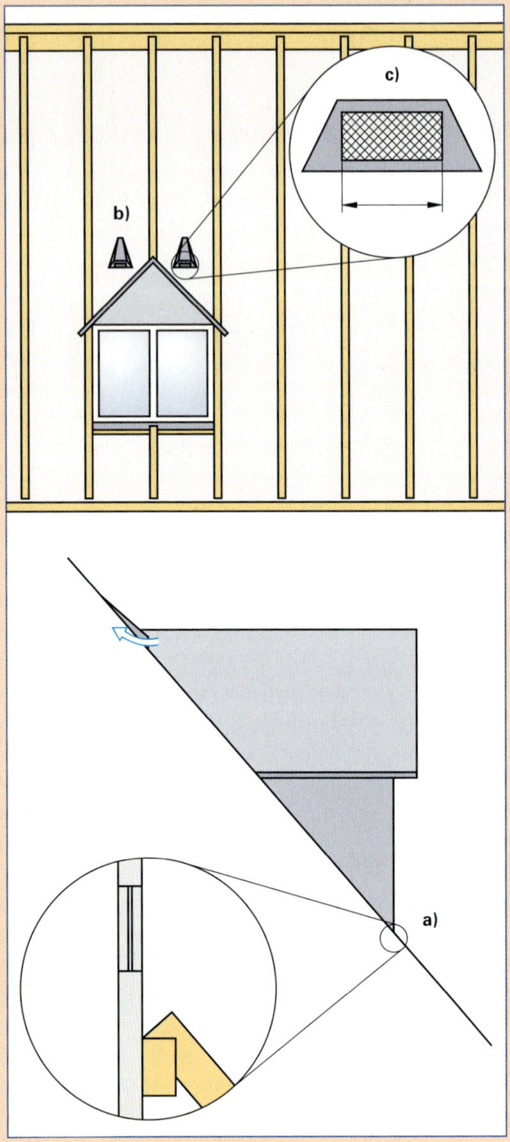

Bild 2: Gaube an der Ansicht (oben) und im Schnitt (unten), zu Frage 27

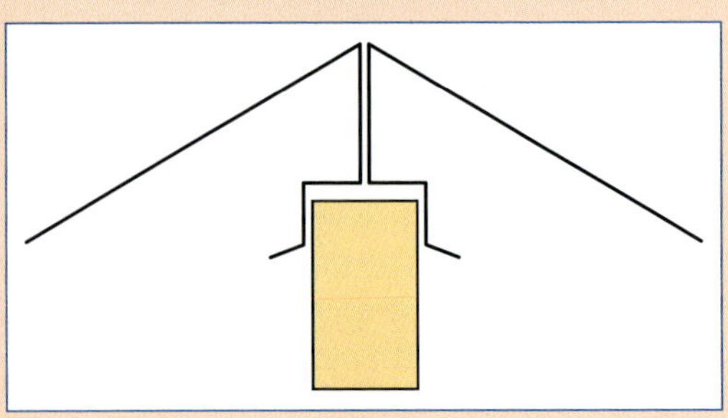

Bild 3: Firstdetail, zu Frage 25

28. Wozu dient die **Folie in Bild 1**?

Bild 1: Folienlage am Falzdach, zu Frage 28

29. Eine **Rundgaube** soll teilbelüftet werden. Es reicht eine Dampfsperrwirkung mit einem sd-Wert von 32 m aus, da teilweise Luftöffnungen vorhanden sind. Die Folie hat 500 µm Dicke. Welche Diffusionszahl muss sie aufweisen?

30. Eine **Kuppel** mit durchschnittlich 50° Neigung und 120 m^2 Fläche braucht oben eine runde Entlüftungshaube mit 1,20 m Durchmesser (Bild 2). Wie hoch muss sie gesetzt werden, damit der Abluftquerschnitt ausreichend ist?

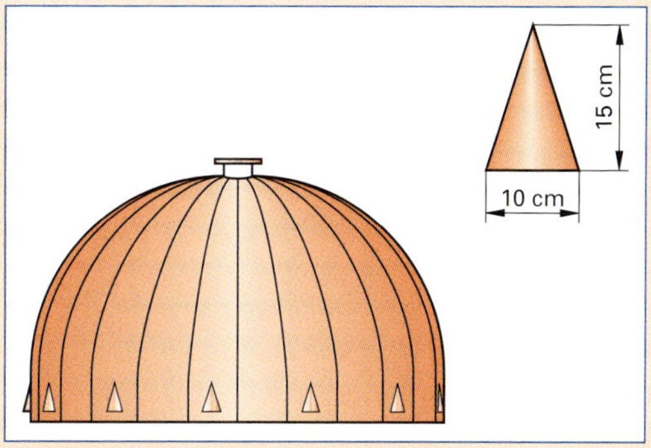

Bild 2: Be- und Entlüftung einer Kuppel, zu Frage 30 und 31

31. Unten sieht der Architekt, bei der Kuppel in Bild 2, Lüftergäubchen mit den Maßen 10 cm und 15 cm vor. Wie viele Lüftergäubchen benötigt man?

32. Berechen Sie den *U*-Wert eines Steildaches mit 160 mm Polystyroldämmung der Wärmeleitgruppe 040.

33. Beschreiben Sie den Dämmungsverlauf der Bilder 3 bis 6. Wie ist der Befestigungsgrund für die Metallschindeln hergestellt?

Bild 3: Zustand 1

Bild 4: Zustand 2

Bild 5: Zustand 3

Bild 6: Zustand 4

10 Sonderdeckungen

10.1 Edelstahldach rollnahtgeschweißt

Dächer mit Dachneigung unter 3° – sogenannte Nullgraddächer – müssen wasserdicht, also dicht gegen drückendes Wasser sein. Falzdächer sind nur regendicht – sie werden undicht, wenn sich Wasser auf ihnen staut, selbst bei Einlage eines Falzbandes oder bei Verwendung von Falzgel. Deswegen wurde das rollnahtgeschweißte Edelstahldach entwickelt, das auch stauwasserdicht ist und mit dem sich ein völlig neuer Markt ausbildete. Dieses Dach durfte zunächst als baumustergeschütztes Dach nur von Lizenzfirmen ausgeführt werden. Nach Ablauf des Patentschutzes, öffnete sich der Markt für viele Edelstahlhersteller, die passend zu ihrem Material die Schweißmaschinen und deren materialspezifische Schweißparameter, meist im Mietverfahren, dann aber auch zum Kauf für Klempner anbieten.

Bild 1: Beim Verlegen eines Rollnahtschweißdaches

Die Schweißmaschine und vor allem die erforderlichen Schweißtrafoanlagen sind teuer und lohnen sich für Kleinbetriebe nur, wenn konstant eine Reihe von Edelstahldächern gefertigt wird.

Bei den ersten Verlegungen passieren leicht teure und kaum auffindbare Leckagen-Fehler, die in den meisten Fällen eine Komplettsanierung nach sich ziehen, da die Dämmung darunter „absäuft“ und das Wasser nicht mehr herauszubekommen ist. Die Prüfung auf solche Schäden kann durch Einlegung von Heliumschläuchen (Lochschläuchen) erfolgen. Das Dach wird dann nach der Verlegung heliumgeflutet, das Helium steigt durch schadhafte Stellen auf und kann dann an der sonst unsichtbaren undichten Stelle mit einem Ionenzähler gemessen werden.

Bild 2: Handschweißzange

Diese Methode ist teuer, aber wenn man bedenkt, dass manche Firmen dreimal nacheinander das gleiche Dach verlegten, bis es endlich dicht war, ist sie für „Anfänger“ unbedingt zu empfehlen.

Bild 3: Rollnahtdach mit Auflast

Das Hauptanwendungsgebiet rollnahtgeschweißter Edelstahldächer sind sanierungsbedürftige Flachdächer. Die Firmen geben bis 100 Jahre Garantie – für Bauherren, die bisher alle paar Jahre ihr Klebedach nachkleben lassen mussten, ist das eine verlockende Sache, selbst bei dem immens hohen Preis.

Die Randbereiche werden mit einer Handpunktschweißzange Punkt für Punkt ausgeschweißt oder mit einer kleineren Handschweißnahtrollapparatur um enge Kurven herum ausgeschweißt. Insofern ähnelt die Verlegung Arbeiten am Falzdach – wenn auch natürlich der Werkstoff mit 0,4 mm oder 0,5 mm Dicke und hartem Schneidgrat messerscharf ist und der Handwerker sich erst an ihn gewöhnen muss. Meist werden Edelstahldächer daher auch nur von spezialisierten Betrieben verlegt.

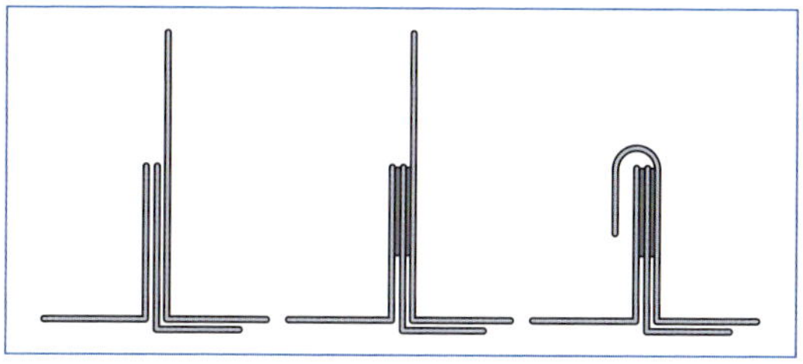

Bild 1: Herstellung des Rollnahtfalzes

Die Haften werden wie beim Falzdach geplant und auf Abstand eingebaut und danach einfach mit eingeschweißt – viele Dächer erhalten eine Auflast durch eine 5 cm dicke Kiesschicht und benötigen deshalb keine Hafte (Bild 3, Seite 260). Nach der Verschweißung wird das überdeckende Blech über den „Unterdecker“ umgelegt, um die immense Gefahr von Verletzungen auszuschließen.

Bild 2: Falzdachähnliche Ausführungen an einer Ausstiegsluke mit Handrollschweißzange geschweißt

Das Metall liegt wegen der Zwängungsspannungen und dem dünnen, harten Edelstahlmaterial nicht so gut wie ein Falzdach – es sieht sehr wellig aus, wirft viele große und kleine Beulen. Für Fassaden ist diese Technik daher undenkbar.

10.2 Aluminiumplatten

Die Deckung mit farbbeschichteten Aluminiumplatten ähnelt der Deckung mit Dachziegeln. Sie konnte in letzter Zeit am Bau recht häufig Fuß fassen.

Bild 3: Schindeldeckung

Bild 4: Kamineinfalzung mit Prefa-Platten

Bild 5: Aluminiumplatten-Deckung ohne vollflächige Schalung

Die Platten werden wie bei Flachziegeln auf Doppellattung durch Einhängen von Falzen verlegt und man erreicht somit eine höhere Dichtigkeit.

Die Anschlüsse können wesentlich feiner hergestellt werden als bei Ziegeldächern, weil die Bauhöhe geringer und das Material selbst kantbar ist. Die zugehörigen Verwahrungsbleche können im gleichen Farbton aus Aluband hergestellt werden. Dieser optische Vorteil, die beliebige Farbgebung und der geringe Materialverbrauch (ein von Hand tragbares Paket deckt ca. 10 m^2) im Vergleich zu schweren Betondachsteinen, macht diese Deckung für Bauherren von Einfamilienhäusern sehr interessant, ebenso die sehr lange Haltbarkeit.

10.3 Quick-Step

Eine weitere recht einfache Deckungsart mit guter Optik stellt das Quick-Step-System dar. Es wird am Dach waagrecht als „sehr breiter Ziegel" (bis ca. 4 m Länge) in Wulsttechnik mit speziellen Cliphaltern eingedreht und mittels Trennblechen, wie sie bei anderen Deckungsarten üblich sind, seitlich angedichtet.

Der Vorteil ist wie beim Aluminiumplattendach, dass alle Anschlüsse aus demselben Bandmaterial herzustellen sind und das Dach somit sehr in sich abgeschlossen und harmonisch wirkt.

Bild 1: Aluminiumplatten, Grate und Kelle herkömmlich verfalzt

Bild 2: Aluminiumplatten-Deckung auf vollflächiger Schalung

Bild 3: Quick-Step mit Trennblech

Bild 4: Quick-Step kombiniert mit Falztechnik

10.4 Solaranlagen

Photovoltaik-Anlagen können per Aufdachmontage (Bild 1) oder Indachmontage (Bild 2) verlegt werden. Die Solarzellen werden dabei entweder auf die Dachdeckung montiert oder in das Deckungssystem integriert.

Bild 1: Aufdachmontage

Bild 2: Indachmontage

Bild 3: Solarbeschichtete Bleche

Auf Falzdächern können Solarplatten mit Falzklemmen aufgebracht werden. Problematisch ist der Nachweis der Halterungen (Bild 1, Seite 264).

Moderner ist die Verlegung von Scharblechen mit aufgeklebten Solarzellen. Sie haben zurzeit noch nicht die gleiche Leistung wie die Aufdachkollektoren. Solche Sonderbleche sind auf das passende Maß vorzuplanen und werden extra angefertigt.

Arbeitsaufwendig und genau zu planen sind die Kabelführungen in der Hinterlüftung. Die Kabel sind vor der Verlegung einzuziehen und dann über Steckverbinder anzuschließen. Ebenso ist die Austauschbarkeit bei Hagelschlag nur schlecht gewährleistet, was wiederum zu Gewährleistungsfragen führt.

Deshalb ist die Trennung der Gewerke mit Aufdachmodulen insgesamt noch sicherer als vollintegrierte Systeme.

Bild 4: Solarfalzmaterial gerundet an einem Wohnhaus

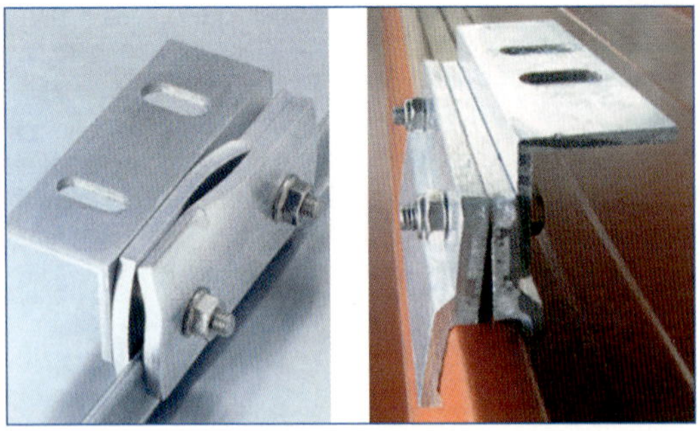

Bild 1: Solarklemmen für Stehfalz- und Winkeldachfalz

Bild 4: Aufständerung über Schienesysteme

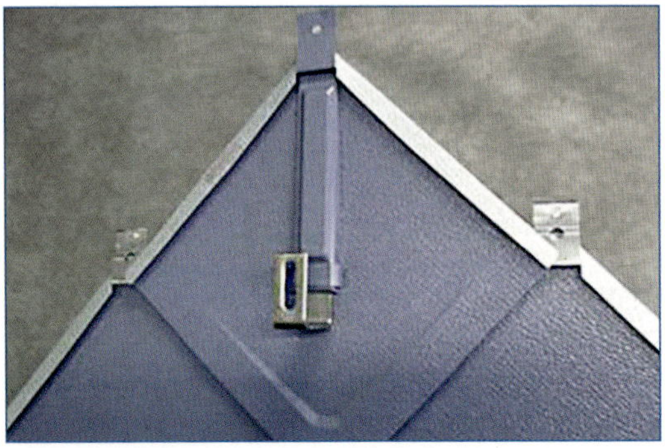

Bild 2: Solarhalter bei Schindeldeckung

Bild 5: Aufständerung am Falzdach

Bild 3: Prefa-Solardach

Bei schlecht ausgerichteter oder zu flacher Dachneigung müssen die Solarpaneele mit ca. 30° südwärts aufgeständert werden. Dies führt zu erheblichen Windlasten; Schneeverwehungen füllten die Taschen und bei klimataischen Lufterwärmungen kann es in diese sogenannten Schneekeile einregnen, was zu einer erheblichen Falzbelastung führen kann. Die Unterkonstruktion muss dann bei einer nachträglichen Solarinstallation vom Statiker nachgerechnet werden. Die DIN EN 1045 – 100 gibt Auskunft über die nicht geringfügig anzusetzenden Schneelasten. Bei einem Dachversagen ist somit der Klempner nicht schuldlos, da er die Vorarbeiten anderer Gewerke zu prüfen hat. Es empfiehlt sich schriftlich Bedenken gegen die Tragfähigkeit des Daches anzumelden und dies mit einer Unterschrift sich bestätigen zu lassen. Ansonsten steht der Klempner voll in Haftung, da er ja einem anderen einen Sach- und gegebenenfalls sogar einen Personenschaden mit grober Fahrlässigkeit zugefügt hat.

Bild 6: Schneetaschenbildung

Die Vollintegrierung der PV-Anlage in das Dach wäre sicher die beste Lösung – es stellen sich aber die folgende Probleme

- UV-beständiges, dichtes Solardach möglichst ohne Kunststoffanteile
- Auswechselbare Module bei Beschädigung
- Kabelführung nicht sichtbar

Bild 1: Solar-Prefa-Platten als Gesamtdach

Bild 2: Nachträgliches Aufkleben von Solarfolien

Bild 3: Unterdach für Solarfläche aus Bemoprofilen

Bild 4: Thermische Solaranlage mit Edelstahlrohren

Aber nicht nur PV-Anlagen haben Zukunft. Herkömmliche thermische Anlagen zur Heizungsunterstützung und auch Luftkollektoranlagen zur Luftvorwärmung oder Klimafassadenbeheizung sind weiterhin Ziele einer effizienten Energieeinsparungspolitik.

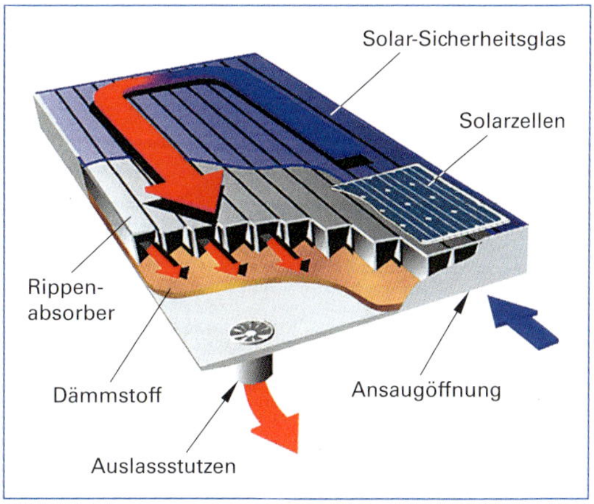

Bild 5: Kombinierter PV mit Luftvorwärmungskollektor

Neu ist auch die energetische Nutzung der Hinterlüftungsluft insbesondere hinter Kupferfassaden. Gerade der Einsatz von Streckmetall (siehe Bild 1, Seite 22) bringt eine immensen Wärmeeintag bei kontrollierter Ablüftung über ein Gebläse. So lassen sich sogar im Winter bei mäßiger Sonneneinstrahlung oder selbst bei diffusem Licht beträchtliche Energiemengen gewinnen. Man sieht, der Klempner kann einen wichtigen Beitrag zur Reduzierung der globalen Erwärmung leisten.

10.5 Vorgefertigte Profile

Große Flächen von Industrie- oder anderen Hallenbauten lassen sich mit industriell rollprofilierten Decksystemen decken, die gleich in der passenden Länge bestellt werden. Sie bieten den Vorteil kürzerer Verlegezeiten und vor allem sind sie selbsttragend. Sie benötigen lediglich Riegel in statisch zu bemessenden Abständen, dazwischen sind sie freitragend.

Bild 1: Profil mit eindrehbarem Haltebügel

Bild 2: Profil mit Vollaluminumhaltern

Die Profile werden „aufgehängt" an systembezogenen Haltern, dazwischen liegt die Dämmung und bei einer belüfteten Konstruktion die Hinterlüftung. Die Deckschale „schwebt" also sozusagen. Für die Berechnung der Schneelasten und der abhebenden Windsogkräfte ist eine Statik erforderlich. Der Verleger bekommt einen Halterplan und verlegt strikt nach Vorgabe. Diese Art zu arbeiten ist dem Klempner noch fremd. Meist sind es spezielle Firmen, die dieses große Randgebiet der Klempnerei abdecken. Fachleute sind immer nötig für die Ausführungen der Anschlüsse oder Dachdurchbrüche. Hier gibt es von den Herstellern vorgefertigte Mustersysteme zum Einbauen, die zugekauft werden können. Somit reduziert sich das klempnertechnisch erforderliche Niveau weiter. Oft verlegen spezielle Arbeitsgruppen die Dächer und Nacharbeiten werden dann von anderen Leuten ausgeführt.

Details werden vor Ort oft WIG-geschweißt, meist mit Zelt oder Schirm, um die Luftbewegung fernzuhalten. Dies erfordert handwerkliches Geschick. Manchmal werden extra Spezialisten für diese Aufgabe geholt. Detailpunkte werden minimiert, da diese sehr teuer sind und optisch meist recht groß ausfallen müssen. Teilweise werden Profilfüller eingesetzt, um die Anschlüsse flugschneedicht zu bekommen.
Nicht selten kommt in der Baupraxis Silikon zum Einsatz.
Ingesamt ist bei solchen Dächern nicht mit so hohen Lebenserwartungen zu rechnen wie bei einem Falzdach. Dies wird aber oft in Kauf genommen – zum Beispiel werden Baumärkte oft nur für einen Nutzungszeitraum von 10 Jahren geplant, da man annimmt, dass sich die Nutzungsgewohnheiten innerhalb dieser Zeit derart ändern, dass ein neuer Markt gebaut wird. Diese Denkweise ist dem Klempner total fremd – er baut für die „Ewigkeit".

Bild 3: Montage über weicher Dämmung

Bild 1: Eingeschweißte Dunstrohre

Dennoch kann auch ein Klempner über die Ausführung solcher Arbeiten mit industriell vorgefertigten Teilen nachdenken. Da es sich oft um sehr große Flächen handelt, ergeben sich auch oft recht gute Verdienstmöglichkeiten. Allerdings braucht man für die Verarbeitung dieser Materialmengen die richtigen Leute und mit dem klassischem Klempnerhandwerk haben solche Arbeiten oft nicht mehr viel zu tun.

Bild 2: Sekurant an Rib-Roof

Der erhebliche Maschineneinsatz für die Verlegung solcher Massen ist für den kleinen Klempner unerreichbar und auch nicht anstrebenswert. Meist haben Hallenbauer Verlegetrupps, teilweise werden Klempner für die schwierigeren Arbeiten am Dachrand herangezogen.

Bild 3: Heben der Profile mit einer Traverse

10.6 Kupfer-Profilbahnen

Auch in Kupfer werden vorprofilierte Bahnen angeboten, die in der gewünschten Länge geliefert werden. Sie werden direkt auf einer Lattung in großem Abstand verlegt und erlauben so kurze Verlegezeiten (Bilder 4 und 5).

Bild 4: Profile beim Aufstellen am First

Bild 5: Halter – die weiche Dämmung wird übersteckt und das Blech „schwimmend" verlegt

Bild 1: Montage von Kupfer-Profilbahnen

Sie werden weniger im großen Industriebau eingesetzt, vielmehr kommen sie in der Flachdachsanierung mit einer aufgeständerten Holzkonstruktion zur Anwendung. Die Dämmung liegt dann auf dem Flachdach – die Entwässerung erfolgt über Attikarinnen.

Fragen zur Vertiefung

1. Warum erfordert die Herstellung eines edelstahlrollnahtgeschweißten Daches erhebliche Vorkenntnisse?
2. Beschreiben Sie den Heliumversuch am rollnahtgeschweißten Dach.
3. Wie werden **Details in Rollnahtschweißung** ausgeführt?
4. Welche Vorteile bieten Aluminiumplatten bei der Dacheindeckung?
5. Warum gehört diese Deckungsart in die Hand des Klempners?
6. Vergleichen Sie die Quick-Step-Dachverlegung mit einer Fassadengestaltung mit Paneelen.
7. Welche **Montagearten** gibt es für Solaranlagen auf Ziegeldächern? Beschreiben Sie Vor- und Nachteile.
8. Wie können Solarkollektoren herkömmlicher Bauart auf **Falzdächern** montiert werden?
9. Welche Probleme ergeben sich bei **Scharblechen mit aufgebrachten Solarzellen?**

Bild 2: Bei der Gratausführung am TECU-Dach

10. Welcher **Einbau** eines kaltgewalzten Profiles ermöglicht die Herstellung eines Kaltdachaufbaues?

11 Blitzschutz

11.1 Grundlagen der Blitzentstehung

Im Jahre 1752 erfand Benjamin Franklin das Prinzip des Blitzableiters. Dass der Blitz eine rein elektrische Erscheinung ist, war schon hinreichend bekannt. Die Idee des Blitzableiters ist es nun, den Blitz nicht, wie zuvor oft versucht, abzuwehren, sondern ihn einzufangen, abzuleiten und zu erden. Damit sind die Hauptbestandteile einer Blitzschutzanlage schon genannt.

Eine äußere Blitzschutzanlage besteht aus:

- **Fangeinrichtung,**
- **Ableitungseinrichtung,**
- **Erdungsanlage.**

Bild 1: Elektrische Entladung von Wolken

Der Blitz ist eine atmosphärische, elektrische Stoßentladung innerhalb der Gewitterwolken oder zwischen Wolke und Erde mit Spannungen von 500 000 bis 1 Million Volt. Dabei fließen starke Ströme mit 1 000 bis 400 000 Ampere. Innerhalb des Blitzkanals erhitzt sich die Luft auf etwa 25 000 °C, durch ihre schlagartige Ausdehnung wird dabei das Geräusch des Donners erzeugt. Überschlägig kann man aus dem Zeitunterschied zwischen dem Blitz und dem Hören des Donners die Entfernung des Blitzeinschlages bestimmen, denn der Schall benötigt in Luft für einen Kilometer rund drei Sekunden.

Ein Blitz entsteht, wenn eine über Luftreibung aufgeladene Wolke das Land überstreift und sich dabei weiter auflädt. Findet sie eine Stelle mit geringerem Widerstand (nasser Baum, Hochspannungsleitung, Kirchturm, Blitzschutzanlage), „schlägt sie durch“ und entlädt sich zur Erde hin.

11.2 Notwendigkeit gezielter Blitzschutzmaßnahmen

Der direkte Kontakt mit einem Blitzstrom ist für Menschen und Tiere meistens tödlich. Wenn der Blitzstrom durch Metalle eines Gebäudes fließt, erhitzen sich diese bis zum Glühen, können schmelzen oder sogar verdampfen und dabei einen Brand auslösen. Feuchte Steine und Holz werden vom Blitz gespalten, weil sie der explosionsartig entstehende Wasserdampf sprengt. Früher beschränkte sich der Blitzschutz im Wesentlichen auf den Personenschutz und auf den Schutz der Gebäude vor mechanischer Zerstörung und Bränden. Hierin besteht die Aufgabe aller Einrichtungen des **äußeren Blitzschutzes** einer baulichen Anlage. Es kommt darauf an, den Blitz gezielt einzufangen und ihn auf gefahrlosem Wege schnell zur Erde abzuleiten.

Bild 2: Blitzeinschlag in ein geschütztes Wohnhaus

Da die Gebäude heute in zunehmendem Maße elektrische und elektronische Geräte und Anlagen enthalten, gewinnen die Maßnahmen zum **inneren Blitzschutz** immer mehr an Bedeutung. Auch bei Blitzeinschlägen in der näheren und weiteren Umgebung des Gebäudes führen die elektromagnetischen Felder des Blitzstromes zu kurzzeitigen Überspannungen in metallischen Installationen und elektrischen Anlagen, wodurch empfindliche Geräte beschädigt oder zerstört werden können. Auswahl und Einbau der geeigneten Schutzmaßnahmen zum inneren Blitzschutz ist in erster Linie eine Angelegenheit für Elektrofachleute.

Aber auch dem Klempner- und Dachdeckerhandwerk ist die Errichtung von Blitzschutzanlagen gewerberechtlich zugeordnet. Sie befassen sich hauptsächlich mit der Ausführung des äußeren Blitzschutzes.

Bild 1: Ungeschützter und geschützter Stromverteilerkasten

Je nach dem Gefährdungspotenzial kann für ein Gebäude nach DIN V VDE V 0185-2 die Risikoabschätzung nach einer Formel erfolgen. Die Einteilung ist äußerst kompliziert und in den Landesbauordnungen unterschiedlich geregelt.

Faktoren sind:

- regionale Häufigkeit von Blitzeinschlägen pro km^2
- bauliche Anlagen, die die Umgebung wesentlich überragen (Türme, hohe Schornsteine, Hochhäuser, Baukräne) bezüglich Schadenswahrscheinlichkeit,
- bauliche Anlagen, in denen sich viele Menschen versammeln (Schulen, Krankenhäuser, Kirchen, Kinos, Theater, Bahnhöfe, Sporthallen, Warenhäuser),
- bauliche Anlagen, in denen brand- oder explosionsgefährdete Stoffe gelagert oder verarbeitet werden (Farbenfabriken, Treibstofflager, Gasbehälter, Mühlenbetriebe, Munitionslager, Gebäude mit weicher Bedachung),
- besonders schutzwürdige bauliche Anlagen (Museen, wertvolle Archive, Gebäude unter Denkmalschutz) bezüglich Schadensfaktor.

Ziel ist das Definieren einer Schutzklasse I-IV. Ist diese nicht in der Ausschreibung vorgegeben, kommt Schutzklasse III zur Anwendung.

11.3 Fangeinrichtungen

Fangeinrichtungen sind alle metallischen Teile und Leitungen auf dem Dach. Früher meinte man, dem Blitz etwas besonders wertvolles anbieten zu müssen, wie goldene Blitzschutzkugeln oder versilberte Drahtrechen. Heute weiß man: Es kommt nur auf deren Möglichkeit zur Aufnahme elektrischer Ladung (Erdung) an. Fangeinrichtungen werden in Form von Fangspitzen, Fangstangen und Fangleitungen auf dem Gebäude an den vom Blitz bevorzugten Einschlagstellen angebracht: First, Ortgang, Traufe, Grat, Giebelspitzen, Schornsteine und andere herausragende Dachaufbauten sind besonders einschlaggefährdet. Wenn die Fangeinrichtungen das Dach netzartig mit Maschenweiten überziehen, schützen sie das Gebäude nach Art eines **Faraday'schen Käfigs**.

Tabelle 1: Maschenweite

Schutzklasse	I	II	III	IV
Maschenweite	5x5 m	10x10 m	15x15 m	20x20 m

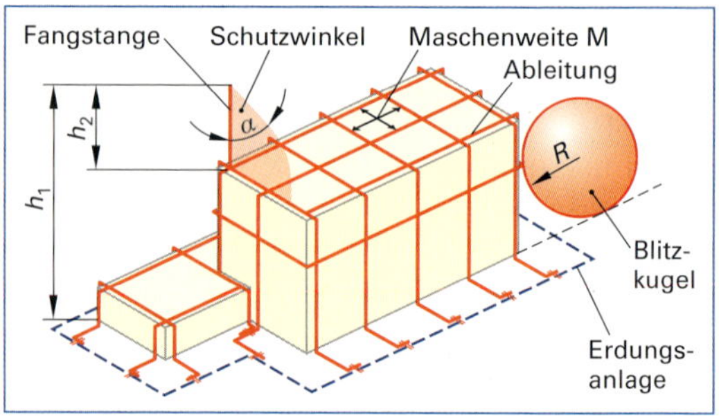

Bild 2: Blitzschutzkugelmodel

Die Größe der Maschen kann mit einer „Blitzkugel" überprüft werden: Wo die Kugel nicht hindurchpasst, wird auch die Masche nicht vom Blitz durchschlagen (Bild 2, Seite 270).

Die Fangleitungen werden blank verlegt. Farbanstriche oder Kunststoffbeschichtungen der Fangleitungen gelten als blank. Sie schmelzen aber bei einem Blitzeinschlag weg und sollten darum vermieden werden.

Fangmaschen am Flachdach

Die häufigste Art der Fangeinrichtung ist eine mit Blitzschutzdraht ausgelegte Masche. Sie kann durch andere Bauteile geschlossen werden, soll aber das Haus komplett umschließen, so dass es sich beim Einschlag gleichmäßig auf- und ablädt, ohne dass gefährliche Spannungsunterschiede zu anderen Bauteilen auftreten.

Bild 1: Fangmasche 10 m x 20 m an einem begrünten Dach

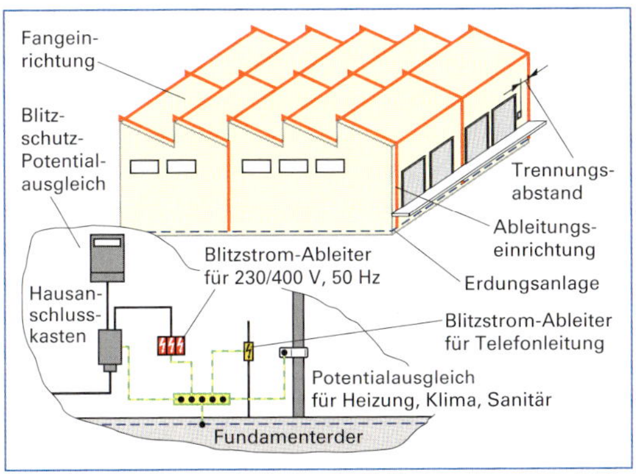

Bild 2: Fangmaschenanordnung an einem Sheddach und Potenzialausgleich aller Rohre

Fangmaschen werden mit Flachdachhaltern eingekiest, Durchschraubungen am Flachdach würden undicht werden. Der Draht wird zuvor in einer Walzenrichtmaschine gerichtet. Ist sie nicht verfügbar, wird eine Bohrmaschine an den abgelängten Draht angeschlossen, das andere Ende irgendwo befestigt (Schachtdeckel, Baum, Autostoßstange) und nach wenigen Umdrehungen ist der Draht ebenfalls gerade.

Bild 3: Fangmasche mit Einzelsicherung einer Lichtkuppel

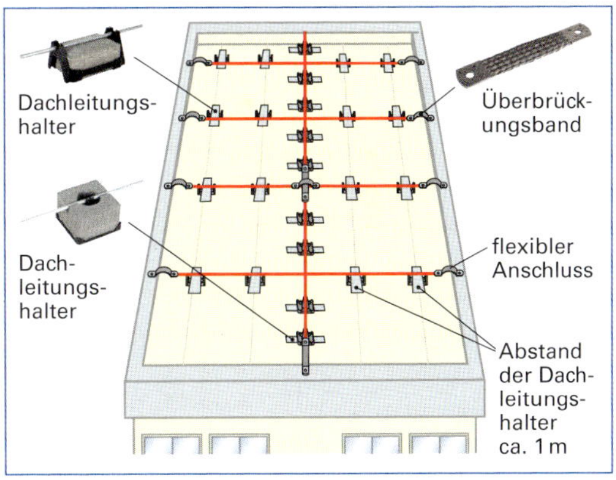

Bild 4: Seitliches Schließen der Maschen durch die Attika

Wegen der Längendehnungen empfiehlt es sich, den seitlichen Anschluss mit Dehnbändern (flexible Edelstahlgewebe) auszuführen. Oft reicht aber auch das Hochführen zur Attika (Herstellen eines Biegeschenkels) als Dehnmöglichkeit aus (Bild 4). Hier wird mit einer Blechschelle angeschlossen. Es ist darauf zu achten, dass die Attika nach einem Blitzeinschlag Ausbrandstellen und Blechverschweißungen aufweisen kann, wenn kein Überbrückungsband eingesetzt wird (Bild 2). Klemmt der Klempner unachtsam den Blitzschutz an seine Abdeckung an, ist er als letztes Gewerk am Dach voll haftbar für ausgebrannte Nähte seiner Abdeckung. Deshalb wird oft darauf verzichtet, die Maschen durch die Attika zu schließen und doch ein durchgängiger Draht seitlich an der Abdeckung herumgeführt.

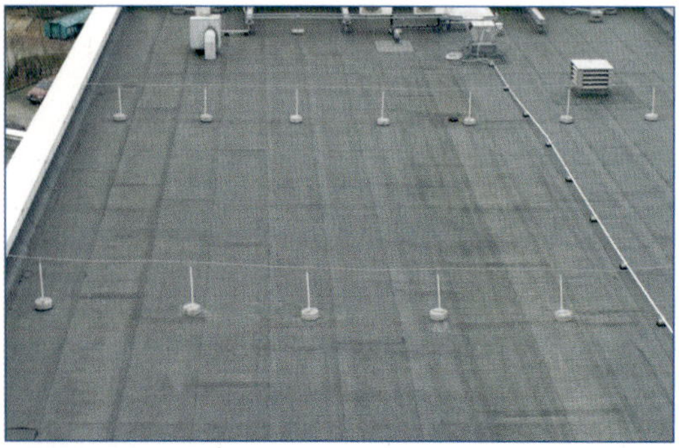

Bild 1: Attika als Fangmasche einbezogen

Bild 2: Überbrückungsband

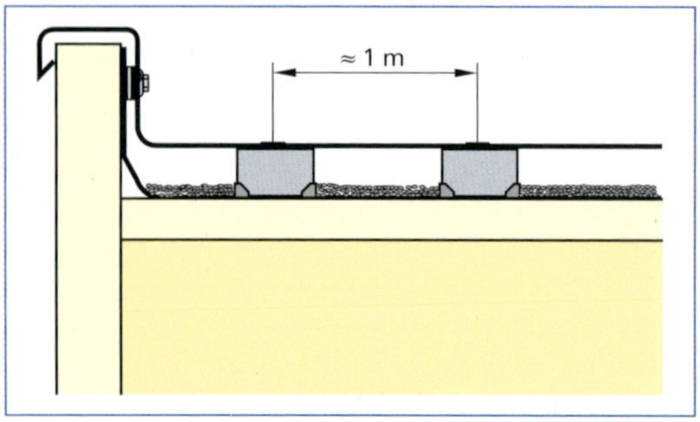

Bild 3: Halterabstand 1 m auf dem Flachdach

Fangmaschen am Ziegeldach

Beim Ziegeldach wird auf die natürlichen Gebäudekanten First, Ortgang, Grat und Traufe eine Randeinfassung aufgebaut. Im Rahmen der Schutzklassen I bis IV sind dann je nach vorgeschriebenem Abstand Mitteldrähte dazwischenzuschalten.

Bild 4: Gebäudekantenschutz mit Ortgangdraht

Bild 5: Gratklemme mit Fangdraht

Bild 6: Schließen einer Masche mit einem Mitteldraht

Waagrechte Drähte am Ziegeldach sind zu vermeiden, da sich hier leicht Schnee, Vogelkot oder Laub und Nadeln ansammeln.

Bild 1: Rinne und Schneefang sind in die Masche mit einzubeziehen

Sind in der Rinne mehrere Dilatationsstreifen vorgesehen, sind sie zu überbrücken, da sie einem Blitz-Stromstoß nicht standhalten.

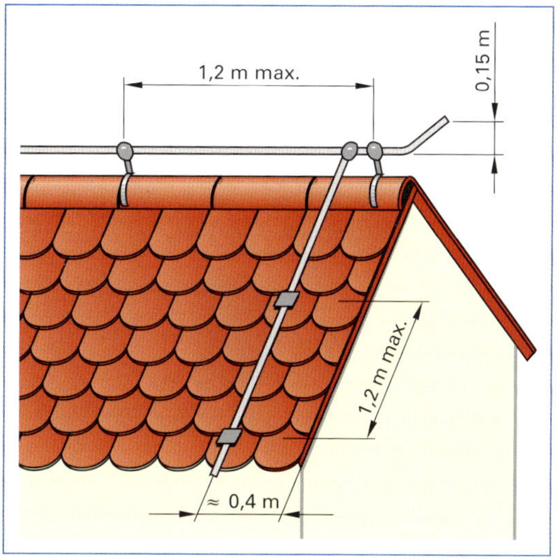

Bild 3: Erforderliche Abstände der Drahtklemmenhalter

Die Halter sind zur Vorbeugung gegen Deformationen und für einen geradlinigen Verlauf in engen Abständen zu setzen. Das Problem der Kontaktkorrosion zu anderen Metallen wird meist durch Einsatz von Edelstahlschellen gelöst. Bei Kupfer bieten sich Vollkupferschellen an, bei verzinktem Draht sind teilweise noch feuerverzinkte Schellen einsetzbar.

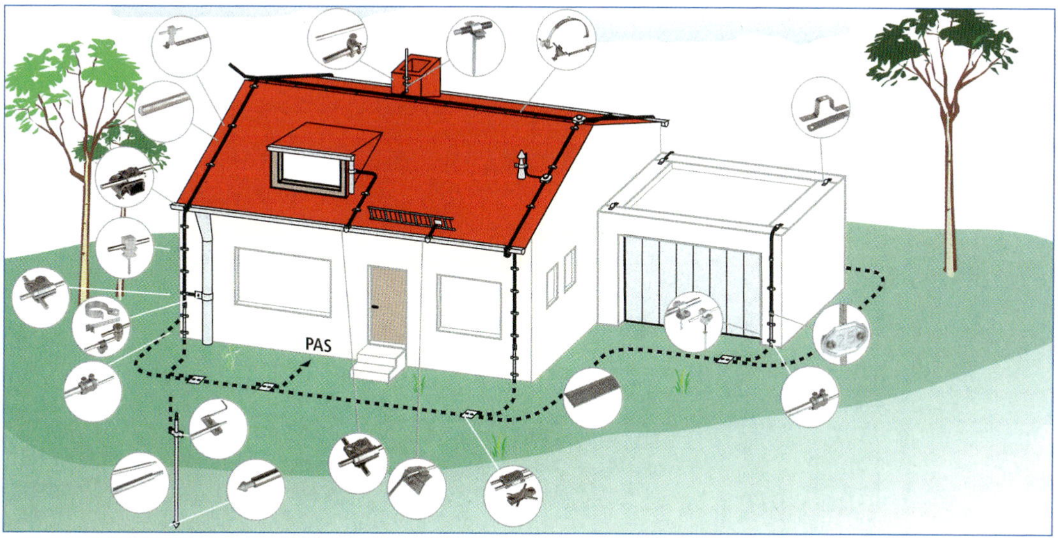

Bild 2: Erforderliche Klemmen an einem Blitzschutzsystem am Einfamilienhaus

Isolierte Fangeinrichtung

Beim Blitzeinschlag werden die Drähte bis kurz vor ihrem Schmelzpunkt erhitzt, sie können Brände zünden. Nasse Schellen werden durch Verdunstung des Wassers explosionsartig aus den Wänden geschlagen. Deshalb muss bei brandempfindlichen Bauten mit Reetdeckung, Holzschindeln oder Bitumenschindeln eine isolierte Fangeinrichtung aufgebracht werden (Bild 1).

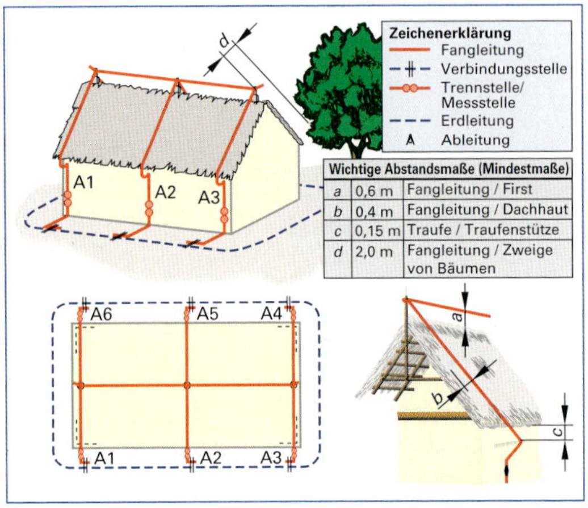

Bild 1: Isolierte (abgeständerte) Fangeinrichtung

Bild 2: Blitzschutz am Reetdach

Bei aufwendigen Metallkonstruktionen, deren Stromfluss nicht besonders beachtet wurde, kommen zunehmend ebenfalls isolierte Fangeinrichtungen zur Ausführung. Dies ist kostengünstiger und sicherer, als ausgebrannte Bohrschrauben oder andere Verbindungsstellen nach einem Einschlag nachzuprüfen.

Bild 3: Isolierte Fangeinrichtung an einer Sinuswellenfassade

Fangstangen

Fangstangen können als Fähnchen aus Standarddraht bis 30 cm Länge, aus dickwandigen Rohrmaterialien oder als speziell angefertigtes Fangstangensystem ausgeführt werden.

Bei Gebäuden mit einer Gesamthöhe einschließlich Blitzschutzanlage bis 20 m, kann das **Prinzip Schutzraum** angewandt werden (Bild 4).

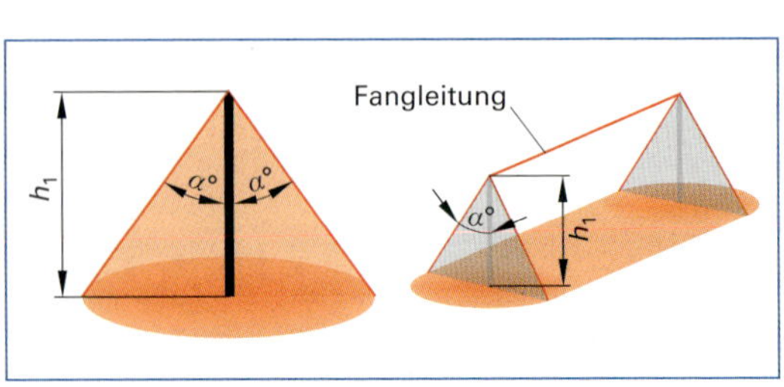

Bild 4: Schutzraumprinzip α = 45°-Kegel

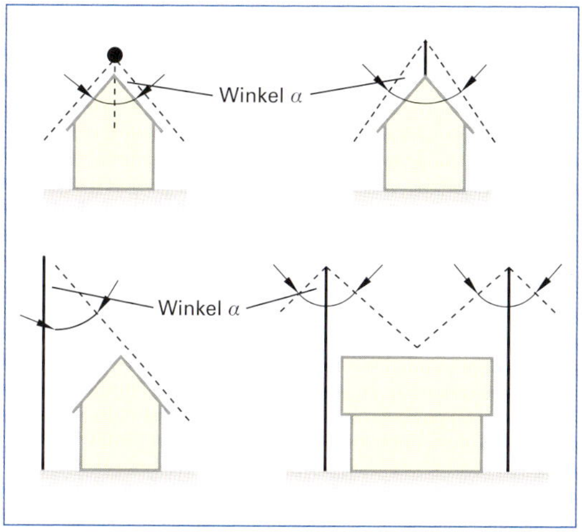

Bild 1: Anwendung des Schutzraumprinzips

Dieses Prinzip beruht darauf, dass unterhalb einer Fangleitung oder Fangstange im Neigungswinkel von 45° ein blitzgeschützter Raum entsteht. Niedrigere Gebäude sind damit geschützt.

An Gebäuden mit mehr als 20 m Höhe besteht die Gefahr, dass der Schutzraum von seitlichen Blitzeinschlägen getroffen wird. Deshalb werden zusätzlich waagerechte Fangleitungen in Abständen von maximal 10 m angebracht. Als Befestigungsgrundlage bieten sich umlaufende Gebäudesimse, Auskragungen oder sogar Werbeschilder an.

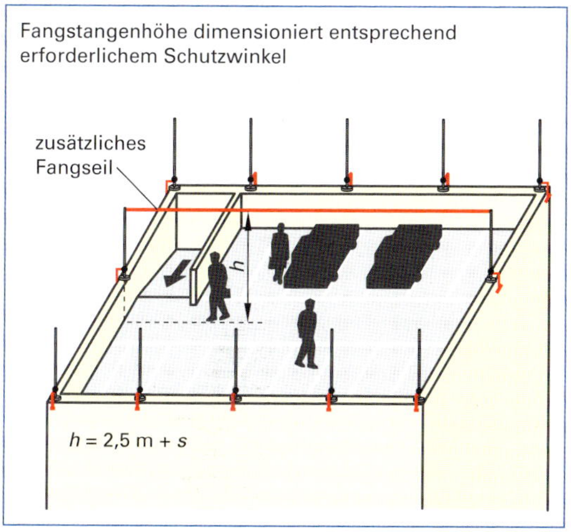

Bild 2: Fangeinrichtung über Stangen an einem Parkhaus

Setzt man die Ableitungen enger als mit den erforderlichen 10 m Abstand, können sie auch als Fangeinrichtung einer Fassade fungieren.

Bild 3: Stange-Draht-Fangeinrichtung an einem Maschinenteil

Bild 4: Fangstange zum Schutz einer Solaranlage

Fangstangen müssen das zu schützende Gebäudeteil um die Strecke senkrecht überragen, die waagrecht zwischen ihnen und der am weitesten entfernten Ecke des Gebäudes liegt.

Dies kann mitunter recht hohe Stangen erforderlich machen. Es empfiehlt sich daher, für größere Gebäudeteile mehrere Stangen zu stellen.

Bild 1: Einsatz von zwei Fangstangen für lange Dachlichtkuppeln

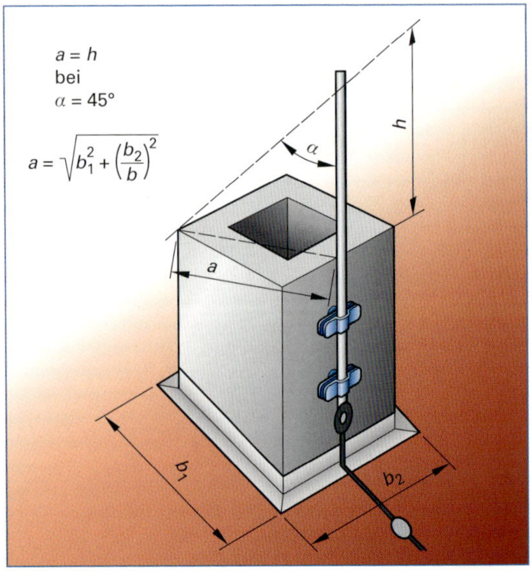

Bild 4: Ermittlung der Höhe einer Fangstange durch den waagrechten Abstand

Bild 2: Einsatz einer Fangstange für ein Blechbauteil – es soll bei einem Einschlag nicht beschädigt werden

Bild 3: Einsatz einer Fangstange für ein Kunststofflüftungsrohr – es kann durch Nässe leitend werden

Bild 5: Kamin abgesichert durch eine Fangstange

Kamine können unterschiedlich gesichert werden:

- Stellen von Stangen
- Anklemmen der Kaminabdeckung
- Überbrückung des Mantels oben zur Abdeckung und ebenso unten zum Metalldach

Einbeziehung von Metallbauteilen

Metallbedachungen, Dachkantenprofile, Abdeckungen von Brüstungen und ähnliche Metalleinfassungen können als Fangeinrichtung genutzt werden, wenn sie elektrisch leitend verbunden sind und 0,5 mm Mindestdicke aufweisen.

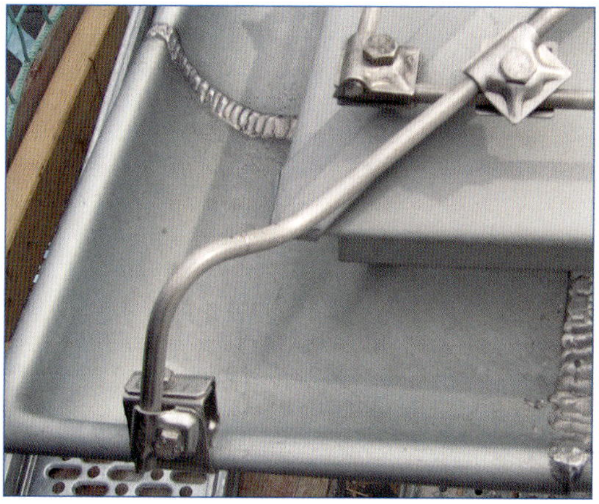

Bild 1: Anschluss von Rinne und Dach

Metallbauteile sind nicht schon dadurch ausreichend stromleitend, dass sie sich nur berühren. Es bedarf für die immensen Ströme ausreichend Berührungsfläche oder Anpressdruck. Als zuverlässige Verbindungen gelten metallene Überbrückungen, Klemmprofile, Falze, Nietungen und Überlappungen von mindestens 100 mm Breite. Oft verzichtet man auf die Überleitung, da Blitzeinschläge dann erhebliche Schäden verursachen können, und verlegt parallel einen Draht.

Auf einem Dach mit Blitzschutzanlage müssen Aufbauten aus Metall, die keine Verbindung zu geerdeten Bauteilen haben, nicht an die Fangeinrichtung angeschlossen werden, wenn sie jede der folgenden vier Bedingungen erfüllen:

- Sie ragen nicht höher als 0,3 m aus der Maschenebene oder dem Schutzbereich heraus,
- sie liegen mindestens 0,5 m von einer Fang- oder Ableitung entfernt (Näherung),
- sie sind nicht länger als 2,0 m,
- sie umschließen höchstens eine Fläche von 1,0 m^2 (z. B. Fenstereinfassungen).

Bild 2: Falzklemmen überbrücken alle Metallteile

Blechbauteile sind nicht anzuschließen, wenn die Bauteile im Schutzbereich einer Stange liegen oder wenn sie weniger als 0,3 m aus der Maschenebene oder dem Schutzbereich herausragen. Dies gilt auch für Bleche, in die Drähte direkt eingelegt sind – sie brauchen nicht unbedingt eine Klemme, da sie einen höheren Widerstand als der Draht haben, sodass eher der in unmittelbarer Nähe liegende Draht durchflossen wird.

Andernfalls müssen alle Bleche, die dem Blitz genügend „Ladungsaufnahme“ vortäuschen, durch eine Fangstange geschützt oder besser an die Masche angeschlossen werden. Verheerend wäre ein Blitzeinschlag ohne angemessene Ableitung. Dann wäre der ganze restliche Blitzschutz umsonst gewesen.

Metalldächer und Fassaden

Ein wesentlicher Vorteil der Metalleindeckung ist ihre Blitzsicherheit bei Dicken größer als 0,5 mm. Diese Sicherungsart wird bei Stahl und Kupfer, größer als 0,65 mm bei Aluminium und größer als 0,7 mm bei Titanzink angewendet. Bei diesen Dicken ist das Bauwerk geschützt, es können aber Durchlöcherungen, Farbveränderungen und Abschmelzungen stattfinden. Sehr oft wird dies bei Rechenzentren, Bahnschalthäuschen und bei Hallen für die Lagerung explosiver Stoffe ausgeführt.

Edelstahleindeckungen bieten diesen Vorteil nicht, da die entstehende Korrosionsschicht in den Falzen nicht leitend ist – hier ist auf dem Edelstahldach die übliche Fangeinrichtung mit Drähten auszuführen.

Soll das Dach wartungsfrei sein, wird dies auch auf anderen Metallen ausgeführt.

Da die Übergänge von Dach zu Fassade oder von Dach zu Rinne meist nicht die erforderlichen 10 cm Kontaktfläche aufweisen können und außerdem kein Risiko in diesen Dehnbereichen bestehen soll (Verschweißungen im Einschlagsfall), werden hier Brücken gesetzt (Bild 1).

Bild 1: Kontaktbrücke von Aufbau zu Dach

Die Schellen sind mindestens 40 mm vom Rand zu setzen, sodass der Strom allseitig zufließen kann. Sonst besteht die Gefahr des Ausbrennens der Klemmen, was beim Einschlag eines weiteren Blitzes dann zum Versagen der Anlage führen kann, ganz abgesehen von den entstehenden Undichtheiten.

Bild 2: Klemmenanschluss für Firsthaube

Bild 3: Falzklemmenanschlüsse müssen 40 cm vom Rand entfernt sein

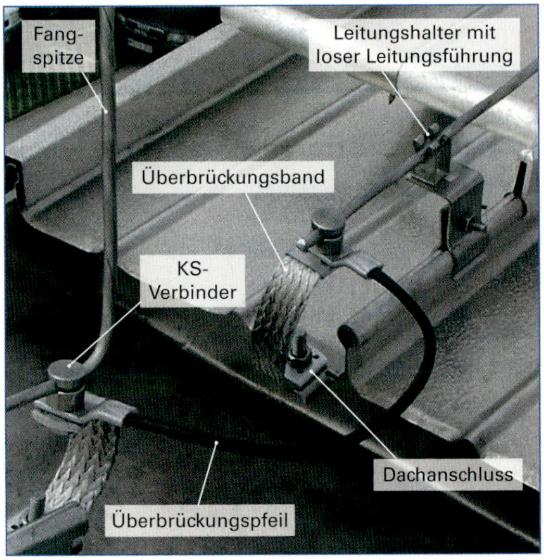

Bild 4: Falzklemmensatz bei der Überbrückung einer innenliegenden Rinne

Erforderliche Querschnitte und Durchmesser

Fang- und Ableitungsdrähte müssen die in Tabelle 1 angegebenen Dicken haben, um die Blitzströme sicher ableiten zu können.

Tabelle 1: Mindestdicken für Fangdrähte	
Kupfer	Draht 8 mm oder Band 50 mm^2
Verzinkter Stahl	Draht 8 mm oder Band 50 mm^2
Aluminium	Draht 8 mm oder Band 70 mm^2
Edelstahl	Draht 10 mm oder Band 60 mm^2
Al-Legierung	Draht 8 mm oder Band 60 mm^2

11.4 Ableitungseinrichtungen

Drahtableitungen

Drahtableitungen führen die von den Fangeinrichtungen aufgenommenen Blitzströme auf dem kürzesten Weg zur Erdungseinrichtung. Sie sollen durchgehend in einem Stück verlegt werden. Sie können freiliegen, dürfen aber auch in Fugen, Schlitzen und Beton verlegt sein. Von Fenstern, Türen und anderen Öffnungen sollen sie einen Abstand von mindestens 0,5 m haben. Die Anzahl der Ableitungen richtet sich nach dem Gebäudeumfang. Jede Fangstange erhält mindestens eine Ableitung.

Tabelle 1: Ableiterabstand an der Fassade				
Schutzklasse	I	II	III	IV
Abstand *a*	10 m	10 m	15 m	20 m

Formel 1

$$N = \frac{U}{a}$$

U: waagrechter Gebäudeumfang
N: Ableiterzahl, die gerundet die erforderliche Anzahl der Ableitungen angibt
a: Abstand nach Tabelle 1

Bei **symmetrischen Gebäuden** darf abgerundet werden, wenn die Nachkommastellen von *N* kleiner als 0,5 sind. Die Symmetrie ist für die gleichmäßige Aufladung des Gebäudes wichtiger als die Erhöhung der Ableiterzahl.

Bei **unsymmetrischen Gebäuden** ist bei Nachkommastellen größer als 0,1 auf die höhere Anzahl aufzurunden.

Tabelle 2: Anzahl der Ableiter bei Schutzklasse IV

Umfang der Dachaußenkanten	Anzahl der Ableitungen bei: Symmetr. Gebäude	Unsymmetr. Gebäude	Gebäude bis max. 12 m Breite oder Länge
	oder		max. 12 m
... 20 m	1	1	1
21 ... 49 m	2	2	2
50 ... 69 m	4	3	2
70 ... 89 m	4	4	4
90 ... 109 m	6	5	4
110 ... 129 m	6	6	6
130 ... 149 m	8	7	6

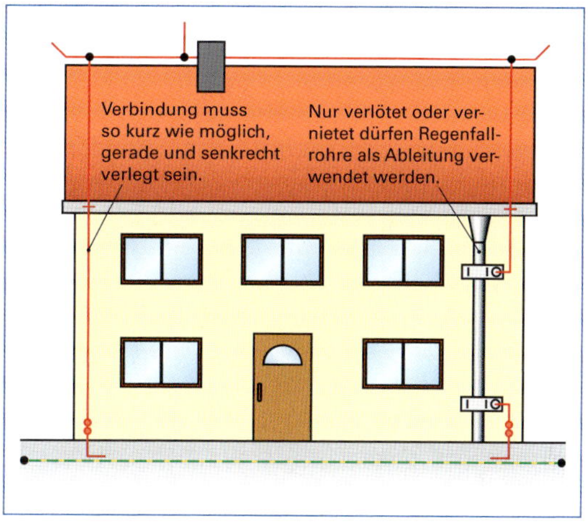

Bild 1: Regenrohr als ganzer oder „halber" Ableiter

Regenfallrohre sind als Kantenschutz unbedingt in den Blitzschutz einzubeziehen. Oft werden sie nur als Drahthalter „missbraucht", da dann der Draht nicht störend angebohrt werden muss. Regenfallrohre zählen als volle Ableiter, wenn sie genietet, gelötet oder mindestens 10 cm tief gesteckt sind (Bild 2). Da diese Verarbeitung den Klempnerfachregeln widerspricht, weil dann Dehnungen nicht ausgeglichen werden können, wird häufig darauf verzichtet, Fallrohre entsprechend einzubeziehen. Auch hier treten bei Blitzeinschlag Zerstörungen der Rohre auf.

Regenrohre dürfen aber generell als „halbe" Ableiter eingesetzt werden. Von ihnen muss die doppelte Anzahl im Vergleich zu Drahtableitern angebracht werden (Bild 1).

Bild 2: Fallrohr als voller Ableiter eingesetzt

Bei Blitzeinschlägen können Regenfallrohre aufplatzen, aufschmelzen oder örtlich verdampfen oder aber sie verschweißen sich miteinander und sind dann unbrauchbar, was den Dehnungsausgleich betrifft. Dies führt dann im Laufe der Jahre zu anderen Schäden wie Rissen. Der Blitz wurde dann zwar einmal sicher abgeleitet, der gesamte Bau müsste aber danach auf Schäden überprüft werden.

Bild 1: **Regenfallrohr als Trennstelle**

Bild 2: Regenfallrohr mit Klemme angeschlossen oberhalb der Naht, um Stromdurchgang dort zu verhindern

Die Montagemaße der Schellen für Drahtableitungen sind dem Bild 3 zu entnehmen.

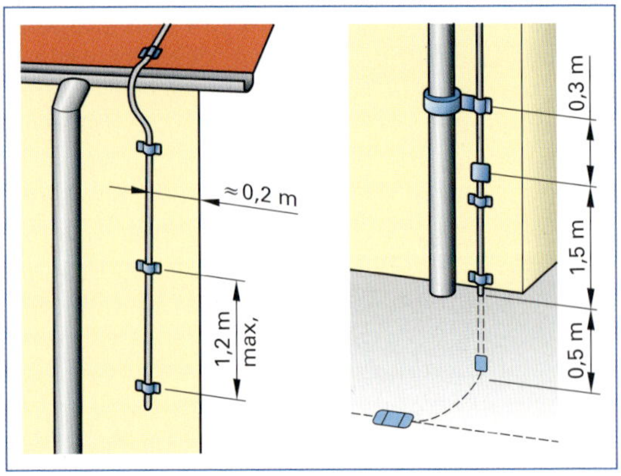

Bild 3: Abstandsmaße bei Wandhaltern

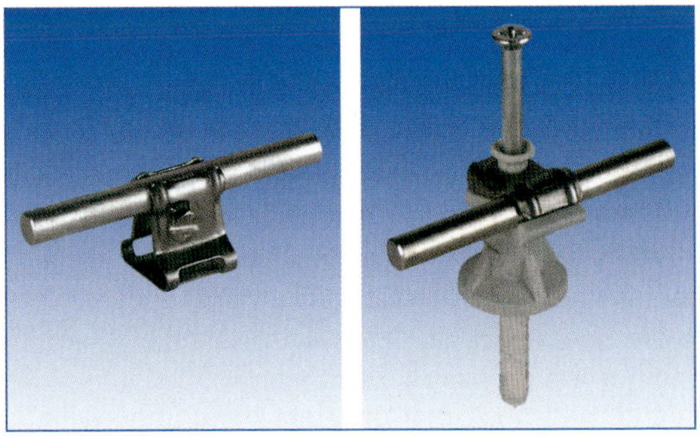

Bild 4: Wandschellen

Große Metallteile am Gebäude können zur Blitzableitung mitgenutzt werden, wenn sie elektrisch leitende Verbindungsstellen und ausreichenden Querschnitt besitzen.

Hierzu kommen beispielsweise in Betracht:

- Stahlarmierungen in Betonbauten,
- Stahlskelette,
- Feuerleitern, Aufzugsschienen,
- Metallfassadenbekleidungen,
- metallene Regenfallleitungen (wie oben behandelt).

Falzfassaden können als Ableitungen eingesetzt werden. Unten ist dann mit Falzklemmen an die Erdungsfahnen anzuschließen. Dies ist also der einfachste Blitzschutz überhaupt: einfach in den vorgegebenen Abständen anklemmen und erden.

Kirchtürme

Bei Gebäudehöhen über 20 m sind mindestens zwei Ableitungen erforderlich. Sie dienen dem Kantenschutz und werden erforderlich als zusätzliche Fangeinrichtung, wenn der Blitz z. B. den Turm unterschlägt.

Bild 1: Ableiter an einem hohen Kirchturm

Trennstellen

Der Übergang zwischen Fundamenten und Ableitungseinrichtung muss durch eine Trennstelle erfolgen.

Bild 2: Trennstelle mit Ableiternummer

Die Ablösung ist zur Messung des Erdausbreitungswiderstandes und zur Außerbetriebnahme der Anlage bei Wartungsarbeiten oder bei schlechten Messergebnissen erforderlich. Grundsätzlich ist gar keine Blitzschutzanlage besser als eine schlechte, die Blitzeinschläge zuvor begünstigt, aber nicht sicher ableiten kann.

Die zweite Aufgabe der Trennstellen ist die Verhinderung von Korrosion zwischen der oberirdischen und der unterirdischen Anlage. Selbst wenn die beiden Teile der Anlage aus dem gleichen Material bestehen, sind sie unterschiedlich bewittert, was zu einem elektrochemischen Spannungsunterschied von bis zu einem Volt führen kann. Dies kann die Erdungsanlage unsichtbar für den Kunden auflösen! Diese Tatsache kann bei Messungen immer wieder festgestellt werden. Früher wurde ein Bleiblättchen zwischengelegt, um diesen Kriechstrom zu verhindern.

Bild 3: Trennstelle mit Übergang Band auf Rundmaterial

11.5 Erdungsanlagen

Für jede Blitzschutzanlage wird eine eigene Erdung gefordert, die den Blitzstrom gefahrlos in das Erdreich einleitet. Als Werkstoff wird hauptsächlich feuerverzinkter Stahl verwendet, der in fast allen Bodenarten korrosionsbeständig ist und auch in Beton eingebettet werden kann.

Fundamenterder werden aus einbetoniertem Flachstahl mit korrosionsgeschützten Anschlussfahnen für die einzelnen Ableitungen und den Anschluss des Blitzschutz-Potenzialausgleichs hergestellt. In Neubauten mit Streifenfundamenten ist der Fundamenterder die Regelausführung. Sie wird vom Maurer und Betonbauer mit eingelegt.

Bild 1: Fundamenterder mit Keilschloss

Bild 2: Fundamenterder mit herausstehender Anschlussfahne

Ringerder werden als möglichst geschlossener Ring um das Außenfundament in etwa 1,0 m Abstand und mindestens 0,5 m Tiefe eingegraben.

Bild 3: Ringerder, in der Baugrube zugeschüttet und verdichtet eingebaut

Gabelerder müssen für jede Ableitung als Oberflächenerder mit 1 m Tiefe und ca. 20 m Gesamtlänge je nach Bodenart eingegraben werden.

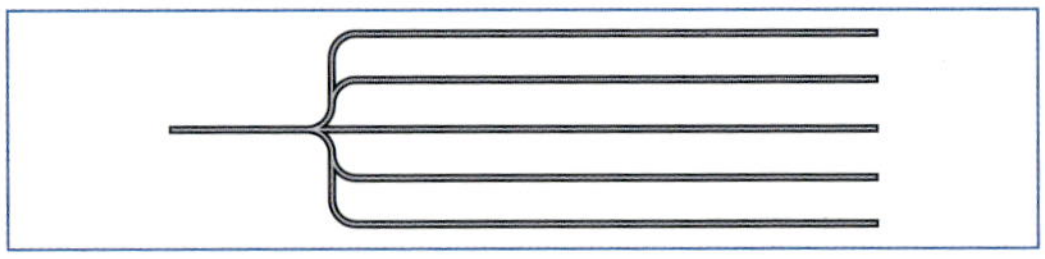

Bild 4: Gabelerder

Tiefenerder von ca. 9,0 m Länge werden in etwa 1,0 m Abstand vom Gebäudefundament eingetrieben.

Bild 5: Beim Eintreiben eines Tiefenerders

Wird das Grundwasser erreicht, ist der erforderliche Ausbreitungswiderstand erreicht. Für alle Erdungsmaßnahmen gilt, dass ihre Qualität erst nach dem Einbau durch eine Messung festgestellt werden kann.

11.6 Messung der Erdungsanlage

Für die Überprüfung wird eine ober- und eine unterirdische Messung vorgenommen.

Der Erdausbreitungswiderstand der Anlage wird durch Messung mit einem geeichten Ohmmeter bestimmt. Die Geräte sind bei den gängigen Metallzulieferanten auf Mietbasis erhältlich. Fremdmessungen von speziellen Blitzschutzfirmen sind vor allem bei Wartungsarbeiten üblich. In 15 m bis 20 m Entfernung werden kleine Erdungspieße in den Boden gesteckt und über das Messgerät zum abgeklemmten Fundamenterder geführt. Dieses misst nun den Ausbreitungswiderstand (Bild 1). Vereinfachend kann auch die Trennstelle gelöst werden und der Widerstand zwischen ober- und unterirdischer Anlage gemessen werden, da der nächste Ableiter ja 10 m bis 20 m ebenso in den Boden geht.

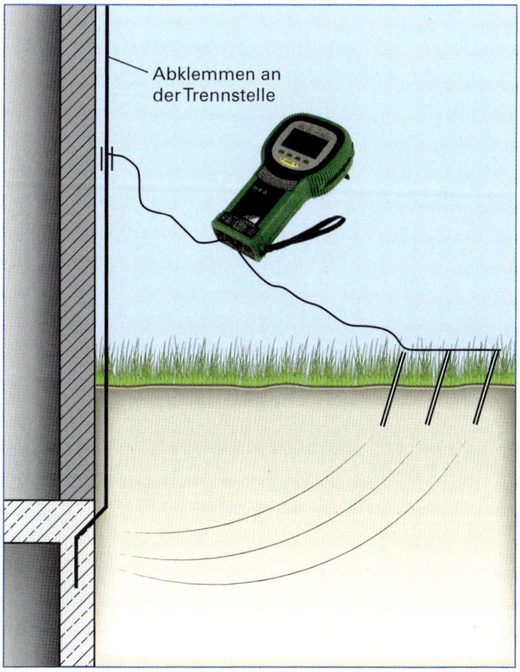

Bild 1: Messverfahren zur Messung des Erdausbreitungswiderstandes

Der oberirdische Anlagenwiderstand wird ebenso bei losgelöster Trennstelle gemessen. Hier wird der Stromfluss von einem der Ableiter über die Kontaktstellen der Fanganlage hin zum nächsten Ableiter geleitet.

Als Anhaltswerte können die Werte in Tabelle 1 herangezogen werden. Zur genauen Überprüfung gibt es ein exaktes Messverfahren mit den richtigen Bemessungsformeln.

Tabelle 1: Anhaltswerte für die Qualität einer Blitzschutzanlage

Messwerte	Bedeutung
< 1 Ohm	Maximalwert für die oberirdische Anlage
< 5 Ohm	Gute Erdungsanlage für 1 Ableiter
< 10 Ohm	mindestens zu erreichender Wert für die zulässige Nutzung des Erders
10 Ohm- 15 Ohm	Nachbesserungen z. B. zusätzliches Eintreiben eines Stabes
> 15 Ohm	Anlage außer Betrieb nehmen – sie stellt eine Gefährdung dar

Die Nachbesserung kann auch mit einer Gießkanne geschehen – im Normalfall regnet es ja auch beim Gewitter. Bei der oberirdischen Anlage können die Schellen gereinigt werden, was eine deutliche Verbesserung des Durchgangswiderstandes bewirkt.

11.7 Blitzschutzsicherung bei Dachreparaturen und Sanierungen

Wenn auf einem Gebäude mit Blitzschutzanlage Dachreparaturen oder Sanierungsarbeiten ausgeführt werden müssen, kann es notwendig sein, einzelne Teile der Fangeinrichtung oder der Ableitungen vorübergehend zu entfernen. Dadurch ist die Sicherheit des Gebäudes gegen Blitzschäden nicht mehr voll gegeben. In dem wohl seltenen Falle eines Blitzeinschlages während der Ausführung haftet dann der Handwerker!

Deshalb darf die Demontage von Teilen der Blitzschutzanlage nur nach Absprache mit den Besitzern des Gebäudes und mit deren Einverständnis erfolgen. Falls empfindliche Einrichtungen des Gebäudes bedroht sind und während der Arbeitsausführung mit Gewittern gerechnet werden muss, ist die Blitzschutzanlage durch Fachkräfte so umzurüsten, dass der vollständige Blitzschutz erhalten bleibt.

Auf jeden Fall muss die Blitzschutzanlage nach Abschluss der Dacharbeiten so hergerichtet werden, dass sie wieder voll funktionsfähig ist. Sollten Blitzschäden eintreten, könnten diejenigen zur Verantwortung gezogen werden, die die Blitzschutzanlage verändert und unwirksam gemacht haben.

Werden zusätzlich Verwahrungen angebracht oder wird eine Teildachfläche (z. B. eine Gaube) nachträglich mit Metall gedeckt oder eine Fassade mit Metall bekleidet, so wirken diese Metallflächen als zusätzliches Ladungspotenzial und erhöhen das Risiko eines Blitzeinschlags. In diesen Fällen ist die Blitzschutzanlage unbedingt zu ergänzen. Das ist bereits bei der Planung des Umbaues zu berücksichtigen, damit ein wirksames und kostengünstiges Schutzsystem ausgewählt werden kann.

11.8 Maßnahmen des inneren Blitzschutzes

Der „innere Blitzschutz" soll schädliche Auswirkungen der elektromagnetischen Felder des Blitzstromes auf metallene Hausinstallationen und elektrische Einrichtungen verhüten. Diese Maßnahmen erfordern spezielle elektrotechnische Kenntnisse. Deshalb ist die Durchführung des inneren Blitzschutzes vor allem eine Aufgabe des Elektrohandwerks.

Kernstück des inneren Blitzschutzes ist der Blitzschutz-Potenzausgleich, der über die geerdete **Potenzialausgleichsschiene** (PAS) alle metallischen Systeme des Gebäudes mit den elektrischen Anlagen und dem äußeren Blitzschutz verbindet.

Der Klempner hat seine frisch montierte Blitzschutzanlage zumindest an diese Schiene anzuschließen. Besser ist es natürlich, er verständigt zusätzlich noch einen Elektriker, der weitere Maßnahmen mit dem Bauherrn abstimmen kann.

Schlägt ein Blitz direkt oder auch nur in der Nähe ein, kommt es unvermeidbar zu einem Spannungsanstieg, der in nicht geschützten Anlagen zur Durchschlägen oder Überschlägen mit Isolationsschäden oder zur Zerstörung elektronischer Geräte führt. Die Empfindlichkeit bzw. elektromagnetische Verträglichkeit der Objekte ist unterschiedlich.

Alle von der Feldseite kommenden Leitungen (Grobschutz) sind in den Blitzschutz-Potenzialausgleich einzubeziehen. Elektroinstallationen und betriebsmäßig spannungsführende Leitungen werden durch **Blitzstromableiter** geschützt, die den auftretenden Spannungsunterschied zwischen den elektrisch leitenden Teilen unter den zulässigen Wert absenken.

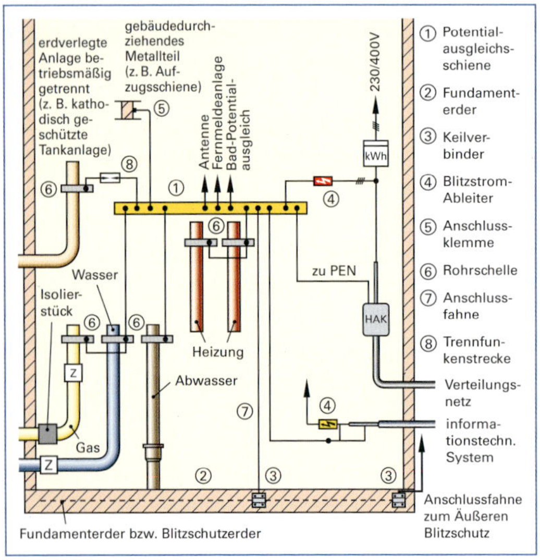

Bild 1: Potenzialausgleich

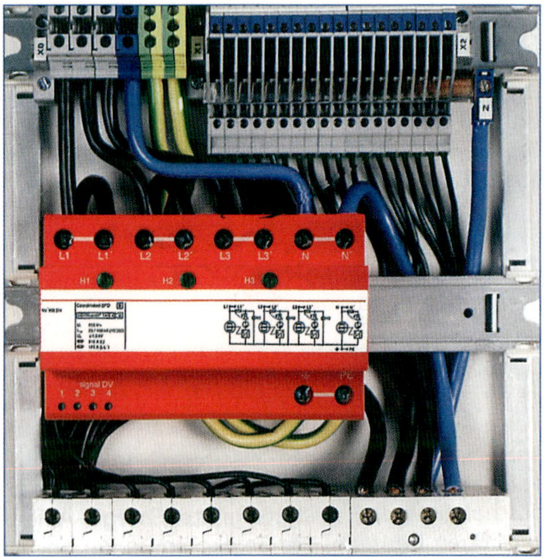

Bild 2: Grob- und Mittelschutz in einem Zählerkasten

Innerhalb der Schutzzonen werden weitere Potenzialausgleiche geschaffen (Mittelschutz) und die zu schützenden Anlageteile erhalten speziell ausgewählte **Überspannungsableiter**. Diese Auswahl kann nur der geschulte Fachmann treffen. Die örtlichen Potenzialausgleichsschienen sind untereinander und mit der Blitzschutz-Potenzialausgleichsschiene verbunden. Mit ihnen kann man auf „Standby" geschaltete Geräte sichern. Ein sicherer Schutz von gerade laufenden Computern bei Blitzeinschlag besteht nur bei direkt vor dem Gerät getroffenen Maßnahmen (Feinfilter).

Bild 1: Feinschutz direkt in der Steckdose vor dem empfindlichen Gerät

Eine fertiggestellte Blitzschutzanlage wird durch Besichtigung und Messung daraufhin überprüft, ob sie den geltenden Normen und den Schutzansprüchen genügt. Das Ergebnis wird in einem Prüfbericht festgehalten, den der Auftraggeber erhält. Auch bestehende Blitzschutzanlagen werden in gewissen Zeitabständen oder auf Anforderung der Sachversicherer bzw. des Betreibers überprüft, um den ordnungsgemäßen Zustand und die Wirksamkeit der Blitzschutzanlage festzustellen.

Tabelle 1: Intervalle zwischen den Wiederholungsprüfungen eines Blitzschutzsystems

Schutzklasse	Intervall zwischen den vollständigen Prüfungen	Intervall zwischen den Sichtprüfungen
I	2 Jahre	1 Jahr
II	4 Jahre	2 Jahre
III, IV	6 Jahre	3 Jahre

Beruhigen kann die rechtliche Situation für eine Blitzschutzanlage. Es haftet nie der Ersteller, da ja nicht alle Blitze dem „Deutschen Normblitz" entsprechen. Knapp 1 % aller Blitze haben nämlich eine höhere Ladung als normiert, sodass der Klempner nicht haftbar für seine erstellte Anlage gemacht werden kann. Natürlich muss die Anlage aber der VDE-Richtlinie entsprochen haben.

Fragen

1. Welche Spannungen und Stromstärken treten bei einer **Blitzentladung** auf?
2. **Welche Schäden** kann der Blitzstrom im Gebäude anrichten?
3. Nennen Sie vier **verschiedene Gebäudetypen,** für die Blitzschutzanlagen verlangt werden!
4. **Wer** darf Blitzschutzanlagen erstellen?
5. Aus welchen **drei Anlageteilen** besteht eine äußere Blitzschutzanlage?
6. Beschreiben Sie die unterschiedliche Wirkungsweise der **Schutzprinzipien** „Masche" und „Schutzbereich"!
7. Unter welchen Bedingungen müsste ein **metallischer Dachaufbau** an eine vorhandene Blitzschutzanlage angeschlossen werden?
8. Nennen Sie drei verschiedene Ausführungsformen für den **Blitzschutzerder!**
9. Auf einem **blitzgeschützten Gebäude** soll eine größere Dachreparatur bzw. Dachsanierung ausgeführt werden. Was ist dabei unbedingt zu beachten?
10. Welche Maßnahme bildet das **Kernstück des inneren Blitzschutzes?**
11. Weshalb sind elektrische Installationen und **elektronische Geräte und Anlagen im Gebäude** durch den äußeren Blitzschutz nicht ausreichend geschützt?
12. Welche Schutzmaßnahmen sieht der **innere Blitzschutz** für spannungsführende elektrische Leitungen bzw. für empfindliche elektronische Anlagen vor?

12 Schneeschutz

12.1 Allgemeines

In einigen Regionen stellt rutschender Schnee eine erhebliche Gefährdung von Passanten oder parkenden Kraftfahrzeugen dar. Deutschland ist durch die DIN 1055-100 in Schneelastzonen eingeteilt, die die Schneehöhen und damit die Schneelasten über langjährige statistische Untersuchungen festlegen. Die Landesbauordnungen empfehlen, für Geländehöhen über 400 m NN einen Schneeschutz vorzusehen. Örtliche Bauvorschriften regeln in schneereichen Gebieten, wo Schneerutschsicherungen anzubringen sind. Darüber hinaus kann natürlich jeder Bauherr nach seinem persönlichen Sicherheitsempfinden sich einen Schneeschutz anbringen lassen.

Generell sollten Schneefänge angeordnet sein

- über Eingängen,
- bei angrenzen Parkflächen,
- an öffentlichen Verkehrswegen,
- wenn die Traufkanten weniger als 3 m von öffentlichen Flächen entfernt sind.

Bild 1: Schneelasten gefährden Personen und verursachen Sachschäden

Versicherungsrechtlich ist der Eigentümer für die Schneeräumung und auch für die Sicherung vor fallendem Schnee von oben verantwortlich. Er fügt dem Betroffenen durch seine „Anlage“ sonst einen Schaden zu, der vor Gericht ggf. sogar als fahrlässige Tötung angesehen werden kann. Ein Schild „Achtung Schneebretter“ hebt nicht generell die Verantwortung für Maßnahmen auf.

12.2 Schutzarten

Für Schneeschutz gibt es mehrere alternative Realisierungsmöglichkeiten.

Schneestopper halten den Schnee auf dem Dach bis er abschmilzt und in kleineren Mengen abrutscht.

Bild 2: Schneestopp durch verteilte Rohrschneefänge auf dem Dach

Sie können linienförmig mit Rohren, Rundhölzern oder sogar Baumstämmen realisiert werden (Bild 2) oder punktförmig mit in einem Raster am ganzen Dach verteilten Schneestoppern ausgebildet sein (Bild 3).

Bild 3: Schneestopper im Raster verteilt

Über die Verteilung bestehen unterschiedliche Aussagen. Manche Hersteller geben ein Maß von 1,50 m diagonal bis zum nächsten Stopper an.

Schneefänge lassen den Schnee meist bis zur Traufe rutschen und halten ihn dort auf. Bei langen Dächern können die Anpralllasten recht hoch sein, sodass Deformationen an den Schneefangeinrichtungen möglich sind.

Bild 1: Deformierter Einrohrschneefang

Oft empfiehlt sich eine Kombination von Schneestoppern und Schneefängern, da sonst die Rutschwege zu lang werden. Für die Dachstatik ist es sowieso besser, wenn Schneelast nicht punktuell auftritt.

Bild 2: Einrohrschneestopp oben und Doppelrohrschneefang unten

Wird der Schnee direkt an der Rinne über dem Dachvorsprung abgefangen, schmilzt er sehr langsam ab, da keine Hauswärme vorhanden ist. Dann kommt es zu üblen Vereisungen, die oft wochenlang am Dach verbleiben.

Eisnadeln, Eisstopper sind erforderlich wegen der Eisschanzenbildung auf Metalldächern. Tau kondensiert über Nacht auf dem Blech, bei Sonneneinstrahlung beginnt er an der Unterseite auf dem wärmeren Blech zu schmelzen. So können die messerscharfen Eisschanzen abrutschen und Schaden an Autos oder an Personen verursachen. Sie „unterrutschen" die Schneefangeinrichtung. Deshalb muss unter dem Schneefang ein „Brecher" angeordnet werden, der diese Eisschanzen aufbricht und zerbröselt.

Bild 3: Einrohrschneefang mit untergeklemmten Eisschanzenbügeln

Schneefanggitter kommen am Ziegeldach zur Anwendung. Sie werden in Schneefanghalter, die mit eingedeckt werden, einklemmt und mit einer Metallfeder befestigt. Schneefanggitter müssen aus Kontaktkorrosionsgründen aus dem gleichen Material wie die Rinnen ausgeführt werden. Treten im Winter große Schneebretter auf, so sind sie häufig im Frühjahr deformiert und müssen ausgewechselt werden.

Bild 4: Schneefanggitter an einem Ziegeldach

Wegen diesem Erneuerungsaufwand werden sie immer seltener bei Ziegeldächern eingesetzt. Außerdem erscheint die Optik mit den senkrechten Lamellen nicht mehr zeitgemäß.

Bild 1: Schneefanggitter mit moderneren Haltern bei einem Schieferdach

Rundhölzer kommen wegen ihrer Stabilität und auch wegen der Optik vermehrt zum Einsatz. Sie können in Dachhaken oder auch in extra hergestellte Dachplatten, die verzinkt oder farbbeschichtet erhältlich sind, eingelegt werden. Rundhölzer stellen einen dauerhaften Schutz dar, müssen aber von Zeit zu Zeit wegen Fäulnis ausgewechselt werden.

Bild 2: Alternative zum Schneefanggitter: der Rundholzbügel oder Doppelrohrschneefang

Bild 3: Schneefanggitter ersetzt durch ein Brett

Einrohrschneefänge

Einrohrschneefänge werden an vielen Dächern montiert, stellen aber einen recht geringen Schutz dar. Meist dienen sie zur Be-festigung der Eisnadeln, um die Eisschanzenbildung zu verhindern.

Bild 4: Schneefalzklemmen und Eisschanzenstopper

Doppelrohrschneefänge (Bild 2, Seite 289) haben eine höhere Fanghöhe, bedeuten aber eine große Belastung für den Falz und die darunterliegenden Hafte. Durch die Höhe wird ein recht großes Drehmoment aufgebracht, was zu Deformationen und damit Undichtheiten am Falz führen kann. Nicht selten ist das Falzdach nach einem extremen Winter durch die Schneebretter zerstört und muss ganz neu eingedeckt werden. Lokales Ausbessern wie am Ziegeldach ist unmöglich.

Bild 5: Alternativer Schneefang mit Holzbalken

Bild 1: Prefa-Schneefanghalter aufgeschraubt – die Dehnung findet in den Einhängungen statt

Bild 2: Moderne Edelstahl-Doppelrohr-Schneefänge

Dreifachrohrschneefänge werden aus Einrohr- und Doppelrohrschneefängen kombiniert.

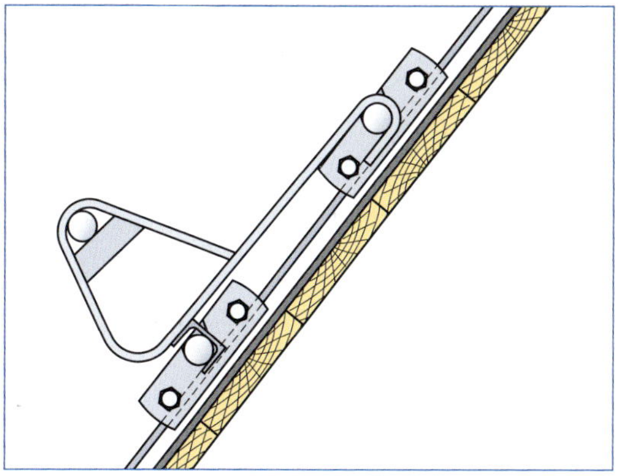

Bild 3: Kombinierter Dreirohrschneefang

So kann die Aufprallgeschwindigkeit des ersten Schnees durch den Einrohrschneefang gebremst und der Schnee dann durch den nachkommenden Doppelrohrfang aufgenommen werden.

Bislang sind hier lediglich Selbstbausysteme auf dem Markt – es werden aber zunehmend weitere Systeme angeboten werden.

12.3 Dachflächenheizungen

Damit Schnee ohne viel Aufwand und bei Gefährdung auch recht schnell beseitigt werden kann, kommen Rinnen- oder Dachflächenheizungen zum Einsatz. Sie können über Schaltkästen oder auch selbstregulierend geschaltet werden.

Rinnenheizungen sollen insbesondere die Eiszapfenbildung verhindern. Zusätzlich halten sie die Rinne im Wasserlauf frei, so kann zumindest ein Teil des Schmelzwassers abgeführt werden. Das Heizband lässt man auch deshalb in die Regenfallrohre einhängen, damit diese nicht auffrieren und platzen.

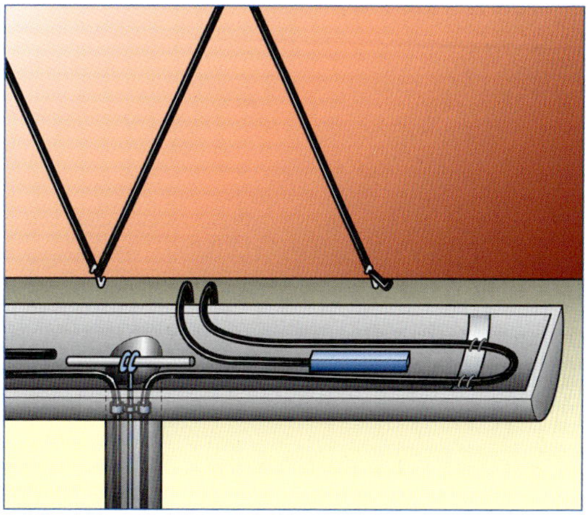

Bild 4: Verlegung einer Rinnenheizung mit Klemmen und Überbrückungsstäben

Das Heizband wird einfach in die Rinne eingelegt und mit Klemmhaltern in Position gehalten. Die Ansteuerung kann über einen Schaltkasten im Haus erfolgen, was jedoch voraussetzt, dass die Bewohner das Wetter beobachten und entsprechend handeln. Besser ist der Einsatz selbstregulierender Heizbänder, die in

Abhängigkeit von Temperatur und Nässe ihre Stromaufnahme im Bereich von ca. 6 W bis 40 W regulieren können und darauf reagieren, ob trockene Kälte oder ungefrorenes Wasser sich in der Rinne befinden. Zusätzlich empfiehlt es sich, dennoch eine manuelle Abschaltung zu ermöglichen, weil sonst auch im Sommer eine Reststrommenge fließt und unnötig hohe Stromrechnungen verursacht.

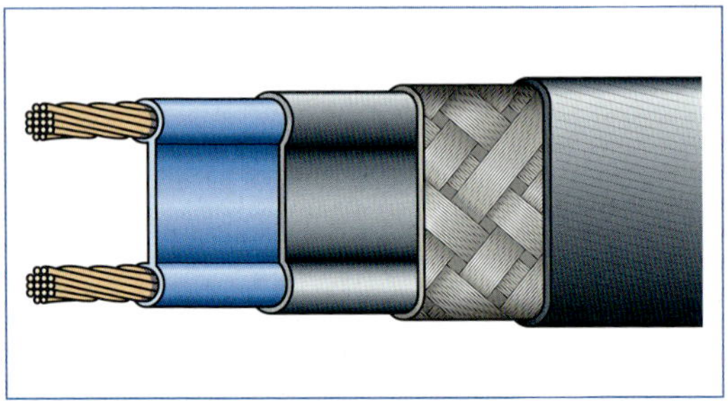

Bild 1: Selbstregulierendes Heizband

Dachflächenheizungen können dem Eigentümer das Freiräumen des Daches ersparen. Was im privaten Wohnungsbau eher „Luxus" ist, kann bei öffentlichen Gebäuden dringend erforderlich sein.

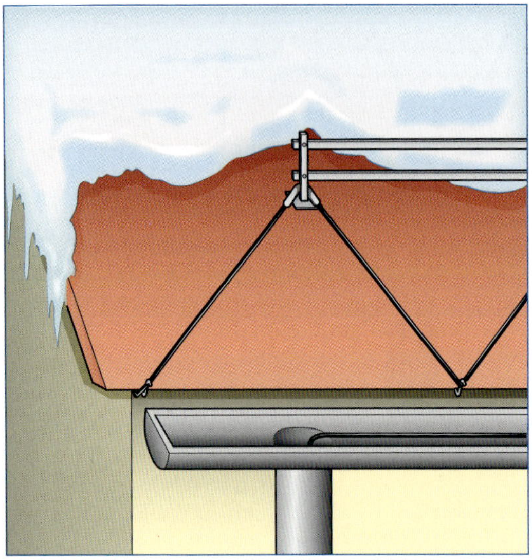

Bild 2: Schutz mit Heizbänder im Traufbereich

Das Freihalten des Daches kann auch statische Gründe haben.

Bei Gefahr für Leib und Leben kann eine solche Maßnahme eine Sperrung der Veranstaltungsstätte verhindern!

Bild 3: Komplettschutz mit Rinne, Rohr, Kehle und Traufbereich

12.4 Dacheisenzeug

Auf dem Dach verbleibt für die weitere Nutzung eine ganze Reihe von Einbauteilen.

Dazu gehören

- Trittstufen für Kaminfeger,
- Sicherheitsdachhaken,
- Leiterhaken für Stehhilfen,
- Sekuranten,
- Laufwege zu Kaminen und Fluchtwege.

Bild 4: Gitterroststufen mit Falzklemmen

Alle diese Teile brauchen eine bausaufsichtliche Zulassung.

Die Dachtritte sind neigungsverstellbar und werden in die Lattung mit eingehängt. Die Ziegel werden in ihren Falzen ausgeschnitten.

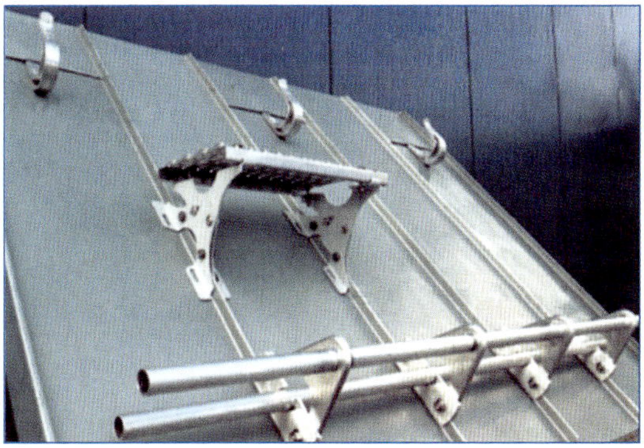

Bild 1: Trittstufen am Falzdach

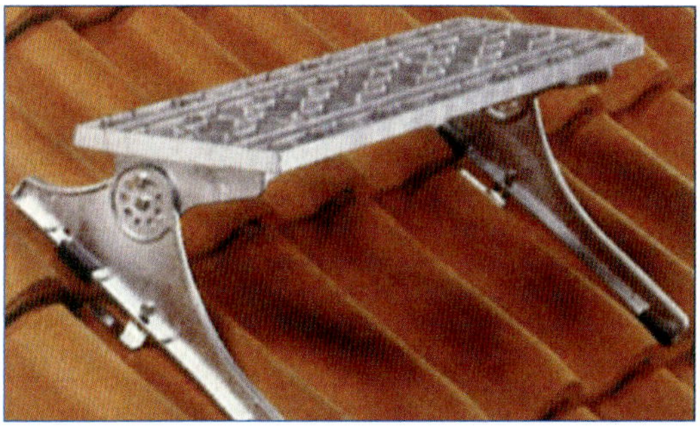

Bild 2: Einzeltritte am Ziegeldach

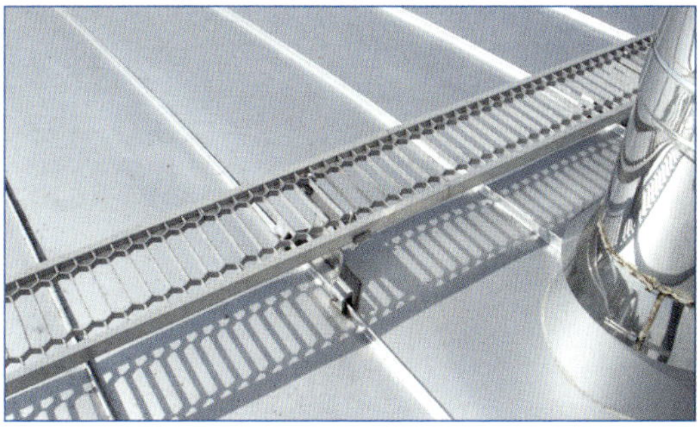

Bild 3: Verkehrsweg beim Falzdach

Bei Metallbedachungen kommen Falzklemmen zum Einsatz, die die Dehnungen des Falzdaches nicht behindern.

Teilweise muss bei Dächern ein ständiger Zugang zu wartungsintensiven Teilen möglich sein. Dazu werden Laufwege, Tritte und Sekuranten zum Einhängen der Sicherungsseile eingesetzt (Bilder 1 bis 3). Diese verbleiben am Dach. Der Übergang zur Sicherungstechnik ist fließend (siehe Kapitel 8, Unfallverhütung).

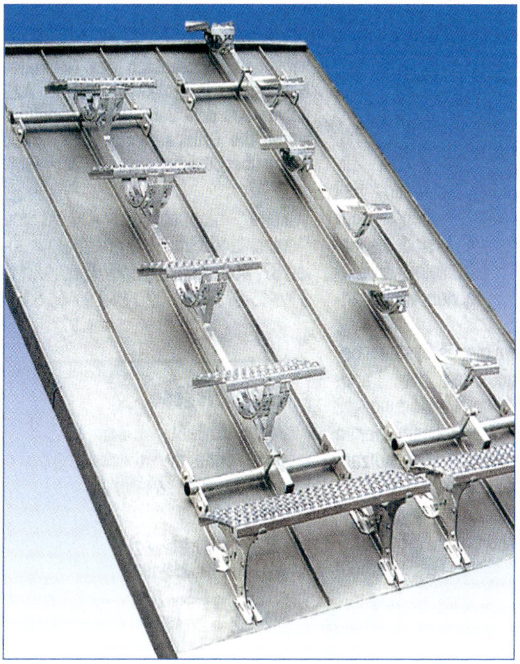

Bild 4: Sammeltritte am Falzdach

Bild 5: Verkehrsweg am Falzdach mit Geländer

Fragen

1. Welche **Schäden** kann Schnee am und unter dem Dach anrichten?
2. Beschreiben Sie die **Maßnahmen** am Dach, die im Bild 1 dargestellt sind.

Bild 1: Moderner Schneefang, zu Frage 2

3. Wie ist die **Haftungsfrage** im Bereich Schneeräumung geregelt?
4. Wann empfiehlt es sich allgemein, einen **Schneeschutz** anzubringen?
5. Wie unterscheiden **sich Schneestopper von Schneefängen?**
6. Welche **Schneefangsysteme** gibt es für Ziegeldächer? Welche für Falzdächer?
7. Welche **Schneefangsysteme** sind in Bild 2 angewandt?

Bild 2: Schneeschutz, zu Frage 7

8. Warum sind **Falzdächer bzgl. Schnee besonders gefährlich** und darum eher zu schützen als Ziegeldächer?
9. Welche Nachteile haben hohe Schneefangsysteme am Falzdach?
10. Beschreiben Sie die **Maßnahmen** am Dach, die im Bild 3 dargestellt sind.

Bild 3: Schneeschutzsystem in Kupfer, zu Frage 10

11. Wie kann ein **Dreirohrschneefang** selbst aufgebaut werden?
12. Wie funktioniert ein **selbstregulierendes Heizband?**
13. Wo kommen **Heizbänder** am Dach zum Einsatz? Wo werden sie geführt?

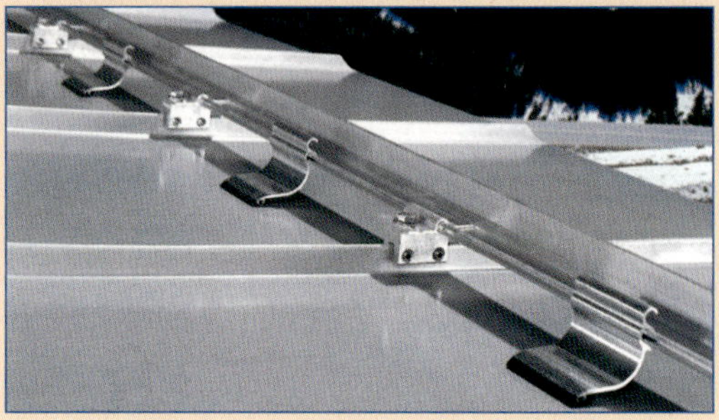

Bild 4: Moderner Falz-Schneefangschutz

14. Was versteht man unter einer **Dachflächenheizung?**
15. Wo kommt **Dacheisenzeug** zum Einsatz?
16. Wozu dienen **Trittstufen am Dach?**
17. Wie müssen **Verkehrswege am Dach** aufgebaut sein?

13 Werkstatteinrichtung

Effizientes Arbeiten in der Klempnerei ist nur mit einem guten Fertigungsfluss zu erreichen. Maschinenanordnung, Lager, Ablagemöglichkeiten, Anfallrecycling und Ladevorgänge kann man so gestalten, dass

- das Personal angenehme Arbeitsbedingungen vorfindet,
- Arbeitsabläufe optimiert sind,
- keine unnötigen Wartezeiten entstehen,
- mehrere Produktionsvorgänge gleichzeitig stattfinden können,
- die Qualität der Profile hochwertiger ist (z. B. hinsichtlich Beulenfreiheit oder Geradlinigkeit).

Dazu ist zunächst einmal zu untersuchen, welche Arbeitsabläufe in einer Klempnerei stattfinden und wie sie miteinander korrelieren.

13.1 Das Lager

Jede Klempnerei hat gewisse Arbeitsschwerpunkte. Dementsprechend ist das Lagerwesen auf die jeweiligen Bedürfnisse optimiert. Große Spenglereien, die vorwiegend im Industriebau tätig sind, praktizieren den „just-in-time-Materialdurchsatz" – der Hauptteil des Materials wird direkt auf die Baustelle geliefert. Kleinere Klempnereien möchten eher flexibel sein und Materialpreisschwankungen ausgleichen, sie haben daher einen gewissen Vorrat. Standard bei allen Klempnereien sind 5 Arten von Lagerflächen:

- Rollenlager und Spaltband,
- Tafellager stehend oder liegend,
- Zubehörlager für Bauartikel, Befestigungsstoffe und Handmaschinen,
- Resteaufbewahrung,
- Lager für Recyclingstoffe.

Natürlich muss bei Metallpreisen von 20 €/m^2 bis 150 €/m^2 sparsam vorgegangen werden. Allerdings spielt die Zeit oft eine noch größere Rolle für die Produktionskosten und so greift jeder Mitarbeiter gern zur neuen Tafel bzw. Rolle und schneidet allzu schnell neues Material herunter, wenn er den vielleicht passenden Rest nicht gleich vor Augen hat. Unmengen an Blech geht so durch schlechte Lagerhaltung verloren.

Bild 1: Kleinstlager für Spezialbleche, unsortiert

Bild 2: Tafel und Restelager stehend

Bild 3: Kleinrollenlager mit Hebezug

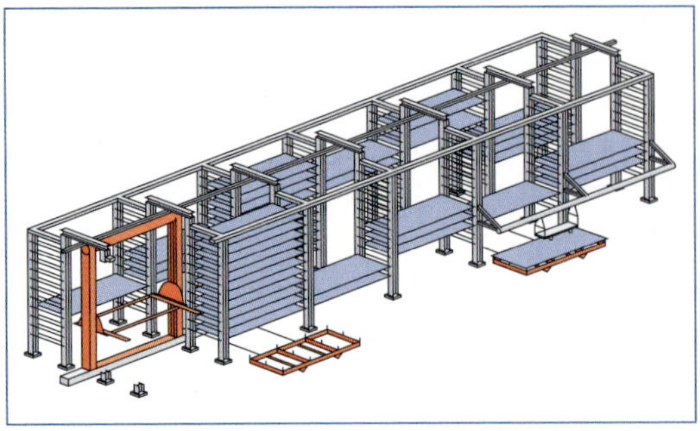

Bild 1: Arbeiten aus automatisiertem Tafellager

Bild 2: Ausziehbarer Rollentisch

Bild 3: Arbeiten mit Tonnencoils

13.2 Zuschneiden

Generell gibt es zwei Materiallogistiken. Beim **Arbeiten von Großcoils** werden große Coils (Bild 3) mit einer Spaltanlage und Querteilanlage zugeschnitten. Diese Anlagen sind vollautomatisch gesteuert, gibt man Stückzahl, Länge und Breite ein, so übernimmt die Anlage die optimale, verschnittarme Aufteilung des Bandes. Um nicht bei jedem Auftrag den Coil wechseln zu müssen, sind mehrere Abcoiler vorgesehen. Etwas zeitaufwendig ist das Einlegen des zu verwendenden Bandes. Bei dieser Zuschneidemethode kann ein Mann hunderte von Blechen mit exaktem Zuschnitt anfertigen. Sie ermöglicht große Serien, bedarf aber auch großer Aufträge, um wirtschaftlich zu sein.

Bild 4: Ancoilanlage mit Längs- und Querteiler

Bild 5: Wechseln der Rollen mit einem Portalkran

Die zweite Möglichkeit ist das **Verarbeiten von 6 m langem Tafelmaterial,** das direkt gegenüber von der 6-m-Kantbank mit Rollenschere aufbewahrt wird (Bild 1, Seite 295). Da die Länge der Blechbauteile auch aus Transportgründen auf 6 m bis 8 m begrenzt ist, muss nur teilweise quergeschnitten werden. Aufwendig ist dann das Querschneiden und die Resteaufbewahrung. Meist wird ein separates Restelager eingerichtet. Legt man nämlich Reste zurück ins ursprüngliche Regal, so erschwert dies das Herausnehmen der langen Tafeln. Zum Verarbeiten sind hier immer 2 Mann erforderlich. Die Kantbank ist während des Schneidens mit der Rollenschere an der Bank „belegt" – es kann also immer nur ein Arbeitsgang ausgeführt werden.

Bild 1: Rollenschere an der Kantbank

13.3 Bearbeitungsbereich

In der Halle mittig befindet sich der eigentliche Arbeitsraum – er muss von allen Seiten zugänglich sein, sodass man auch benötigte Kleinmaschinen je nach Bedarf heranholen oder wegstellen kann. Da es vorkommen kann, dass mehrere Produktionsvorgänge gleichzeitig stattfinden, darf dieser Bereich nicht zu klein sein, um sich nicht gegenseitig zu behindern. Allerdings darf er auch nicht zu groß sein, da sich sonst die Laufwege unnötig vergrößern. Das zentrale Element ist der lange Tisch – üblich sind Längen von 4 m bis 8 m – der als Zwischenablage, als Verfahreinrichtung und als Ort für handwerkliche Bearbeitungsschritte dient. Viele Klempnereien besitzen mehrere Tische und einen Abstellbereich. Hier können die Komissionierungen vorübergehend bis zum Abtransport liegen bleiben.

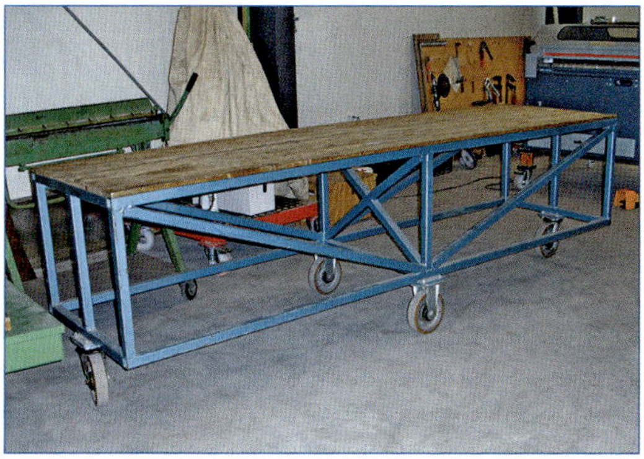

Bild 2: Arbeitstisch – mit den steifen Mittenrollen auch von einem Mann zu bewegen

Bild 3: Bearbeitungstisch mit Abcoiler, Querschneiderollenschere und Kantbank

Für das Drehen von Blechen wird eine große Fläche benötigt – die Höhe reicht zumeist nicht aus oder die halbfertigen Profile besitzen nicht genug Steifigkeit, um sie hochkant zu drehen. Manche Klempnereien haben sich dafür extra eine Dreheinrichtung mit Hubwagen bauen lassen, die über der Arbeitsebene die Profile automatisch drehen kann (Bild 4).

Bild 4: Dreheinrichtung für 6-m-Profile

13.4 Kanten

Profile können auf zwei Arten hergestellt werden. Das **Kanten** ist beulenfreier und wird für Einzelprofile verwendet. Wird eine Profilart sehr häufig benötigt, z. B. Scharen oder Fassadenprofile, können sie auch **rollgeformt** werden. Generell können aber alle Profile sowohl gekantet als auch rollprofiliert werden. Manche Klempnereien verzichten wenn möglich auf das

Rollprofilieren, da dies immer mit Beulenbildung verbunden ist, was im Sichtbereich sehr störend wirkt.

Bild 1: 16 m lange Schwenkbiegemaschine mit CNC-Steuerung

Das Kanten geschieht herkömmlich mit Kantbänken mit Ober-, Unter- und Biegewange. Zunehmend wird „Dickblech" eingesetzt, sodass Aluminiumprofile mit 4 mm Dicke oder Stahlprofile mit 2 mm bis 3 mm gefordert werden. Insbesondere Edelstahl benötigt sehr stabile Schwenkbiegemaschinen. Hierbei versagen einfache Klempnerkantbänke, die für Stärken bis ca. 1,5 mm Stahlblech ausgelegt sind. Vermehrt kommen nun auch in der Klempnertechnik Gesenkbiegepressen mit Stempel und Matrizen zum Einsatz (Bild 2), die für wesentlich dickere Bleche eingesetzt werden können.

Bild 2: Stanze mit beweglichem Tisch

Mit Gesenkbiegemaschinen sind aufwendigere Kantungen möglich, ebenso sind längenbegrenzte Querkantungen einfacher und wiederholgenauer herzustellen, wie sie bei Kassetten erforderlich sind. Sie amortisieren sich aber erst bei längerem Kantbetrieb, also insbesondere bei Lohnkantungen für andere Klempnereien oder für Zulieferer.

Bild 3: Arbeitshalle eines mittleren Betriebes: 4-m-Bank mit CNC-Steuerung, Tafelschere und Segmentkantbank vor und hinter dem Rolltisch angeordnet

Für Großbetriebe wird das **Doppelbiegen** interessant, da kein Drehen des Profils notwendig ist (Bild 4). Die Maschine kann CNC-gesteuert mit Anschlag nach oben und unten biegen.

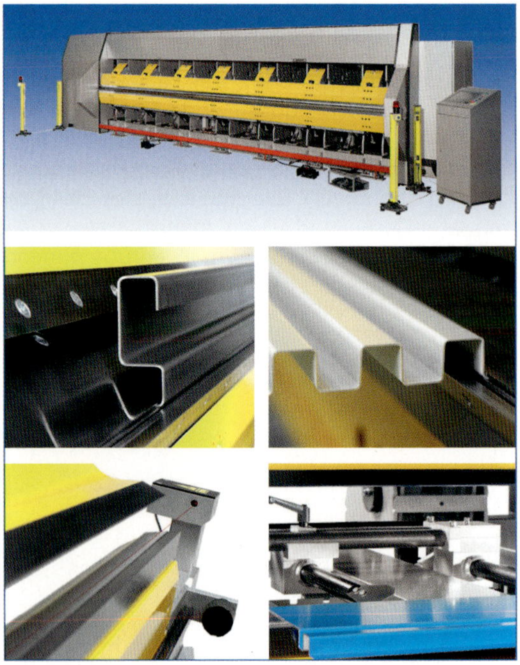

Bild 4: CNC-Bank, die beidseitig biegen kann, für hohe Blechdicken, mit Lasereinfassschutz und Anschlag

Bild 1: Doppelbiegwange

Solche Investitionen sind zunächst für mittlere Betriebe noch Zukunftsvisionen. Führt ein Klempner aber vermehrt Industrie- und Fassadenbau aus, so erreicht er doch die erforderlichen Stückzahlen. Das Prinzip des Doppelbiegens zeigt Bild 1.

13.5 Handwerkliche Metallbearbeitung

Der Klempner hat große Mengen Spezialwerkzeug aller Art. Eine Auswahl hiervon zeigt Bild 4.

Bild 2: Ausschnitt aus dem Hammer- und Scherenprogramm eines Werkzeughändlers.

Dieses Werkzeug muss im handwerklichen Bearbeitungsbereich griffbereit, übersichtlich und für alle Mitarbeiter zugänglich sein. Optimal sind ein eigens eingerichteter Stellwandbereich, eventuell verschiebbar, oder drehbare Platten, an denen alles aufgehängt und sauber markiert wird. So ist der Zugriff schnell möglich und die Werkzeuge werden nicht beschädigt. Schränke haben den Vorteil, dass sie vor Staub schützen, allerdings verursachen die Verarbeitungsprozesse in Klempnereien kaum Staub.

Je mehr in den handwerklichen Bereichen der Werkstatt vorgerichtet wird, umso weniger Montagezeit fällt auf den Baustellen an. Hier lässt sich wirtschaftlicher, sauberer und mit deutlich besserem Maschineneinsatz arbeiten als aus der „Klempnerwerkzeugkiste" auf dem Dach.

Bild 3: Werkzeugaufbewahrung an Seekieferplatten

Bild 4: Klempnerromantik ja – aber wie soll hier eigentlich gearbeitet werden?

Für die Handbearbeitung ist oft ein ganz eigener Bereich eingerichtet, um den Produktionsablauf der Serienfertigung nicht zu stören. Hierzu gibt es auch spezielle Kleinmaschinen, die flexibel und universell einsetzbar sind.

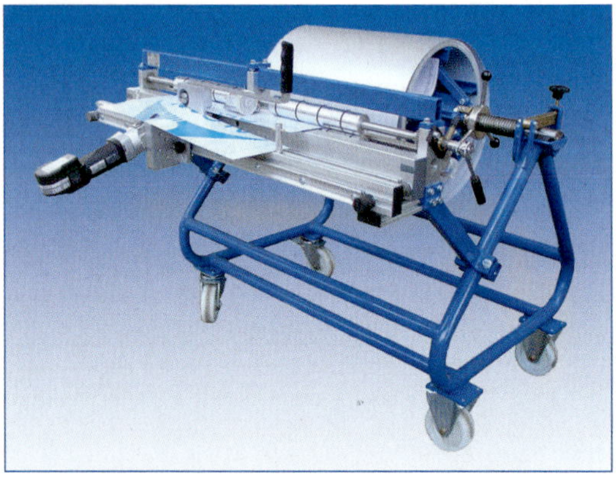

Bild 1: Coilabroller mit Rollenschere für kleinere handwerklich zu bearbeitende Mengen in Arbeitshöhe

Bild 2: Moderne rollbare Kleinstabkantbank mit Segmentschiene

Rationelles Arbeiten ist erst durch den Einsatz moderner kombinierter Schneid-, Biege- und Durchsetztechnik möglich.

Bild 3: Meterband und Schraubenlager

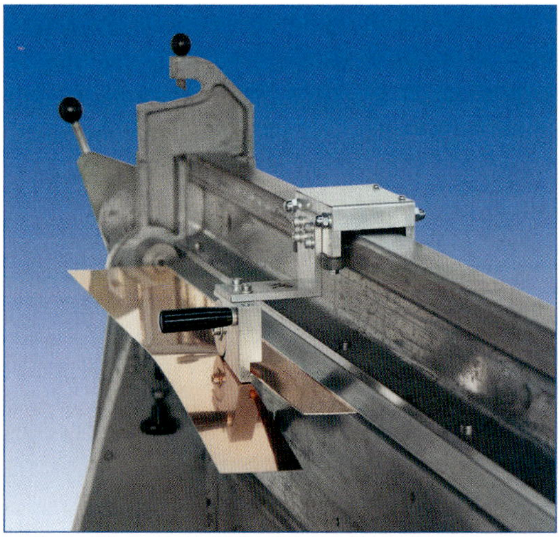

Bild 4: Kleine Kantbank mit Schere und Profilierkopf

13.6 Profilieren

Die Maschinen zum Profilieren von Dachscharen wurden im Kapitel 6 behandelt. Auch hier ist für gute Randbedingungen zu sorgen, um den Arbeitsablauf rationell gestalten zu können. Vor der Profiliereinrichtung muss Platz für den Coilwagen vorhanden sein, dahinter ist ein langer Tisch sinnvoll, unter Umständen sogar als Klapptisch oder zusammenschiebbarer Rollentisch ausgeführt. Nicht jede Klempnerei besitzt schließlich eine Halle.

Bild 1: Enger Stellplatz optimal genutzt – am Ende der Profilieranlage befindet sich ein Rollentisch und eine Segmentbank zum Querkanten der Scharen

13.7 Verladebereich

Im Verladebereich müssen gekantete Bleche bis zum Abtransport gelagert werden. Hier bieten sich Profilständer an (Bild 2).

Bild 2: Fahrbarer Profilständer

Optimal ist es, wenn man mit den Firmenfahrzeugen in die Werkstatt einfahren kann und so im Trockenen die Bleche und Zubehörteile lädt und für den Transport sichert. Zusätzlich muss für jede Baustelle das benötigte Werkzeug eingepackt und verstaut werden. Nicht alle Firmenwagen sind komplett ausgestattet, da dies bei mehreren Wagen hohe Kosten verursachen würde. Sicher aber wird es ein komplett ausgestattetes Fahrzeug für Nachbesserungen und Kleinbaustellen geben.

Bild 3: Fertig kommissionierte Ladung für eine Baustelle, inklusive Werkzeug und Kantbank

Bild 4: Abladen mit einer Traverse

Bild 5: Bus mit Werkstatteinrichtung

13.8 Maschinenrichtlinien zum Thema Sicherheit

Ab Dezember 2009 gilt die EG-Maschinenrichtlinie 2006142/EG und die DIN EN ISO 13857 für Schutzzäune. Der Hersteller muss mit einem Schild auf der Maschine versichern, dass die Maschine diesem Standard entspricht. Dies stellt für viele Maschinenhersteller ab 2010 ein riesiges Problem dar – ein Umdenken des Klempner im Umgang mit Maschinen ist erforderlich – manche kleinere Klempnereien sagen – wir biegen dann weiter von Hand – da sind keine Vorschrift vorhanden.

Nun haben aber motor- oder hydraulikbetriebene Maschinen mittlerweile in fast jeder Klempnerei Einzug gehalten – alle entsprechen den Sicherheitsanforderungen nicht mehr und müssen nachgerüstet werden. Manche Berufsgenossenschaften drohen schon mit der Stilllegung von gefährlichen Maschinen!

Bislang reichte der Sicherheitsstopp beim Niederfahren der Oberwange und ein weiteres Auslösen des Fußschalters als Sicherheit bei motorbetriebenen Kantbänken aus. In fast jeder Klempnerei hat schon mal ein Mitarbeiter die Finger gequetscht – manche haben auch Finger verloren!

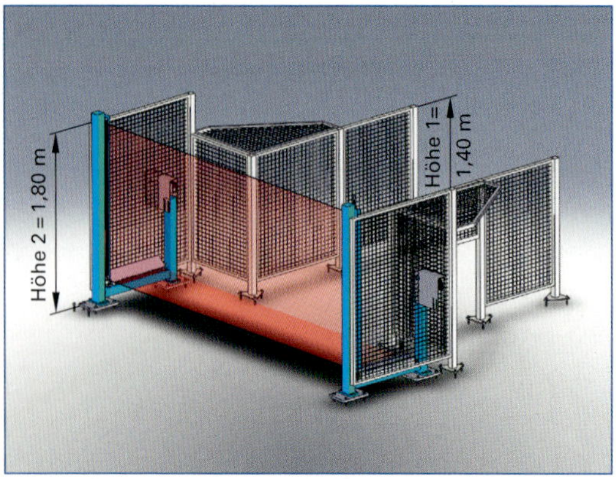

Bild 1: Vorgeschriebenes Schutzzaunsystem

Europaweit greifen die neuen Sicherheitsstandards nun auch bis in die kleinste Klempnerei – ausgelöst von einigen „provozierten" Unfällen verbunden mit erheblichen Unterhaltszahlungen für Mitarbeitern, die wohl eindeutig einen Unfall selbstverschuldeten, um ihre Haushaltskasse oder Verschuldungen aufzubessern!

Sicherheitszäune und Maschinenabdeckungen müssen nun das Eingreifen von Personen an allen Stellen rundum verhindern. Maschinen, die an der Wand stehen brauchen zumindest einen seitlichen Eingriffsschutz.

Die Steuerung braucht eine doppelte Signalführung, falls eine Steuerung versagt oder vom Betreiber außer Betrieb genommen wurde. Häufig fasst man eben gerne in die beweglichen Maschinenteile, da man das Blech bei komplizierten Kantungen gerne festhalten will. Dies muss nun sehr aufwendig mit Schutzzäunen, Lichtvorhängen und Übertretschutz abgesperrt werden.

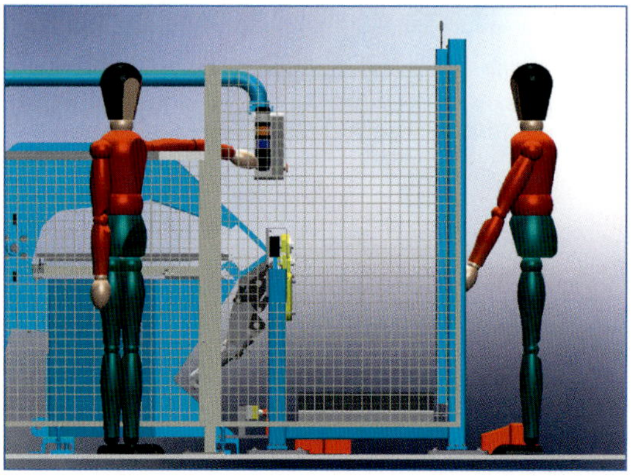

Bild 2: Die Steuerung darf nicht von außen bedienbar sein

Problematisch ist, dass neue Kantbänke oder Doppelbieger erheblich schneller arbeiten können (z. B.: der Superhighspeed-Standard der Firma Jorns mit 12 m/s) und damit zwar erheblich geringere Kantzeiten, aber eben auch eine erhöhte Unfallgefahr Realität wird. Manche Profilhersteller erreichen in Kombination mit der Doppelbiegung nach unten und oben damit fast die doppelte Tageskantleistung!

Bild 3: Horizontales Schutzzaunsystem zum Verhindern des Eingreifens

Die EG Richtlinien berücksichtigen sehr wohl, dass der Klempner sein Blech teilweise festhalten oder eben zumindest der Maschine nach der Kantung entnehmen muss. Also muss im Sinne der modernen Sicherheitstechnik ein Bewegen der Oberwange und dem Schneiden auch innerhalb der Gefahrenzone möglich sein. Dann aber wird das Absenken auf 10 mm/sek begrenzt werden – die Kantung darf mit maximal 2 m/min an der am weitesten entfernten Stelle der Biegewange erfolgen. Dies ergibt aber sehr langsame Kant- und Schneidzeiten – bei längeren Arbeitszeiten „schläft der Benutzer regelrecht dazu ein".

Bild 1: Lichtschrankenvorhang

Tritt dagegen der Bediener aus dem Lichtvorhang der Schutzzäune läuft die Maschine extrem schnell. Als Beispiel hierzu erwähnt, dauert der Schneidvorgang bei einer 6-m-Maschine innerhalb der Gefahrenzone ca. 3 Minuten – tritt der Benutzer aus dem Lichtvorhang nur noch 6 Sekunden – dies verdoppelt sich noch beim Zurücklaufen der Maschine.

Generell muss folgendes beachtet werden

- das Anstoßen an die „vorbeikommende" Schere darf eben keine „Blauen Flecken" verursachen,
- alle Maschinenbewegungen müssen innerhalb der „Sicheren Geschwindigkeit" erfolgen
- Laser sind als Mehrstrahllaser (auch „breite" Laser genannt) auszuführen – die minimalen Distanzen sind nach DIN EN 999 geregelt
- beim Eingreifen in die Wangen muss es die Reaktionszeit der Bedieners ermöglichen noch die Finger aus der Maschine zu ziehen,

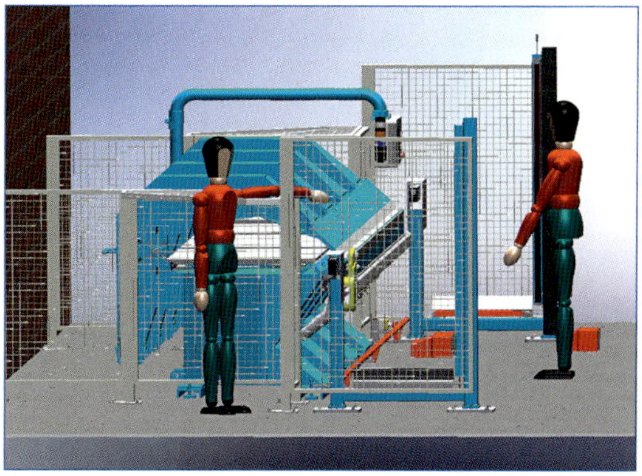

Bild 2: Verlangsamtes Arbeiten innerhalb des Lichtvorhanges und sehr schnelles außerhalb des Gefahrenbereiches

- beim Anlehnen an die Biegewange darf die Hand nicht mitgerissen werden – der Benutzer muss Gelegenheit dazu haben, sich wegzubewegen.
- im Schwenkbereich seitlich darf keine nicht überwachte Standfläche sein,
- Schutzzäune brauchen Abstände, damit nichts eingequetscht wird
- herzulaufende andere Mitarbeiter dürfen der sich bewegenden Maschine nicht unabsichtlich zu Nahe kommen.

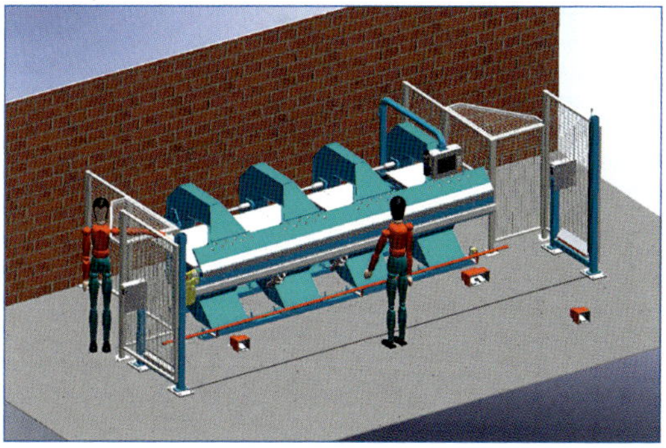

Bild 3: Fußschalter innerhalb für langsames Arbeiten und Fußschalter außerhalb für schnelle Kantungen

Sicher kann alles mutwillig durch Hocker, Leitern oder Entfernen der Abdeckungen umgangen werden – aber unabsichtlich darf kein Unfall mehr geschehen.

Der Klempner wird sich umgewöhnen müssen!

Fragen

1. Warum ist die Einrichtung einer Werkstatt für den wirtschaftlichen Betrieb von größter Bedeutung?

2. Beurteilen Sie den Werkstatteinrichtungsplan in Bild 1.

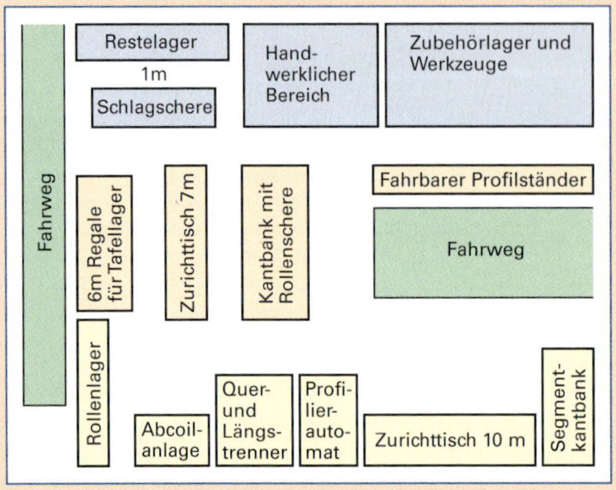

Bild 1: Werkstatteinrichtungsplan, zu Frage 2

3. Wann werden Traversen eingesetzt? Durch welche andere Baustellenorganisation können aufwendige Traversenkonstruktionen, wie in Bild 2, umgangen werden?

Bild 2: Traverse für lange Metallscharen, zu Frage 3

4. Welche Möglichkeiten zum Profilieren von Metallen gibt es?

5. Welche zwei Halbzeuge (Ausgangsmaterialien) können für die Profilherstellung verwendet werden?

6. Nennen Sie moderne Kleinmaschinen zum Einsatz für die handwerkliche Fertigung.

7. Was versteht man unter „Doppelbiegen". Welche Vorteile bestehen?

8. Welche Vorzüge hat eine CNC-Steuerung für eine Kantbank oder Gesenkpresse (Bild 3)?

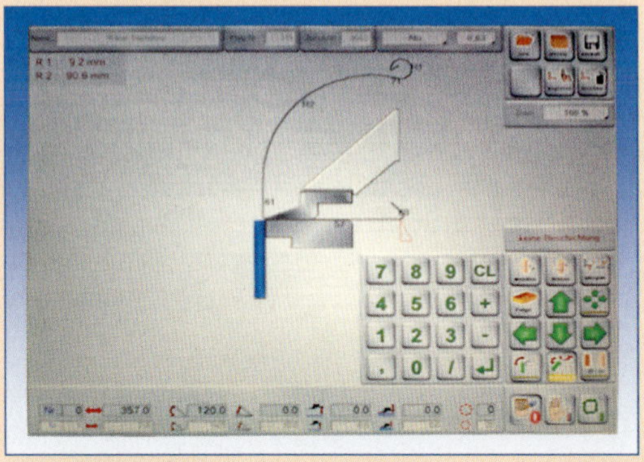

Bild 3: CNC-Steuerung, zu Frage 8

9. Wozu kann eine mobile Spenglerei dienen (Bild 4)?

Bild 4: Mobile Spenglerei, zu Frage 9

10. Beurteilen Sie die Werkstatteinrichtung in Bild 5.

Bild 5: Moderne Klempnerwerkstatt, zu Frage 10

14 Dekorativer Metallbau in Feinblech

14.1 Allgemeines

Die 6 verschiedenen Grundmetalle des Klempners sind Blei, Titanzink, Kupfer, Messing, Zinn und Aluminium. Sie unterscheiden sich in der Optik zum Teil sehr von den bisher im Innenausbau verwendeten farbbeschichteten verzinkten Stahlblechen:

- Die Oberfläche „lebt" – sie ist nicht homogen,
- sie bewittert leicht unterschiedlich und ergibt so verschiedene Farbnuancen,
- sie hat einen „echten" metallischen Glanz,
- sie wirkt massiv, edel und hochwertiger als „Farbe".

Bild 1: Innen-Außenanbindung durch Verwendung des gleichen Materials

Zudem entsteht durch die Rasterung durch Falze, Steckfalze und Fugen eine strukturierte Fläche, die dem Auge die Tiefeneinstellung für das Raumempfinden wesentlich besser ermöglicht als eine glatte unbegrenzte Fläche. Natürliches Holz ist in seiner Größe begrenzt. Putz in seiner gleichmäßigen Rauhigkeit derzeit weniger modern. Deshalb kann sich der Klempner hier ähnlich wie bei Fassaden einen völlig neuen und dennoch vertrauten Arbeitsbereich erschließen.

Bild 2: Man denkt, man könne durch das Glas hindurchgehen

14.2 Innenbekleidungen

Innenbekleidungen leben von der „Innen-Außenanbindung" – Glas wirkt transparent. Wird innen und außen derselbe Wandstoff verwendet, gibt es dem Betrachter das Gefühl, er sei draußen.

Bild 3: Mit Metall können Elemente jeder Größe und mit jedem Winkel hergestellt werden

Die Abstimmung mit dem Fliesenraster, dem Fensterraster, dem Türenraster bei Gängen lässt den Betrachter die Verkleidung „wie aus einem Guss" erscheinen.

Bild 1: Neue Formen im Innenbereich lassen das Auge „fast erschrecken"

Bild 2: „Du meine Güte - was ist denn hier passiert?" – runde Schindeldeckung

Bild 3: Ein schalldichter Konferenzraum

Natürlich stellen auch weniger spektakuläre Formen für den Betrachter einen Überraschungseffekt dar: Bin ich nun „drinnen" oder „draußen"?

Bild 4: Sakralbau mit „Wetterfassade"

Bild 5: Geschwungene Formen leiten den Blick des Betrachtes durch den Raum

Bild 1: Innenkörper aus Titanzinkrauten

Bild 2: Außen wird das gleiche Deckmaterial eingesetzt

Gerade die Gestaltung von Innenkörpern in Gebäuden gibt dem Raum Größe und Verspieltheit. Wo doch früher einfach gerade Außenwände dem Betrachter Grenzen setzten, wird nun der Blick weggelenkt zu regelrechten „Edelsteinen", für die fast zwangsweise eine Hülle gebaut werden musste!

Bild 3: Innenkörper aus Messing – ein Diamant

14.3 Treppenaufgänge

Treppenaufgänge stellen gestalterisch ein Problem dar – einerseits sind sie waagrecht wie die Stufen, anderseits ist da eine Steigung. Dies kann mit Rauten optimal nachempfunden werden – alles erscheint dem Betrachter nun steigend.

Bild 4: Treppenaufgang ohne Anpassung an die Steigung

Bild 1: Treppenaufgang in Messing

Bild 2: Kupferbekleidung eines Treppenaufgangs, klarlacklackiert

Das Reinhalten des Metalls von Fingerabdrücken, Schleifspuren von Kleidern und Taschen oder von Speisereste oder Getränkespritzer ist nicht leicht möglich, darum werden hier die direkten Berührungsbereiche oft mit Klarlack lackiert, Dies ist im Innenbereich wegen des geringeren UV-Anteils des Lichts möglich. Feine Haarrisse im Lack werden in trockenen Bereichen nicht, wie dies im Außenbereich stattfindet, unterwandert mit Korrosionsprodukten. Allerdings ist mit Einbußen zu rechnen – der natürliche Glanz des Metalls wird grundlegend verfälscht!

Bild 3: Messingbekleidung in der Metro

14.4 Deckenbekleidungen

Decken stellen für die Raumwirkung ein wichtiges Gestaltungselement dar. Schon seit langem sind abgehängte Decken aus Metall selbstverständlich – allerdings wurden seltener edle Materialien, sondern häufiger farbbeschichtetes Stahlblech verwendet. Allein die inhomogene Farbgestaltung von patiniertem Kupfer oder vorbewittertem Zink lenkt den Blick des Betrachtes nach oben.

Bild 4: Decke ausgeführt in Steckfalzpaneel mit Metalliclack

Bild 1: Unteransicht im Freien, herkömmlich gefalzt

Bild 2: Unteransicht in Kassettentechnik

Bild 3: Unterseitenbekleidung mit gekanteten Kassetten

Auch hier gilt: Form, Farbe und Größe der Metallteile ergibt einen eigenen „strengen" Charakter, der sich aber dem Gebäude durch das Fugenbild hervorragend angleicht und somit als homogen und nicht aufgesetzt empfunden wird.

Bild 4: Untersicht einer Decke in Falztechnik im Kontrast zu Putz, Holz und Kassetten

Bild 5: Unterseitenbekleidung aus TECU-Gold

14.5 Sonnenschutz

Das Innere vor dem Äußeren zu schützen und dennoch durchlässig zu erscheinen, dies ermöglicht Metall in Perfektion. „Helligkeit ist Klempners Pflicht" heißt es in einem alten Klempnerlied, hier wohl mehr bezogen auf die Herstellung von Gaslampen, was früher einmal in das Aufgabengebiet des Klempners fiel.

Bild 1: Flechtwerk – ist es für Licht durchgängig?

Bild 2: Verdunkelung mit Schiebeläden

Bild 3: Verdunkelung mit Klapp-Falt-Läden

Bild 4: Sonnenschutz mit Streckmetall

Ein völlig anpassungsfähiger Werkstoff ist Streckmetall. Da es den Hintergrund durchscheinen lässt, wirkt es selbst in einer älteren Bebauung nicht störend. Es lässt Licht gedämpft durch, es verhindert den freien Einblick in das Fenster – es ersetzt also sozusagen die Gardine! Streckmetalle lassen sich in allen Öffnungsgraden herstellen.

Bild 1: Streckmetallkassetten in Kupfer-Patina vor einem schwarzen Hintergrund aus diffusionsoffener Folie

Bild 2: Streckmetall in Kupfer-Oxid

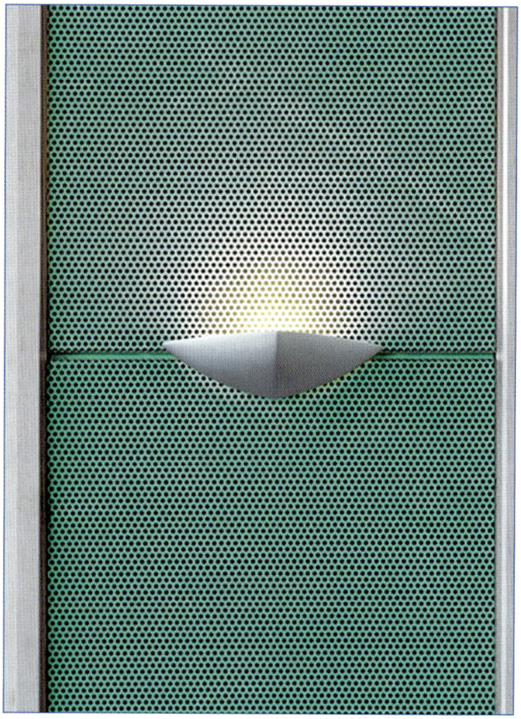

Bild 3: Bei der Lampe vor Lochblech meint man fast, das Licht käme vom Blech

14.6 Eingänge

Vorgesetzte Eingänge ermöglichen dem Besucher einen „verlangsamten Übergang" vom Freien in das Gebäudeinnere. Solche Vorbauten erfüllen die Funktionen einer Schmutzzone (Fußabstreifer), eines Wärmerückhalts (Doppeltüre) und eines Windfangs, manchmal auch die einer Garderobe.

Bild 4: Eingang zu einem Kartonhersteller

Bild 1: Falztechnik waagerecht

Oft ist hier auch ein Höhenausgleich (Treppe, Rampe oder Podest) zwischen Innenbereich und äußerem Niveau nötig.

Der Hauptgrund für eine aufwendige Gestaltung des Eingangsbereichs aber ist der bleibende Eindruck, den dieses erste Element, das Besucher sehen, hinterlässt. Auch deshalb werden für Eingänge recht viele Finanzmittel ausgegeben.

Bild 2: Ein großzügiges Eingangsportal demonstriert die Größe der Firma

Bild 3: Dieser Eingang ist vollständig in das Decksystem integriert

Nebeneingänge hingegen sollen verschlossen wirken – sie sind kaum zu sehen und dennoch ein wichtiges Gestaltungselement. Oft sollen sie „offen und doch zu" wirken.

Diese versteckten Impulse an den Benutzer werden oft deutlicher wahrgenommen, als vielen bewusst ist.

Bild 1: Türen oder Fenster?

Die Offenheit eines Gebäudes kann auch durch die Fenster ausgedrückt werden. Modern sind Fensterflächen vom Boden bis zur Decke, ohne Sims oder Sockel, wenn möglich sogar ohne Laibung und Sturz. Dies klempnertechnisch und planerisch sauber hinzubekommen, kann genauso aufwendig sein wie die Ausführung des Anschlusses im Dachbereich.

14.7 Gänge

Findet sich das Gebäuderaster eines Ganges im Deckraster des Metalls wieder, vermittelt dies dem Betrachter ein harmonisches Erscheinungsbild. Es ist nichts gestückelt, es ist nichts dem Zufall überlassen, da hat sich einer was gedacht dabei. Gänge sollen den Benutzer zu anderen Bereichen führen. Dazu hilft optisch eine gelungene Linienführung.

Bild 2: Türen als „Wahlmöglichkeit"

Bild 3: Ein enger Gang wird aufgewertet durch hochwertige Materialien

Bild 4: Gang in einer Einkaufspassage

14.8 Baukörperabgrenzung durch die Materialwahl

Oft wird zur Abgrenzung einzelner Baukörper Metall als Übergang eingesetzt. Wenn die einzelnen Baukörper unterschiedlich ausgeführt werden sollen, so ist Metall oft die Wahl für eines der Teile. Mit der Materialwahl kann man erreichen, dass die Bauteile erkennbar sind und dennoch alles wie aus einen Guss erscheint.

Bild 1: Wohnhaus in Paneeltechnik. Rauten und Putz kombiniert

Bild 2: Baukörper mit Metall und Naturstein bekleidet

Das menschliche Auge ist zum Erkennen von Tiefe immer auf Linien und Flächen angewiesen. Sind diese also deutlich erkennbar, wird Harmonieempfinden ausgelöst.

14.9 Metalldesign

Design beginnt beim Klempner immer dort, wo er freie Gestaltungsmöglichkeiten hat. Insofern ist er immer „Blechdesigner“, und kann – wenn er will – bedeutend kreativer arbeiten als nur Bleche wegen ihrer Abdichtfunktion anzubringen.

Bild 3: Mülleimerschrank

Bild 4: Sichtschutz im Garten mit Paneeltechnik

Metalldesign ist stark im Kommen. Die Metalle des Klempners wirken eher kühl, klar, eindeutig und haben eine edle, natürliche, eigenwillige Oberfläche. Selbst stark angerostete Ziergegenstände im Gartenbereich gelten als schick, da selbst Rost oder Weißrost eine gewisse Schönheit in der Oberfläche besitzen. Rost an sich ist nur wegen der Zerstörung von Autos und Stahlträgern so sehr negativ besetzt. In anderen Bereichen wird wetterfester Stahl mit Rost ja ganz bewusst aus optischen Gründen eingesetzt.

Bild 1: Blumenkasten aus Titanzink als Sichtschutz

Bild 2: Hydrogeformte Edelstahlbleche als Kassette gekantet

Bild 3: Brunnen für einen Kartonagenhersteller

Bild 4: Innen-Außenanbindung – Metall innen wie außen

Bild 5: Verschmelzung von Innen und Außen durch Spiegelungen

Bild 6: Das Haus als Kunstwerk selbst

Bild 1: S-Bahnhaltestelle in Patina

Bild 2: Eingang in TECU-Coboud Brass (Messing)

Die Klempnerei hat noch vielfältige weitere Anwendungsgebiete, so z. B.

- Möbelbau,
- Gartenbau,
- Lampen- und Leuchtmittelbau,
- Lüftungsbau mit edlen Oberflächen,
- Dunstabzugshauben,
- Bauornamente,
- kunsthandwerkliche Gegenstände.

Bild 3: Schranktüren bekleidet mit TECU-Oxid Flechtwerk

Bild 4: Schrankbekleidung in TECU-Oxid

Metallbearbeitung in der Klempnerei ist gefragt, es erfordert aber ein gutes Maß an Kreativität.

15 Fachrechnen

15.1 Zuschnitts- und Massenermittlung

1. Um welche **Zuschnitte bzw. Teiligkeit** handelt es sich?

Zuschnitt	250				1000		400	
Teiligkeit		6-teilig	4-teilig	7-teilig		10-teilig		16-teilig

2. Bei größeren Blechdicken sind die Radien bei der **Zuschnittsermittlung** mit zu beachten. Berechnen Sie den erforderlichen Zuschnitt der gewünschten Mauerabdeckungen scharfkantig und genau (Die Radien sind hierbei als die neutrale Fase angenommen).

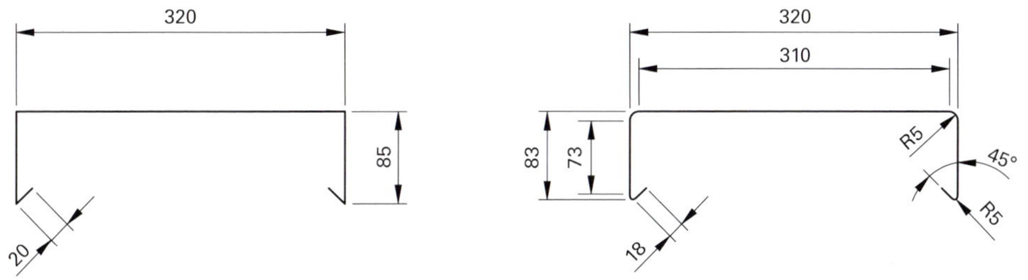

Bild 1: Zuschnittsermittlung

3. Was wiegt eine **Titanzinktafel** Mittelformat 1250 mm auf 2500 mm mit 0,7 mm Dicke?

4. Ein **Coil** hat noch 19 Lagen Blech bei einem mittleren Durchmesser von 55 cm. Wieviel Meter Blech sind noch vorhanden?

5. Eine **Kupferrolle** wiegt 40 kg. Wie viel Meter Blech hat das Band bei 600 mm Breite und 0,6 mm Dicke?

6. Wieviel kg Blech benötigen Sie für eine **Mauerabdeckung** mit Zuschnitt 670 mm bei 10 % Zuschlag für Nähte und Verschnitt bei 25 m Länge und 2 mm dickem Aluminiumblech?

7. Ein **Prefa-Alu-Großcoil** 667 mm Zuschnitt und 0,7 mm Dicke hat einen Innendurchmesser von 48 cm und einen Außendurchmesser von 62 cm **(Bild 2)**. Wie viel m Band ist vorhanden? Was wiegt der Coil?

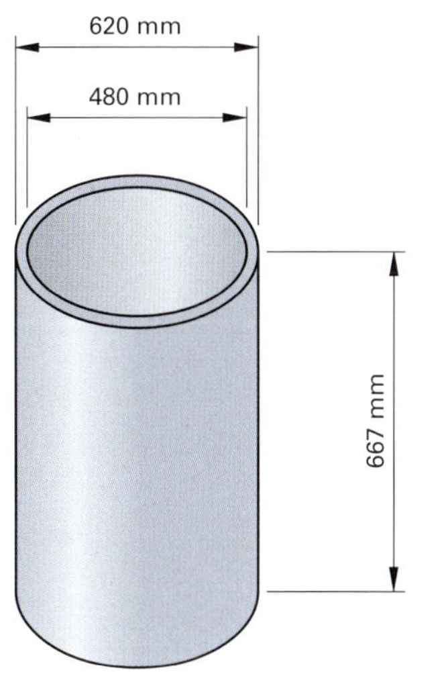

Bild 2: Ermittlung des vorhandenen Bandmateriales (Band = Rolle = Coil)

15.2 Einfalz- und Deckverluste

8. Für eine **Rautendeckung** für ein bestimmtes Fensterraster brauchen Sie Zuschnitte von 240 mm auf 420 mm mit Einkantungen rundum von 20 mm. Skizzieren Sie eine fertige Raute mit Maßangaben nach der unterstehenden Skizze. Berechnen Sie den Einfalzverlust in %.

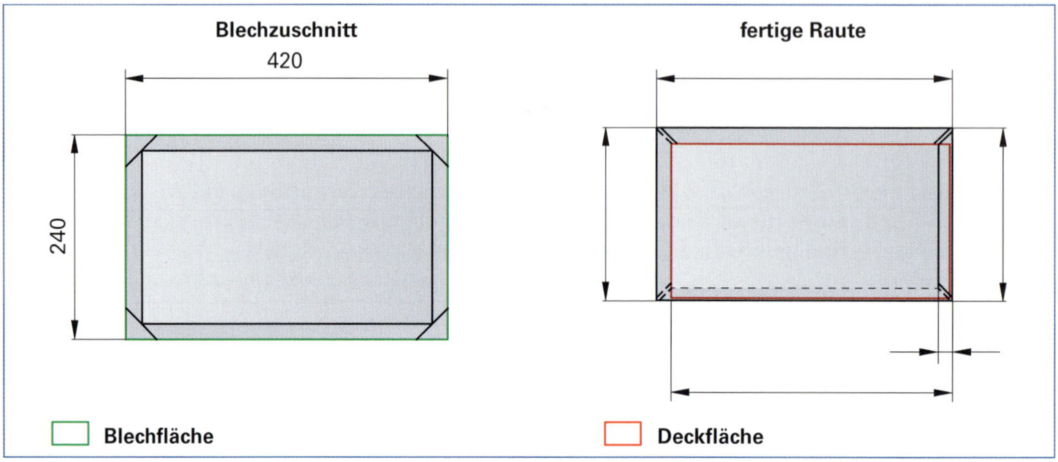

Bild 1: Rautendeckung

9. Berechnen Sie für eine Schardeckung mit 670 mm Band und 25 mm Falzhöhe den **theoretischen Einfalzverlust**. Wie viel m^2 Blech müssen Sie bestellen bei 10 % Verschnitt zusätzlich für eine Baustelle mit 125 m^2?

10. Ermitteln Sie den Einfalzverlust (Zuschlag) für **Banddeckung 550 mm** und **erhöhte Stehfalzhöhe 38 mm**.

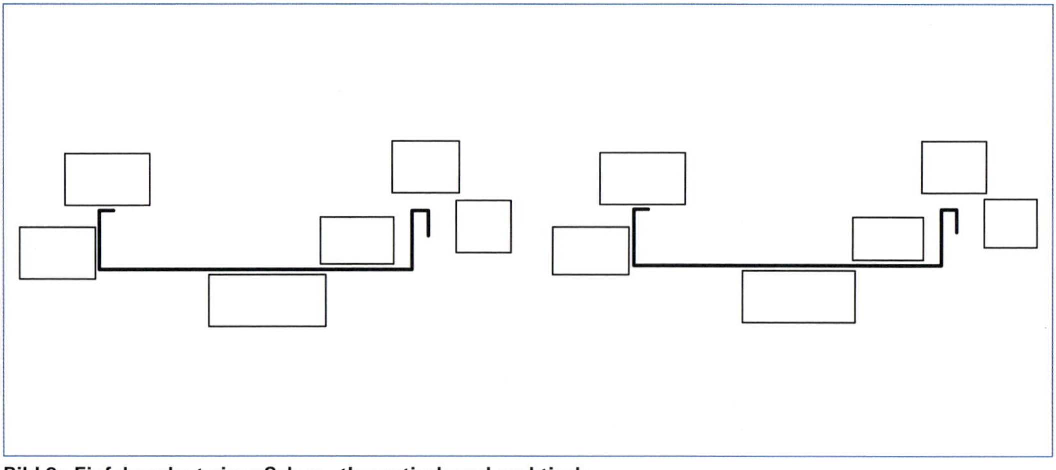

Bild 2: Einfalzverlust einer Schar – theoretisch und praktisch

11. Berechnen Sie den Einfalzverlust für eine **Tafeldeckung mit 1,50 m Decklänge** und 600 mm Bandbreitte 30 mm Umkantung mit 10 mm Dehnweg in den Querfälzen
    a) überschlägig über die Summe der Längs- und Quernahtvertuste.
    b) genau über die Flächenverteilung.

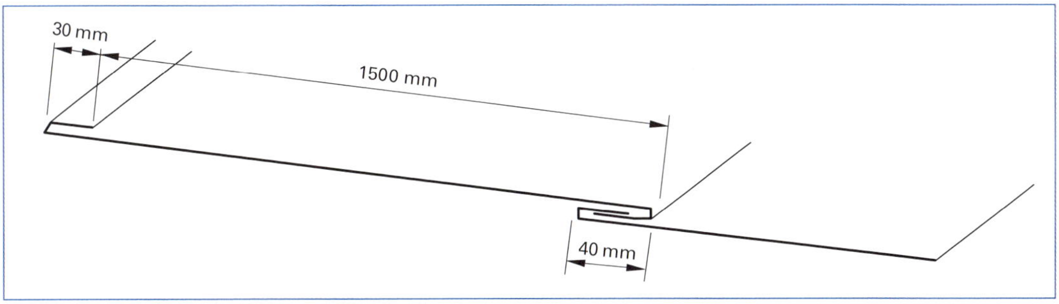

Bild 1: Einfalzverlust einer Tafeldeckung mit Längs- und Querverlust

12. Ermitteln Sie den Einfalzverlust für eine **Tafeldeckung für eine Turmdeckung** mit 1 m Rastermaß und 520 mm Scharbreite bei 40 mm Umkantung mit 10 mm Dehnweg in den Querfälzen (Turmdeckungsfalz 50 mm Fertigmaß!).

13. Berechnen Sie den Einfalzverlust für die folgende **Paneldeckung** bei einer Breite von 4 m und eingeklappten Seitenrändern. Profilhöhe 20, Einstecktiefe 20, Fugenbreite 20 mm.

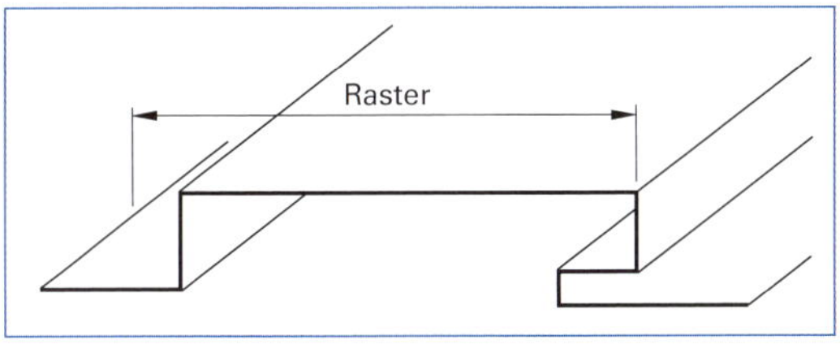

Bild 2 Einfalzverlust einer Paneldeckung

a) 333 mm Zuschnitt
b) 400 mm Zuschnitt
c) 250 mm Zuschnitt

14. Ermitteln Sie den Einffalzzuschlag für eine **horizontale Rautendeckung** gewünschtem Rastermaß 400 auf 300 (Fenstereinbindung), Falzeinhang 20 mm. Tragen Sie dazu die Maße in die Skizze ein.

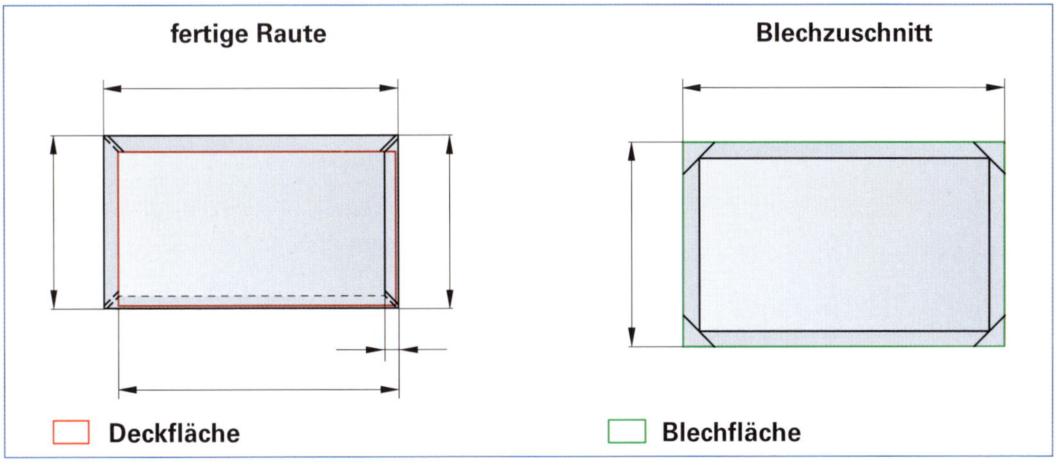

Bild 3: Einfalzverlust einer Schindel- und Rautendeckung

15.3 Rinnenberechnung

15. Berechnen Sie das **lichte Maß** (obere Öffnung) und den **Rinnenquerschnitt** einer 280 mm Rinne und überprüfen Sie es anhand der folgenden Tabelle aus den „Fachregeln für das Klempnerhandwerk" des ZVSHKs. Tragen Sie die Maße in den unten abgebildeten Kantstreifen ein.

Halbrunde Dachrinne

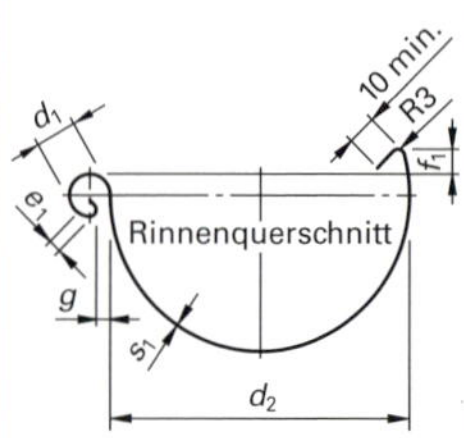

Nenngröße	Zuschnittbreite zul. Abweichungen +1/–2 mm	d_1 [1] ±1	d_2 +2 0	e_1 +2 –1	f_1 min .	g +1 0	Wekstoffdicke nach DIN EN 612 s_1 (mm)					Rinnenquerschnitt
	mm	mm	mm	mm	mm	mm	AL	Cu	St	Zn	S.S.	cm^2
200	200	16	80	6	8	5	0,70	0,60	0,60	0,65	0,40	25
250	250	18	106	7	10	5	0,70	0,60	0,60	0,65	0,40	43
280	280	18	127	7	11	6	0,70	0,60	0,60	0,70	0,40	63
333	333	20	153	9	11	6	0,70	0,60	0,60	0,70	0,40	92
400	400	22	192	9	11	6	0,80	0,70	0,70	0,80	0,50	145
500	500	22	250	9	21	6	0,80	0,70	0,70	0,80	0,50	245

Tabelle 1: Rinnenmaße

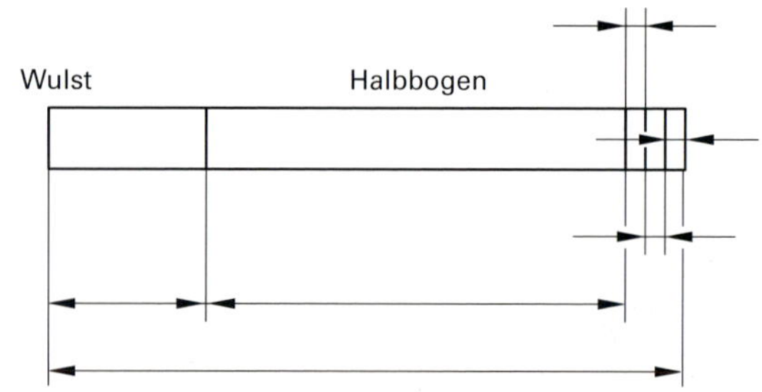

Bild 1: Kantstreifen für eine 280er Rinne

16. Ein Kunde braucht für seine besondere Traufausführung die folgende Spitzrinne. Berechnen Sie ihren Querschnitt in cm^2. Vergleichen Sie sie mit einer genormten Rinne.

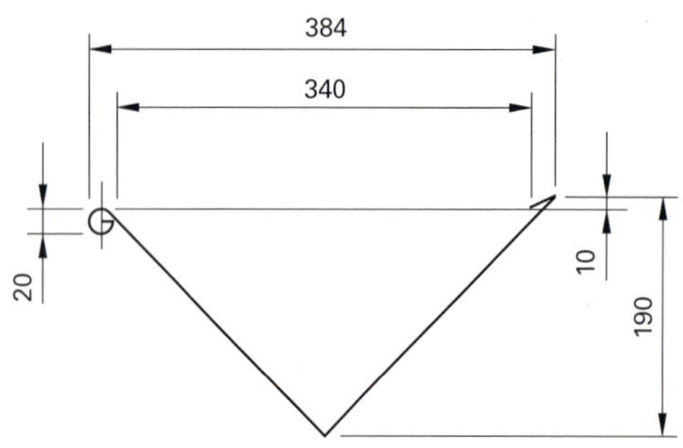

Bild 2: Bemessung einer Spitzrinne

17. Ermitteln Sie für die Pult-Dachbreite 12 m und die Rinnenlänge 14 m für einen mittigen Ablauf **Rinnen und Rohrquerschnitt** für den Standort Stuttgart mit 350 l/s ha. Verwenden Sie hierzu die Tabellen auf der nächsten Seite.

18. Ermitteln Sie für ein Einfamilienhaus mit 6 m halbe Gebäudetiefe und 13 m Rinnenlänge für Pforzheim mit 295 1/s ha eine **Rinne mit einseitigem Ablauf**.

19. Eine **Halle** mit 24 m gesamte Gebäudetiefe (Satteldach) und 25 m Rinnenlänge mit 310 l/s ha soll mit 2 oder notfalls 3 Rohren entwässert werden, Rohre an Gebäudeecken erwünscht. Bestimmen Sie Rinne und Rohr.

Fachinformationen ZVSHK: Tabellen 1, 2, 3, 4
Abflussvermögen von Rinnen mit Gefälle J = 0

Länge in m	halbrunde Rinnen					Kastenrinne			
	Nennmaß					Nennmaß			
	8tlg.	7tlg.	6tlg.	5tlg.	4tlg.				
	250	285	333	400	500	250	333	400	500
	Abflussvermögen in l/s					Abflussvermögen in l/s			
5	1,07	1,65	2,64	4,63	8,66	1,02	2,38	3,96	7,23
6	1,05	1,62	2,60	4,58	8,66	1,00	2,33	3,90	7,15
7	1,03	1,59	2,56	4,51	8,64	0,98	2,30	3,85	7,06
8	1,01	1,57	2,52	4,46	8,53	0,96	2,26	3,79	6,98
9	0,99	1,54	2,49	4,41	8,43	0,93	2,22	3,74	6,90
10	0,97	1,51	2,45	4,35	8,35	0,91	2,18	3,69	6,82
11	0,95	1,49	2,41	4,30	8,27	0,89	2,14	3,63	6,74
12	0,93	1,46	2,38	4,25	8,20	0,87	2,11	3,58	6,66
13	0,91	1,44	2,34	4,20	8,12	0,85	2,07	3,53	6,58
14	0,89	1,41	2,31	4,15	8,04	0,84	2,04	3,48	6,50
15	0,88	1,39	2,28	4,10	7,97	0,82	2,01	3,44	6,43
16	0,86	1,36	2,24	4,05	7,89	0,80	1,97	3,39	6,36
17	0,84	1,34	2,21	4,00	7,82	0,79	1,94	3,34	6,28
18	0,83	1,32	2,18	3,96	7,75	0,77	1,91	3,30	6,21
19	0,81	1,30	2,15	3,91	7,67	0,76	1,88	3,25	6,14
20	0,8	1,28	2,12	3,87	7,60	0,74	1,85	3,21	6,07

Tabelle 1: Ablaufvermögen von außenliegenden Rinnen

Fachinformationen ZVSHK: Tabellen 5, 6, 7, 8
Abflussvermögen von Regenfallleitungen (FL), abhängig von Rinne und Stutzen

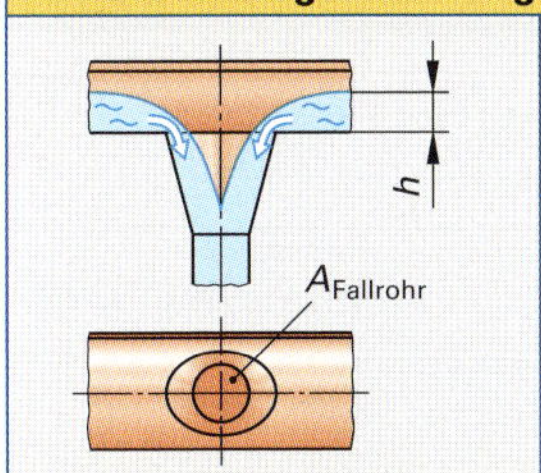

		halbrunde Rinne		Kastenrinne		
		Fallleitung		Fallleitung:	rund	eckig
		ohne Einlauftrichter	mit Einlauftrichter		ohne Einlauftrichter	ohne Einlauftrichter
Rinne	FL-Innen-durchmesser	Abfluss-vermögen	Abfluss-vermögen	Breite der Rinne	Abfluss-vermögen	Abfluss-vermögen
Nenn-maß	di	$\dot{V}$	$\dot{V}$	d_2	$\dot{V}$	$\dot{V}$
	mm	l/s	l/s	mm	l/s	l/s
250	60	1,5	1,8	85	0,7	1,3
250	80	2,0	2,2	85	1,1	1,8
280	80	2,6	3,0			
280	100	3,0	3,3			
333	80	4,0	5,0	120	1,4	2,8
333	100	4,5	5,3	120	2,2	3,5
400	100	6,8	9,0	150	2,8	4,6
400	120	7,4	9,3	150	3,7	5,5
500	100	10,5	–			
500	120	12,0	–	200	4,4	7,4
500	150	14,5	–	200	5,9	9,3

Tabelle 2: Ablaufvermögen von Regenfallrohren mit und ohne Trichter

15.4 Dehnungen und Schiebenähte

20. Eine rundumverlaufende **Attikaabdeckung** soll für eine größere Garage mit 7 m Breite auf 22 m Länge geplant werden. Wie viele Stöße sind auszubilden? Verwenden Sie hierzu die folgenden Tabellen aus den „Fachregeln für das Klempnerhandwerk" des ZVSHKs.

Werkstoff	Ausdehnungszahl	Nichtmetall	Ausdehnungszahl
Aluminium	2,4 mm/m je 100 K	Beton	1,4 mm/m je 100 K
Blei	2,9 mm/m je 100 K	Bitumendachbahn	1,4 mm/m je 100 K
Edelstahl	1,6 mm/m je 100 K	PVC-Kunststoff	8,0 mm/m je 100 K
Kupfer	1,7 mm/m je 100 K	Ziegelmauerwerk	0,5 mm/m je 100 K
Stahl, verzinkt	1,2 mm/m je 100 K	Holz quer zur Faserr.	5,8 mm/m je 100 K
Titanzink	2,2 mm/m je 100 K	PE-Polie	20,0 mm/m je 100 K

Tabelle 1: Ausdehnung von Klempnerbaustoffen

Bei Mauerabdeckungen; Dachrandabschlüssen außerhalb der Wasserebene; innen liegenden, nicht eingeklebten Dachrinnen mit Zuschnitt > 500 mm:	8 m
Bei verzinktem Stahl und Edelstahl:	14 m
Bei eingeklebten Einfassungen; Winkelanschlüssen; Rinneneinhängen; Dachrandeinfassungen und eingeklebten Shedrinnen in der Wasserebene:	6 m
Bei Scharen für Dacheindeckungen und Wandbekleidungen aus Cu, Al und Zink [1)] (Bei verzinktem Stahl und Edelstahl 14 m) innen liegende, nicht eingeklebte Rinnen ≤ 500 mm Hängedachrinnen > 500 mm Zuschnitt	10 m
Bei Hängedachrinnen bis 500 mm Zuschnitt:	15 m

Tabelle 2: Zulässige Blechlängen wegen der Ausdehnung bei Wärme

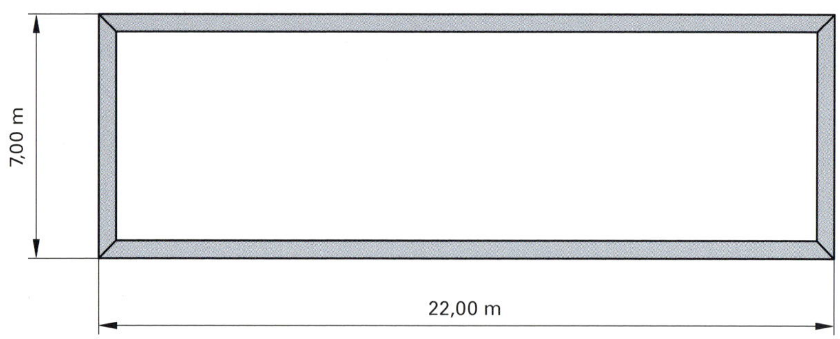

Bild 1: Mögliche Anordnung der Dehnungsausgleicher

21. Wieviel mm dehnt sich eine **Titanzinkeindeckung** mit 15 m Länge insgesamt bei Temperaturunterschieden von –25°C bis 95°C? Wo ist nach den „Fachregeln für das Klempnerhandwerk" des ZVSHKs der Festpunkt bei 17° Dachneigung anzuordnen?

22. Berechnen Sie den **erforderlichen Schiebeweg** eines Schiebehaftens für eine Prefa-Aluminiumeindeckung mit 12 m Länge bei +10°C Montagetemperatur und 95°C maximale Sommertemperatur und –20°C Wintertemperatur bei 35° Dachchneigung. Der Fixpunkt ist nach den „Fachregeln für das Klempnerhandwerk" des ZVSHKs anzuordnen.

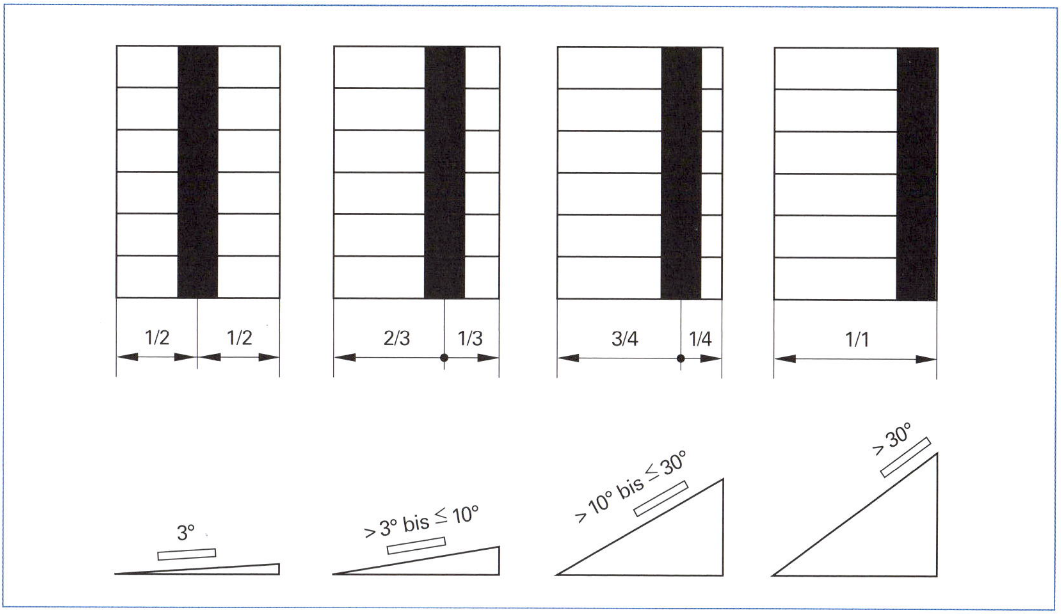

Bild 1: Anordnung der Fest- und Schiebehafter

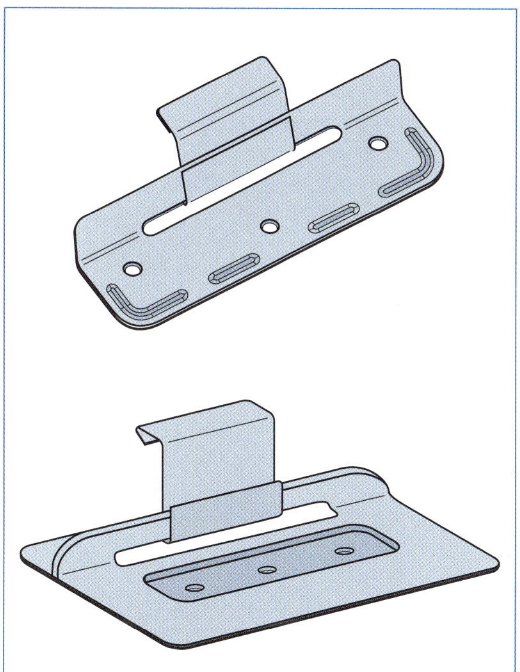

Bild 2: Standard-Schiebehaften gesickt mit abgerundeten Ecken

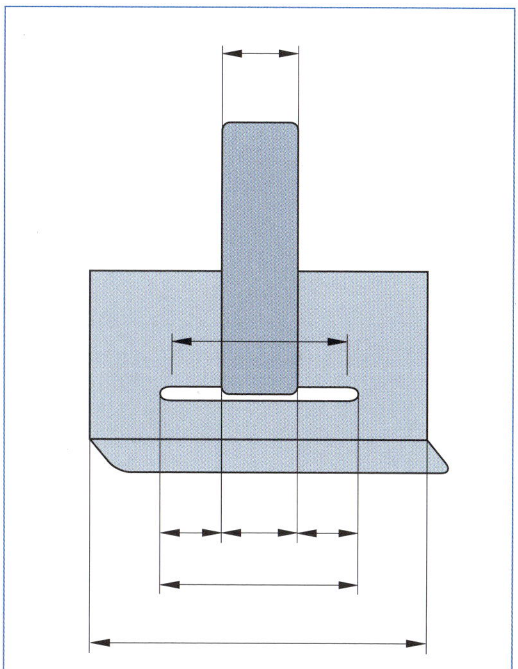

Bild 3: Erforderlicher Schiebeweg ohne Verstellung der Hafte aus dem Körnerpunkt

23. Berechnen Sie die Maße für den **Traufpunkt** l_{warm} und l_{kalt} bei 33° Dachneigung, 9 m Dachlänge, Titanzink, Montagetemperatur 15 °C und den Vorgaben der „Fachregeln für das Klempnerhandwerk" des ZVSHKs von –20 °C bis +80 °C.

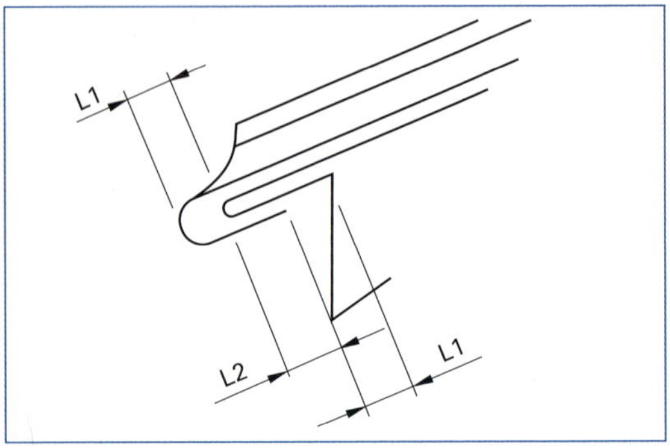

Bild 1: Erforderlicher Schiebeweg in der Traufausführung

15.5 Befestigungstechnik

24. Eine **Metallschar** mit 520 mm Deckmaß wird im Haftenabstand 320 mm befestigt. Skizzieren Sie den Sachverhalt und zeichnen Sie die Einzugsfläche für eine Hafte auf. Im Eckbereich eines Daches können 1300 N/m² Windsog auftreten. Berechnen Sie die Last, die auf eine Hafte wirkt und vergleichen Sie diese mit dem anzunehmenden Auszugswert einer Hafte nach den „Fachregeln für das Klempnerhandwerk" des ZVSHKs. Welche Sicherheit entsteht?

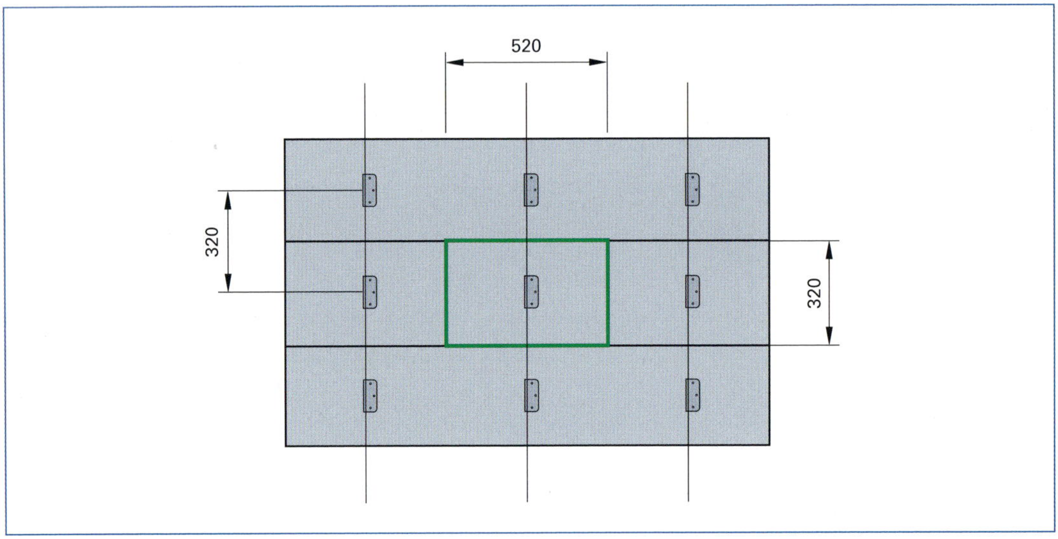

Bild 2: Windlast-Einzugsbereich einer Hafte am Metalldach

25. Eine Hafte hält laut den „Fachregeln für das Klempnerhandwerk" des ZVSHKs 400 N aus. **Welche Fläche** kann damit maximal bei einer Windsogbelastung in Windzone 2 in 15 m Höhe im Randbereich G gegen Abreißen gesichert werden? Welche Haftabstand entsteht bei Band 670 mm.

26. Welche Windsogbereiche kommen bei einem Dach mit 25° Dachneigung vor?

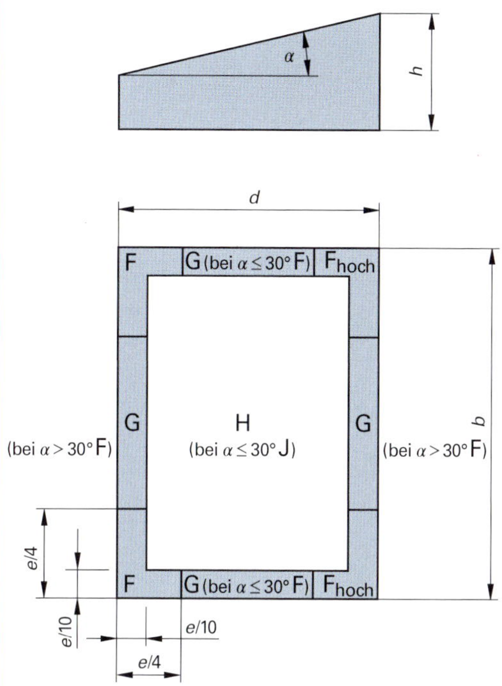

Bild 1: Windsogbereiche am Dach

Bereich am Dach	**Kennzeichnung** ***F, F_{hoch}, G, H, I, J***
Fläche	
Rand unten	
Rand oben	
Ecke unten	
Ecke oben	
Rand seitlich	

Tabelle 1: Windsogbereiche am Dach mit 25° Dachneigung

27. An einem Falzdach mit Scharbreite 620 mm (700 mm Band) werden Hafte angeordnet mit Haftabstand 280 mm. Wieviel Hafte pro m^2 entspricht dies?

28. Sie sollen ein Dach mit Schraffierte 520 mm mit 5,5 Hafte pro m^2 verlegen. Welchen **Haftabstand** müssen Sie einhalten?

29. Wie viel Hafte in Windzone 2 sind erforderlich bei 12 m Gebäudehöhe im Eckbereich bei 700 mm Band im Bereich F_{Hoch} bei einem Dach mit 23° Dachneigung?

30. Lesen Sie aus den Tabellen auf der folgenden Seite die jeweils nötige **Haftenanzahl und den Haftenabstand** heraus.

Abstand Haften und Anzahl pro m² in Windzone WZ 2 für Edelstahlhafte mit zulässiger Haftbelastung von 400 N/Haft																
Gebäudehöhe h		bis 10 m				10 – 20 m				20 – 50 m				50 – 100 m		
Scharenbreite (mm)		520	590	620	720	520	590	620	720	520	590	620	720	520	590	620
Wand A	*h/d*; *h/b* ≥ 5	460	400	380	330	350	310	290	250	250	220	210	180	210	190	180
Wand A	*h/d*; *h/b* ≥ 5	4,2	4,2	4,2	4,2	5,5	5,5	5,5	5,5	7,7	7,7	7,7	7,7	9,1	9,1	9,1
Wand A	*h/d*; *h/b* ≤ 5	500	500	500	500	500	500	500	480	480	420	400	340	400	350	330
Wand A	*h/d*; *h/b* ≤ 5	3,8	3,4	3,2	2,8	3,8	3,4	3,2	2,9	4,0	4,0	4,0	4,0	4,8	4,8	4,8
Wand B		500	500	500	500	500	480	450	390	390	340	330	280	330	290	270
Wand B		3,8	3,4	3,2	2,8	3,8	3,5	3,5	3,5	5,0	5,0	5,0	5,0	5,9	5,9	5,9
Dach (α ≤ 30°)	F_{hoch}	270	240	220	190	210	180	170	150	150	130	120	110	120	110	100
Dach (α ≤ 30°)	F_{hoch}	7,2	7,2	7,2	7,2	9,4	9,4	9,4	9,4	13,1	13,1	13,1	13,1	15,6	15,6	15,6
Dach (α ≤ 30°)	*F*	310	270	260	220	240	210	200	170	170	150	140	120	140	130	120
Dach (α ≤ 30°)	*F*	6,2	6,2	6,2	6,2	8,1	8,1	8,1	8,1	11,3	11,3	11,3	11,3	13,4	13,4	13,4
Dach (α ≤ 30°)	*G*	390	340	330	280	300	260	250	220	210	190	180	150	180	160	150
Dach (α ≤ 30°)	*G*	5,0	5,0	5,0	5,0	6,5	6,5	6,5	6,5	9,0	9,0	9,0	9,0	10,7	10,7	10,7
Dach (α ≤ 30°)	*H*	500	500	500	470	500	440	420	360	360	310	300	260	300	260	250
Dach (α ≤ 30°)	*H*	3,8	3,4	3,2	3,0	3,9	3,9	3,9	3,9	5,4	5,4	5,4	5,4	6,4	6,4	6,4
Dach (α ≤ 30°)	*J*	500	460	430	370	400	350	330	290	280	250	240	210	240	210	200
Dach (α ≤ 30°)	*J*	3,8	3,7	3,7	3,7	4,8	4,8	4,8	4,8	6,8	6,8	6,8	6,8	8,0	8,0	8,0
Dach (α > 30°)	F_{hoch}	320	290	270	230	210	180	170	150	150	130	120	110	120	110	100
Dach (α > 30°)	F_{hoch}	5,9	5,9	5,9	5,9	9,4	9,4	9,4	9,4	13,1	13,1	13,1	13,1	15,6	15,6	15,6
Dach (α > 30°)	*F*	500	460	430	370	400	350	330	290	280	250	240	210	240	210	200
Dach (α > 30°)	*F*	3,8	3,7	3,7	3,7	4,8	4,8	4,8	4,8	6,8	6,8	6,8	6,8	8,0	8,0	8,0
Dach (α > 30°)	*G*	390	340	330	280	300	260	250	220	210	190	180	150	180	160	150
Dach (α > 30°)	*G*	5,0	5,0	5,0	5,0	6,5	6,5	6,5	6,5	9,0	9,0	9,0	9,0	10,7	10,7	10,7
Dach (α > 30°)	*H*	500	500	500	470	500	440	420	360	360	310	300	260	300	260	250
Dach (α > 30°)	*H*	3,8	3,4	3,2	3,0	3,9	3,9	3,9	3,9	5,4	5,4	5,4	5,4	6,4	6,4	6,4
Dach (α > 30°)	*J*	500	500	500	430	460	400	380	330	330	290	280	240	280	240	230
Dach (α > 30°)	*J*	3,8	3,4	3,2	3,2	4,2	4,2	4,2	4,2	5,9	5,9	5,9	5,9	7,0	7,0	7,0

Tabelle 1: Haftanzahlen und Haftabstände in Windzone 2 am Dach

Dachneigung	**Bereich**	**Scharbreite**	**Dachhöhe**	**Haftenanzahl**	**Haftenabstand**
35°	F_{Hoch}	520 mm	8 m		
25°	*G*	620 mm	17 m		
Wand *h/d* = 1	*A*	590 mm	22 m		
70°	*J*	520 mm	75 m		

Tabelle 2: Ergebnisse der Ableseübung

15L Lösungen zum Fachrechnen

15.1 Zuschnitts- und Massenermittlung

1.

Zuschnitt	250	333	500	285	1000	100	400	125
Teiligkeit	8-teilig	6-teilig	4-teilig	7-teilig	2-teilig	10-teilig	5-teilig	16-teilig

2. Grob: $2 \cdot 20 + 2 \cdot 85 + 320 = 530$ mm
   Genau: $(18 + 135/360 \cdot 10 \cdot 3{,}14 + 73 + 90/360 \cdot 10 \cdot 3{,}14 + 320/2) \cdot 2 = 531$ mm

3. $m = A \cdot s \cdot p = 1{,}25 \text{ m} \cdot 2{,}5 \text{ m} \cdot 0{,}7 \text{ mm} \cdot 7{,}2 \text{ kg/dm}^3 = 15{,}75 \text{ kg}$

4. $l = n \cdot \pi \cdot d_m = 19 \cdot 3{,}14 \cdot 0{,}55 \text{ m} = 32{,}83 \text{ m}$

5. $m = A \cdot s \cdot p$
   $A = m/(s \cdot p) = 40 \text{ kg}/(0{,}6 \text{ mm} \cdot 8{,}9 \text{ kg/dm}^3) = 7{,}49 \text{ m}^2$
   $l = A/B = 7{,}49 \text{ m}^2/0{,}6 \text{ m} = 12{,}48 \text{ m}$

6. $m = A \cdot s \cdot p$
   $m = 0{,}67 \text{ m} \cdot 25 \text{ m} \cdot 1{,}1 \cdot 2 \text{ mm} \cdot 2{,}7 \text{ kg/dm}^3 = 99{,}5 \text{ kg}$

7. $d_m = (d_a + d_i)/2 = (62 \text{ cm} + 48 \text{ cm})/2 = 55 \text{ cm} = 0{,}55 \text{ m}$
   $b = (d_a + d_i)/2 = (62 \text{ cm} - 48 \text{ cm})/2 = 7 \text{ cm}$
   $n = 70 \text{ mm}/0{,}7 \text{ mm} = 100$ Lagen
   $l = n \cdot \pi \cdot d = 100 \cdot 3{,}14 \cdot 0{,}55 \text{ m} = 172{,}8 \text{ m}$
   $m = A \cdot s \cdot p = 0{,}667 \text{ m} \cdot 172{,}8 \text{ m} \cdot 0{,}7 \text{ mm} \cdot 2{,}7 \text{ kg/dm}^3 = 217{,}8 \text{ kg}$

15.2 Einfalz- und Deckverluste

8. $A_{Blech} = 2{,}4 \text{ dm} \cdot 4{,}2 \text{ dm} = 10{,}08 \text{ dm}^2$
   $A_{Deck} = 1{,}8 \text{ dm} \cdot 3{,}6 \text{ dm} = 6{,}48 \text{ dm}^2$
   $A_{Vertust} = A_{Blech} - A_{Deck} = 10{,}08 \text{ dm}^2 - 6{,}48 \text{ cm}^2 = 3{,}6 \text{ dm}^2$
   $p_{Zuschlag} = 3{,}6 \text{ dm}^2/6{,}48 \text{ dm}^2 = 0{,}55 = 55\ \%$

   Es wird 55 % mehr Blech benötigt, als die zu deckende Fläche.

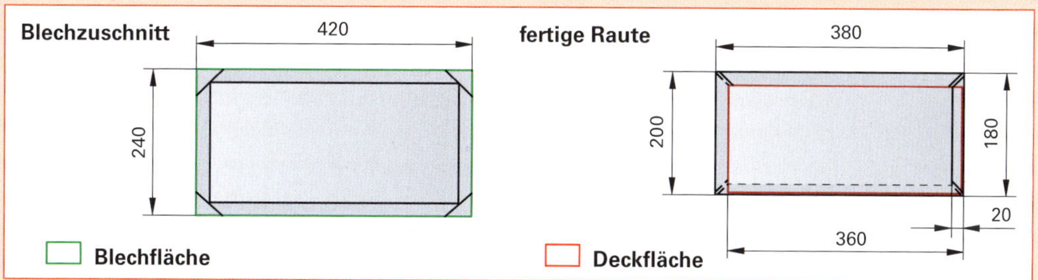

Bild 1: Rautendeckung Lösung

9. p = Aufkantung / Deckmaß = 80 mm / 590 mm = 0,135 = 13,5 %
Deckmaß = 670 mm – 80 mm = 590 mm
Aufkantungen = 35 mm Unterdecker + 45 mm Überdecker = 80 mm
$A = 125\ m^2 \cdot 1{,}135 \cdot 1{,}1 = 156{,}1\ m^2$

10.

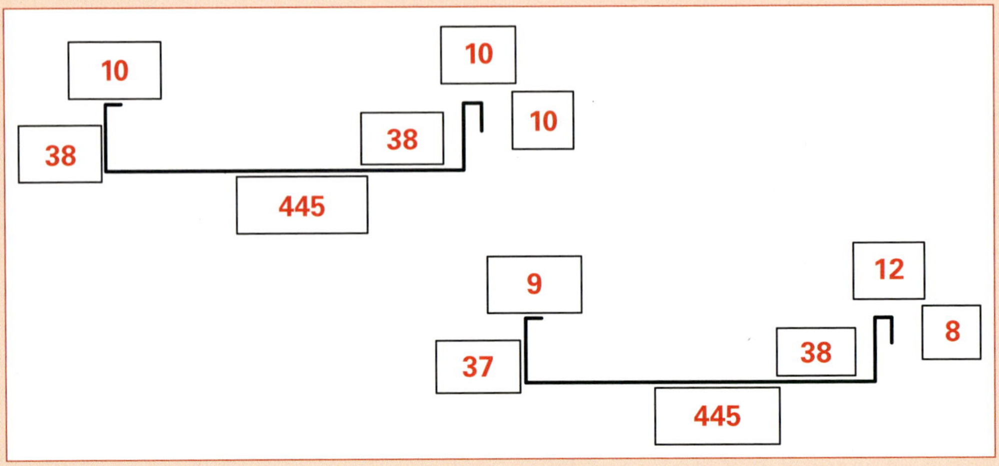

Bild 1: Einfalzverlust einer Schar – theoretisch und praktisch

Aufkantungen = 46 + 58 = 104 mm praktisch
... oder als Zuschlag für die Höhe = Falzerhöhung = 38 mm – 25 mm
= 13 mm beidseitig höher als 25 mm Standardhöhe
Also 80 + 2 · 13 = 106 mm theoretisch – genommen im Mittel 105 mm
Deckmaß = 550 – 105 = 445 mm
p = Aufkantung / Deckmaß = 105 mm / 445 mm = 0,236 = 23,6 %

11. a) überschlägig

$p_{Querverlust}$ = 80 mm / 520 mm = 15,3 %
$p_{Längsverlust}$ = (40,30 + 30) / 1500 = 6,7 %

Summe = 15,3 % + 6,7 % = 22,0 % Zuschlag auf die Grundfläche

b) genau

$A_{Blech} = 1{,}6\ m \cdot 0{,}6\ m = 0{,}96\ m^2$
$A_{Deck} = 1{,}5\ m \cdot 0{,}52\ m = 0{,}78\ m^2$
$A_{Vertust} = A_{Blech} - A_{Deck} = 0{,}96\ m^2 - 0{,}78\ m^2 = 30{,}18\ m^2$
$p_{Zuschlag} = 0{,}18\ m^2 / 0{,}78\ m^2 = 0{,}23 = 23$ % Zuschlag auf die Grundfläche

12. $l = 1000 + 2 \cdot 40 + 50 = 1130$ mm
$A_{Blech} = 1{,}13\ m \cdot 0{,}6\ m = 0{,}678\ m^2$
$A_{Deck} = 1{,}0\ m \cdot 0{,}52\ m = 0{,}520\ m^2$
$A_{Vertust} = A_{Blech} - A_{Deck} = 0{,}678\ m^2 - 0{,}52\ m^2 = 0{,}158\ m^2$
$p_{Zuschlag} = 0{,}\ 158\ m^2 / 0{,}52\ m^2 = 0{,}304 = 30{,}4$ % Zuschlag auf die Grundfläche

13. Zugabe bei allen gleich $Z = 20 + 40 + 20 + 2 \cdot 20 = 120$ mm

$l_{333} = 333 - 120 = 213$ mm $\quad p_{333} = 120/213 = 56{,}3$ %

$l_{400} = 400 - 120 = 280$ mm $\quad p_{400} = 120/280 = 42{,}8$ %

$l_{250} = 250 - 120 = 130$ mm $\quad p_{250} = 120/130 = 92{,}3$ %

14.

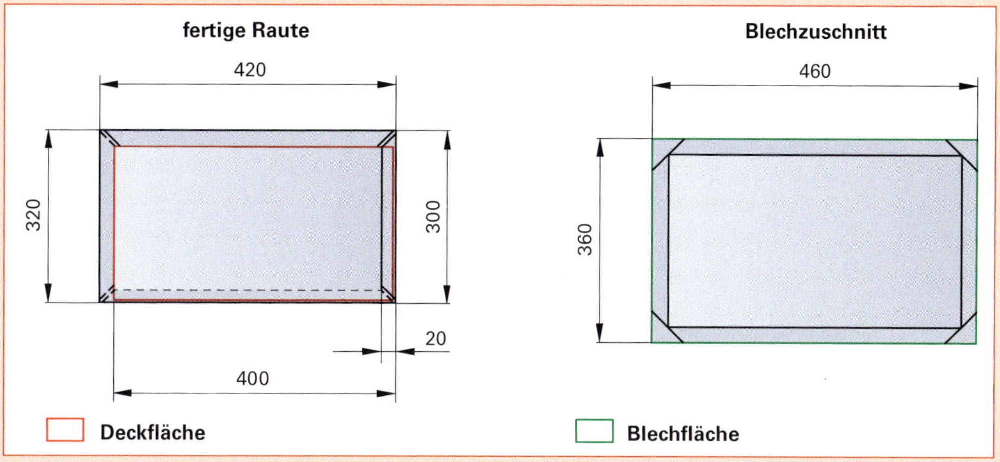

Bild 1: Einfalzverlust einer Schindel- bzw. Rautendeckung – Lösung

$A_{Deck} = 0{,}30\ \text{m} \cdot 0{,}40\ \text{m} = 0{,}12\ \text{m}^2$

$A_{Blech} = 0{,}36\ \text{m} \cdot 0{,}46\ \text{m} = 0{,}1656\ \text{m}^2$

$A_{Vertust} = A_{Blech} - A_{Deck} = 0{,}1565\ \text{m}^2 - 0{,}12\ \text{m}^2 = 0{,}0356\ \text{m}^2$

$p_{Zuschlag} = 0{,}0356\ \text{m}^2/0{,}12\ \text{m}^2 = 0{,}304 = 30{,}4$ % Zuschlag auf die Grundfläche

15.3 Rinnenberechnung

15.

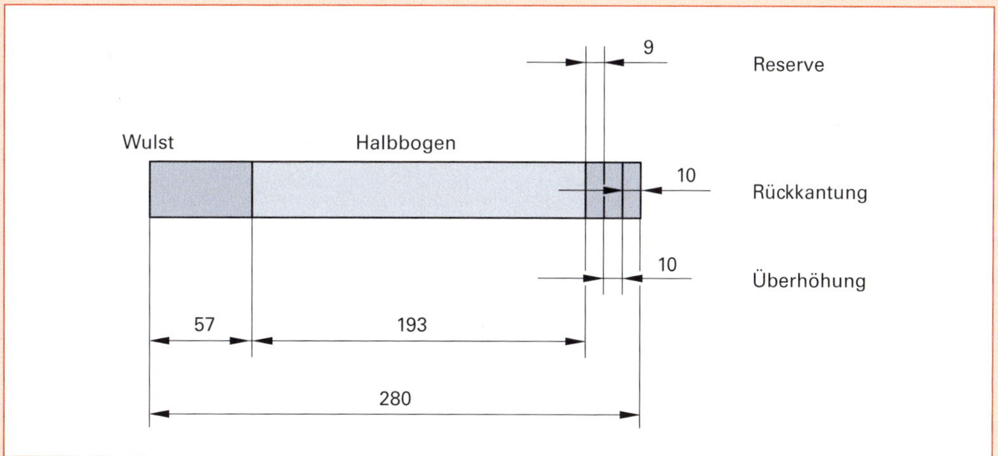

Bild 2: Kantstreifen für eine 280er Rinne

$l_{Wulst} = \pi \cdot d = 3{,}14 \cdot 18 = 57$ mm

$l_{Halbkreis} = 280 - 57 - 9 - 10 - 11 = 193$ mm

$l_{Bogen} = \pi \cdot d/2 \qquad d = 2 \cdot l_{Bogen}/\pi = 2 \cdot 193\ \text{mm}/3{,}14 = 127$ mm

$A = \pi \cdot r^2/2 = 3{,}14 \cdot 6{,}35^2\ \text{cm}^2/2 = 63\ \text{cm}^2$

16. $A = l \cdot b/2 = 34\ cm \cdot 18\ cm/2 - 306\ cm^2$
Entspricht einer 500er Rinne

17. $A_{Dach} = 12\ m \cdot 14\ m = 168\ m^2$
$Q_{Ablauf} = A \cdot r \cdot C/10000 = 168\ m^2 \cdot 350\ l/sha \cdot 1{,}0/10000 = 5{,}88\ l/s$
$L = 7\ m$ $Q_{Rinne} = 5{,}88/2$ Abläufe $= 2{,}94\ l/s$
Gewählt: Rinne 400 $Q_{max\ bei\ 7\ m} = 4{,}51\ l/s$ Rohr 100 $Q_{max} = 6{,}5\ l/s$ mit Trichter

18. $A_{Dach} = 6\ m \cdot 13\ m = 78\ m^2$
$Q_{Ablauf} = A \cdot r \cdot C/10000 - 78\ m^2 \cdot 295\ l/sha \cdot 1{,}0/10000 = 2{,}3\ l/s$
$L = 13\ m$ $Q_{Rinne} = 2{,}3/1$ Ablauf $= 2{,}3\ l/s$
Gewählt: Rinne 333 $Q_{max\ bei\ 7\ m} = 2{,}34\ l/s$ Rohr 80 $Q_{max} = 4{,}0\ l/s$ mit Trichter

19. $A_{Dach} = 12\ m \cdot 25\ m = 300\ m^2$
$Q_{Ablauf} = A \cdot r \cdot C/10000 = 300\ m^2 \cdot 310\ l/sha \cdot 1{,}0/10000 = 9{,}3\ l/s$
$L = 24\ m/3 = 8\ m$ $Q_{Rinne} = 2{,}3/3$ Abläufe $= 3{,}1\ l/s$
Gewählt: Rinne 400 $Q_{max\ bei\ 8\ m} = 4{,}46\ l/s$ Rohr 80 $Q_{max} = 5{,}0\ l/s$ mit Trichter

15.4 Dehnungen und Schiebenähte

20. Abstand der Dehnungsausgleicher 8 m bei Abdeckungen – von Festpunkten die Hälfte – alles frei beweglich, kein Festpunkt am Rand

$n_{Dehner} = 22\ m/8\ m = 2{,}75$ Längen à 8 m = 3 Längen = 2 Dehner – da Rand frei beweglich

a) ... kantbar mit 8 m Kantbank (selten): 3 m 8 m 8 m 3 m

b) ... kantbar mit 6 m Kantbank (Standard): 2 m 6 m 6 m 6 m 2 m

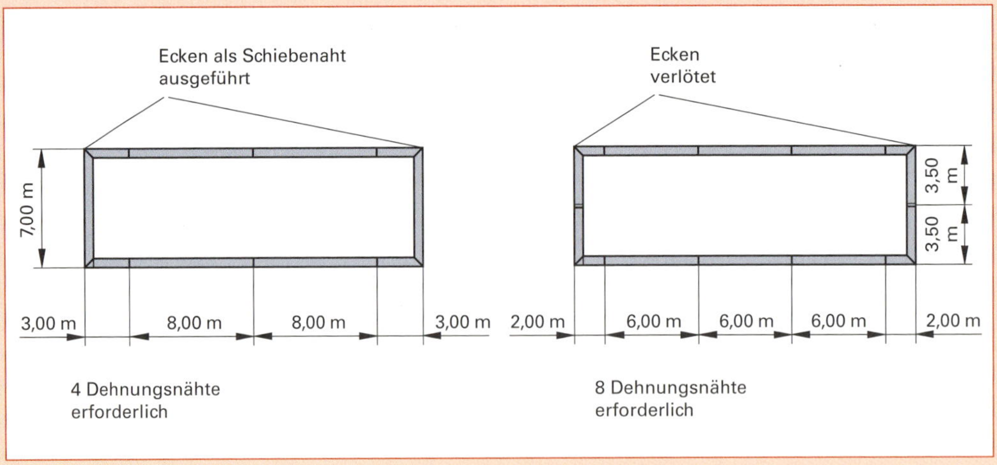

Bild 1: Mögliche Anordnung der Dehnungsausgleicher

21. $\Delta T = 95\ °C - -25\ °C = 120\ K$
$\Delta l = a_1 \cdot l_0 \cdot \Delta T = 15\ m \cdot 2{,}2\ mm/m \cdot 100\ k \cdot 120\ K = 39{,}6\ mm$
Im ¾ tels Punkt = 15 m · 3/3 = 11,25 m von unten – also 3,75 m von oben

22. $\Delta T_{warm} = 95\ °C - 10\ °C = 85\ K$
$\Delta T_{kalt} = 10\ °C - -20\ °C = 30\ K$

$\Delta l_{warm} = a_1 \cdot l_0 \cdot \Delta T = 12\ m \cdot 2{,}4\ mm/m \cdot 100\ k \cdot 85\ K = 25\ mm$
$\Delta l_{warm} = a_1 \cdot l_0 \cdot \Delta T = 12\ m \cdot 2{,}4\ mm/m \cdot 100\ k \cdot 30\ K = 10\ mm$

Die Zunge soll mittig stehen – der Haft benötigt also (je nachdem wierum er eingesetzt wird) 2 x 25 + 30 = 80 mm Schiebeweg = Luft zwischen Zunge und Haftunterteil!

Im 1/1 tels Punkt = also ganz oben – Festhaftbereich also 1 - 3 m von oben an zu rechnen, da die unteren Festhafte etwas mitschieben.

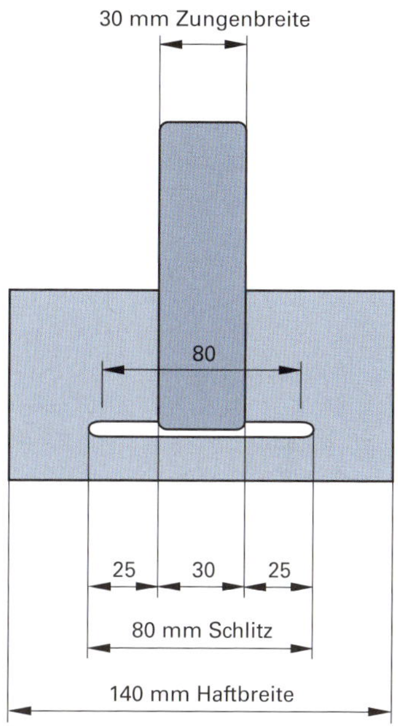

Bild 1: Erforderlicher Schiebeweg ohne Verstellung der Hafte aus dem Körnerpunkt – Lösung

23. $\Delta T_{warm} = 80\ °C - 15\ °C = 65\ K$
$\Delta T_{kalt} = 15\ °C - -20\ °C = 35\ K$ Summe = 100K

$\Delta l_{warm} = l_2 = a_1 \cdot l_0 \cdot \Delta T = 9\ m \cdot 2{,}2\ mm/m \cdot 100\ k \cdot 65\ K = 13\ mm$
$\Delta l_{warm} = l_1 = a_1 \cdot l_0 \cdot \Delta T = 9\ m \cdot 2{,}2\ mm/m \cdot 100\ k \cdot 35\ K = 7\ mm$

Rückkantung also mindestens 7 mm + 7 mm + 13 mm = 27 mm
– also hier 30 mm bis 35 mm laut FR nur 25 mm bei Scharenlänge unter 10 m

15.5 Befestigungstechnik

24. Einzugsbereich A Windsog = 0,32 m · 0,52 m = 0,1664 m²

Auszug $F = A \cdot w = 0{,}1661 \cdot 1300\ N/mm^2 = 216\ N = 21{,}6\ kg$

Auszugswert laut FR 400 N = 40 kg

Entstandene Sicherheit $\eta = F_{Belastung}/F_{zulässig} = 216/400 = 1{,}85$ anzustreben 1,5 für dynamische Belastung

25. WIndsogbelastung laut Fachregel für WIndsogbelastung in Windzone 2 in 15 m Höhe im Randbereich $G = 2{,}58\ kN/m^2$

Auszug $F = A \cdot w$ maximale Einzugsfläche somit $A = F/w = 400\ N/2580\ N/m^2 = 0{,}155\ m^2$

Haftabstand bei Bandbreite 670 = Scharbreite 590 mm bei 25 mm Falzhöhe

$a_{Haft} = A_{Haft}$/Scharbreite $= 0{,}155\ m^2/0{,}59\ m = 0{,}282\ m = 262\ mm$ („Hammerstiellänge“) laut Fachregel 260 mm

26.

Bereich am Dach	Kennzeichnung F, F_{hoch}, G, H, I, J
Fläche	***J***
Rand unten	***G***
Rand oben	***G***
Ecke unten	***F***
Ecke oben	F_{hoch}
Rand seitlich	***F***

Tabelle 1: Windsogbereiche am Dach mit 25° Dachneigung – Lösungen

27. $A_{Haft} = 0{,}28\ m \cdot 0{,}62\ m = 0{,}1736\ m^2$
$n = 1/A_{Haft} = 1/0{,}1736 = 5{,}76\ St/m^2$

28. $a = 100/(b \cdot n)$
$a = 100/(0{,}52\ m \cdot 5{,}5\ St/m^2) = 35\ cm$

29. Ablesen aus Fachregel $n_{Haft} = 9{,}4\ St/m^2$ $a_{Haft} = 180\ mm$

30.

Dachneigung	Bereich	Scharbreite	Dachhöhe	Haftenanzahl	Haftenabstand
35°	F_{Hoch}	**520 mm**	**8 m**	**5,9**	**320**
25°	*G*	**620 mm**	**17 m**	**6,5**	**250**
Wand h/d = 1	*A*	**590 mm**	**22 m**	**4,0**	**420**
70°	*J*	**520 mm**	**75 m**	**7,0**	**280**

Tabelle 2: Ergebnisse der Ableseübung

Bildquellenverzeichnis

Quelle	Seiten
abs Sicherheitstechnik Vertriebs- und Service GmbH, Mainz	222-1, -2, -3, -4; 223-1, -2, -3, -4; 224-1, -2, -3, -4
ACO Hochbau Vertrieb GmbH, Rendsburg	48-4; 75-2
Alcan Deutschland GmbH Werk, Göttingen	15-2; 20-1; 140-6; 147-1; 165-2, -3; 197-1; 203-1; 287-2
Alexander Merz, Klempnerei, Loßburg	21-1
Altvater GmbH, Nufringen	48-3; 299-3
ALUCOBOND, 3A Composites GmbH, Singen	198, -1, -2, -3, -4; 199-2, -3, -4; 200-4
Autor, AutoDesk, AutoCAD; Klempnermeisterschule Stuttgart	14-1, -2, -5; 15-1
Autor, Konstruktion mit SEMA GmbH, Wildpoldsried	14-3
Bilder der Autoren	16-2; 26-4; 62-1; 64-3; 140-4; 145-3; 179-3; 210-2, -3; 211-2; 215-4; 220-3; 228-1; 238-1; 263-2; 286-1, -2; 287-1, -3; 293-1; 296-3; 297-4; 299-1, -2, -5; 302-3; 213-3; 252-4; 310-1B
Autorenbild, Baustelle Ispringen	27-1, -4; 29-2; 235-4
Autorenbild, sein Wohnhaus im Bau	15-3, -4, -5; 26-1; 107-1; 208-1; 263-1; 288-5
Baumetall, Fachzeitschrift Gentnerverlag, Stuttgart	134-2, -3, -4; 151-3; 172-2, -3, -5; 234-2; 245-2, -3; 253-1
BEMO SYSTEMS GmbH, Ilshofen	139-1; 266-2; 267-2, -3
BG BAU – Berufsgenossenschaft der Bauwirtschaft, Böblingen	214-2; 216-2; 218-2; 220-2, -4; 225-1, -3; 228-3; 229-1, -2; 299-4
Binder und Sohn GmbH, Ingoldstadt	260-3
Blowerdoor West, Krefeld	242-1
Braas, BMI Deutschland GmbH, Oberursel	47-4; 113-2; 177-6
CIDAN Machinery Germany GmbH, Lindau	294-5
Dalmec S.p.A, P.I.USA	295-4
DEHN SE, Neumarkt	268-1; 272-6; 273-2; 285-1
DEUTSCHE ROCKWOOL GmbH & Co. KG, Gladbeck	150-4+5; 241-1, -2, -3
Dieter Meyer Bedachungen GmbH, Köngen	17-1; 42-4; 85-1, -2; 178-5; 219-2; 307-5
DRÄCO, Max Draenert Apparatebau GmbH & Co KG, Deizisau	143-2
Enke-Werk, Johannes Enke GmbH & Co. KG, Düsseldorf	94-1
Ewald Dörken AG, Herdecke	240-1, -2, -3, -4; 244-2; 252-1; 259-1
Fagestra, Outokumpu, Espoo, Finnland	260-1
FERAL GmbH, Trenkler, Reutlingen	22-2; 25-1; 127-2; 131-1
Flaschnerei Forstmeier, Lindenberg	307-3
Flaschnerei Johannes Brenner, Tannheim	101-4; 115-1; 117-2
Flaschnerei Martin Nägele, Oberteuringen	98-2; 110-1+2; 117-1; 138-3; 168-2; 238-4; 310-1
Flaschnerei Schaaf, Stuttgart	90-2+4; 96-1; 109-2+3; 112-1; 119-2; 120-1+2; 129-2; 149-2; 189-1; 233-2; 292-3; 306-4
Förstner Maschinebau GmbH, Feldkirchen, Österreich	141-1
GARANTIA, Otto Graf GmbH, Teningen	59-1
GLAPOR Werk Mitterteich GmbH, Mitterteich	152-1+2
Göckelmann GmbH, Altheim	48-1; 101-1; 102-1; 127-1; 129-3; 187-3; 243-1; 250-2; 266-3; 267-1+5; 289-1; 294-1+2; 298-3; 312-4; 313-4
Gramm GmbH & Co. KG, Friedrichshafen	74-3; 104-2+3; 308-3

Greenhouse Media GmbH, Hamburg	265-4
GRÖMO GMBH & CO. KG, Marktoberdorf	38-2; 58-3; 60-1, -2, -3; 61-1; 65-3+4; 74-2
Gütegemeinschaft Saturnblei e.V., Krefeld	247-5; 21-3
Hans Schröder Maschinenbau GmbH, Wessobrunn-Forst	298-2
Haustechnikdialog, BitSign GmbH, Garbsen	264-5
Haushaut GmbH, Düren	124-2
Heuel und Söhne, Sundern-Hachen	291-1, -2, -3
Innotec GmbH & Co. KG, Moers	207-4
Internetportal katholisch.de, Bonn	16-1
Jorns AG, Lotzwil, Switzerland	145-2; 300-1, -2, -3; 301-1, -2, -3
K.N.O.L.L e.K. Metall- und Spenglertechnik, Hüttisheim	12-1+2; 13-1+2; 122-2; 123-3; 298-4; 302-4
Kaufmann Ulm Spenglereibedarf GmbH, Augsburg	64-2
Klempnerei Franz Josef Lorenz, Treuen	9-1; 11-1+2; 23-3; 30-2; 40-3; 44-3; 112-2; 116-1+2; 124-1+2; 163-3; 178-2; 180-2; 210-1; 221-4; 226-1; 227-1; 273-1; 287-4; 288-4; 292-1
Klempnermagazin, Verlagsgesellschaft Rudolf Müller GmbH & Co. KG, Köln	149-3; 150-1; 247-2
Klempnermeister Armin Ramic, Waiblingen	116-3; 128-2; 169-2
Klempnermeister Eic Kunze, Ludwigsburg	98-1; 28-2; 87-1; 88-2; 98-3, -4, -5; 142-4
Klempnermeister Jürgen Pflanz, Heuchlingen	47-3; 108-1+2; 190-3+5; 256-2; 309-4; 313-3
Klempnermeister Klaus-Dieter Ziegler, Welzheim	19-1+2; 23-2; 31-1, -2, -3; 58-2; 61-2; 90-3; 100-2; 103-1, -2, -3; 106,1, 111-1, -2, -3, -4; 113-3; 117-3; 130-4; 131-5; 132-1, -2, -3; 138; 161-2; 186-2; 208-2; 246-2; 247-4; 262-1
Klempnermeister Thomas Lang, Friedrichshafen	18-2; 135-4; 218-1
Kling Spenglerei GmbH, Oberstdorf	264-1; 292-4
Klöber, GmbH Co Kg, Ennepetal	142-5
KME-Group, Kupfer Walzwerke Osnabrück	4-1; 16-3; 17-2; 18-1+2; 21-4; 22-1; 66-5; 75-1; 102-; 135-2; 136-1; 144-5; 146-1+3; 148-2; 160-1, 163-4; 170-3; 175-4; 176-2; 178-3; 185-1; 187-2; 188-1; 193,2+3; 196-2; 202-3; 203-4; 205-4; 209-2; 236-1; 237-3; 238-1; 241-5; 248,1+4; 267-4; 303-1; 304-3; 305-3; 306-3; 307-1+2; 308-4; 309-1, -2, -3; 310-4; 311-1, -2, -3, -4; 312-1, -2; 314-1
Layher Bautechnik GmbH, Ulm	230-1, -2
LOROWERK K.H.Vahlbrauk GmbH & Co.KG, Bad Gandersheim	59-4
Lummel GmbH & Co. KG, Karlstadt	10-1; 143-1+5; 204-1; 259-3, -4, -5, -6; 260-2; 308-1
MASC Werkzeug Vertriebs GmbH, Senden	56-3; 57-1; 59-2; 97-1+2; 228-2
Maschinen Stockert Großhandels-GmbH, Hohenbrunn	66-4; 141-2, -3, -4; 297-2
Mauderer Alutechnik GmbH, Lindenberg	216-1; 216-3, -4, -5
Maurer & Kaupp GmbH & Co. KG, Schramberg	10-2; 41-5; 44-1+2; 45-1; 126-4; 131-2+3; 135-1+3; 142-3; 166-1; 171-3; 174-1; 176-3; 177-4+5; 186-3; 245-1; 256-1; 293-2; 294-4; 302-2; 302-5
MBI-Ivsic-GmbH, Schlierbach	43-1; 43-2; 43-3; 150-3
Naturbaustoffe Traud, Künzell-Pilgerzell	240-5
Nedzink GmbH, Oberhausen	173-1
Paul Bauder GmbH & Co. KG, Stuttgart, Ditzingen	151-2; 153-1, 244-1; 252-2; 258-1

Photovoltaikbuero Ternus und Diehl GbR, Rüsselsheim	264-6
PREFA Aluminiumprodukte GmbH, Wasungen	187-1; 261-2, -3; 262-3; 264-2, -3; 265-1; 286-3; 292-2
Programmvertrieb, Bauspenglerei, Karl Wendlinger, Gundelfingen	14-4
Puren Gmbh, Überlingen	153-2; 241-4; 255-1
RAKU-Fabrikate für Dach + Wand GmbH, Veitsrodt	35-3; 36-1, -2; 37-1; 38-1+3; 59-3
Rau GmbH, Meitingen	144-2, -3; 145-4; 184-3
Reinhard GmbH, Fassadensysteme, Bad Rappenau	126-2+3; 165-1; 183-3; 197-4; 261-1; 293-3; 295-2, -3, -4, -5, -6; 308-2; 310-2; 312-3; 313-1, -2; 314-2, -3, -4
Rene Engelhard, Werkzeugmaschinen, Ditzingen	9-2; 92-2
RHEINZINK GmbH & Co. KG, Datteln	22-3; 24-1; 42-1, -2; 46-1, -2; 61-3; 63-1; 65-1, -2; 66-1, -2, -3; 74-4; 90-1; 118-1; 127-3; 131-4; 134-1; 138-2; 140-3; 146-2; 147-2+5; 149-1; 163-5; 164-1; 168-1; 169-1; 170-4; 174-4; 177-3; 188-2, -3, -4; 189-2; 190-4; 191-1+4; 192-1+2; 192-3, -4, -5, -6; 193-4; 194-5; 195-1; 195-3; 196-1+4; 202-2; 203-2+3; 204-5, 207-3; 209-1; 209-3+4; 247-3; 262-3, -4, -5; 262-3, -4; 265-2, -3, 304-4 305-2
Robert-Mayer-Schule, Stuttgart	23-1; 148-1; 152-4; 211-1; 297-3
Rockwool GmbH, Deutschland	255-2
Ruthmann Holdings GmbH, Gescher-Hochmoor	225-2
SAINT-GOBAIN ISOVER G+H AG, Düsseldorf	237-1+2
Schechtl Maschinenbau GmbH, Edling	140-1; 143-6; 144-1
Schenk GmbH, Filderstadt	30-4; 125-1; 161-1; 163-2; 164-3, -4; 167-1, 168-4; 171-1; 173-2; 174-2, -3; 178-4; 181-2; 182-2; 233-1; 242-2; 295-1;
Schlebach Maschinen GmbH, Friedewald	139-4; 140-2; 141-7; 142-1, -2; 143-3, -4; 145-1; 190-1, -2; 298-1
Schneefangsysteme Rees , GmbH & Co. KG, Oberstdorf	264-3
Semmler Dehnelemente, Grünberg	93-2; 93-4
SIGA Cover GmbH Deutschland, Schönefeld	251-1, -2, -3, -4
SIMA-Bau. Siegler GmbH, Bürstadt	130-1; 135-5; 161-1, -2, -3; 204-2, -3
SM Systeme GmbH, Ludwigsburg	150-2; 151-1, -2, -4; 152-3
Solid-C GmbH, Heimsheim	290-4; 291-4, -5
SpenglerDirect, Spenglereibedarf GmbH, Gammelsdorf	226-2, -3
Spenglerei Forstmeier, Lindenberg	123-4
Spenglerei Sonner, Bad Tölz	30-3; 40-1; 74-1; 129-4, 157-1
THALMANN Maschinenbau AG, Frauenfeld	13-3; 296-1, -4; 297-1
Thomas Sonner, Bad Tölz-Ellbach	27-3
Trumpf-Maschinbau, Ditzingen	296-2
Uginox, Aperam GmbH, Luxenburg	20-2; 21-2; 136-2; 137-1
URSA Deutschland GmbH, Leipzig	254-1
Velux Dachfenster GmbH, Hamburg	133-5
VM Building Solutions Deutschland GmbH, Bösingen	252-3
Wilhelm Flender GmbH & Co. KG, Netphen	221-5; 288-1, -2, -3; 289-2
WUKO Maschinenbau GmbH, Oberweis, Österreich	140-5
Zambelli Holding GmbH, Grafenau	266-1

Sachwortverzeichnis